普通高等教育规划教材

无机化学

Inorganic Chemistry

张改清　翟言强　主编　　　薛　玫　刘　涛　副主编

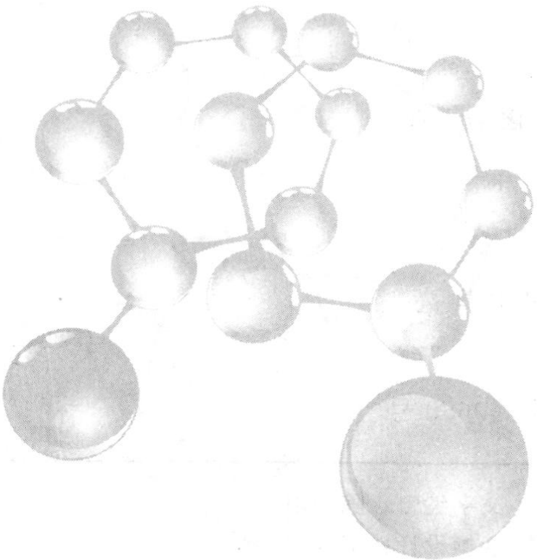

化学工业出版社

·北京·

本书分为四篇，第 1 篇为基本知识，主要介绍气体和溶液、化学热力学、化学动力学基础、化学平衡基本理论相关知识。第 2 篇为平衡基本理论，主要介绍酸碱平衡、沉淀溶解平衡、氧化还原平衡、配位平衡相关知识。第 3 篇为物质结构，主要介绍原子结构、分子结构、固体结构、配位结构相关知识。第 4 篇为元素，主要介绍 s 区元素、p 区元素、d 区元素、ds 区元素相关知识。

本书适用于高等院校化学、应用化学、化学工程与工艺、材料化学、冶金工程、生物科学等化学化工相关专业，也可供相关企事业技术人员阅读参考。

图书在版编目（CIP）数据

无机化学/张改清，翟言强主编．—北京：化学工业出版社，2018.4

普通高等教育规划教材

ISBN 978-7-122-31620-2

Ⅰ．①无…　Ⅱ．①张…②翟…　Ⅲ．①无机化学-高等学校-教材　Ⅳ．①O61

中国版本图书馆 CIP 数据核字（2018）第 040659 号

责任编辑：张双进　　文字编辑：陈　雨

责任校对：宋　夏　　装帧设计：王晓宇

出版发行：化学工业出版社（北京市东城区青年湖南街 13 号　邮政编码 100011）

印　　装：三河市延风印装有限公司

787mm×1092mm　1/16　印张 20　字数 531 千字　2018 年 7 月北京第 1 版第 1 次印刷

购书咨询：010-64518888（传真：010-64519686）　售后服务：010-64518899

网　　址：http://www.cip.com.cn

凡购买本书，如有缺损质量问题，本社销售中心负责调换。

定　　价：49.00 元

前　言

无机化学是化学专业新生入学后的第一门专业基础课，是化学学科的基础，是学生进入化学殿堂的启蒙课，是连接中学化学与大学化学的桥梁，也是培养化学类应用型人才必不可少的素质教育课。无机化学课程教学质量的高低直接影响到学生对后续课程的学习效果，也影响对学生整体目标的培养质量。

为全面培养学生的科学素质和创新能力，参编教师们在汲取许多无机化学教材优点与多年无机化学教学经验的基础上，结合学生实际情况，以培养技能型人才为目标，理论与实践相结合，突出专业特色，对无机化学课程教学内容进行整体优化设计。通过整合、重组、更新教学内容，形成新型模块化教学内容模式，逐步形成一种由浅入深、循序渐进的自然教学内容梯度，加强了无机化学教学内容的基础性、系统性和连贯性。为培养适应基础教育改革需要的高素质专业化人才或为培养地方经济社会发展服务的复合型、应用型人才提供可靠的化学基础。

本书还配有单元练习题及参考答案，综合题还有解题过程，以便于自学。

本书由吕梁学院张改清副教授和翟言强教授主编，薛玫（博士）和刘涛（博士）副主编。参加编写的人员有：张改清（编写第 1 篇、第 2 篇中的第 5 章、第 6 章）；翟言强（编写第 2 篇中的第 7 章）；薛玫（编写第 2 篇中的第 8 章）；高淑娟（编写第 3 篇中的第 9 章与第 10 章）；李林枝（编写第 3 篇中第 11 章与第 12 章）；霍宇平（编写第 4 篇中的第 14 章）；李楠（编写第 4 篇中的第 15 章）；刘涛（编写第 4 篇中的第 13 章、第 16 章）；蔡婷婷（编写附录Ⅰ～Ⅴ），侯君丽（编写附录Ⅵ～Ⅹ）。在初稿完成之后由翟言强教授审定，并提出许多重要的改正意见。最后由张改清进行了统一整理、补充、修改和定稿工作。在本书的统稿过程中薛玫和刘涛协助主编做了许多重要的工作。

由于编者水平有限，加之时间仓促，书中一定还会有不妥之处，希望使用本书的读者和同行批评指正。

编者

2018 年 2 月

目 录

第1篇 基本知识

第 2 篇　平衡基本理论

第 3 篇　物质结构

第 4 篇　元　素

第1篇
基本知识

本篇包括以下四章教学内容。

第1章　气体和溶液

重点：掌握理想气体状态方程、气体分压定律、非电解质稀溶液的依数性。

难点：掌握气体分压定律。

第2章　化学热力学

重点：了解状态函数等热力学常用术语；学会运用盖斯定律进行反应热的计算；学会运用吉布斯自由能变化判断化学反应的方向。

难点：学会运用吉布斯自由能变化判断化学反应的方向。

第3章　化学动力学基础

重点：理解基元反应、复杂反应、反应级数、反应分子数等概念；掌握浓度、温度及催化剂对反应速率的影响；掌握阿仑尼乌斯公式及有关计算。

难点：浓度、温度和催化剂对反应速率的影响。

第4章　化学平衡

重点：了解化学平衡的概念，理解平衡常数的意义；掌握标准平衡常数与实验平衡常数的关系；掌握有关化学平衡的计算；熟练掌握化学平衡移动原理。

第1章 气体和溶液

在自然界，物质通常以气、液和固三种状态存在，这是由不同物质的分子之间相互作用不同所导致的。与液体、固体相比，气体是物质的一种较简单的聚集状态。许多生化过程和化学过程都是在空气中发生的，动物的呼吸、植物的光合作用、燃烧、生物固氮等都与空气密切相关，在实验研究和工业生产中，许多气体参与了重要的化学反应。在认识世界的过程中，科学家们首先对气体的研究给予了特别的关注。人们发现气体具有两个基本特性：扩散性和可压缩性。主要表现在：

① 气体没有固定的体积和形状；

② 不同的气体能以任意比例相互均匀地混合；

③ 气体是最容易被压缩的一种聚集状态，气体的密度比固体和液体的密度小很多。

为研究方便，把密度很小的气体抽象成理想的模型——理想气体。本单元将在理想气体状态方程的基础上，重点讨论混合气体的分压定律，并介绍气体分子动理论和真实气体。

1.1 气体状态方程

1.1.1 理想气体状态方程

理想气体是以实际气体为根据抽象而成的气体模型。理想气体是假设分子之间没有相互吸引和排斥，分子本身的体积相对于气体所占有体积完全可以忽略的一种假想情况。忽略气体分子自身体积，将分子看成是有质量的几何点；分子之间及分子与器壁之间发生的碰撞是完全弹性的，不造成动能损失，这种气体统称为理想气体。实际中理想气体是不存在的。建立这种模型是为了将实际问题简化，形成一个标准。对于真实气体，只有在低压高温下，才能近似地看成理想气体。

经常用来描述气体性质的物理量有压力（p）、体积（V）、温度（T）和物质的量（n），几个物理量之间的关系符合下面的经验定律。

（1）玻义耳定律　当 n 和 T 一定时，气体的 V 和 p 成反比。

n、T 不变，$V \propto 1/p$

（2）盖·吕萨克定律　当 n 和 p 一定时，气体的 V 与 T 成正比。

n、p 不变，$V \propto T$

（3）阿伏伽德罗定律　当 p 和 T 一定时气体的 V 和 n 成正比。

T、p 不变，$V \propto n$

由以上三式得：$V \propto nT/p$，即 $pV \propto nT$，引入比例常数 R，得：

$$pV = nRT$$

此式被称为理想气体的状态方程。

式中，R 为摩尔气体常数。在国际单位制中，p 用 Pa、V 用 m^3、n 用 mol、T 用 K 为单位，此时的 R 为 $8.314J \cdot mol^{-1} \cdot K^{-1}$。

在不同的条件下，$pV=nRT$ 有着不同的表达式，各种表达式有着不同的应用：

① $pV=\frac{m}{M}RT$；

② $p=\frac{\rho}{M}RT$；

③ $p=CRT$。

式中，m 为某物质的质量；M 为某物质的摩尔质量。

1.1.2 实际气体状态方程

实际气体与理想气体的偏差实例见图 1-1：几种气体的 $pV/nRT\text{-}p$ 曲线。

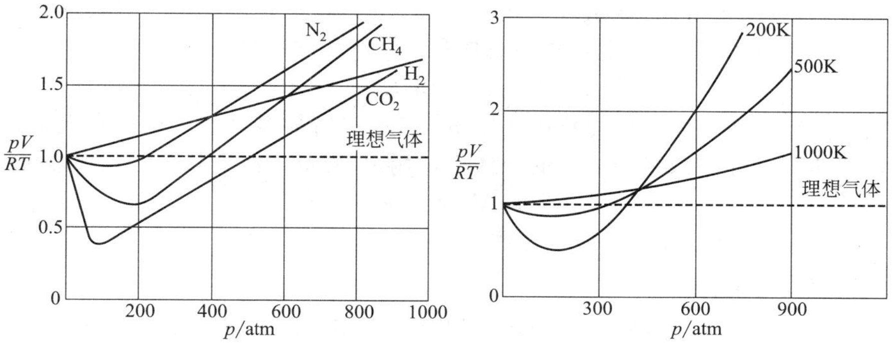

图 1-1 几种气体的 $pV/nRT\text{-}p$ 曲线

(1atm=101325Pa，下同)

从图 1-1 中可以得知：分子小的非极性分子偏差小，分子大的、极性强的分子偏差大；温度越高，压力越低，偏差越小。

探究产生偏差的原因主要是由于忽略气体分子的体积和分子间的相互作用力产生的，因此必须对这两项进行校正。人们总结出 200 多个描述真实气体状态方程，其中，荷兰物理学家 van der Waals（范德华）于 1873 年提出的"van der Waals equation"（范德华方程）对理想气体定律进行修正，其表达式如下：

$$\left(p+a\frac{n^2}{V^2}\right)(V-nb)=nRT \tag{1-1}$$

式(1-1) 与 $p_{理}V_{理}=nRT$ 相比：

① $V_{理}=V_{实}-nb$，n 为物质的量（mol），b 为 1mol 分子本身占有的体积。

故 $V_{实}-nb$ 就成了气体分子本身占有体积已被扣除了的空间，即为 $V_{理}$。

② $p_{理}=p_{实}+a\frac{n^2}{V^2}$，为什么要在 $p_{实}$ 项上再加上一项 $a\frac{n^2}{V^2}$？即为什么 $p_{实}<p_{理}$？降压的因素来自两个方面：

a. 由于分子内存在相互作用，所以分子对器壁的碰撞次数减少，而碰撞次数与分子的密度（n/V）成正比；

b. 分子对器壁碰撞的能量减小，它正比于 n/V，所以压力降低正比于 n^2/V^2，

即

$$p_{实}+a\frac{n^2}{V^2}=p_{理}$$

式中，a 为比例常量，$Pa \cdot m^6 \cdot mol^{-2}$。

范德华方程比理想气体状态方程能够在更为广泛的温度和压力范围内得到应用。虽然它还不是精确的计算公式，但计算结果比较接近实际情况。

1.2 气体混合物

由两种或两种以上的气体混合在一起组成的体系，称为混合气体，组成混合气体的每种气体，都称为该混合气体的组分气体。显然，空气是混合气体，其中的 O_2、N_2、CO_2等，均为空气的组分气体。

组分气体的物质的量用 n_i 表示，混合气体的物质的量用 n 表示，则 $n=\sum n_i$，第 i 组分气体的摩尔分数用 x_i 表示，则 $x_i=n_i/n$。

混合气体所占有的体积称为总体积，用 $V_{总}$ 表示，当某组分气体单独存在，且占有总体积时，其所具有的压力，称为该组分气体的分压，用 p_i 表示。有如下的状态方程，将组分气体的分压 p_i、物质的量 n_i 和混合气体总体积 $V_{总}$ 联系在一起

$$p_i V_{总}=n_i RT \tag{1-2}$$

混合气体所具有的压力，称为总压，用 $p_{总}$ 表示；当某组分气体单独存在，且占有总压时，所占有的体积，称为该组分气体的分体积，用 V_i 表示。如下状态方程成立

$$p_{总} V_i= n_i RT \tag{1-3}$$

而 $V_i/V_{总}$ 称为该组分气体的体积分数。

1.2.1 分压定律

当两种和两种以上的气体在同一容器中混合时，相互间不发生化学反应，分子本身的体积和它们相互间的作用力都可以略而不计，这就是理想气体混合物，其中每一种气体都称为该混合气体的组分气体。

混合气体中某组分气体对器壁所施加的压力叫做该组分气体的分压。对于理想气体混合物来说，由于分子间无相互作用，故在容器中碰撞器壁产生的压力与独立存在时是相同的，即在混合气体中，组分气体是各自独立的，所以某组分气体的分压力等于在相同温度下该组分气体单独占有与理想气体混合物相同体积时所产生的压力。

1801 年，英国科学家 J. Dalton 在大量实验基础上，提出理想气体的混合物，其本身也是理想气体，在温度 T 下，占有体积为 V，混合气体各组分为 $i(=1,2,3,\cdots,i,\cdots)$。

由理想气体方程式得：

$$p_1=n_1\frac{RT}{V},p_2=n_2\frac{RT}{V},\cdots,p_i=n_i\frac{RT}{V},\cdots$$

故

$$\sum p_i=\sum n_i\frac{RT}{V}=n\frac{RT}{V}=p_{总}$$

即

$$p_{总}=\sum p_i \tag{1-4}$$

文字叙述：在温度和体积恒定时，混合气体的总压等于各组分气体单独存在时的压力，即分压之和。这一经验定律被称为 Dalton 分压定律。

另一种表达形式为：

$$\frac{p_i}{p_{总}}=\frac{n_i\dfrac{RT}{V}}{n\dfrac{RT}{V}}=\frac{n_i}{n}=x_i$$

即

$$p_i=p_{总}x_i \tag{1-5}$$

在温度和体积恒定时，理想气体混合物中，各组分气体的分压（p_i）等于总压（$p_{总}$）乘以该组分的摩尔分数（x_i）。

Dalton 分压定律是处理混合气体的基本定律，也是处理与气体反应有关的化学平衡、反应速率等问题中经常应用的重要公式。

例 1-1 某温度下，将 2×10^5 Pa，$3dm^3$ 的 O_2 和 3×10^5 Pa，$1dm^3$ 的 N_2 充入 $6dm^3$ 的真空容器中，求混合气体的各组分的分压及总压。

解：O_2 $p_1=2\times10^5$ Pa $V_1=3dm^3$

$p_2=?$ $V_2=6dm^3$

O_2 的分压：

$$p(O_2)=p_1V_1/V_2=(2\times10^5\times3/6)\ Pa=1\times10^5\ Pa$$

同理 N_2 的分压：

$$p(N_2)=(3\times10^5\times1/6)Pa=0.5\times10^5 Pa$$

混合气体的总压力：

$$p_{总}=p(O_2)+p(N_2)=(1\times10^5+0.5\times10^5)Pa=1.5\times10^5\ Pa$$

例 1-2 制取氢气时，在 22℃ 和 100.0kPa 下，用排水集气法收集到气体 $1.26dm^3$，在此温度下水的蒸气压为 2.7kPa，求所得氢气的质量。

解：由此法收集到的是氢气和水蒸气的混合气体。

则其中水蒸气的分压： $p(H_2O)=2.7kPa$

那么 $p(H_2)=100kPa-2.7kPa=97.3kPa$

由 $p_iV_{总}=n_iRT$

$$n_i=p_iV_{总}/(RT)=[97.3\times10^3\times1.26\times10^{-3}/(8.314\times295)]mol=0.05mol$$

故所得氢气的质量为 $m(H_2)=2g\cdot mol^{-1}\times1\times0.05mol=0.1g$。

1.2.2 分体积定律

在混合气体的有关计算中，常涉及体积分数问题，这就有必要讨论分体积概念及分体积定律内容。混合气体中某组分 i 单独存在，并且和混合气体的温度、压力相同时，所具有的体积 V_i，称为混合气体中第 i 组分的分体积。分体积定律是 19 世纪由阿玛加提出的，分体积定律仍然是理想气体性质的必然结果。根据理想气体方程可以说明之。

由理想气体方程式得：

$$V=\frac{nRT}{p}=\frac{(n_1+n_2+\cdots+n_i+\cdots)RT}{p}$$

$$=n_1RT/p+n_2RT/p+\cdots+n_iRT/p+\cdots=V_1+V_2+\cdots+V_i+\cdots=\sum V_i$$

即

$$V=\sum V_i \tag{1-6}$$

文字叙述：当温度、压力相同时，混合气体的总体积等于各组分分体积之和，这一经验定律被称为阿玛加分体积定律。

另一种表达形式：

$$\frac{V_i}{V_{总}}=\frac{n_i\dfrac{RT}{p}}{n\dfrac{RT}{p}}=\frac{n_i}{n}=x_i$$

即

$$V_i=V_{总}\ x_i \tag{1-7}$$

在温度和压力恒定时，理想气体混合物中，各组分气体的分体积（V_i）等于总体积（$V_{总}$）乘以该组分的摩尔分数（x_i）。

阿玛加分体积定律是处理混合气体的基本定律。

1.3 气体分子速率分布和能量分布

1.3.1 气体分子的速率分布

处于同一体系的数目众多的气体分子，相互碰撞，运动速率不一样，且不断改变。但其速率分布却有一定规律。英国物理学家麦克斯韦（Maxwell）研究了计算气体分子速率分布的公式，讨论了分子运动速率的分布。中学物理中有统计表格，表明分子分布规律是速率极大和极小的分子都较少，而速率居中的分子较多。

这个结论可用图 1-2 说明。横坐标 u 代表分子的运动速率。曲线下覆盖的面积为分子的数目 N。阴影部分的面积为速率在 u_1 和 u_2 之间的气体分子的数目。从图中可以看出，速率大的分子少；速率小的分子也少；速率居中的分子较多。但这种图将因气体数量变化而不同，因为 N 值不同。若将纵坐标改一下：$\dfrac{\frac{\Delta u}{\Delta N}}{N}=\dfrac{1}{N}\dfrac{\Delta N}{\Delta u}$，$N$ 是分子总数。则曲线下所覆盖的面积，将是某速率区间内分子数占分子总数的分数 $\Delta N/N$。而曲线下 u_1 和 u_2 之间阴影部分的面积表示速率在 $u_1 \sim u_2$ 的气体分子的数目占分子总数的分数。由此可知整个曲线下覆盖的总面积为单位 1。

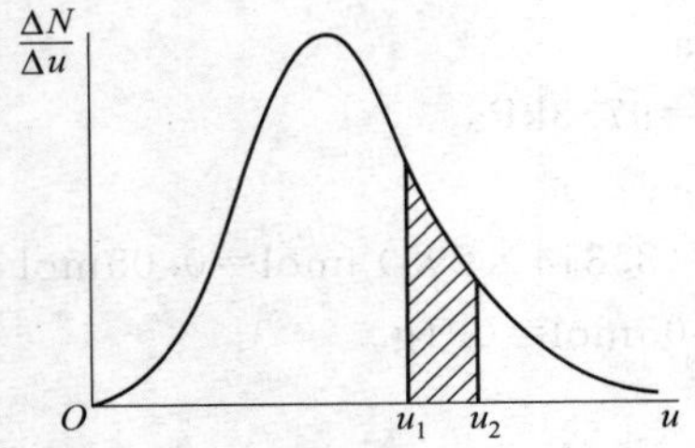

图 1-2　气体分子的速率分布

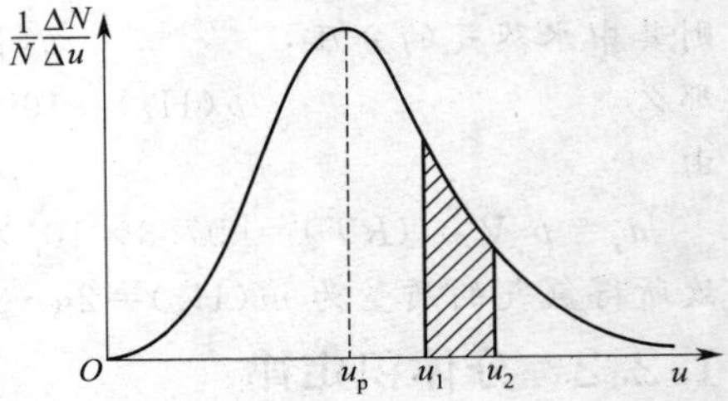

图 1-3　气体分子的速率分布（最概然速率）

这种曲线的优点在于，只要温度相同，无论气体分子的总数怎样变化，曲线形状保持一致。

图 1-3 中，曲线最高点所对应的速率用 u_p 表示，这表明气体分子中具有 u_p 速率的分子数目最多，在分子总数中占有的比例最大，u_p 称为最概然速率，即概率最大。

温度不同时曲线不同：温度增高，分子的运动速率普遍增大，具有较高速率的分子的分数必然提高，分布曲线右移。最概然速率 u_p 也随温度的升高而变大，但具有这种速率的分子的分数却变小了。由于曲线下覆盖的面积为定值，故高度降低的同时，曲线覆盖面加宽，整个曲线变得较为平坦。图 1-4 给出了两种不同温度下的气体分子运动速率的分布曲线。

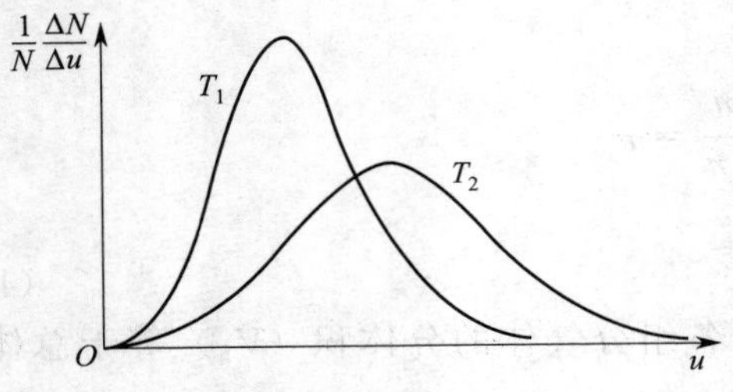

图 1-4　不同温度时的速率分布曲线 $T_2 > T_1$

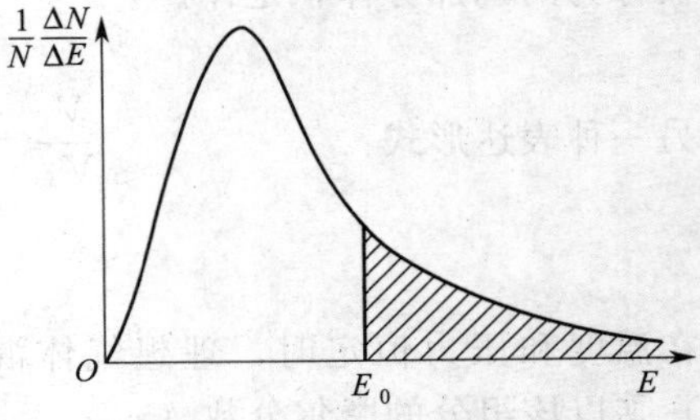

图 1-5　气体分子的能量分布

1.3.2 气体分子的能量分布

气体分子的能量分布受其速率分布影响，有着与速率分布相类似的分布，见图 1-5 曲线，与速率分布不同的是能量分布曲线上升阶段较陡，下降的后一阶段趋于平缓。此能量分布图是在三维空间的讨论结果。

在无机化学中，常用能量分布的近似公式来计算和讨论能量的分布

$$f_{E_0}=\frac{N_i}{N}=e^{\frac{-E_0}{RT}} \tag{1-8}$$

式中，E_0是某个特定的能量；N_i表示能量超过E_0的分子的个数；$\frac{N_i}{N}$是能量超过E_0的分子占所有分子的分数。从式子中可以看出，E_0越大时，f_{E_0}越小。

1.4 溶液

液体没有固定的外形和显著的膨胀性，但具有确定的体积和易流动性。其性质介于气态物质和固态物质之间，在某些方面接近气体，但更多的方面类似于固体。在无机化学中接触较多的是溶液。作为溶剂的水当外界大气压强一定时具有固定的沸点和熔点，但是溶液的沸点和熔点却要随着其浓度的不同而改变。

1.4.1 溶液浓度表示方法

① 物质的量浓度　溶质 B 的物质的量除以混合物的体积，即 $1m^3$溶液中所含的溶质的物质的量，用符号 c_B表示，单位是 $mol \cdot m^{-3}$。

② 质量摩尔浓度　溶质 B 的质量摩尔浓度用溶液中溶质 B 的物质的量除以溶剂的质量来表示，用符号 b_B或 m_B表示，单位是 $mol \cdot kg^{-1}$。

特点：与温度无关，可用于沸点及凝固点等的计算。

③ 质量分数　物质 B 的质量 m_B与混合物的质量 m 之比称为物质 B 的质量分数，用符号 w_B表示。w_B是量纲为 1 的量。

对溶液而言，m_B代表溶质 B 的质量，m 代表溶液的质量。

④ 摩尔分数　溶液中溶质的物质的量 n_B与溶液的总物质的量 $n_{液}$之比称为溶质的摩尔分数，用符号 $x_{质}$表示。

1.4.2 稀溶液的依数性

难挥发性非电解质的稀溶液的某些性质，如蒸气压下降，沸点升高，凝固点下降和渗透压等具有特殊性——只取决于溶液中所含溶质离子的数目（或浓度）而与溶质本身的性质无关。稀溶液的这些性质称为“依数性”。

当溶质是电解质，或是非电解质但溶液浓度很大时，溶液的依数性规律就会发生很大的变化，在此只讨论难挥发非电解质稀溶液的依数性规律。

（1）蒸气压下降——拉乌尔（Raoult）定律

在一个密闭容器中，一定温度下，单位时间内由液面蒸发出的分子数目和由气相回到液体内的分子数目相等时，气液两相处于平衡状态，此时蒸气的压力称为该液体的饱和蒸气压，简称蒸气压。

蒸气压的大小仅与液体的本质和温度有关系，与液体的数量以及液面上方空间的体积无关。

在相同温度下，将难挥发的非电解质溶于溶剂形成溶液后，因为溶剂的部分表面被溶质占据，在单位时间内逸出液面的溶剂分子数就相应的减少，结果达到平衡时，溶液的蒸气压

必然低于纯溶剂的蒸气压。这种现象即称为溶液（相对于溶剂）的蒸气压下降。

19 世纪 80 年代，法国物理学家拉乌尔（Raoult）提出：在一定温度下，难挥发性非电解质稀溶液的蒸气压等于纯溶剂的蒸气压与溶剂摩尔分数 x_A 的乘积。即：

$$p=p^0x_A \tag{1-9}$$

设 x_B 为溶质的摩尔分数

由于 $$x_A+x_B=1$$

故 $$p=p^0(1-x_B)$$

$$p^0-p=p^0x_B$$

$$\Delta p=p^0x_B \tag{1-10}$$

式(1-10) 表明，在一定温度下，难挥发非电解质稀溶液的蒸气压下降值 Δp 和溶质的摩尔分数成正比，而与溶质的本性无关。这一结论称为拉乌尔定律。

拉乌尔（Raoult）定律的应用形式介绍如下。

设 n_A 为溶剂的物质的量，n_B 为溶质的物质的量，M_A 为溶剂的摩尔质量，则有

$$x_B=n_B/(n_A+n_B)$$

当溶液很稀时，$n_A \gg n_B$，因此 $x_B \approx n_B/n_A$，如取 1000g 溶剂，则有

$$x_B=n_B/(n_A+n_B)\approx n_B/n_A=(mM_A)/1000$$

对稀溶液

$$\Delta p=p^0x_B=p^0(mM_A)/1000=Km \tag{1-11}$$

式中，K 为比例常数，等于 $p^0M_A/1000$。

式(1-11) 表示：在一定温度下，难挥发非电解质稀溶液的蒸气压下降与溶液的质量摩尔浓度成正比，比例常数取决于纯溶剂的蒸气压和摩尔质量。

(2) 沸点升高

液体的蒸气压随温度升高而增加，当蒸气压等于外界压力时，液体就处于沸腾状态，此时的温度称为液体的沸点（T_b^0）。例如，在标准压力下水的沸点为 373K。因溶液的蒸气压低于纯溶剂的蒸气压，所以在 T_b^0时，溶液的蒸气压小于外压而不会沸腾。当温度继续升高到 T_b时，溶液的蒸气压等于外压，溶液才会沸腾，此时溶液的沸点要高于纯溶剂的沸点。这一现象称为溶液的沸点升高。溶液越浓，其蒸气压下降越多，则沸点升高越多。见图 1-6 水、溶液和冰的蒸气压-温度图。

溶液的沸点升高与溶液的蒸气压下降成正比，即

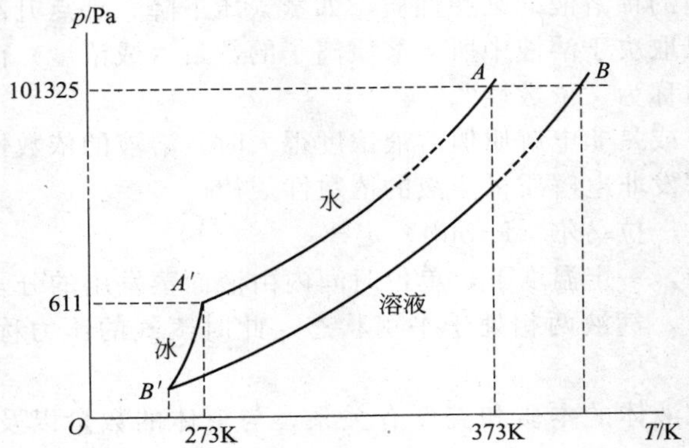

图 1-6 水、溶液和冰的蒸气压-温度图

AA'—水线；BB'—溶液线；$A'B'$—冰线

$$\Delta T_b = T_b - T_b^0 = K'\Delta p$$

式中，K'为比例常数。将计算蒸气压下降应用公式代入上式，得

$$\Delta T_b = K'K\Delta p = K_b m \tag{1-12}$$

式中，K_b为溶剂的摩尔沸点升高常数，它是一个特性常数，只与溶剂的摩尔质量、沸点、气化热等有关，其值可由理论计算，也可由实验测定。

式(1-12) 说明：难挥发非电解质稀溶液的沸点升高只与溶液的质量摩尔浓度成正比，而与溶质的本性无关。

(3) 凝固点下降

凝固点是物质的固相与其液相平衡共存的温度，此时，纯溶剂液相的蒸气压与固相的蒸气压相等。一定温度下，由于溶液的蒸气压低于纯溶剂的蒸气压，所以在此温度时固液两相的蒸气压并不相等，溶液不凝固，即溶液的凝固点 T_f低于纯溶剂的凝固点 T_f^0。

溶剂凝固点与溶液凝固点之差 $\Delta T_f(T_f^0 - T_f)$ 称为溶液的凝固点下降。

实验证明，难挥发非电解质稀溶液的凝固点降低和溶液的质量摩尔浓度成正比，与溶质的本性无关，即

$$\Delta T_f = K_f m \tag{1-13}$$

比例常数 K_f叫做溶剂的摩尔凝固点降低常数，与溶剂的凝固点、摩尔质量以及熔化热有关，因此只取决于溶剂的本性。应用凝固点下降方法可以精确地测定许多化合物的摩尔质量。

(4) 渗透压

如图 1-7 所示溶剂分子通过半透膜从纯溶剂或从稀溶液向较浓溶液的净迁移叫渗透现象。对于一定温度和浓度的溶液，为阻止纯溶剂向溶液渗透所需的压力叫做渗透压。

存在半透膜及半透膜两侧单位体积内溶剂分子数目不同是产生渗透现象的必要条件。

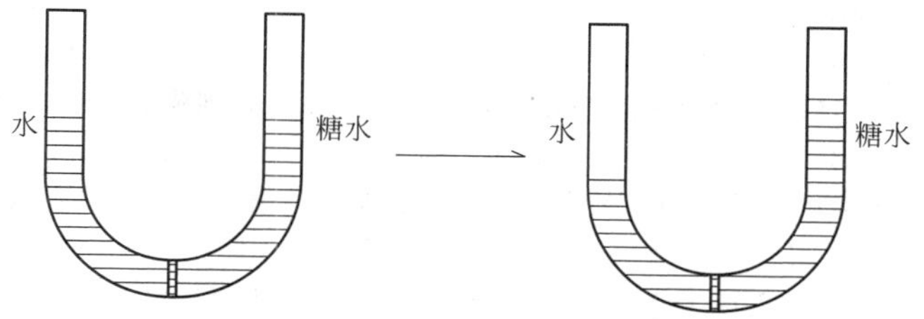

图 1-7　渗透现象和渗透压

1886 年荷兰物理学家范特霍夫（van't Hoff）指出：“理想稀溶液的渗透压与溶液的浓度和温度的关系同理想气体状态方程式一致”，即

$$\Pi V = nRT \quad 或 \quad \Pi = cRT \tag{1-14}$$

式中，Π 是液体的渗透压 kPa；T 是热力学温度 K；V 是溶液的体积 L；c 是溶质的物质的量浓度 $mol \cdot L^{-1}$；R 是气体常数，用 $8.31 kPa \cdot L \cdot mol^{-1} \cdot K^{-1}$表示。

式(1-14) 说明：在一定条件下，难挥发非电解质稀溶液的渗透压与溶液中溶质的浓度成正比，而与溶质的本性无关。

配制等渗溶液即渗透压相等的溶液，例如红细胞的渗透压与 0.9%的 NaCl(aq) 的渗透压相同。若把血液放入小于 0.9% NaCl 溶液中，水就渗入红细胞中，红细胞溶胀，可使红细胞破裂，称为溶血作用（hemolysis）；若把血液置入大于 0.9%的 NaCl 溶液中，红细胞中的水分就渗出，红细胞缩小（shrive），所以大量的静脉注射液必须保持与血液相等的渗透压时才能应用，否则会引起严重的疾病。

(5) 稀溶液依数性的总结

当难挥发性的非电解质溶解在溶剂中形成极稀溶液，它的蒸气压降低、沸点升高、凝固点降低以及渗透压，与在一定量的溶剂或一定体积的溶液中所溶解的溶质的摩尔分数成正比，而与溶质的本质无关。把这种溶液在性质上变化的规律性称为稀溶液的依数性。

蒸气压降低、沸点升高和凝固点降低都是由 $x_{剂}$ 或 $m_{质}$ 来决定的，因此它们之间有联系，蒸气压下降是核心。正是由于蒸气压的下降，引起了沸点升高和凝固点降低。

习　题

一、填空题

1-1　恒温下将 1.00L 204kPa 的氮气和 2.00L 303kPa 的氧气充入容积为 3.00L 的真空容器中，则氮气的分压为________ kPa，氧气的分压为________ kPa，混合气体的总压为________ kPa。

1-2　温度为 T 时，在容积为 V(L) 的真空容器中充 N_2(g) 和 Ar(g)，容器内压力为 akPa。已知 N_2(g) 的分压为 bkPa，则 Ar(g) 的分压为________ kPa；N_2(g) 和 Ar(g) 的分体积为 ______ L 和______ L；N_2(g) 和 Ar(g) 的物质的量分别为________ mol 和________ mol。

1-3　在 25℃下将初始压力相同的 5.00L N_2(g) 和 15.0L O_2(g) 充入容积为 10.0L 的真空容器中，混合气体的总压为 152kPa，则 N_2(g) 的分压为________ kPa，O_2(g) 的分压为________ kPa。25℃时 N_2(g) 的初始压力为________ kPa。当温度升高至 250℃时，保持体积不变，混合气体的总压为________ kPa。

1-4　某容器中充有 m_1(g)N_2 和 m_2(g)CO_2(g)，在温度 T(K) 下混合气体总压为 p(kPa)，则 N_2(g) 的分压为________ kPa，容器的体积为________ L。

1-5　体温为 37℃时，血液的渗透压为 775kPa，此时与血液具有相同渗透压的葡萄糖（分子量为 180）静脉注射液的浓度应为____________ g·dm^{-3}。

二、选择题

1-6　在一定温度下，某容器中充有质量相同的下列气体，其中分压最小的气体是（　　）。

A. N_2(g)　　B. CO_2(g)　　C. O_2(g)　　D. He(g)

1-7　在某温度下，某容器中充有 2.0mol O_2(g)、3.0mol N_2(g) 和 1.0mol Ar(g)。如果混合气体的总压为 akPa，则 O_2(g) 的分压为（　　）。

A. a/3 kPa　　B. a/6 kPa　　C. a kPa　　D. a/2 kPa

1-8　在 1000℃时，98.7kPa 压力下硫蒸气的密度为 0.5977g/L，则硫的分子式为（　　）。

A. S_8　　B. S_6　　C. S_4　　D. S_2

1-9　将 C_2H_4 充入温度为 T 压力为 p 的有弹性密闭容器中。设容器原来的体积为 V，然后使 C_2H_4 恰好与足量的 O_2 混合，并按下式

$$C_2H_4(g)+3O_2(g) \longrightarrow 2CO(g)+2H_2O(g)$$

完全反应。再让容器恢复到原来的温度和压力。则容器的体积为（　　）。

A. V　　B. 4/3V　　C. 4V　　D. 2V

1-10　27℃、101.0kPa 的 O_2(g) 恰好和 4.0L、127℃、50.5kPa 的 NO(g) 反应生成 NO_2(g)，则 O_2 的体积为（　　）。

A. 1.5L　　B. 3.0L　　C. 0.75L　　D. 0.20L

1-11　要使溶液的凝固点降低 1.0℃，需向 100g 水中加入 KCl 的物质的量是（水的 K_f=1.86K·kg·mol^{-1}）（　　）。

A. 0.027mol　　B. 0.054mol　　C. 0.27mol　　D. 0.54mol

三、判断题

1-12　在等温等压下，相同质量的 N_2 与 O_2，占有的体积比为 7∶8。　（　　）

1-13　在相同温度和相同压力下，N_2 与 CO 的密度相等。　（　　）

1-14　在同温同压下，CO_2 与 O_2 的密度比为 1.375。　（　　）

1-15　理想气体状态方程式也适用于理想气体混合物。　（　　）

四、综合题

1-16　常压 298K 时，一敞口烧瓶盛满某种气体，若通过加热使其中的气体逸出 $\frac{1}{2}$，则所需温度为

多少？

1-17　一密闭容器放有一杯纯水和一杯蔗糖水溶液，问经过足够长的时间会有什么现象发生？

1-18　为什么家用加湿器都是在冬天使用，而不在夏天使用？

1-19　410K 时某容器内装有 0.30mol N_2、0.10mol O_2 和 0.10mol He，当混合气体的总压为 100kPa 时 He 的分压是多少？N_2 的分体积是多少？

1-20　在一定温度下，将 0.66kPa 的氮气 3.0dm^3 和 1.00kPa 的氢气 1.0dm^3 混合在 2.0dm^3 密闭容器中。假定混合前后温度不变，求混合气体的总压。

1-21　相同质量的葡萄糖和甘油分别溶于 100g 水中，所得溶液的凝固点、沸点、渗透压是否相同？为什么？

1-22　为什么施肥过多可导致农作物“烧死”？

第2章 化学热力学

本章将根据热力学第一定律定量地研究化学反应中的热、功和热力学能的相互转化（热、功是能量传递的两种形式），定义了热力学函数——焓、标准摩尔生成焓，以及由标准摩尔生成焓计算化学反应焓变。这些内容统称为热化学。

2.1 热力学术语和基本概念

2.1.1 系统和环境

物质世界是无穷尽的，研究问题只能选取其中的一部分。系统是被人为地划定的作为研究对象的那部分物质世界，即被研究的物质和它们所占用的空间。系统具有边界，这一边界可以是实际的界面，也可以是人为确定的用来划定研究对象的空间范围。环境是指体系边界之外的，与体系之间产生相互作用和相互影响的部分。

例如，要研究水杯中的水，则水是体系；水面以上的空气、盛水的杯子、乃至放杯子的桌子都是环境。又如，某容器中充满空气，要研究其中的氧气，则氧气是体系，空气中的其他气体如氮气、二氧化碳及水蒸气均为环境，容器以外的一切都可以认为是环境。通常说的环境是指那些和体系之间有密切关系的部分。

体系与环境之间的关系，按照物质交换和能量交换的不同，通常分为三类。

① 封闭体系：体系与环境无物质交换而有能量交换。如对盛有水的广口瓶上再加一个塞子，即成为封闭系统。因为这时水的蒸发和气体的溶解只限制在瓶内进行，体系和环境间仅有热量交换。

② 敞开体系：体系与环境既有物质交换又有能量交换。例如，一个敞口的盛有一定量水的广口瓶，就是敞开系统。因为这时瓶内既有水的不断蒸发和气体的溶解（物质交换）；又可以有水和环境间的热量交换。

③ 孤立体系：体系与环境既无物质交换又无能量交换。例如将水盛在加塞的保温瓶（杜瓦瓶）内，即是孤立系统。

在热力学中主要研究封闭体系。

2.1.2 状态和状态函数

热力学中，体系的性质确定体系的状态。体系的状态是体系一切性质的综合表现。性质指温度、压力、体积、物质的量等。由一系列表征体系性质的物理量确定下来的体系的存在形式称为体系的状态。

当体系的所有性质各具有确定的值而不再随时间变化时，体系处于一定的状态。如果体系有一种性质发生了变化，则体系的状态发生了变化。能够确定体系状态的物理量叫做状态函数。状态一定则体系的各状态函数有一定的值。体系的一个状态函数或几个状态函数发生了改变，则体系的状态发生变化。即体系处于一定的状态时，状态函数有确定的值，而当体系的状态发生变化时，状态函数也要发生相应的变化，其变化值完全由始终态决定，与状态变化的途径无关。循环过程中，状态函数的变化为零。

体系发生变化前的状态称为始态，变化后的状态称为终态。显然，体系变化的始态和终态一经确定，各状态函数的改变量也就确定了。状态函数的改变量常用希腊字母 Δ 表示。如始态的温度为 T_1，终态的温度用 T_2表示，则状态函数的改变量 $\Delta T=T_2-T_1$。同样可以理解状态函数的改变量 ΔV 和 Δn 的含意。

有些状态函数，如 V 和 n 等所表示的体系的性质具有加和性。如某体系的体积 $V=5\text{dm}^3$，它等于体系的各部分的体积之和，体系的这类具有加和性的性质，称为体系的量度性质或广度性质。

也有些状态函数，如 p 和 T 等所表示的体系的性质，不具有加和性，不能说体系的温度等于各部分的温度之和，体系的这类不具有加和性的性质称为强度性质。

2.1.3 过程和途径

体系状态的变化称为过程。实现过程的每一种具体方式称为一种途径。变化前体系所处的状态称为初始状态（简称始态），变化后体系所处的状态称为最终状态（简称终态）。有一些过程是在特定的条件下进行的，如下所述。

① 等温过程：过程中始态、终态和环境的温度相等（$\Delta T=0$），并且过程中始终保持这个温度。等温变化和等温过程不同，它只强调始态和终态的温度相同，而对过程中的温度不作任何要求。

② 等压过程：过程中始态、终态和环境的压力相等（$\Delta p=0$）。等压变化和等压过程不同，它只强调始态和终态的压力相同，而对过程中的压力不作任何要求。

③ 等容过程：始态、终态体积相等，并且过程中始终保持这个体积（密闭容器）（$\Delta V=0$）。

④ 绝热过程：过程中系统和环境无热量交换（$\Delta Q=0$）。

体系经历一个过程，由同一始态变化到同一终态，可以采取许多种不同的途径。例如，某理想气体，经历如下一个热力学过程可以采取几种不同的途径，如图 2-1 所示。

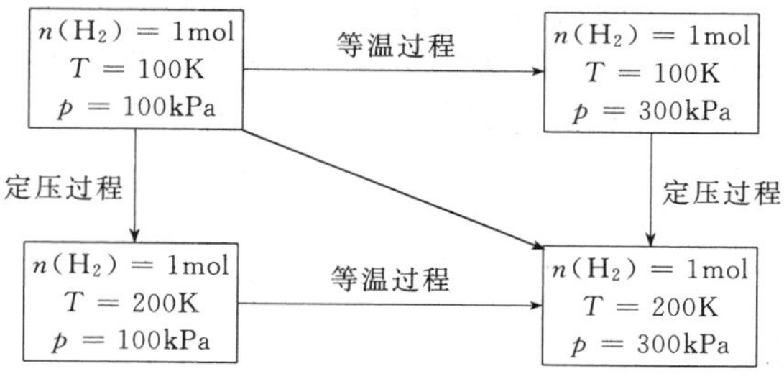

图 2-1　同一过程的几种不同的途径

状态函数改变量，取决于始终态，与采取哪种途径来完成这个过程无关。如上述过程中状态函数 T 的改变量 $\Delta T=T_{终}-T_{始}$，状态函数 p 的改变量 $\Delta p=p_{终}-p_{始}$，和途径无关。

过程的关键是始态和终态，而途径则着眼于具体实施方式。

2.2 热力学第一定律

2.2.1 热和功

热和功是系统发生变化时与环境进行能量交换的两种形式。也就是说，只有当系统经历某过程时，才能以热和功的形式与环境交换能量。热和功均具有能量的单位，如 J、kJ 等。

（1）热

系统和环境之间由于存在温差而传递的能量。习惯上，用 Q 表示。Q 值的正负表示热传递的方向。如果体系吸热，则 $Q>0$，$T_{体}<T_{环}$；如果体系放热，则 $Q<0$，$T_{体}>T_{环}$；如果体系绝热，则 $Q=0$，没有热交换。Q 与具体的变化途径有关，不是状态函数。

系统进行的不同过程所伴随的热均可由实验测定之。

（2）功

系统与环境之间除热之外以其他形式传递的能量，习惯上用 W 表示。环境对体系做功，则 $W>0$；体系对环境做功，则 $W<0$；环境与体系间没有以功的形式交换能量时，$W=0$。功与途径有关，也不是状态函数。

热力学中涉及的功可分为以下两大类。

① 体积功（W_e）。由于系统体积变化而与环境交换的功，称为体积功。如汽缸中气体的膨胀或被压缩（图 2-2）。在恒定外压过程中，p_e 是恒定的，系统膨胀必须克服外压。若忽略活塞的质量，活塞与汽缸壁间又无摩擦力，活塞的截面积为 S，活塞移动的距离为 Δl，在定温下系统对环境做功，$W_e=-F_{ex}\Delta l$。F_{ex} 为环境作用在活塞上的力，$F_{ex}=p_{ex}S$，所以

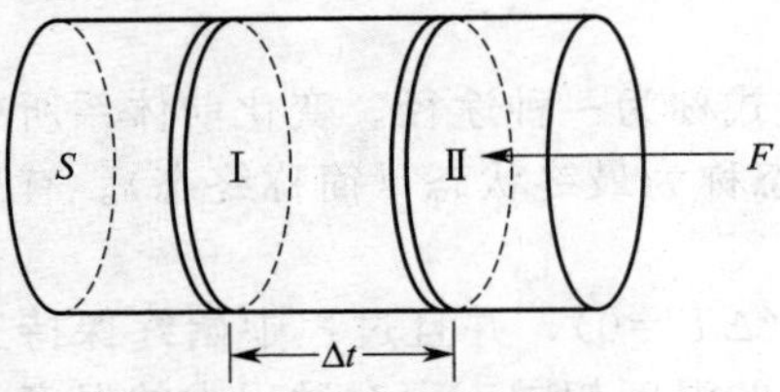

图 2-2 体积功示意图

$$W=-p_{ex}S\Delta l=-p_{ex}\Delta V=-p_{ex}(V_2-V_1) \quad (2\text{-}1)$$

式中，V_2 和 V_1 分别为膨胀后和膨胀前汽缸的容积，即气体的体积。

② 非体积功（W_f）。体积功以外的所有其他形式的功，称为非体积功。如电功、表面功等。本书涉及的非体积功主要是电功，一般情况下发生的物理过程或化学变化，体系不做非体积功（$W_f=0$）。

2.2.2 热力学能

热力学能是系统内部能量的总和即热力学体系的总能量，也称为内能，用 U 表示，其 SI 单位为 J。它包括体系内部分子的平动、转动、振动能量等；分子间相互作用的势能；原子核电子相互作用能；电子运动的能量等。显然，体系的热力学能 U 的绝对值是无法求得的，但热力学能是状态函数，U 具有广度性质，有加和性。体系的状态一定，则热力学能有一个确定的值。体系发生变化时只要过程的始态和终态确定，则热力学能的改变量 ΔU 一定，$\Delta U=U_{终}-U_{始}$。ΔU 可测量。

理想气体体系在状态变化过程中，其热力学能只是温度的函数。即只要温度不变，理想气体的热力学能不变。即恒温过程中 $\Delta U=0$，循环过程中 $\Delta U=0$。

2.2.3 热力学第一定律

热力学第一定律的实质就是能量守恒与转化定律。能量具有各种不同的形式，各种不同形式的能量可以相互转化，也可以从一个物体传递给另一物体，而在转化和传递过程中能量的总值保持不变。或简言之："能量在转化和传递中，不生不灭"。在能量交换过程中体系热力学能将发生变化。

热力学第一定律指出：在某体系由状态Ⅰ变化到状态Ⅱ，在这一过程中体系从环境吸收热量 Q，且环境对体系做功 W，若用 ΔU 表示体系热力学能的改变量，则有关系式

$$\Delta U=Q+W \quad (2\text{-}2)$$

这就是热力学第一定律的表达式。可以说这一过程中体系热力学能的改变量等于从环境吸收的热量与环境对体系所做的功之和。热力学第一定律的实质就是能量守恒定律。

例 2-1　某过程中，体系吸热 100J，对环境做功 20J，求体系的内能改变量和环境的内能改变量。

解：由第一定律表达式可知系统的内能改变量：

$$\Delta U_{体}=Q-W=100-20=80(\mathrm{J})$$

从环境考虑，吸热 −100J，做功 −20J，所以：

$$\Delta U_{环}=(-100)-(-20)=-80(\mathrm{J})$$

体系的内能增加了 80J，环境的内能减少了 80J。

内能是量度性质，有加和性，体系加环境为宇宙。故：$\Delta U_{宇宙}=\Delta U_{体}+\Delta U_{环}=80+(-80)=0$ 能量守恒。

规定：体系吸热 $Q>0$，放热则 $Q<0$；体系对环境做功 $W<0$，环境对体系做功 $W>0$。

这是一个经验定律，可以得到下列过程中热力学第一定律的特殊形式。

隔离系统的过程：因为 $Q=0$、$W=0$，所以，$\Delta U=0$。即隔离系统的热力学能 U 是守恒的。

循环过程：系统由始态经一系列变化又恢复到原来状态的过程叫做循环过程。$\Delta U=0$，所以 $Q=-W$。

2.3　热化学

化学反应总是伴有热量的吸收或放出，这种能量变化对化学反应来说十分重要。把热力学理论和方法应用到化学反应中，讨论和计算化学反应的热量变化的学科称为热化学。

2.3.1　化学反应的热效应

当生成物的温度恢复到反应物的温度时，化学反应中所吸收或放出的热量，称为化学反应热效应，简称反应热。反应热与反应条件有关。

化学反应热要反映出与反应物和生成物的化学键相联系的能量变化，一定要求反应物和生成物的温度相同，以消除反应物和生成物因温度不同而产生的热量差异。

化学反应过程中，体系的内能变化值为 $\Delta_r U$，应等于生成物的 $U_{生}$ 减去反应物 $U_{反}$。

$$\Delta_r U=U_{生}-U_{反}$$

由热力学第一定律，$\Delta_r U=Q+W$，故有

$$U_{生}-U_{反}=Q+W$$

（1）定容反应热

若化学反应在密闭的容器内进行，该反应称为恒容反应。其热效应称为恒容反应热，表示为 Q_V。

由　$$U_{生}-U_{反}=Q+W$$

得　$$\Delta_r U=Q_V+W$$

在恒容条件下，$\Delta V=0$，即 $W=-p\Delta V=0$

故　$$\Delta_r U=Q_V \tag{2-3}$$

从 $\Delta_r U=Q_V$ 可见，恒容过程体系吸收或放出的热量全部用来改变体系的热力学能。

当 $\Delta_r U>0$ 时，$Q_V>0$，该反应是吸热反应；当 $\Delta_r U<0$ 时，$Q_V<0$，该反应是放热反应。

如图 2-3 所示为弹式量热计，该装置被用来测量一些有机物燃烧反应的恒容反应热。把有机物置于充满高压氧气的钢弹中，用电火花引燃，反应是在恒容的钢弹中进行的。产生的热量使水及整个装置温度升高，温度升高至 ΔT 可由精密的温度计测出，搅拌器可使测得的温度值更加可靠。

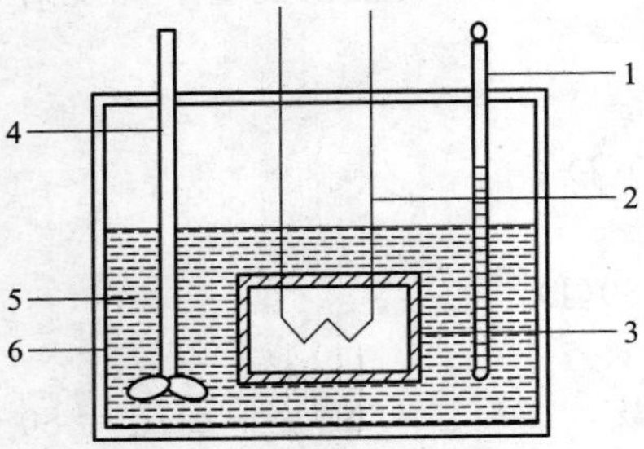

图 2-3 弹式量热计

1—温度计；2—引燃线；3—氧弹；4—搅拌器；5—水；6—绝热套

整个装置温度升高 1K 时所吸收的热量称为装置的热容，用 C 表示。它的值可用实验的方法测知。于是恒容反应热 Q_V 可测得。

$$Q_V=-C\Delta T \tag{2-4}$$

化学反应的定容反应热可以用弹式量热计精确地测量。

(2) 恒压反应热

在恒压过程中（即系统压力和环境压力相等）完成的化学反应，称为恒压反应。其热效应称为恒压反应热。以 Q_p 表示。

在定压过程中，体积功 $W=-p\Delta V$，若非体积功为零，由热力学第一定律 $\Delta U=Q+W$，可知

$$\Delta U=Q_p+W \tag{2-5}$$

将体积功代入式(2-5) 中，得出 $\Delta U=Q_p-p\Delta V$

$$Q_p=\Delta U+p\Delta V$$
$$=(U_2-U_1)+p(V_2-V_1)$$

由于是恒压过程，$\Delta p=0$ 即

$$p_2=p_1=p$$
$$Q_p=(U_2+p_2V_2)-(U_1+p_1V_1) \tag{2-6}$$

因为 U、p、V 都是体系的状态函数，故 $U+pV$ 是体系的状态函数，这个状态函数用 H 表示，称为热焓，简称焓。它是具有加和性的物理量。

$$H=U+pV \tag{2-7}$$

式(2-7) 可以写成

$$Q_p=\Delta H \tag{2-8}$$

在恒压反应过程中，体系吸收的热量全部用来改变体系的热焓。

物质的量不变时，理想气体的热力学能 U 只是温度的函数，又因为 pV 也只是温度的函数。所以，在物质的量不变时 H 也只是温度的函数。同样也不能测定它的绝对值。

在实际应用中涉及的都是焓变 ΔH。对于吸热反应，$\Delta_r H>0$，$Q_p>0$；对于放热反应，$\Delta_r H<0$ 时，$Q_p<0$。通常，温度对化学反应的焓变影响较小。在本书中，一般不考虑温度变化对焓变的影响。

注意：$\Delta_r U$、Q_V、$\Delta_r H$、Q_p 的单位均为焦耳 J。

化学反应的定压反应热可以用杯式量热计测量。如图 2-4 这种装置的使用方法与弹式量热计相似，但它不适于测量燃烧等反应的恒压反应热，而只适用于测量中和热、溶解热等。测量后的数据处理基本上与弹式量热计相同。

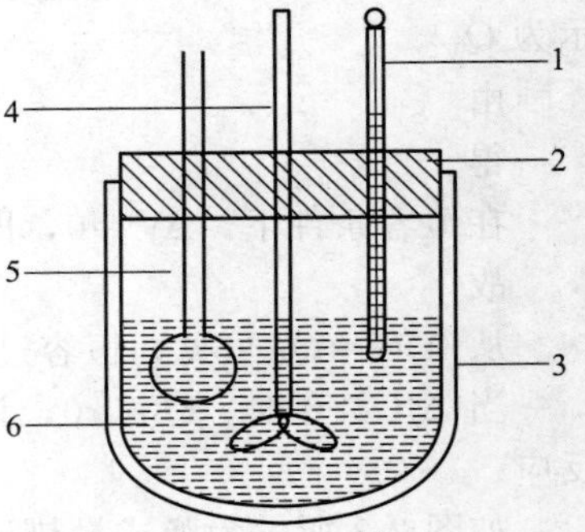

图 2-4 杯式量热计

1—温度计；2—绝热盖；3—绝热杯；4—搅拌棒；5—电加热器；6—反应物

(3) 反应进度和摩尔反应热

煤炭燃烧中的重要反应：

$$C+O_2 \xlongequal{} CO_2$$

该反应是个放热反应，放热多少，显然和反应掉多少煤炭有关。

消耗掉 1mol 和 2mol 碳时，放热多少并不一样。但方程式给出的只是 C、O_2 和 CO_2 的比例关系，并不能说明某时刻这一反应实际进行多少，因而，不能知道放热多少。有必要规定一个物理量，表明反应进行多少。

设有化学反应

$$\nu_A A + \nu_B B \longrightarrow \nu_C C$$

t_0	n_{0A}	n_{0B}	n_{0C}
t	n_A	n_B	n_C

其中 ν 为化学计量数，为一纯数。

定义反应进度 ξ 为表示化学反应进行程度的物理量。

设上述反应 t 时刻的反应进度为 ξ。

则
$$\xi = \frac{n_{0A} - n_A}{\nu_A} = \frac{n_{0B} - n_B}{\nu_B} = \frac{n_C - n_{0C}}{\nu_C} \tag{2-9}$$

反应进度 ξ 的 SI 单位为 mol，ξ 值可以是正整数、正分数，也可以是零。

更重要的是理解 $\xi = 1\text{mol}$ 的意义。$\xi = 1\text{mol}$ 时：$n_{0A} - n_A = \nu_A$，$n_{0B} - n_B = \nu_B$，$n_C - n_{0C} = \nu_C$。即反应物消耗掉的物质的量（mol），产物生成的物质的量（mol），均等于各自的化学计量数。即以 ν_A 个 A 粒子与 ν_B 个 B 粒子为一个单元，进行了 6.02×10^{23}（1mol）单元反应。当 $\xi = 1\text{mol}$ 时，即进行了 1mol 的反应。$\xi = 0\text{mol}$ 的意义是 $n_{0A} = n_A$，$n_{0B} = n_B$，$n_{0C} = n_C$，即 $\xi = 0\text{mol}$ 时，反应没有进行，这是 t_0 时刻的反应进度。

用反应体系中任一物质来表示反应进度，在同一时刻所得的 ξ 值完全一致。

比如对于同一化学反应方程式：

$$N_2 + 3H_2 \longrightarrow 2NH_3$$

不论以 N_2、H_2 或 NH_3 来计算，同一时刻的 ξ 都是相等的。例如，某一时刻消耗掉 10mol N_2，则此时必然消耗掉 30mol 的 H_2，同时生成 20mol 的 NH_3。则

N_2：
$$\xi = \frac{10}{1} = 10(\text{mol})$$

H_2：
$$\xi = \frac{30}{3} = 10(\text{mol})$$

NH_3：
$$\xi = \frac{20}{2} = 10(\text{mol})$$

对于同一化学反应，若反应方程式的化学计量数不同，如

$$N_2 + 3H_2 \longrightarrow 2NH_3 \qquad ①$$

$$\frac{1}{2}N_2 + \frac{3}{2}H_2 \longrightarrow NH_3 \qquad ②$$

同样 $\xi = 1\text{mol}$ 时：

① 表示生成了 2mol 的 NH_3；

② 表示生成了 1mol 的 NH_3。

注意：ξ 与反应方程式相对应。

对某反应 $\nu_A A + \nu_B B \longrightarrow \nu_C C$，若 $\xi = 1\text{mol}$ 时的热效应为 Q_a，则 $\xi = 2\text{mol}$ 时的热效应为 $2Q_a$。

某恒压反应，当反应进度为 ξmol 时，恒压反应热为 $\Delta_r H$，则

$$\Delta_r H_m = \frac{\Delta_r H}{\xi} \tag{2-10}$$

这里的 $\Delta_r H_m$ 被定义为摩尔反应热。

$\Delta_r H$ 单位是 J，反应进度 ξ 单位是 mol，故 $\Delta_r H_m$ 单位是 $J \cdot mol^{-1}$。

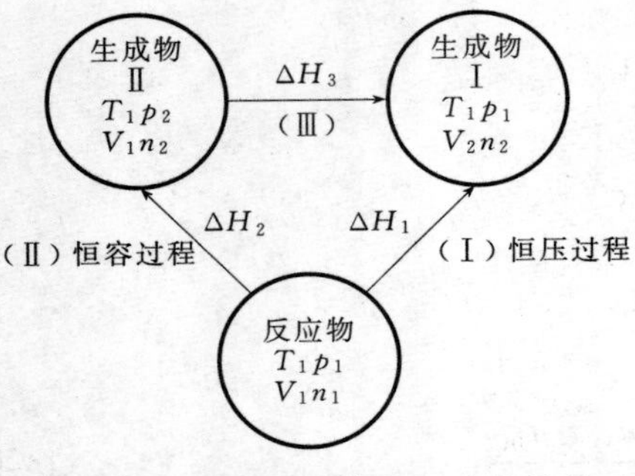

图 2-5　恒压反应热与恒容反应热的关系

同样定义 $\Delta_r U_m = \dfrac{\Delta_r U}{\xi}$，$\Delta_r U_m$ 的单位也是$J \cdot mol^{-1}$。

知道了反应的 $\Delta_r H_m$ 和 $\Delta_r U_m$，就可以知道 ξ 为任何值时的 $\Delta_r H$ 和 $\Delta_r U$。

(4) Q_p 和 Q_V 的关系

同一反应的恒压反应热 Q_p 和恒容反应热 Q_V 并不相等，但二者之间存在着一定的关系。如图 2-5 所示，从反应物的始态出发，经恒压反应（Ⅰ）和恒容反应（Ⅱ）所得生成物的终态是不同的。通过过程（Ⅲ），恒容反应的生成物Ⅱ变成恒压反应的生成物Ⅰ。由于焓 H 是状态函数，故有

$$\Delta H_1 = \Delta H_2 + \Delta H_3$$

即

$$\Delta H_1 = \Delta U_2 + (p_2V_1 - p_1V_1) + \Delta U_3 + (p_1V_2 - p_2V_1)$$

$$\Delta H_1 = \Delta U_2 + (p_1V_2 - p_1V_1) + \Delta U_3$$

过程（Ⅲ）只是同一生成物发生单纯的压强和体积变化，对于理想气体 $\Delta U_3 = 0$，则

$$\Delta H_1 = \Delta U_2 + (p_1V_2 - p_1V_1)$$

$$\Delta H_1 = \Delta U_2 + \Delta nRT \tag{2-11}$$

得

$$Q_p = Q_V + \Delta nRT \tag{2-12}$$

当反应物与生成物气体的物质的量相等（$\Delta n = 0$）时，或反应物与生成物全是固体或液体时，恒压反应热与恒容反应热相等，即

$$Q_p = Q_V \tag{2-13}$$

在化学热力学中，对于状态函数的改变量的表示法与单位，有着严格的规定。当泛指一个过程时，其热力学函数的改变量可写成如 ΔU、ΔH 等形式，若指明某一反应但没有指明反应进度时，其相应的热力学函数的改变量可写成如 $\Delta_r U$、$\Delta_r H$ 等形式；若指明某一反应按所给定的反应方程式进行 1mol 反应，即 $\xi = 1mol$ 时，其相应的热力学函数的改变量可写成如 $\Delta_r U_m$、$\Delta_r H_m$ 等形式。

用上述思路进一步讨论

$$\Delta_r H = \Delta_r U + \Delta nRT \tag{2-14}$$

两边同时除以当时的反应进度 ξ，得

$$\frac{\Delta_r H}{\xi} = \frac{\Delta_r U}{\xi} + \frac{\Delta n}{\xi}RT$$

故

$$\Delta_r H_m = \Delta_r U_m + \Delta\nu RT \tag{2-15}$$

式中，$\Delta\nu$ 是反应前后气体物质的化学计量数的改变量，即 $\dfrac{\Delta n}{\xi} = \Delta\nu$，$n$ 与 ξ 的单位均为 mol，故 $\Delta\nu$ 无单位，上式单位统一为 $J \cdot mol^{-1}$。

此式为摩尔恒压热和摩尔恒容热的关系。

例 2-2　用弹式量热计测得 298K 时，燃烧 1mol 正庚烷的恒容反应热 $Q_V = -4807.12kJ$，求其 Q_p 值。

解：

$$C_7H_{16}(l)+11O_2(g)=\!=\!=7CO_2(g)+8H_2O(l)$$

$$\Delta\nu=7-11=-4$$

$$\Delta_r H_m=\Delta_r U_m+\Delta\nu RT$$

$$=\{-4807.12+(-4)\times 8.314\times 298\times 10^{-3}\}kJ\cdot mol^{-1}$$

$$=-4817.03kJ\cdot mol^{-1}$$

故其 Q_p 值为 $-4817.03kJ$。

2.3.2 热化学方程式

(1) 标准状态

热力学标准状态：当系统中各种气态物质的分压均为标准压力 100kPa，溶液中各物质的浓度均为 $1mol\cdot L^{-1}$ 时，这个热力学系统处于热力学标态。

热力学标态没有对温度限定，所以它不同于环境状态（298K，101325Pa），也不同于理想气体标准状态（273K，101325Pa）。许多物质的热力学数据多是在 $T=298.15K$ 下得到的。本书中涉及的热力学函数均以 298.15K 为参考温度。

(2) 热化学方程式

表示出反应热效应的化学方程式称为热化学方程式。书写热化学方程式应注意以下几点。

① 写热化学方程式，要注明反应物的温度和压强条件，如果反应在 298K 和 $1.01325\times 10^5 Pa$ 下进行，习惯上不予注明。

② 反应物和生成物的聚集状态不同或固体物质的晶型不同，对反应热也有影响。因此写热化学方程式，要注明物质的聚集状态或晶型。常用 g 表示气态，l 表示液态，s 表示固态。

③ 方程式中的配平系数只表示化学计量数，不表示分子个数，因此必要时可写成分数，但化学计量数不同时，同一反应的摩尔反应热数值也不同。

热效应的表示方法见热化学方程式例 2-3。

例 2-3

a. $C(石墨)+O_2(g)=\!=\!=CO_2(g)$ $\qquad \Delta_r H_m=-393kJ\cdot mol^{-1}$

b. $C(金刚石)+O_2(g)=\!=\!=CO_2(g)$ $\qquad \Delta_r H_m=-395.4kJ\cdot mol^{-1}$

c. $H_2(g)+1/2O_2(g)=\!=\!=H_2O(g)$ $\qquad \Delta_r H_m=-241.8kJ\cdot mol^{-1}$

d. $H_2(g)+1/2O_2(g)=\!=\!=H_2O(l)$ $\qquad \Delta_r H_m=-285.8kJ\cdot mol^{-1}$

e. $2H_2(g)+O_2(g)=\!=\!=2H_2O(l)$ $\qquad \Delta_r H_m=-571.6kJ\cdot mol^{-1}$

逆反应的热效应与正反应的热效应数值相同而符号相反，例如 c. 的逆反应

$$H_2O(g)=\!=\!=H_2(g)+1/2O_2(g) \qquad \Delta_r H_m=241.8kJ\cdot mol^{-1}$$

(3) Hess 定律

化学反应的热效应可以用实验方法测得。但许多化学反应由于速率过慢，测量时间过长，或因热量散失而难于测准反应热；也有一些化学反应由于条件难于控制，产物不纯，也难于测准反应热。于是如何通过热化学方法计算反应热成为化学家关注的问题。

1840 年前后，俄国人盖斯（G. Hess）指出，一个化学反应若能分解成几步来完成，总反应的热效应等于各部反应的热效应之和，这就是盖斯定律。

例 2-4 298K 时合成水的反应 $H_2(g)+\frac{1}{2}O_2(g)=\!=\!=H_2O(l)$ 可以通过不同途径来完成。

① $H_2(g)+\frac{1}{2}O_2(g)=\!=\!=H_2O(g)$；$\Delta H_1=-241.8kJ/mol$

② $H_2O(g)$══$H_2O(l)$；$\Delta H_2=-44.0kJ/mol$

计算合成水的反应：$H_2(g)+\frac{1}{2}O_2(g)$══$H_2O(l)$的 ΔrH_m。

根据盖斯定律，则

$$\Delta H=\Delta H_1+\Delta H_2=-241.8kJ\cdot mol^{-1}+(-44.0kJ\cdot mol^{-1})=-285.8kJ\cdot mol^{-1}$$

其数值与用量热计测得的数据相同。

盖斯定律：当某一物质在定温定压下经过不同的反应过程，生成同一物质时，无论反应是一步完成还是分几步完成，总的反应热是相同的。即反应热只与反应始态（各反应物）和终态（各生成物）有关，而与具体反应的途径无关。应用盖斯定律进行简单计算，关键在于设计反应过程，同时注意以下几点。

① 当反应式乘以或除以某数时，ΔH 也应乘以或除以某数。

② 反应式进行加减运算时，ΔH 也同样要进行加减运算，且要带“+”“-”符号，即把 ΔH 看作一个整体进行运算。

③ 通过盖斯定律计算比较反应热的大小时，同样要把 ΔH 看作一个整体。

④ 在设计的反应过程中常会遇到同一物质固、液、气三态的相互转化，状态由固→液→气变化时，会吸热；反之会放热。

⑤ 当设计的反应逆向进行时，其反应热与正反应的反应热数值相等，符号相反。

2.3.3 生成热

用盖斯定律求算某反应的反应热，需要知道许多反应的热效应，再找出已知反应与该反应之间的关系，这经常是很复杂的过程。人们在进一步寻求计算反应热效应的研究中，发现了利用生成热计算反应热的方法。

从根本上讲，如果知道了反应物和生成物的状态函数 H 的值，反应的 $\Delta_r H$ 即可由生成物的焓减去反应物的焓而得到。于是人们采取一种相对的方法去定义物质的焓值，从而求出反应的 $\Delta_r H$。

考察下面反应

$$C(石墨)+O_2(g)══CO_2(g)$$

$$\Delta_r H_m=H_{(CO_2,g)}-[H_{(C,石墨)}+H_{(O_2,g)}]=H_{(CO_2,g)}$$

如果以单质C(石墨) 和 $O_2(g)$ 的焓值为零，则

$$\Delta_r H_m=H_{(CO_2,g)}$$

于是反应的 $\Delta_r H$ 可用来表示 $CO_2(g)$ 的以单质为零点的相对焓值。

由此可见，由单质生成化合物时，反应的焓变，可以体现单质为零点的该化合物的相对焓值。

(1) 生成热的定义

化学热力学规定，某温度下，由处于标准状态的各种元素的指定单质生成标准状态的1mol 某纯物质的热效应，叫做该温度下该物质的标准摩尔生成热，用 $\Delta_f H_m^\ominus$ 表示，其单位为 $J\cdot mol^{-1}$。各种元素指定单质的标准摩尔生成热为零。指定单质：一般是指 298K 及标准压力 $p^\ominus$ 时单质最稳定的形态。

例如，C(石墨)，$Cl_2(g)$，$Br_2(l)$，$I_2(s)$，S(斜方) 等就是 298K 及标准压力 $p^\ominus$ 时相应元素的最稳定单质。它们的 $\Delta_f H_m^\ominus=0$，较特殊的元素磷的参考状态单质是 P_4（白磷）并非红磷，实际上白磷不及红磷和黑磷稳定。

标准摩尔生成热的符号 $\Delta_f H_m^\ominus$ 中，ΔH_m 表示恒压下的摩尔反应热，f 是英语单词 formation 的词头，$\ominus$表示物质处于标准状态。

表 2-1 中给出了一些较熟悉的物质在 298K 下的标准摩尔生成热的数值，以便对于物质生成热的大小有一个感性的认识。

表 2-1 一些物质的标准摩尔生成热（298K）

物　质	$\Delta_f H_m^{\ominus}/kJ \cdot mol^{-1}$	物　质	$\Delta_f H_m^{\ominus}/kJ \cdot mol^{-1}$
$AgCl(s)$	−127.0	$HF(g)$	−273.3
$AgNO_3(s)$	−124.4	$HCl(g)$	−92.3
$Al_2O_3(s)$	−1675.7	$HBr(g)$	−36.3
$BaCO_3(s)$	−1213	$HI(g)$	+26.5
$BaO(s)$	−548	$HNO_3(l)$	−174.1
$Br_2(g)$	+30.9	$H_2S(g)$	−20.6
$C(g)$	+716.7	$KOH(s)$	−424.6
$CO(g)$	−110.5	$MgSO_4(s)$	−1284.9
$CO_2(g)$	−393.5	$NO(g)$	+91.3
$CaCO_3(s)$	−1207.6	$NO_2(g)$	+33.2
$CuO(s)$	−157.3	$Na_2O_2(s)$	−510.9
$Cu(OH)_2$	−449.8	$NaOH(s)$	−425.8
$CuSO_4(s)$	−771.4	$(NH_4)_2SO_4(s)$	−1180.9
$Fe_2O_3(s)$	−824.2	$SiO_2(s)$	−910.7
$FeSO_4(s)$	−928.4	$ZnO(s)$	−350.5
$H_2O(l)$	−285.8	$CH_4(g)$	−74.6
$H_2O(g)$	−241.8	$C_2H_6(g)$	−84.0

从表中可查得：$\Delta_f H_m^{\ominus}(CO,g) = -110.5J \cdot mol^{-1}$，意思是指 CO(g) 的标准摩尔生成热的值为$-110.5J \cdot mol^{-1}$，同时就等于知道，CO(g) 的生成反应

$$C(石) + \frac{1}{2}O_2(g) \xlongequal{} CO(g)$$

的 $\Delta_r H_m^{\ominus} = -110.5J \cdot mol^{-1}$。即 CO(g) 的生成反应的标准摩尔焓变 $\Delta_r H_m^{\ominus}$ 就是 CO(g) 的标准摩尔生成热 $\Delta_f H_m^{\ominus}$(CO，g)。

由此可见，标准生成热提供了一组以指定单质的焓为零的各种物质的相对焓值，根据这组数据可以很容易地求出各种反应的标准摩尔反应热 $\Delta_r H_m^{\ominus}$。

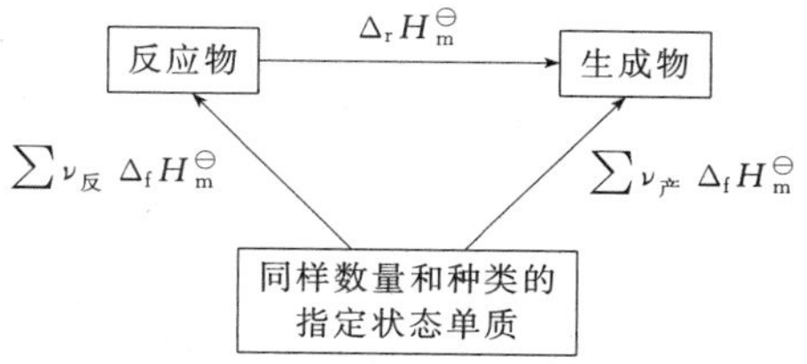

图 2-6　生成热与反应热的关系

（2）标准生成热的应用

化学反应的反应热可以通过实验测定，也可以根据标准摩尔生成焓计算得到。如图 2-6 所示，一个化学反应从参加反应的指定单质直接转变为生成物，与从参加反应的指定单质先生成反应物再变化生成物相比，两种途径反应热相等。

从图 2-6 可以得出结论：在定温定压过程中，反应的标准摩尔焓变等于产物的标准摩尔生成焓之和减去反应物的标准摩尔生成焓之和。即

$$\Delta_r H_m^{\ominus} = \sum \nu_{产} \Delta_f H_m^{\ominus} - \sum \nu_{反} \Delta_f H_m^{\ominus} \tag{2-16}$$

根据此式，可以计算任一在标准状态下的反应的反应热。

例 2-5　求 $Fe_2O_3(s) + 3CO(g) \xlongequal{} 2Fe(s) + 3CO_2(g)$ 在 298K 时的 $\Delta_r H_m^{\ominus}$。

解：查表得 $\Delta_f H_m^{\ominus}(Fe_2O_3,s)=-824.2kJ\cdot mol^{-1}$

$\Delta_f H_m^{\ominus}(CO,g)=-110.52kJ\cdot mol^{-1}$

$\Delta_f H_m^{\ominus}(Fe,s)=0$

$\Delta_f H_m^{\ominus}(CO_2,g)=-393.51kJ\cdot mol^{-1}$

$$\begin{aligned}\Delta_r H_m^{\ominus}(298K)&=3\times\Delta_f H_m^{\ominus}(CO_2,g)+2\times\Delta_f H_m^{\ominus}(Fe,s)-3\times\Delta_f H_m^{\ominus}(CO,g)-\Delta_f H_m^{\ominus}(Fe_2O_3,s)\\&=[3\times(-393.51)+2\times0-3\times(-110.52)-(-824.2)]kJ\cdot mol^{-1}\\&=-25kJ\cdot mol^{-1}\end{aligned}$$

由于各种物质的 $\Delta_r H_m^{\ominus}$ 有表可查，故利用公式，可以求出各种反应的焓变 $\Delta_r H_m^{\ominus}$，即求出反应的热效应。

$\Delta_r H_m^{\ominus}$ 受温度变化影响不大，故可将 298K 时的 $\Delta_r H_m^{\ominus}$ 值用于各种温度。

2.3.4 燃烧热

（1）燃烧热定义

化学热力学规定，在 100kPa 的压强下 1mol 物质完全燃烧时的热效应叫做该物质的标准摩尔燃烧热，简称标准燃烧热。符号为 $\Delta_c H_m^{\ominus}$，其中 c 是英语单词 combustion 的词头，表示燃烧之意，单位为 $kJ\cdot mol^{-1}$。表 2-2 中给出了几种有机化合物的标准摩尔燃烧热数值。

表 2-2 几种有机化合物的摩尔燃烧热

物 质	$\Delta_c H_m^{\ominus}/kJ\cdot mol^{-1}$	物 质	$\Delta_c H_m^{\ominus}/kJ\cdot mol^{-1}$
$CH_4(g)$	−890.8	$C_2H_5OH(l)$	−1366.8
$C_2H_6(g)$	−1560.7	$C_6H_6(l)$	−3267.6
$HCHO(g)$	−570.7	$C_7H_8(l)$	−3910.3
$CH_3OH(l)$	−726.1	$C_6H_5OH(s)$	−3053.5

热力学上规定，碳的燃烧产物为二氧化碳，氢的燃烧产物为水，氮、硫、氯的燃烧产物分别为 $N_2(g)$、$SO_2(g)$ 和 $HCl(aq)$，这一规定同时说明，这些燃烧产物 $N_2(g)$、$SO_2(g)$ 和 $HCl(aq)$ 等的燃烧热为零。单质氧没有燃烧反应，也可以认为它的燃烧热为零。

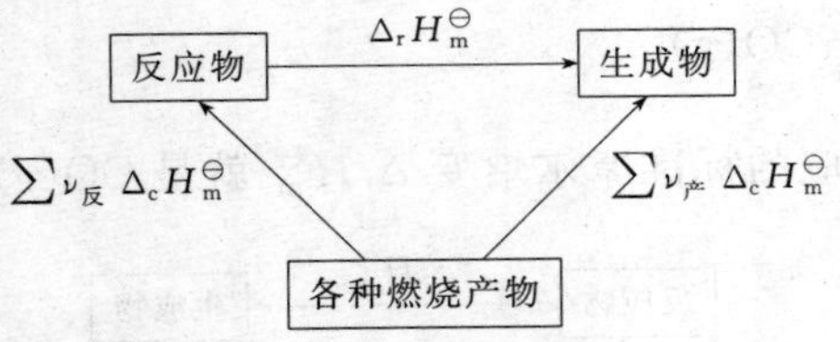

图 2-7 燃烧热与反应热的关系

（2）标准燃烧热的应用

许多有机物的生成热难以测定，然而燃烧热却容易通过实验测得。因此，常用燃烧热数据计算有机化合物的生成热。图 2-7 给出了燃烧热与反应热的关系，从中可以推导出由反应物和生成物的标准燃烧热求算反应热的公式。

$$\Delta_c H_m^{\ominus}=\sum\nu_反\Delta_f H_m^{\ominus}-\sum\nu_产\Delta_f H_m^{\ominus} \tag{2-17}$$

2.4 状态函数自由能（G）

前面的讨论从实验的角度对化学反应的方向和限度有了初步的了解。下面讨论怎样利用热力学函数来推测反应方向，计算标准平衡常数，以及认识影响反应方向和限度的因素。

2.4.1 自发变化

热力学第一定律，讨论了能量守恒与转化的问题。它是一条普遍的规律，但存在局限性。

① 只能说明体系状态变化过程中能量的转化与守恒关系；

② 不能指出在给定的条件下过程向什么方向进行；

③ 不确定体系状态变化能进行到什么程度。

例如，在常温常压下，1mol H_2和 0.5mol O_2合成 1mol $H_2O(l)$ 时，放热 285.85kJ，但是热力学第一定律不能回答，在给定的条件下反应是自动合成水呢？还是水自动分解呢？即怎样才能判断在一定的条件下，某个反应是否能够自发进行。

在没有外界作用或干扰的情况下，系统自身发生变化的过程称为自发变化。例如，冰箱中取出的冰块在常温下会融化，热从高温物体传向低温物体，暴露在潮湿空气中的铁块会生锈，锌置换硫酸铜溶液反应等。然而它们的逆过程则是非自发的。

把体系中各物质均处于标准状态时作为基本出发点来研究反应自发进行的方向。在没有外界作用下，体系自身发生变化的过程称为自发变化。一切自发过程的本质特征为：

① 自发过程具有不可逆性，即它们只能朝着某一确定的方向进行。

② 自发过程有一限度，自发变化的最大限度是系统的平衡状态。

③ 有一定的物理量判断变化的方向和限度。

对于化学反应，有无判据来判断它们进行的方向与限度呢？

2.4.2 反应焓变对反应方向的影响

早在 1878 年，法国化学家 M. Berthelot 和丹麦化学 J. Thomsen 家提出，自发的化学反应趋向于使系统释放出最多的热。即系统的焓减小（$\Delta H<0$），反应将能自发进行。这种以反应焓变作为判断反应方向的依据，简称焓变判据。

例如：$H_2(g)+1/2O_2(g)$ ══ $H_2O(l)$　　$\Delta_r H_m=-285.85kJ$

$H^+(aq)+OH^-(aq)$ ══ $H_2O(l)$　　$\Delta_r H_m=-55.84kJ$

从反应系统的能量变化来看，放热反应发生以后，系统的能量降低。反应放出的热量越多，系统的能量降低得越多，反应越完全。这就是说，在反应过程中，系统有趋向于最低能量状态的倾向，常称其为能量最低原理。不仅化学变化有趋向于最低能量状态的倾向，相变化也具有这种倾向。例如，－10℃过冷的水会自动地凝固为冰，同时放出热量，使系统的能量降低，总之，系统的能量降低（$\Delta H<0$），有利于反应正向进行。

M. Berthelot 和 J. Thomsen 所提出的最低能量原理是许多实验事实的概括，对多数放热反应，特别是在温度不高的情况下是完全适用的。但是，确实有例外，有些吸热反应也能自发进行。下面是几个反应实例。

① 冰融化是吸热过程，却能够自发进行。

② 氯化铵的溶解：

$NH_4Cl(s)$ ══ $NH_4^+(aq)+Cl^-(aq)$　　$\Delta_r H_m^\ominus=9.76kJ\cdot mol^{-1}$

③ 氢氧化钡晶体与氯化铵溶液的酸碱反应：

$Ba(OH)_2(s)+2NH_4^+(aq)$ ══ $Ba^{2+}(aq)+2NH_3(g)+2H_2O(l)$　　$\Delta_r H_m^\ominus=122.1kJ\cdot mol^{-1}$

④ 高温下碳酸钙分解：

$CaCO_3(s)$ ══ $CaO(s)+CO_2(g)$　　$\Delta_r H_m^\ominus=178.32kJ\cdot mol^{-1}$

⑤ 100℃水的蒸发：

$H_2O(l)$ ══ $H_2O(g)$　　$\Delta_r H_m^\ominus=44.0kJ\cdot mol^{-1}$

这些吸热反应（$\Delta H>0$）在一定条件下均能自发进行。说明放热（$\Delta H<0$）只是影响反应自发性的因素之一，而不是唯一的影响因素。

为了确定有关自发性的完整的一般标准，有必要引入两个新的函数，即熵变化（ΔS）和吉布斯（Gibbs）自由能变化（ΔG）。

2.4.3 状态函数熵

(1) 混乱度和微观状态数

总结前面的反应，其中违反放热规律的几个反应，其特点是：固体变液体、固体变液体和气体、气体少变成气体多。总之，生成物分子的活动范围变大，活动范围大的分子增多，体系的混乱度变大，这是一种趋势。

定量地描述体系的混乱度，则要引进微观状态数 Ω 的概念。考察体系的微观状态，即微观的每一种存在形式。

为了使问题简单明了，下面讨论 3 个最简单的体系的微观状态数：

① 3 粒子 3 位置体系

A	B	C		B	A	C		C	A	B
A	C	B		B	C	A		C	B	A

微观状态数为 6

② 3 粒子 4 位置体系

	A	B	C			B	A	C			C	A	B		A	B		C		B	A		C		C	A		B
	A	C	B			B	C	A			C	B	A		A	C		B		B	C		A		C	B		A
A		B	C		B		A	C		C		A	B		A	B	C			B	A	C			C	A	B	
A		C	B		B		C	A		C		B	A		A	C	B			B	C	A			C	B	A	

微观状态数为 24

③ 2 粒子 4 位置体系

A	B				A		B			A			B
B	A					A	B				A		B
B		A				B	A					A	B
B			A			B		A				B	A

微观状态数为 12

结论：

① 粒子的活动范围越大，体系的微观状态数越多；

② 粒子数越多，体系的微观状态数越多。

微观状态数可以定量地表明体系的混乱度，微观状态数越多，表明体系的混乱度越大。

(2) 熵

体系的状态一定，则体系的微观状态数一定，故和微观状态数 Ω 相关联的应有一种宏观的状态函数，可以表征体系的混乱度，热力学上把描述体系混乱度大小的状态函数称为熵(S)。有公式：

$$S=k\ln\Omega \tag{2-18}$$

式中，$k=1.381\times10^{-23}$，叫玻尔兹曼常量。

熵是体系的混乱度的量度。体系混乱度越大，表示体系熵值越高。反之，混乱度越小，熵越小。熵是状态函数，有加和性，是量度性质，熵用符号 S 表示，其 SI 单位为 $J\cdot K^{-1}$。任何理想晶体在 0K 时，熵都等于零。

对于同一物质的三态 g、l、s，$S(g)>S(l)>S(s)$，因此若用状态函数表示化学反应向着混乱度增大的方向进行这一事实，可以认为化学反应趋向于熵值增加，即 $\Delta_r S>0$。

S 为状态函数，过程的始终态一定，$\Delta_r S$ 为定值。过程中的热量与途径有关，热力学证明：可逆过程吸收的热最多，其过程中的热量用 Q_r 表示，$\Delta_r S$ 与 Q_r 及 T 之间的关系符合如

下关系式

$$\Delta_r S=\frac{Q_r}{T}\text{（热温熵）} \quad (2\text{-}19)$$

显然 $\Delta_r S$ 单位为 $J \cdot mol^{-1} \cdot K^{-1}$

在等温过程中，体系的熵变等于沿着可逆途径转移给体系的热量除以热力学温度。但由于 S 是状态函数，它只决定于始态和终态，而与它们实现始态到终态的转变途径无关。

（3）热力学第三定律和标准熵

一个体系的熵值直接与物质的熵值有关。由于熵是混乱度的量度，在 1atm、25℃时，就不能认为单质的熵为零，因为在此条件下，不管什么物质都有一定的混乱度。这样必须有一个绝对无混乱度的标准——完全有序的标准。

在绝对零度时，任何纯净的、完美晶体物质的熵等于零。因为在这时只存在一种混乱度，即 $\Omega=1$，故 $S=k\ln\Omega=0$。这种观点即为热力学第三定律。数学式为：

$$S^*\text{（完整晶体}, 0K)=0 \quad (2\text{-}20)$$

$T=0$ 时，所有分子的运动都停止了。所谓完美无缺的晶体是指晶体内部无缺陷，并且只有一种微观结构。

有了热力学第三定律，可以确定物质在标准状态下的绝对熵。

体系从 $T=0$，$S=0$ 的始态出发，变化到温度 T(K)，且 $p=1.013\times10^5 Pa$，该过程的熵变化为 ΔS 。

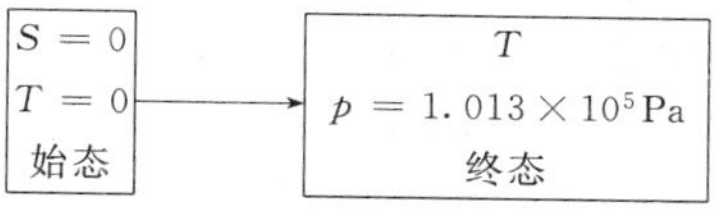

$$\Delta S=S_T-S_0=S_T \quad (2\text{-}21)$$

纯物质在温度 T 时的 S_T 称为该物质的规定熵。在某温度（通常为 298.15K）下，在标准压力下，1mol 某纯物质 B 的规定熵又叫做 B 的标准摩尔熵，用 $S_m^{\ominus}$（B，相态，T）表示，单位 $J \cdot mol^{-1} \cdot K^{-1}$。所有物质在 298K 的标准摩尔熵 $S_m^{\ominus}$ 均大于零。各种物质在 298K 时的熵值，人们求出后，列成表称之为 298K 时的标准熵表。注意：

① $S_m^{\ominus}$ 同 $\Delta_f H_m^{\ominus}$ 有着本质的不同，$\Delta_f H_m^{\ominus}$ 是相对值，而 $S_m^{\ominus}$ 是绝对值，是可以测定的；

② 单质的 $\Delta_f H_m^{\ominus}=0$，而单质的 $S_m^{\ominus}\neq0$；

③ $\Delta_r S_m^{\ominus}$ 同 $\Delta_r H_m^{\ominus}$ 相同，受温度的影响较小，$\Delta_r S_m^{\ominus}(T)\approx\Delta_r S_m^{\ominus}$（298.15K）。故 298K 的标准熵表，对其他温度也适用。

标准摩尔熵的一些规律如下。

① 对于同一物质来说，熵与物质的聚集状态有关。同一种物质的气态熵值最大，液态次之，固态的熵值最小。例如：$S_m^{\ominus}$ 水蒸气 $>S_m^{\ominus}$ 液态水 $>S_m^{\ominus}$ 固体冰。

② 有相似分子结构且分子量又相似的物质，其 $S_m^{\ominus}$ 相近。比如，$S_m^{\ominus}(CO)$ 与 $S_m^{\ominus}(N_2)$。结构相似，分子量不同的物质，$S_m^{\ominus}$ 随分子量增大而增大。因此，在周期表中同族相同物态单质的 $S_m^{\ominus}$ 从上到下逐渐增大。又如，298.15K 卤素的氢化物的 $S_m^{\ominus}$ 依次增大。

③ 物质的分子量相近时，分子结构复杂的 $S_m^{\ominus}$ 大。例如气态乙醇、气态二甲醚。二者的化学式相同，分子量相等，但二甲醚分子中 C 和 H 各原子以 O 为对称中心，乙醇分子中原子排布没有对称中心。

这些规律再一次表明了物质的标准摩尔熵与其微观结构是密切相关的。

有了标准熵表，即可求出各反应的 $\Delta_r S_m^{\ominus}$，公式为：

$$\Delta_r S_m^{\ominus}=\sum\nu_{产} S_m^{\ominus}-\sum\nu_{反} S_m^{\ominus} \quad (2\text{-}22)$$

实验证明，$S_m^\ominus$和 $\Delta_r S_m^\ominus$，受反应温度的影响不大，所以，实际应用中，在一定温度范围内可忽略温度的影响，认为 $\Delta_r S_m(T) \approx \Delta_r S_m(298K)$。

(4) 对过程熵变情况的估计

从对混乱度、微观状态数和熵的讨论中我们知道，在化学反应过程中，如果从固态物质或液态物质生成气态物质，体系的混乱度变大；如果生成物和反应物相比，气态物质的化学计量数是增大的，体系的混乱度也变大。这时体系的熵值将增加。于是根据这些可以判断出反应过程的 $\Delta_r S>0$。

反之，若是由气体生成固体或液体的反应，或气态物质的化学计量数减小的反应，判断出反应过程的 $\Delta_r S<0$。这种对熵变情况的定性估计，在判断反应进行的方向时是很有用处的。

① 若反应的 $\Delta_r H<0$，且根据上述方法估计出反应的 $\Delta_r S>0$，则能够肯定该反应是可以自发进行的。如 298K、1.01×10^2kPa 时，反应 $2Na_2O_2(s)+2H_2O(l) = 4NaOH(s)+O_2(g)$ 的 $\Delta_r H_m^\ominus<0$，反应由固体、液体变成气体物质，$\Delta_r S_m^\ominus>0$，由此可以判断该反应能够自发进行。

② 若反应的 $\Delta_r H_m^\ominus>0$，且根据上述方法估计出反应的 $\Delta_r S_m^\ominus<0$，则能够肯定该反应是不可以自发进行的。如 298K、1.01×10^2kPa 时，反应 $CO(g) = C(s)+\frac{1}{2}O_2(g)$ 的 $\Delta_r H_m^\ominus>0$，反应由气体分子多变成气体分子少，$\Delta_r S_m^\ominus<0$，由此可以判断该反应不能自发进行。

③ 若反应的 $\Delta_r H_m^\ominus>0$，且根据上述方法估计出反应的 $\Delta_r S_m^\ominus>0$，则是否能肯定该反应可以自发进行呢？如 298K、1.01×10^2kPa 时，反应 $CaCO_3(s) = CaO(s)+CO_2(g)$ 的 $\Delta_r H_m^\ominus>0$，$\Delta_r S_m^\ominus>0$，反应由固体变成气体物质，$\Delta_r S_m^\ominus>0$，由此可以判断该反应能够自发进行。

④ 若反应的 $\Delta_r H_m^\ominus<0$，且根据上述方法估计出反应的 $\Delta_r S_m^\ominus<0$，则是否能肯定该反应可以自发进行呢？如温度低于 0℃时，水会自动结冰，$\Delta_r S_m^\ominus<0$，反应由气体变成固体物质，由此可以判断该反应不能够自发进行，但实际是能够自发进行。ΔS 的大小和符号不能作为自发性判断的普遍依据。

对于一个化学反应，若能够自发进行，其自发进行的标准是什么呢？仅利用 $\Delta_r H_m^\ominus$ 或 $\Delta_r S_m^\ominus$很难准确地判断一个化学反应进行的方向性。必须采用新的状态函数，得到新的判断标准，这个函数就是吉布斯自由能（Gibbs 函数）。

2.4.4 Gibbs 自由能

(1) 吉布斯自由能判据

美国最著名的物理、数学家吉布斯（Gibbs）证明：在恒温恒压下，若一个化学反应能被利用来做有用功（非体积功），这个反应就是自发的，若必须由环境来提供有用功使体系发生化学反应，这个反应过程是非自发的。因此，把做有用功的本领称之为 Gibbs 自由能，用 G 表示，它是本单元学习的最重要的一个状态函数，也是热力学最重要的特征参数之一。若化学反应在恒温恒压条件下进行，过程只做体积功，不做非体积功。

$$\Delta_r U = Q + W$$

即

$$\Delta_r H_m = \Delta_r U - W = Q_p$$

前面的学习已经知道，等温等压下进行的反应，以可逆过程的功最大，吸收的热最多，显然 $Q_r \geqslant Q_p = \Delta_r H_m$，“=”表示可逆过程。

而热温熵

$$\Delta_r S = \frac{Q_r}{T}$$

因而 $$T\Delta_r S \geqslant \Delta_r H_m \text{ 或} -(\Delta_r H - T\Delta_r S) \geqslant 0$$

变形整理得
$$-[(H_2 - TS_2) - (H_1 - TS_1)] \leqslant 0 \tag{2-23}$$

由于 H、T、S 均为状态函数，$H\text{-}TS$ 的组合必为体系的状态函数。这个状态函数用 G 表示，称为吉布斯自由能。即

$$G = H - TS \tag{2-24}$$

$$-(G_2 - G_1) \geqslant 0, \quad \text{即 } \Delta_r G \leqslant 0 \tag{2-25}$$

从而得到一个化学反应方向性的判据：

$\Delta_r G_m < 0$，化学反应可以自发正向进行，即化学反应自发进行的方向就是化学反应 Gibbs 自由能减小的方向，即化学反应向自由能减小的方向进行。

$\Delta_r G_m = 0$，化学反应处于平衡状态，可逆反应，反应进行的最大限度——化学平衡研究的课题。

$\Delta_r G_m > 0$，化学反应难以自发正向进行，可以自发逆向进行。

因此，只要求得一个化学反应的 $\Delta_r G_m$，即可用来判断一个化学反应进行的方向性及最大限度，至此，本章学习了四个重要热力学函数 U、H、S、G。

$\Delta_r U$、$\Delta_r H$ 决定化学反应的能量变化问题，$\Delta_r S$ 决定化学反应的有序性问题，而只有 $\Delta_r G$ 作为一个化学反应方向性的判据，那么如何计算一个化学反应的 $\Delta_r G$ 呢？

（2）标准生成 Gibbs 自由能 $\Delta_f G_m^\ominus$

Gibbs 自由能 G 如同 U、H 一样难以获得绝对值，只能类似于求标准生成热 $\Delta_f H_m^\ominus$ 所用的方法，来获得其标准 Gibbs 自由能 $\Delta_f G_m^\ominus$，化学热力学规定：某温度下，由处于标准态的各种元素最稳定的单质生成 1mol 纯物质的 Gibbs 自由能改变——标准摩尔生成 Gibbs 自由能，单位为 kJ · mol^{-1}。同样规定，标准状态下最稳定单质的 $\Delta_f G_m^\ominus = 0$，这一点与 $\Delta_f H_m^\ominus$ 相同。

（3）标准状态下化学反应 Gibbs 自由能改变 $\Delta_r G_m^\ominus$ 的计算

$$\Delta_r G_m^\ominus = \sum \nu_{产} \Delta_f G_m^\ominus - \sum \nu_{反} \Delta_f G_m^\ominus$$

$$\Delta_r H_m^\ominus = \sum \nu_{产} \Delta_f H_m^\ominus - \sum \nu_{反} \Delta_f H_m^\ominus$$

$$\Delta_r S_m^\ominus = \sum \nu_{产} S_m^\ominus - \sum \nu_{反} S_m^\ominus$$

（4）三个热力学函数 $\Delta_r H_m^\ominus$、$\Delta_r S_m^\ominus$、$\Delta_r G_m^\ominus$ 的应用

① 计算某一化学反应在标准状态下的 $\Delta_r H_m^\ominus$、$\Delta_r S_m^\ominus$、$\Delta_r G_m^\ominus$。

② 判断某一化学反应，在标准状态下的方向性。

③ 比较化合物相对稳定性大小。

例 2-6 求化学反应 $4NH_3(g) + 5O_2 = 4NO(g) + 6H_2O(l)$ 的 $\Delta_r H_m^\ominus$、$\Delta_r S_m^\ominus$、$\Delta_r G_m^\ominus$，并指出化学反应在标准状态下反应的方向性。

解：

	$4NH_3(g)$	$+5O_2$	$=4NO(g)$	$+6H_2O(l)$
查表 $\Delta_f H_m^\ominus$/kJ · mol^{-1}	−46.14	0	90.31	−286.02
$S_m^\ominus$/J · mol^{-1} · K^{-1}	192.5	205.17	210.79	69.96
$\Delta_f G_m^\ominus$/kJ · mol^{-1}	−16.5	0	86.62	−237.3

因此
$$\begin{aligned}\Delta_r H_m^\ominus &= [4\Delta_f H_m^\ominus(NO) + 6\Delta_f H_m^\ominus(H_2O)] - [4\Delta_f H_m^\ominus(NH_3) + 5\Delta_f H_m^\ominus(O_2)] \\ &= [4\times 90.31 + 6\times(-286.02)] - [4\times(-46.14) + 0] \\ &= -1170.32(\text{kJ} \cdot \text{mol}^{-1}) < 0\end{aligned}$$

$$\begin{aligned}\Delta_r S_m^\ominus &= [4S_m^\ominus(NO) + 6S_m^\ominus(H_2O)] - [4S_m^\ominus(NH_3) + 5S_m^\ominus(O_2)] \\ &= (4\times 210.79 + 6\times 69.96) - (4\times 192.5 + 5\times 69.96)\end{aligned}$$

$= -532.8(J \cdot mol^{-1} \cdot K^{-1}) < 0$

$$\Delta_r G_m^\ominus = [4\Delta_f G_m^\ominus(NO) + 6\Delta_f G_m^\ominus(H_2O)] - [4\Delta_f G_m^\ominus(NH_3) + 5\Delta_f G_m^\ominus(O_2)]$$
$$= (4\times86.62 - 6\times237.3) - (-4\times16.5 + 0) = -1011.3(kJ \cdot mol^{-1}) < 0$$

由于 $\Delta_r G_m^\ominus < 0$，因此在标准状态下，反应可以自发正向进行，那么该化学反应是否在任何温度下均能自发正向进行？反应温度的变化是否影响化学反应的方向性呢？$T >$ 2198.5K 时，反应难以正向自发进行。

(5) Gibbs——Helmholtz 公式及应用

已经知道，每个化学反应均有其特定的 $\Delta_r G$、$\Delta_r H$、$\Delta_r S$。$\Delta_r G$ 大小决定化学反应自发进行的方向性；$\Delta_r H^\ominus$ 决定化学反应的能量变化；$\Delta_r S$ 决定化学反应混乱度的变化。三者之间存在怎样的相互关系呢？据 Gibbs 自由能的定义式 $G = H - TS$ 可以得到任一状态下、一个化学反应的 Gibbs 自由能的改变值。

$$\Delta_r G_m^\ominus = \Delta_r H_m^\ominus - T\Delta_r S_m^\ominus \text{(Gibbs-Helmholtz 公式)} \quad (2\text{-}26)$$

式(2-26) 表明：在恒温恒压条件下，化学反应的方向性的判据 $\Delta_r G_m$ 由两项决定，一项是 $\Delta_r H_m$，另一项是 $T\Delta_r S_m$，$\Delta_r G_m$ 的符号由二者来决定。

前面已谈到 $\Delta_r S_m$、$\Delta_r H_m$ 大小虽然受温度影响，但随温度变化很小。在无机化学反应中讨论一些问题时，可以认为它们不随温度的改变而改变，直接用 298.15K 时的 $\Delta_r H_m^\ominus$、$\Delta_r S_m^\ominus$ 即可，由此可以得到：

$$\Delta_r G_m(T) = \Delta_r H_m^\ominus(298.15K) - T\Delta_r S_m^\ominus(298.15K) \quad (2\text{-}27)$$

式(2-27) 应用如下。

① 任何温度下判断反应进行的可能性。

a. $\Delta_r H_m < 0$，$\Delta_r S_m > 0$ 恒有 $\Delta_r G_m < 0$，任何温度下反应均可自发正向进行。

b. $\Delta_r H_m > 0$，$\Delta_r S_m < 0$ 恒有 $\Delta_r G_m > 0$，任何温度下反应均难以自发正向进行。

$$2N_2(g) + O_2(g) \xlongequal{} 2N_2O(g)$$

c. $\Delta_r H_m < 0$，$\Delta_r S_m < 0$ $\begin{cases}\text{低温下 } \Delta_r G_m < 0 \text{ 反应可以自发正向进行。}\\ \text{高温下 } \Delta_r G_m > 0 \text{ 反应难以自发正向进行。}\end{cases}$

$$N_2(g) + 3H_2(g) \xlongequal{} 2NH_3(g)$$

d. $\Delta_r H_m > 0$，$\Delta_r S_m > 0$ $\begin{cases}\text{低温下 } \Delta_r G_m > 0 \text{ 反应难以自发正向进行。}\\ \text{高温下 } \Delta_r G_m < 0 \text{ 反应可以正向自发进行。}\end{cases}$

$$N_2(g) + O_2(g) \xlongequal{} 2NO(g)$$

② 计算化学反应能够自发进行（难以自发进行）的温度（转变温度）。

例 2-7 计算说明ⅡA 的 MCO_3 热稳定性的变化规律。

解： 以 $CaCO_3$ 分解反应为例讨论

$$CaCO_3(s) \xlongequal{} CaO(s) + CO_2(g)$$

	$CaCO_3(s)$	$CaO(s)$	$CO_2(g)$
查表 $\Delta_f H_m^\ominus/kJ \cdot mol^{-1}$	-1206.9	-635.1	-393.51
$\Delta_f G_m^\ominus/kJ \cdot mol^{-1}$	-1128.8	-604.0	-394.36
$S_m^\ominus/J \cdot mol^{-1} \cdot K^{-1}$	92.9	39.75	213.64

因此 $\Delta_r H_m^\ominus = (-635.1 - 393.51) + 1206.8 = 178.29(kJ \cdot mol^{-1})$

$\Delta_r S_m^\ominus = (39.75 + 213.64) - 92.9 = 160.49(J \cdot mol^{-1} \cdot K^{-1})$

$\Delta_r G_m^\ominus = 130.44kJ \cdot mol^{-1} > 0$

所以常温下反应难以正向自发进行，又因 $\Delta_r H_m^\ominus(T) \approx \Delta_r H_m^\ominus(298.15K) > 0$，$\Delta_r S_m^\ominus(T) \approx$

$\Delta_r S_m^{\ominus}(298.15K)>0$，因此上述反应在高温时可以使 $\Delta_r G_m(T)$ 为负值，反应能够自发正向进行。据 $\Delta_r G_m(T)=\Delta_r H_m^{\ominus}(298.15K)-T\Delta_r S_m^{\ominus}(298.15K)$

当 $\Delta_r G_m<0$ 时，$T>\dfrac{\Delta_r H_m^{\ominus}(298.15K)}{\Delta_r S_m^{\ominus}(298.15K)}=\dfrac{178.29\times10^3}{160.49}=1110.9(K)$

同理：$BeCO_3$ 373K；$MgCO_3$ 577K；$SrCO_3$ 1550K；$BaCO_3$ 1600K。

显然稳定性：$BeCO_3<MgCO_3<CaCO_3<SrCO_3<BaCO_3$。

例 2-8 试分别计算（1）N_2 与 H_2 合成 NH_3 反应在 298.15K 及 773K 下的 $\Delta_r G_m^{\ominus}$，并对结果作出评论。（2）在何温度时，反应难以自发进行。

解：（1） $N_2(g)+3H_2O(g)=\!=\!=2NH_3(g)$

查表			
$\Delta_f H_m^{\ominus}/kJ\cdot mol^{-1}$	0	0	-46.20
$S_m^{\ominus}/J\cdot mol^{-1}\cdot K^{-1}$	192	131	193

$\Delta_r H_m^{\ominus}=-92.4kJ\cdot mol^{-1}$ $\Delta_r S_m^{\ominus}=-199J\cdot mol^{-1}\cdot K^{-1}$

据公式 $\Delta_r G_m^{\ominus}=\Delta_r H_m^{\ominus}-T\Delta_r S_m^{\ominus}$

$\Delta_r G_m^{\ominus}(298.15K)=-92.4+298.15\times(-199)\times10^{-3}=-33.1(kJ\cdot mol^{-1})<0$

说明室温下、773K 下上述反应可以自发正向进行。

同理 $\Delta_r G_m^{\ominus}(298.15K)=-92.4-773\times(-199)\times10^{-3}=61.41kJ\cdot mol^{-1}>0$

说明升温至 773K 时，反应难以自发正向进行，相反，NH_3 在此温度下可以部分离解。

解：（2）据 $\Delta_r G_m(T)=\Delta_r H_m^{\ominus}(298.15K)-T\Delta_r S_m^{\ominus}(298.15K)$

当 $\Delta_r G_m^{\ominus}>0$ 时，反应难以自发进行，即

$$T>\frac{\Delta_r H_m^{\ominus}(298.15K)}{\Delta_r S_m^{\ominus}(298.15K)}=\frac{92.4\times10^3}{199}=464.3(K)$$

即当 $T>464.3K$ 时，反应难以自发正向进行。

$H=U+pV$	← H →	
$H=G+TS$	← U →	← pV →
$G=H-TS$	← TS →	← G →

即对于封闭体系，恒压只做体积功的条件下，体系吸收的热量全部用来增加其焓。

习　题

一、填空题

2-1 反应 $H_2O(l)\longrightarrow H_2(g)+1/2O_2(g)$ 的 $\Delta_r H_m^{\ominus}=285.83kJ\cdot mol^{-1}$，则 $\Delta_f H_m^{\ominus}(H_2O, l)$ 为________ $kJ\cdot mol^{-1}$；每生成 1.00g $H_2(g)$ 时的 $\Delta_r H_m^{\ominus}$ 为________ kJ，当反应系统吸热为 1.57kJ 时，可生成________ $gH_2(g)$ 和________ $gO_2(g)$。

2-2 已知反应 $HCN(aq)+OH^-\longrightarrow CN^-(aq)+H_2O(l)$ 的 $\Delta_r H_{m1}^{\ominus}=-12.1kJ\cdot mol^{-1}$；反应 $H^-(aq)+OH^-(aq)\longrightarrow H_2O(l)$ 的 $\Delta_r H_{m2}^{\ominus}=-55.6kJ\cdot mol^{-1}$。则 HCN(aq) 在水中的解离反应方程式为________，则该反应的 $\Delta_r H_m^{\ominus}$ 为________ $kJ\cdot mol^{-1}$。

2-3 已知反应 $2C(石墨)+O_2\longrightarrow CO(g)$ 的 $\Delta_r H_m^{\ominus}=-221.050kJ\cdot mol^{-1}$，反应 $CO(g)+O_2(g)\longrightarrow CO_2(g)$ 的 $\Delta_r H_m^{\ominus}=-282.984kJ\cdot mol^{-1}$，则 $\Delta_f H_m^{\ominus}(CO, g)=$________ $kJ\cdot mol^{-1}$，$\Delta_f H_m^{\ominus}(CO_2, g)=$________ $kJ\cdot mol^{-1}$。

2-4 已知 $\Delta_f H_m^{\ominus}(SO_3, g)=-395.72kJ\cdot mol^{-1}$，与其相应的反应方程式为________。

若 $\Delta_f H_m^{\ominus}(SO_2,g)=-322.98kJ\cdot mol^{-1}$，则反应 $SO_2(g)+O_2(g)\longrightarrow SO_3(g)$ $\Delta_f H_m^{\ominus}=$ ____ $kJ\cdot mol^{-1}$。

二、选择题

2-5 下列物理量中，属于状态函数的是（ ）。

A. H B. Q C. ΔH D. ΔU

2-6 按热力学上通常的规定，下列物质中标准摩尔生成焓为零的是（ ）。

A. C（金刚石） B. P_4（白磷） C. $O_3(g)$ D. $I_2(g)$

2-7 298K 时反应 $C(s)+CO_2(g)\xrightarrow{p^{\ominus}}2CO(g)$ 的标准摩尔焓变为 $\Delta_r H_m^{\ominus}$，则该反应的 $\Delta_r U_m^{\ominus}$ 等于（ ）。

A. $\Delta_r H_m^{\ominus}$ B. $\Delta_r H_m^{\ominus}-2.48kJ\cdot mol^{-1}$

C. $\Delta_r H_m^{\ominus}+2.48kJ\cdot mol^{-1}$ D. $-\Delta_r H_m^{\ominus}$

2-8 下列反应中，反应的标准摩尔焓变等于生成物的标准摩尔生成焓的是（ ）。

A. $CO_2(g)+CaO(s)\longrightarrow CaCO_3(s)$ B. $1/2H_2(g)+1/2I_2(g)\longrightarrow HI(g)$

C. $H_2(g)+Cl_2(g)\longrightarrow 2HCl(g)$ D. $H_2(g)+1/2O_2(g)\longrightarrow H_2O(g)$

2-9 已知① $A+B\longrightarrow C+D$，$\Delta_r H_{m1}^{\ominus}=-40.0kJ\cdot mol^{-1}$，② $2C+2D\longrightarrow E$，$\Delta_r H_{m2}^{\ominus}=60.0kJ\cdot mol^{-1}$，则反应③ $E\longrightarrow 2A+2B$ 的 $\Delta_r H_{m3}^{\ominus}$ 等于（ ）。

A. $140kJ\cdot mol^{-1}$ B. $-140kJ\cdot mol^{-1}$

C. $-20kJ\cdot mol^{-1}$ D. $20kJ\cdot mol^{-1}$

2-10 下列符号表示状态函数的是（ ）。

A. ΔG B. $\Delta_r S_m^{\ominus}$ C. $\Delta_r G_m^{\ominus}$ D. G

2-11 下列反应中 $\Delta_r S_m^{\ominus}>0$ 的是（ ）

A. $CO(g)+Cl_2(g)\longrightarrow COCl_2(g)$

B. $2SO_2(g)+O_2(g)\longrightarrow 2SO_3(g)$

C. $NH_4HS(g)\longrightarrow NH_3(g)+H_2S(g)$

D. $2HBr(g)\longrightarrow H_2(g)+Br_2(l)$

2-12 下列热力学函数的数值等于零的是（ ）。

A. $S_m^{\ominus}(O_2,g)$ B. $\Delta_f H_m^{\ominus}(I_2,g)$

C. $\Delta_f G_m^{\ominus}(P_4,s)$ D. $\Delta_f G_m^{\ominus}$(金刚石)

2-13 反应 $CaCO_3(s)\longrightarrow CaO(s)+CO_2(g)$ 在高温时正反应自发进行，其逆反应在 298K 时为自发的，则逆反应的 $\Delta_r H_m^{\ominus}$ 与 $\Delta_r S_m^{\ominus}$ 是（ ）。

A. $\Delta_r H_m^{\ominus}>0$ 和 $\Delta_r S_m^{\ominus}>0$ B. $\Delta_r H_m^{\ominus}<0$ 和 $\Delta_r S_m^{\ominus}>0$

C. $\Delta_r H_m^{\ominus}>0$ 和 $\Delta_r S_m^{\ominus}<0$ D. $\Delta_r H_m^{\ominus}<0$ 和 $\Delta_r S_m^{\ominus}<0$

2-14 在下列反应中，焓变等于 AgBr(s) 的 $\Delta_f H_m^{\ominus}$ 的反应是（ ）

A. $Ag^+(aq)+Br^-(aq)=\!=\!=AgBr(s)$ B. $Ag(s)+\frac{1}{2}Br_2(l)=\!=\!=AgBr(s)$

C. $2Ag(s)+Br_2(g)=\!=\!=2AgBr(s)$ D. $Ag(s)+\frac{1}{2}Br_2(g)=\!=\!=AgBr(s)$

2-15 在标准状态下石墨燃烧反应的焓变为 $-393.7kJ\cdot mol^{-1}$，金刚石燃烧反应的焓变为 $-395.6kJ\cdot mol^{-1}$，则石墨转变成金刚石反应的焓变为（ ）。

A. $-789.3kJ\cdot mol^{-1}$ B. 0 C. $+1.9kJ\cdot mol^{-1}$ D. $-1.9kJ\cdot mol^{-1}$

三、判断题

2-16 物质的标准状态和标准状况含义相同。 （ ）

2-17 热和功是系统与环境之间能量传递的两种形式。 （ ）

2-18 相同质量的石墨和金刚石燃烧所放出的热量相等。 （ ）

2-19 由于碳酸钙的分解反应是吸热的，故它的生成焓为负值。 （ ）

2-20 由于反应焓变的单位为 $kJ\cdot mol^{-1}$，所以热化学方程式的系数不影响该反应的焓变值。（ ）

2-21 物质的量增加的反应就是熵增加的反应。 （ ）

2-22 热力学温度为 0K 时，任何纯物质完整晶体的熵都是零。 （ ）

四、综合题

2-23　什么类型的化学反应 Q_p 等于 Q_V？什么类型的化学反应 Q_p 大于 Q_V？什么类型的化学反应 Q_p 小于 Q_V？

2-24　反应 $H_2(g)+I_2(s)═══2HI(g)$ 的 $\Delta_r H_m^{\ominus}$ 是否等于 HI(g) 的标准生成焓 $\Delta_f H_m^{\ominus}$？为什么？

2-25　金刚石和石墨的燃烧热是否相等？为什么？

2-26　已知

$$2C(石墨)+O_2(g)═══2CO(g) \qquad \Delta_r H_m^{\ominus}(1)=-222kJ\cdot mol^{-1}$$

$$2H_2O(g)═══O_2(g)+2H_2(g) \qquad \Delta_r H_m^{\ominus}(2)=484kJ\cdot mol^{-1}$$

$$CO(g)+H_2O═══CO_2+H_2(g) \qquad \Delta_r H_m^{\ominus}(3)=-41kJ\cdot mol^{-1}$$

求反应 $CO_2(g)\longrightarrow C(石墨)+O_2$ 的 $\Delta_r H_m^{\ominus}$。

2-27　利用下面热力学数据计算反应

$$CuS(s)+H_2═══Cu(s)+H_2S(g)$$

可以发生的最低温度。

	$\Delta_r H_m^{\ominus}/kJ\cdot mol^{-1}$	$S_m^{\ominus}/J\cdot mol^{-1}\cdot K^{-1}$
CuS(s)	−53.1	66.5
$H_2(g)$	0	130.57
$H_2S(g)$	−20.6	205.7
Cu(s)	0	33.15

2-28　碘钨灯发光效率高，使用寿命长，灯管中所含少量碘与沉积在管壁上的钨化合生成为 $WI_2(g)$：

$$W(s)+I_2(g)═══WI_2(g) \quad ①$$

WI_2 又可扩散到灯丝周围的高温区，分解成钨蒸气沉积在钨丝上。

已知 298K 时，$\Delta_f H_m^{\ominus}(WI_2,g)=-8.37\ kJ\cdot mol^{-1}$，

$S_m^{\ominus}(WI_2,g)=0.2504\ kJ\cdot mol^{-1}\cdot K^{-1}$，

$S_m^{\ominus}(W,s)=0.0335kJ\cdot mol^{-1}\cdot K^{-1}$，

$\Delta_f H_m^{\ominus}(I_2,g)=62.24kJ\cdot mol^{-1}$，

$S_m^{\ominus}(I_2,g)=0.2600kJ\cdot mol^{-1}\cdot K^{-1}$

计算反应①在 623K 时 $\Delta_r G_m^{\ominus}$。

2-29　100g 铁粉在 25℃溶于盐酸生成氯化亚铁（$FeCl_2$），

（1）这个反应在烧杯中发生；

（2）这个反应在密闭钢瓶中发生；

两种情况相比，哪个放热较多？简述理由。

第3章 化学动力学基础

无论是在理论还是工业中，化学的两个最大问题是产量和速率。前者是平衡的问题，将在下一章讨论。在固定氮气的工业中，不但要知道若干吨的 N_2 和 H_2 可得多少吨 NH_3，而且还要知道需要多少时间。一个炸弹的爆炸力固然和它大小有关，但是反应速率若是太慢，例如需要一年才炸完，炸弹的威力也就不存在了。在日常生活中我们常吃些助消化的药，这类药的功能就是使消化反应快些发生。保存水果和鱼肉用冷藏库，就是使腐烂的反应慢些发生。由此可见化学反应速率的重要性。这是近代化学的中心问题。本单元首先介绍化学反应速率的概念，再认识影响化学反应速率的因素，提出活化能的概念，并从分子水平上予以说明，进而完成从宏观层面对化学反应速率的认识，为深入研究化学反应及其应用奠定基础。

3.1 化学反应速率的概念

化学反应的速率，是一定条件下单位时间内某化学反应的反应物转变为生成物的速率。常用单位时间内反应物或产物的物质的量的变化来表示，是衡量化学反应进行快慢的物理量。

对于均匀体系的恒容反应，习惯用单位时间内反应物浓度的减少或生成物浓度的增加来表示，而且习惯取正值。浓度单位通常用 $mol \cdot L^{-1}$（或 $mol \cdot dm^{-3}$）表示，时间单位可分别用秒（s）、分（min）或小时（h）等表示。这样，化学反应速率的单位可为 $mol \cdot L^{-1} \cdot s^{-1}$、$mol \cdot L^{-1} \cdot min^{-1}$、$mol \cdot L^{-1} \cdot h^{-1}$…。

3.1.1 平均速率

下面以乙酸乙酯的皂化反应为例进行讨论。

$$CH_3COOC_2H_5 + OH^- \longrightarrow CH_3COO^- + CH_3CH_2OH$$

表 3-1 给出了不同时间 OH^- 浓度的测定值。从 t_1 到 t_2 的时间间隔用 $\Delta t = t_1 - t_2$ 表示，t_1、t_2 时的浓度分别用 $c(OH^-)_1$ 和 $c(OH^-)_2$ 表示，则在时间间隔 Δt 内的浓度改变量为 $\Delta c = c(OH^-)_1 — c(OH^-)_2$。则这段时间里的平均速率为：

$$\bar{r}(OH^-) = \frac{c(OH^-)_2 - c(OH^-)_1}{t_2 - t_1} = -\frac{\Delta c(OH^-)}{\Delta t}$$

式中的负号是为了使反应速率保持正值。

利用上式计算的不同时间间隔内的平均反应速率列于表 3-1 的最后一列。从数据中看出，不同时间间隔内，反应的平均速率不同。

又如，在给定条件下，合成氨反应：

	N_2	+	$3H_2$	$\longrightarrow$	$2NH_3$
起始浓度/$mol \cdot dm^{-3}$	2.0		3.0		0

2s 末浓度/$mol \cdot dm^{-3}$　　　1.8　　　2.4　　　0.4

表 3-1　$CH_3COOC_2H_5$ 在 NaOH 溶液中的分解速率（298K）

时间 t/min	时间变化 Δt/min	$c(OH^-)$ $mol \cdot dm^{-3}$	$-\Delta c(OH^-)$ $mol \cdot dm^{-3}$	反应速率 $\bar{r}$/$mol \cdot dm^{-3} \cdot min^{-1}$
0	0	0.010	—	—
3	3	0.0074	0.0026	8.67×10^{-4}
5	2	0.0063	0.00106	5.3×10^{-4}
7	2	0.0055	0.00084	4.2×10^{-4}
10	3	0.0046	0.00086	2.87×10^{-4}
15	5	0.0036	0.00101	2.02×10^{-4}
21	6	0.0029	0.00075	1.25×10^{-4}
25	4	0.0025	0.00034	0.85×10^{-4}

该反应平均速率若根据不同物质的浓度变化可分别表示为：

$$\bar{r}_{N_2}=-\frac{\Delta c(N_2)}{\Delta t}=-\frac{(1.8-2.0)mol \cdot dm^{-3}}{(2-0)s}=0.1mol \cdot dm^{-3} \cdot s^{-1}$$

$$\bar{r}_{H_2}=-\frac{\Delta c(H_2)}{\Delta t}=-\frac{(2.4-3.0)mol \cdot dm^{-3}}{(2-0)s}=0.3mol \cdot dm^{-3} \cdot s^{-1}$$

$$\bar{r}_{NH_3}=\frac{\Delta c(NH_3)}{\Delta t}=\frac{(0.4-0)mol \cdot dm^{-3}}{(2-0)s}=0.2mol \cdot dm^{-1} \cdot s^{-1}$$

显然，在这里用三种物质表示的速率之比是 1∶3∶2，它们之间的比值为反应方程式中相应物质分子式前的系数比。三者并不相等，但反应的问题的实质却是同一的，故三者有内在联系：

$$\bar{r}=-\frac{\Delta c(N_2)}{\Delta t}=-\frac{1}{3}\times\frac{\Delta c(H_2)}{\Delta t}=\frac{1}{2}\times\frac{\Delta c(NH_3)}{\Delta t}$$

对于一般反应：$aA+bB=gG+hH$ 则有：

$$\bar{r}=-\frac{1}{a}\frac{\Delta c(A)}{\Delta t}=-\frac{1}{b}\times\frac{\Delta c(B)}{\Delta t}=\frac{1}{g}\times\frac{\Delta c(G)}{\Delta t}=\frac{1}{h}\times\frac{\Delta c(H)}{\Delta t}$$

原则上，用任何一种反应物或生成物的浓度变化均可表示化学反应速率，实际上经常采用浓度变化易于测量的那种物质来进行研究。

3.1.2　瞬时速率

在研究影响反应速率的因素时，经常要用到某一时刻的反应速率。这时，用平均速率就显得粗糙，因为这段时间里，速率在变化，影响因素也在变化。

瞬时速率：某一时刻的化学反应速率称为瞬时速率。

利用表 3-1 中数据作图（图 3-1）即反应物的浓度对时间作图。

先考虑一下平均速率的意义：割线 AB 的斜率表示时间间隔 $\Delta t=t_B-t_A$ 内反应的平均速率，而曲线在 C 点的切线的斜率，则表示该时间间隔内某时刻 t_C 时的瞬时速率。瞬时速率用 r 表示，这里是用 $r(OH^-)$ 表示的，即

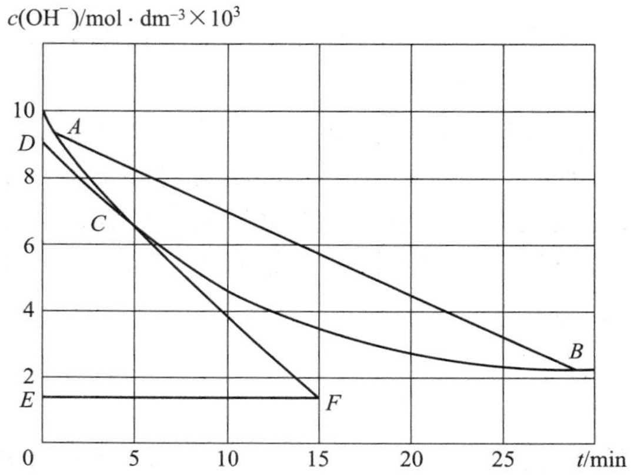

图 3-1　用作图法求瞬时反应速率

$$r(OH^-)=\frac{DE}{EF}$$

要求得在 t_1-t_2 之间某一时刻 t_0 的反应速率，可以在 t_0 两侧选时间间隔 $t_0-\delta \sim t_0+\delta$。$\delta$ 越小，间隔越小，则两点间的平均速率越接近 t_0 时的速率 r_{t_0}。

$$r(OH^-)=\lim_{\Delta t \to 0}\frac{\Delta c(OH^-)}{\Delta t}$$

当 $\delta>0$ 时，割线变成切线，即割线的极限是切线，所以割线 AB 的极限是切线 k；故 t_0 时刻曲线切线的斜率是 t_0 时的瞬时速率 r_{t_0}。从瞬时速率的定义，可以归纳出瞬时速率的求法。

① 做浓度-时间曲线图；

② 在指定时间的曲线位置上做切线；

③ 求出切线的斜率（用作图法，量出线段长，求出比值）。

对于反应 $a\mathrm{A}+b\mathrm{B}$ ══ $g\mathrm{G}+h\mathrm{H}$ 某时刻的瞬时速率之间，有如此的关系：

$$\frac{1}{a}r(\mathrm{A})=\frac{1}{b}r(\mathrm{B})=\frac{1}{g}r(\mathrm{G})=\frac{1}{h}r(\mathrm{H})$$

最有实际意义和理论意义的瞬时速率是初始速率 r_0。

3.2 反应速率理论

20 世纪反应速率理论的研究取得了进展，主要的成果有，1918 年路易斯在气体分子运动论的基础上推出了化学反应速率的碰撞理论和 30 年代艾琳等在量子力学和统计力学的基础上提出的化学反应速率的过滤状态理论。

3.2.1 碰撞理论

化学反应的发生，总要以反应物之间的接触为前提，即反应物分子之间的碰撞是先决条件。没有粒子间的碰撞，反应的进行则无从说起。看如下计算数据：

$$2HI = H_2 + I_2$$

反应物浓度：$10^{-3}\,\mathrm{mol\cdot dm^{-3}}$

反应温度：973K

计算结果表明，每秒每升体积内，碰撞总次数为 3.5×10^{26} 次。

计算反应速率为：$v=3.5\times10^{26}/(6.02\times10^{23})=5.8\times10^{4}(\mathrm{mol\cdot dm^{-3}\cdot s^{-1}})$

实际反应速率为：$v=1.2\times10^{-8}\,\mathrm{mol\cdot dm^{-3}\cdot s^{-1}}$

计算反应速率与实际反应速率相差甚远，原因何在？

(1) 有效碰撞

并非每一次碰撞都发生预期的反应，只有非常少非常少的碰撞是有效的。首先，分子无限接近时，要克服斥力，这就要求分子具有足够的运动速率，即能量。具备足够的能量是有效碰撞的必要条件。一组碰撞的反应物的分子的总能量必须具备一个最低的能量值，这种能量分布符合从前所讲的分布原则。用 E 表示这种能量限制，则具备 E 和 E 以上的分子组的分数为：

$$f=e^{-\frac{E_a}{RT}}$$

其次，仅具有足够能量尚不充分，分子有构型，所以碰撞方向还会有所不同，如反应：NO_2+CO ══ $NO+CO_2$ 的碰撞方式有如下两种。

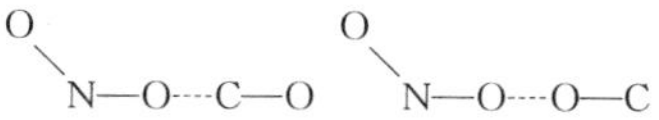

$$\begin{array}{ccc}
& \text{O} & & & \text{O} \\
& \backslash & & & \backslash \\
\text{N}-\text{O}\cdots\text{C}-\text{O} & & & \text{N}-\text{O}\cdots\text{O}-\text{C} \\
& ① & & & ②
\end{array}$$

显然，①种碰撞有利于反应的进行，②种以及许多其他碰撞方式都是无效的。取向适合的次数占总碰撞次数的分数用 p 表示。

若单位时间内，单位体积中碰撞的总次数为 Z mol，则反应速率可表示为：

$$r = Zpf$$

其中 p 称为取向因子，f 称为能量因子。或写成：

$$\bar{r} = Zp\mathrm{e}^{-\frac{E_a}{RT}}$$

（2）活化能和活化分子组

将具备足够能量（碰撞后足以反应）的反应物分子组，称为活化分子组。从公式：

$$\bar{r} = Zp\mathrm{e}^{-\frac{E_a}{RT}}$$

可以看出，分子组的能量要求越高，活化分子组的数量越少。这种能量要求称之为活化能，用 E_a 表示。E_a 在碰撞理论中，被认为和温度无关。其与温度的详细关系，将在物理化学中讲授。

E_a 越大，活化分子组数则越少，有效碰撞分数越小，故反应速率越慢。

不同类型的反应，活化能差别很大。如反应：

$$2SO_2 + O_2 = 2SO_3 \qquad E_a = 251\text{kJ} \cdot \text{mol}^{-1}$$
$$N_2 + 3H_2 = 2NH_3 \qquad E_a = 175.51\text{kJ} \cdot \text{mol}^{-1}$$

而中和反应：

$$HCl + NaOH = NaCl + H_2O \qquad E_a \approx 20\text{kJ} \cdot \text{mol}^{-1}$$

分子不断碰撞，能量不断转移，因此，分子的能量不断变化，故活化分子组也不是固定不变的。但只要温度一定，活化分子组的百分数是固定的。

3.2.2 过渡态理论

过渡状态理论认为：化学反应不只是通过反应物分子之间简单碰撞就能完成的，而是在碰撞后先要经过一个中间的过渡状态，即首先形成一种活性集团（活化配合物）。

如：反应 $A + BC \longrightarrow AB + C$

反应过程中随着 A、B、C 三原子相对位置的改变形成活化配合物。

$(A\cdots B\cdots C)‡$（过渡状态）：$A + BC \longrightarrow (A\cdots B\cdots C)‡ \longrightarrow AB + C$

再如：反应 $NO_2 + CO = NO + CO_2$

反应过程中随着 N、O、C 三原子相对位置的改变形成活化配合物。

$$\begin{array}{ccc}
\text{O} & & \text{O} \\
\backslash & & \backslash \\
\text{N}-\text{O} + \text{C}-\text{O} & \longrightarrow & \text{N}\cdots\text{O}\cdots\text{C}-\text{O}
\end{array}$$

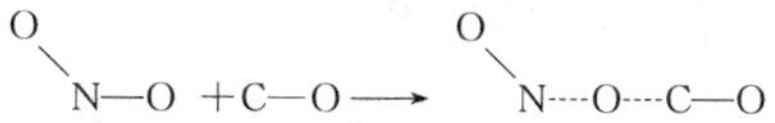

N—O 部分断裂，C—O 部分形成，此时分子的能量主要表现为势能。

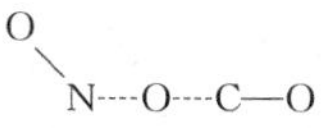

$\overset{\text{O}}{\underset{}{\backslash}}$ $N\cdots O\cdots C-o$ 称活化配合物。活化配合物能量高，不稳定。它既可以进一步发展成为产物，也可以变成原来的反应物。于是，反应速率决定于活化配合物的浓度、活化配合物分解成产物的概率和分解成产物的速率。

过渡态理论，将反应中涉及的物质的微观结构和反应速率结合起来，这是比碰撞理论先进的一面。然而，在该理论中，许多反应的活化配合物的结构尚无法从实验上加以确定，加上计算方法过于复杂，致使这一理论的应用受到限制。

应用过渡态理论讨论化学反应时，可将反应过程中体系势能变化情况表示在反应进程-

势能图上，如图 3-2 所示。

反应进程可概括为：

① 反应物体系能量升高，吸收 E_a；

② 反应物分子接近，形成活化配合物；

③ 活化配合物分解成产物，释放能量 E'_a。

E_a 可看作正反应的活化能，是一差值；E'_a 为逆反应的活化能。

（1）$NO_2+CO \longrightarrow$ O—N···O···C—O　$\Delta_r H_1=E_a$

（2）O—N···O···C—O $\longrightarrow NO + CO_2$　$\Delta_r H_2=-E'_a$

由盖斯定律：（1）＋（2）得：

$$NO_2+CO \longrightarrow NO+CO_2$$

故　$$\Delta_r H=\Delta_r H_1+\Delta_r H_2=E_a-E'_a$$

若 $E_a>E'_a$，$\Delta_r H>0$，反应吸热，如图 3-3(a) 所示。

若 $E_a<E'_a$，$\Delta_r H<0$，反应放热，如图 3-3(b) 所示。

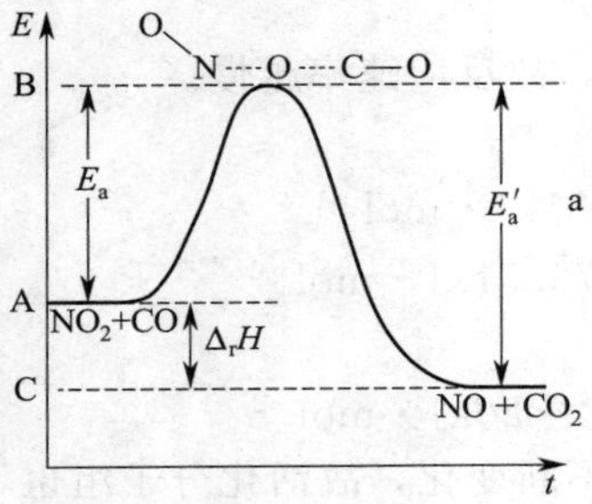

图 3-2　反应进程-势能图

A—反应物的平均能量；B—活化配合物的能量；C—产物的平均能量

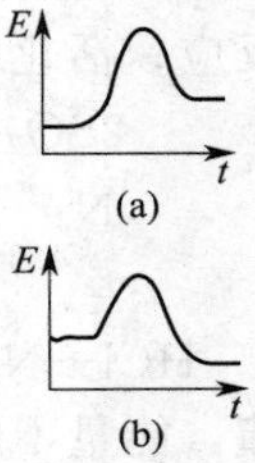

图 3-3　吸热反应（a）和放热反应（b）系统中的能量变化

$\Delta_r H$ 是热力学数据，说明反应的可能性；E_a 是决定反应速率的活化能，是现实性问题。

在过渡态理论中，E_a 和温度的关系较为明显，T 升高，反应物平均能量升高，差值 E_a 要变小些。

3.3　浓度对化学反应速率的影响

3.3.1　基元反应和微观可逆性原理

经过一次碰撞即可完成的反应，叫基元反应。如前面提到的：

$$NO_2+CO = NO+CO_2$$

在高温下，经反应物一次碰撞即可完成反应，故为基元反应。从反应进程-势能图上，可以得出结论，如果正反应是基元反应，则其逆反应也必然是基元反应，且正逆反应经过同一活化配合物作为过渡态。这就是微观可逆性原理。

正反应：（1）$NO_2+CO \longrightarrow$ O—N···O···C—O $\longrightarrow NO+CO_2$

逆反应：（2）$NO + CO_2 \longrightarrow$ O—N···O···C—O $\longrightarrow NO_2+CO$

$H_2+I_2 = 2HI$，不是基元反应，它的反应机理为：

（1）$I_2 = 2I$

（2）$I + I + H_2 = 2HI$

所以 $H_2 + I_2 = 2HI$ 称为复杂反应，其中（1）和（2）两步都是基元反应，称为复杂反应的基元步骤。

3.3.2 质量作用定律

在空气中即将熄灭的余烬的火柴，放到纯氧中会复燃。说明浓度大的体系，活化分子组的数目比浓度小的体系多，有效碰撞次数增加，反应加快，结果余烬的火柴复燃。

在基元反应中或在非基元反应的基元步骤中，反应速率和反应物浓度之间，有严格的数量关系，即遵循质量作用定律。

$$aA + bB = gG + hH$$

则：$r = kc(A)^a c(B)^b$，恒温下，基元反应的速率同反应物浓度幂的乘积成正比，幂指数等于反应方程式中的化学计量数。这就是质量作用定律。

质量作用定律的表达式，经常称为反应速率方程。速率方程中 $c(A)$、$c(B)$ 表示某时刻反应物的浓度。r 表示的反应瞬时速率，即反应物为 $c(A)$、$c(B)$ 时的瞬时速率。k 是速率常数，在反应过程中不随浓度变化，但 k 是温度的函数，不同温度下 k 不同。a 和 b 之和称为这个基元反应的反应级数，可以说该反应是 $a+b$ 级反应，也可以说反应对 A 是 a 级的，对 B 是 b 级的。

在基元反应中，由 a 个 A 分子和 b 个 B 分子，经一次碰撞完成反应，我们说这个反应的分子数是 $a+b$，或说这个反应是 $a+b$ 分子反应。只有基元反应，才能说反应分子数。

在基元反应中，反应级数和反应分子数数值相等，但反应分子数是微观量，反应级数是宏观量。

例 3-1 写出下列基元反应的速率方程，指出反应级数和反应分子数。

$$SO_2Cl_2 = SO_2 + Cl_2 \quad (1)$$

$$2NO_2 = 2NO + O_2 \quad (2)$$

$$NO_2 + CO = NO + CO_2 \quad (3)$$

解：（1）$r = kc(SO_2Cl_2)$　　一级反应 单分子反应

（2）$r = kc(NO_2)^2$　　二级反应 双分子反应

（3）$r = kc(NO_2)c(CO)$　　二级反应 双分子反应

或反应级数为 2，反应分子数为 2。

3.3.3 复杂反应的速率方程

基元反应或复杂反应的基元步骤，可以根据质量作用定律写出速率方程，并确定反应级数。复杂反应则要根据实验写出速率方程，并确定反应级数。

例 3-2 根据下表给出的实验数据、实验步骤，写出下列反应的速率方程，并确定反应级数。

$$aA + bB = gG + hH \quad (1)$$

编　号	$c(A)_0/mol \cdot dm^{-3}$	$c(B)_0/mol \cdot dm^{-3}$	$R_{G_0}/mol \cdot dm^{-3} \cdot s^{-1}$
1	1.0	1.0	1.2×10^{-2}
2	2.0	1.0	2.3×10^{-2}
3	1.0	2.0	4.8×10^{-2}

解：由实验 1 和 2 得 $r \propto c(A)_0^1$

由实验 1 和 3 得 $r \propto c(B)_0^2$

$$r = kc(A)_0^1 c(B)_0^2$$

将实验 1 的数据代入上式得：

$$k=1.2\times10^{-2}\,\mathrm{mol\cdot dm^{-3}\cdot s^{-1}}$$

故式(1) 的速率方程为：$r=1.2\times10^{-2}c(\mathrm{A})c(\mathrm{B})^2$

据此可知，反应对 A 是一级，对 B 是二级，反应属三级反应。

因为不知道是否是基元反应，不能妄说分子数。

有了速率方程，可求出任何时刻 $c(\mathrm{A})$、$c(\mathrm{B})$ 的反应速率，同样也可求出 r_A、r_B 和 r_H。

复杂反应的速率方程还可以根据它的反应机理，即根据各基元步骤写出。

例 3-3 $H_2+I_2\longrightarrow 2HI$，不是基元反应，它的反应机理为：

(1) $I_2 = 2I$　　快反应，保持平衡

(2) $I+I+H_2 = 2HI$　　慢反应

试写出其速率方程。

分析：这是个连串的反应，即反应（1）的产物为反应（2）的反应物。决定速率的步骤是最慢的步骤。

解：(2) 是慢反应，是定速步骤。

基元反应（2）的速率方程为：

$$r=k'c(\mathrm{H_2})c(\mathrm{I})^2$$

要将方程式中和起始反应物无关的浓度，换成反应物浓度。

由于（1）是快反应，一直保持有：$r_{+1}=r_{-1}$

写成速率方程表达式 $k_{+1}c(\mathrm{I_2})=k_{-1}c(\mathrm{I})^2$

∴
$$c(\mathrm{I})^2=\frac{k_{+1}}{k_{-1}}c(\mathrm{I_2})$$

将其代入
$$r=k'c(\mathrm{H_2})c(\mathrm{I})^2$$

得：
$$r=k'\left(\frac{k_{+1}}{k_{-1}}\right)c(\mathrm{H_2})c(\mathrm{I_2})$$

令 $k=k'\left(\frac{k_{+1}}{k_{-1}}\right)$，故有 $r=kc(\mathrm{H_2})c(\mathrm{I_2})$

得到的速率方程，竟与按质量作用定律写出的一样。但这并不能说明该反应是基元反应。

3.3.4 反应速率常数

(1) k 的意义

在 $r=kc^m(\mathrm{A})c^n(\mathrm{B})$形式速率方程中，$k$ 表示当 $c(\mathrm{A})$、$c(\mathrm{B})$ 均处于 $1\mathrm{mol\cdot dm^{-3}}$时的速率。这时，$r=k$，因此 k 有时称为比速率。k 是常数，在反应过程中，不随浓度而改变。但 k 是温度的函数，温度对速率的影响，表现在对 k 的影响上。

(2) k 之间的关系

用不同物质的浓度改变表示速率时，k 值不同。由 $r=kc^m(\mathrm{A})c^n(\mathrm{B})$得，同一时刻，显然 $c(\mathrm{A})$、$c(\mathrm{B})$ 应该对应相同，r 的不同是由 k 不同引起的。

对于反应 $a\mathrm{A}+b\mathrm{B} = g\mathrm{G}+h\mathrm{H}$ 某时刻的瞬时速率，有如此的关系：

$$\frac{1}{a}r(\mathrm{A})=\frac{1}{b}r(\mathrm{B})=\frac{1}{g}r(\mathrm{G})=\frac{1}{h}r(\mathrm{H})$$

所以可得：
$$\frac{1}{a}k(\mathrm{A})=\frac{1}{b}k(\mathrm{B})=\frac{1}{g}k(\mathrm{G})=\frac{1}{h}k(\mathrm{H})$$

即不同的速率常数之比等于反应方程式中各物质的化学计量数之比。

（3）k 的单位

k 作为比例系数，不仅要使等式两侧数值相等，而且物理学单位也要一致：

速率常数的单位：

零级反应：$r=k(c_A)^0$，k 的量纲为 $mol \cdot dm^{-3} \cdot s^{-1}$。

一级反应：$r=kc_A$，k 的量纲为 s^{-1}。

二级反应：$r=k(c_A)^2$，k 的量纲为 $mol^{-1} \cdot dm^{-3} \cdot s^{-1}$。

3/2 级反应：$r=k(c_A)^{3/2}$，k 的量纲为 $mol^{-\frac{1}{2}} \cdot dm^{\frac{1}{2}} \cdot s^{-1}$。

于是根据给出的反应速率常数，可以判断反应的级数。

（4）速率方程的说明

在速率方程中，只写有变化的项。固体物质不写，大量存在的 H_2O 不写。如：

$$Na+2H_2O = 2NaOH+H_2 \quad 按基元反应: r=k$$

压强和体积的变化，可直接影响浓度，故不必单独列出进行讨论。温度对反应速率的影响是很显然的。食物夏季易变质，需放在冰箱中。压力锅将温度升到 400K，食物易于煮熟。

荷兰科学家范特霍夫（van't Hoff）提出，温度每升高 10K，反应速率一般增加到原来的 2～4 倍。这被称作 van't Hoff 规则。

T 升高，分子的平均能量升高，有效碰撞增加，故速率加快。

$$N_2O_5(s) = \frac{1}{2}O_2(g)+N_2O_4(g)$$

T/K	298	308	318	328
k_{NO_5}/mol · s^{-1}	3.46	13.5	49.8	150

van't Hoff，1901 年诺贝尔奖获得者，主要工作为动力学研究，渗透压定律等。在这一节中，主要介绍 Arrhenius（阿仑尼乌斯）公式。Arrhenius，1903 年诺贝尔化学奖得主，工作为电离理论的研究。

3.4 温度对化学反应速率的影响

3.4.1 阿仑尼乌斯方程

温度对反应速率的影响，主要体现在对速率常数 k 的影响上。Arrhenius 总结了 k 与 T 的经验公式：

$$k=A\mathrm{e}^{-E_a/(RT)} \qquad (1)\ 指数式$$

取自然对数得：

$$\ln k=-\frac{E_a}{RT}+\ln A \qquad (2)\ 对数式$$

常用对数：

$$\lg k=-\frac{E_a}{2.303RT}+\lg A \qquad (3)\ 对数式$$

式(1) 和式(3) 较为常用。

式中，k 为速率常数；E_a为活化能；R 为 $8.314J \cdot mol^{-1} \cdot K^{-1}$；$T$ 为热力学温度；A 为指前因子；单位同 k 相同，e 为自然对数底，e=2.71828…lge=0.4343=1/2.303。

应用阿仑尼乌斯公式讨论问题，可以认为 E_a、A 不随温度变化。由于 T 在指数上，故对 k 的影响较大。

例 3-4 反应：$C_2H_5Cl = C_2H_4+HCl$。$A=1.6\times10^{14}s^{-1}$，$E_a=246.9kJ \cdot mol^{-1}$ 求 700K 时的 k。

解： 由 Arrhenius 指数式得：

$$k = A e^{-\frac{E_a}{RT}}$$
$$= 1.6 \times 10^{14} e^{\frac{246.9 \times 10^3}{8.314 \times 700}}$$
$$= 6.02 \times 10^{-5} (s^{-1})$$

同样求出，700K 时，$k_{710} = 1.09 \times 10^{-4} s^{-1}$

温度升高了 10K，速率增大 1.8 倍。

若比较从 500～510K，k 增大 3.2 倍。

上面的计算表明，van't Hoff 规则是有一定基础的。更重要的是，对于一个反应，E_a一定时，在较低的温度区间，比如 500～510K，温度对速率的影响较大，而在高温区间，比如 700～710K，影响要小些。

3.4.2 不同温度下，速率常数之间的关系

已知温度为 T_1时，速率常数为 k_1；温度为 T_2时，速率常数为 k_2。由 Arrhenius 方程得：

$$\ln k_1 = \ln A - \frac{E_a}{RT_1} \quad ①$$

$$\ln k_2 = \ln A - \frac{E_a}{RT_2} \quad ②$$

①－②得：
$$\ln k_1 - \ln k_2 = -\frac{E_a}{R}\left(\frac{1}{T_1} - \frac{1}{T_2}\right)$$

或者
$$\ln\left(\frac{k_1}{k_2}\right) = \frac{E_a}{R}\left(\frac{1}{T_2} - \frac{1}{T_1}\right)$$

根据 Arrhenius 公式的对数式，知道了反应的 E_a、A 和某温度 T_1时的 k_1，即可求出任意温度 T_2时的 k_2。

3.4.3 活化能计算

① Arrhenius 公式应用。

对数形式：$\lg k = \lg A - \dfrac{E_a}{2.303RT}$。

$\lg k$ 与$\dfrac{1}{T}$作图为一直线，直线的斜率为$-\dfrac{E_a}{2.303R}$，直线的截距为 $\lg A$。

作图法可求 E_a和 A 值。

对 E_a不相等的两个反应，作 2 个 $\lg k$-$1/T$ 曲线，如图 3-4 所示，直线Ⅱ的斜率绝对值大，故反应Ⅱ的 E_a大。可见，活化能 E_a大的反应，其速率随温度变化显著。根据作图法，可求出 E_a和 A。

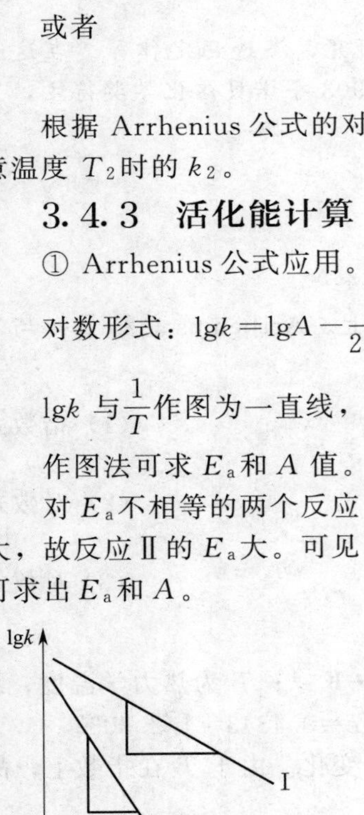

图 3-4　$\lg k$ 与$\dfrac{1}{T}$图

由于图像为直线，故要知道线上的两个点，即两组（$\lg k$、$1/T$）的值，即两组 k 和 T 的值，根据两点进行计算即可求出 E_a和 A。

$$\ln\frac{k_2}{k_1} = \frac{E_a}{RT}\left(\frac{T_2 - T_1}{T_2 \times T_1}\right)$$

或
$$\lg\frac{k_2}{k_1} = \frac{E_a}{2.303RT}\left(\frac{T_2 - T_1}{T_2 \times T_1}\right)$$

② 求出任一温度下该反应的 k 值

$$\lg k = -\frac{E_a}{2.303RT} + \lg A$$

例 3-5 已知反应：$2NOCl \xlongequal{} 2NO + Cl_2$。$T_1 = 300K$，$k_1 = 2.8 \times 10^{-5} dm^3 \cdot mol^{-1} \cdot s^{-1}$；$T_2 = 400K$，$k_2 = 7.0 \times 10^{-1} dm^3 \cdot mol^{-1} \cdot s^{-1}$；求反应的活化能 E_a，并求指前因子 A。

解：

由
$$\lg \frac{k_2}{k_1} = \frac{E_a}{2.303RT}\left(\frac{T_2 - T_1}{T_2 \times T_1}\right)$$

得：
$$E_a = \frac{2.303R\lg \frac{k_2}{k_1}}{\frac{1}{T_1} - \frac{1}{T_2}}$$

$$= \frac{2.303 \times 8.314 \times \lg \frac{7.0 \times 10^{-1}}{2.8 \times 10^{-5}}}{\frac{1}{300} - \frac{1}{400}} = 101(kJ \cdot mol^{-1})$$

将 E_a 值代入
$$\lg k_1 = -\frac{E_a}{2.303RT_1} + \lg A$$

解得：$A = 1.07 \times 10^{13} (mol^3 \cdot dm^{-1} \cdot s^{-1})$

3.5 催化反应简介

催化剂是影响化学反应速率的另一重要因素，在现代工业生产中 80%～90%的生产过程都使用催化剂。例如，合成氨、石油裂化、油脂加氢、药品合成等都使用催化剂。催化剂的组成多半是金属、金属氧化物、多酸化合物和配合物等。

3.5.1 催化剂与催化作用

催化剂是一种能改变化学反应速率，其本身在反应前后质量和化学组成均不改变的物质。例如铁催化剂可以使合成氨的反应实现工艺化；钯催化剂使氢气和氧气的反应以燃料电池的方式完成而较温和地释放出电能；二氧化锰催化热分解氯酸钾固体制备氧气，大大加速了反应。

催化剂能加快反应速率，由于它改变了反应历程，催化剂改变反应速率的作用，称为催化作用；有催化剂参加的反应，称为催化反应。如

$N_2 + 3H_2 \xlongequal{} 2NH_3$　　Fe

$2SO_2 + O_2 \xlongequal{} 2SO_3$　　①V_2O_5　②NO_2　③Pt

$CO + 2H_2 \xlongequal{} CH_3OH$　　$CuO\text{-}ZnO\text{-}Cr_2O_3$

根据其对反应速率的影响结果，将催化剂进行分类：

① 正催化剂：加快反应速率；

② 负催化剂：减慢反应速率。

例如：$H_2 + Cl_2 \xlongequal{h\nu} 2HCl$，通入微量氧气，速率减慢。

∴O_2 为阻化剂（负催化剂）。

③ 助催化剂：自身无催化作用，可帮助催化剂提高催化性能。

合成 NH_3 中的 Fe 粉催化剂，加 Al_2O_3 可使表面积增大；加入 K_2O 可使催化剂表面电

子云密度增大。二者均可提高 Fe 粉的催化活性，均为该反应的助催化剂。不加以说明，催化剂一般均指正催化剂。

3.5.2 催化反应的特点

（1）均相催化和非均相催化

① 反应物和催化剂处于同一相中，不存在相界面的催化反应，称均相催化。如

NO_2催化 $2SO_2+O_2 \xlongequal{} 2SO_3$

② 若产物之一对反应本身有催化作用，则称之为自催化反应。如

$$2MnO_4^- + 6H^+ + 5H_2C_2O_4 \xlongequal{} 10CO_2 + 8H_2O + 2Mn^{2+}$$

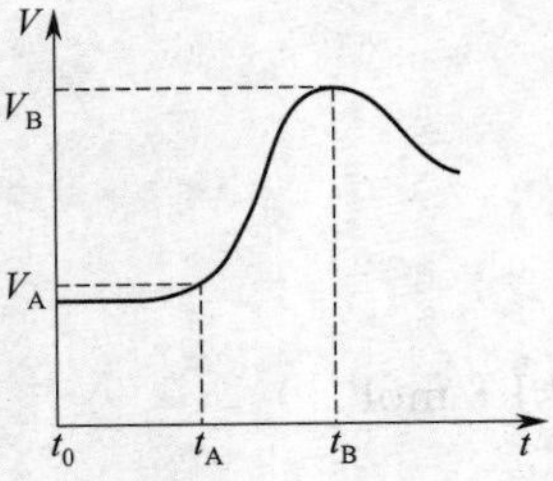

图 3-5 自催化反应历程

产物中 Mn^{2+} 对反应有催化作用，叫做自催化。

由图 3-5 知自催化反应特点：

初期：反应速率小。

中期：经过一段时间 $t_0 \sim t_A$ 诱导期后，速率明显加快，见 $t_A \sim t_B$ 段。

后期：t_B之后，由于反应物耗尽，速率下降。

③ 反应物和催化剂不处于同一相，存在相界面，在相界面上进行的反应，叫做多相催化反应或非均相催化、复相催化反应。

例如：

Fe 催化合成氨 固-气

Ag 催化 H_2O_2的分解 固-液

（2）选择性

特定的反应有特定的催化剂。

$2SO_2+O_2 \xlongequal{} 2SO_3$ ①V_2O_5，②NO_2，③Pt

$CO+2H_2 \xlongequal{} CH_3OH$ $CuO\text{-}ZnO\text{-}Cr_2O_3$

同样的反应，催化剂不同时，产物可能不同。

$CO+2H_2 \xlongequal{} CH_3OH$ $CuO\text{-}ZnO\text{-}Cr_2O_3$

$CO+3H_2 \xlongequal{} CH_4+H_2O$ $Ni+Al_2O_3$

$2KClO_3 \xlongequal{} 2KCl+3O_2$ MnO_2

$4KClO_3 \xlongequal{} 3KClO_4+KCl$ 无催化剂

（3）改变反应速率，不改变热力学数据

如图 3-6 所示，催化剂改变反应速率，减小活化能，提高产率，不涉及热力学问题。如

$$A+B \xlongequal{} AB$$

E_a很大，无催化剂，反应速率慢。加入催化剂 K，机理改变了，加快反应速率

$$A+B+K \xlongequal{} AK+B = AB+K$$

由图中可以看出，不仅正反应的活化能减小了，而且逆反应的活化能也降低了。因此逆反应也加快了。催化剂不改变热力学数据，可使平衡时间提前。

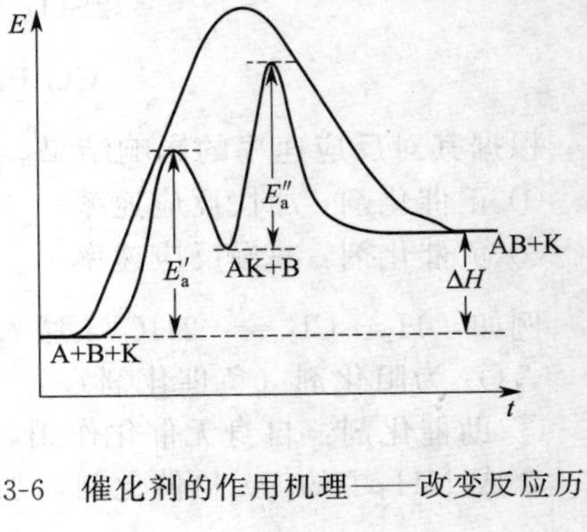

图 3-6 催化剂的作用机理——改变反应历程

习　题

一、填空题

3-1　对于________反应，其反应级数一定等于反应计量数________，速率系数的单位由________决定。若某反应速率系数 k 的单位是$mol^{-2} \cdot L^2 \cdot s^{-1}$，则该反应的反应级数是________。

3-2　反应 $A(g)+2B(g) \longrightarrow C(g)$ 的速率方程为 $r=kc(A)c^2(B)$。该反应________为基元反应，反应级数为________。当 B 的浓度增加 2 倍时，反应速率将增大________倍；当反应容器的体积增大到原体积的 3 倍时，反应速率将增大________倍。

3-3　在化学反应中，加入催化剂可以加快反应速率，主要是因为________了反应活化能，活化分子________增加，速率系数 k ________。

3-4　对于可逆反应，当升高温度时，其速率系数 k（正）将________，k（逆）将________。

3-5　基元反应 $2A(g)+B(g) \longrightarrow C(g)$ 是______分子反应，其速率方程为________________________。

二、选择题

3-6　某反应的速率方程式是 $v=k[c(A)]^x[c(B)]^y$，当 $c(A)$ 减小 50%时，r 降低至原来的 1/4，当 $c(B)$ 增大 2 倍时，rv 增大 1.41 倍，则 x、y 分别为（　　）。

A. $x=0.5$　$y=1$　　B. $x=2$　$y=0.7$

C. $x=2$　$y=0.5$　　D. $x=2$　$y=2$

3-7　下列叙述中正确的是（　　）。

A. 溶液中的反应一定比气相中的反应速率大

B. 反应活化能越小，反应速率越大

C. 增大系统压力，反应速率一定增大

D. 加入催化剂，使正反应活化能和逆反应活化能减小相同倍数

3-8　升高同样温度，一般化学反应速率增大倍数较多的是（　　）。

A. 吸热反应　　B. 放热反应

C. E_a 较大的反应　　D. E_a 较小的反应

3-9　增大反应物浓度，使反应速率增大的原因是（　　）。

A. 单位体积的分子数增加　　B. 反应系统混乱度增加

C. 活化分子分数增加　　D. 单位体积内的活化分子总数增加

三、判断题

3-10　反应速率系数 k 是一个量纲为一的量，它是温度的函数。（　　）

3-11　化学反应速率系数 k 越大，反应速率不一定越大。（　　）

3-12　反应物浓度增大，反应温度升高，反应速率必定增大。（　　）

3-13　所有化学反应的速率都随时间的改变而改变。（　　）

3-14　当反应速率方程中各物质浓度为 $1.0mol \cdot L^{-1}$时，则反应速率系数在数值上等于其反应速率。（　　）

3-15　化学反应的活化能越大，活化分子百分数越多。（　　）

3-16　催化剂能使速率常数改变，但不能改变平衡常数。（　　）

四、综合题

3-17　反应 $H_2(g)+I_2(g) = 2HI(g)$ 可能有如下三个基元反应步骤：

① $I_2 = I+I$

② $I+I = I_2$

③ $H_2+2I = 2HI$

试对每个基元反应步骤分别写出其速率方程，指出每个基元反应的级数和反应分子数并写出每个速率常数的单位。

3-18　当温度不同而反应物起始浓度相同时，同一个反应的起始速率是否相同？速率常数是否相同？反应级数是否相同？活化能是否相同？

3-19　当温度相同而反应物起始浓度不同时，同一个反应的起始速率是否相同？速率常数是否相同？反应级数是否相同？活化能是否相同？

3-20　哪一种反应的速率与浓度无关？

3-21　在某温度时反应 $2NO+2H_2 = N_2+2H_2O$ 的机理为：

(1) $NO+NO = N_2O_2$　　　　(快)

(2) $N_2O_2+H_2 = N_2O+H_2O$　　　　(慢)

(3) $N_2O+H_2 = N_2+H_2O$　　　　(快)

试确定总反应速率方程。

3-22　反应 $H_2PO_2^-+OH^- = HPO_3^{2-}+H_2$ 在373K时的有关实验数据如下：

初始浓度		$-\frac{d[H_2PO_2^-]}{dt}$/ $mol\cdot dm^{-3}\cdot min^{-1}$
$[H_2PO_2^-]$/$mol\cdot dm^{-3}$	$[OH^-]$$mol\cdot dm^{-3}$	
0.10	1.0	3.2×10^{-5}
0.50	1.0	1.6×10^{-4}
0.50	4.0	2.56×10^{-3}

(1) 计算该反应的级数，写出速率方程；

(2) 计算反应温度下的速率常数。

3-23　$CO(CH_2COOH)_2$ 在水溶液中分解成丙酮和二氧化碳，分解反应的速率常数在283K时为 $1.08\times10^{-4}mol\cdot dm^{-3}s^{-1}$，333K时为 $5.48\times10^{-2}mol\cdot dm^{-3}s^{-1}$，试计算303K时分解反应的速率常数。

第4章 化学平衡

化学热力学是研究化学反应进行的方向和限度问题，而化学动力学是研究化学反应的现实性问题。在本单元中要研究由反应物向产物转化有可能的反应，在指定的条件下，反应物可以转变成产物的最大限度——化学平衡。

4.1 可逆反应和化学平衡

4.1.1 化学反应的可逆性

在同一条件下，既能向一个方向又能向相反方向进行的化学反应，叫做可逆反应。大多数化学反应都是可逆的。例如，在一定温度下，将氢气和碘蒸气按一定体积比装入密闭容器中，它们将发生反应，生成气态的碘化氢：

$$H_2(g)+I_2(g)=\!=\!=2HI(g)$$

实验表明，在反应“完成”后，反应体系中同时存在 $H_2(g)$、$I_2(g)$ 和 $HI(g)$ 三种物质，即反应物并没有完全转化为生成物。这是因为在 $H_2(g)$ 和 $I_2(g)$ 生成 $HI(g)$ 的同时，一部分 $HI(g)$ 又分解为 $H_2(g)$ 和 $I_2(g)$：

$$2HI(g)=\!=\!=H_2(g)+I_2(g)$$

上述两个反应同时发生且方向相反，可以用下列形式表示：

$$H_2(g)+I_2(g)\rightleftharpoons 2HI(g)$$

通常将从左向右进行的反应叫做正反应；从右向左进行的反应叫做逆反应。

虽然多数反应都是可逆反应，但可逆的程度不同。通常将可逆程度极微小的反应称为不可逆反应。如在二氧化锰存在下将氯酸钾加热分解：

$$2KClO_3(g)\xlongequal{MnO_2}2KCl(s)+3O_2(g)$$

这个反应在实际上向右进行得非常完全，是个不可逆的反应。

4.1.2 化学平衡

对于任一可逆反应，例如，在密闭容器中 $N_2(g)$ 和 $H_2(g)$ 合成 $NH_3(g)$ 的反应：

$$N_2(g)+3H_2(g)\rightleftharpoons 2NH_3(g)$$

当反应开始时，$N_2(g)$ 和 $H_2(g)$ 的浓度较大，而 $NH_3(g)$ 的浓度为零。因此，反应刚刚开始时，正反应速率大，逆反应速率为零。随着反应的进行，$N_2(g)$ 和 $H_2(g)$ 的浓度逐渐减小，正反应速率逐渐降低。与此同时，生成物 $NH_3(g)$ 的浓度逐渐增大，逆反应速率逐渐升高。当反应进行到一定程度后，正反应速率等于逆反应速率，即 $v_{正}=v_{逆}$。此时的反应物 $N_2(g)$、$H_2(g)$ 和生成物 $NH_3(g)$ 的浓度不再发生变化，反应达到了最大限度。这种正、逆反应速率相等时，反应体系所处的状态叫做化学平衡状态。

反应体系处于平衡状态时，反应并未停止，只不过是正、逆反应速率相等、方向相反而已。因此，化学平衡是动态平衡。

4.2 平衡常数

4.2.1 经验平衡常数

参与反应的物质按一定比例组成反应混合物。平衡时，各组分的浓度不再改变。但反应混合物的组成不同时，平衡体系的组成并不相同。看如下的反应数据（表 4-1）：

$$CO_2(g)+H_2(g)\rightleftharpoons CO(g)+H_2O(g)$$

表 4-1 $CO_2(g)+H_2(g)\rightleftharpoons CO(g)+H_2O(g)$ 系统的组成

序号	起始浓度/mol·dm^{-3}				平衡浓度/mol·dm^{-3}				$\frac{c(CO)c(H_2O)}{c(CO_2)c(H_2)}$
	CO_2	H_2	CO	H_2O	CO_2	H_2	CO	H_2O	
1	0.01	0.01	0	0	0.004	0.004	0.006	0.006	2.3
2	0.01	0.02	0	0	0.0022	0.0122	0.0078	0.0078	2.3
3	0.01	0.01	0.001	0	0.0041	0.0041	0.0069	0.0059	2.4
4	0	0	0.02	0.02	0.0082	0.0082	0.0118	0.0118	2.1

分析这些实验数据可以看出，尽管平衡组成不同，但$\frac{c(CO)c(H_2O)}{c(CO_2)c(H_2)}$的值是不变的。

对于反应式中各物质的化学计量数不全是 1 或全不是 1 的可逆反应，如：

$$2HI(g)\rightleftharpoons H_2(g)+I_2(g)$$

达平衡时，$\frac{c(H_2)c(I_2)}{c(HI)^2}$ 的值保持一定。

对于一般可逆反应：

$$aA+bB\rightleftharpoons gG+hH$$

研究结果表明，在一定温度下，达到平衡时，体系中各物质的浓度间有如下关系：

$$\frac{c(G)^g c(H)^h}{c(A)^a c(B)^b}=K \tag{4-1}$$

式中，K 称为化学反应的平衡常数，这种平衡常数称为经验平衡常数或实验平衡常数。

上面的结论可以归纳为，在一定温度下，可逆反应达平衡时，生成物的浓度以反应方程式中化学计量数为指数的幂的乘积与反应物的浓度以反应方程式中化学计量数为指数的幂的乘积之比是一个常数。

经验平衡常数 K 一般量纲不为 1，只有当平衡常数表达式中，反应物的化学计量数之和与生成物的化学计量数之和相等时，K 才是量纲为 1 的量。式(4-1) 中的平衡常数，由平衡浓度算得，这种经验平衡常数，常用 K_c 表示。

如果化学反应是气相反应，平衡常数既可以如上所述用平衡时各物质的浓度算得，也可以用平衡时各物质的分压算得。

如气相反应：

$$a\ A(g)+b\ B(g)\rightleftharpoons g\ G(g)+h\ H(g)$$

那么达平衡时，各物质的浓度不再改变，而且其分压也不再改变。

$$\frac{(p_G)^g(p_H)^h}{(p_A)^a(p_B)^b}=K_p$$

式中，K_p 称为分压平衡常数。

某一时刻上面气相反应达到平衡，当然可以由平衡浓度计算出 K_c，同时也可以由平衡分压计算出 K_p，虽然 K_c 和 K_p 一般来说是不相等的，但它们所表示的却是同一个平衡状态，因此二者之间应该有固定的数量关系。联系两者的最重要的关系式是：

$$p=\left(\frac{n}{V}\right)RT$$

在使用上式进行计算时，必须注意各物理量的单位。

平衡常数 K 的表达式中，在书写 K_c 或 K_p 表达式时，只写浓度或分压可变的溶液相和气相，纯固态和纯液态物质不写入。例如反应：

$$CaCO_3(s) \rightleftharpoons CaO(s)+CO_2(g)$$

$$K_p=p_{CO_2}$$

水溶液中的反应：

$$Cr_2O_7^{2-}(aq)+H_2O(l) \rightleftharpoons 2CrO_4^{2-}(aq)+2H^+(aq)$$

$$K_c=\frac{c(CrO_4^{2-})^2c(H^+)^2}{c(Cr_2O_7^{2-})}$$

其中 H_2O 不出现在平衡常数表达式中。

对于同一个化学反应，如果化学反应方程式中的化学计量数不同，平衡常数的表达式及其数值会有相应的变化，例如：

$$\frac{1}{2}N_2+\frac{3}{2}H_2 \rightleftharpoons NH_3 \qquad K_c'=\frac{c(NH_3)}{c(N_2)^{1/2}c(H_2)^{3/2}}$$

$$N_2+3H_2 \rightleftharpoons 2NH_3 \qquad K_c''=\frac{c(NH_3)^2}{c(N_2)c(H_2)^3}$$

$K_c''=(K_c')^2$，这说明当方程式中化学计量数扩大 n 倍时，反应的平衡常数 K 将变成 K^n。

又如：

$$2NH_3 \rightleftharpoons N_2+3H_2 \qquad K_c'''=\frac{c(N_2)^1c(H_2)^3}{c(NH_3)^2}$$

$K''=\frac{1}{K'''}$，这说明化学反应平衡常数与其逆反应的平衡常数互为倒数。

两个反应方程式相加（相减）时，所得的反应方程式的平衡常数，可由原来的两个反应方程式的平衡常数想乘（相除）得到——多重平衡原理。这一结论可以从下面的例子中得到。

$$2NO+O_2 \rightleftharpoons 2\ NO_2 \quad (1) \qquad K_1=\frac{c(NO_2)^2}{c(NO)^2c(O_2)}$$

$$2NO_2 \rightleftharpoons N_2O_4 \quad (2) \qquad K_2=\frac{c(N_2O_4)}{c(NO_2)^2}$$

$$2NO+O_2 \rightleftharpoons N_2O_4 \quad (3) \qquad K_3=\frac{c(N_2O_4)}{c(NO)^2c(O_2)}$$

(1)＋(2) 得 (3)，而 $K_3=K_1K_2$。

4.2.2 标准平衡常数

物质的标准状态，经常简称为标准态，化学热力学上有严格规定，固体和液体纯相，其标准状态是 $x_i=1$ 即摩尔分数为 1。溶液中的物质 A，其标准状态是指浓度为 1mol · dm^{-3}，标准状态的符号是 $c^{\ominus}$。根据国际纯粹与应用化学联合会的建议，气相物质，其标准状态为分压等于 1.013×10^5Pa，标准状态的分压符号为 $p^{\ominus}$。

现在给出相对浓度的定义，浓度一般是以 mol · dm^{-3} 为单位的物理量，若把浓度除以标准浓度（1mol · dm^{-3}），即除以 $c^{\ominus}$ 则得到一个比值，这个比值就是相对浓度。所以相对浓度就是浓度相对于标准浓度的倍数。

对于气相物质，将其分压除以标准压强 $p^\ominus$，则得到相对分压。

相对浓度和相对分压显然都是量纲为 1 的量。

由于热力学中对物质的标准态做了规定，平衡时各物种均以各自的标准态为参考态，热力学中的平衡常数为标准平衡常数，以 $K^\ominus$ 表示。

对溶液反应：
$$aA(aq)+bB(aq) \rightleftharpoons gG(aq)+hH(aq)$$

平衡时：
$$K^\ominus=\frac{\left(\frac{c(G)}{c^\ominus}\right)^g\left(\frac{c(H)}{c^\ominus}\right)^h}{\left(\frac{c(A)}{c^\ominus}\right)^a\left(\frac{c(B)}{c^\ominus}\right)^b}$$

对气相反应：
$$aA(g)+bB(g) \rightleftharpoons gG(g)+hH(g)$$

平衡时：
$$K^\ominus=\frac{\left(\frac{p_G}{p^\ominus}\right)^g\left(\frac{p_H}{p^\ominus}\right)^h}{\left(\frac{p_A}{p^\ominus}\right)^a\left(\frac{p_B}{p^\ominus}\right)^b}$$

对于复相反应，如：
$$CaCO_3(s) \rightleftharpoons CaO(s)+CO_2(g)$$

平衡时：
$$K^\ominus=\frac{p_{CO_2}}{p^\ominus}$$

$K^\ominus$ 称为标准平衡常数，由于相对浓度和相对分压都是量纲为 1 的量，所以 $K^\ominus$ 均为量纲为 1 的量。

溶液相反应的 K_c 与其 $K^\ominus$ 在数值上相等，原因是标准浓度 $c^\ominus=1\text{mol}\cdot\text{dm}^{-3}$，但 K_c 通常量纲不为 1。在后面的内容中，用到的平衡常数基本上全是 $K^\ominus$，但其表达式中的相对浓度经常用一般浓度代表。这样做是为了简化计算，一定要弄清式中浓度的实际含义。

例 4-1 某温度下反应

$$A(g) \rightleftharpoons 2B(g)$$

达平衡时，$p_A=p_B=1.013\times10^5\,\text{Pa}$，试求该反应的 $K^\ominus$。

解：

$$K^\ominus=\frac{\left(\frac{p_B}{p^\ominus}\right)^2}{\left(\frac{p_A}{p^\ominus}\right)}=\frac{\left(\frac{1.013\times10^5\,\text{Pa}}{1.013\times10^5\,\text{Pa}}\right)^2}{\left(\frac{1.013\times10^5\,\text{Pa}}{1.013\times10^5\,\text{Pa}}\right)}=1$$

若采用 Pa 为单位的分压，则可求得经验平衡常数 K_p

$$K_p=\frac{(1.013\times10^5\,\text{Pa})^2}{1.013\times10^5\,\text{Pa}}=1.013\times10^5\,\text{Pa}$$

K_p 与 $K^\ominus$ 值不论数值还是单位一般都不相等。计算 $K^\ominus$ 时，注意要代相对分压 $\left(\frac{p}{p^\ominus}\right)$ 值。

在进行热力学的讨论和计算时，标准平衡 $K^\ominus$ 是非常重要的。标准平衡常数与温度有关，应用时必须注意反应温度。

4.3 标准平衡常数的应用

化学反应的标准平衡常数是表明反应系统处于平衡状态的一种数量标志，利用它能回答许多问题。如判断反应程度（或限度）、预测反应方向以及计算平衡组成等。

4.3.1 判断反应程度

反应进行的程度常用平衡转化率 α 来表示。平衡转化率是指实现化学平衡时，已转化为生成物的反应物占该反应物起始总量的百分比。

在一定条件下，化学反应达到平衡状态时，正、逆反应速率相等，净反应速率等于零，平衡组成不再改变。这表明在这种条件下反应物向产物转化达到了最大限度。因此体现各平衡浓度之间关系的平衡常数，也能够表示出反应物的最大转化限度。

如果该反应的标准平衡常数很大，其表达式的分子（对应产物的分压或浓度）比分母（对应反应物的分压或浓度）要大得多，说明反应物大部分转化成产物了，反应进行得比较完全。

不难理解，如果 $K^{\ominus}$ 的数值很小，表明平衡时产物对反应物的比例很小，反应正向进行的程度很小，反应进行得很不完全。$K^{\ominus}$ 越小，反应进行得越不完全。

如果 $K^{\ominus}$ 数值不太大也不太小（如 $10^3 > K^{\ominus} > 10^{-3}$），平衡混合物中产物和反应物的分压（或浓度）相差不大，反应物部分地转化为产物。

所以平衡常数和平衡转化率之间有必然的数量关系。

对同类反应而言，$K^{\ominus}$ 越大，反应进行得越完全。

例 4-2 某温度时，反应

$$CO(g) + H_2O(g) \rightleftharpoons H_2(g) + CO_2(g)$$

$K^{\ominus}=9$。若 CO 和 H_2O 的起始浓度皆为 $0.02\text{mol}\cdot\text{dm}^{-3}$ 时，求 CO 的平衡转化率。

解：设反应达到平衡时体系中 H_2 和 CO_2 的浓度均为 $x(\text{mol}\cdot\text{dm}^{-3})$。

	$CO(g)$	+ $H_2O(g)$	$\rightleftharpoons H_2(g)$	+ $CO_2(g)$
t_0	0.02	0.02	0	0
$t_平$	$0.02-x$	$0.02-x$	x	x

$$K^{\ominus}=\frac{c(H_2)c(CO_2)}{c(CO)c(H_2O)}=\frac{x^2}{(0.02-x)^2}=9$$

解得：

$$x=0.015(\text{mol}\cdot\text{dm}^{-3})$$

平衡时已转化掉的 $c(CO)$ 为 $0.015\ \text{mol}\cdot\text{dm}^{-3}$，故：

$$转化率=\frac{c(CO)_{转化}}{c(CO)_{t_0}}\times100\%=\frac{0.015}{0.02}\times100\%=75\%。$$

若改变温度，使 $K^{\ominus}=1$，求转化率。求得转化率为 50%。

在其余条件相同的前提下，$K^{\ominus}$ 值越大，转化率越高，反应进行越完全。

平衡常数和转化率关系：

① $K^{\ominus}$ 与体系的起始状态无关，与 T 有关；

② α 与反应物的起始状态有关，与 T 有关；

③ 在平衡体系中增加某一物质的起始浓度，可使另一物质的转化率提高。

4.3.2 预测反应方向

对于给定反应在给定温度 T 下，标准平衡常数 $K^{\ominus}(T)$ 具有确定值。如果按照 $K^{\ominus}(T)$ 表达式的同样形式来表示反应

$$pA + qB \rightleftharpoons mC + nD$$

在任意状态下反应物与产物的数量关系，可以得到：

$$Q=\frac{c(C)^m c(D)^n}{c(A)^p c(B)^q}$$

式中，Q 称为反应商。Q 与 $K^{\ominus}$ 的数学表达式形式上是相同的，表达式中的分子是产物

的浓度或分压的幂的乘积，分母是反应物的浓度或分压的幂的乘积，幂与相关物种的计量数绝对值相同。但是，反应商 Q 与平衡常数 $K^{\ominus}$ 却是两个不同的量。$K^{\ominus}(T)$ 是由反应物、产物平衡时的浓度或分压计算得到的。当系统处于非平衡态时，Q 不等于 $K^{\ominus}$，表明反应仍在进行中。随着时间的推移，Q 在不断变化，直到 Q 等于 $K^{\ominus}$，反应达到平衡。那么，当 Q 不等于 $K^{\ominus}$ 时，反应的主导方向又如何呢?

如果 $Q<K^{\ominus}$ 时，Q 表达式中的分子的数值相对较小，表明产物的浓度或分压比平衡时小，相应正反应速率大于逆反应速率，反应的主导方向是正向进行。直至平衡状态时，$Q=K^{\ominus}$。当 $Q>K^{\ominus}$ 时，反应的主导方向是逆向进行，直至平衡状态，系统的组成不再改变。这就是化学反应进行方向的反应商判据。

4.4 化学平衡的移动

化学反应达到平衡时，宏观上反应不再进行，但是在微观上正、逆反应仍在进行，并且两者的速率相等。影响反应速率的外界因素，如浓度、压力和温度等对化学平衡也同样产生影响。当外界条件改变时，向某一方向进行的反应速率大于相反方向进行的速率，平衡状态被破坏，直到正、逆反应速率再次相等，此时系统的组成已发生了变化，建立起与新条件相适应的新的平衡。像这样因外界条件的改变使化学反应从一种平衡状态到另一种平衡状态的过程，叫做化学平衡的移动。

影响平衡的因素有浓度、压力、温度等。催化剂能缩短反应达到平衡的时间，但不能使化学平衡移动。

4.4.1 浓度对化学平衡的影响

根据任意状态下 Q 与 $K^{\ominus}$ 的相对大小关系，可判断平衡移动的方向。温度一定时，增加反应物的浓度或减小生成物的浓度，$Q<K^{\ominus}$，平衡向正反应方向移动；相反减小反应物的浓度或增加生成物的浓度，$Q>K^{\ominus}$，平衡向逆反应方向移动；平衡时，$Q=K^{\ominus}$。

浓度虽然可以使化学平衡发生移动，但它不能改变标准平衡常数的数值，因为在一定的温度下，$K^{\ominus}$ 是一定的。

仍以例 4-2 的反应为例讨论浓度对平衡的影响。在某温度下该反应的 $K^{\ominus}=9$。

$$CO(g)+H_2O(g) \rightleftharpoons CO_2(g)+H_2(g)$$

某温度下达到平衡时：

$$c(CO)=c(H_2O)=0.02mol \cdot dm^{-3}$$
$$c(CO_2)=c(H_2)=0.015mol \cdot dm^{-3}$$

平衡时已转化掉的 $c(CO)$ 为 $0.015mol \cdot dm^{-3}$，

$$转化率=\frac{c(CO)_{转化}}{c(CO)_{t_0}}\times 100\%=\frac{0.015}{0.02}\times 100\%=75\%。$$

若其他条件不变，只是向平衡体系中加 $H_2O(g)$，使 $c(H_2O)=1mol \cdot dm^{-3}$。试判断平衡移动的方向，并求重新平衡时 CO 的转化率。

平衡因浓度的改变而被破坏时，Q_c 发生变化

$$Q_c=\frac{c(CO_2)c(H_2)}{c(CO)c(H_2O)}=\frac{(0.015mol \cdot dm^{-3})^2}{0.02mol \cdot dm^{-3}\times 1mol \cdot dm^{-3}}$$
$$Q_c=0.01125$$

$Q_c<K^{\ominus}$ 平衡将右移

$$CO(g)+H_2O(g) \rightleftharpoons CO_2(g)+H_2(g)$$
$$t_0 \quad 0.02 \qquad 1 \qquad 0.015 \qquad 0.015$$

$$t \qquad 0.02-x \qquad 1-x \qquad\qquad 0.015+x \quad 0.015+x$$

$$K^{\ominus}=\frac{c(CO_2)c(H_2)}{c(CO)c(H_2O)}=\frac{(0.015+x)^2}{(0.02-x)(1-x)}=9$$

解得
$$x=0.00495(\mathrm{mol\cdot dm^{-3}})$$

$$转化率(CO)=\frac{0.00495}{0.02}\times100\%=99\%$$

若从 $c(CO)=0.02\mathrm{mol\cdot dm^{-3}}$ 算起，第一次平衡时，转化率为 75%。而此时转化率 $=\frac{0.015+0.00495}{0.02}\times100\%=99.75\%$。

改变浓度将使平衡移动，增加一种反应物的浓度，可使另一种反应物的转化率提高。这是工业上一项重要措施。

4.4.2 压力对化学平衡的影响

对于有气体参与的化学反应来说，同浓度的变化相似，分压的变化也不改变标准平衡常数的数值，只能使反应商的数值改变。只有 $Q\neq K^{\ominus}$，平衡才有可能发生移动。由于改变系统压力的方法不同，所以改变压力对平衡移动的影响要视具体情况而定。

(1) 部分物种的分压的变化

对于定温定容条件下的反应，增大（或减小）一种（或多种）反应物的分压或减小（或增大）一种（或多种）产物的分压，能使反应商减小（或增大），导致 $J<K^{\ominus}$（或 $J>K^{\ominus}$），平衡向正（或逆）方向移动。这种情形与上述浓度变化对平衡移动的影响是一致的。

(2) 体积改变引起压力的变化

对于有气体参与的化学反应来说，反应系统体积的变化能导致总压和各物种分压的变化。例如：

$$a\mathrm{A(g)}+b\mathrm{B(g)}\rightleftharpoons g\mathrm{G(g)}+h\mathrm{H(g)}$$

平衡时：

$$Q=\frac{\left(\frac{p_G}{p^{\ominus}}\right)^g\left(\frac{p_H}{p^{\ominus}}\right)^h}{\left(\frac{p_A}{p^{\ominus}}\right)^a\left(\frac{p_B}{p^{\ominus}}\right)^b}=K^{\ominus}$$

当定温下将反应系统压缩至 $1/x$（$x>1$）时，系统的总压力增大到 x 倍，相应各组分的分压都同时增大到 x 倍，此时反应商为：

$$Q=\frac{\left(\frac{xp_G}{p^{\ominus}}\right)^g\left(\frac{xp_H}{p^{\ominus}}\right)^h}{\left(\frac{xp_A}{p^{\ominus}}\right)^a\left(\frac{xp_B}{p^{\ominus}}\right)^b}=x^{\sum\nu_{B(g)}}K^{\ominus}$$

对于 $\sum\nu_{B(g)}>0$ 的反应，即为气体分子数增多的反应，此时，$Q>K^{\ominus}$，平衡向逆方向移动，或者说平衡向气体分子数减小的反应方向移动，即向减小压力的方向移动。

对于 $\sum\nu_{B(g)}<0$ 的反应，即为气体分子数减少的反应，此时，$Q<K^{\ominus}$，平衡向正方向移动，或者说平衡向气体分子数减小的反应方向移动，即向减小压力的方向移动。

对于 $\sum\nu_{B(g)}=0$ 的反应，在反应前后气体分子数不变的反应，恒温压缩或恒温膨胀时，$Q=K^{\ominus}$，平衡不发生移动。

对于 $\sum\nu_{B(g)}\neq0$ 的反应，在反应前后气体分子数变化的反应，恒温压缩时，系统的总压力增大，平衡向气体分子数减小的反应方向移动，即向减小压力的方向移动；恒温膨胀时，系统的总压力减小，平衡向气体分子数增多的反应方向移动，即向增大压力的方向移动。

(3) 惰性气体的影响

惰性气体为不参与化学反应的气态物质，通常为 $H_2O(g)$、$N_2(g)$ 等。

① 若某一反应在惰性气体存在下已达到平衡，仿照上述体积改变引起压力变化的情形，将反应系统在定温下压缩，总压增大，各组分的分压也增大。由于惰性气体的分压不出现在 Q 和 $K^{\ominus}$ 的表达式中，只要 $\sum\nu_{B(g)}\neq 0$，平衡同样向气体分子数减小的方向移动，即向减小压力的方向移动；恒温膨胀时，系统的总压减小，各组分的分压也减小，平衡向气体分子数增多的反应方向移动，即向增大压力的方向移动。

② 对恒温恒压下达到平衡的反应，引入惰性气体，为了保持总压不变，可使系统的体积相应增大。在这种情况下，各组分气体分压相应减小相同倍数，若 $\sum\nu_{B(g)}\neq 0$，$Q\neq K^{\ominus}$，平衡向气体分子数增多的方向移动。

③ 对恒温恒容下达到平衡的反应，加入惰性气体，系统的总压力增大，但各反应物和产物的分压不变，$Q=K^{\ominus}$，平衡不发生移动。

综上所述，压力对化学平衡移动的影响，关键在于各反应物和产物的分压是否改变，同时要考虑反应前后气体分子数是否改变。基本判据仍然是 Q 与 $K^{\ominus}$ 的相对大小关系。

4.4.3 温度对化学平衡的影响

浓度和压力对化学平衡的影响是通过改变系统的组成，使 Q 改变，但是 $K^{\ominus}$ 并不改变。温度对化学平衡的影响则却是从改变标准平衡常数而产生。

将
$$\Delta_r G_m^{\ominus}=-RT\ln K^{\ominus}$$
和
$$\Delta_r G_m^{\ominus}=\Delta_r H_m^{\ominus}-T\Delta_r S_m^{\ominus}$$
联立，得
$$-RT\ln K^{\ominus}=\Delta_r H_m^{\ominus}-T\Delta_r S_m^{\ominus}$$
上式可变为
$$\ln K^{\ominus}=\frac{\Delta_r S_m^{\ominus}}{R}-\frac{\Delta_r H_m^{\ominus}}{RT}$$
不同温度 T_1、T_2 时，分别有等式
$$\ln K_1^{\ominus}=\frac{\Delta_r S_m^{\ominus}}{R}-\frac{\Delta_r H_m^{\ominus}}{RT_1} \tag{1}$$
$$\ln K_2^{\ominus}=\frac{\Delta_r S_m^{\ominus}}{R}-\frac{\Delta_r H_m^{\ominus}}{RT_2} \tag{2}$$
这里，近似地认为 $\Delta_r H_m^{\ominus}$ 和 $\Delta_r S_m^{\ominus}$ 不随温度变化。(2)－(1) 得
$$\ln\frac{K_2^{\ominus}}{K_1^{\ominus}}=\frac{\Delta_r H_m^{\ominus}}{R}\left(\frac{1}{T_1}-\frac{1}{T_2}\right) \quad 或 \quad \ln\frac{K_2^{\ominus}}{K_1^{\ominus}}=\frac{\Delta_r H_m^{\ominus}(T_2-T_1)}{RT_1T_2}$$

对于吸热反应，$\Delta_r H_m^{\ominus}>0$，温度升高即 $T_2>T_1$，$K^{\ominus}$ 增大即 $K_2^{\ominus}>K_1^{\ominus}$，平衡正向移动，即平衡向吸热反应方向移动；若温度降低即 $T_2<T_1$，$K^{\ominus}$ 减小即 $K_2^{\ominus}<K_1^{\ominus}$，平衡逆向移动，即平衡向放热反应方向移动。

对于放热反应，$\Delta_r H_m^{\ominus}<0$，温度升高即 $T_2>T_1$，$K^{\ominus}$ 减小即 $K_2^{\ominus}<K_1^{\ominus}$，平衡逆向移动，即平衡向吸热反应方向移动；若温度降低即 $T_2<T_1$，$K^{\ominus}$ 增大即 $K_2^{\ominus}>K_1^{\ominus}$，平衡正向移动，即平衡向放热反应方向移动。

$$\ln\frac{K_2^{\ominus}}{K_1^{\ominus}}=\frac{\Delta_r H_m^{\ominus}}{R}\left(\frac{1}{T_1}-\frac{1}{T_2}\right)$$

式中，$K_1^{\ominus}$、$K_2^{\ominus}$ 分别为温度为 T_1 和 T_2 时的标准平衡常数；$\Delta_r H_m^{\ominus}$ 为可逆反应的标准摩尔焓变。利用上述公式可以进行关于 $K^{\ominus}$、T 和反应热 $\Delta_r H_m^{\ominus}$ 的计算，可以看出，温度对 $K^{\ominus}$ 的影响与 $\Delta_r H_m^{\ominus}$ 有关。

例 4-3 已知 $N_2(g)+3H_2(g) \longrightarrow 2NH_3(g)$ $\qquad \Delta_r H_m^{\ominus}=-92.2kJ \cdot mol^{-1}$（放热）

$$T_1=298K,\ K_1^{\ominus}=6.2\times10^{5}$$
$$T_2=473K,\ K_2^{\ominus}=6.2\times10^{-1}$$
$$T_3=673K,\ K_3^{\ominus}=6.0\times10^{-4}$$

试判断随着温度升高平衡移动的方向。

解： T 升高，$K^{\ominus}$减小，平衡向吸热反应（逆反应）的方向移动。

总之，在平衡系统中，温度升高，平衡总是向吸热方向移动；反之，降低温度，平衡总是向放热方向移动。

小结：

① 浓度对化学平衡的影响 提高反应物浓度，平衡向正反应方向移动，但 $K^{\ominus}$不变。

② 压力对化学平衡的影响 提高总压力，平衡向气体分子总数减小的反应方向移动，但 $K^{\ominus}$不变。

③ 温度对化学平衡的影响 温度升高，平衡向吸热反应方向移动，且 $K^{\ominus}$改变。

④ 催化剂对化学平衡的影响 使用（正）催化剂能同等程度地提高正、逆反应的速率，缩短达到平衡所需时间，但不能使平衡移动，也不会改变平衡常数值。

勒夏特里（Le ChateLier）原理

改变平衡体系的条件之一，如温度、压力或浓度，平衡就向减弱这个改变的方向移动——勒夏特里原理。勒夏特里原理不仅使用于化学平衡系统，也使用于相平衡系统。勒夏特里原理只使用于已处于平衡状态的系统，而不使用于未达到平衡状态的系统。如果某系统处于非平衡态且 $Q<K^{\ominus}$，反应向正方向进行。若适当减少反应物的浓度或分压，同时仍然维持 $Q<K^{\ominus}$，反应方向是不会因这种减少而改变的。

习 题

一、填空题

4-1 对于吸热反应，当温度升高时，标准平衡常数 $K^{\ominus}$将________，该反应的 $\Delta_r G_m^{\ominus}$将________；若反应为放热反应，温度升高时 $K^{\ominus}$将________。

4-2 反应 $C(s)+H_2O(g) \rightleftharpoons CO(s)+H_2(g)$ 的 $\Delta_r H_m^{\ominus}=134kJ \cdot mol^{-1}$，当升高温度时，该反应的标准平衡常数 $K^{\ominus}$将________，系统中 $CO(g)$ 的含量有可能________。增大系统压力会使平衡________移动；保持温度和体积不变，加入 N_2，平衡________移动。

4-3 反应 $N_2O_4(g) \rightleftharpoons 2NO_2(g)$ 是一个熵________的反应。在恒温恒压下达到平衡，若增大 $n(N_2O_4):n(NO_2)$，平衡将________移动，$n(NO_2)$ 将________；若向该系统中加入 Ar(g)，$n(NO_2)$ 将________，$\alpha(N_2O_4)$ 将________。

4-4 如果反应 A 的 $\Delta_r G_{m1}^{\ominus}<0$，反应 B 的 $\Delta_r H_{m2}^{\ominus}<0$，$|\Delta_r G_{m1}^{\ominus}|=1/2|\Delta_r G_{m2}^{\ominus}|$，则 $K_1^{\ominus}$ 和 $K_2^{\ominus}$ 的关系为________，两反应的速率系数的相对大小________。

4-5 已知下列反应及其标准平衡常数：

$4HCl(g)+O_2(g) \rightleftharpoons 2Cl_2(g)+2H_2O$ $\qquad K_1^{\ominus}$

$2HCl(g)+1/2O_2(g) \rightleftharpoons Cl_2(g)+H_2O(g)$ $\qquad K_2^{\ominus}$

$1/2O_2(g)+1/2H_2O(g) \rightleftharpoons HCl(g)+1/4O_2(g)$ $\qquad K_3^{\ominus}$

则 $K_1^{\ominus}$、$K_2^{\ominus}$、$K_3^{\ominus}$ 的关系是________。如果在容器中加入 8mol HCl(g) 和 2mol $O_2(g)$，按上述三个反应方程式计算平衡组成，最终组成将________。若在相同温度下，同一容器中由 4mol HCl(g)、1mol O_2、2mol $Cl_2(g)$ 和 2mol $H_2O(g)$ 混合，平衡组成与前一种情况相比将________。

4-6 已知下列反应在 25℃时的标准平衡常数：

$HCN(aq) \longleftrightarrow H^+(aq)+CN^-(aq)$ $\qquad K_1^{\ominus}=6.2\times10^{-10}$

$NH_3(aq)+H_2O(l)\longleftrightarrow NH_4^+(aq)+OH^-$　　$K_2^\ominus=1.8\times10^{-5}$

$H_2O(l)\longleftrightarrow H^+(aq)+OH^-(aq)$　　$K_3^\ominus=1.0\times10^{-14}$

则反应 $NH_3(aq)+HCN(aq)\longleftrightarrow NH_4^+(aq)+CN^-(aq)$ 的标准平衡常数等于________，该反应的焓变 $\Delta_r H_m^\ominus$________0。

4-7　已知 25℃时，I_2 的蒸气压为 0.041kPa，则 25℃时 $\Delta_f G_m^\ominus(I_2,g)$ 等于________kJ·mol^{-1}。查表，由有关热力学函数，推算 25℃时水的饱和蒸气压，其值是________kPa。

4-8　已知 298K 时

$N_2(g)+O_2(g)\rightleftharpoons 2NO(g)$　　$K_1^\ominus$　$\Delta_r S_{m1}^\ominus$

$N_2(g)+3H_2(g)\rightleftharpoons 2NH_3(g)$　　$K_2^\ominus$　$\Delta_r S_{m2}^\ominus$

$2H_2(g)+O_2(g)\rightleftharpoons 2H_2O(g)$　　$K_3^\ominus$　$\Delta_r S_{m3}^\ominus$

则 $4NH_3(g)+O_2(g)\rightleftharpoons 4NO(g)+6H_2O(g)$ 的 $K^\ominus$ 与 $\Delta_r S_m^\ominus$ 分别为________和________。

二、选择题

4-9　反应 $MnO_2(s)+4H^+(aq)+2Cl^-(aq)\rightleftharpoons Mn^{2+}(aq)+Cl_2(g)+2H_2O(l)$ 的标准平衡常数 $K^\ominus$ 的表达式为（　　）。

A. $K^\ominus=\dfrac{c(Mn^{2+})p(Cl_2)}{[c(H^+)]^4[c(Cl^-)]^2}$

B. $K^\ominus=\dfrac{[c(Mn^{2+})/c^\ominus][p(Cl_2)/p^\ominus]}{[c(H^+)/c^\ominus]^4[c(Cl^-)/c^\ominus]^2}$

C. $K^\ominus=\dfrac{c(Mn^{2+})p(Cl_2)}{c(MnO_2)[c(H^+)]^4[c(Cl^-)]^2}$

D. $K^\ominus=\dfrac{\sqrt{[c(Mn)^{2+}][p(Cl_2)/p^\ominus]}}{[c(H^+)/c^\ominus][c(Cl^-)/c^\ominus]}$

4-10　某容器中加入相同物质的量的 NO 和 Cl_2，在一定温度下发生反应：$NO(g)+\frac{1}{2}Cl(g)\rightleftharpoons NOCl(g)$，平衡时，有关各物种分压的结论正确的是（　　）。

A. $p(NO)=p(Cl_2)$　　B. $p(NO)=p(NOCl)$

C. $p(NO)<p(Cl_2)$　　D. $p(NO)>p(Cl_2)$

4-11　反应温度一定，则下列陈述中正确的是（　　）。

A. 平衡常数能准确代表反应进行的完全程度

B. 转化速率能准确代表反应进行的完全程度

C. 平衡常数和转化速率都能准确代表反应进行的完全程度

D. 平衡常数和转化速率都不能代表反应进行的完全程度

4-12　反应 $2SO_2(g)+O_2(g)\rightleftharpoons 2SO_3(g)$ 达到平衡时，保持体积不变，加入惰性气体 He，使总压力增加一倍，则（　　）。

A. 平衡向右移动　　B. 平衡向左移动　　C. 平衡不发生移动　　D. 无法判断

三、判断题

4-13　平衡常数大的反应，平衡转化率必定大。（　　）

4-14　可逆反应达到平衡时，各反应物与生成物的浓度或分压不随时间而改变。（　　）

4-15　在敞口容器中进行的可逆反应不可能达到平衡状态。（　　）

4-16　在一定温度下，某化学反应的平衡常数的数值与反应方程式相对应。（　　）

4-17　某化学反应各物质起始浓度改变，平衡浓度改变，因此平衡常数也改变。（　　）

4-18　对任何气相反应，若缩小体积，平衡一定向气体分子数减小的方向移动。（　　）

4-19　升高温度，使吸热反应的反应速率加快，放热反应的反应速率减慢，所以使化学平衡向吸热方向移动。（　　）

四、综合题

4-20　反应 $2NaHCO_3(s)\longrightarrow Na_2CO_3(s)+CO_2(g)+H_2O(g)$ 的标准摩尔反应热为 1.29×10^2 kJ·mol^{-1}，若 303K 时 $K^\ominus=1.66\times10^{-5}$，计算 393K 的 $K^\ominus$。

4-21 标准状态下的某化学反应，$\Delta_r H_m^\ominus>0$，$\Delta_r S_m^\ominus<0$。根据夏洛特原理，升高温度时平衡右移；但根据公式

$$\Delta_r G_m^\ominus=\Delta_r H_m^\ominus-T\Delta_r S_m^\ominus$$

反应的 $\Delta_r G_m^\ominus$ 将增大，不利于反应向右进行。哪一种判断正确？

4-22 18.4g NO_2 在容器中发生如下聚合反应，$2NO_2(g) \rightleftharpoons N_2O_4(g)$，在 27℃ 100kPa 下测得总体积为 $6.0dm^3$。

(1) 求 27℃时此反应的 $K_p^\ominus$；

(2) 又知在 111℃ 时此反应的 $K_p^\ominus=0.039$，问此反应是吸热还是放热反应，为什么？

4-23 PCl_5 遇热按下式分解：$PCl_5(g) \rightleftharpoons PCl_3(g)+Cl_2(g)$，将 0.023mol PCl_5 充入一个带有移动活塞的真空容器中，加热至 523K，求：

① 平衡时总压为 100kPa，容积为 2.0L 时 PCl_5 的分解率；

② 该反应的标准平衡常数 $K^\ominus$；

③ 若在活塞上方加 1000kPa 的外压将体积缩小，平衡时 PCl_5 的分解率。

4-24 在 900K 和 1.013×10^5 Pa 时 SO_3 部分离解为 SO_2 和 O_2

$$SO_3(g) \rightleftharpoons SO_2(g)+1/2O_2(g)$$

若平衡混合物的密度为 $0.925g\cdot dm^{-3}$，求 SO_3 的离解度。

4-25 对于下列化学平衡

$$2HI(g) \rightleftharpoons H_2(g)+I_2(g)$$

在 698K 时，$K_c=1.82\times10^{-2}$。如果将 HI(g) 放入反应瓶内，问：

(1) 在 [HI] 为 $0.0100mol\cdot dm^{-3}$ 时，[H_2] 和 [I_2] 各是多少？

(2) HI(g) 的初始浓度是多少？

(3) 在平衡时 HI 的转化率是多少？

第2篇
平衡基本理论

本篇包括四章教学内容。

第 5 章　酸碱平衡

重点：能运用化学平衡原理分析水、弱酸、弱碱的电离平衡；掌握多元弱酸的电离；掌握同离子效应；缓冲溶液的组成、缓冲作用原理等。

难点：掌握多元弱酸的电离；掌握同离子效应；有关缓冲溶液的组成、缓冲作用原理等。

第 6 章　沉淀-溶解平衡

重点：掌握溶度积常数的意义及有关溶度积与溶解度的相互换算；掌握溶度积原理；沉淀的生成和溶解及沉淀的转化；有关分步沉淀的计算。

难点：有关分步沉淀的计算。

第 7 章　氧化还原平衡

重点：掌握氧化还原方程式的配平方法；理解原电池、理解电极电势、原电池电动势的概念；掌握电池反应的热力学；掌握能斯特方程及其应用。

难点：能斯特方程及其应用。

第 8 章　配位平衡

重点：掌握配合稳定常数的意义；掌握配合平衡的计算。

难点：影响配合物在溶液中的稳定性的因素、配合物的性质。

第5章 酸碱平衡

根据阿仑尼乌斯的酸碱电离理论，物质在水溶液中的酸碱性与其电离生成的氢离子的浓度有关。溶液的酸碱性是通过计算氢离子浓度来说明的。弱酸弱碱在水溶液中存在着电离平衡，因此其酸碱性的强弱除与物质的本性有关以外，同时也受到体系中的其他组分的影响。这些组分主要是通过对弱电解质的电离平衡的影响，而使溶液的酸碱性发生变化。

布朗斯台德（J. N. Bronsted）-洛里（T. M. Lowry）质子理论和路易斯酸碱概念，则根据物质在反应过程中给出、接受质子或电子的性质，对物质的酸碱性和酸碱反应的实质进行重新认识，使人们对物质酸碱性和酸碱反应的认识更深入全面。

本章重点是以酸碱质子理论的观点判断物质的酸碱性及其强度，熟练掌握有关缓冲溶液的计算方法。

5.1 酸碱理论

5.1.1 酸碱质子理论

(1) 酸碱质子理论对酸碱的认识

酸碱质子理论认为：在反应过程中凡能给出质子（H^+）的分子或离子都是酸；凡能接受质子的分子或离子都是碱。酸是质子的给予体（proton donor），碱是质子的接受体（proton acceptor）。例如 HCl、HCO_3^-、NH_4^+ 都能给出质子是酸，OH^-、H_2O、$Al(OH)_2^+$、NH_3 都能接受质子是碱。

质子理论认为酸和碱不是完全孤立的。酸给出质子后所剩余的部分就是碱；碱接受质子后即变成酸。这种酸与碱的相互依存关系，叫共轭关系。这种共轭关系可用反应式表示：

$$酸 \rightleftharpoons H^+ + 碱$$

$$HCl \rightleftharpoons H^+ + Cl^-$$

$$HAc \rightleftharpoons H^+ + Ac^-$$

$$H_2O \rightleftharpoons H^+ + OH^-$$

$$H_3O^+ \rightleftharpoons H^+ + H_2O$$

$$NH_4^+ \rightleftharpoons H^+ + NH_3$$

$$[Cu(H_2O)_4]^{2+} \rightleftharpoons H^+ + [Cu(H_2O)_3(OH)]^+$$

$$H_2PO_4^- \rightleftharpoons H^+ + HPO_4^{2-}$$

$$H_3PO_4 \rightleftharpoons H^+ + H_2PO_4^-$$

$$^+NH_3CH_2COO^- \rightleftharpoons H^+ + NH_2CH_2COO^-$$

从上面的反应式可以看出，左边酸给出质子（H^+）后就变成右侧的碱，右侧的碱接受质子后就变成左边的酸。因此在同一个方程式中，左边的酸是右侧碱的共轭酸（conjugate acid)，如 HCl 是 Cl^- 的共轭酸；右侧碱是左边酸的共轭碱（conjugate base），如 Cl^- 是 HCl 的共轭碱。Cl^- 和 HCl 称为共轭酸碱对（conjugate acid-base pair）。

从所举共轭酸碱的例子来看，质子酸和质子碱可以是分子、正离子或负离子。同一种物质在一个反应中可以是酸，而在另一个反应中却可以是碱，如 $H_2PO_4^-$。判断一个物质是酸还是碱要依据该物质在反应中发挥的具体作用，若失去质子为酸，若得到质子为碱。例如反应 $HCO_3^- + H^+ \rightleftharpoons H_2CO_3$，$HCO_3^-$ 是碱，其共轭酸是 H_2CO_3，而在反应 $HCO_3^- \rightleftharpoons H^+ + CO_3^{2-}$ 中，HCO_3^- 是酸，其共轭碱是 CO_3^{2-}。

酸碱质子理论定义的酸碱特点可总结如下。

① 酸碱的共轭关系：有酸必有碱，有碱必有酸；酸中含碱，碱可变酸，共轭酸碱相互依存，又通过得失质子而相互转化。

$$酸 \rightleftharpoons 质子 + 共轭碱$$

$$碱 + 质子 \rightleftharpoons 共轭酸$$

② 酸和碱可以是分子、正离子、负离子，还可以是两性离子。

③ 有的物质在某个共轭酸碱对中是酸，但在另一个共轭酸碱对中可以是碱。例如，HCO_3^-、H_2O、$H_2PO_4^-$、$^+NH_3CH_2COO^-$ 等，这一类物质又称为两性物质（ampholyte）。

④ 酸碱质子理论中没有盐的概念。如 NH_4Cl 中的 NH_4^+ 是离子酸，Cl^- 是离子碱。

（2）酸碱的强度

① 酸碱强度与物质的本性有关　物质酸碱性的强弱是其给出或接受质子能力的差别。对一定的共轭酸碱对来说，它们之间的强弱是相对的，且具有相互依赖的关系。一般来说，如果酸给出质子的能力越强则表现强酸性，其共轭碱接受质子的能力则越弱表现弱碱性。如果酸给出质子的能力较弱表现弱酸性，则其共轭碱的接受质子的能力就越强表现强碱性。当物质以水溶液的形式存在时，其酸碱性是通过与水分子之间的质子转移来表现的。则给出或接受质子的能力差别将反映在不同物质在相同情况下和共轭酸碱对两个方面。例如：

$$HCl + H_2O \rightleftharpoons H_3O^+ + Cl^-$$

HCl 给出质子的能力较强，在水溶液中可以完全将质子转移给水，表现出强酸性；而其共轭碱 Cl^- 接受质子的能力相对较弱，在溶液中不易牢固结合质子而表现出弱碱性。再如：

$$HAc + H_2O \rightleftharpoons H_3O^+ + Ac^-$$

HAc 给出质子的能力较弱，在水溶液中不能完全将质子转移给水，而 Ac^- 接受质子的能力相对较强，在溶液中能够结合质子形成其共轭酸，结果使 HAc 在水溶液中转移质子的过程变得可逆，而表现出弱酸性。

而 HCl 和 HAc 将质子转移给水的能力差别，反映了两种物质之间的酸性强弱。所以不同物质在相同条件下，转移质子能力的差别决定了物质酸碱性的相对强弱。

② 酸碱的强弱与溶剂有关　由于酸碱质子理论认为物质的酸碱性的强弱是转移质子能力所决定的，因此一种物质所显示的酸碱性强弱，除了与其本性（给出或接受质子的能力）有关外，还与物质的反应对象（或溶剂）的性质有关。同一种酸在几种接受质子能力不同的溶剂中，可以表现出不同的强度。例如，因为液氨接受质子的能力比水接受质子的能力强，所以当液氨做溶剂时可以促进 HAc 的电离，而使其表现较强的酸性；但当以 HF 为溶剂时，由于 HF 给出质子的能力强于 HAc，使 HAc 获得质子生成 H_2Ac^+ 表现为弱碱性。

$$HAc + H_2O \longrightarrow H_3O^+ + Ac^-$$

$$HAc + NH_3 \longrightarrow NH_4^+ + Ac^-$$

$$HAc + HF \longrightarrow F^- + H_2Ac^+$$

再如 HNO_3 在水中为强酸，但在冰醋酸（即纯 HAc）中，其酸的强度便大大降低，而在纯的 H_2SO_4 中，却表现为碱性物质，其反应式如下：

$$HNO_3 + H_2O = NO_3^- + H_3O^+$$

$$HNO_3 + HAc = NO_3^- + H_2Ac^+$$

$$HNO_3 + H_2SO_4 = H_2NO_3^+ + HSO_4^-$$

所以物质的酸碱性的相对强弱与溶剂的酸碱性有关。

③ 酸度平衡常数和碱度平衡常数　共轭酸碱的强弱可以由物质在水溶液中转移质子过程的平衡常数来衡量。

$$HAc + H_2O \rightleftharpoons H_3O^+ + Ac^-$$

$$K_a^\ominus = \frac{c(H_3O^+)c(Ac^-)}{c(HAc)}$$

$K_a^\ominus$ 为 HAc 的标准电离平衡常数，平衡常数表达式中各物质的平衡浓度是相对于标准态的浓度（因 $c^\ominus = 1mol \cdot L^{-1}$，$c/c^\ominus$ 在数值上等于 c），$K_a^\ominus$ 无量纲，简写为 $K_a^\ominus$，称酸度常数。

同理，共轭碱接受质子过程的平衡常数以碱度常数表示：

$$Ac^- + H_2O \rightleftharpoons OH^- + HAc$$

$$K_b^\ominus = \frac{c(OH^-)c(HAc)}{c(Ac^-)}$$

共轭酸碱的酸度平衡常数和碱度平衡常数的关系是：

$$K_a^\ominus = \frac{K_w^\ominus}{K_b^\ominus}$$

一对共轭酸碱，其电离平衡常数之积等于 $K_w^\ominus$，所以酸越强 K_a 值越大，其共轭碱越弱 K_b 越小。

酸碱质子理论扩大了酸、碱以及酸碱反应的范畴，把水溶液中进行的一些离子反应归为质子转移的酸碱反应，并能解释一些无溶剂或非水溶剂中的酸碱反应。使人们加深了对酸碱的认识，但它也有一定的局限性，它的突出缺陷是把酸只限于能给出质子的物质，对于无质子的反应就无能为力，早已被实验证实的酸性物质，如 SO_3、BF_3 等都被排斥在酸的行列以外。

（3）酸碱反应的实质

酸碱质子理论认为，酸碱反应的实质是酸碱之间的质子转移反应（proton transfer reaction）。欲使酸表现给出质子的性质，必须有一种碱来接受质子，即酸碱之间发生反应。即一个共轭酸碱对的半反应是不能独立存在的。酸不能自动给出质子，质子也不能独立存在，必须同时有另一个物质作为碱接受质子。

因此酸碱反应的通式可表示为：

$$\underset{(酸_1)}{HA_1} + \underset{(碱_2)}{A_2} \rightleftharpoons \underset{(酸_2)}{HA_2} + \underset{(碱_1)}{A_1}$$

酸 HA_1 是碱 A_1 的共轭酸，失去质子后变成共轭碱 A_1；碱 A_2 由酸 HA_1 处获得质子变成其共轭酸 HA_2，在酸 HA_1 和碱 A_2 分子之间完成质子的转移，发生物质间的酸碱反应。

根据质子理论对酸碱反应的认识，阿仑尼乌斯的酸碱电离理论所讨论的水的电离、弱酸或弱碱的电离、酸碱中和反应及盐类的水解反应等都可以归为质子转移的酸碱反应。

① 水的电离：$H_2O + H_2O \rightleftharpoons H_3O^+ + OH^-$

② 弱酸的电离：$HAc+H_2O \rightleftharpoons H_3O^+ + Ac^-$

③ 弱碱的电离：$NH_3+H_2O \rightleftharpoons NH_4^+ + OH^-$

④ 酸碱中和反应：$HAc+OH^- \rightleftharpoons H_2O+Ac^-$

⑤ 盐的水解：$NH_4^+ + H_2O \rightleftharpoons H_3O^+ + NH_3$

$CN^- + H_2O \rightleftharpoons HCN+OH^-$

小结

酸碱的强度——转移质子能力大小的顺序（传递质子能力大小的量度）。

$$\underbrace{HClO_4、H_2SO_4、HI、HCl、HNO_3}_{\text{强酸}} > \underbrace{HIO_3 > H_2SO_3 > HSO_4^-}_{\text{中强酸}} > \underbrace{H_3PO_4 > HF > CH_3COOH > H_2CO_3}_{\text{弱酸}}$$

$$> \underbrace{H_2S > NH_4^+ > HCN > H_2O}_{\text{极弱酸}}$$

HCl、HI、HNO_3、H_2SO_4、$HClO_4$ 皆为强酸，在水中完全电离，必然得出相同浓度的强酸酸性相同的结论。但这些强酸中的化学键和键的强度是各不相同的，那么为什么会具有相同的酸度呢？这是由于 H_2O 具有较强的碱性，使这些酸中的相同质子转移，使这些酸的相对强弱在水中难以表现出来，因此 H_2O 就是这些强酸的拉平溶剂。

$$HCl+H_2O = H_3O^+ + Cl^-$$

$$H_2SO_4 + H_2O = HSO_4^- + H_3O^+$$

① 拉平溶剂　溶剂有将酸（或碱）的强度拉平的效应，具有拉平效应的溶剂称为拉平溶剂。NH_3 是大部分酸的拉平溶剂。

② 区分性溶剂　假若把这些强酸溶解在比水碱性弱的 CH_3COOH 溶剂中，可以区分出酸的强弱。

$$\begin{cases} HClO_4 + CH_3COOH \rightleftharpoons ClO_4^- + CH_3COOH_2^+ & K^\ominus = 1.8\times10^{-6} \\ H_2SO_4 + CH_3COOH \rightleftharpoons HSO_4^- + CH_3COOH_2^+ & 2.8\times10^{-9} \\ HCl+CH_3COOH \rightleftharpoons Cl^- + CH_3COOH_2^+ & 1.6\times10^{-9} \\ HNO_3 + CH_3COOH \rightleftharpoons NO_3{}^- + CH_3COOH_2^+ & 4.1\times10^{-10} \end{cases}$$

显然 CH_3COOH 就是这些酸的区分性溶剂，能够区分出酸（或碱）强弱的效应称为溶剂的区分效应，具有区分效应的溶剂称为区分性溶剂。H_2O 是 HCl 与 CH_3COOH 的区分性溶剂，NH_3 是 CH_3COOH 与 HNO_3 的拉平溶剂，H_2O 既是拉平溶剂又是区分性溶剂。

③ 酸的酸性越强，其对应共轭碱的碱性越弱，酸的酸性越弱，其共轭碱的碱性越强。如 NH_3、NH_2^- 的碱性要比 H_2O、OH^- 的碱性强。

5.1.2　酸碱电子理论

质子理论无法解释如 $SnCl_4$、$AlCl_3$ 等的酸碱性行为。在提出酸碱质子理论的同一年（1923 年），美国化学家 G N Lewis 提出了酸碱电子理论。

电子理论认为：凡是能够接受电子对的物质（原子、分子、原子团、离子）称为酸，酸是电子对的接受体，必须具有可以接受电子对的空轨道。金属阳离子及缺电子的分子都是酸，如 Fe、BF_3、Mn^{2+}、H^+、Al^{3+}、Fe^{3+}、Ag^+ 等。凡可以给出电子对的物质为碱；碱是电子对的给予体，必须具有共享的孤对电子。与金属离子结合的阴离子或中性分子都是碱，如 X^-、OH^-、F^-、$S_2O_3^{2-}$、CN^-、CO、NH_3、H_2O 等。按照该理论定义的酸碱也称为路易斯酸碱。酸碱反应的实质是碱提供电子对，酸以空轨道接受电子对形成配位键从而生成酸碱配合物的过程。例如：

酸　　碱　　　　酸碱配合物

$$H^+ + :OH^- \longrightarrow HO \rightarrow H\text{（水）}$$

$$2Ag^+ + 2(NH_3) \longrightarrow [H_3N \rightarrow Ag \leftarrow NH_3]^+\text{（二氨合银离子）}$$

$$BF_3 + :F^- \longrightarrow [F \rightarrow BF_3]^-\text{（四氟合硼离子）}$$

$$SO_3 + CaO: \longrightarrow CaO \rightarrow SO_3\text{（硫酸钙）}$$

$$AlCl_3 + :Cl^- \longrightarrow Al \leftarrow Cl_4^-$$

$$Cu^{2+} + 4:NH_3 \longrightarrow [Cu \leftarrow (NH_3)_4]^{2+}$$

因此，路易斯酸或碱可以是分子、离子或原子团。由于一切化学反应都可概括为酸碱反应，故酸碱电子理论较电离理论、质子理论更为广泛全面，但是太笼统，不易掌握酸碱的特性，无法判断酸碱性的强弱。

5.2 水的解离平衡

水是生命之源，是最重要的溶剂。许多生物、地质和环境化学反应以及多数化工产品的生产都是在水溶液中进行的。

5.2.1 水的离子积常数

在纯水中，水分子、水合氢离子和氢氧根离子总是处于平衡状态。按照酸碱质子理论，水的自身解离平衡可表示为：

$$H_2O + H_2O \rightleftharpoons H_3O^+ + OH^-$$

简写为

$$H_2O \rightleftharpoons H^+ + OH^-$$

该解离反应很快达到平衡，平衡时 H^+ 和 OH^- 的浓度很小。水的解离反应的标准平衡常数表达式为：

$$K_w^\ominus = c(H^+)c(OH^-)$$

$K_w^\ominus$ 称为水的离子积常数。25℃时，$K_w^\ominus = 1 \times 10^{-14}$。

$K_w^\ominus$ 的意义为：一定温度时为一常数，或者说水溶液不论是酸性或碱性，H^+ 与 OH^- 同时存在，且二者的浓度互成反比。

在稀溶液中，水的离子积常数不受溶质浓度的影响，但随温度的升高而增大。水的解离是比较强烈的吸热反应。$\Delta_r H_m^\ominus > 0$，根据平衡移动原理，不难理解水的离子积 $K_w^\ominus$ 随温度升高会明显地增大（表 5-1）。

表 5-1　不同温度下水的离子积常数

t/℃	0	25	40	60
$K_w^\ominus$	0.115×10^{-14}	1.008×10^{-14}	2.94×10^{-14}	9.5×10^{-14}

$K_w^\ominus$ 为水的解离反应的标准平衡常数，所以 $K_w^\ominus$ 与水的解离反应

$$H_2O \rightleftharpoons H^+ + OH^-$$

的 $\Delta_r G_m^\ominus$ 有关系，就是说由 $K_w^\ominus$ 可求得上述反应的 $\Delta_r G_m^\ominus$。

在酸性溶液中，$c(H^+) > c(OH^-)$；在碱性溶液中 $c(OH^-) > c(H^+)$；在中性溶液 $c(H^+) = c(OH^-)$。不能把 $c(H^+) = 1 \times 10^{-7}\ mol \cdot dm^{-3}$ 认为是溶液中性的不变的标志，因为非常温时 $c(H^+) = c(OH^-)$，但都不等于 $1 \times 10^{-7}\ mol \cdot dm^{-3}$。

5.2.2 溶液的 pH 值和 pOH 值

氢离子或氢氧根离子浓度的改变能引起水的解离平衡的移动。在纯水中，$c(H^+) =$

$c(OH^-)$；如果在纯水中加入少量的 HCl 或 NaOH 形成稀溶液，$c(H^+)$ 和 $c(OH^-)$ 将发生改变。达到新的平衡时，$c(H^+) \neq c(OH^-)$；但是只要温度保持不变，$c(H^+)c(OH^-)=K_w^\ominus$ 仍然保持不变。若已知 $c(H^+)$，可根据公式求得 $c(OH^-)$，反之亦然。

溶液中，H^+ 浓度或 OH^- 浓度的大小反映了溶液酸碱性的强弱。一般稀溶液中 $c(H^+)$ 的范围在 $10^{-14} \sim 10^{-1} mol \cdot dm^{-3}$。$c(H^+)$ 与 $c(OH^-)$ 是相互联系的，水的离子积常数表明了二者间的数量关系。根据它们的相互联系可以用一个统一的标准来表示溶液的酸碱性。在化学科学中，通常习惯于以 $c(H^+)$ 的负对数来表示其很小的数量级。即

$$pH=-\lg c(H^+)$$

与 pH 对应的还有 pOH，即

$$pOH=-\lg c(OH^-)$$

25℃时，在水溶液中，

$$K_w^\ominus=c(H^+)c(OH^-)=1.0\times10^{-14}$$

将等式两边分别取负对数，得

$$-\lg K_w^\ominus=-\lg c(H^+)-\lg c(OH^-)=14.00$$

令

$$pK_w^\ominus=-\lg K_w^\ominus$$

则

$$pK_w^\ominus=pH+pOH=14.00$$

pH 是用来表示水溶液酸碱性的一种标度。p 代表一种计算，表示对一种相对浓度或标准平衡常数取对数，之后再取其相反数。pH 越小，$c(H^+)$ 越大，溶液的酸性越强，碱性越弱。溶液的酸碱性与 $c(H^+)$，pH 的关系可概括如下：

酸性溶液　$c(H^+)>1\times10^{-7} mol \cdot dm^{-3}$，$pH<7<pOH$

中性溶液　$c(H^+)=1\times10^{-7} mol \cdot dm^{-3}$，$pH=7=pOH$

碱性溶液　$c(H^+)<1\times10^{-7} mol \cdot dm^{-3}$，$pH>7>pOH$

pH 仅适用于表示 $c(H^+)$ 或 $c(OH^-)$ 浓度在 $1mol \cdot dm^{-3}$ 以下的溶液的酸碱性。如果 $c(H^+)>1mol \cdot dm^{-3}$，则 $pH<0$；$c(OH^-)>1mol \cdot dm^{-3}$，则 $pH>14$。在这种情形下，就直接写出 $c(H^+)$ 或 $c(OH^-)$，即 pH 只适用于 H^+ 浓度的 pH 值范围为 1～14 之间的溶液，对于高浓度的强酸、强碱，往往直接用物质的量浓度表示，否则 pH 会成为负值。

只要确定了溶液中的 H^+ 浓度，就能很容易地计算 pH 值。实际应用中是用 pH 试纸和 pH 计测定溶液的 pH 值，再计算 H^+ 或 OH^- 浓度。

5.3　弱酸、弱碱的离解平衡

5.3.1　一元弱酸、弱碱的解离平衡

(1) 解离平衡常数

弱电解质在水溶液中的电离是可逆的。例如乙酸的电离过程：

$$HAc \rightleftharpoons H^+ + Ac^-$$

HAc 溶于水后，有一部分分子首先电离为 H^+ 和 Ac^-，另一方面 H^+ 和 Ac^- 又会结合成 HAc 分子。最后当离子化速率和分子化速率相等时，体系达到动态平衡。弱电解质溶液在一定条件下存在的未电离的分子和离子之间的平衡称为弱电解质的电离平衡。

根据化学平衡原理，HAc 溶液中有关组分的平衡浓度的关系，即未电离的 HAc 分子的平衡浓度和 H^+、Ac^- 的平衡浓度之间的关系可用下式表明：

$$K_a^\ominus=\frac{c(H^+)c(Ac^-)}{c(HAc)}$$

$K_a^\ominus$ 称为电离平衡常数 (ionization constant)。弱酸的电离平衡常数常用 $K_a^\ominus$ 表示。式

中各有关物质的浓度都是平衡浓度（$mol \cdot dm^{-3}$）。

同理，氨水也发生部分解离，存在着未解离的分子与解离出的离子之间的平衡，一元弱碱氨水的电离过程是：

$$NH_3 \cdot H_2O \rightleftharpoons NH_4^+ + OH^-$$

其平衡常数表达式是：

$$K_b^\ominus = \frac{c(NH_4^+)c(OH^-)}{c(NH_3 \cdot H_2O)}$$

弱碱的电离平衡常数通常用 $K_b^\ominus$ 表示。式中各有关物质的浓度都是平衡浓度（$mol \cdot dm^{-3}$）。

电离平衡常数 $K^\ominus$ 表示电离达到平衡时，弱电解质电离成离子趋势的大小。$K^\ominus$ 越大则电离程度越大，弱酸溶液中的 $c(H^+)$［弱碱溶液中的 $c(OH^-)$］越大，溶液的酸性（碱性）就越强。因此，由电离平衡常数的大小，可比较弱电解质电离能力的强弱。

在一定温度下，电离平衡常数是弱电解质的一个特性常数，其数值的大小只与弱电解质的本性及温度有关而与浓度无关。相同温度下不同弱电解质的电离平衡常数不同；同一弱电解质溶液，不同温度下的电离平衡常数也不同；但温度变化对电离平衡常数的影响不大，一般不影响数量级。

使用 $K_a^\ominus$ 或 $K_b^\ominus$ 时，要注意以下几个问题。

① $K_a^\ominus$ 或 $K_b^\ominus$ 只适用于弱酸或弱碱。对于像 HCl 或 NaOH 这样的强酸或强碱，由于完全电离，不存在电离平衡，故无 K 值。

② $K_a^\ominus$ 或 $K_b^\ominus$ 不受水溶液中其他共存物质的影响。因为电离平衡常数只反映体系中电离平衡关系式的有关组分平衡浓度之间的关系，体系中其他电解质的存在虽然能影响到弱电解质的解离程度，但在一定条件下达到平衡时，体系中与电离平衡有关组分的平衡浓度的比值不变。

③ 弱电解溶液中，如果加入含有相同离子的其他电解质时，则平衡常数表达式中有关的离子浓度是指在溶液中重新达到平衡时该离子的平衡浓度。

(2) $c(H^+)$ 与 $c(OH^-)$ 的计算

一元弱酸 $c(H^+)$、弱碱 $c(OH^-)$ 的计算是以其在水溶液中的电离平衡为基础的。通常根据计算 H^+ 或 OH^- 浓度的允许误差及 $K_a^\ominus$ 或 $K_b^\ominus$ 和 c_0 值的大小，推导出 $c(H^+)$ 与 $c(OH^-)$ 的近似计算公式。

以乙酸电离过程为例推导 $c(H^+)$ 的近似计算公式：

$$HAc \rightleftharpoons H^+ + Ac^-$$

解离平衡时生成等量的 H^+ 与 Ac^-，用 c_0 表示乙酸的起始浓度，用 $c(H^+)$、$c(Ac^-)$、$c(HAc)$ 分别表示平衡时的浓度，则有 $c(H^+)=c(Ac^-)$，$c(HAc)=c_0-c(H^+)$。代入 $K_a^\ominus$ 表达式得：

$$K_a^\ominus = \frac{c(H^+)c(Ac^-)}{c(HAc)} = \frac{c(H^+)c(Ac^-)}{c_0 - c(H^+)} = \frac{c(H^+)^2}{c_0 - c(H^+)}$$

近似认为：

$$c_0 - c(H^+) = c_0$$

则：

$$c(H^+) = \sqrt{K_a^\ominus c_0}$$

同理可以推出一元弱碱氨水溶液中 $c(OH^-)$ 的近似计算公式：

$$c(OH^-) = \sqrt{K_b^\ominus c_0}$$

近似计算公式是在计算弱酸（弱碱）电离的 $c(H^+)$［$c(OH^-)$］时，忽略水的电离，而只考虑弱酸弱碱的电离平衡。所以只当 $c_0 > 400K^\ominus$ 时，才可以应用上述两近似公式进行计算。

（3）电离度和电离常数的关系

弱酸、弱碱在溶液中解离的程度可以用解离度表示，HAc 的解离度 α 表示平衡时已经解离的乙酸的浓度与乙酸起始浓度之比：

$$\alpha=\frac{c(H^+)}{c_0}=\frac{\sqrt{K_a^\ominus c_0}}{c_0}=\sqrt{\frac{K_a^\ominus}{c_0}}$$

同理 $NH_3 \cdot H_2O$ 的解离度则为：

$$\alpha=\sqrt{\frac{K_b^\ominus}{c_0}}$$

电离度和电离常数都可以用来比较弱电解质的相对强弱。它们既有区别又有联系，电离常数是化学平衡常数的一种形式，而电离度则是转化率的一种形式；电离常数不受浓度影响，电离度则随浓度的变化而改变，因此电离常数比电离度能更好地表示出弱电解质的特征。

（4）同离子效应

在弱电解质溶液中加入一种有与弱电解质相同离子的强电解质时，弱电解质的电离平衡会受到影响而改变其电离度。

例如在乙酸溶液中加入一定量的乙酸钠时，由于 NaAc 是强电解质，在溶液中完全电离，使溶液中 Ac^- 浓度大大增加，使 HAc 的电离平衡向左移动，从而降低了 HAc 分子的电离度，结果使溶液的酸性减弱。

$$HAc \rightleftharpoons H^+ + Ac^-$$
$$NaAc = Na^+ + Ac^-$$
$$NH_3 \cdot H_2O \rightleftharpoons NH_4^+ + OH^-$$
$$NH_4Cl = NH_4^+ + Cl^-$$

同理，在氨的水溶液中加入 NH_4Cl 时，溶液中 NH_4^+ 浓度相应增加，使电离平衡向左移动，降低了氨的电离度，结果使溶液的碱性减弱。

在弱电解质溶液中，加入与该弱电解质有相同离子的强电解质时，使弱电解质的电离度减小，这种现象叫做同离子效应。

5.3.2 多元弱酸的解离平衡

多元酸是含有一个以上可以电离的 H^+，如 H_3PO_4、H_2S、H_2CO_3、H_2SO_3。

一元弱酸的解离过程是一步完成的，多元酸在水溶液中的解离是分步进行的，并且每一步电离都有其相应的电离常数，体系中多级电离平衡共存。前面所讨论的一元弱酸的解离平衡原理，完全适用于多元弱酸的解离平衡。现以氢硫酸为例来讨论多元弱酸的解离平衡。其分步解离平衡为：

一级电离：
$$H_2S(aq) \rightleftharpoons H^+(aq) + HS^-(aq)$$
$$K_{a_1}^\ominus=\frac{c(H^+)c(HS^-)}{c(H_2S)}=1.1\times10^{-7}$$

二级电离：
$$HS^-(aq) \rightleftharpoons H^+(aq) + S^{2-}(aq)$$
$$K_{a_2}^\ominus=\frac{c(H^+)c(S^{2-})}{c(HS^-)}=1.3\times10^{-13}$$

第二级电离比第一级电离困难得多。其原因如下：

① 带两个负电荷的 S^{2-} 对 H^+ 的吸引比 HS^- 要强得多；

② 第一步电离出来的 H^+，对第二级电离平衡产生同离子效应，抑制了第二级电离的

进行。所以多元弱酸的逐级电离平衡常数是依次减小。多元弱酸溶液中的 H^+，主要考虑第一步电离。

例 5-1 已知 25℃、1atm 下，硫化氢的饱和水溶液的 $c(H_2S)=0.1mol\cdot dm^{-3}$，试求此饱和的 H_2S 水溶液中 H^+、HS^- 和 S^{2-} 的浓度。

设平衡时已解离的氢硫酸的浓度为 $x\,mol\cdot dm^{-3}$，则 $c(H^+)$、$c(HS^-)$ 近似等于 $x\,mol\cdot dm^{-3}$，而 $c(H_2S)=0.1-x\approx0.1mol\cdot dm^{-3}$

$$H_2S \rightleftharpoons H^+ + HS^-$$

	H_2S	H^+	HS^-
起始浓度/$mol\cdot dm^{-3}$	0.1	0	0
平衡浓度/$mol\cdot dm^{-3}$	$0.1-x$	x	x

$$K_{a_1}^{\ominus}=\frac{x^2}{0.1-x}=1.1\times10^{-7}$$

$$c_0/K_{a_1}^{\ominus}\geqslant400 \qquad \therefore[H^+]=\sqrt{K_{a_1}^{\ominus}c_0}=1.05\times10^{-4}(mol\cdot dm^{-3})$$

在一种溶液中各离子间的平衡是同时建立的，涉及多种平衡的离子，其浓度必须同时满足该溶液中的所有平衡，这是求解多种平衡共存问题的一条重要原则。

设平衡时已解离的 HS^- 的浓度为 $y\,mol\cdot dm^{-3}$

$$HS^- \rightleftharpoons H^+ + S^{2-}$$

	HS^-	H^+	S^{2-}
起始浓度/$mol\cdot dm^{-3}$	1.05×10^{-4}	1.05×10^{-4}	0
平衡浓度/$mol\cdot dm^{-3}$	$1.05\times10^{-4}-y$	$1.05\times10^{-4}+y$	y

$$K_{a_2}^{\ominus}=\frac{y(1.05\times10^{-4}+y)}{1.05\times10^{-4}-y}=1.3\times10^{-13}$$

由于 $K_{a_2}^{\ominus}\ll1$ $\quad y\ll1 \quad 1.05\times10^{-4}\pm y\cong1.05\times10^{-4}$

故 $y=c(S^{2-})=K_{a_2}^{\ominus}=1.3\times10^{-13}mol\cdot dm^{-3}$，所以饱和 H_2S 溶液中，$c(H^+)=1.05\times10^{-4}mol\cdot dm^{-3}$

$c(HS^-)=1.05\times10^{-4}mol\cdot dm^{-3}$，$c(S^{2-})=1.3\times10^{-13}mol\cdot dm^{-3}$，$c(H_2S)\approx0.1mol\cdot dm^{-3}$

从上式中，可以得到如下结论：

① 多元弱酸因为 $K_1\gg K_2\gg K_3$，因此 H^+ 浓度主要决定于第一步电离。计算多元弱酸溶液的 $c(H^+)$ 时，可以当作一元弱酸来处理。当 $c/K_{a_1}\geqslant400$ 时，也可作近似计算。

② 当二元弱酸 $K_1\gg K_2$ 时，酸根离子浓度近似等于第二级解离的电离平衡常数。

③ 多元弱酸根浓度很小，工作中需要浓度较高的多元弱酸酸根离子时，应该使用该酸的可溶性盐类。例如，需用较高浓度的 S^{2-} 时，可选用 Na_2S、$(NH_4)_2S$ 或 K_2S 等。

④ 对于饱和的 H_2S 溶液：

$$K_{a_1}^{\ominus}K_{a_2}^{\ominus}=\frac{c(H^+)^2c(S^{2-})}{c(H_2S)} \quad 即 \quad c(H^+)^2c(S^{2-})=K_{a_1}^{\ominus}\cdot K_{a_2}^{\ominus}\cdot c(H_2S),$$

$$c(H^+)^2c(S^{2-})=1.1\times10^{-7}\times1.3\times0^{-13}\times0.1=1.4\times10^{-21}$$

从上式可知，控制溶液的 pH 值，可以控制硫离子浓度，进而控制溶液中各种金属离子硫化物沉淀的生成。

5.4 盐类的水解

盐溶液有中性、酸性或碱性，这取决于组成盐的阳离子和阴离子的酸碱性。盐在水中离解所产生的阴阳离子与水发生质子转移的反应叫做水解反应。能与水发生质子转移反应的离子物种被称为离子酸或离子碱。由强酸强碱所生成的盐在水中完全解离产生的阴、阳离子不水解，其水溶液为中性。除此之外，其他各类盐在水中解离所产生的阳、阴离子则不然。它们中的一种或多种离子可发生水解。它们的溶液的酸碱性取决于离子酸和离子碱的相对强弱。

5.4.1 水解平衡常数

（1）弱酸强碱组成的盐

NaAc、NaCN…这类一元弱酸强碱盐的水溶液显碱性。这些盐在水中完全解离生成的阳离子（如 Na^+、K^+），往往并不发生水解反应，而阴离子在水中发生水解反应。如 NaAc 水溶液中 Na^+(ad) 与水不反应，而 Ac^-(ad) 与水发生水解反应。

Ac^- 在水中的水解平衡式：

$$Ac^- + H_2O \xrightleftharpoons{K_h} HAc + OH^-$$

水解的结果使得溶液中 $c(OH^-) > c(H^+)$，NaAc 溶液显碱性。

平衡常数表达式为：
$$K_h^{\ominus} = \frac{c(OH^-)c(HAc)}{c(Ac^-)}$$

$K_h^{\ominus}$ 是水解平衡常数。在上式的分子分母中各乘以平衡体系中的 $c(H^+)$，上式变为：

$$K_h^{\ominus} = \frac{c(OH^-)c(HAc)}{c(Ac^-)} = \frac{c(OH^-)c(H^+)}{\dfrac{c(H^+)c(Ac^-)}{c(HAc)}} = \frac{K_w^{\ominus}}{K_a^{\ominus}}$$

弱酸强碱盐的水解平衡常数 $K_h^{\ominus}$ 等于水的离子积常数与弱酸的电离平衡常数的比值。故酸越弱，即 $K_a^{\ominus}$ 越小，它的酸根离子的水解程度越大。

NaAc 的水解平衡常数：

$$K_h^{\ominus} = \frac{K_w^{\ominus}}{K_a^{\ominus}} = \frac{1.0 \times 10^{-14}}{1.8 \times 10^{-5}} = 5.6 \times 10^{-10}$$

由于盐的水解平衡常数相当小，故计算中可以采用近似的方法来处理。

（2）强酸弱碱组成的盐

以 NH_4Cl 为例，其水解平衡式为：

$$NH_4{}^+ + H_2O \rightleftharpoons NH_3 \cdot H_2O + H^+$$

NH_4^+ 和 OH^- 结合成弱电解质，使 H_2O 的电离平衡发生移动，结果溶液中 $c(H^+) > c(OH^-)$，溶液显酸性。

可以推出强酸弱碱盐水解平衡常数 $K_h^{\ominus}$ 与弱碱的 $K_b^{\ominus}$ 之间的关系如下：

$$K_h^{\ominus} = \frac{c(NH_3)c(H_3O^+)}{c(NH_4^+)} = \frac{c(NH_3)c(H_3O^+)c(OH^-)}{c(NH_4^+)c(OH^-)} = \frac{K_w^{\ominus}}{K_b^{\ominus}}$$

（3）弱酸弱碱组成的盐

以 NH_4Ac 为例，其水解平衡式可写成：

$$Ac^- + NH_4{}^+ + H_2O \xrightleftharpoons{K_h} HAc + NH_3 \cdot H_2O$$

$$K_h^{\ominus} = \frac{c(NH_3 \cdot H_2O)c(HAc)}{c(NH_4^+)c(Ac^-)} = \frac{c(NH_3 \cdot H_2O)c(HAc)c(H^+)c(OH^-)}{c(NH_4^+)c(Ac^-)c(H^+)c(OH^-)}$$

即
$$K_h^{\ominus} = \frac{K_w^{\ominus}}{K_a^{\ominus}K_b^{\ominus}}$$

NH_4Ac 的水解平衡常数 $K_h^{\ominus}$：

$$K_h^{\ominus} = \frac{K_w^{\ominus}}{K_a^{\ominus}K_b^{\ominus}} = \frac{1.0 \times 10^{-14}}{1.8 \times 10^{-5} \times 1.8 \times 10^{-5}} = 3.1 \times 10^{-5}$$

与 NaAc 的 $K_h^\ominus$ 和 NH_4Cl 的 $K_h^\ominus$ 相比，NH_4Ac 的水解平衡常数扩大了 1.0×10^5 倍。显然 NH_4Ac 的双水解的趋势要比 NaAc 或 NH_4Cl 的单方向水解的趋势大得多。

综合以上结论如下。

$$K_h^\ominus=\frac{K_w^\ominus}{K_a^\ominus} \qquad K_h^\ominus=\frac{K_w^\ominus}{K_b^\ominus} \qquad K_h^\ominus=\frac{K_w^\ominus}{K_a^\ominus K_b^\ominus}$$

可见影响水解平衡常数的一个重要的因素，即生成盐的酸碱越弱，即 $K_a^\ominus$、$K_b^\ominus$ 越小，则盐的水解平衡常数 $K_h^\ominus$ 越大。

例如，NaAc 和 NaF 同为弱酸强碱盐，由于 HAc 的 $K_a^\ominus$ 小于 HF 的 $K_a^\ominus$，故当 NaAc 溶液和 NaF 溶液的浓度相同时，NaAc 的水解程度要大于 NaF。

5.4.2 水解度和水解平衡的计算

(1) 单水解过程的计算

NaAc 水解反应的方程式如下：

$$Ac^- + H_2O \xrightleftharpoons{K_h} HAc + OH^-$$

起始浓度/mol·dm^{-3}	c_0	0	0
平衡浓度/mol·dm^{-3}	c_0-x	x	x

$$K_h^\ominus=\frac{c(OH^-)c(HAc)}{c(Ac^-)}$$

$K_h^\ominus$ 很小，近似有 $c(Ac^-)\approx c_0$

$$K_h^\ominus=\frac{c(OH^-)c(HAc)}{c(Ac^-)}=\frac{x^2}{c_0}$$

解得：

$$x=\sqrt{c_0K_h^\ominus}$$

若用弱酸的电离平衡常数表示，上式则变为：

$$c(OH^-)=\sqrt{c_0K_h^\ominus}=\sqrt{\frac{K_w^\ominus c_0}{K_a^\ominus}}$$

水解反应的程度用水解度 h 表示：

$$h=\frac{c(OH^-)}{c_0}=\frac{\sqrt{\dfrac{c_0K_w^\ominus}{K_a^\ominus}}}{c_0}=\sqrt{\frac{K_w^\ominus}{c_0K_a^\ominus}}$$

同理可推导出弱碱的水解度表达式：

$$c(H^+)=\sqrt{c_0K_h^\ominus}=\sqrt{\frac{K_w^\ominus c_0}{K_b^\ominus}}$$

$$h=\frac{c(H^+)}{c_0}=\frac{\sqrt{\dfrac{c_0K_w^\ominus}{K_b^\ominus}}}{c_0}=\sqrt{\frac{K_w^\ominus}{c_0K_b^\ominus}}$$

$$K_h^\ominus=\frac{K_w^\ominus}{K_a^\ominus}=\frac{1.0\times10^{-14}}{1.8\times10^{-5}}=5.6\times10^{-10}$$

例 5-2 求 0.10mol·dm^{-3} NH_4Cl 溶液的 pH 和水解度。

$$NH_4^+ + H_2O \rightleftharpoons NH_3\cdot H_2O + H^+$$

$$K_h^\ominus=\frac{K_w^\ominus}{K_b^\ominus}=\frac{1.0\times10^{-14}}{1.8\times10^{-5}}=5.6\times10^{-10}$$

$$c_0/K_h^\ominus > 400 \quad \text{可近似计算}$$

$$c(H^+)=\sqrt{c_0 K_h^\ominus}=\sqrt{5.6\times10^{-10}\times0.10}=7.5\times10^{-6}$$

故：pH=5.13

水解度 $h=\dfrac{c(H^+)}{c_0}=\dfrac{7.5\times10^{-6}}{0.10}=0.0075\%$

可以看出，当水解平衡常数 $K_h^\ominus$ 一定时，盐的起始浓度 c_0 越小，水解度 h 越大，即稀溶液的水解度比较大。

盐的水解会使溶液的酸度改变，根据平衡移动的原理，可以通过调解溶液的酸度来控制盐的水解。例如，实验室配制 $SnCl_2$ 溶液，用盐酸来溶解 $SnCl_2$ 固体，原因就是用酸来抑制 Sn^{2+} 的水解。

(2) 双水解过程的计算

以弱酸弱碱盐 NH_4Ac 为例讨论：

$$NH_4^+ + H_2O \rightleftharpoons NH_3\cdot H_2O + H^+$$

$$K_{h_{NH_4^+}}^\ominus=\frac{c(NH_3\cdot H_2O)c(H^+)}{c(NH_4^+)}=\frac{K_w^\ominus}{K_b^\ominus}$$

∴ $$c(NH_3\cdot H_2O)=\frac{K_w^\ominus}{K_b^\ominus}\cdot\frac{c(NH_4^+)}{c(H^+)} \qquad ①$$

$$Ac^- + H_2O \xrightleftharpoons{K_h} HAc + OH^-$$

$$K_{h_{Ac^-}}^\ominus=\frac{c(HAc)c(OH^-)}{c(Ac^-)}=\frac{K_w^\ominus}{K_a^\ominus}$$

∴ $$c(HAc)=\frac{K_w^\ominus}{K_a^\ominus}\frac{c(Ac^-)}{c(OH^-)}=\frac{c(H^+)c(Ac^-)}{K_a^\ominus} \qquad ②$$

分析：有 1 个 $NH_3\cdot H_2O$ 生成，则同时产生 1 个 H^+。

有 1 个 HAc 生成，则同时产生 1 个 OH^- 去中和 H^+。

故： $$c(H^+)=c(NH_3\cdot H_2O)-c(HAc) \qquad ③$$

将①、②代入③，整理得：

$$c(H^+)=\sqrt{\frac{K_a^\ominus K_w^\ominus c(NH_4^+)}{K_b^\ominus[K_a^\ominus+c(Ac^-)]}}$$

若 $c_0 \gg K_a^\ominus$ 且 $K_h^\ominus$ 很小时：$c(NH_4^+)=c(Ac^-)\approx c_0 \qquad K_a^\ominus+c(Ac^-)\approx c_0$

上式变为： $$c(H^+)=\sqrt{\frac{K_w^\ominus K_a^\ominus}{K_b^\ominus}}$$

可见弱酸弱碱盐水溶液的 $c(H^+)$ 与盐溶液的浓度无直接关系。但该式成立的前提是 $K_a^\ominus$ 与 c_0 相比很小且 $c_0 \gg K_a^\ominus$，所以盐的起始浓度 c_0 不能过小。

对 $0.1mol\cdot dm^{-3}NH_4Ac$ 溶液，由 $K_a^\ominus=K_b^\ominus=1.8\times10^{-5}$，可知 $c(H^+)=1.0\times10^{-7}$ $mol\cdot dm^{-3}$，pH=7，即溶液显中性。但当 $K_a^\ominus$ 和 $K_b^\ominus$ 不相等时，溶液则不显中性。

例 5-3 求 $0.10mol\cdot dm^{-3}$ 的 NH_4F 溶液的 pH。

解： $$c(H^+)=\sqrt{\frac{K_w^\ominus K_a^\ominus}{K_b^\ominus}}=\sqrt{\frac{1.0\times10^{-14}\times6.3\times10^{-4}}{1.8\times10^{-5}}}=5.9\times10^{-7}$$

$$pH=6.23$$

因为 $K_a^\ominus$ 比 $K_b^\ominus$ 大，故弱碱的水解程度比弱酸的水解程度大些，故溶液中 $c(H^+)>c(OH^-)$，溶液显酸性。

5.4.3 影响盐类水解平衡的因素

(1) 内因

离子本身与 H^+ 或 OH^- 结合能力的大小。

(2) 外因

① 温度　盐的水解一般是吸热过程，$\Delta H>0$，由公式：

$$\ln\frac{K_{h_2}}{K_{h_1}}=\frac{\Delta H}{R}\left(\frac{1}{T_1}-\frac{1}{T_2}\right)=\frac{\Delta H}{R}\left(\frac{T_2-T_1}{T_1T_2}\right)$$

温度升高即 $T_2-T_1>0$，则$\frac{K_{h_2}}{K_{h_1}}>1$，故 $K_h^{\ominus}$ 升高。

可知，当温度升高时平衡常数 $K_h^{\ominus}$ 增大，因此升高温度，水解程度增大。这是由于水解反应伴随着吸热反应所致。

升高温度可以促进水解的进行。例如 $FeCl_3$ 的水解，常温下反应并不明显，加热后反应进行得较彻底，颜色逐渐加深，生成红棕色沉淀。

② 酸度　盐的水解会使溶液的酸度改变，根据平衡移动的原理，可以通过调解溶液的酸度来控制盐的水解。

③ 盐的浓度　据 $h=\sqrt{\frac{K_h^{\ominus}}{c_0}}$ 得知温度恒定时，盐的浓度越小，水解程度越大。

5.5 缓冲溶液

本节重点讨论弱酸与它的共轭碱共存于同一溶液中时，产生同离子效应，从而使弱酸的解离平衡发生移动。这一概念有助于理解缓冲溶液的缓冲性能。缓冲溶液在化学反应和生物化学系统中占有重要地位。

5.5.1 缓冲溶液的概念

在水溶液中进行的许多反应都与溶液的 pH 有关，其中有些反应要求在一定的 pH 范围内进行，这就需要使用缓冲溶液。

为了了解缓冲溶液的概念，先分析表 5-2 所列实验数据。

表 5-2　缓冲溶液与非缓冲溶液的比较实验

项目	$1.8\times10^{-5}mol\cdot dm^{-3}$	$0.1mol\cdot dm^{-3}$ HAc-$0.1mol\cdot dm^{-3}$ NaAc
$1.0dm^3$ 溶液的 pH 值	4.74	4.74
加 0.01mol NaOH(s)后	12.00	4.83
加 0.01mol HCl(s)后	2.00	4.66

在稀盐酸溶液中，加入少量 NaOH 或 HCl，pH 有较明显的变化，说明这种溶液不具有保持相对稳定的性能。但是在 HAc-NaAc 这对共轭酸碱组成的溶液中，加入少量的强酸或强碱，溶液的 pH 值改变很小。这类溶液具有缓解改变氢离子浓度而保持 pH 值基本不变的性能。同样，NH_4Cl 与其共轭碱 $NH_3\cdot H_2O$ 的混合溶液以及 $NaHCO_3$-Na_2CO_3 等都具有这种性质。这种具有能保持 pH 值相对稳定性能的溶液（也就是不因加入少量强酸或强碱或稍加水稀释而显著改变 pH 值的溶液）叫做缓冲溶液。从组成上看缓冲溶液实际上是弱酸与它的共轭碱组成的。常有下列三类混合液配成。

① 弱酸及其盐：HAc-NaAc、H_2CO_3-$NaHCO_3$、邻苯二甲酸［$C_6H_4(COOH)_2$］-邻苯二甲酸氢钾［$C_6H_4(COOH)COOK$］。

② 弱碱及其盐：$NH_3\cdot H_2O$-NH_4Cl。

③ 不同碱度的酸式盐：NaH_2PO_4-Na_2HPO_4、$NaHCO_3$-Na_2CO_3。

5.5.2 缓冲作用原理

缓冲溶液为什么能够保持相对稳定，而不因加入少量强酸或强碱引起 pH 值有较大的变化？假定缓冲溶液含有浓度相对较大的弱酸 HA 和它的共轭碱 A^-，在溶液中发生的反应为：

$$HA(aq) \rightleftharpoons A^-(aq) + H^+(aq)$$

$$c(H^+) = K_a^{\ominus} \frac{c(HA)}{c(A^-)}$$

$$c(H^+)\text{取决于} c(HA)/c(A^-)$$

加入少量强酸时，溶液中大量的 A^- 与外加的少量的 H^+ 结合成 HA，平衡左移。而且 HA 解离度很小，使得 $c(HA)/c(A^-)$ 比值变化不大，溶液的 $c(H^+)$ 或 pH 值基本不变。

加入少量强碱时，外加的少量的 OH^- 与溶液中 H^+ 生成 H_2O。平衡右移，同时 HAc 解离出 H^+，使得 $c(HA)/c(A^-)$ 变化不大，溶液的 $c(H^+)$ 或 pH 值基本不变。

加水稀释时，浓度同时减小，使得 $c(HA)/c(A^-)$ 比值不变，溶液的 $c(H^+)$ 或 pH 值基本不变。

缓冲溶液是同离子效应的应用。

5.5.3 缓冲溶液的 pH 值计算

缓冲溶液 pH 值的计算实际上就是产生同离子效应时弱酸或弱碱平衡组成的计算。在讨论缓冲溶液的缓冲原理时已经知道，缓冲溶液中 H^+ 浓度取决于弱酸的解离常数和共轭酸、碱浓度的比值。即

$$c(H^+) = K_a^{\ominus} \frac{c(HA)}{c(A^-)}$$

由此可以推出：

$$pH = pK_a^{\ominus} - \lg \frac{c_{酸}}{c_{盐}}$$

或

$$pH = pK_a^{\ominus} + \lg \frac{c_{盐}}{c_{酸}}$$

由于同离子效应的存在，所以对于弱碱及其共轭酸组成的缓冲溶液 B-BH^+，其 pH 值的计算公式为 pH＝14－pOH

$$pOH = pK_b^{\ominus} - \lg \frac{c_{碱}}{c_{盐}} = pK_b^{\ominus} + \lg \frac{c_{盐}}{c_{碱}}$$

缓冲溶液的 pH 值主要是由 $c_{酸}/c_{盐}$ 或 $c_{碱}/c_{盐}$ 决定的，其次还与 $K_a^{\ominus}$ 或 $K_b^{\ominus}$ 有关。当弱酸及其共轭碱浓度较大时，缓冲能力较强，一般以 0.01～0.1mol·L^{-1} 为宜；当 $c_{酸}/c_{盐}$ 或 $c_{碱}/c_{盐}$ 接近 1 时，缓冲能力最强。选择和配制缓冲溶液时，所选择的缓冲溶液，除了参与和 H^+ 或 OH^- 有关的反应以外，不能与反应体系中的其他物质发生副反应；应使 pH 值尽可能接近所需要的 pH 值，pH 值与所需 pH 值不相等时，依所需 pH 值调整，并通过计算确定出弱酸及其共轭碱的量。缓冲溶液的缓冲能力是有限的。

5.6 盐效应

在弱电解质溶液中，加入不含共同离子的可溶性强电解质时，则该弱电解质的电离度将会稍微增大，这种影响叫做盐效应。

盐效应的产生，是由于强电解质的加入，增大了溶液中的离子浓度，使溶液中离子间的相互牵制作用增强，即离子的活度降低，使离子结合成分子的机会减少，降低了分子化速

率，因此，当体系重新达到平衡时，HAc 的电离度要比加 NaCl 之前时大。

应该指出的是在同离子效应发生的同时，必然伴随着盐效应的发生。盐效应虽然可使弱碱或弱酸电离度增大一些，但是数量级一般不会改变，即影响较小。而同离子效应的影响要大得多。所以，在有同离子效应时，可以忽略盐效应。

5.7 酸碱指示剂

检测溶液酸碱性的简便方法是用酸碱指示剂，常用的 pH 试纸是用多种酸碱指示剂的混合溶液浸制而成的。在控制酸碱滴定终点时，选用适宜的酸碱指示剂十分必要。

酸碱指示剂是利用颜色改变指示溶液 pH 的物质，它们常是复杂的有机弱酸或有机弱碱。溶液的 pH 改变时，由于质子转移引起指示剂的分子或离子结构发生变化。使其在可见光范围内发生了吸收光谱的改变，因而呈现不同的颜色。

每种指示剂都有一定的变色范围。这种变色范围取决于指示剂的电离平衡。以通式表示它们的电离平衡如下：

$$HIn(aq)+H_2O(l) \rightleftharpoons In^-(aq)+H_3O(aq)$$

$$K_a^\ominus(HIn)=\frac{c(H^+)c(In^-)}{c(HIn)}$$

$$\frac{c(H^+)}{K_a^\ominus(HIn)}=\frac{c(HIn)}{c(In^-)}$$

HIn 表示指示剂，称为“酸型”，In^- 表示指示剂的共轭碱，称为“碱型”。

指示剂检出溶液的 pH 的原理是基于指示剂的酸型和碱型的颜色是不同的。

若 HIn 表示石蕊 $\qquad HIn \rightleftharpoons H^+ + In^-$

红 $\qquad$ 蓝

当 $c(HIn) \gg 10c(In^-)$ 时，溶液中的 $pH \leqslant K_a^\ominus(HIn)-1$，指示剂 90% 以上以弱酸的形式存在，溶液呈 HIn 的颜色。在此例中溶液呈红色，是酸性。

当 $10c(HIn) \ll c(In^-)$ 时，溶液中的 $pH \geqslant K_a^\ominus(HIn)+1$，指示剂 90% 以上以共轭碱的形式存在，溶液呈 In^- 的颜色。在此例中溶液呈蓝色，是碱性。

当 $\frac{c(H^+)}{K_a^\ominus(HIn)}=\frac{c(HIn)}{c(In^-)}=1$ 时，溶液中的 $pH=K_a^\ominus(HIn)$，溶液中 HIn 与 In^- 各占 50%，呈现两者混合颜色。

指示剂的变色范围取决于 $K_a^\ominus(HIn)\pm 1$。由于人的视觉对不同颜色的敏感程度有差异，实测的变色范围往往略小于上下 2 个 pH 单位。指示剂的变色范围越小越好，这说明变色越灵敏。

指示剂的变色范围一般所指的是水溶液中指示剂的变色范围，当为非水溶剂的变色范围与水中的不同。

使用指示剂时应注意控制指示剂的用量，以便能观察颜色的变化。

用酸碱指示剂测定溶液的 pH 是很粗略的，只能知道溶液 pH 在某一个范围之内，用 pH 试纸测定 pH 就比较准确了，然而，更精确地测定溶液 pH 的方法是 pH 计。

习　题

一、填空题

5-1　在 $0.10mol \cdot dm^{-3}$ $NH_3 \cdot H_2O$ 溶液中加入 NH_4Cl 固体，则 $NH_3 \cdot H_2O$ 的浓度______，解离度______，pH 值将______，解离常数______。

5-2　$0.10mol \cdot L^{-1}$ 乙酸溶液 100mL 与 $0.10mol \cdot L^{-1}$ 氢氧化钠溶液 50mL 混合后，溶液的 pH=______。(乙酸的 $K_a^\ominus=1.8\times10^{-5}$)

5-3　在 0.10mol・dm^{-3} HAc 溶液中加入少许 NaCl 晶体，溶液的 pH 值将会______。

5-4　HCO_3^- 的共轭碱是______，HS^- 的共轭酸是______。

5-5　在 HAc-NaAc 混合溶液中加入少量强酸或强碱，溶液 pH 值将保持______，这是因为溶液中存在大量抵抗酸的物质______，以及大量抵抗碱的物质______。

5-6　根据酸碱质子理论，水是________，H_2O 的共轭碱是________，H_2O 的共轭酸是______。

5-7　浓度为 0.010mol・dm^{-3} 的某一元弱碱溶液（$K_b^\ominus = 1.0\times10^{-8}$），与等体积的 H_2O 混合后，溶液的 pH 值是______。

5-8　已知某二元弱酸 H_2A 的 $K_{a1}^\ominus = 1\times10^{-7}$，$K_{a2}^\ominus = 1\times10^{-14}$，则 0.10mol・$dm^{-3}$ H_2A 溶液中 [A^{2-}] 为______mol・dm^{-3}；在 0.10mol・dm^{-3} H_2A 和 0.10mol・dm^{-3} 盐酸混合溶液中为______mol・dm^{-3}。

5-9　下列溶液中各物质的浓度均为 0.10mol・dm^{-3}，则按 pH 值由大到小排列的顺序是__________

(1) NH_4Cl 和 $NH_3\cdot H_2O$ 混合溶液；　(2) NaAc 和 HAc 混合溶液；

(3) HAc；　(4) $NH_3\cdot H_2O$；

(5) HCl；　(6) NaOH。

5-10　在 0.10mol・dm^{-3} HAc 溶液中加入少许 NaCl 晶体，溶液的 pH 值将会______；若以 Na_2CO_3 代替 NaCl，则溶液的 pH 值将会______。

5-11　实验室有 HCl、HAc（$K_a^\ominus = 1.8\times10^{-5}$）、NaOH、NaAc 四种浓度相同的溶液，现要配制 pH＝4.44 的缓冲溶液，共有三种配法，每种配法所用的两种溶液及其体积比分别为__________；__________；__________。

5-12　向 0.10mol・dm^{-3} NaAc 溶液中加入 1 滴酚酞试液，溶液呈________色；当把溶液加热至沸腾时，溶液的颜色将________，这是因为________。

5-13　若将 HAc 溶液与等体积的 NaAc 溶液相混合，欲得混合溶液的 pH 值为 4.05，混合后酸和盐的浓度近似比为________。当将该溶液稀释两倍后，其 pH________。将该缓冲溶液中 c(NAc) 和 c(NaAc) 同时增大相同倍数时，其缓冲能力________。

二、选择题

5-14　在 H_3PO_4 溶液中加入一定量 NaOH 后，溶液的 pH＝10.00，在该溶液中下列物质中浓度最大的是（　　）。

A. H_3PO_4　B. $H_2PO_4^-$　C. HPO_4^{2-}　D. PO_4^{3-}

5-15　在 HAc-NaAc 缓冲溶液中，若[HAc]＞[Ac^-]，则该缓冲溶液抵抗酸或抵抗碱的能力为（　　）。

A. 抗酸能力＞抗碱能力　B. 抗酸能力＜抗碱能力

C. 抗酸碱能力相同　D. 无法判断

5-16　配制 pH＝7 的缓冲溶液时，选择最合适的缓冲对是[$K_a^\ominus$(HAc)＝1.8×10^{-5}，$K_b^\ominus$(NH_3)＝1.8×10^{-5}；H_2CO_3 $K_{a1}^\ominus = 4.2\times10^{-7}$，$K_{a2}^\ominus = 5.6\times10^{-11}$；$H_3PO_4$ $K_{a1}^\ominus = 7.6\times10^{-3}$，$K_{a2}^\ominus = 6.3\times10^{-8}$，$K_{a3}^\ominus = 4.4\times10^{-13}$]（　　）。

A. HAc-NaAc　B. NH_3-NH_4Cl

C. NaH_2PO_4-Na_2HPO_4　D. $NaHCO_3$-Na_2CO_3

5-17　下列溶液中，具有明显缓冲作用的是（　　）。

A. Na_2CO_3　B. $NaHCO_3$　C. $NaHSO_4$　D. Na_3PO_4

5-18　下列溶液中，pH 值约等于 7.0 的是（　　）。

A. HCOONa　B. NaAc　C. NH_4Ac　D. $(NH_4)_2SO_4$

5-19　下列溶液中，pH 值最小的是（　　）。

A. 0.010mol・dm^{-3} HCl　B. 0.010mol・dm^{-3} H_2SO_4

C. 0.010mol・dm^{-3} HAc　D. 0.010mol・dm^{-3} $H_2C_2O_4$

5-20　下列溶液的浓度均为 0.100mol・dm^{-3}，其中 $c(OH^-)$ 最大的是（　　）。

A. NaAc　B. Na_2CO_3　C. Na_2S　D. Na_3PO_4

5-21　向 1.0L 0.10mol・dm^{-3} HAc 溶液中加入 1.0mL 0.010mol・dm^{-3} HCl 溶液，下列叙述正确的是（　　）。

A. HAc 解离度减小　　B. 溶液的 pH 值为 3.02

C. $K_a^\ominus$(HAc) 减小　　D. 溶液的 pH 值为 2.30

5-22　下列溶液中，pH 最大的是（　）。

A. 0.10mol·dm^{-3} NaH_2PO_4　　B. 0.10mol·dm^{-3} Na_2HPO_4

C. 0.10mol·dm^{-3} $NaHCO_3$　　D. 0.10mol·dm^{-3} NaAc

5-23　下列溶液中，pH 值约等于 7.0 的是（　）。

A. HCOONa　　B. NaAc　　C. NH_4Ac　　D. $(NH_4)_2SO_4$

5-24　欲配制 pH＝9.00 的缓冲溶液，最好应选用（　）。

A. $NaHCO_3$-Na_2CO_3　　B. NaH_2PO_4-Na_2HPO_4

C. HAc-NaAc　　D. $NH_3 \cdot H_2O$-NH_4Cl

三、判断题

5-25　根据酸碱质子理论，溶剂既能给出质子，又能接受质子，是两性物质。（　）

5-26　弱酸的解离常数越大，其电离度也越大。（　）

5-27　将 HAc 溶液稀释时，其解离度 α 增大，则 $c(H^+)$ 浓度增大，pH 值变小。（　）

5-28　根据酸碱电子理论，提供电对的分子或离子是酸，接受电对的分子或离子是碱。（　）

5-29　缓冲溶液是能消除外来少量酸碱影响的一种溶液。（　）

5-30　某一元弱酸，溶液浓度越小，电离度越小，氢离子浓度越小。（　）

四、综合题

5-31　根据酸碱质子理论，写出下列分子或离子的共轭酸的化学式。

SO_4^{2-}，　$H_2PO_4^-$，　NH_3

5-32　在氨水中分别加入下列物质：(1) NH_4Cl；(2) NaCl；(3) NaOH；对氨水的 $K_b^\ominus$，解离度 α 和溶液 pH 值有何影响？

5-33　今有 500mL 总浓度 0.200mol·dm^{-3}，pH 4.50 的 HAc-NaAc 缓冲溶液，欲将 pH 值调整到 4.90，需加 NaOH 多少克？(已知：HAc 的 $pK_a^\ominus=4.76$)

5-34　50.0mL 浓度为 0.10mol·dm^{-3} 某一元弱酸 HB 与 20.0mL 浓度为 0.10mol·dm^{-3} KOH 混合稀释到 100mL，测得其 pH 值为 5.25，计算此弱酸的标准解离常数？

5-35　根据计算说明：0.1mol·dm^{-3} 的下列溶液，其 pH 值由小到大的顺序。

(1) HAc　(2) NaAc　(3) $NH_3 \cdot H_2O$　(4) $NaHCO_3$ 和 Na_2CO_3

($K_{HAC}^\ominus=K_{NH_3 \cdot H_2O}^\ominus=1.85\times10^{-5}$，$K_{H_2CO_3}^\ominus=4.2\times10^{-7}$，$K_{HCO_3^-}^\ominus=4.7\times10^{-11}$)

5-36　已知 0.010mol·dm^{-3} 弱酸 HA ($K_a^\ominus<10^{-5}$) 溶液的 pH 值为 4.00，计算 HA 的解离常数 $K_a^\ominus$ 和解离度 α。

5-37　欲配制 pH＝4.70 的缓冲溶液 1000mL，现有 100mL 1.0mol·dm^{-3} NaOH 溶液，问需要多少毫升 1.0mol·dm^{-3} 的 HAc 溶液与之混合？需加多少水？(已知 HAc 的 $pK_a^\ominus=4.75$)

5-38　在 c mol·dm^{-3} 的 HAc 溶液中加入一定量的 NaAc 固体（假设溶液体积不变），溶液的 [H^+] 能否用 $K_a^\ominus=[H^+]^2/c$ 进行计算？为什么？

5-39　在血液中，H_2CO_3-$NaHCO_3$ 缓冲对的功能之一是从细胞组织中迅速地除去运动产生的乳酸 (HLac，$K_a^\ominus(HLac)=8.4\times10^{-4}$)。

(1) 已知 $K_{a1}^\ominus(H_2CO_3)=4.3\times10^{-7}$，求 $HLac+HCO_3^- \rightleftharpoons H_2CO_3+Lac^-$ 的平衡常数 K；

(2) 在正常血液中，$[H_2CO_3]=1.4\times10^{-3}$ mol·dm^{-3}，$[HCO_3^-]=2.7\times10^{-2}$ mol·dm^{-3}，求 pH 值；

(3) 若 1.0dm^3 血液中加入 5.0×10^{-3} mol HLac 后，pH 值为多少？

5-40　将 1.0mol·dm^{-3} Na_3PO_4 和 2.0mol·dm^{-3} HCl 等体积混合，求溶液的 pH 值。[$K_{a1}^\ominus(H_3PO_4)=7.6\times10^{-3}$，$K_{a2}^\ominus(H_3PO_4)=6.3\times10^{-8}$]

5-41　将 0.1dm^3 0.20mol·dm^{-3} HAc 和 0.050dm^3 0.2mol·dm^{-3} NaOH 溶液混合，求混合溶液的 pH 值。[$K_a^\ominus(HAc)=1.8\times10^{-5}$]

第6章 沉淀-溶解平衡

水溶液中的酸碱平衡是均相反应，除此之外，另一类重要的离子反应是难溶电解质在水中的溶解，即在含有固体难溶电解质的饱和溶液中存在着电解质与它离解产生的离子之间的平衡，叫做沉淀-溶解平衡。这是一种多相离子平衡，沉淀的生成和溶解现象经常发生。例如，肾结石通常是生成难溶盐草酸钙和磷酸钙所致；自然界中石笋和钟乳石的形成与碳酸钙沉淀的生成和溶解反应有关；工业上可用碳酸钠与消石灰制取烧碱等。这些实例说明了沉淀-溶解平衡对生物化学、医学、工业生产以及生态学有着深远影响。

在这一单元，将对沉淀-溶解平衡进行定量讨论，首先对物质溶解性做一般介绍，再对溶度积常数以及溶液的 pH 值、配合物的形成等对难溶物的溶解度的影响加以讨论。

6.1 溶解度和溶度积

6.1.1 溶解度和溶度积常数

在一定温度下，将难溶电解质晶体放入水中时，就发生溶解和沉淀两个过程。硫酸钡是由 Ba^{2+} 和 SO_4^{2-} 组成的晶体，将其放入水中时，晶体中的 Ba^{2+} 和 SO_4^{2-} 在水分子的作用（碰撞和吸引）下，不断由晶体表面进入溶液中，成为无规则运动的水合离子，这是 $BaSO_4$ (s) 的溶解过程。与此同时，已经溶解在溶液中的 Ba^{2+} 和 SO_4^{2-} 在不断运动中相互碰撞或与未溶解的 $BaSO_4(s)$ 表面碰撞，一部分又被异电荷吸引而以固体 $BaSO_4(s)$ 沉淀的形式析出，这是 $BaSO_4(s)$ 的沉淀过程或结晶。任何难溶电解质的溶解和沉淀过程都是可逆的，开始时溶解速率较大，沉淀速率较小。在一定条件下，当溶解和沉淀速率相等时，便建立了一种动态的多相离子平衡，可表示如下：

$$BaSO_4 \rightleftharpoons Ba^{2+}(aq) + SO_4^{2-}(aq)$$

一般沉淀反应：

$$A_mB_n(s) \rightleftharpoons mA^{n+}(aq) + nB^{m-}(aq)$$

沉淀溶解平衡标准常数为：

$$K_{sp}^{\ominus}(A_nB_m) = \{c(A^{m+})\}^n \{c(B^{n-})\}^m$$

$K_{sp}^{\ominus}$——溶度积常数，简称溶度积。和其他平衡常数一样，$K_{sp}^{\ominus}$只与难溶电解质的性质和温度有关，随温度变化而改变。而与沉淀量无关。温度升高，多数难溶化合物的溶度积增大。通常，温度对 $K_{sp}^{\ominus}$的影响不大，若无特殊说明，可使用 25℃时的数据。当然，溶度积常数也与固体的晶型有关，在数据表中可查得。

6.1.2 溶度积常数与溶解度的关系

溶度积和溶解度都可以用来表示难溶电解质的溶解性。两者既有联系，又有区别。从相互联系考虑，它们之间可以相互换算，既可以从溶解度求得溶度积，也可以从溶度积求得溶解度。溶解度 S 指在一定温度下饱和溶液的浓度。在有关溶度积的计算中，离子浓度必须是物质的量浓度，其单位为 $mol \cdot dm^{-3}$，而通常的溶解度的单位往往是 g/100g 水。因此，计算时要先将难溶电解质的溶解度 S 的单位换算为 $mol \cdot dm^{-3}$。对难溶电解质溶液来说，其饱和溶液是极稀的溶液，可将溶剂水的体积看作与饱和溶液的体积相等。这样就很便捷地计算出饱和溶液浓度，并进而计算出溶度积。

对于一般沉淀反应

$$A_mB_n(s) \rightleftharpoons mA^{n+}(aq) + nB^{m-}(aq)$$

平衡溶度/$mol \cdot dm^{-3}$　　　　mS　　　　nS

由：$$K_{sp}^{\ominus}(A_nB_m) = \{c(A^{m+})\}^n \{c(B^{n-})\}^m$$

得：$$K_{sp}^{\ominus} = (nS)^n (mS)^m$$

$$S = \sqrt[n+m]{\frac{K_{sp}^{\ominus}}{n^n m^m}}$$

AB 型：$$S = \sqrt{K_{sp}^{\ominus}}$$

A_2B 型：$$S = \sqrt[3]{\frac{K_{sp}^{\ominus}}{4}}$$

结论：$K_{sp}^{\ominus}$和溶解度之间具有明确的换算关系。

例 6-1　已知 AgCl 的 $K_{sp}^{\ominus} = 1.8 \times 10^{-10}$，求 AgCl 的溶解度。

解：$S = \sqrt{K_{sp}^{\ominus}} = \sqrt{1.8 \times 10^{-10}} = 1.3 \times 10^{-5}$ $(mol \cdot dm^{-3})$

例 6-2　已知某温度下 Ag_2CrO_4 的溶度积为 1.1×10^{-12}，求 Ag_2CrO_4 的溶解度。

解：A_2B 型：$S = \sqrt[3]{\frac{K_{sp}^{\ominus}}{4}} = \sqrt[3]{\frac{1.1 \times 10^{-12}}{4}} = 6.5 \times 10^{-5}$ $(mol \cdot dm^{-3})$

结论：$K_{sp}^{\ominus}$和溶解度之间具有明确的换算关系。尽管两者均表示难溶物的溶解性质，但$K_{sp}^{\ominus}$大的其溶解度不一定就大。

为什么同样可以定量表示物质溶解性能的 $K_{sp}^{\ominus}$和溶解度，在大小关系上却不一致，其原因是 AgCl 的正负离子数目之比为 1∶1，而 Ag_2CrO_4 为 2∶1，故 $K_{sp}^{\ominus}$与溶解度的关系会出现上述情形。不难得出结论，只要两种难溶物具有相同的正负离子个数比，其 $K_{sp}^{\ominus}$和溶解度的大小关系就会一致。

6.1.3　同离子效应对溶解度的影响

如果在难溶电解质的饱和溶液中，加入易溶的强电解质，则难溶电解质的溶解度与其在纯水中的溶解度有可能不相同。易溶电解质的存在对难溶电解质的溶解度的影响是多方面的。这里主要讨论影响溶解度的两种不同效应——同离子效应和盐效应。

在难溶电解质的溶液中加入含有相同离子的强电解质，使难溶电解质的多相离子平衡发生移动。如同弱酸或弱碱溶液中的同离子效应那样，在难溶电解质中的同离子效应将使其溶解度降低。

例 6-3　求 25℃时，Ag_2CrO_4 在 $0.010mol \cdot dm^{-3}$ K_2CrO_4 溶液中的溶解度。

解：$$Ag_2CrO_4(s) \rightleftharpoons 2Ag^+(aq) + CrO_4^{2-}(aq)$$

初始浓度/$(mol \cdot dm^{-3})$　　　0　　　0.010

平衡浓度/$(mol \cdot dm^{-3})$　　　$2x$　　　$0.010 + x$

$$(2x)^2(0.010+x)=K_{sp}^{\ominus}=1.1\times10^{-12}$$

$$x=5.2\times10^{-6}$$

0.010mol·L^{-1}　K_2CrO_4　中　$S=5.2\times10^{-6}$ mol·dm^{-3}

纯水中　　　　　　　　　$S=6.5\times10^{-5}$ mol·dm^{-3}

在难溶性强电解质的溶液中，加入与其具有相同离子的强电解质，将使难溶性强电解质的溶解度减小，这一作用称为同离子效应。

6.2 沉淀-溶解平衡的移动

难溶电解质沉淀-溶解平衡与其他动态平衡一样，完全遵循 Le Chatelier 原理。如果条件改变，可以使溶液中的离子转化为固相（沉淀生成）；或者使固相转化为溶液中的离子（沉淀溶解）。

6.2.1 溶度积规则

对难溶电解质的多相离子平衡来说：

$$A_nB_m(s) \rightleftharpoons nA^{m+}(aq)+mB^{n-}(aq)$$

非平衡态时：离子积（或反应商）$Q=\{c(A^{m+})\}^n\{c(B^{n-})\}^m$

$c(A^{m+})$、$c(B^{n-})$ 是任意状态下难溶电解质溶液中 A^{m+}、B^{n-} 的相对浓度。

难溶电解质的沉淀溶解平衡是一种动态平衡。一定温度下，当溶液中的离子浓度变化时，平衡会发生移动，直至离子积等于溶度积为止。因此，将 Q 与 $K_{sp}^{\ominus}$ 比较可判断沉淀的生成与溶解。

① $Q<K_{sp}^{\ominus}$ 溶液为不饱和溶液，无沉淀析出。若原来有沉淀存在，则沉淀溶解，直至饱和为止。

② $Q=K_{sp}^{\ominus}$ 溶液为饱和溶液，溶液中离子与沉淀之间处于动态平衡。

③ $Q>K_{sp}^{\ominus}$ 平衡向左移动，溶液处于过饱和状态，沉淀从溶液析出。

上述三种关系就是沉淀和溶解平衡的反应商判据，称其为溶度积规则，常用来判断沉淀的生成与溶解能否发生。

6.2.2 沉淀的生成

根据溶度积原理，当溶液中 $Q>K_{sp}^{\ominus}$ 时，将有沉淀生成。

例 6-4　25℃下，等体积的 0.2mol·dm^{-3} 的 $Pb(NO_3)_2$ 和 0.2mol·dm^{-3} KI 水溶液混合是否会产生 PbI_2 沉淀？$K_{sp}^{\ominus}=1.4\times10^{-8}$

解：稀溶液混合后，其体积有加和性，因此等体积混合后，体积增大一倍，浓度减小至原来的一半。

$$c(Pb^{2+})=c[Pb(NO_3)_2]=0.1\text{mol}\cdot\text{dm}^{-3}$$

$$c(I^-)=c(KI)=0.1\text{mol}\cdot\text{dm}^{-3}$$

$$PbI_2(s) \rightleftharpoons Pb^{2+}(aq)+2I^-(aq)$$

$$Q=c(Pb^{2+})c(I^-)^2=0.1\times(0.1)^2=1\times10^{-3}$$

$Q\gg K_{sp}^{\ominus}$ 会产生 PbI_2 沉淀

一般情况下，离子与沉淀剂生成沉淀物后在溶液中的残留浓度低于 1.0×10^{-5} mol·dm^{-3} 时，则认为该离子已被沉淀完全。

6.2.3 沉淀的溶解

沉淀物与饱和溶液共存，如果能使 $Q<K_{sp}^{\ominus}$，则沉淀物要发生溶解。使 Q 减小的方法有

以下几种。

① 氧化还原法，使有关离子浓度变小；

② 生成配位化合物的方法，使有关离子浓度变小；

③ 使有关离子生成弱酸的方法。

FeS沉淀可以溶于盐酸：

$$FeS \rightleftharpoons Fe^{2+} + S^{2-}$$

生成的 S^{2-} 与盐酸中的 H^+ 可以结合成弱电解质 H_2S，于是使沉淀溶解平衡右移，引起FeS的继续溶解。这个过程可以示意为：

$$FeS \rightleftharpoons Fe^{2+} + S^{2-}$$
$$2HCl = 2Cl^- + 2H^+$$
$$S^{2-} + 2H^+ \rightleftharpoons H_2S$$

FeS能溶于盐酸，是因为生成 S^{2-} 与 H^+ 结合成弱电解质 H_2S，使平衡右移。只要 $c(H^+)$ 足够大，总会使FeS溶解。

6.3 两种沉淀之间的平衡

6.3.1 分步沉淀

在溶液中含有多种可被同一种沉淀剂沉淀的离子时，逐渐增大溶液中沉淀剂的浓度，使这些离子先后被沉淀出来的现象，称为分步沉淀。

根据溶度积规则，生成沉淀所需沉淀剂浓度小的离子先被沉淀出来，即 Q 先达到 $K_{sp}^{\ominus}$ 的离子先被沉淀出来。对于同一类型的化合物，且离子浓度相同的情况，$K_{sp}^{\ominus}$ 小的先成为沉淀析出，$K_{sp}^{\ominus}$ 大的后成为沉淀析出。对于离子浓度不同或不同类型的化合物，不能用 $K_{sp}^{\ominus}$ 的大小判断沉淀的先后次序，需要通过计算分别求出产生沉淀时所需沉淀剂的最低浓度，其值低者先沉淀。

如果一种溶液中同时含有 Fe^{3+} 和 Mg^{2+}，当慢慢滴入氨水时，刚开始只生成 $Fe(OH)_3$ 沉淀；加入的氨水到一定量时才出现 $Mg(OH)_2$ 沉淀。这种先后沉淀的现象，就是分步沉淀的现象。

例6-5 溶液中 Fe^{3+} 和 Mg^{2+} 的浓度都为 $0.010mol \cdot dm^{-3}$，求使 Fe^{3+} 沉淀完全而 Mg^{2+} 不沉淀的pH范围。

已知 $K_{sp}^{\ominus}[Fe(OH)_3] = 2.8 \times 10^{-39}$，$K_{sp}^{\ominus}[Mg(OH)_2] = 5.6 \times 10^{-12}$。

解：Fe^{3+} 沉淀完全时的 $c(OH^-)$ 可由下式求得：

$$沉淀完全：c(OH^-) \geqslant \sqrt[n]{\frac{K_{sp}^{\ominus}}{1.0 \times 10^{-5}}} = \sqrt[3]{\frac{2.8 \times 10^{-39}}{1.0 \times 10^{-5}}} = 6.5 \times 10^{-12} mol \cdot dm^{-3}$$

即　pOH=11.2，pH=2.8。

再求 $0.010mol \cdot dm^{-3}$ Mg^{2+} 开始产生 $Mg(OH)_2$ 沉淀时的pH：

$$开始沉淀：c(OH^-) \geqslant \sqrt[n]{\frac{K_{sp}^{\ominus}}{c_0(M^{n+})}} = \sqrt{\frac{5.6 \times 10^{-12}}{0.01}} = 2.4 \times 10^{-5}$$

即　pOH=4.6，　pH=9.4。

因此只要将pH值控制在2.8～9.4之间，即可将 Fe^{3+} 和 Mg^{2+} 分离开来。

利用分步沉淀分离混合离子时，当第二种沉淀刚好析出时，第一种离子应被沉淀完全，两者就可以被分离开。

6.3.2 沉淀的转化

若难溶性强电解质解离生成的离子，与溶液中存在的另一种沉淀剂结合而生成一种新的沉淀，我们称该过程为沉淀的转化。

例如，白色 $PbSO_4$ 沉淀和其饱和溶液共存于试管中，向其中加入 Na_2S 溶液并搅拌，观察到的现象是沉淀变为黑色即白色的 $PbSO_4$ 沉淀转化成黑色的 PbS 沉淀。这就是由一种沉淀转化为另一种沉淀的转化过程。

$$PbSO_4 \rightleftharpoons Pb^{2+}(aq)+2SO_4{}^{2-}(aq)$$

$$Na_2S \rightleftharpoons S^{2-}+2Na^+$$

$$S^{2-}+Pb^{2+} \rightleftharpoons PbS$$

$$K_{sp}^{\ominus}(PbSO_4)=2.53\times10^{-8}$$

$$K_{sp}^{\ominus}(PbS)=8.0\times10^{-28}$$

由一种难溶物质转化为另一种更难溶的物质，过程是较容易进行的。沉淀类型相同，溶度积大（易溶）者向溶度积小（难溶）者转化容易，溶度积相差越大，转化越完全。

习　　题

一、填空题

6-1 由 $Ag_2C_2O_4$ 转化为 AgBr 反应的平衡常数 $K^{\ominus}$ 与 $K_{sp}^{\ominus}(Ag_2C_2O_4)$ 和 $K_{sp}^{\ominus}(AgBr)$ 的关系式为______________。

6-2 已知 $K_{sp}^{\ominus}(ZnS)=2.0\times10^{-22}$，$K_{sp}^{\ominus}(CdS)=8.0\times10^{-27}$，在浓度相同的 Zn^{2+} 和 Cd^{2+} 两溶液中分别通入 H_2S 至饱和，则______离子在酸度较大时生成沉淀，而______离子在酸度较小时生成沉淀。

6-3 已知 AgI 的溶度积常数为 8.51×10^{-17}，则 AgI 在水中的溶解度为__________$mol\cdot dm^{-3}$。

6-4 已知 $Pb(OH)_2$ 的溶度积常数为 7.9×10^{-17}，则 Pb^{2+} 浓度为 $0.1mol\cdot dm^{-3}$ 时，$Pb(OH)_2$ 开始沉淀的 pH 值为________。

6-5 已知 $K_{sp}^{\ominus}(BaSO_4)=1.1\times10^{-10}$。若将 $10cm^3$ $0.2mol\cdot dm^{-3}$ $BaCl_2$ 与 $30cm^3$ $0.01mol\cdot dm^{-3}$ Na_2SO_4 混合，沉淀完全后溶液中 $[Ba^{2+}][SO_4^{2-}]=$__________。

6-6 同离子效应使难溶电解质的溶解度______，盐效应使难溶电解质的溶解度________；同离子效应较盐效应__________得多。

6-7 已知 $K_{sp}^{\ominus}[Fe(OH)_3]=4.0\times10^{-38}$。欲使 0.10mol $Fe(OH)_3$ 溶于 $1dm^{-3}$ 溶液，则该溶液的最终 pH 值应控制在__________。

6-8 已知 PbF_2 的溶度积为 2.7×10^{-8}，则在 PbF_2 饱和溶液中，$[F^-]=$__________$mol\cdot dm^{-3}$；PbF_2 溶解度为__________$mol\cdot dm^{-3}$。

6-9 若 AgCl 在水中、$0.010mol\cdot dm^{-3}$ $CaCl_2$ 中、$0.010mol\cdot dm^{-3}$ NaCl 中及 $0.050mol\cdot dm^{-3}$ $AgNO_3$ 中溶解度分别为 s_1、s_2、s_3 和 s_4，将这些溶解度按由大到小的顺序排列为____________。

二、选择题

6-10 已知某难溶物 MA 的溶解度为 $1.0\times10^{-6}mol\cdot dm^{-3}$，则该化合物的 $K_{sp}^{\ominus}$ 为（　　）。

A. 1.0×10^{-6}　　B. 1×10^{-12}　　C. 1.0×10^{-18}　　D. 1.0×10^{-24}

6-11 向 $Mg(OH)_2$ 饱和溶液中加 $MgCl_2$，使 Mg^{2+} 浓度为 $0.010mol\cdot dm^{-3}$，则该溶液的 pH 值为（　　）。（$K_{sp}^{\ominus}[Mg(OH)_2]=1.8\times10^{-11}$）

A. 5.26　　B. 4.37　　C. 8.75　　D. 9.63

6-12 AgCl 和 Ag_2CrO_4 的溶度积分别为 1.8×10^{-10} 和 2.0×10^{-12}，则下面叙述正确的是（　　）。

A. 两者的溶解度相等

B. AgCl 的溶解度大于 Ag_2CrO_4

C. 两者类型不同，不能由 $K_{sp}^{\ominus}$ 大小直接判断溶解度大小

D. 都是难溶盐，溶解度无意义

6-13 已知 $Zn(OH)_2$ 的 $K_{sp}^{\ominus}=1.2\times10^{-17}$，则 $Zn(OH)_2$ 在水中的溶解度为（　　）。

A. 2.3×10^{-6} mol·dm^{-3}　　B. 1.4×10^{-6} mol·dm^{-3}

C. 1.4×10^{-9} mol·dm^{-3}　　D. 2.3×10^{-9} mol·dm^{-3}

6-14　下列关于分步沉淀的叙述正确的是（　　）。

A. 溶度积小者先沉淀出来

B. 沉淀时所需沉淀剂浓度小者先沉淀出来

C. 溶解度小者先沉淀出来

D. 被沉淀离子浓度大的先沉淀

6-15　向饱和 AgCl 溶溶中加水，下列叙述中正确的是（　　）。

A. AgCl 的溶解度增大　　B. AgCl 的溶解度、$K_{sp}^{\ominus}$均不变

C. AgCl 的 $K_{sp}^{\ominus}$增大　　D. AgCl 的溶解度、$K_{sp}^{\ominus}$增大

6-16　在 0.10mol·dm^{-3} Fe^{2+}溶液中通入 H_2S 至饱和（0.10mol·dm^{-3}），欲使 Fe^{2+}不生成 FeS 沉淀，溶液的 pH 值应是（　　）。

（已知 FeS 的 $K_{sp}^{\ominus}=6.0\times10^{-18}$；$H_2S$ 的 $K_{a1}^{\ominus}K_{a2}^{\ominus}=1.4\times10^{-20}$）

A. pH≤4.10　　B. pH≥0.10

C. pH≤2.91　　D. pH≥2.91

6-17　混合溶液中 KCl、KBr 和 K_2CrO_4 浓度均为 0.01mol·dm^{-3}，向溶液中滴加 0.01mol·dm^{-3} $AgNO_3$溶液时，最先和最后沉淀的是（　　）。

[$K_{sp}^{\ominus}(AgCl)=1.8\times10^{-10}$，$K_{sp}^{\ominus}(AgBr)=5.0\times10^{-13}$，$K_{sp}^{\ominus}(Ag_2CrO_4)=2.0\times10^{-12}$]

A. AgBr，AgCl　　B. AgBr，Ag_2CrO_4

C. Ag_2CrO_4，AgCl　　D. 同时沉淀

6-18　下列各对离子的混合溶液中均含有 0.3mol·dm^{-3} HCl，不能用 H_2S 进行分离的是（　　）。

（已知 $K_{sp}^{\ominus}$：PbS 8×10^{-28}，Bi_2S_3 1.0×10^{-97}，CuS 8×10^{-36}，MnS 2.5×10^{-13}，CdS 8×10^{-27}，ZnS 2.5×10^{-22}）

A. Cr^{3+}，Pb^{2+}　　B. Bi^{3+}，Pb^{2+}

C. Mn^{2+}，Cd^{2+}　　D. Zn^{2+}，Cd^{2+}

6-19　已知 298K 下 $K_{sp}^{\ominus}(PbCl_2)=1.6\times10^{-5}$，则此温度下，饱和 $PbCl_2$ 溶液中 Cl^- 浓度为（　　）。

A. 3.2×10^{-2} mol·dm^{-3}　　B. 2.5×10^{-2} mol·dm^{-3}

C. 1.6×10^{-2} mol·dm^{-3}　　D. 4.1×10^{-2} mol·dm^{-3}

6-20　25℃时 $CaCO_3$ 的溶解度为 9.3×10^{-5} mol·dm^{-3}，则它的溶度积为（　　）。

A. 4.6×10^{-6}　　B. 8.6×10^{-9}　　C. 9.3×10^{-5}　　D. 9.6×10^{-3}

三、判断题

6-21　难溶电解质的溶度积大者，其溶解度（单位：mol·dm^{-3}）一定大。（　）

6-22　$BaSO_4$ 和 PbI_2 的溶度积相近，两者的饱和溶液中 Ba^{2+} 和 Pb^{2+} 的浓度近似相等。（　）

6-23　氟化钙在稀硝酸中的溶解度比在纯水中的溶解度大。（　）

6-24　所有难溶金属氢氧化物沉淀完全时的 pH 值都大于 7。（　）

6-25　在某溶液中含有多种离子可与同一沉淀试剂生成沉淀，$K_{sp}^{\ominus}$小者一定首先析出沉淀。（　）

6-26　溶度积大的沉淀一定能转化为溶度积小的沉淀。（　）

四、综合题

6-27　已知某温度下 Ag_2CrO_4 的溶解度为 6.5×10^{-5} mol·dm^{-3}，求 Ag_2CrO_4 的 $K_{sp}^{\ominus}$。

6-28　向 1.0×10^{-2} mol·dm^{-3} $CdCl_2$ 溶液中通入 H_2S 气体，求：（1）开始有 CdS 沉淀生成的 [S^{2-}]；（2）Cd^{2+}沉淀完全时的 [S^{2-}]。[已知 $K_{sp}^{\ominus}(CdS)=8.0\times10^{-27}$]

6-29　已知：$K_a^{\ominus}(HCOOH)=1.8\times10^{-4}$，$K_a^{\ominus}(HAc)=1.8\times10^{-5}$，$K_b^{\ominus}(NH_3\cdot H_2O)=1.8\times10^{-5}$。

（1）欲配制 pH=3.00 缓冲溶液，选用哪一缓冲对最好？

（2）缓冲对的浓度比值为多少？

（3）若有一含有 $c(Mn^{2+})=0.10$mol·dm^{-3}中性溶液 10mL，在其中加 10mL 上述缓冲液，通过计算说明是否有 $Mn(OH)_2$ 沉淀。（$K_{sp}^{\ominus}[Mn(OH)_2]=4.0\times10^{-14}$）

6-30　某溶液中含有 Cl^- 和 I^-，它们的浓度都是 0.10mol·dm^{-3}。逐滴加入 $AgNO_3$溶液，问哪一种

离子先沉淀？当第二种离子开始沉淀时，第一种离子是否沉淀完全？[已知 $K_{sp}^{\ominus}(AgCl)=1.8\times10^{-10}$，$K_{sp}^{\ominus}(AgI)=9.3\times10^{-17}$]

6-31　某工厂废液中含有 Pb^{2+} 和 Cr^{3+}，经测定 $c(Pb^{2+})=3.0\times10^{-2}\ mol\cdot dm^{-3}$，$c(Cr^{3+})=2.0\times10^{-2}\ mol\cdot dm^{-3}$，若向其中逐渐加入 NaOH（忽略体积变化）将其分离，试计算说明：

（1）哪种离子先被沉淀？

（2）若分离这两种离子，溶液的 pH 值应控制在什么范围？

（已知：$K_{sp}^{\ominus}[Pb(OH)_2]=1.4\times10^{-15}$，$K_{sp}^{\ominus}[Cr(OH)_3]=6.3\times10^{-31}$）

6-32　将 H_2S 通入 $ZnSO_4$ 溶液中，ZnS 沉淀很不完全；但如在 $ZnSO_4$ 溶液中先加入 NaAc 若干，再通 H_2S 气体，ZnS 沉淀几乎完全，试解释之。

6-33　向含有 Cd^{2+} 和 Fe^{2+} 浓度均为 $0.020mol\cdot dm^{-3}$ 的溶液中通入 H_2S 达饱和，欲使两种离子完全分离，则溶液的 pH 值应控制在什么范围？

[已知 $K_{sp}^{\ominus}(CdS)=8.0\times10^{-27}$，$K_{sp}^{\ominus}(FeS)=4.0\times10^{-19}$；常温常压下，饱和 H_2S 溶液的浓度为 $0.1mol\cdot dm^{-3}$，H_2S 的电离常数为 $K_{a1}^{\ominus}=1.3\times10^{-7}$，$K_{a2}^{\ominus}=7.1\times10^{-15}$]

6-34　某工厂废液中含有 Pb^{2+} 和 Cr^{3+}，经测定 $c(Pb^{2+})=3.0\times10^{-2}\ mol\cdot dm^{-3}$，$c(Cr^{3+})=2.0\times10^{-2}\ mol\cdot dm^{-3}$，若向其中逐渐加入 NaOH（忽略体积变化）将其分离，试计算说明：

（1）哪种离子先被沉淀？

（2）若分离这两种离子，溶液的 pH 值应控制在什么范围？

（已知：$K_{sp}^{\ominus}[Pb(OH)_2]=1.4\times10^{-15}$，$K_{sp}^{\ominus}[Cr(OH)_3]=6.3\times10^{-31}$）

6-35　$0.10mol\cdot dm^{-3}$ 氨水 500mL。

（1）该溶液含有哪些微粒？

（2）加入等体积的 $0.50mol\cdot dm^{-3}$ $MgCl_2$ 溶液是否有沉淀产生？

（3）该溶液的 pH 值在加入 $MgCl_2$ 后有何变化？为什么？

6-36　在 $ZnSO_4$ 溶液中通入 H_2S 气体只出现少量的白色沉淀，但若在通入 H_2S 之前，加入适量固体 NaAc 则可形成大量的沉淀，为什么？

6-37　能否根据难溶强电解质溶度积的大小来判断其溶解度的大小，为什么？

6-38　某混合离子溶液中 Fe^{3+} 和 Mg^{2+} 的浓度都为 $0.01mol\cdot dm^{-3}$，若向溶液中逐滴加入 NaOH 溶液（忽略加入 NaOH 后溶液体积的变化），则：

（1）哪种离子先沉淀？

（2）欲使两种离子完全分离，应将溶液的 pH 值控制在什么范围？

（已知 $K_{sp}^{\ominus}[Fe(OH)_3]=2.8\times10^{-39}$，$K_{sp}^{\ominus}[Mg(OH)_2]=5.6\times10^{-12}$）

6-39　向浓度均为 $0.025mol\cdot dm^{-3}$ 的 Pb^{2+} 和 Mn^{2+} 混合溶液中，通入 H_2S 至饱和以分离 Pb^{2+} 和 Mn^{2+}，应控制 pH 值在什么范围？[已知 $K_{sp}^{\ominus}(PbS)=3.4\times10^{-28}$；$K_{sp}^{\ominus}(MnS)=1.4\times10^{-15}$；$H_2S\ K_{a1}^{\ominus}=1.1\times10^{-7}$，$K_{a2}^{\ominus}=1.0\times10^{-14}$]

6-40　已知 AgI 的 $K_{sp}=1.5\times10^{-16}$，分别求其在纯 H_2O 和 $0.01mol\cdot dm^{-3}$ 的 KI 溶液中的溶解度为多少？如果在饱和的 AgI 溶液中加入 KNO_3 固体，AgI 的溶解度将如何变化？

6-41　混合溶液中含有 $0.01mol\cdot dm^{-3}$ 的 Pb^{2+} 和 $0.10mol\cdot dm^{-3}$ 的 Ba^{2+}，问能否用 K_2CrO_4 溶液将 Pb^{2+} 和 Ba^{2+} 有效分离。已知 $K_{sp}^{\ominus}(PbCrO_4)=2.8\times10^{-13}$，$K_{sp}^{\ominus}(BaCrO_4)=1.2\times10^{-10}$。

6-42　将 H_2S 通入 $ZnSO_4$ 溶液中，ZnS 沉淀很不完全；但如在 $ZnSO_4$ 溶液中先加入 NaAc 若干，再通 H_2S 气体，ZnS 沉淀几乎完全，试解释之。

第7章
氧化还原平衡

所有的化学反应可被划分为两类：一类是氧化还原反应，另一类是非氧化还原反应。前面所讨论的酸碱反应和沉淀反应都是非氧化还原反应。氧化还原反应中，电子从一种物质转移到另一种物质，相应某些元素的氧化值发生了改变。这是一类非常重要的反应。人体内氧气的输送和消耗过程也是氧化还原反应过程。在现代社会中，金属冶炼、高能燃料和众多化工产品的合成都涉及氧化还原反应。在电池中，自发的氧化还原反应将化学能转变为电能。相反，在电解池中，电能迫使非自发的氧化还原反应进行，并将电能转化为化学能，电能与化学能之间的转化是电化学研究的重要内容。电化学是化学科学的分支科学之一。

本单元将以原电池作为讨论氧化还原反应的物理模型，重点讨论标准电极电势的概念以及影响电极电势的因素。同时将氧化还原反应与原电池电动势联系起来，判断反应进行的方向和限度，为今后深入地学习电化学打下基础。

7.1 基本概念

人们对氧化还原反应的认识经历了一个过程。最初把一种物质同氧化合的反应称为氧化；把含氧的物质失去氧的反映称为还原。随着对化学反应的深入研究，人们认识到还原反应实质上是得到电子的过程，氧化反应是失去电子的过程。氧化与还原必然是同时发生的，而且得失电子数目相等。总之，这样一类有电子转移（电子得失或共用电子对偏移）的反应，被称为氧化还原反应。例如：

$$Cu^{2+}(aq)+Zn(s) = Zn^{2+}(aq)+Cu(s) \quad \text{电子得失}$$

$$H_2(g)+Cl_2(g) = 2HCl(g) \quad \text{电子偏移}$$

$$CH_3CHO+O_2(g) \longrightarrow CH_3COOH \quad \text{电子偏移}$$

氧化还原反应的基本特征是反应前、后元素的氧化数发生了改变。

7.1.1 元素的氧化数

在氧化还原反应中，电子转移引起某些原子的价电子层结构发生变化，从而改变了这些原子的带电状态。为了描述原子带电状态的改变，表明元素被氧化的程度，提出了氧化态的概念。表示元素氧化态的代数值称为元素的氧化值，又称氧化数。氧化值是指某元素的一个原子的荷电数。该荷电数是假定把每一化学键的电子指定给电负性更大的原子而求得的。确定氧化数的规则如下。

① 在单质中，元素的氧化值为零。如 P_4、S_8 中 P、S 的氧化数都为零，因为 P—P 和 S—S 键中共用电子对没有偏移。

② 在单原子离子中，元素的氧化值等于离子所带的电荷数。

③ 在共价键结合的多原子分子或离子中，原子所带的形式电荷数就是其氧化值。如

CO_2、C 的氧化值为+4，O 的氧化值为−2。

④ 在大多数化合物中，氢的氧化值为+1；只有在金属氢化物中（NaH、CaH_2）中，氢的氧化值为−1。

⑤ 通常，在化合物中氧的氧化值为−2；但是在 Na_2O_2、H_2O_2 等过氧化物中，氧的氧化值为−1；在氧的氟化物中，如 OF_2 和 O_2F_2 中，氧的氧化值分别为+2 和+1。

⑥ 在所有的氟化物中，氟的氧化值为−1。

⑦ 碱金属和碱土金属的化合物中的氧化值分别为+1 和+2。

⑧ 在中性分子中，各元素氧化值的代数和为零。在多原子离子中，各元素氧化值的代数和等于离子所带电荷数。例如，$K_2Cr_2O_7$ 中 Cr 为+6，Fe_3O_4 中 Fe 为+8/3，$Na_2S_2O_3$ 中 S 为+2。

元素氧化值的改变与反应中得失电子相关联。元素氧化值升高，失去电子的物质是还原剂，还原剂是电子的给予体，它失去电子后本身被氧化。元素氧化值降低，得到电子的物质是氧化剂，氧化剂是电子的接受体，它得到电子后本身被还原。无机反应中常见的氧化剂一般是活泼的非金属单质（如 O_2、Cl_2 等）和高氧化数的化合物（如 $KMnO_4$）；还原剂一般是活泼的金属（如 Na、K、Ca、Mg、Zn 等）和低氧化数的化合物（如 KI、$FeSO_4$、$SnCl_2$ 等）。

氧化值与化合价的区别是：化合价只能是整数，而且共价数没有正负之别，氧化数可以是正、负整数或分数，甚至可以大于元素的价电子数。

任何氧化还原反应都是由两个“半反应”组成。如：

$$Cu^{2+}+Fe \rightleftharpoons Cu+Fe^{2+}$$

是由下列两个“半反应”组成：

还原反应： $$Cu^{2+}+2e^- \rightleftharpoons Cu$$

氧化反应： $$Fe-2e^- \rightleftharpoons Fe^{2+}$$

在半反应式中，同一元素的两种不同氧化数物种组成了氧化还原电对。用符号表示为：氧化型/还原型，如 Cu^{2+}/Cu、Fe^{2+}/Fe。电对中氧化数较大的物种为氧化型，如上述半反应中的 Cu^{2+} 和 Fe^{2+}；电对中氧化数较小的物种为还原型，如上述半反应中的 Cu 和 Fe。

任意一个氧化还原电对，原则上都可以构成一个半电池，其半反应一般都采用还原反应的形式书写，即

$$\text{氧化型}+ne^- \rightleftharpoons \text{还原型}$$

任何氧化还原反应系统都是由两个电对构成的。

$$\text{氧化型}(2)+\text{还原型}(1) \rightleftharpoons \text{氧化型}(1)+\text{还原型}(2)$$

其中，还原型（1）为还原剂，在反应中被氧化为氧化型（1）；氧化型（2）是氧化剂，在反应中被还原为还原型（2）。在氧化还原反应中，失电子与得电子，氧化与还原，还原剂与氧化剂既是对立的，又是相互依存的，共处于同一反应中。

7.1.2 氧化还原反应方程式的配平

（1）配平原则

① 电荷守恒　反应中氧化剂所得电子数必须等于还原剂所失去的电子数；

② 质量守恒　根据质量守恒定律，方程式两边各种元素的原子总数必须各自相等，各物种的电荷数的代数和必须相等。

（2）配平的步骤

① 用离子式写出主要反应物和产物（气体、纯液体、固体和弱电解质则写分子式）；

② 分别写出氧化剂被还原和还原剂被氧化的半反应；

③ 分别配平两个半反应方程式，使每个半反应方程式等号两边的各种元素的原子总数各自相等且电荷数相等；

④ 确定两半反应方程式得、失电子数目的最小公倍数。将两个半反应方程式中各项分别乘以相应的系数，使其得、失电子数目相同。然后，将两者合并，就得到了配平的氧化还原反应的离子方程式。有时根据需要，可将其改为分子方程式。

例 7-1 用离子电子法配平高锰酸钾和亚硫酸钾在稀硫酸中的反应

$$KMnO_4 + K_2SO_3 \longrightarrow MnSO_4 + K_2SO_4$$

① 写出主要反应物和产物的离子式

$$MnO_4^- + SO_3^{2-} \longrightarrow Mn^{2+} + SO_4^{2-}$$

② 分别写出氧化剂被还原和还原剂被氧化的半反应：

还原半反应：$MnO_4^- \longrightarrow Mn^{2+}$

氧化半反应：$SO_3^{2-} \longrightarrow SO_4^{2-}$

③ 分别配平两个半反应方程式，首先配平原子数，然后在半反应的左边或右边加上适当电子数配平电荷数。

④ 确定两半反应方程式得、失电子数目的最小公倍数。将两个半反应方程式中各项分别乘以相应的系数，使其得、失电子数目相同。

$$MnO_4^- + 8H^+ + 5e^- \xlongequal{} Mn^{2+} + 4H_2O \qquad \times 2$$

$$SO_3^{2-} + H_2O \xlongequal{} SO_4^{2-} + 2H^+ + 2e^- \qquad \times 5$$

⑤ 然后，将两者合并，即得到了配平的氧化还原反应的离子方程式。

$$2MnO_4^- + 5SO_3^{2-} + 6H^+ \xlongequal{} 2Mn^{2+} + 5SO_4^{2-} + 3H_2O$$

⑥ 加上原来不参与氧化还原反应的离子，改写成分子方程式，核对方程式两边各元素原子个数相等，完成方程式配平。

$$2KMnO_4 + 5K_2SO_3 + 3H_2SO_4 \xlongequal{} 2MnSO_4 + 6K_2SO_4 + 3H_2O$$

利用质量守恒原理配平半反应方程式时，若反应物和生成物所含氧原子数目不同。可根据介质的酸碱性，在半反应中加 H^+、OH^- 或 H_2O，使反应式两边的氧原子数目相同。当氧化还原反应方程式配平后，在酸性介质中不能出现 OH^-；在碱性介质中不能出现 H^+。通常的规律是：在酸性介质中，O 原子少的一侧加 H_2O，另一侧加 2 倍的 H^+；在碱性介质中，O 原子多的一侧加 H_2O，另一侧加 2 倍的 OH^-；而在中性介质中，氧原子数不平时，一律左侧加 H_2O，右侧加 2 倍的 OH^- 或 H^+。

离子-电子法能反映出水溶液中反应的实质，特别对有介质参加的反应配平比较方便。此法不仅有助于书写半反应式，而且对根据反应设计原电池，书写电极反应及电化学计算都是有帮助的。但应注意，离子-电子法只适用于发生在水溶液中的氧化还原反应的配平。

7.2 原电池

电化学电池起源于医学家研究的医学电现象，在科学界引起极大震动和兴趣的是意大利的医学和解剖学教授 L Galvani 的“动物电”实验，提出了“动物电”的说法。意大利物理学家 A Volta 了解实验内容后，否定了“动物电”的说法，提出了金属电的概念。认为，不同金属之间存在着电势差，并分为两类导体：第一类导体是金属和某些其他固体；第二类导体是液体（电解质溶液和某些熔化的固体）。在此基础上，1800 年 Volta 设计并装配完成了第一个能产生持续电流的电堆（即电池）。直到科学技术高度发达的现代社会，各种电池都是以 Volta 电堆的原理为基础的。

7.2.1 原电池简介

将锌片放在硫酸铜溶液中，可以看到硫酸铜溶液的蓝色逐渐变浅，析出紫红色的铜，此现象标明 Zn 与 $CuSO_4$ 溶液之间发生了氧化还原反应。

$$Zn + CuSO_4 \rightleftharpoons Cu + ZnSO_4$$

Zn^{2+} 与 Cu^{2+} 之间发生了电子转移。但这种电子转移不是电子的定向移动，不能产生电流。反应中化学能转变为热能，并在溶液中消耗掉了。

若该氧化还原反应在如图 7-1 所示的装置内进行时，会发现当电路接通后，检流计的指针发生偏转，这表明导线中有电流通过，同时 Zn 片开始溶解，而 Cu 片上 Cu 沉积。由检流计指针偏转方向可知，电子从 Zn 电极流向 Cu 电极。

这种借助于氧化还原反应自发产生电流的装置称为原电池。在原电池反应中化学能转变为电能。

上述装置称为锌-铜原电池。锌-铜原电池是由两个半电池（电极）组成的，一个半电池为 Zn 片和 $ZnSO_4$ 溶液，另一个半电池为 Cu 片和 $CuSO_4$ 溶液，两溶液间用盐桥相连。盐桥是一支装满饱和 KCl 或 NH_4NO_3 + 琼脂的 U 管。盐桥的作用是沟通两个半电池、使两个“半电池”的溶液都保持电中性、组成环路，本身并不起变化。

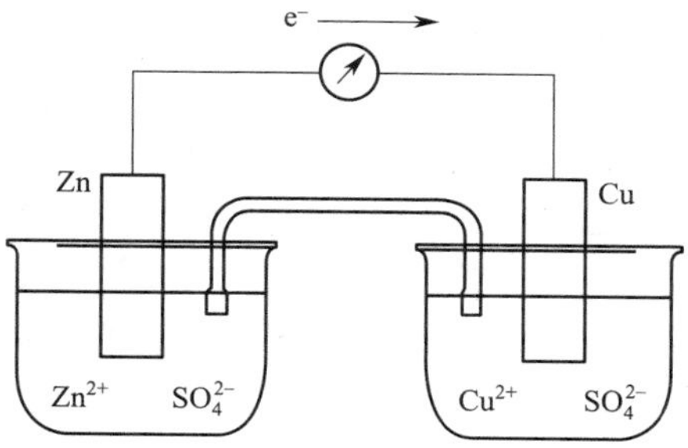

图 7-1　铜锌原电池示意图

原电池中，电子流出的电极是负极，发生氧化反应；电子流入的电极是正极，发生还原反应。

例如，锌-铜电池（Daniell 电池）：

负极　$Zn - 2e^- \longrightarrow Zn^{2+}$ 氧化反应

正极　$Cu^{2+} + 2e^- \longrightarrow Cu$ 还原反应

电池反应　$Zn + Cu^{2+} \rightleftharpoons Cu + Zn^{2+}$

原电池中与电解质溶液相连的导体称为电极。在电极上发生的氧化或还原反应则称为电极反应或半电池反应。两个半电池反应合并构成原电池总反应称为电池反应。

每个半电池可由同一元素的两种不同状态组成。书写电极反应和电池反应时，必须满足物质的量及电荷平衡。同时，应标明离子或电解质溶液的浓度、气体的压力、纯液体或固体的相态。

为了科学方便地表示原电池的结构和组成，原电池装置可用符号表示称为电池符号（电池图示）。Daniell 电池的电池图示为：

$$(-)Zn|Zn^{2+}(c_1) \| Cu^{2+}(c_2)|Cu(+)$$

正确书写原电池符号的规则如下。

① 负极写在左边，正极写在右边。

② 金属材料写在外面，电解质溶液写在中间。

③ 用 | 表示电极与离子溶液之间的物相界面，不存在相界面，用“,”分开。用 ‖ 表示盐桥。

④ 表示出相应的离子浓度或气体压力和温度。

⑤ 若电极反应中无金属导体，则需用加上不与金属离子反应的金属惰性电极（惰性电极 Pt 电极），它只起导电作用，而不参与电极反应。

例 7-2　根据下列电池反应写出相应的电池符号。

①　$$H_2 + Cu^{2+} \rightleftharpoons 2H^+ + Cu$$

② $Cu^{2+}+Fe \rightleftharpoons Cu+Fe^{2+}$

解：

① $(-)Pt|H_2(p^{\ominus})|H^+(c_1)\parallel Cu^{2+}(c_2)|Cu(+)$

② $(-)Cu|Cu^{2+}(c_1)\parallel Fe^{2+}(c_2)|Fe(+)$

7.2.2 电极电势与电动势

(1) 电极电势（用 E 表示）

在 Cu-Zn 原电池中，为何电子从 Zn 原子转移给 Cu 而并非相反的情况呢？这是由于 Zn 极的电势比 Cu 极的电势更负，二者存在一个电势差。那么这个电势差如何产生的呢？为何 Zn、Cu 电极的电势会有不同呢？如何测得该电极电势差呢？

已经知道，金属晶体是靠金属键结合的，是靠金属的阳离子和自由电子之间的吸引力结合的。当把金属放入其盐溶液中，会有两种倾向存在：一方面金属表面的阳离子会与极性很强的 H_2O 分子发生溶剂化作用，以水合离子的形式进入溶液中，把电子留在金属的表面上，这是金属溶解的过程见图 7-2(a)，金属越活泼，盐溶液浓度越稀，此倾向越大；另一方面，溶液的水合阳离子又会从金属表面获得电子，沉积在金属表面上，这是金属的沉积过程见图 7-2(b)，金属越不活泼，盐溶液的浓度越大，这种倾向越大，当金属的溶解和沉积达到动态平衡时，即

$$M \underset{沉积}{\overset{溶解}{\rightleftharpoons}} M^{n+}+ne^-$$

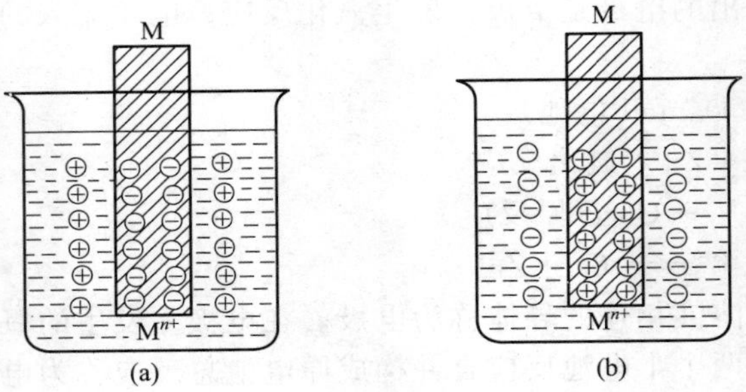

图 7-2　M 电极的双电层

必然在金属和盐溶液之间会产生电势差，这就是金属电极电势产生的原因。在某给定浓度的溶液中，若失去电子的倾向大于获得电子的倾向，平衡时最终的结果 M^{n+} 进入溶液，金属棒带负电，靠近金属棒附近的溶液带正电，从而产生了电极电势差。

影响电极电势大小的因素：金属的本性、溶液的浓度、温度、介质条件等。在其他条件一定时，电极电势的大小取决于电极的本性，对于金属电极则完全取决于金属离子化倾向的大小，金属越活泼，溶解为离子的倾向越小，平衡时电极电势的值越小，反之电极的电极电势越高。有了电极电势的大小，就可以比较氧化剂、还原剂的相对强弱，并判断一个氧化还原反应进行的程度。那么，如何获得电极电势的大小呢？

(2) 原电池的电动势

电极电势 E 表示电极中极板与溶液之间的电势差。当盐桥将两个电极的溶液连通时，认为两溶液之间的电势差被消除，则两电极的电极电势之差即为原电池的电动势。用 $E_池$ 表示电动势，则有：

$$E_池=E^+-E^-$$

标准状态时电池的标准电动势有：

$$E^{\ominus}_{池}=E^{\ominus}_{+}-E^{\ominus}_{-}$$

例如：$(-)Zn\,|\,Zn^{2+}(1mol\cdot dm^{-3})\,\|\,Cu^{2+}(1mol\cdot dm^{-3})\,|\,Cu(+)$

$$E^{\ominus}_{池}=E^{\ominus}_{+}-E^{\ominus}_{-}=0.34V-(-0.76V)=1.10V$$

(3) 标准氢电极

电极电势的绝对值如同 H、U、G 一样，迄今无法准确测量，但可利用一个相对标准，规定一个电极的数值，由它与未知的电极组成原电池，测量原电池的电动势，即可获得未知的电极电势，这样的标准电极就是常用的标准氢电极。

将覆有一层海绵状铂黑的铂片（或镀有铂黑的铂片）置于氢离子浓度（严格地说应为活度 a）为 $1mol\cdot kg^{-1}$ 的硫酸溶液中，然后不断地通入压力为 1.013×10^{5} Pa 的纯氢气，使铂黑吸附氢气达到饱和，形成一个氢电极见图 7-3。在这个电极的周围发生如下的平衡：

$$H_2(p^{\ominus})\rightleftharpoons 2H^{+}(1.0mol\cdot dm^{-3})+2e^{-}$$

这时产生在标准氢电极和硫酸溶液之间的电势，称为氢的标准电极电势。将它作为电极电势的相对标准，令其为零即 $E^{\ominus}(H^{+}/H_2)=0.000V$。在任何温度下都规定标准氢电极的电极电势为零（实际上电极电势同温度有关）。实际上很难制得上述那种标准溶液，它只是一种理想溶液。

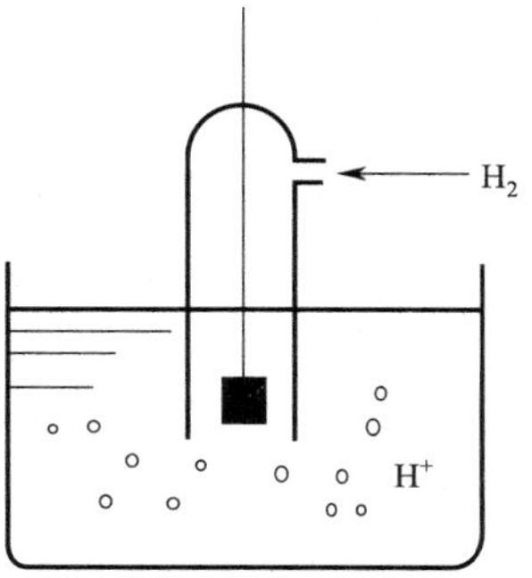

图 7-3　标准氢电极示意图

氢电极的半反应为：

$$2H^{+}+2e^{-}\longrightarrow H_2$$

电极符号为：$Pt\,|\,H_2(p^{\ominus})\,|\,H^{+}(c^{\ominus})$

用标准状态下的各种电极与标准氢电极组成原电池，测定这些原电池的电动势，就可知道这些待测电极的标准电极电势，用 $E^{\ominus}$ 表示。

例 7-3　标准氢电极与标准铜电极组成的原电池，求铜电极的 $E^{\ominus}(Cu^{2+}/Cu)$。

$$(-)Pt\,|\,H_2(p^{\ominus})\,|\,H^{+}(1mol\cdot dm^{-3})\,\|\,Cu^{2+}(1mol\cdot dm^{-3})\,|\,Cu(+)$$

测得该电池的电动势　$E^{\ominus}_{池}=0.34V$，

由公式　$E^{\ominus}_{池}=E^{\ominus}_{+}-E^{\ominus}_{-}$

得　$E^{\ominus}_{+}=E^{\ominus}_{池}+E^{\ominus}_{-}$

$$E^{\ominus}(Cu^{2+}/Cu)=E^{\ominus}_{池}+E^{\ominus}(H^{+}/H_2)=0.34V+0V=0.34V$$

(4) 其他类型的电极

① 金属与其离子组成的电极　$Cu\,|\,Cu^{2+}(c_1)$

② 气体——离子电极　$Pt\,|\,H_2(p^{\ominus})\,|\,H^{+}(c_1)$

③ 金属与其难溶性盐组成的电极　$Ag\text{-}AgCl\,|\,Cl^{-}(c_1)$-AgCl 电极 $Hg\text{-}Hg_2Cl_2\,|\,Cl^{-}(c_1)$-$Hg_2Cl_2$ 无须惰性电极

电极反应为：　$Hg_2Cl_2+2e^{-}\longrightarrow 2Hg+2Cl^{-}$

④ 氧化还原电极（离子之间的电极）　$Pt\,|\,Fe^{3+}(c_1),Fe^{2+}(c_2)$

⑤ 甘汞电极　实际测量非常重要的一种电极（见图 7-4），标准氢电极使用不多，原因是氢气不易纯化，压力不易控制，铂黑容易中毒。

电极反应：$Hg_2Cl_2+2e^{-}\rightleftharpoons 2Hg+2Cl^{-}$

符号：$Pt\,|\,Hg\,|\,Hg_2Cl_2\,|\,KCl$(浓度)

标准电极电势：$E^{\ominus}=0.268V$

饱和甘汞电极电势：$E=0.2415V$

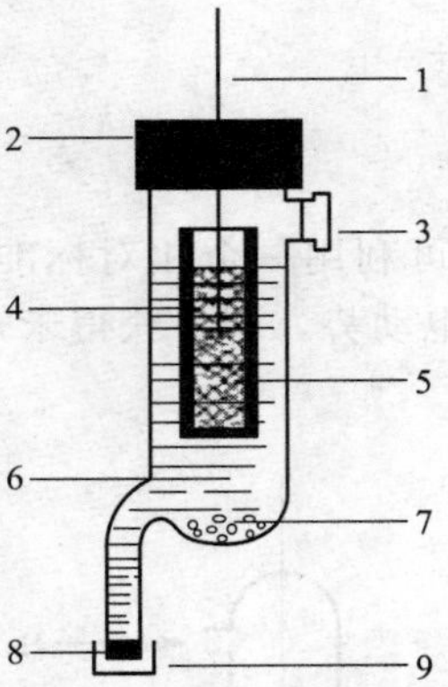

图 7-4 饱和甘汞电极

(5) 标准电极电势表

在电极反应中，左侧是氧化数高的物质，称为氧化型；右侧是氧化数低的物质，称为还原型。

电极反应的通式:氧化型$+ze^- \rightleftharpoons$ 还原型

按照$E^\ominus$值增大的顺序列表即标准电极电势表，在电对中只写出氧化数有变化的物质，如 $Cr_2O_7^{2-}/Cr^{3+}$。

$$Cr_2O_7^{2-}+14H^+ +6e^- \rightleftharpoons 2Cr^{3+}+7H_2O$$

$$E^\ominus(Cr_2O_7^{2-}/Cr^{3+})=1.23V$$

电极电势表说明如下。

① 因氧化还原反应既可在酸性条件下进行，也可在碱性条件下进行，因此$E^\ominus$就分为酸表（A）和碱表（B）。即$E_A^\ominus$和$E_B^\ominus$，何时查酸表，何时查碱表，可参考如下几条规律。a. 电极反应 H^+ 出现均查酸表，OH^- 出现均查碱表。b. 电极反应中既无 H^+ 又无 OH^- 出现时，可以从具体存在状态来考虑金属阳离子与其金属。如，$E^\ominus(Cu^{2+}/Cu)$、$E^\ominus(Zn^{2+}/Zn)$等，列于酸表。c. NH_3、CN^- 等配离子及其金属列在碱表中。d. H^+ 或 OH^- 未参加电极反应的$E^\ominus$在酸表中。

② 电极电势高，其氧化型的氧化能力强；电极电势低其还原型的还原能力强。

③ 是强度性质与得失电子数多少无关，即与电极半反应中的计量系数无关。如：

$$2H^+ +2e^- \rightleftharpoons H_2 \text{ 或 } H^+ +e^- \rightleftharpoons 1/2H_2$$

其$E^\ominus(H^+/H_2)$值都是0.00V。

7.3 电池反应的热力学

7.3.1 电动势$E^\ominus$和电池反应$\Delta_rG_m^\ominus$的关系

化学反应 $Zn+Cu^{2+} \rightleftharpoons Cu+Zn^{2+}$，在烧杯中进行时，虽有电子转移，但不产生电流，属于恒温恒压无非体积功的过程。其自发进行的判据是：

$$\Delta_rG<0$$

若利用 Cu-Zn 电池完成上述反应，则有电流产生。该反应属于恒温恒压有非体积功——电功 W 的过程。

在化学热力学基础部分，这类反应自发进行的判据是：

$$-\Delta_rG>W$$

电功等于电量与电势差之积，即 $W=qE$。

而 $q=nF$

式中，法拉第常数 $F=96500C\cdot mol^{-1}$。

故电功 W 可由下式表示：

$$W=nEF$$

一般认为电池反应的进行方式是可逆的。故有：

$$\Delta_rG=-nEF$$

当反应均为标准态时，E 即是$E^\ominus$，故有：

$$\Delta_rG_m^\ominus=-nE^\ominus F$$

7.3.2 标准电动势$E^\ominus$和电池反应的标准平衡常数$K^\ominus$的关系

由：$\Delta_rG_m^\ominus=-RT\ln K^\ominus$和$\Delta_rG_m^\ominus=-zE^\ominus F$

得：$zE^{\ominus}F=RT\ln K^{\ominus}$

故：$E^{\ominus}=\dfrac{RT}{zF}\ln K^{\ominus}$

换底得：$E^{\ominus}=\dfrac{2.303RT}{zF}\lg K^{\ominus}$

298K 时公式可以写成：$E^{\ominus}=\dfrac{0.059}{z}\lg K^{\ominus}$

从而可以由 $K^{\ominus}$ 求得氧化还原反应的平衡常数 $K^{\ominus}$，以讨论反应进行的程度和限度。

例 7-4 求反应 $Zn+Cu^{2+} \rightleftharpoons Cu+Zn^{2+}$，298K 时的 $K^{\ominus}$。

解： 将反应分解成两个半反应，从表中查出 $E^{\ominus}$。

$$Cu^{2+}+2e^{-} \longrightarrow Cu \qquad E^{\ominus}_{+}=+0.34V$$

$$Zn^{2+}+2e^{-} \longrightarrow Zn \qquad E^{\ominus}_{-}=-0.76V$$

$$E^{\ominus}_{池}=E^{\ominus}_{+}-E^{\ominus}_{-}=0.34V-(-0.76V)=1.10V$$

$$E^{\ominus}=\frac{0.059}{z}\lg K^{\ominus}$$

$$\lg K^{\ominus}=\frac{z}{0.059}E^{\ominus}$$

$$\lg K^{\ominus}=37.3 \quad 所以 \quad K^{\ominus}=2.0\times10^{37}$$

例 7-5 求反应 $AgCl \rightleftharpoons Ag^{+}+Cl^{-}$ 298K 时的 $K^{\ominus}$。

解： 关键是设计电池反应。

在反应式的两边引进物质 Ag，方程式变成

$$AgCl+Ag \rightleftharpoons Ag^{+}+Ag+Cl^{-}$$

$$AgCl+e^{-} \longrightarrow Ag+Cl^{-} \qquad E^{\ominus}_{+}=+0.222V$$

$$Ag^{+}+e^{-} \longrightarrow Ag \qquad E^{\ominus}_{-}=+0.800V$$

$$E^{\ominus}_{池}=E^{\ominus}_{+}-E^{\ominus}_{-}=0.222V-0.800V=-0.578V$$

$$\lg K^{\ominus}=\frac{z}{0.059}E^{\ominus}=-\frac{0.578}{0.059}=-9.80$$

所以 $K^{\ominus}=1.58\times10^{-10}$ 这个 $K^{\ominus}$ 就是 AgCl 的 $K^{\ominus}_{sp}$。

7.3.3 E 和 $E^{\ominus}$ 的关系——Nernst 方程

(1) 电动势的 Nernst 方程

对于 $aA+bB \rightleftharpoons cC+dD$ 有化学反应等温式：

$$\Delta_r G_m=\Delta_r G^{\ominus}_m+RT\ln\frac{c(C)^c c(D)^d}{c(A)^a c(B)^b}$$

将 $\Delta_r G_m=-nEF$ 和 $\Delta_r G^{\ominus}_m=-nE^{\ominus}F$ 代入上式中换底。

得
$$E=E^{\ominus}-\frac{2.303RT}{zF}\lg\frac{c(C)^c c(D)^d}{c(A)^a c(B)^b}$$

298K 时
$$E=E^{\ominus}-\frac{0.059}{z}\lg Q$$

(2) 电极电势的 Nernst 方程

对于电池反应 $aA+bB \rightleftharpoons cC+dD$

正极 $aA \longrightarrow cC$ A：氧化型 C：还原型

负极 $dD \longrightarrow bB$ D：氧化型 B：还原型

能斯特方程为：$$E=E^{\ominus}+\frac{2.303RT}{zF}\lg\frac{c(\text{氧化型})}{c(\text{还原型})}$$

298K，能斯特方程为：

$$E=E^{\ominus}+\frac{0.059}{z}\lg\frac{c(\text{氧化型})}{c(\text{还原型})}$$

Nernst 方程反映了电极电势与浓度、温度的关系。

7.4 影响电极电势的因素

从电极电势的 Nernst 方程

$$E=E^{\ominus}+\frac{0.059}{z}\lg\frac{c(\text{氧化型})}{c(\text{还原型})}$$

若电对的 c(氧化型) 增大，则 E 增大，比 $E^{\ominus}$ 要大；若电对的 c(还原型) 增大，则 E 减小，比 $E^{\ominus}$ 要小。于是凡影响 c(氧化型)、c(还原型) 的因素，都将影响电极电势的值。从酸度的影响、沉淀物生成的影响和配位化合物生成的影响三个方面对此加以讨论。

7.4.1 酸度对电极电势的影响

例 7-6 标准氢电极的电极反应为：$2H^{+}+2e^{-}\longrightarrow H_2$，$E^{\ominus}=0V$。若 H_2 的分压保持不变，将溶液换成 $1.0mol\cdot dm^{-3}$ HAc，求其电极电势 E 的值。

解：
$$E=E^{\ominus}+\frac{0.059}{2}\lg\frac{c(H^{+})^2}{(p_{H_2}/p^{\ominus})}$$

$$c(H^{+})=\sqrt{K_a^{\ominus}c_0}=\sqrt{1.8\times10^{-5}\times1.0}$$

代入 Nernst 方程：$E=E^{\ominus}+\frac{0.059}{2}\lg1.8\times10^{-5}$

求得 $$E=-0.14V。$$

例 7-7 计算下面原电池的电动势

$(-)Pt|H_2(p^{\ominus})|H^{+}(10^{-3}mol\cdot dm^{-3})\parallel H^{+}(10^{-2}mol\cdot dm^{-3})|H_2(p^{\ominus})|Pt(+)$

解： 正极和负极的电极反应均为

$$2H^{+}+2e^{-}\longrightarrow H_2$$

由公式
$$E=E^{\ominus}+\frac{0.059}{2}\lg\frac{c(H^{+})^2}{(p_{H_2}/p^{\ominus})}$$

得
$$E_{+}=E_{+}^{\ominus}+\frac{0.059}{2}\lg(10^{-2})^2\qquad E_{-}=E_{-}^{\ominus}+\frac{0.059}{2}\lg(10^{-3})^2$$

所以电动势可以由下式算出

$$E_{池}=E^{\ominus}+\frac{0.059}{2}\lg\frac{(10^{-2})^2}{(10^{-3})^2}$$

7.4.2 沉淀生成对电极电势的影响

根据 Nernst 方程，若氧化型浓度变小，则电极电势减小；若还原型浓度变小，则电极电势增大。

例 7-8 向标准 Ag-Ag^{+} 电极中加入 KCl，使得 $c(Cl^{-})=1.0\times10^{-2}mol\cdot dm^{-3}$，求 E 值。

解： 由
$$K_{sp}(AgCl)=c(Ag^{+})c(Cl^{-})=1.0\times10^{-10}$$

$$c(Ag^{+})=\frac{K_{sp}^{\ominus}}{c(Cl^{-})}=\frac{1.77\times10^{-10}}{1.0\times10^{-2}}=1.77\times10^{-8}$$

$$E=E^{\ominus}+\frac{0.059}{z}\lg\frac{c(\text{氧化型})}{c(\text{还原型})}$$

得　$E=0.8+0.059\lg 1.77\times10^{-8}=0.343$ (V)

例 7-9　求 $AgI+e^- = Ag+I^-$ 的 $E^{\ominus}$ 值。

已知　$Ag^+ + e^- = Ag$　$E^{\ominus}=0.800V$，$K_{sp}(AgI)=8.52\times10^{-17}$。

解：

$$c(Ag^+)=\frac{K_{sp}^{\ominus}}{c(I^-)}=\frac{8.52\times10^{-17}}{1}=8.52\times10^{-17}$$

$$E=E^{\ominus}+\frac{0.059}{z}\lg\frac{c(\text{氧化型})}{c(\text{还原型})}$$

$$E=E^{\ominus}+0.059\lg c(Ag^+)$$

$$E=0.8+0.059\lg 8.52\times10^{-17}=0.148(V)$$

根据溶度积规律，若氧化型生成相同类型的沉淀，则沉淀物的 K_{sp} 越小，会导致 E 值变得越小。反之相反。

		K_{sp}变小	$E^{\ominus}$变小
$AgCl+e^- = Ag+Cl^-$	AgCl	1.77×10^{-10}	0.222
$AgBr+e^- = Ag+Br^-$	AgBr	5.35×10^{-13}	0.071
$AgI+e^- = Ag+I^-$	AgI	8.52×10^{-17}	−0.152

7.5 元素电势图及其应用

7.5.1 元素电势图

大多数非金属元素 P、S、N、Cl、Br、I 等和过渡金属元素（Mn、Cr）均存在多变的氧化数，各氧化数之间都有相应的 $E^{\ominus}$ 值，Latimer 提出的元素电势图是从左到右，按氧化数由小到大排列，在两种氧化态之间构成电对，用一直线将它们连接在一起，线的上方标出电对对应的 $E_A^{\ominus}/V$ 值。如氯元素在酸性溶液中的电势图为：

$$E_A^{\ominus}/V:\quad ClO_4^- \xrightarrow{1.19} ClO_3^- \xrightarrow{1.21} HClO_2 \xrightarrow{1.64} HClO \xrightarrow{1.63} Cl_2 \xrightarrow{1.358} Cl^-$$

（ClO_4^-—Cl_2：1.45V；ClO_3^-—Cl_2：1.47V）

7.5.2 元素电势图的应用

元素电势图对于了解元素的单质及其化合物的氧化还原性性质是很有用的。现举例说明。

（1）求未知电对的标准电极电势

$$A \xrightarrow{\Delta_r G_1^{\ominus}、E_1^{\ominus}、n_1} B \xrightarrow{\Delta_r G_2^{\ominus}、E_2^{\ominus}、n_2} C$$

（A—C：$\Delta_r G^{\ominus}$、$E^{\ominus}$、n）

根据标准自由能变化和电对的标准电极电势关系：

$$\Delta_r G_1^{\ominus}=-n_1FE_1^{\ominus}$$

$$\Delta_r G_2^{\ominus}=-n_2FE_2^{\ominus}$$

$$\Delta_r G^{\ominus}=-nFE^{\ominus}$$

n_1，n_2，n 分别为电对的电子转移数。

且由盖斯定律得：

$$\Delta_r G^{\ominus}=\Delta_r G_1^{\ominus}+\Delta_r G_2^{\ominus} \quad 其中\ n=n_1+n_2$$

$$-nFE^{\ominus}=(-n_1FE_1^{\ominus})+(-n_2FE^{\ominus})$$

$$E^{\ominus}=\frac{n_1E_1^{\ominus}+n_2E_2^{\ominus}}{n_1+n_2}$$

同理若有 i 个电对相邻则：

$$E^{\ominus}=\frac{n_1E_1^{\ominus}+n_2E_2^{\ominus}+n_3E_3^{\ominus}+\cdots+n_iE_i^{\ominus}}{n_1+n_2+\cdots+n_i}$$

（2）判断歧化反应：

$$E_A^{\ominus} \qquad A\xrightarrow{E_{左}^{\ominus}}B\xrightarrow{E_{右}^{\ominus}}C$$

假若 B 能够发生歧化反应：$B=\!=\!=A+C$

$B\longrightarrow C$（获得电子）是正极，

$B\longrightarrow A$（失去电子）的过程为负极。

即 $E^{\ominus}=E_{右}^{\ominus}-E_{左}^{\ominus}>0$ 因此 $E_{右}^{\ominus}>E_{左}^{\ominus}$

说明 B 能够发生歧化反应。同理，$E_{右}^{\ominus}<E_{左}^{\ominus}$ B 难以发生歧化反应。相反，歧化反应 $A+C=\!=\!=B$ 能够自发进行。

例 7-10 $Cu^{2+}\xrightarrow{0.158}Cu^{+}\xrightarrow{0.523}Cu$ 求平衡常数 $K^{\ominus}$

由于 $E_{右}^{\ominus}=0.523V>E_{左}^{\ominus}=0.158V$

因此 Cu^+ 能够发生歧化反应：

$$2Cu^{+}=\!=\!=Cu^{2+}+Cu$$

其平衡常数

$$\lg K^{\ominus}=\frac{n[E_{(+)}^{\ominus}-E_{(-)}^{\ominus}]}{0.0592}=\frac{1\times(0.531-0.158)}{0.0592}=6.30 \quad K^{\ominus}=1.46\times10^{6}$$

例 7-11 $MnO_4^{-}\ \frac{+0.56}{\quad}MnO_4^{2-}\ \frac{+2.26}{\quad}MnO_2$，求平衡常数 $K^{\ominus}$。

由于 $E_{MnO_4^-/MO_2}^{\ominus}=2.26V>E_{MnO_4^-/MnO_4^{2-}}^{\ominus}=0.56V$

因此，MnO_4^- 能发生歧化反应

$$3MnO_4^{2-}+4H^{+}=\!=\!=2MnO_4^{-}+MnO_2\downarrow+2H_2O \quad K^{\ominus}=3.38\times10^{57}$$

MnO_4^- 水溶液中通入 CO_2 即迅速发生歧化反应，这是工业上制备 $KMnO_4$ 的方法。

习　题

一、填空题

7-1 在 H_2SO_4、$Na_2S_2O_3$、$Na_2S_4O_6$ 中 S 的氧化值分别为____、____、____。

7-2 在原电池中，流出电子的电极为______，接受电子的电极为______，在正极发生的是______，负极发生的是______。原电池可将______能转化为______能。

7-3 在原电池中，E 值大的电对为______极，E 值小的电对为______极；电对的 E 值越大，其氧化型______越强；电对的 E 值越小，其还原型______越强。

7-4 反应 $2Fe^{3+}(aq)+Cu(s)\rightleftharpoons 2Fe^{2+}(aq)+Cu^{2+}(aq)$ 与 $Fe(s)+Cu^{2+}(aq)\rightleftharpoons Fe^{2+}(aq)+Cu(s)$ 均正向进行，其中最强的氧化剂为______，最强的还原剂为______。

7-5 电对 Ag^+/Ag，I_2/I^-，BrO_3^-/Br^-，O_2/H_2O，$Fe(OH)_3/Fe(OH)_2$ 的 E 值随溶液 pH 变化的是________。

7-6 在 $FeCl_3$ 加入足量的 NaF 溶液中后，又加入 KI 溶液时，______ I_2 生成，这是由于______。

7-7 电池$(-)Pt|H_2(1.013\times10^5Pa)|H^+(1\times10^{-3}\ mol\cdot dm^{-3})\|H^+(1mol\cdot dm^{-3})|H_2(1.013\times10^5Pa)|Pt(+)$属于______电池，该电池的电动势为______，电池反应为________。

7-8　电池(－)Cu|Cu^+ ‖ Cu^+,Cu^{2+}|Pt(＋)和(－)Cu|Cu^{2+},‖ Cu^+,Cu^{2+}|Pt(＋)的反应均可写成 $Cu+Cu^{2+}=2Cu^+$，则此二电池的 $\Delta_r G_m^\ominus$____，$E^\ominus$______，$K^\ominus$______（填“相同”或“不同”）。

7-9　在$Fe^{3+}+e^-=Fe^{2+}$电极反应中，加入 Fe^{3+} 的配合剂 F^-，则使电极电势的数值____；在$Cu^{2+}+e^-=Cu^+$电极反应中，加入Cu^+的沉淀剂 I^- 可使其电极电势的数值____。

7-10　向红色的 $Fe(SCN)^{2+}$ 溶液中加入 Sn^{2+} 后溶液变为无色，其原因是____。

7-11　已知，$Ag(NO_3)_2^+$ 的 $K_稳=1.1\times10^7$；AgCl 的 $K_{sp}^\ominus=1.8\times10^{-10}$；$Ag_2CrO_4$ 的 $K_{sp}^\ominus=2\times10^{-12}$，用“大于”或“小于”填空。

(1) $E^\ominus[Ag(NO_3)_2^+/Ag]$______$E^\ominus(Ag_2CrO_4/Ag)$；

(2) $E^\ominus(Ag_2CrO_4/Ag)$______$E^\ominus(AgCl/Ag)$。

二、选择题

7-12　下列有关 Cu-Zn 原电池的叙述中错误的是（　　）。

A. 盐桥中的电解质可保持两个半电池中的电荷平衡

B. 盐桥用于维持氧化还原反应的进行

C. 盐桥中的电解质不能参与电池反应

D. 电子通过盐桥流动

7-13　已知 $E(Pb^{2+}/Pb)=-0.1266V$，$K_{sp}^\ominus(PbCl_2)=1.7\times10^{-5}$，则 $E(PbCl_2/Pb)$ 为（　　）。

A. 0.268V　　B. －0.409V

C. －0.268V　　D. －0.016V

7-14　由 Zn^{2+}/Zn 与 Cu^{2+}/Cu 组成铜锌原电池，在 25℃时，若 Zn^{2+} 和 Cu^{2+} 的浓度分别为 0.10mol·dm^{-3}和 1.0×10^{-9} mol·dm^{-3}，则此时原电池的电动势比标准电池电动势（　　）。

A. 下降 0.48V　　B. 下降 0.24V

C. 上升 0.48V　　D. 上升 0.24V

7-15　使下列电极反应中有关离子浓度减小一半，而 E 值增加的是（　　）。

A. $Cu^{2+}+2e^-=Cu$　　B. $I_2+2e^-=2I^-$

C. $2H^++2e^-=H_2$　　D. $Fe^{3+}+e^-=Fe^{2+}$

7-16　某氧化还原反应的标准吉布斯自由能变为 $\Delta_r G_m^\ominus$，平衡常数为 $K^\ominus$，标准电动势为 $E^\ominus$，则下列 $\Delta_r G_m^\ominus$、$K^\ominus$、$E^\ominus$ 的值判断合理的一组是（　　）。

A. $\Delta_r G_m^\ominus>0$，$E^\ominus<0$，$K^\ominus<1$　　B. $\Delta_r G_m^\ominus>0$，$E^\ominus<0$，$K^\ominus>1$

C. $\Delta_r G_m^\ominus<0$，$E^\ominus<0$，$K^\ominus>1$　　D. $\Delta_r G_m^\ominus<0$，$E^\ominus>0$，$K^\ominus<1$

7-17　某电池(－)A|A^{2+}(0.1mol·dm^{-3}) ‖ B^{2+}(1.0×10^{-2} mol·dm^{-3})|B(＋)的电动势 E 为 0.27V，则该电池的标准电动势 $E^\ominus$ 为（　　）。

A. 0.24 V　　B. 0.27V　　C. 0.30V　　D. 0.33V

三、判断题

7-18　在有机化合物中碳的氧化数都是 4。(　　)

7-19　铬酸根中铬的氧化数为＋6，砷酸根中砷的氧化数为＋5。(　　)

7-20　由电极反应中的 Nernst 方程可知，温度升高电极电势变小。(　　)

四、解答题

7-21　已知 $\varphi^\ominus(MnO_4^-/Mn^{2+})=1.51V$，$\varphi^\ominus(Cl_2/Cl^-)=1.36V$，若将此两电对组成电池，请写出：

(1) 该电池的电池符号；

(2) 写出正负电极的电极反应和电池反应以及电池标准电动势；

(3) 计算电池反应在 25℃时 $\Delta_r G_m^\ominus$ 和 K；

(4) 当 $[H^+]=1.0\times10^{-2}$ mol·dm^{-3}，而其他离子浓度均为 1.0mol·dm^{-3}，$p_{Cl_2}=100kPa$ 时的电池电动势；

(5) 在 (4) 的情况下，K 和 $\Delta_r G_m$ 各是多少？

7-22　已知下列电极反应的标准电极电势：

$Cu^{2+}(aq)+2e^-(aq)$　Cu(s)，$E^\ominus=0.3394V$

$Cu^{2+}(aq)+e^-(aq)$　$Cu^+(aq)$，$E^\ominus=0.1607V$

计算反应 $Cu^{2+}(aq)+Cu(s) \quad 2Cu^{+}(aq)$ 的 $K^{\ominus}$。

7-23 已知电极电势：

$$Ag^{+}(aq)+e^{-}=Ag(s) \quad E^{\ominus}=0.799V$$
$$2H^{+}(aq)+e^{-}=H_2(g) \quad E^{\ominus}=0.000V$$
$$AgI(s)+e^{-}=Ag(s)+I^{-}(aq) \quad E^{\ominus}=-0.152V$$

在标准态下，金属 Ag(s) 能否置换 HCl(aq) 中的氢，若将 HCl(aq) 改为 HI(aq) 能否发生置换反应？

7-24 根据电极电势解释下列现象：铁能置换出铜，而三氯化铁溶液能氧化铜。

7-25 已知 $E^{\ominus}(H_2O_2/H_2O)=1.77V$，$E^{\ominus}(O_2/H_2O_2)=0.682V$，根据上述电极电势解释下列现象：$H_2O_2$ 溶液不稳定，易分解。

7-26 完成下列反应方程式

(1) $MnO_4^{-}+C_2O_4{}^{2-} \longrightarrow Mn^{2+}+CO_2\uparrow$（酸性介质）

(2) $ClO^{-}+CrO_2{}^{-} \longrightarrow Cl^{-}+CrO_4{}^{2-}$（碱性介质）

(3) $MnO_4^{-}+SO_3^{2-} \longrightarrow MnO_4^{2-}+SO_4^{2-}$（碱性介质）

(4) $ClO_3^{-}+Fe^{2+} \longrightarrow Fe^{3+}+Cl^{-}$（酸性介质）

第8章
配位平衡

配位化学这门学科的诞生和发展是人类经过长期生产实践活动，逐步了解一些自然现象加入总结和发展的结果，很难准确地说何时第一次合成配合物（配位化合物），或许最早记载是普鲁士蓝 $KFe[Fe(CN)_6]$。但最早对配合物进行深入研究的是 1798 年发现的第一个配合物 $[Co(NH_3)_6]Cl_3$。大约经过 100 多年，即 1893 年，仅有 26 岁的瑞士苏黎世大学的维尔纳（A. Werner）总结了前人和自己大量的工作，发表了一篇“关于无机化合物结构问题”的论文——Werner 的配位化学理论。标志着配位化学分支学科的建立。自此以后，人们相继合成了成千上万种配合物。特别是近些年来，人们对配位化合物的合成、性质、结构和应用的研究做了大量工作，配位化学得到了迅速发展，已广泛地渗透到分析化学、催化化学、结构化学和生物化学等各领域中，成为化学科学中的一个独立分支。

8.1 配合物的基本概念

8.1.1 配合物

(1) 定义

随着配位化学的飞速发展，配合物数目与日俱增，应用前景十分广阔，因此给配合物下一个严密的定义是很困难的，但依据配合物的基本特征给出一个比较清楚、比较确定的定义还是可能的。1980 年中国化学会公布的《无机化学命名原则》给配合物下的定义是：“配位化合物（简称配合物）是由可以给出孤对电子或多个不定域电子的空位的原子或离子（统称中心原子）按一定的组成和空间构型所形成的化合物。”

结合以上规定，将定义加以简化，凡是可以给出孤对电子或 π 键电子的一定数目的分子或离子（配体）和具有接受孤对电子或 π 键电子的空价轨道的原子或离子（中心离子），以配位键方式按一定的组成和空间构型所形成的结构单元叫配位单元，含有配位单元的化合物叫配合物。

配位单元可以是配阳离子，如 $[Cu(NH_3)_4]^{2+}$、$[Ag(NH_3)_2]^+$ 和 $[Co(NH_3)_6]^{3+}$，也可以是配阴离子，如 $[Cu(CN)_4]^{3-}$、$[Ag(CN)_2]^-$ 和 $[Fe(CN)_6]^{3-}$。

配离子与异号电荷的离子结合即形成配合物，如 $[Co(NH_3)_6]Cl_3$、$K_3[Fe(CN)_6]$，而中性的配位单元即是配合物，如 $Ni(CO)_4$、$Fe(CO)_5$。

(2) 配合物的构成

配合物的内界和外界以离子键相结合。具有一定稳定性的结构单元称为配合物的内界，配离子属于配合物的内界，用一中括号表示出来。配离子以外的其他离子属于配合物的外界。如在配合物 $[Co(NH_3)_6]Cl_3$ 中内界为 $[Co(NH_3)_6]^{3-}$，外界为 Cl^-；在配合物 $K_3[Fe(CN)_6]$ 中内界为 $[Fe(CN)_6]^{3-}$，外界为 K^+；在配合物 $[Cu(NH_3)_4]SO_4$ 中内界为

$[Cu(NH_3)_4]^{2+}$，外界为 SO_4^{2-}。如果配合物的内界是中性分子，如 $Ni(CO)_4$ 与 $Fe(CO)_5$ 等，这类配合物无外界。

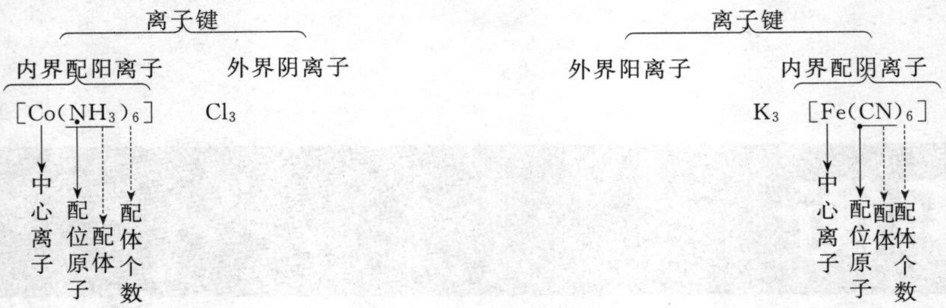

配合物的内界是由形成体（又称中心离子或原子）和一定数目的配位体（简称为配体）以配位键按一定的空间构型结合形成的离子或分子。按照酸碱电子理论，配合物的内界是 Lewis 酸与 Lewis 碱的加合物。形成体具有空轨道，是 Lewis 酸，配位体具有孤对电子，是 Lewis 碱。形成体与配位体形成的配分子或配离子称为配位个体。形成体通常是金属原子或离子，一般为过渡金属，特别是铁系、铂系、第 I B、II B 族元素，也可以是少数非金属元素。形成体是配合物的核心部分，它位于配位单元的中心位置，所以形成体又叫做中心离子或中心原子。例如：$[Cu(NH_3)_4]^{2+}$ 中的 Cu^{2+}，$[Fe(CN)_6]^{3-}$ 中的 Fe^{3+}，$[PtCl_2(NH_3)_2]$ 中的 Pt^{2+}，$Fe(CO)_5$ 中的 Fe 原子和 $Ni(CO)_4$ 中的 Ni 原子等。

在配位单元中，与中心离子（或原子）相结合的分子或离子称为配位体，简称配体。配位体可以中性分子，如 NH_3、H_2O、CO、en 等；也可以是阴离子，如 CN^-、SCN^-、NO_2^-、$S_2O_3^{2-}$、$C_2O_4^{2-}$、X^- 等。

（3）配位原子和配位数

在配体中直接与中心离子（或原子）相结合的原子称为配位原子，配位原子具有孤对电子。如 NH_3 分子中的 N、H_2O 中的 O、CO 中的 C 等。配位原子有一个共同的特点，即它们都必须含有孤对电子。

配体中只有一个配位原子的称为单基（或单齿）配体，如 NH_3、H_2O、CN^- 等，含有两个配位原子的配体称为二齿配体如，乙二胺（en）、$C_2O_4^{2-}$ 等。含有多个配位原子的配体称为多齿配体，如乙二胺四乙酸及其盐（EDTA），配体中 2 个 N，4 个 O（—OH 中的 O）均可配位。

$$\begin{array}{ccc}
HOOCH_2C & & CH_2COOH \\
 & NCH_2CH_2N & \\
HOOCH_2C & & CH_2COOH
\end{array}$$

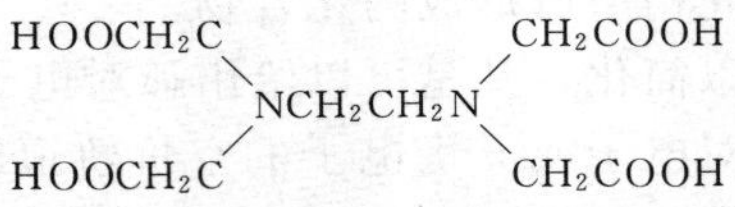

由双齿配体或多齿配体同时与一个中心原子结合形成两个或两个以上配键的配体，与中心原子或离子形成具有环状结构的配合物，称这种配位化合物为螯合物或内配合物。例如，形成的配合物常形成环状结构。如二齿配体乙二胺（en）与 Cu^{2+} 的配合物。

$$Cu(en)_2^{2+} \Rightarrow \begin{bmatrix} \begin{array}{ccc}
CH_2 & — & CH_2 \\
H_2N & & NH_2 \\
 & Cu & \\
H_2N & & NH_2 \\
CH_2 & — & CH_2
\end{array} \end{bmatrix}^{2+}$$

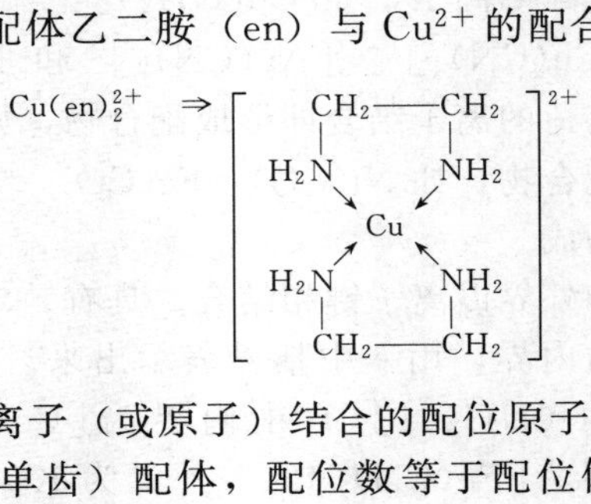

配位数是指配位单元中直接与中心离子（或原子）结合的配位原子的数目。注意不要将配位数与配体个数混淆。对于单基（或单齿）配体，配位数等于配位体的数目；对于多基

（或多齿）配体，配位数等于配体的基（或齿）数乘以配体数。例如$[Co(NH_3)_6]Cl_3$中配位数是 6，有 6 个 N 向 Co 配位，配体个数是 6；$[Pt(en)_2]Cl_2$中配位数是 4，有 4 个 N 向 Pt 配位，但配体个数是 2。一般中心元素的配位数多为 2，4，6，8 等偶数，其中最常见的是 4 和 6，5 和 7 等奇数并不常见。

8.1.2 配合物的化学式和命名

配合物的化学式中首先应列出配位个体中形成体的元素符号，再列出阴离子和中性分子配体，将整个配离子或分子和化学式括在[ ]中。

配合物的命名与一般无机物的命名不同之处在于配位个体的命名，其顺序为：配体数、配体名称，合，形成体元素的名称(氧化值)。形成体元素名称之后圆括号( )内用罗马数字表示其氧化值。

含配阳离子的配合物的命名遵照无机盐的命名原则。例如，$[Cu(NH_3)_4]SO_4$ 为硫酸四氨合铜（Ⅱ），$[Pt(NH_3)_6]Cl_4$ 氯化六氨合铂（Ⅳ）。

含配阴离子的配合物，内外层间缀以“酸”字。例如，$K_4[Fe(CN)_6]$为六氰合铁（Ⅱ）酸钾。

配体的次序：含有多种无机配体时，通常先列出阴离子的名称，后列出中性分子的名称，如 $K[PtCl_3NH_3]$为三氯·氨合铂（Ⅱ）酸钾。

配体同是中性分子或同是阴离子时，按配位原子元素符号的英文字母顺序排列，如$[Co(NH_3)_5H_2O]Cl_3$为氯化五氨·水合钴（Ⅲ）。

若配位原子相同，则将含较少原子数的配体排在前面，较多原子数的配体排列在后；若配位原子相同且配体中含原子数目又相同，则按在结构中与配位原子相连的非配位原子的元素符号的英文字母顺序排列。例如，$[PtNH_2NO_2(NH_3)_2]$为氨基·硝基·二氨合铂（Ⅱ）。

配体既有无机配体又有有机配体，则将无机配体排列在前，有机配体排列在后，如$K[PtCl_3(C_2H_4)]$为三氯·乙烯合铂（Ⅱ）酸钾。

但有些配合物也习惯地使用俗名，如$[Cu(NH_3)_4]^{2+}$称铜氨配离子，$[Ag(NH_3)_2]^+$称银氨配离子，$K_3[Fe(CN)_6]$称铁氰化钾，$K_2[PtCl_6]$称氯铂酸钾等。

8.1.3 配合物的分类

(1) 简单配合物

由单齿配体组成的配合物，称为简单配合物。简单配合物中只有一个中心离子，每个配体只有一个配位原子与中心离子成键。例如，$Ag(NH_3)_2^+$、$Cu(CN)_4^{3-}$ 等。

(2) 螯合物

由多齿配体组成的配合物，称为螯合物。螯合物是具有环状结构的配合物。配合物中两个或两个以上配位原子之间相隔两、三个其他原子，与中心原子形成稳定的五元环和六元环，并且含有五元环或六元环越多，螯合物越稳定。

EDTA：

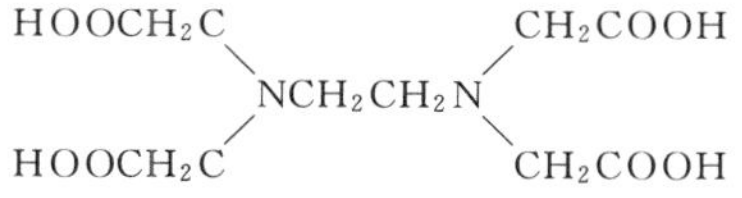

EDTA 是含有 6 个配位原子与中心原子以 1∶1 进行螯合（$n=6$）形成五个五元环的螯合物，因此特别稳定。

螯合效应：由于螯环的形成，使螯合物具有特殊稳定性的效应。

(3) 多核配合物

多核配合物分子或离子含有两个或两个以上的中心离子，在两个中心离子之间，常以配体连接起来。命名时在桥基配体名称前面加上希腊字母 μ，例如：

$(OC)_3Fe(\mu_2-CO)_3Fe(CO)_3$　　三(μ-羰基)·二[三羰基合铁(0)]

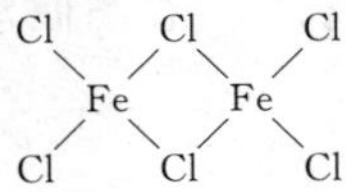

二(μ-氯)·二[二氯合铁(Ⅲ)]

$[(NH_3)Cr—O(H)—Cr(NH_3)_5]Cl_5$　　氯化 μ-羟·二[五氨合铬(Ⅲ)]

(4) 烯烃配合物

这类配合物的配体是不饱和烃，如乙烯、丙烯等。配体提供 π 电子，占有中心体的空轨道而形成的配合物。如，乙烯合银配离子$[AgC_2H_4]^+$。

8.2 配合物的稳定性及配位平衡

(1) 配位平衡常数

配合物以配位键结合的内界配离子在水溶液中具有一定的稳定性，是保持配合物性质特征的重要组分，但在一定条件下配离子仍然可以发生部分离解。

在一定条件下，中心离子生成配离子的过程与配离子的离解过程达到动态平衡时，称配位平衡。例如$[Ag(NH_3)_2]^+$的配位平衡：

$$Ag^+ + 2NH_3 \rightleftharpoons [Ag(NH_3)_2]^+$$

根据化学平衡原理该配位平衡的平衡常数表达为：

$$K_f^\ominus[Ag(NH_3)_2^+] = \frac{c[Ag(NH_3)_2^+]}{c(Ag^+)c(NH_3)^2} = 1.1\times10^7$$

平衡常数 K 同其他平衡常数一样，均为温度的函数，与浓度无关，与配位反应方程式的书写方式有关。平衡常数 K 值越大，体系中$[Ag(NH_3)_2]^+$的平衡浓度越大，即配离子越稳定。K 值反映了配离子的稳定性，所以称配位平衡的平衡常数为配合物的稳定常数。用 $K_f^\ominus(K_{稳})$ 或 $\lg K_f^\ominus(\lg K_{稳})$ 表示。

利用稳定常数可以比较相同类型的配合物的稳定性。如$[Ag(NH_3)_2]^+$和$[Ag(CN)_2]^-$的稳定常数分别是 1.1×10^7，1.3×10^{21}，说明$[Ag(CN)_2]^-$比较稳定。

配离子的稳定性也可用离解平衡常数表示，例如：

$$[Ag(NH_3)_2]^+ \rightleftharpoons Ag^+ + 2NH_3$$

$$K_{不稳} = \frac{c(Ag^+)c(NH_3)^2}{c[Ag(NH_3)_2^+]}$$

离解平衡常数用 $K_{不稳}$ 表示，$K_{不稳}$ 值反映了配合物的不稳定性，叫配合物的不稳定常数。对同一配合物，$K_{稳}$ 与 $K_{不稳}$ 的关系是 $K_{稳}=1/K_{不稳}$。

配位反应是分步进行的可逆反应，相对于每一步反应，都有一个对应的平衡常数。因此在配合物溶液中实际存在着一系列的配位平衡及对应于这些平衡的一系列稳定常数。

$$Cu^{2+} + NH_3 \rightleftharpoons Cu(NH_3)^{2+} \qquad K_1 = 1.41\times10^4$$

$$Cu(NH_3)^{2+} + NH_3 \rightleftharpoons Cu(NH_3)_2^{2+} \qquad K_2 = 3.17\times10^3$$

$$Cu(NH_3)_2^{2+} + NH_3 \rightleftharpoons Cu(NH_3)_3^{2+} \qquad K_3 = 7.76\times10^2$$

$$Cu(NH_3)_3^{2+} + NH_3 \rightleftharpoons Cu(NH_3)_4^{2+} \qquad K_4 = 1.39\times10^2$$

K_1，K_2，K_3，K_4 为逐级稳定常数，$K_{稳}=K_1K_2K_3K_4$。

配离子的逐级稳定常数彼此差别不大，通常是逐级减小，是由于前面配合反应的配体对后面反应的配体排斥所产生影响的结果。因为在实际配合反应中，总是加入过量的配位剂，使绝大多数金属离子生成最高配位的配离子，如计算体系中的金属离子浓度时，可以只考虑总配位平衡常数 $K_{稳}$，忽略其他逐级平衡，从而使计算简化。

例 8-1 将 $0.20mol \cdot dm^{-3} AgNO_3$ 溶液与 $2.0mol \cdot dm^{-3} NH_3 \cdot H_2O$ 等体积混合，试计算平衡时溶液中 Ag^+、NH_3、$Ag(NH_3)_2^+$ 的浓度。已知 $Ag(NH_3)_2^+$ 的 $K_{稳}=1.1\times10^7$。

解：等体积混合后 $AgNO_3$ 溶液与 $NH_3 \cdot H_2O$ 的浓度均减半，分别为 $0.10mol \cdot dm^{-3}$ 与 $1.0mol \cdot dm^{-3}$。由于 $Ag(NH_3)_2^+$ 的稳定常数很大，可以认为 Ag^+ 全部转化为$Ag(NH_3)_2^+$。

故平衡时 $c[Ag(NH_3)_2^+]=0.1mol \cdot dm^{-3}$　　$c(NH_3)=0.8mol \cdot dm^{-3}$

$$Ag^+ + 2NH_3 \rightleftharpoons Ag(NH_3)_2^+$$

	Ag^+	$2NH_3$	$Ag(NH_3)_2^+$
起始浓度/$mol \cdot dm^{-3}$	0.10	1.0	0
平衡浓度/$mol \cdot dm^{-3}$	x	1.0−0.20	0.10

$$K_f^{\ominus}(Ag(NH_3)_2^+)=\frac{c[Ag(NH_3)_2^+]}{c(Ag^+)c(NH_3)^2}=\frac{0.10}{x(0.80)^2}=1.1\times10^7$$

解得：　$x=1.42\times10^{-8} mol \cdot dm^{-3}$

所以平衡时：

$$c(Ag^+)=1.42\times10^{-8} mol \cdot dm^{-3}$$
$$c(NH_3)=0.8mol \cdot dm^{-3}$$
$$c[Ag(NH_3)_2^+]=0.1mol \cdot dm^{-3}$$

(2) 影响配位平衡移动的因素

配合物在水溶液中的稳定性首先与其结构组成因素有关，表现为不同的配合物其稳定常数不同，在水溶液中的解离程度不同；此外还与体系配位平衡存在的条件有关。

① 配体浓度对配位平衡的影响　根据化学平衡原理，在配位平衡体系中加入过量的配合剂，可以使配位平衡向生成配合物的方向移动，或者说可以降低配合物的离解性，使其稳定性增强。但如果在体系中加入的是其他配合剂时，有可能发生配体之间争夺金属离子生成新的配合物的反应。

② 溶液的酸碱性对配位平衡的影响

a. 酸效应　因为大多数配体与 H^+ 有很强的结合力，当体系的酸性增强时，配体可与 H^+ 结合生成弱酸，使体系中的配体浓度减小，从而影响到配位平衡使其向配离子离解的方向移动，导致配离子的稳定性降低。因为体系酸度增大导致配合物稳定性降低的现象叫做配合物的酸效应。

$$[Cu(NH_3)_4]^{2+} \rightleftharpoons Cu^{2+} + 4NH_3$$
$$+$$
$$4H^+$$
$$\Updownarrow$$
$$4NH_4^+$$

酸效应对配合物稳定性的影响程度，与配体结合 H^+ 的能力大小有关，结合 H^+ 能力大的配体所形成的配合物在酸性溶液中的稳定性较差。对 OH^-、NH_3、S^{2-}、Ac^- 等亲质子的配体所形成的配合物溶液，改变体系的酸度会影响到配合物的稳定性。

b. 金属离子的水解效应　溶液的酸度不仅能影响到配体的浓度，而且对配合物的中心离子的浓度，对配位平衡也产生影响。因为许多金属离子，特别是高价态的金属离子都具有显著的水解性。当体系的 pH 值升高时，可使金属离子与溶液中的 OH^- 结合生成难溶氢氧化物沉淀析出，从而影响到配位平衡的移动。这种因为中心离子的水解作用而引起配合物稳定性变化的现象叫做水解效应。

③ 沉淀反应对配位平衡的影响　如果在配位平衡体系中加入竞争性的能与配离子的中心离子结合生成难溶电解质的沉淀剂时，可以促使配位平衡发生移动，影响到配合物的稳定性，甚至使配合物完全离解。当然选择适当的配合剂，也可使难溶电解质重新溶解，关键取决于配合剂和沉淀剂竞争结合金属离子的能力大小。两种平衡的关系实质是配合剂与沉淀剂争夺 M^+ 的问题，和 K_{sp}、$K_{稳}$ 的值有关。

例如，当向含有 $[Ag(NH_3)_2]^+$ 配离子的溶液中加入沉淀剂 KBr 溶液时，有淡黄色的 AgBr 沉淀生成，最终可使配离子完全离解。如果离心分离后在沉淀体系中加入 $Na_2S_2O_3$ 溶液时，则 AgBr 沉淀能生成 $[Ag(S_2O_3)_2]^{3-}$ 配离子而溶解，所以沉淀平衡与配位平衡在一定条件下可以相互转化。

例 8-2　计算 CuI 在 $1.0mol \cdot dm^{-3} NH_3 \cdot H_2O$ 中的溶解度。

$$CuI \rightleftharpoons Cu^+ + I^- \qquad K_{sp}$$

$$Cu^+ + 2NH_3 \rightleftharpoons [Cu(NH_3)_2]^+ \qquad K_{稳}$$

总反应　$CuI + 2NH_3 \rightleftharpoons [Cu(NH_3)_2]^+ + I^-$

$$K = K_{sp}K_{稳} = 1.27\times10^{-12}\times7.25\times10^{10} = 9.21\times10^{-2}$$

设平衡时　$c(I^-) = c[Cu(NH_3)^+] = x$

$$c(NH_3)_{平} = 1.0 - 2x$$

$$K = \frac{c[Cu(NH_3)_2^+]c(I^-)}{c(NH_3)^2} = \frac{x^2}{(1.0-2x)^2} = 9.21\times10^{-2}$$

解得：　$x = 0.19$

即 CuI 在 $1.0mol \cdot dm^{-3} NH_3 \cdot H_2O$ 中的溶解度为 $0.19mol \cdot dm^{-3}$。

④ 氧化还原反应对配位平衡的影响　体系中配体与金属离子结合形成稳定的配离子，使金属离子浓度发生较大的变化，从而影响到金属离子/金属电对的实际电极电势，改变金属的氧化还原性。

$$氧化型 + ze^- \rightleftharpoons 还原型$$

根据 Nernst 方程

$$E = E^{\ominus} + \frac{0.059V}{z}\lg\frac{c(氧化型)}{c(还原型)}$$

氧化型生成配合物，E 值减小；还原型生成配合物，E 值增大。

氧化型和还原型同时生成配合物，氧化型生成的配合物稳定常数大，E 值减小；还原型生成配合物稳定常数大，E 值增大。

例 8-3　计算 $[Ag(NH_3)_2]^+ + e^- \rightleftharpoons Ag + 2NH_3$ 电极反应的标准电极电势。已知 $[Ag(NH_3)_2]^+$ 的 $K_{稳} = 1.1\times10^7$，$E^{\ominus}_{Ag_+/Ag} = 0.8V$

解：该电极反应的实质是 $Ag^+ + e^- \longrightarrow Ag$

所以该电极反应的电极电势与 $E^{\ominus}_{Ag_+/Ag}$ 有关。

标准状态下电极反应的有关组分的浓度为 $c[Ag(NH_3)_2^+] = c(Ag^+) = 1mol \cdot dm^{-3}$

与电极反应有关的配合平衡是　$Ag^+ + 2NH_3 \rightleftharpoons [Ag(NH_3)_2]^+$

各组分的关系　x　　$1+2x$　　$1-x$

因为同离子效应配离子的离解很小，

各组分的近似关系　x　　1　　1

$$c(Ag^+) = 1/K_{稳} = 5.9\times10^{-8}(mol \cdot dm^{-3})$$

$$E^{\ominus}_{[Ag(NH_3)_2]^+/Ag} = E^{\ominus}_{Ag_+/Ag} + 0.059\lg c(Ag^+) = 0.8 + 0.059\lg5.9\times10^{-8} = 0.38(V)$$

答：电极反应的标准电极电势是 0.38V。

计算结果表明，当金属离子在体系中形成稳定的配离子时其 $E_{M+/M}$ 降低，使金属离子得电子的能力降低，稳定性增高，金属单质的失电子能力升高，活泼性增强。

⑤ 配位解离平衡与配合物的取代反应　向红色的 $Fe(SCN)_n^{3-n}$（$n=1\sim6$）溶液中滴加 NH_4F 溶液，红色逐渐褪去最终溶液变为无色。以上过程说明发生了配合物取代反应：

$$Fe(SCN)_n^{3-n}+mF^-=FeF_m^{3-m}(m=1\sim6)+nSCN^-$$

能够发生如上反应，说明 Fe^{3+} 与 F^- 生成的配合物的稳定性远大于 Fe^{3+} 与 SCN^- 生成的配合物的稳定性。

⑥ 螯合效应　由多齿配体与金属离子所形成的具有稳定环状结构的配合物叫螯合物。由于螯环的形成而使螯合物所具有的特殊稳定作用叫螯合效应。通常螯合物比单齿配体形成的配合物的稳定性好，能形成五、六元环的螯合物的稳定性较好，螯合物中所含环的数目越多稳定性越好。

习　题

一、填空题

8-1　配合物 $K_3[Fe(CN)_5(co)]$ 中配离子的电荷数应为______，配位原子为______，中心离子的配位数为______。

8-2　配合物（离子）的 $K_{稳}$________，则稳定性________。

二、选择题

8-3　下列物质中，不能稳定存在的是（　　）。

A. $[Ni(NH_3)_6]^{2+}$　　B. $[Ni(H_2O)_6]^{2-}$

C. $[Ni(CN)_6]^{4-}$　　D. $[Ni(en)_3]^{2+}$

8-4　下列配合反应中，平衡常数 $K^{\ominus}>1$ 的是（　　）。

A. $Ag(CN)_2^-+2NH_3=Ag(NH_3)_2^++2CN^-$　　B. $FeF_6^{3-}+6SCN^-=Fe(SCN)_6^{3-}+6F^-$

C. $Cu(NH_3)_4^{2+}+Zn^{2+}=Zn(NH_3)_4^{2+}+Cu^{2+}$　　D. $HgCl_4^{2-}+4I^-=HgI_4^{2-}+4Cl^-$

8-5　在配离子 $[Co(en)(C_2O_4)_2]^-$ 中，中心原子的配位数为（　　）。

A. 3　　B. 4　　C. 5　　D. 6

8-6　血红蛋白中，血元素是一种卟啉环配合物，其中心离子是（　　）。

A. Fe(Ⅱ)　　B. Fe(Ⅲ)　　C. Mg(Ⅱ)　　D. Co(Ⅱ)

8-7　对于配合物中心体的配位数，说法不正确的是（　　）。

A. 直接与中心体键合的配位体的数目　　B. 直接与中心体键合的配位原子的数目

C. 中心体接受配位体的孤对电子的对数　　D. 中心体与配位体所形成的配价键数

三、判断题

8-8　螯合物的稳定常数比简单配合物的稳定常数大。（　　）。

8-9　当 $Ag(NH_3)_2^+$ 的解离反应 $Ag(NH_3)_2^+=Ag^++2NH_3$ 达到平衡时，$c(NH_3)=2c(Ag^+)$。（　　）

8-10　在 $Pt(NH_3)_2Cl_2$ 中，铂为+2 价，配位数为 4。（　　）

8-11　水合 Sc^{3+}、Zn^{2+} 均无颜色。（　　）

8-12　含两个配位原子的配体称螯合剂。（　　）

8-13　Fe^{3+} 和 X^- 配合物的稳定性随 X^- 半径的增加而降低。（　　）

四、综合题

8-14　已知 AgCl(s) 的溶度积常数 $K_{sp}^{\ominus}=1.60\times10^{-10}$，但 Ag^+ 和 Cl^- 在溶液中可以生成配合物 $AgCl_2^-$，其稳定常数 $\beta_1=3.00\times10^3$，$\beta_2=1.70\times10^5$。

求：(1) AgCl(s) 在纯水中的溶解度；(2) 在 $[Cl^-]=1.00mol\cdot dm^{-3}$ 溶液中的溶解度。

8-15　氯化银在浓度为 $0.001mol\cdot dm^{-3}$ 和 $1.00mol\cdot dm^{-3}$ 的过量氨水中溶解度各为多少？

已知：AgCl 的 $K_{sp}^{\ominus}=1.6\times10^{-10}$，$[Ag(NH_3)_2]^+$ 的 $K_{稳}=2.0\times10^7$

第3篇

物质结构

本篇包括四章教学内容。

第 9 章　原子结构

重点：要求理解四个量子数的物理意义及电子运动状态特点。懂得近似能级图的意义，能够运用核外电子排布的三个原理写出除镧系锕系以外常见元素的原子核外电子的排布方式。重点掌握原子结构与元素周期律的关系。

难点：原子结构与元素周期律的关系。

第 10 章　分子结构

重点：掌握现代价键理论、杂化轨道理论、价层电子对互斥理论和分子轨道理论的基本要点及其应用。了解范德华力的产生和氢键的形成条件及其对物理性质的影响。理解化合物的性质与分子结构间的关系。

难点：杂化轨道理论、价层电子对互斥理论和分子轨道理论的基本要点及其应用。

第 11 章　固体结构

重点：了解晶体类型、晶胞的概念；了解各类晶体的空间结构。

难点：各类晶体的空间结构。

第 12 章　配位结构

重点：理解配合物的空间结构；理解配合物的异构现象；掌握配合物价键理论。

难点：理解配合物的异构现象。

第9章 原子结构

前面主要用化学热力学和化学动力学的原理，讨论物质间进行化学反应的可能性和现实性，只是从宏观上表明各物质性质的差异。为了深入了解物质的性质及其变化规律的根本原因，必须进一步研究决定物质性质的内部原因即原子结构。

种类繁多的物质，其性质各不相同，物质在性质上的这些差异主要是由于内部结构即元素和化合物的性质不同引起的，主要决定于原子核外电子的运动状态，因为化学变化中，原子核并未发生改变，那么是什么在变，是原子的核外电子在运动，在跃迁。因此，要了解和掌握物质的性质就必须了解原子核外电子运动状态的重要特征，以及对这些核外电子的微观描述。

9.1 近代原子结构理论的确立

9.1.1 原子结构模型

古希腊哲学家 Democritus 在公元前 5 世纪指出，每一种物质是由一种原子构成的。原子是物质最小的、不可再分的、永存不变的微粒。原子"atom"一词源于希腊语，原意是"不可再分的部分"。

直到 18 世纪末和 19 世纪初，随着质量守恒定律、当量定律、倍比定律等的发现，人们对原子的概念有了新的认识。1805 年，英国化学家 J. Dalton 提出了化学原子论。其主要观点如下。

① 每一种元素有一种原子；

② 同种元素的原子质量相同，不同种元素的原子质量不相同；

③ 物质的最小单位是原子，原子不能再分；

④ 一种原子不会转变成为另一种原子；

⑤ 化学反应只是改变了原子的结合方式，是使反应前的物质变成了反应后的物质。

Dalton 的原子论解释了一些化学现象，极大地推动了化学的发展，特别是他提出了原子量的概念，为化学进入定量阶段奠定了基础。

但是这一理论不能解释同位素的发现，没有说明原子与分子的区别，不能阐明原子的结构与组成。

19 世纪末和 20 世纪初，在电子、质子、放射性等一批重大发现的基础上，建立了现代原子结构模型。

虽然人类很早就从自然现象中了解了电的性质，但对电的本质认识是从 18 世纪末对真空放电技术的研究开始的。

1879 年，英国物理学家 W. Crookes 发现了阴极射线。随后，在 1897 年英国物理学家

J. J. Thomson 进行了测定阴极射线荷质比的低压气体放电实验，证实阴极射线就是带负电荷的电子流，并得到电子的荷质比：

$$e/m = 1.7588 \times 10^{8}\,\mathrm{C \cdot g^{-1}}$$

1909 年美国科学家 R. A. Millikan 通过他的有名的油滴实验，测出了一个电子的电量为 1.602×10^{-19}C，通过电子的荷质比得到电子的质量 $m = 9.109 \times 10^{-28}$g。

放射性的发现是 19 世纪末自然科学的另一重大发现。1895 年德国的物理学家 W. C. Rongen 首先发现了 X 射线。这种射线最初是由真空放电管中高能量的阴极射线撞击玻璃管壁而产生的，用高速电子流轰击阳极靶也可产生 X 射线。X 射线能穿过一定厚度的物质，能使荧光物质发光，感光材料感光，空气电离等。

1896 年法国物理学家 A. H. Becquerel 对几十种荧光物质进行实验，意外地发现了铀的化合物放射出一种新型射线。法国化学家 M. S. Curie 以铀的放射性为基础进行研究，陆续发现了放射性元素镭、钋等，发现了放射过程中的 α 粒子、β 粒子和 γ 射线。

1911 年，Rutherford 根据 α 粒子散射的实验，提出了新的原子模型，称为原子行星模型或核型原子模型。该模型认为原子中有一个极小的核，称为原子核，它几乎集中了原子的全部质量，带有若干个正电荷。而数量和核电荷相等的电子在原子核外绕核运动，就像行星绕太阳旋转一样，是一个相对永恒的体系。

英国物理学家 G. J. Mosley 在 1913 年证实了原子核的正电荷数等于核外电子数，也等于该原子在元素周期表中的原子序数。

虽然早在 1886 年德国科学家 E. Goldstein 在高压放电实验中就发现了带正电粒子的射线，但是直到 1920 年人们才将带正电荷的氢原子核称为质子。

1932 年英国物理学家 J. Chadwick 进一步发现穿透性很强但不带电荷的粒子流，即中子。后来在雾室中证明，中子也是原子核的组成粒子之一。由此，才真正形成了经典的原子模型。

9.1.2 氢原子光谱

用如图 9-1 所示的实验装置，可以得到氢的线状光谱，这是最简单的一种原子光谱。

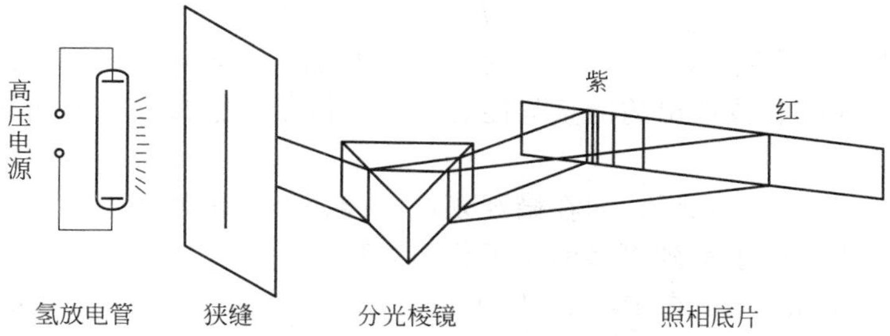

图 9-1　氢原子光谱实验示意图

氢原子光谱的特点是在可见区有四条比较明显的谱线，通常用 H_α、H_β、H_γ、H_δ 来表示，见图 9-2。

1883 年瑞士物理学家 Balmer 提出了下式

$$\lambda = B\frac{n^2}{n^2-4} \tag{9-1}$$

作为 H_α、H_β、H_γ、H_δ 四条谱线的波长通式。式中 λ 为波长，B 为常数，当 n 分别等于 3～6 时，式(9-1) 将分别给出这几条谱线的波长。可见区的这几条谱线被命名为 Balmer 线系。

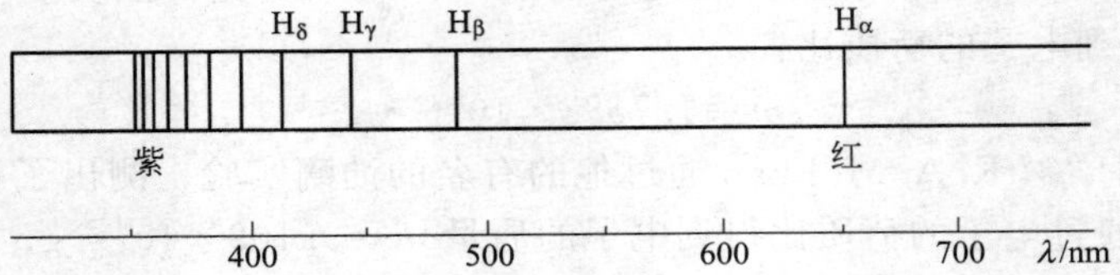

图 9-2 氢原子的线状光谱

1913 年瑞典物理学家 Rydberg 找出了能概括谱线的波数之间普遍联系的经验公式

$$\sigma = R_{\mathrm{H}}\left(\frac{1}{n_1^2} - \frac{1}{n_2^2}\right) \tag{9-2}$$

式(9-2) 称为 Rydberg 公式，式中 σ 为波数（指 1cm 的长度相当于多少个波长），R_{H} 称为里德堡常数，其值为 $1.097\times10^5\mathrm{cm}^{-1}$，$n_1$ 和 n_2 为正整数，且 $n_2>n_1$。后来在紫外区发现的 Lyman 线系，在近红外区发现的 Paschen 线系和在远红外区发现的 Bracket 线系等谱线的波数也都很好地符合 Rydberg 公式。

任何原子被激发时，都可以给出原子光谱，而且每种原子都有自己的特征光谱。这使人们意识到原子光谱与原子结构之间势必存在着一定的关系。当人们试图利用 Rutherford 的有核原子模型从理论上解释氢原子光谱时，这一原子模型受到了强烈的挑战。

1913 年，丹麦物理学家 Bohr 提出了新的原子结构理论，解释了当时的氢原子线状光谱，既说明了谱线产生的原因，也说明了谱线的波数所表现出的规律性。

9.1.3 玻尔理论

1900 年，德国科学家 Planck 提出了著名的量子论。Planck 认为在微观领域能量是不连续的，物质吸收或放出的能量总是一个最小的能量单位的整倍数。这个最小的能量单位称为能量子。

1905 年瑞士科学家 Einstein 在解释光电效应时，提出了光子论。Einstein 认为能量以光的形式传播时，其最小单位称为光量子，也叫光子。光子能量的大小与光的频率成正比。

$$E = h\nu \tag{9-3}$$

式中，E 为光子的能量；ν 为光子的频率；h 为 Planck 常量，其值为 $6.626\times10^{-34}\mathrm{J\cdot s}$。

物质以光的形式吸收或放出的能量只能是光量子能量的整数倍。电量的最小单位是一个电子的电量。

将以上的说法概括为一句话，即在微观领域中能量、电量是量子化的。量子化是微观领域的重要特征，后面还将了解到更多的量子化的物理量。

1913 年丹麦科学家 Bohr 在 Planck 量子论、Einstein 光子论和 Rutherford 有核原子模型的基础上，提出了新的原子结构理论，即著名的 Bohr 理论。

Bohr 理论认为，核外电子在特定的原子轨道上运动，轨道具有固定的能量 E。Bohr 计算了氢原子的原子轨道的能量，结果如下：

$$E = -\frac{13.6}{n^2}\mathrm{eV} \tag{9-4}$$

式中，eV 是微观领域常用的能量单位，等于 1 个电子的电量 $1.602\times10^{-19}\mathrm{C}$ 与 1V 电势差的乘积，其数值为 $1.602\times10^{-19}\mathrm{J}$。

将 n 值 1、2、3… 分别代入式(9-4) 得到：

$n=1$ 时，$E_1=-13.6\mathrm{eV}$，即 $E=-\frac{13.6}{1^2}\mathrm{eV}$；

$n=2$ 时，$E_2=-13.6/4\text{eV}$，即 $E=-\dfrac{13.6}{2^2}\text{eV}$；

$n=3$ 时，$E_3=-13.6/9\text{eV}$，即 $E=-\dfrac{13.6}{3^2}\text{eV}$。

随着 n 的增加，电子离核越远，电子的能量以量子化的方式不断增加。当 $n\to\infty$时，电子 Bohr 理论认为，电子在轨道上绕核运动时，并不放出能量。因此，在通常的条件下氢原子是不会发光的。同时氢原子也不会因为电子坠入原子核而自行毁灭。电子所在的原子轨道离核越远，其能量越大。

离核无限远，成为自由电子，脱离原子核的作用，能量 $E=0$。

原子中的各电子尽可能在离核最近的轨道上运动，即原子处于基态。受到外界能量激发时电子可以跃迁到离核较远的能量较高的轨道上，这时原子和电子处于激发态。处于激发态的电子不稳定，可以跃迁回低能量的轨道上，并以光子形式放出能量，光的频率决定于轨道的能量之差：

$$h\nu=E_2-E_1 \quad \text{或} \quad \nu=(E_2-E_1)/h \tag{9-5}$$

式中，E_2 为高能量轨道的能量；E_1 为低能量轨道的能量；ν 为频率；h 为 Planck 常量。

将式(9-4) 代入式(9-5) 中，得：

$$\nu=\frac{-13.6}{h}\left(\frac{1}{n_1^2}-\frac{1}{n_2^2}\right)\text{eV} \tag{9-6}$$

将式(9-6) 中的频率换算成波数，即得式(9-2) Rydberg 公式：

$$\sigma=R_{\text{H}}\left(\frac{1}{n_1^2}-\frac{1}{n_2^2}\right)$$

玻尔理论对于代表氢原子线状光谱规律性的 Rydberg 经验公式的解释，是令人满意的。

玻尔理论极其成功地解释了氢原子光谱，但它的原子模型仍然有着局限性。玻尔理论虽然引用了 Planck 的量子论，但在计算氢原子的轨道半径时，仍是以经典力学为基础的，因此它不能正确反映微粒运动的规律，所以它被后来发展起来的量子力学和量子化学所取代势所必然。

9.2 微观粒子运动的特殊性

9.2.1 微观粒子的波粒二象性

17 世纪末，Newton 和 Huygens 分别提出了光的微粒说和波动说，但光的本质是波还是微粒问题一直争论不休。直到 20 世纪初人们才逐渐认识到光既有波的性质又具有粒子的性质，即光具有波粒二象性。

将式(9-3)光子的能量和频率之间的关系式

$$E=h\nu$$

与相对论中的质能联系定律公式

$$E=mc^2$$

联立，得：

$$mc^2=h\nu \tag{9-7}$$

P 表示光子的动量

$$P=mc \tag{9-8}$$

将式(9-8) 代入式(9-7) 中，整理得：

$$P=\frac{h\nu}{c},\quad 或\quad P=\frac{h}{\lambda} \tag{9-9}$$

式(9-9) 的左边是表征粒子性的物理量动量 P，右边是表征波动性的物理量波长。所以式(9-9) 很好地揭示了光的波粒二象性本质。

1924 年，法国物理学家 Louis de Broglie 提出了微观粒子具有波粒二象性的假设，并预言了高速运动的电子的物质波的波长。

$$\lambda=h/(mv)=h/P \tag{9-10}$$

式中，h 是普朗克常数；P 是电子的动量；m 是电子的质量；v 是电子的速度。

1927 年，美国物理学家 C. J. Davisson 和 L. H. Germer 进行了电子衍射实验，当高速电子流穿过薄晶体片投射到感光屏幕上，得到一系列明暗相间的环纹，这些环纹正像单色光通过小孔发生衍射的现象一样，见图 9-3。电子衍射实验证实了德布罗意的假设——微观粒子具有波粒二象性。

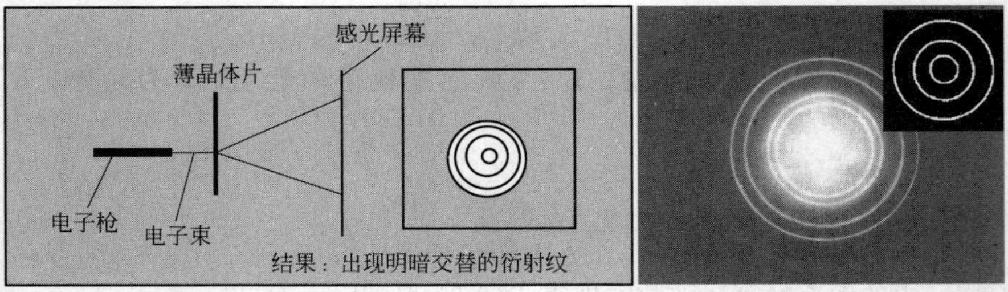

图 9-3 电子衍射图像

正是由于波粒二象性这一微观粒子运动区别于宏观物体运动的本质特征，所以描述微观粒子的运动不能使用经典的牛顿力学，而要用量子力学。

9.2.2 测不准原理

在经典力学体系中，研究宏观物体的运动规律，曾涉及匀速直线运动、变速直线运动、圆周运动、平抛或斜抛运动等。人们总能找到运动物体的位移 x 与时间 t 的函数关系 $x=F(t)$以及速度 v 与时间 t 的函数关系 $v=f(t)$。于是能同时准确地知道某一时刻运动物体的位置和速度及具有的动量 P。

1927 年，德国物理学家 W. Heisenberg 提出了不确定原理，对于具有波粒二象性的微观粒子的运动进行了描述。其数学表达式为：

$$\Delta x\Delta P\geqslant\frac{h}{2\pi},\pi=3.14,h=6.626\times10^{-34}\,\mathrm{J\cdot s} \tag{9-11}$$

或

$$\Delta xm\Delta v\geqslant\frac{h}{2\pi},\Delta v\geqslant\frac{h}{2\pi m\Delta x} \tag{9-12}$$

式中，Δx 为微观粒子位置的测量偏差；ΔP 为粒子的动量的测量偏差；Δv 为粒子运动速度的测量偏差。

不确定原理说明，微观粒子具有波粒二象性，它的运动完全不同于宏观物体沿着轨道运动的方式，因此不可能同时测定它的空间位置和动量。式(9-11) 说明，位置的测量偏差和动量的测量偏差之积不小于常数 $h/(2\pi)$。微观粒子位置的测量偏差 Δx 越小，则相应的动量的测量偏差 ΔP 就越大。

$$\Delta x\Delta P\geqslant\frac{h}{2\pi},\pi=3.14,h=6.626\times10^{-34}\,\mathrm{J\cdot s} \tag{9-13}$$

式(9-12) 中的测量偏差之积 $h/(2\pi m)$，其数值大小取决于质量 m，因此对于宏观物体和微观粒子差别极大。

$$\Delta x m \Delta v \geqslant \frac{h}{2\pi}, \Delta v \geqslant \frac{h}{2\pi m \Delta x} \tag{9-14}$$

对于电子来说，其 $m=9.11\times10^{-31}\mathrm{kg}$，$h/(2\pi m)$ 的数量级为 10^{-4}。原子半径的数量级为 $10^{-10}\mathrm{m}$ 左右，因此核外电子位置的测量偏差 Δx 不能大于 $10^{-12}\mathrm{m}$，这时其速度的测量偏差 Δv 一定大于 $10^{8}\mathrm{m\cdot s^{-1}}$。这个偏差过大，已接近光速，根本无法接受。

但是对于 $m=0.01\mathrm{kg}$ 的宏观物体，例如子弹，$h/(2\pi m)$ 的数量级为 10^{-32}。假设位置的测量偏差 Δx 达到 $10^{-9}\mathrm{m}$，这个精度完全满足要求，其速度的测量偏差 Δv 尚可以达到 $10^{-23}\mathrm{m\cdot s^{-1}}$。这个偏差已经小到在宏观上无法觉察的程度了。

不确定原理说明了微观粒子运动有其特殊的规律，不能用经典力学处理微观粒子的运动，而这种特殊的规律是由微粒自身的本质所决定的。

9.2.3 微观粒子运动的统计性规律

宏观物体的运动遵循经典力学原理。而不确定原理说明，具有波粒二象性的微观粒子不能同时测准其位置和动量，因此不能找到类似宏观物体的运动轨道。那么微观粒子的运动遵循的规律是什么呢？

进一步考察前面提到的 Davisson 和 Germer 所做的电子衍射实验，实验结果是在屏幕上得到明暗相间的衍射环纹。

若控制该实验的速度，使电子一个一个地射出，这时屏幕上会出现一个一个的亮点，忽上忽下忽左忽右，毫无规律可言，难以预测下一个电子会击中什么位置。这是电子的粒子性的表现。但随着时间的推移，亮点的数目逐渐增多，其分布开始呈现规律性——得到明暗相间衍射环纹，见图 9-4。这是电子的波动性的表现。所以说电子的波动性可以看成是电子的粒子性的统计结果。

这种统计的结果表明，对于微观粒子的运动，虽然不能同时准确地测出单个粒子的位置和动量，但它在空间某个区域内出现的机会的多与少，却是符合统计性规律的。

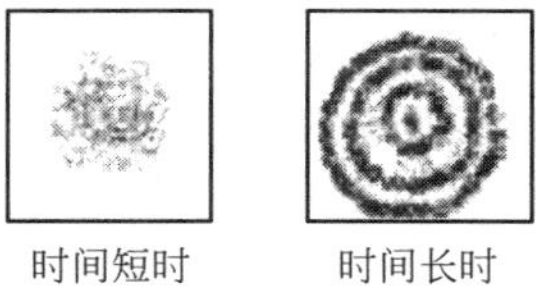

图 9-4　电子衍射图像形成的示意图

从电子衍射的环纹看，明纹就是电子出现机会多的区域，而暗纹就是电子出现机会少的区域。所以说电子的运动可以用统计性的规律去进行研究。

以上介绍的微观粒子的三个特征（波粒二象性，测不准原理，运动规律的统计性）说明，研究微观粒子，不能用经典的牛顿力学理论。而找出微观粒子的空间分布规律，必须借助数学方法，建立一个数学模式，找出一个函数，用该函数的图像与粒子的运动规律建立联系，这种函数就是微观粒子运动的波函数 ψ。它是微观粒子的波动方程的解。

9.3 核外电子运动状态的描述

由于微观粒子的运动具有波粒二象性，其运动规律需用量子力学来描述。它的基本方程是 Schrödinger 方程。

9.3.1 薛定谔方程

1926 年，奥地利物理学家 E. Schrödinger 根据微观粒子的波动二象性，运用 de Broglie 关系式，联系光的波动方程，类比推演出氢原子的波动方程，即 Schrödinger 方程。此方程是一个二阶偏微分方程：

$$\frac{\partial^2 \psi}{\partial x^2}+\frac{\partial^2 \psi}{\partial y^2}+\frac{\partial^2 \psi}{\partial z^2}+\frac{8\pi^2 m}{h^2}(E-V)\psi=0 \tag{9-15}$$

式中，ψ 叫做波函数，是一个函数式，不是具体数值。量子力学中单电子的 ψ 称为原子轨道函数（它与 Bohr 理论的“轨道”是不同的），简称为原子轨道。E 是总能量，等于势能和动能的之和，V 是势能，m 是微观粒子的质量，h 是普朗克常数，x、y、z 是空间直角坐标。可见，薛定谔方程把体现微观粒子的粒子性（E、V、m 和坐标）与波动性（ψ）有机地融合在一起，从而更能真实地反映出微观粒子的运动状态。在不同条件下，能解出不同的 E 和 ψ，这里所说的条件要用三种量子数来表示。Schrödinger 方程可以作为处理原子、分子中电子运动的基本方程，它的每一个合理的解 ψ 都描述该电子运动的某一稳定状态，与这个解相应的 E 值就是粒子在此稳定状态下的能量。解 Schrödinger 方程需要较深的数学基础，将在后续课程中解决。这里我们简要地介绍解薛定谔方程的主要步骤，重点关注方程的解 ψ 及其图示表示法。

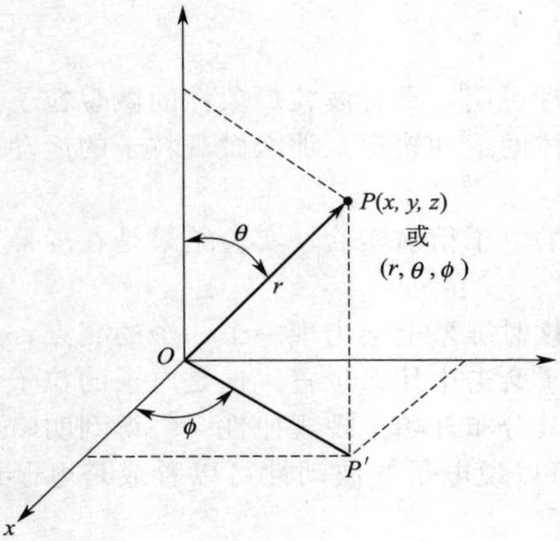

图 9-5　球坐标系与直角坐标系的关系

（1）坐标变换

波函数 ψ 是一个与坐标有关的量，其直角坐标表示为 $\psi(x, y, z)$，也常变换为球坐标，则表示为 $\psi(r, \theta, \phi)$。对于表述原子中电子运动状态来说，球坐标是最适宜的。正如在直角坐标系中空间任一点可以用 x，y，z 来描述那样，在球坐标中任一点 P 可以用 r，θ，ϕ 来描述，见图 9-5。

设原子核在坐标原点 O 上，P 为核外电子的位置，r 为从 P 点到球坐标原点 O 的距离（即电子离核的距离），θ 为 z 轴与 OP 间的夹角，ϕ 为 x 轴与 OP 在 xOy 平面上的投影 OP' 的夹角。角坐标与球坐标两者的关系为：

$$z=r\cos\theta;y=r\sin\theta\sin\phi;x=r\sin\theta\cos\phi;r=\sqrt{x^2+y^2+z^2}$$

坐标变换后，$\psi(x, y, z)$ 转换成用 r，θ，ϕ 为变量的 $\psi(r, \theta, \phi)$。再将 Schrödinger 这样一个含三个变量的偏微分方程，用分离变量法转换成 3 个分别只含一个变量的常微分方程，三个方程的解分别表示为 $R(r)$，$\Theta(\theta)$，$\Phi(\phi)$，它们的乘积即为 $\psi(r, \theta, \phi)$：

$$\psi(r,\theta,\phi)=R(r)\Theta(\theta)\Phi(\phi) \tag{9-16}$$

将相关角度变化的 2 个常微分方程的解相乘：

$$Y(\theta,\phi)=\Theta(\theta)\Phi(\phi) \tag{9-17}$$

则式(9-16) 变为：

$$\psi(r,\theta,\phi)=R(r)Y(\theta,\phi) \tag{9-18}$$

式中，$R(r)$ 称为波函数 ψ 的径向部分；$Y(\theta, \phi)$ 称为波函数的角度部分。$R(r)$ 表明 θ、ϕ 一定时，波函数 ψ 随 r 变化的关系，$Y(\theta, \phi)$ 表明 r 一定时，波函数 ψ 随 θ、ϕ 变化的关系。

（2）解常微分方程，引入三个量子数

由于波函数 ψ 是描述原子处于定态时电子运动状态的数学函数式。核外电子是在原子核吸引作用下的球形空间中运动，要得到合理的波函数的解，必须满足一定的条件，如 ψ 应是坐标的单值函数……为此引进取分立值的 3 个参数，即量子数 n，l，m（它们的取值及物理意义见 1.3.2）。要得到每一个波函数 ψ 的合理解，必须限定一组 n，l，m 的允许取值。它们是一套量子化的参数，只有 n，l 和 m 值的允许组合才能得到合理的波函数 $\psi_{n,l,m}$。

例如，氢原子的基态，也就是在 $n=1$，$l=0$，$m=0$ 的条件下，即电子处于 1s 原子轨道的状态下，解径向部分和角度部分的常微分方程得：

径向部分：
$$R_{1,0(r)}=2\sqrt{\frac{1}{a_0^3}}e^{-\frac{r}{a_0}}$$

角度部分：
$$Y_{0,0}(\theta,\phi)=\sqrt{\frac{1}{4\pi}}$$

将两者相乘即得：

$$\psi_{1,0,0}=\psi_{1s}=R_{1,0}(r)\cdot Y_{0,0}(\theta,\phi)=\sqrt{\frac{1}{\pi a_0^3}}e^{-\frac{r}{a_0}}$$

式中，$a_0=52.9$pm，称为 Bohr 半径。

1s 的 $R(r)$ 只与 r 有关，$R(r)$-r 的关系图如图 9-6 所示。

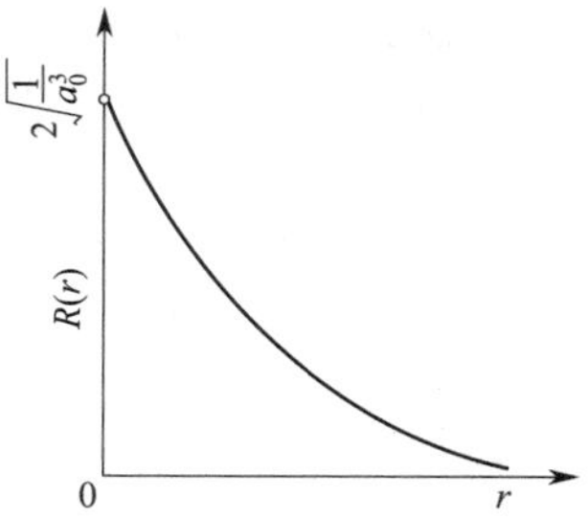

图 9-6　氢原子 1s 波函数的 $R(r)$-r 图

1s 的 $Y(\theta,\ \phi)$ 为定值，不管 θ，ϕ 如何变化，Y 值保持不变，其图形是球形对称的。

波函数 ψ 通常叫做原子轨道，原子在不同条件（n，l，m）下的波函数叫做相应条件下的原子轨道。

例如，$\psi_{1,0,0}$就是 1s 轨道，也表示为 ψ_{1s}。

9.3.2　用四个量子数描述电子的运动状态

波函数 ψ 的下标 1，0，0；2，0，0；2，1，0 所对应的是 n，l，m，称为量子数。

（1）主量子数 n

意义：表示原子的大小，核外电子离核的远近和电子能量的高低。

取值：1，2，3，4，…，n，n 个任意非零的正整数（自然数），与电子层相对应。

光谱符号：K，L，M，N…

对于单电子体系，n 决定了电子的能量。n 的数值大，电子距离原子核远，则具有较高的能量。同时 n 大，决定 r 比较大，即原子比较大。

对于单电子体系，H 或 He^+，$E=-13.6\times(Z/n)^2$eV。

E 为电子能量，Z 为原子序数，eV 为电子伏特，能量单位，$1eV=1.603\times10^{-19}$J。

例：	H	He^+
$n=1$	$E=-13.6$eV	$E=-27.2$eV
$n=2$	$E=-3.4$eV	$E=-13.6$eV
$n=3$	$E=-1.51$eV	$E=-6.04$eV
$n=4$	$E=-0.85$eV	$E=-3.4$eV
…		
$n=\infty$	$E=0$	$E=0$

可见，远离原子核的电子的能量为零。

（2）角量子数 l

意义：决定了原子轨道的形状。

取值：受主量子数 n 的限制，对于确定的 n，l 可为 0，1，2，3，4，…，$n-1$，为 n 个从零开始的正整数。

光谱符号：s，p，d，f，…如 $n=3$，表示角量子数可取 $l=0$，1，2。

原子轨道的形状取决于 l，如 $n=4$ 时，$l=0$，1，2，3。

$l=0$ 表示轨道为第四层的 4s 轨道，形状为球形；

$l=1$ 表示轨道为第四层的 4p 轨道，形状为哑铃形；

$l=2$ 表示轨道为第四层的 4d 轨道，形状为花瓣形；

$l=3$ 表示轨道为第四层的 4f 轨道，形状复杂。

由此可知：在第四层上，共有 4 种形状的轨道。而同层中（n 相同），不同的轨道称为亚层，也叫电子轨道分层。所以 l 的取值决定了亚层的多少。在多电子原子中，电子的能量不仅取决于 n，而且取决于 l。亦即多电子原子中电子的能量由 n 和 l 共同决定。

单电子原子：$E=-13.6\times(Z/n)^2$

多电子原子：$E=-13.6\times\dfrac{(Z-\sigma)^2}{n^2}$

σ 为屏蔽系数，其值的大小与 l 的取值相关。

因而，$n=4$（第四电子层中）：

多电子原子：$E_{4f}>E_{4d}>E_{4p}>E_{4s}$。

分别对应：$l=3$，2，1，0。

所以 n 相同时，多电子原子的电子的 l 大的能量高。

单电子原子：$E_{4f}=E_{4d}=E_{4p}=E_{4s}$。

分别对应：$l=3$，2，1，0。

所以 n 相同时，单电子原子中，电子能量与 l 大小无关。

(3) 磁量子数 m

m 取值受 l 的影响，对于给定的 l，m 可取：0，±1，±2，±3，…，±l，共 $2l+1$ 个取值。一种取向相当于一个轨道。

磁量子数 m 与角量子数 l 的关系和它们确定的亚层中的轨道数如下：

l	轨道形状	m	亚层中的轨道数
0	s	0	1
1	p	+1 0 −1	3
2	d	+2 +1 0 −1 −2	5
3	f	+3 +2 +1 0 −1 −2 −3	7

由此可见，电子处于不同的运动状态 s，p，d 和 f 都有相应的原子轨道，要用不同的波函数来表示。而波函数 ψ 就是由 n，l，m 决定的数学函数式，是薛定谔方程的解，指电子的一种空间运动状态，或者说是电子在核外运动的某个空间范围。如 $\psi_{1,0,0}$ 表示 1s 原子轨道（或 1s 轨道），通俗地说，电子在 1s 轨道上运动，其科学含义则是指电子处在 1s 的空间运动状态。

所以，m 只决定原子轨道的空间取向，不影响轨道的能量。因 n 和 l 一定，轨道的能量则一定，空间取向（伸展方向）不影响能量。

磁量子数 m 的取值为轨道角动量在 z 轴上的分量，m 的取值有限，所以角动量在 z 轴上的分量也是量子化的。

$\psi_{n,l,m}$ 表明了如下几点。

① 轨道的大小（电子层的数目，电子距离核的远近），轨道能量高低；

② 轨道的形状；

③ 轨道在空间分布的方向。

因而，利用三个量子数即可将一个原子轨道描述出来。

例 9-1 推算 $n=3$ 的原子轨道数目，并分别用三个量子数 n，l，m 加以描述。

解：$n=3$，则 $l=0$，1，2

$l=0$，	1，	2
$m=0$；	0，±1；	0，±1，±2

轨道数目：1　　3　　5

1+3+5=9（条），分别为：

$n=3$	3	3	3	3	3	3	3	3
$l=0$	1	1	1	2	2	2	2	2
$m=0$	-1	0	$+1$	-2	-1	0	$+1$	$+2$

（4）自旋量子数 m_s

地球有自转和公转，电子围绕核运动，相当于公转，电子本身的自转，可视为自旋。因为电子有自旋，所以电子具有自旋角动量，而自旋角动量在 z 轴上的分量，可用 M_s 表示，而且：

$$M_s=m_s(h/2\pi)$$

m_s 的取值只有两个，+1/2 和 −1/2（电子只有两种自旋方式）。

所以 M_s 也是量子化的。通常用"↑"和"↓"表示。所以，描述一个电子的运动状态，要用四个量子数：n，l，m 和 m_s。

综上所述，有了四个量子数可以定出电子在原子核外的运动状态。而三个量子数 n、l、m 可以确定一个空间运动状态，一个原子轨道。每种类型原子轨道的数目等于磁量子数的数目，也就是（$2l+1$）个。通常情况下，n 和 l 相同，m 不同的轨道，能量相同，称为简并轨道或等价轨道。在每一个原子轨道上电子可以取相反的状态↑或↓。

例 9-2　用四个量子数描述 $n=4$，$l=1$ 的所有电子的运动状态。

分析：一个轨道只能容纳两个自旋相反的电子，用 n，l，m 可将轨道数目确定下来，则可将每个电子的运动状态确定下来。

解：对于确定的 $l=1$，对应的有 $m=-1$，0，+1 有三条轨道，每条轨道容纳两个自旋方向相反的电子，所以有 3×2=6 个电子的运动状态，分别为：

$n=4$	4	4	4	4	4
$l=1$	1	1	1	1	1
$m=-1$	-1	0	0	$+1$	$+1$
$m_s=+1/2$	$-1/2$	$+1/2$	$-1/2$	$+1/2$	$-1/2$

通过本例得到结论：

在同一原子中，没有运动状态完全相同的两个电子同时存在。

在此，要牢记四个量子数之间的关系：

$n=1$，2，3，4，…，n；

$l=0$，1，2，3，4，…，$n-1$；

$m=0$，±1，±2，±3，…，$\pm l$；

$m_s=\pm1/2$。

9.3.3　概率密度与电子云

（1）电子云图

具有波粒二象性的电子并不像宏观物体那样，沿着固定的轨道运动。不可能同时准确地测定核外某电子在某一瞬间所处的位置和运动速度，但能用统计的方法去讨论该电子在核外空间某一区域内出现机会的多少。

电子在核外空间某个区域内出现的机会叫做概率。电子衍射实验中，衍射环纹的亮环处电子出现的机会多，即概率大，而暗环处电子出现的机会较少，即概率较小。

在空间某单位体积内出现的概率则称为概率密度。所以电子在核外空间某区域内出现的概率等于概率密度与该区域总体积的乘积，当然这只有在概率密度相等的前提下才成立。

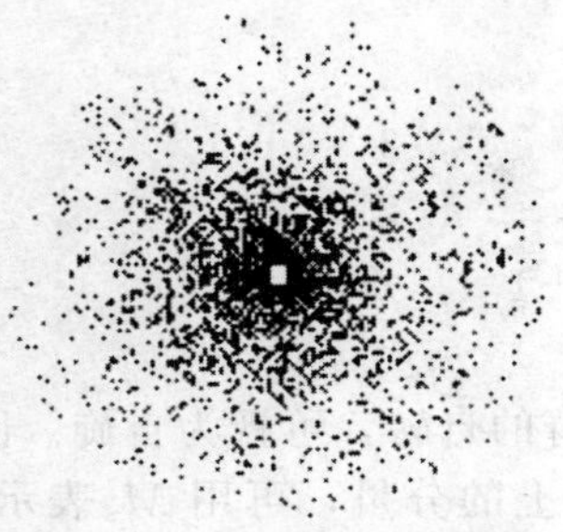

图 9-7　氢原子的 1s 电子云图

电子运动的状态由波函数 $\psi(r, \theta, \phi)$ 描述，波函数 $\psi(r, \theta, \phi)$ 没有明确的物理意义，但 $\psi(r, \theta, \phi)^2$ 的物理意义却十分明确。它表示空间一点 $P(r, \theta, \phi)$ 在单位体积内电子出现的概率，即该点处的概率密度，由此进而可以知道电子在某个区域内出现的概率。

对于原子核外的一个电子的运动，例如氢的 1s 电子，还可以用图 9-7 所示的电子云图，以统计性规律描述电子经常出现的区域，这是核外的一个球形空间。

电子云图也可以表示电子在核外空间出现的概率密度，图 9-7中，小黑点密集的地方电子出现的概率密度大，在那样的区域里电子出现的概率则大。由此可见，电子云就是概率密度的形象化图示，也可以说电子云图是$|\psi|^2$ 的图像。

处于不同运动状态的电子，它们的波函数 ψ 各不相同，其$|\psi|^2$ 当然也各不相同。表示$|\psi|^2$的图像，即电子云图当然也不一样。图 9-8 给出了各种状态的电子云的分布形状。

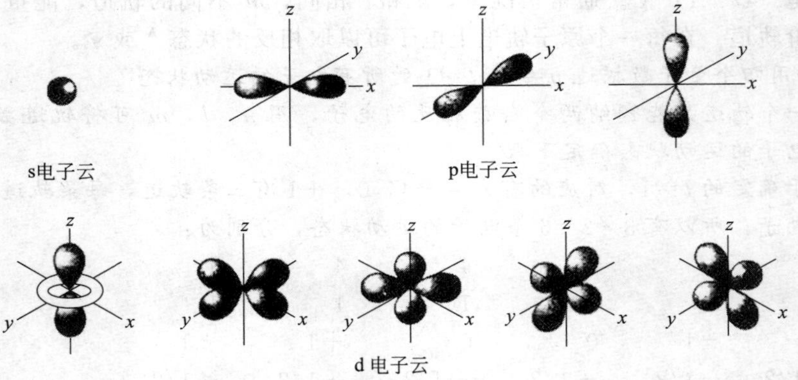

图 9-8　电子云的轮廓图

从图中看出，s 电子云是球形的；p 电子云沿着某一坐标轴的方向上呈无柄的哑铃形状，共有三种不同的取向；d 电子云的形状似花瓣，它在核外空间中有五种不同取向。

（2） 概率密度分布的其他表示法

除了电子云图外，还有几种概率密度分布的表示法。下面以氢原子核外 1s 电子的概率密度为例作简单的介绍。

等概率密度面将核外空间中电子出现概率密度相等的点用曲面连接起来，这样的曲面叫做等概率密度面。如图 9-9 所示，1s 电子的等概率密度面是一系列的同心球面，球面上标的数值是概率密度的相对大小。

界面图是一个等密度面，电子在界面以内出现的概率占了绝大部分，例如占 95%。1s 电子的界面图当然是一球面，如图 9-10 所示。

径向概率密度图是以概率密度$|\psi|^2$ 为纵坐标，半径 r 为横坐标作图。曲线表明 1s 电子的概率密度$|\psi|^2$ 随半径 r 的增大而减小，见图 9-11。

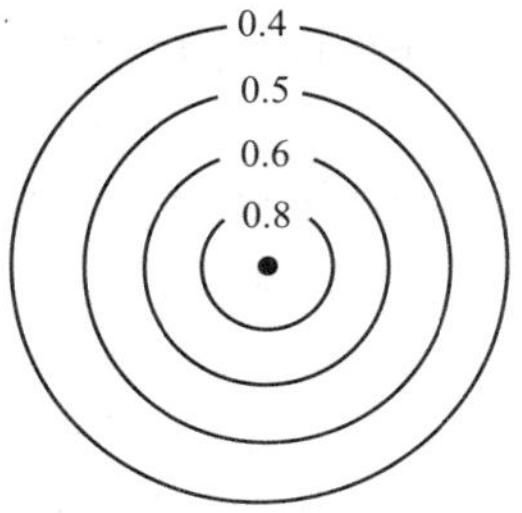

图 9-9　1s 态等概率密度面图

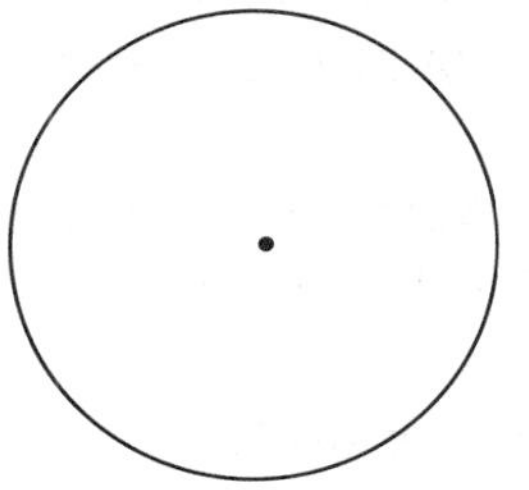

图 9-10　1s 态界面图

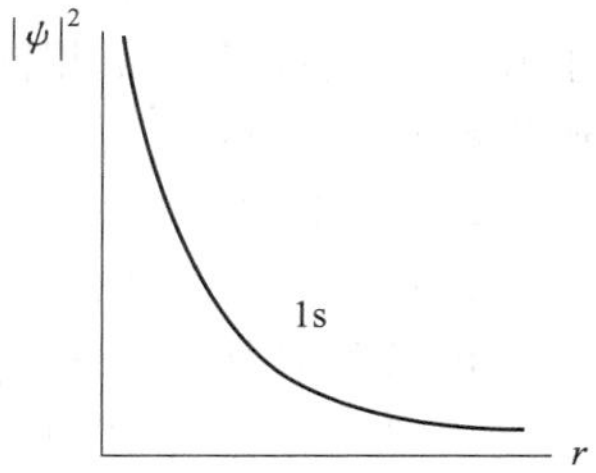

图 9-11　1s 态径向概率密度图

9.3.4　波函数的空间图像

由于电子的波函数是一个三维空间的函数，很难用适当的、简单的图形表示清楚，因此，常采用分析的方法，分别从 ψ 随角度的变化径向部分 $R(r)$ 和随半径的变化和角度部分 $Y(\theta,\ \phi)$ 两个侧面来讨论。

(1) 径向分布函数

首先，看波函数 ψ 与 r 之间的变化关系，亦即 $R(r)$-r 之间的关系，看概率密度随半径如何变化。考察单位厚度球壳内电子出现的概率即在半径 Δr 的球壳内电子出现的概率。

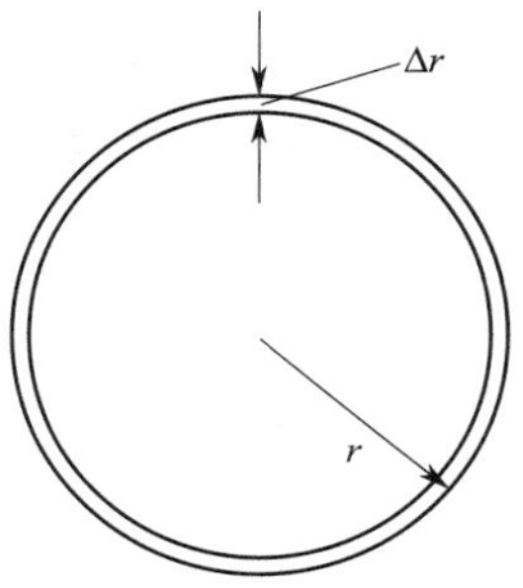

图 9-12　薄层球壳示意图

考虑一个离核距离为 r、厚度为 Δr 的薄层球壳，如图 9-12 所示。

由于以 r 为半径的球面的面积为 $4\pi r^2$，球壳薄层的体积近似地计算为：$4\pi r^2\times\Delta r$，概率密度为 $|R|^2$，故在这个球壳体积中出现电子的概率为 $|R|^2\times4\pi r^2\times\Delta r$，将 $|R|^2\times4\pi r^2\times\Delta r$ 除以厚度 Δr，即得单位厚度球壳中的概率 $|R|^2\times4\pi r^2$。

令
$$D(r)=4\pi r^2\times|R|^2 \tag{9-19}$$

$D(r)$ 是 r 的函数，式(9-19) 称为径向分布函数。

若以 $D(r)$ 为纵坐标，对横坐标 r 作图，可得各种状态的电子的径向概率分布图，如图 9-13 所示。注意：离中心近的概率大，但半径小；离中心远的概率小，但半径大，所以径向函数不是单调的（即不单调上升或单调下降，有极限值）。

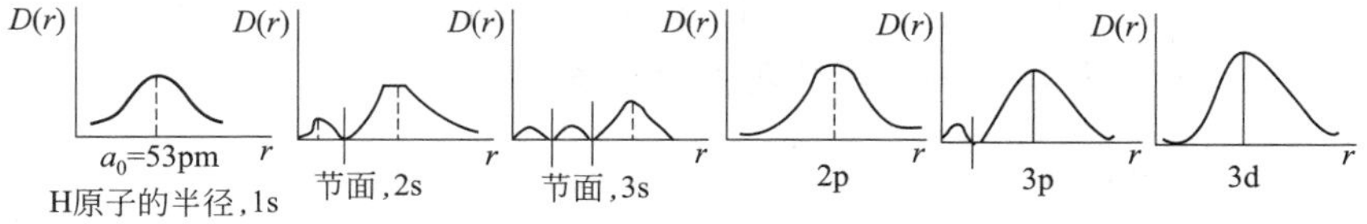

图 9-13　氢原子各种状态的径向分布图

$D(r)$ 是有极值的函数。从 1s 的径向概率分布图清楚地看到这一点，在 $r=r_0=53\text{pm}$ 处 $D(r)$ 出现极值。即距离原子核 53pm 处 1s 电子出现的概率最大，这就是电子在核外“按层分布”的第一层。r_0 称为 Bohr 半径。

2s 有两个概率峰，3s 有三个峰，…，ns 有 n 个峰；2p 有一个峰，3p 有两个峰，…，np 有 $n-1$ 个峰；3d 有一个峰，4d 有两个峰，…，nd 有 $n-2$ 个峰，由此可知，某电子的径向概率分布曲线的概率峰的数目 N 峰与描述该电子运动状态的主量子数 n 和角量子数 l 有关，峰个数为 $n-l$。

当电子的径向概率分布曲线的概率峰的数目大于 1 时，在几个峰中总有一个概率最大的主峰，且主量子数 n 相同的电子，如 2s 和 2p，其概率最大的主峰离核的远近相似，比 1s 的概率峰离核远些。

3s，3p 和 3d，其概率最大的主峰离核的远近也相似，比 2s 和 2p 的概率峰离核又远些。4s，4p，4d 和 4f 径向概率分布曲线的主峰离核将更远。因此，从径向分布的意义上看，核外电子可看作是按层分布的。

概率峰与概率峰之间，曲线与坐标轴相切处，表示一个球面。在这个球面上电子出现的概率为零，称这个球面为节面。因为节面出现在概率峰与概率峰之间，若用 N 节表示节面的数目，则节面个数为 $n-l-1$。

小结

① $\left.\begin{array}{l}\text{2s，2p 轨道}\\ \text{3s，3p，3d 轨道}\end{array}\right\}$ 主峰位置相似

② 峰的个数规律：峰个数 $=n-l$

节面个数 $=n-l-1$

所以：

ns 有 n 个峰，$n-l$ 个节面

np 有 $n-l$ 个峰，$n-2$ 个节面

nd 有 $n-2$ 个峰，$n-3$ 个节面

n	l	波函数	峰个数
1	0	1s	1
2	1	2p	1
3	1	3p	2
2	0	2s	2
3	0	3s	3
3	2	3d	1

(2) 角度分布函数

$$\psi(r,\theta,\phi)=R(r)Y(\theta,\phi) \tag{9-20}$$

将角度部分 $Y(\theta,\phi)$ 对 θ，ϕ 作图，就得到波函数的角度分布图。若将 $|Y(\theta,\phi)|^2$ 对 θ，ϕ 作图则得电子云的角度分布图，这一图像与图 9-8 所示的电子云轮廓图一致。

下面以 $\psi_{2,1,0}$ 为例，作出它的波函数角度分布图。

前面得到 $2p_z$ 的波函数：$\psi_{2,1,0}=\dfrac{1}{4\sqrt{\pi}}\left(\dfrac{Z}{a_0}\right)^{\frac{5}{2}}\cdot re^{-\frac{Zr}{2a_0}}\cdot\cos\theta$

其中径向波函数：$R(r)=\dfrac{1}{4\sqrt{\pi}}\left(\dfrac{Z}{a_0}\right)^{\frac{5}{2}}\cdot re^{-\frac{Zr}{2a_0}}$

而角度波函数：$Y(\theta,\phi)=\cos\theta$

则角度部分的概率密度为：$|Y(\theta,\phi)|^2=\cos^2\theta$ (θ:0°～180°)

按如下方式进行计算，得到 θ 对应 $Y(\theta,\phi)$ 和 $|Y(\theta,\phi)|^2$ 的数据：

θ/(°)	0	15	30	45	60	90	120	135	150	165	180
$Y(\theta,\phi)=\cos\theta$	1.00	0.97	0.87	0.71	0.50	0.00	−0.50	−0.71	−0.87	−0.97	−1.00
$\|Y(\theta,\phi)\|^2=\cos^2\theta$	1.00	0.93	0.75	0.50	0.25	0.00	0.25	0.50	0.75	0.93	1.00

从坐标原点出发，引出与 z 轴的夹角为 θ 的直线，取其长度为 $Y=\cos\theta$。将所有这些线段的端点连起来，则得到如图 9-14(a) 所示的图形。以此为母线绕 z 轴旋转 360°，在空间形成如图 9-14(b) 所示的一个曲面。这就是 $\psi_{2,1,0}$ 的波函数角度分布图。该图是在 xOy 平面上下各一个球形，上部分的“+”号和下部分的“−”号是根据 Y 的表达式计算的结果。

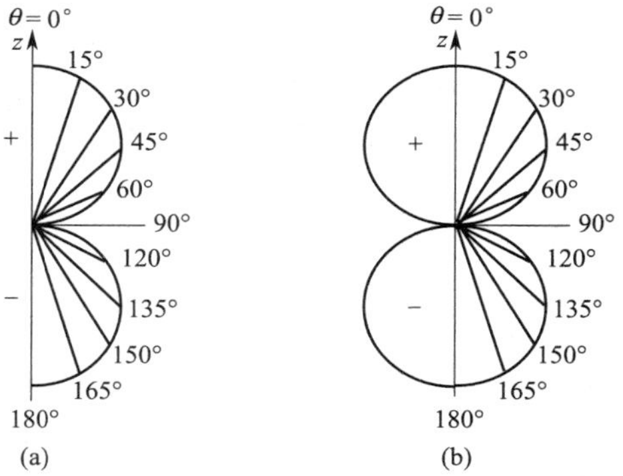

图 9-14　$2p_z$ 轨道的角度分布图

通过类似的方法可以画出 s，p，d 各种原子轨道的角度分布图，如图 9-15 所示。要记清楚这些图形的形状，同时也要记住图形中各个波瓣的“+”号和“−”号，它们与轨道的对称性有关，在讨论原子轨道的成键作用时有重要作用。

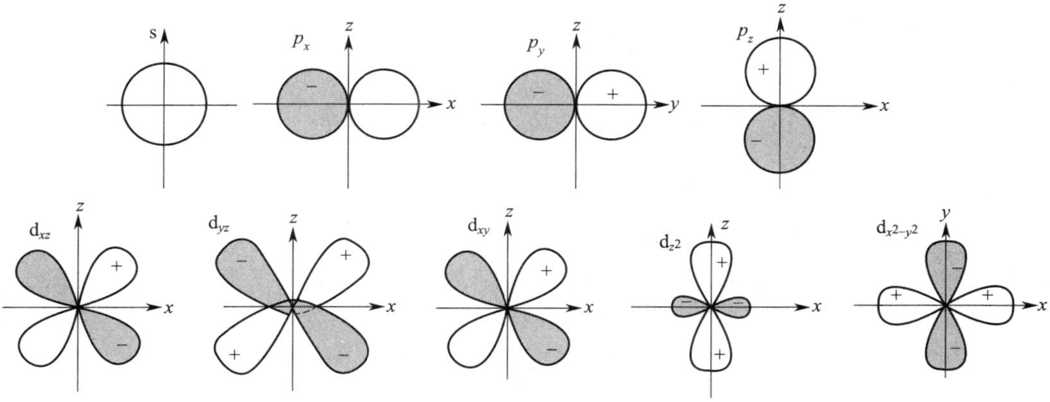

图 9-15　各种原子轨道的角度分布图

注意：

① s 轨道的 $|Y|^2$ 与 Y 的图形相同，以 1s 为例，因其波函数为：

$$\psi_{1,0,0}=\frac{1}{\sqrt{\pi}}\left(\frac{Z}{a_0}\right)^{\frac{3}{2}}\cdot e^{-\frac{Zr}{a_0}}$$

只有径向部分，角度部分波函数为 1，无论角度如何变化，其值不变。

② 其他轨道的 $|Y|^2$ 比 Y 的图形“瘦”，比较苗条。因为三角函数的 sin 和 cos 的取值小于等于 1，平方后的值必然更小。

③ $|Y|^2$ 无正负，而 Y 有正负。这种正负只是 Y 计算中取值的正负（在成键中代表轨道的对称性，不是电荷的正负）。

9.4　核外电子排布和元素周期律

9.4.1　多电子原子的能级

在多电子原子中，主量子数 n 相同，角量子数 l 不同的原子轨道，l 越大的，其能量 E 越大。即 $E_{ns}<E_{np}<E_{nd}<E_{nf}$，这种现象叫做能级分裂。

在多电子原子中，有时主量子数 n 小的原子轨道，由于角量子数 l 较大，其能量 E 却

大于 n 大的原子轨道，例如 $E_{3d}>E_{4s}$。这种现象叫做能级交错。

（1）屏蔽效应

对于单电子，比如氢原子或类氢离子核外就只有一个电子，这个电子仅受到原子核的作用，电子的能量只与主量子数有关，其能量为：

$$E=-13.6\times\frac{Z^2}{n^2}，单位\ eV \tag{9-21}$$

即单电子体系，轨道（或轨道上的电子）的能量，由主量子数 n 决定。

在多电子原子中，一个电子不仅受到原子核的引力，而且还要受到其他电子的斥力。例如锂原子，其第二层的一个电子，除了受原子核对它的引力之外，还受到第一层两个电子对它的排斥力作用。这两个内层电子的排斥作用可以考虑成对核电荷数 Z 的抵消或屏蔽，使有效核电荷数 Z^* 减小。即

$$Z^*=Z-\sigma$$

式中，Z 为核电荷数；Z^* 为有效核电荷数；σ 称为屏蔽常数，它代表了其他所有电子对于研究的那个电子的排斥。这种其他电子对于被研究电子的排斥，导致有效核电荷数降低的作用称为屏蔽效应。于是，多电子原子中的一个电子的能量可以用下面的公式表示。

对于多电子体系：

$$E=-13.6\times\frac{Z^{*2}}{n^2}\text{eV} \tag{9-22}$$

$$E=-13.6\times\frac{(Z-\sigma)^2}{n^2}\text{eV} \tag{9-23}$$

其中 $Z^*=Z-\sigma$，Z 为核电荷数，σ 为屏蔽常数，Z^* 为有效核电荷数。

如果能求得屏蔽常数 σ，则可求得多电子原子中各能级的近似能量。影响屏蔽效应的因素很多，除了同产生屏蔽作用的电子的数目及它所处的原子轨道有关外，还与被屏蔽电子的离核远近和运动状态有关。屏蔽常数 σ 可用 Slater 规则计算出来，Slater 规则有如下几点。

① 原子中的电子分若干个轨道组（1s），（2s，2p），（3s，3p），（3d），（4s，4p），（4d），（4f），（5s，5p），每个括号形成一个轨道组；

② 一个轨道组外轨道组上的电子对内轨道组上的电子的屏蔽系数 $\sigma=0$，即屏蔽作用仅发生在内层电子对外层电子或同层电子之间，外层电子对内层电子没有屏蔽作用；

③ 同一轨道组内电子间屏蔽系数 $\sigma=0.35$，1s 轨道上的 2 个电子之间的 $\sigma=0.30$；

④ 被屏蔽电子为 ns 或 np 轨道组上的电子时，主量子数为 $n-1$ 的各轨道组上的电子对 ns 或 np 轨道组上的电子的屏蔽常数 $\sigma=0.85$，而小于 $n-1$ 的各轨道组上的电子，对其屏蔽常数 $\sigma=1.00$；

⑤ 被屏蔽电子为 nd 或 nf 轨道组上的电子时，则位于它左边各轨道组上的电子对 nd 或 nf 轨道组上电子的屏蔽常数 $\sigma=1.00$。

例 9-3 计算铁原子中①1s，②2s 或 2p，③3s 或 3p，④3d，⑤4s 上一个电子的屏蔽常数 σ 值和有效核电荷数 Z^*。

解： 对于 1s 上一个电子：

$$\sigma=1\times0.30=0.30$$
$$Z^*=26-0.30=25.7$$

对于 2s 或 2p 上一个电子：

$$\sigma=7\times0.35+2\times0.85=4.15$$
$$Z^*=26-4.15=21.85$$

对于 3s 或 3p 上一个电子：

$$\sigma=7\times0.35+8\times0.85+2\times1.00=11.25$$

$$Z^* = Z - \sigma = 26 - 11.25 = 14.75$$

对于 3d 上一个电子：

$$\sigma = 5 \times 0.35 + 18 \times 1.00 = 19.75$$

$$Z^* = 26 - 19.75 = 6.25$$

对于 4s 上一个电子：

$$\sigma = 1 \times 0.35 + 14 \times 0.85 + 10 \times 1.00 = 22.25$$
$$Z^* = 26 - 22.25 = 3.75$$

然后代入 $E_i = -13.6 Z_i^{*2}/n^2$(eV)，可以计算出多电子原子中各能级的近似能量。

例 9-4 计算钪原子中一个 3s 电子和一个 3d 电子的能量。

解： $_{21}Sc$ 的核外电子排布：$1s^2 2s^2 2p^6 3s^2 3p^6 3d^1 4s^2$

对于 3s 上一个电子的 $\sigma = 7 \times 0.35 + 8 \times 0.85 + 2 \times 1.00 = 11.25$

对于 3d 上一个电子的 $\sigma = 18 \times 1.00 = 18.00$

$$\therefore \quad E_{3s} = -13.6 \times \frac{(21 - 11.25)^2}{3^2} = -143.7(\text{eV})$$

$$E_{3d} = -13.6 \times \frac{(21 - 18)^2}{3^2} = -13.6(\text{eV})$$

计算结果表明，在多电子原子中，角量子数不同的电子受到的屏蔽作用不同，所以发生了能级的分裂，即屏蔽效应可能导致能级分裂。

Slater 规则和例题计算结果也告诉我们，不同的电子受到的同一电子的屏蔽作用的大小是不同的。例如，作为屏蔽电子的 3d，它们对于 4s 的屏蔽贡献为 0.85，而对于 3d 的屏蔽贡献为 0.35；作为屏蔽电子的 3p，它们对于 4s 的屏蔽贡献为 0.85，而对于 3d 的屏蔽贡献为 1.00。这种现象的产生与原子轨道的径向分布有关，如图 9-16 所示。

(2) 钻穿效应

径向分布函数图见图 9-16。

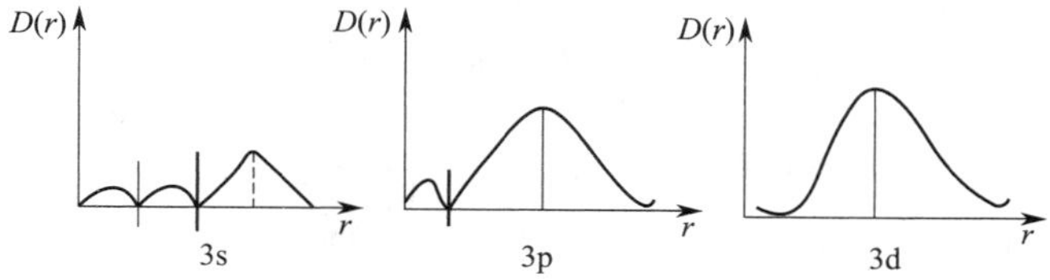

图 9-16 3s、3p、3d 的径向分布函数图

从图 9-16 可以看出：

① n 相同，l 小的电子，在离核近处，有小的概率峰出现，相当于电子靠近核，受核作用强，同时回避了内层电子的屏蔽作用，能量下降；

② l 大的，在离核远处，有概率峰，受核作用弱，屏蔽效应大，能量升高。

这种主量子数相同，但由于角量子数不同，电子钻到核附近的概率不同，因而能量不同的现象，称为电子的钻穿效应。钻穿效应可能导致能级分裂。屏蔽效应使电子的能量上升，钻穿效应使电子能量下降。

例 9-5 通过计算说明 K 原子中的最后一个电子，填入 4s 轨道中时能量低，还是填入 3d 轨道中时能量低。

解： 最后一个电子，若填入 4s 轨道中时，K 原子的电子结构式为 $1s^2 2s^2 2p^6 3s^2 3p^6 4s^1$。

$$4s\text{ 电子的 } \sigma_{4s} = (0.85 \times 8) + (1.00 \times 10) = 16.8$$

$$E_{4s}=-13.6\times\frac{(19-16.8)^2}{4^2}=-4.11(\text{eV})$$

最后一个电子，若填入 3d 轨道中时，K 原子的电子结构式为 $1s^2\ 2s^2\ 2p^6\ 3s^2\ 3p^6\ 3d^1$。3d 电子的 $\sigma_{3d}=1.00\times18=18$

$$E_{3d}=-13.6\times\frac{(19-18)^2}{4^2}=-1.51(\text{eV})$$

计算结果是 $E_{4s}<E_{3d}$，说明 K 原子中的最后一个电子，填入 4s 轨道中时能量较低。这种现象的产生也与原子轨道的径向分布有关见图 9-17。

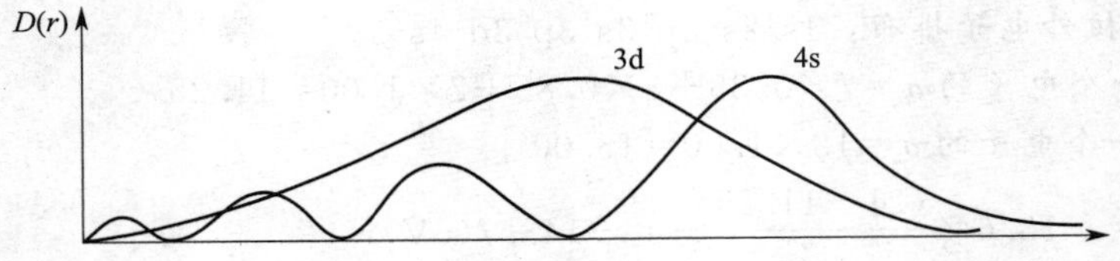

图 9-17　4s 和 3d 的径向分布图

从图中看出虽然 4s 电子的最大概率峰比 3d 的离核远，但由于 4s 电子离原子核最近处有小峰，4s 电子的几个内层的小概率峰出现在离核较近处，也就是钻到原子核附近的机会比较多，4s 电子受到其他电子的屏蔽作用比 3d 要小得多，故 $E_{4s}<E_{3d}$，引起了能级交错。钻穿效应也可能导致能级交错。

原子轨道径向分布的不同，导致了屏蔽效应和钻穿效应，引起了多电子原子的能级分裂 $E_{nf}>E_{nd}>E_{np}>E_{ns}$，也引起了能级交错，出现了 $E_{4s}<E_{3d}$ 等现象。因此多电子原子的能级次序是比较复杂的。

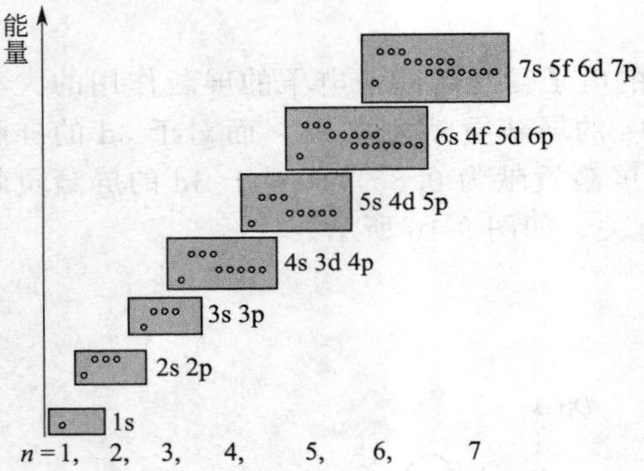

图 9-18　Pauling 原子轨道近似能级图

（3）Pauling 原子轨道近似能级图

美国著名结构化学家 Pauling（鲍林），在大量的光谱数据以及某些近似的理论计算的基础上，将能量相近的原子轨道组合，形成能级组。将整个原子轨道划分成 7 能级组。如图 9-18 所示，图中的能级顺序是指电子按能级高低在核外排布的顺序，即填入电子时各能级能量的相对高低。图中的每个方框为一个能级组。不同能级组之间的能量差较大，同一能级组内各能级相差较小。

第一组	第二组	第三组	第四组	第五组	第六组	第七组
1s；	2s,2p；	3s,3p；	4s,3d,4p；	5s,4d,5p；	6s,4f,5d,6p；	7s,5f,6d,7p

第一能级组中只有一个能级 1s，1s 能级只有一个原子轨道，在图中用一个○表示。

第二能级组中有两个能级 2s 和 2p。2s 能级只有一个原子轨道，在图中用一个○表示，而 2p 能级有三个能量简并的 p 轨道，在图中用三个并列的○表示。该图中凡并列的○，均表示能量简并的原子轨道。

第三能级组中有两个能级 3s 和 3p。3s 能级只有一个原子轨道，而 3p 能级有三个能量简并的 p 轨道。

第四能级组中有三个能级 4s、3d 和 4p。4s 能级只有一个原子轨道，3d 能级有五个能量简并的 d 轨道，而 4p 能级有三个能量简并的 p 轨道。

第五能级组中有三个能级 5s、4d 和 5p。5s 能级只有一个原子轨道，4d 能级有五个能量简并的 d 轨道，而 5p 能级有三个能量简并的 p 轨道。

第六能级组中有四个能级 6s、4f、5d 和 6p。6s 能级只有一个原子轨道，4f 能级有七个能量简并的 f 轨道，5d 能级有五个能量简并的 d 轨道，而 6p 能级有三个能量简并的 p 轨道。

第七能级组中有四个能级 7s、5f、6d 和 7p。7s 能级只有一个原子轨道，5f 能级有七个能量简并的 f 轨道，6d 能级有五个能量简并的 d 轨道，而 7p 能级有三个能量简并的 p 轨道。

值得注意的是，除第一能级组只有一个能级外，其余各能级组均从 ns 能级开始到 np 能级结束。

徐光宪规则：对于一个能级，其 $n+0.7l$ 值越大，则能量越高。而且该能级所在能级组的组数，就是 $n+0.7l$ 的整数部分。以第七能级组为例进行讨论

7p　$n+0.7l=7+0.7 \quad 1=7.7$

6d　$n+0.7l=6+0.7 \quad 2=7.4$

5f　$n+0.7l=5+0.7 \quad 3=7.1$

7s　$n+0.7l=7+0.7 \quad 0=7.0$

因此，各能级均属于第七能级组，能级顺序为

$$E_{7s}<E_{5f}<E_{6d}<E_{7p}$$

这一规则称为 $n+0.7l$ 规则。

（4）科顿（F. A. Cotton）轨道能级图

Pauling 的原子轨道能级图是一种近似的能级图，基本上反映了多电子原子的核外电子填充的顺序。但必须指出的是，由于各原子轨道的能量随原子序数增加而降低，且能量降低的幅度不同，所以造成不同元素的原子轨道能级次序不完全一致。要解决这样一个问题：为何产生能级交错即 $E_{4s}<E_{3d}$？这一重要事实，在 Pauling 的原子轨道能级图中没有得到体现。

美国当代化学家 F. A. Cotton，总结前人的光谱实验和量子力学计算结果，提出了能级下降幅度与原子序数之间的关系。因为 Z 上升，核电荷增加，对核外运动电子的引力增加，使之靠近核，能量下降。图 9-19 画出了原子轨道能量随原子序数而变化的图——Cotton 原子轨道能级图。

原子序数为 1 的 H 元素，其主量子数 n 相同的原子轨道的能量相等，即不发生能级分裂。随着原子序数的增大，各原子轨道的能量逐渐降低。由于角量子数 l 不同的轨道能量降低的幅度不一致，引起了能级分裂，即：

$$E_{ns}<E_{np}<E_{nd}<E_{nf}$$

不同元素的原子轨道能级的排列次序可能不完全一致。如，原子序数为 15～20 的元素，$E_{4s}<E_{3d}$，原子序数大于 21 的元素 $E_{3d}<E_{4s}$。第五和第六能级组，能级交错现象更为复杂，而一些元素的原子轨道能级排列次序比较特殊。

Cotton 轨道能级图特点：

① $Z=1$，不产生能级分裂，即 $E_{ns}=E_{np}=E_{nd}=E_{nf}$。

② $Z>1$，各轨道能量，随 Z 的升高而下降。

③ n 相同，l 不同的轨道，能量下降幅度不同，产生能级分裂（l 大的，受屏蔽大，下

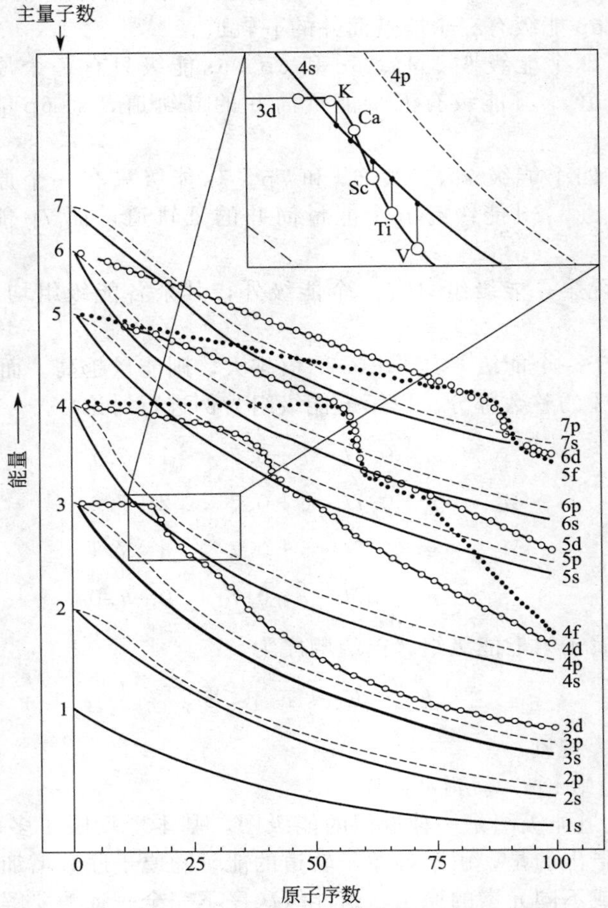

图 9-19　Cotton 的原子轨道近似能级图

降幅度小）$E_{ns}<E_{np}<E_{nd}<E_{nf}$。

④ 不同元素，轨道的能级次序不同，产生能级交错。

如：1～14 号元素 $E_{4s}>E_{3d}$

15～20 号元素 $E_{4s}<E_{3d}$

21 号以后元素 $E_{4s}>E_{3d}$

Cotton 轨道能级图考虑 Z 与各轨道能量的关系，是 Pauling 近似能级图无法解决的，它的基础是光谱实验。

9.4.2　核外电子排布原则

电子在核外的排布应遵循三个原则，即能量最低原理、Pauli 原理和 Hund 规则。了解核外电子的排布，可以从原子结构的观点认识元素性质变化的周期性本质。

（1）排布原则

① 能量最低原理　自然界的任何体系总是能量越低，所处状态越稳定，原子核外电子的排布也是如此。基态原子核外电子排布时，总是先占据能量最低的轨道，只有当能量最低的轨道占满后，电子才依次进入能量较高的轨道，这一规律称为能量最低原理。

② Pauli（保利）不相容原理　1925 年奥地利物理学家 W. Pauli 提出一个假设，称为

Pauli 原理，又叫做 Pauli 不相容原理。即在同一原子中没有四个量子数完全相同的电子，或者说在同一个原子中没有运动状态完全相同的电子。

根据 Pauli 原理，每一种运动状态的电子只能有 1 个，而自旋量子数 m_s 的取值只有两个，即 $m_s = \pm 1/2$，所以在同一原子轨道上最多只能容纳自旋方式不同的 2 个电子。

对于每一个主量子数 n，其角量子数 l 存在 0，1，2，3，4，…，$n-1$，共有 n 个值。而对于每一个角量子数 l 的值，其磁量子数 m 对应有 1，3，5，7，9，…，$2n-1$ 个取值。所以每个由主量子数 n 所确定的电子层中，原子轨道的数目为：

$$1+3+5+7+9+\cdots+2n-1=n^2$$

结合 Pauli 原理，各电子层中电子的最大容量为 $2n^2$ 个。

③ Hunt（洪特）规则　德国物理学家 F. Hund 根据大量光谱实验数据总结出一个规律，即电子分布到能量简并的原子轨道时，优先以自旋相同的方式分占不同的轨道。因为这样的排布方式总能量最低。

例如，碳原子核外有 6 个电子，根据能量最低原理和 Pauli 原理，电子在 1s 轨道排布 2 个，在 2s 轨道排布 2 个。另外 2 个电子将排布在三个能量简并的 2p 轨道。所以碳原子的电子结构式或电子构型为 $1s^2 2s^2 2p^2$。

根据 Hund 规则，这两个电子以相同的自旋方式占两个 2p 轨道。

作为 Hund 规则的发展，能量简并的等价轨道全充满、半充满或全空的状态是比较稳定的，尤其简并度高的轨道更是如此。如：

全充满　p^6，d^{10}，f^{14}

半充满　p^3，d^5，f^7

全空　　p^0，d^0，f^0

根据上述的核外电子排布的三原则，基本可以解决核外电子排布问题。

（2）电子的排布

根据电子排布的三原则，可以写出电子结构式。

$Z=11$ 钠原子，其电子结构式为 $1s^2 2s^2 2p^6 3s^1$。

$Z=19$ 钾原子，其电子结构式为 $1s^2 2s^2 2p^6 3s^2 3p^6 4s^1$。

为了避免电子结构式过长，通常把内层电子已达到稀有气体结构的部分写成稀有气体的元素符号外加方括号的形式来表示，这部分称为“原子实”。钾的电子结构式也可以表示为 $[Ar]4s^1$。

铬原子核外有 24 个电子，它的电子结构式为 $[Ar]3d^5 4s^1$，而不是 $[Ar]3d^4 4s^2$。这是因为 $3d^5$ 的半充满结构是一种能量较低的稳定结构。同样，铜原子的电子结构式为 $[Ar]3d^{10} 4s^1$，而不是 $[Ar]3d^9 4s^2$。

从铬和铜的电子结构式的写法，必须注意到先写 3d 能级，而后写 4s 能级。尽管电子在原子轨道中的填充次序是先填 4s 能级后填 3d 能级。

核外电子排布的三个原则，只是一般的规律。因此，对于某一元素原子的电子排布情况，要以光谱实验结果为准。表 9-1 列出了元素原子的电子排布情况。

9.4.3　元素周期表

最早的元素周期表是 1869 年由俄国化学家 D. I. Mendeleev 提出来的，他对当时发现的 63 种元素的性质进行总结和对比，发现化学元素之间的本质联系，元素的性质随原子量递增发生周期性的递变。

表 9-1　原子的电子排布

周期	原子序数	元素符号	电子结构
1	1	H	$1s^{1}$
	2	He	$1s^{2}$
2	3	Li	$[He]2s^{1}$
	4	Be	$[He]2s^{2}$
	5	B	$[He]2s^{2}2p^{1}$
	6	C	$[He]2s^{2}2p^{2}$
	7	N	$[He]2s^{2}2p^{3}$
	8	O	$[He]2s^{2}2p^{4}$
	9	F	$[He]2s^{2}2p^{5}$
	10	Ne	$[He]2s^{2}2p^{6}$
3	11	Na	$[Ne]3s^{1}$
	12	Mg	$[Ne]3s^{2}$
	13	Al	$[Ne]3s^{2}3p^{1}$
	14	Si	$[Ne]3s^{2}3p^{2}$
	15	P	$[Ne]3s^{2}3p^{3}$
	16	S	$[Ne]3s^{2}3p^{4}$
	17	Cl	$[Ne]3s^{2}3p^{5}$
	18	Ar	$[Ne]3s^{2}3p^{6}$
4	19	K	$[Ar]4s^{1}$
	20	Ca	$[Ar]4s^{2}$
	21	Sc	$[Ar]3d^{1}4s^{2}$
	22	Ti	$[Ar]3d^{2}4s^{2}$
	23	V	$[Ar]3d^{3}4s^{2}$
	24	Cr	$[Ar]3d^{5}4s^{1}$
	25	Mn	$[Ar]3d^{5}4s^{2}$
	26	Fe	$[Ar]3d^{6}4s^{2}$
	27	Co	$[Ar]3d^{7}4s^{2}$
	28	Ni	$[Ar]3d^{8}4s^{2}$
	29	Cu	$[Ar]3d^{10}4s^{1}$
	30	Zn	$[Ar]3d^{10}4s^{2}$
	31	Ga	$[Ar]3d^{10}4s^{2}4p^{1}$
	32	Ge	$[Ar]3d^{10}4s^{2}4p^{2}$
	33	As	$[Ar]3d^{10}4s^{2}4p^{3}$
	34	Se	$[Ar]3d^{10}4s^{2}4p^{4}$
	35	Br	$[Ar]3d^{10}4s^{2}4p^{5}$
	36	Kr	$[Ar]3d^{10}4s^{2}4p^{6}$

周期	原子序数	元素符号	电子结构
5	37	Rb	$[Kr]5s^{1}$
	38	Sr	$[Kr]5s^{2}$
	39	Y	$[Kr]4d^{1}5s^{2}$
	40	Zr	$[Kr]4d^{2}5s^{2}$
	41	Nb	$[Kr]4d^{4}5s^{1}$
	42	Mo	$[Kr]4d^{5}5s^{1}$
	43	Tc	$[Kr]4d^{5}5s^{2}$
	44	Ru	$[Kr]4d^{7}5s^{1}$
	45	Rh	$[Kr]4d^{8}5s^{1}$
	46	Pd	$[Kr]4d^{10}$
	47	Ag	$[Kr]4d^{10}5s^{1}$
	48	Cd	$[Kr]4d^{10}5s^{2}$
	49	In	$[Kr]4d^{10}5s^{2}5p^{1}$
	50	Sn	$[Kr]4d^{10}5s^{2}5p^{2}$
	51	Sb	$[Kr]4d^{10}5s^{2}5p^{3}$
	52	Te	$[Kr]4d^{10}5s^{2}5p^{4}$
	53	I	$[Kr]4d^{10}5s^{2}5p^{5}$
	54	Xe	$[Kr]4d^{10}5s^{2}5p^{6}$
6	55	Cs	$[Xe]6s^{1}$
	56	Ba	$[Xe]6s^{2}$
	57	La	$[Xe]5d^{1}6s^{2}$
	58	Ce	$[Xe]4f^{1}5d^{1}6s^{2}$
	59	Pr	$[Xe]4f^{3}6s^{2}$
	60	Nd	$[Xe]4f^{4}6s^{2}$
	61	Pm	$[Xe]4f^{5}6s^{2}$
	62	Sm	$[Xe]4f^{6}6s^{2}$
	63	Eu	$[Xe]4f^{7}6s^{2}$
	64	Gd	$[Xe]4f^{7}5d^{1}6s^{2}$
	65	Tb	$[Xe]4f^{9}6s^{2}$
	66	Dy	$[Xe]4f^{10}6s^{2}$
	67	Ho	$[Xe]4f^{11}6s^{2}$
	68	Er	$[Xe]4f^{12}6s^{2}$
	69	Tm	$[Xe]4f^{13}6s^{2}$
	70	Yb	$[Xe]4f^{14}6s^{2}$
	71	Lu	$[Xe]4f^{14}5d^{1}6s^{2}$
	72	Hf	$[Xe]4f^{14}5d^{2}6s^{2}$

周期	原子序数	元素符号	电子结构
6	73	Ta	$[Xe]4f^{14}5d^{3}6s^{2}$
	74	W	$[Xe]4f^{14}5d^{4}6s^{2}$
	75	Re	$[Xe]4f^{14}5d^{5}6s^{2}$
	76	Os	$[Xe]4f^{14}5d^{6}6s^{2}$
	77	Ir	$[Xe]4f^{14}5d^{7}6s^{2}$
	78	Pt	$[Xe]4f^{14}5d^{9}6s^{1}$
	79	Au	$[Xe]4f^{14}5d^{10}6s^{1}$
	80	Hg	$[Xe]4f^{14}5d^{10}6s^{2}$
	81	Tl	$[Xe]4f^{14}5d^{10}6s^{2}6p^{1}$
	82	Pb	$[Xe]4f^{14}5d^{10}6s^{2}6p^{2}$
	83	Bi	$[Xe]4f^{14}5d^{10}6s^{2}6p^{3}$
	84	Po	$[Xe]4f^{14}5d^{10}6s^{2}6p^{4}$
	85	At	$[Xe]4f^{14}5d^{10}6s^{2}6p^{5}$
	86	Rn	$[Xe]4f^{14}5d^{10}6s^{2}6p^{6}$
7	87	Fr	$[Rn]7s^{1}$
	88	Ra	$[Rn]7s^{2}$
	89	Ac	$[Rn]6d^{1}7s^{2}$
	90	Th	$[Rn]6d^{2}7s^{2}$
	91	Pa	$[Rn]5f^{2}6d^{1}7s^{2}$
	92	U	$[Rn]5f^{3}6d^{1}7s^{2}$
	93	Np	$[Rn]5f^{4}6d^{1}7s^{2}$
	94	Pu	$[Rn]5f^{6}7s^{2}$
	95	Am	$[Rn]5f^{7}7s^{2}$
	96	Cm	$[Rn]\ 5f^{7}6d17s^{2}$
	97	Bk	$[Kn]\ 5f^{9}7s^{2}$
	98	Cf	$[Rn]\ 5f^{10}7s^{2}$
	99	Es	$[Rn]\ 5f^{11}7s^{2}$
	100	Fm	$[Rn]\ 5f^{12}7s^{2}$
	101	Md	$[Rn]\ 5f^{13}7s^{2}$
	102	No	$[Rn]\ 5f^{14}7s^{2}$
	103	Lr	$[Rn]\ 5f^{14}6d^{1}7s^{2}$
	104	Rf	$[Rn]\ 5f^{14}6d^{2}7s^{2}$
	105	Db	$[Rn]\ 5f^{14}6d^{3}7s^{2}$
	106	Sg	$[Rn]\ 5f^{14}6d^{4}7s^{2}$
	107	Bh	$[Rn]\ 5f^{14}6d^{5}7s^{2}$
	108	Hs	$[Rn]\ 5f^{14}6d^{6}7s^{2}$
	109	Mt	$[Rn]\ 5f^{14}6d^{7}7s^{2}$
	110	Ds	$[Rn]\ 5f^{14}6d^{8}7s^{2}$

注：表中单框中的元素是过渡元素，双框中的元素是镧系或锕系元素。

到目前为止，人们已经提出了多种形式的周期表，如短式周期表、长式周期表、三角形周期表、螺旋式周期表、宝塔式周期表等，目前最通用的是图 9-20 所示的由 A. Werner 首先倡导的长式周期表。

（1）元素的周期

对应于主量子数 n 的每一个数值，就有一个能级组，也同时有一个周期。所以周期表中的每一个周期对应于一个能级组。其中第一周期只有氢和氦 2 种元素，称为特短周期。它对应的第一能级组只有一个 1s 能级，只有一个 1s 轨道，可以填充 2 个电子。

第二和第三周期各有 8 种元素，称为短周期。它们分别对应的第二和第三能级组，均有

*n*s 和 *n*p 2 个能级，4 个轨道，可以填充 8 个电子。

族/周期	ⅠA																	0
1	H	ⅡA											ⅢA	ⅣB	ⅤA	ⅥB	ⅦB	He
2	Li	Be											B	C	N	O	F	Ne
3	Na	Mg	ⅢB	ⅣB	ⅤB	ⅥB	ⅦB	Ⅷ			ⅠB	ⅡB	Al	Si	P	S	Cl	Ar
4	K	Ca	Sc	Ti	V	Cr	Mn	Fe	Co	Ni	Cu	Zn	Ga	Ge	As	Se	Br	Kr
5	Rb	Sr	Y	Zr	Nb	Mo	Tc	Ru	Rh	Pd	Ag	Cd	In	Sn	Sb	Te	I	Xe
6	Cs	Ba	La	Hf	Ta	W	Re	Os	Ir	Pt	Au	Hg	Tl	Pb	Bi	Po	At	Rn
7	Fr	Ra	Ac	Rf	Db	Sg	Bh	Hs	Mt	In	Uuu	Uub						
			La	Ce	Pr	Nd	Pm	Sm	Eu	Gd	Tb	Dy	Ho	Er	Tm	Yb	Lu	
			Ac	Th	Pa	U	Np	Pu	Am	Cm	Bk	Cf	Es	Fm	Md	No	Lr	

图 9-20　元素周期表

第四和第五周期各有 18 种元素，称为长周期。它们分别对应的第四和第五能级组，均有 *n*s，(*n*－1)d 和 *n*p 3 个能级，9 个轨道，可以填充 18 个电子。

第六周期有 32 种元素，称为特长周期。它对应于第六能级组，有 6s，4f，5d 和 6p 4 个能级，16 个轨道，可以填充 32 个电子。

第七周期也应有 32 种元素（87 号～118 号），也称为特长周期。它对应于第七能级组，有 7s，5f，6d 和 7p 4 个能级，16 个轨道，可以填充 32 个电子。但是直到 2003 年 8 月才发现到 116 号元素，因此，第七周期称为未完成周期。能级组与周期的关系见表 9-2。

一种元素所处的周期数，等于它的原子核外电子的最高能级所在的能级组数。例如 Sn 元素，其原子的电子构型为 $[Kr]4d^{10}5s^{2}5p^{2}$，最高能级 5p 属于第五能级组，所以 Sn 是第五周期元素。

表 9-2　能级组与周期的关系

周期	特点	能级组序数	能级数	原子轨道数	元素种类数
1	特短周期	1	1 个	1 个	2 种
2	短周期	2	2 个	4 个	8 种
3	短周期	3	2 个	4 个	8 种
4	长周期	4	3 个	9 个	18 种
5	长周期	5	3 个	9 个	18 种
6	特长周期	6	4 个	16 个	32 种
7	特长周期	7	4 个	16 个	应有 32 种

（2）元素的族

长式周期表，从左到右共有 18 列。周期表中有七个 A 族，位于图 9-20 所示周期表的第 1，2，13，14，15，16 和 17 列，A 族也叫主族。主族从ⅠA 到ⅦA，最后一个电子填入 *n*s 或 *n*p 轨道，其族数等于价电子总数。

周期表中有七个 B 族，位于周期表的第 3，4，5，6，7，11 和 12 列，B 族也叫副族。副族元素从ⅠB 到ⅦB，最后一个电子多数填入 (*n*－1)d 轨道，其族数通常等于最高能级组中的电子总数。

周期表中有零族元素，它是稀有气体，其电子构型呈稳定结构。还有Ⅷ族，它包括了8，9和10三列元素，其最后一个电子也填在（$n-1$）d轨道，它们最高能级组中的电子总数是8～10，电子构型是（$n-1$）$d^{6\sim10}ns^{0\sim2}$。

位于周期表下面的镧系元素和锕系元素，按其所在的族来讲应属于ⅢB族，因其性质的特殊性而单列。

（3）元素的分区

根据元素最后一个电子填充的能级不同，可以将周期表中的元素分为5个区，实际上是把价电子构型相似的元素集中分在一个区，如图9-21所示。

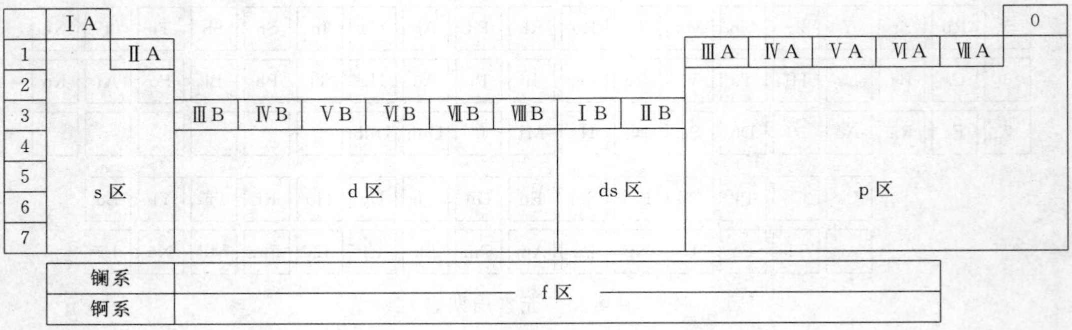

图9-21 周期表中元素的分区

s区元素 最后一个电子填充在s轨道上，包括ⅠA族、ⅡA族。其价层电子构型为$ns^{1\sim2}$，属于活泼金属。

p区元素 最后一个电子填充在p轨道上，包括ⅢA族、ⅣA族、ⅤA族、ⅥA族、ⅦA族、零族（也称为ⅧA族）。其价层电子构型为$ns^2np^{1\sim6}$，该区的右上方为非金属元素，左下方为金属元素。s区和p区元素的族数，等于价层电子中s电子数与p电子数之和。若和数为8，则为零族元素。

s区和p区是按族划分的周期表的主族。

d区元素 最后一个电子基本上填充在（$n-1$）d轨道上，包括ⅢB族、ⅣB族、ⅤB族、ⅥB族、ⅦB族和Ⅷ族。其价层电子构型一般为（$n-1$）$d^{1\sim10}ns^{0\sim2}$。

由于（$n-1$）d电子由不充满向充满过渡，所以第4、5、6周期的d区元素分别称为第一、第二、第三过渡系列元素，这些元素常有可变的氧化态。

d区元素的族数 等于价层电子中（$n-1$）d的电子数与ns的电子数之和，若和数大于或等于8，则为Ⅷ族元素。

ds区元素 价层电子构型为（$n-1$）$d^{10}ns^{1\sim2}$，即次外层d轨道是充满的，最外层轨道上有1～2个电子。它们既不同于s区又不同于d区，故称为ds区，它包括ⅠB族和ⅡB族，在周期表中处于p区和d区之间。ds区元素的族数，等于价层电子中ns的电子数。有时将ds区元素列为过渡金属。

f区元素 最后一个电子填充在f轨道上，价层电子构型为（$n-2$）$f^{0\sim14}$（$n-1$）$d^{0\sim2}ns^2$，包括镧系和锕系元素。由于其（$n-2$）f中的电子由不充满向充满过渡，称其为内过渡元素。

镧系：57～74号元素（La-Lu）。包括：

La，Ce，Pr，Nd，Pm，Sm，Eu，Gd，Tb，Dy，Ho，Er，Tm，Yb，Lu

镧，铈，镨，钕，钷，钐，铕，钆，铽，镝，钬，铒，铥，镱，镥

锕系：89～103号元素（Ar—Lr），均为放射性元素。包括：

Ar，Th，Pa，U，Np，Pu，Am，Cm，Bk，Cf，Es，Fm，Md，No，Lr

锕，钍，镤，铀，镎，钚，镅，锔，锫，锎，锿，镄，钔，锘，铹

除钍为 $6d^2$ 外，其余均为 $6d^0$ 和 $6d^1$。

9.5 元素基本性质的周期性

9.5.1 原子半径

依据量子力学的观点，电子在核外运动没有固定轨道，只是概率分布不同，因此，原子没有明确的界面，不存在经典意义上的半径。人们假定原子呈球体，借助相邻原子的核间距来确定原子半径。基于此假定以及原子的不同存在形式，原子半径可以分为金属半径、共价半径和 van der Waals 半径。

(1) 概念

① 共价半径　同种元素的两个原子，以两个电子用共价单键相连时，核间距的一半，为共价半径。如 H_2 等同核单键双原子分子，均可测得其共价半径。

② 金属半径　金属晶体中，金属原子被看为刚性球体，彼此相切，其核间距的一半，为金属半径。

③ 范德华半径　单原子分子（He，Ne 等），原子间靠范德华力，即分子间作用力结合(未成键)，在低温高压下形成晶体，核间距的一半为范德华半径。

(2) 原子半径在周期表中的变化规律

① 同一周期，随着原子序数的增加原子半径逐渐减小，但长周期中部（d 区）各元素原子半径减小幅度较小。见下面数据。

同一周期中，原子半径的大小受两个因素的制约：a. 随着核电荷的增加，原子核对外层电子的吸引力增强，使原子半径逐渐变小；b. 随着核外电子数的增加，电子间的斥力增强，使原子半径变大。因为增加的电子不足以完全屏蔽所增加的核电荷，所以从左向右，有效核电荷逐渐增大，原子半径逐渐变小。

短周期的主族元素

元素	Li	Be	B	C	N	O	F	Ne
r/pm	152	113	86	—	—	—	72	—
元素	Na	Mg	Al	Si	P	S	Cl	Ar
r/pm	186	160	143	118	108	106	—	—

在长周期中从左到右电子逐一填入 $(n-1)$d 亚层，对核的屏蔽作用较大，有效核电荷增加较少，核对外层电子的吸引力增加不多，因此原子半径减小缓慢。而到了长周期的后半部，即ⅠB 和ⅡB 元素，由于 d^{10} 电子构型，屏蔽效应显著，所以原子半径又略有增大。

长周期的过渡元素

元素	Sc	Ti	V	Cr	Mn	Fe	Co	Ni	Cu	Zn
r/pm	162	147	134	128	127	126	125	124	128	134
元素	Y	Zr	Nb	Mo	Tc	Ru	Rh	Pd	Ag	Cd
r/pm	180	160	146	139	136	134	134	137	144	149

超长周期的内过渡元素

元素	La	Ce	Pr	Nd	Pm	Sm	Eu	Gd	Tb	Dy	Ho	Er	Tm	Yb	Lu
r/pm	183	182	182	181	183	180	208	180	177	176	176	176	176	194	174

镧系、锕系元素中，从左到右，原子半径也是逐渐减小的，只是减小的幅度更小。这是

由于新增加的电子填入（$n-2$）f 亚层上，f 电子对外层电子的屏蔽效应更大，外层电子感受到的有效核电荷增加更小，因此原子半径减小缓慢。镧系元素从镧（La）到镥（Lu）原子半径依次更缓慢减小的事实，称为镧系收缩。镧系收缩的结果，使镧系以后的铪（Hf）、钽（Ta）、钨（W）等原子半径与上一周期（第五周期）相应元素锆（Zr）、铌（Nb）、钼（Mo）等非常接近。导致了 Zr 和 Hf，Nb 和 Ta，Mo 和 W 等在性质上极为相似，分离困难。

② 同一主族中，从上到下，外层电子构型相同，电子层增加的因素占主导地位，所以原子半径逐渐增大。副族元素的原子半径，从第四周期过渡到第五周期是增大的，但第五周期和第六周期同一族中的过渡元素的原子半径比较接近。例如：

	K	Ca	Sc	Ti	V	Cr	Mn	Fe
r/pm	232	197	162	147	134	128	127	126
	Rb	Sr	Y	Zr	Nb	Mo	Tc	Ru
r/pm	248	215	180	160	146	139	136	134
	Cs	Ba	La	Hf	Ta	W	Re	Os
r/pm	265	217	183	159	146	139	137	135

9.5.2 电离能

（1）基本概念

电离能的定义：某元素 1mol 基态气态原子，失去最高能级的 1mol 电子，形成 1mol 气态离子（M^+）所吸收的能量，叫这种元素的第一电离能（I_1）；1mol 气态离子（M^+）继续失去最高能级的 1mol 电子，则为第二电离能（I_2）；依此类推还有第三电离能 I_3，第四电离能 I_4，…，I_n。

$$Li(g)-e^- \longrightarrow Li^+(g);\ I_1=520.2kJ/mol$$

$$Li^+(g)-e^- \longrightarrow Li^{2+}(g);\ I_2=7298.1kJ/mol$$

（2）电离能的周期性变化

电离能的大小反映原子失去电子的难易，电离能越大，失电子越难。

随着原子序数的增加，第一电离能也呈周期性变化。电离能的大小主要取决于原子核电荷数、原子半径和电子构型。

同周期中，从左向右，Z 增大，r 减小，核对电子的吸引增强，愈来愈不易失去电子，所以 I 呈递增趋势。但有反常现象出现。见如下数据。

短周期：主族元素

元素	Li	Be	B	C	N	O	F	Ne
I_1/kJ·mol^{-1}	520	900	801	1086	1402	1314	1681	2081
元素	Na	Mg	Al	Si	P	S	Cl	Ar
I_1/kJ·mol^{-1}	496	738	578	787	1012	1000	1251	1521

B 硼：电子结构为 [He]$2s^22p^1$，失去 $2p^1$ 的一个电子，达到 $2s^2$ 全充满的稳定结构，所以 I_1 比较小。

N 氮：电子结构为 [He]$2s^22p^3$，$2p^3$ 为半充满结构，比较稳定，不易失去其上的电子，I_1 突然增大。

O 氧：电子结构为 [He]$2s^22p^4$，失去 $2p^4$ 的一个电子，即可达到 $2p^3$ 半充满稳定结构，所以 I_1 有所降低（反而小于氮的第一电离能）。

Ne 氖：电子结构为 [He]$2s^22p^6$，为全充满结构，不易失去电子，所以 I_1 在同族中最大。

短周期主族元素中O和S的p电子失掉一个后，将得到较稳定的p轨道的半充满结构，所以这两种元素的第一电离能分别小于N和P，造成反常。

长周期：副族

元素	Sc	Ti	V	Cr	Mn	Fe	Co	Ni	Cu	Zn
$I_1/kJ \cdot mol^{-1}$	633	659	651	653	717	762	760	737	746	906

V 钒：反常，因电子结构为 $[Ar]3d^3 4s^2$，无法解释。

Cr 铬：I_1 变小，因电子结构为 $[Ar]3d^5 4s^1$，容易失去 $4s^1$ 的电子达到 $3d^5$ 的稳定结构。另一方面，$3d^5$ 半充满结构，对核屏蔽大，使 Z^* 减小，r 增大，核对 $4s^1$ 的作用小，也容易失去，所以电离能变小。

Co 和 Ni：因为电子结构分别为 $[Ar]3d^7 4s^2$ 和 $[Ar]3d^8 4s^2$，反常。

Zn：因电子结构为 $[Ar]3d^{10} 4s^2$，d和s为全充满，不易失去电子。所以 I_1 比较大。

可以看出，Zn的电离能比Cu的大，而实际上，Zn比Cu活泼，证明不能只用电离能来判断反应活性。实际要从得失电子能力两方面综合考虑。总趋势上看，长周期的电离能随 Z 的增加而增加，但有反常。

从同周期电离能 I_1 增加幅度来看，主族元素＞副族元素。因为：主族元素的半径减小幅度大，即 Z^* 增加幅度大，对外层电子的引力增加幅度大，所以 I_1 的增加幅度也大。

副族元素的半径减小幅度小，即 Z^* 增加幅度小，对外层电子的引力增加幅度小，所以 I_1 的增加幅度也小。有时有反常现象。内过渡系的规律性更差。

(3) 电离能与价态之间的关系

同一元素各级电离能的大小有如下规律 $I_1 < I_2 < I_3 \cdots$。首先要明确，原子失去一个电子形成正离子后，有效核电荷数 Z^* 增加，半径 r 减小，故核对电子引力大。所以再失去第二个、第三个电子…更加不易。

所以有：$I_1 < I_2 < I_3 < I_4 \cdots$，即电离能逐级加大。

电离能/$kJ \cdot mol^{-1}$	I_1	I_2	I_3	I_4	I_5	I_6
Li	520	7289	11815			
Be	900	1757	14849	21007		
B	801	2427	3660	25026		
C	1086	2353	4621	6223	37830	47277
N	1402	2856	4578	7475	9445	53266

上面数据可以说明元素的常见氧化态。

Li：$I_2/I_1 = 14.02$，增大14倍，不易生成+2价离子，所以 Li^+ 容易形成。

Be：$I_2/I_1 = 1.95$，$I_3/I_2 = 8.45$，所以 Be^{2+} 容易形成。

B：$I_3/I_2 = 1.38$，$I_4/I_3 = 6.83$，所以B(Ⅲ) 容易形成。

C：$I_4/I_3 = 1.35$，$I_5/I_4 = 6.08$，所以C(Ⅵ) 容易形成。

N：$I_4/I_3 = 1.26$，$I_6/I_5 = 5.67$，所以N(Ⅴ) 容易形成。

从电子结构来考虑，一般均达到稳定结构。第一电离能数据，可以通过原子失去电子的难易说明元素的金属活泼性。

9.5.3 电子亲和能 A

(1) 概念

元素的气态原子在基态时获得一个电子成为－1价气态负离子所放出的能量称电子亲和能。例如：

$$F(g)+e^- \longrightarrow F^-(g) \quad A_1=-328kJ\cdot mol^{-1}$$ [1]

电子亲和能也有第一、第二电子亲和能之分，如果不加注明，都是指第一电子亲和能。当－1 价离子获得电子时，要克服负电荷之间的排斥力，因此要吸收能量。例如：

$$O(g)+e^- \longrightarrow O^-(g) \quad A_1=-141.0kJ\cdot mol^{-1}$$

$$O^-(g)+e^- \longrightarrow O^{2-}(g) \quad A_2=+844.2kJ\cdot mol^{-1}$$

图 9-22 列出主族元素的电子亲和能。

H −72.7							He +48.2
Li −59.6	Be +48.2	B −26.7	C −121.9	N +6.75	O −141.0(844.2)	F −328.0	Ne +115.8
Na −52.9	Mg +38.6	Al −42.5	Si −133.6	P −72.1	S −200.4(531.6)	Cl −349.0	Ar +96.5
K −48.4	Ca +28.9	Ga −28.9	Ge −115.8	As −78.2	Se −195.0	Br −324.7	Kr +96.5
Rb −46.9	Sr +28.9	In −28.9	Sn −115.8	Sb −103.2	Te −190.2	I −295.1	Xe +77.2

图 9-22 主族元素的电子亲和能 A（单位：$kJ\cdot mol^{-1}$）

依据 H. Hotop and W. C. Lineberger. J. Phys. Chem. Ref. Data，1985，14：731.

括号内数值为第二电子亲和能。

(2) 第一电子亲和能在周期表中的变化

电子亲和能的大小反映了原子得到电子的难易。非金属原子的第一电子亲和能总是负值，而金属原子的电子亲和能一般为较小负值或正值。稀有气体的电子亲和能均为正值。

电子亲和能的大小也取决于原子的有效核电荷、原子半径和原子的电子层结构。它们的周期性规律如图 9-23 所示。最外层电子数逐渐增多，趋向于结合电子形成 8 电子稳定结构。元素的电子亲和能的负值在增大。卤素的电子亲和能呈现最大负值。碱土金属因为半径大，且有 ns^2 电子层结构难结合电子，电子亲和能为正值；稀有气体具有 8 电子稳定电子层结构，更难结合电子，因此电子亲和能为最大正值。

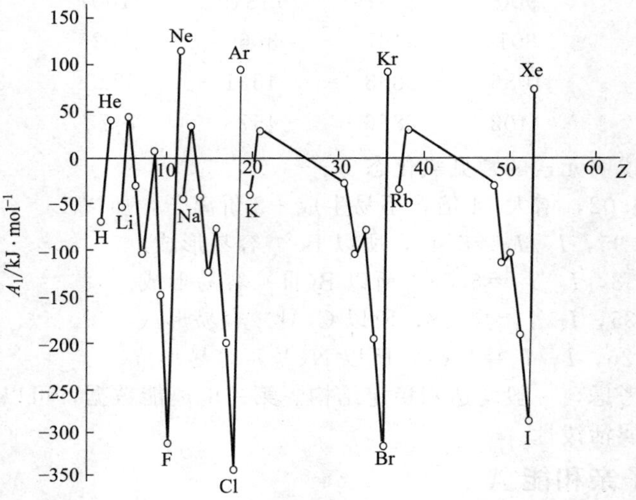

图 9-23 主族元素的第一电子亲和能的变化规律

[1] 本书将电子亲和能放出能量用负号表示，这样与焓变值正、负取得一致。

同一主族，从上到下规律不如同周期变化得那么明显，大部分呈现电子亲和能负值变小（即代数值变大）的趋势，部分呈相反趋势，比较特殊的是 N 原子的电子亲和能是正值，是 p 区元素中除稀有气体外唯一的正值，这是由于它具有半满 p 亚层稳定电子层结构，原子半径小，电子间排斥力大，得电子困难。另外，值得注意的是，电子亲和能最大负值不是出现在 F 原子，而是 Cl 原子。这可能是由于 F 原子的半径小，进入的电子会受到原有电子较强的排斥，用于克服电子排斥所消耗的能量相对多些的缘故。

9.5.4 电负性

1932 年，Pauling 提出了电负性的概念，它较全面地反映了元素金属性和非金属性的强弱。Pauling 在把 F 的电负性指定为 4.0 的基础上，从相关分子的键能数据出发进行计算，并与 F 的电负性 4.0 对比，得到其他元素的电负性数值，因此 Pauling 的电负性是一个相对的数值。

关于电负性的讨论，多少年来层出不穷。1934 年 Milliken（密立根）提出：

$$X=1/2(I+E)$$ （电负性为电离能与电子亲和能之和的一半）

如此，可计算出绝对的电负性数值。但由于 E 的数据不足，此式在应用中有局限性。

1957 年，Allred-Rochow（阿莱-罗周）将有效核电荷 Z^* 引入，提出核对电子的引力为：

$$F=\frac{Z^* e^2}{r^2}$$

则有：$X=\frac{0.359Z^*}{r^2}+0.744$

式中引入两个常数，计算结果与 Pauling 数据相吻合。

电负性比较：$X_{Cu}=1.9$，$X_{Zn}=1.65$，所以 Cu 比 Zn 不易失去电子，即 Cu 的金属性更强。此为电离能和电子亲和能的综合结果。

下面给出几种元素的电负性（Pauling 的 X_p）数据，可以找出元素电负性的变化规律。

元素	Li	Be	B	C	N	O	F	Ne
X_p	0.98	1.57	2.04	2.55	3.04	3.44	3.98	—
元素	Na	Mg	Al	Si	P	S	Cl	Ar
X_p	0.93	1.31	1.61	1.91	2.19	2.58	3.16	—

在同一周期中，从左向右随着元素的非金属性逐渐增强而电负性递增。

元素	X_p	元素	X_p
Li	0.98	F	3.98
Na	0.93	Cl	3.16
K	0.82	Br	2.96
Rb	0.82	I	2.66
Cs	0.79		

在同一主族中，从上向下电负性递减。在周期表中，氟是电负性最大的元素，而铯是电负性最小的元素。根据电负性的大小，可以衡量元素的金属性和非金属性。一般认为电负性在 2.0 以上的元素属于非金属元素，而电负性在 2.0 以下的属于金属元素。

习　题

一、填空题

9-1　周期表中 s 区、p 区、d 区和 ds 区元素的价电子构型分别为________、______、________和

________，其中 d 区元素中具有的特殊价电子构型为________或________，该元素名称为__，元素符号是____。

9-2 第四元素周期中，4p 轨道半充满的是____，3d 轨道半充满的是________和________，4s 轨道半充满的是________，价层中 s 电子数与 d 电子数相同的是______。

9-3 比较原子轨道的能量高低：

氢原子中，E_{3s}____E_{3p}，E_{3d}____E_{4s}；

钾原子中，E_{3s}____E_{3p}，E_{3d}____E_{4s}；

铁原子中，E_{3s}____E_{3p}，E_{3d}____E_{4s}。

9-4 镧系元素包括原子序数从____至____共____个元素；从 La 到 Lu 半径共减小____pm，这一事实称为________，其结果是____。

9-5 A 原子的 M 层比 B 原子的 M 层少 4 个电子，B 原子的 N 层比 A 原子的 N 层多 5 个电子。则 A 的元素符号为__，B 的元素符号为__，A 与 B 的单质在酸性溶液中反应得到的两种化合物为________和________。

二、选择题

9-6 第四周期元素原子中未成对电子数最多可达（　　）。

A. 4 个　　B. 5 个　　C. 6 个　　D. 7 个

9-7 主量子数 $n=4$ 能层的亚层数是（　　）。

A. 3　　B. 4　　C. 5　　D. 6

9-8 元素周期表中，第一过渡系列与第二过渡系列元素性质的差异大于第二过渡系列与第三过渡系列元素性质的差异，主要原因是（　　）。

A. 惰性电子对效应　　B. 价电子构型相似

C. 它们都是金属元素　　D. 镧系收缩的影响

9-9 镧系收缩使下列各对元素中性质相似的是（　　）。

A. Mn 和 Tc　　B. Ru 和 Rh　　C. Nd 和 Ta　　D. Zr 和 Hf

9-10 下列元素基态原子的第三电离能最大的是（　　）。

A. C　　B. B　　C. Be　　D. Li

三、判断题

9-11 氢原子的电离能为 2.719×10^{-18}J，也等于氢原子基态能量的绝对值。（　　）

9-12 氢原子能级高低的顺序为 1s<2s<2p<3s<3p<4s<3d…（　　）

9-13 $2p_z$ 原子轨道的角度分布图是两个外切的等径球面，图中的正、负号代表电荷符号。（　　）

9-14 Pauling 近似能级图表明了原子核外能级随原子序数的增加而发生的变化。（　　）

9-15 Cotton 能级图反映出随着原子序数的增大，原子轨道能级下降幅度不同，以及能级交错现象。（　　）

9-16 在第三周期中 P、S、Cl 的原子半径依次减小，因此 P^{3-}、S^{2-}、Cl^- 的离子半径也依次减小。（　　）

9-17 电离能最大的元素是氦，电离能最小的元素是铯。（　　）

9-18 氟是最活泼的非金属，故其电子亲和能最小。（　　）

9-19 氟的电负性比氖大，所以氟的第一电离能也比氖大。（　　）

9-20 所有元素中氟的电负性最大，这表明氟在形成化合物时得电子的能力最强。（　　）

四、综合题

9-21 某元素位于周期表中 36 号元素之前，该元素失去 2 个电子以后，在角量子数 $l=2$ 的轨道上正好半充满，试回答：

（1）该元素的原子序数、符号、所处周期和族；

（2）写出表示全部价电子运动状态的四个量子数；

（3）该元素最高价氧化物水合物的分子式及酸碱性。

9-22 某元素原子序数为 33，试问：

（1）此元素原子的电子总数是多少？有多少个未成对电子？

（2）它有多少个电子层？多少个能级？最高能级组中的电子数是多少？

（3）它的价电子数是多少？它属于第几周期？第几族？是金属还是非金属？最高化合价是几？

9-23 解释同周期主族元素的第一电离能从左到右的递变规律。为何 O 元素的第一电离能（1314kJ·moL^{-1}）比 N 元素的第一电离能（1402kJ·moL^{-1}）低。

9-24 比较大小并简要说明原因。

第一电离能 C<N

第一电子亲和能 O<S

9-25 试解释 NF_3 的电负性差远大于 NH_3 电负性差，但 NF_3 的偶极矩远小于 NH_3 的偶极矩。

9-26 用原子结构理论解释电子亲和能 C>N。

9-27 碳和氧的电负性相差较大，但一氧化碳分子的偶极矩却很小，为什么？

9-28 写出原子序数为 35 的元素的核外电子排布、元素符号、元素名称以及此元素在周期表中的位置。

9-29 写出原子序数为 32 的元素的核外电子排布、元素符号、元素名称以及此元素在周期表中的位置。

9-30 解释下列实验事实。

① 解离能：$N_2 > N_2^+$；

② 原子半径：Fe<Zn；

③ 第一电离能：N>O。

9-31 比较下列键角大小，并说明理由。

① OF_2 与 H_2O 的键角；

② BF_3、NH_3、H_2O 的键角。

9-32 试判断满足下列条件的元素有哪些？写出它们的元素符号和电子排布式。

（1）有 6 个量子数为 $n=3$、$l=2$ 的电子，有 2 个 $n=4$、$l=0$ 的电子；

（2）基态 4p 轨道半充满。

9-33 多电子原子中，当 $n=4$ 时，有哪几个能级？各能级有几个轨道？各能级分别最多能容纳几个电子？

9-34 为何氢原子的 3s 和 3p 轨道能量相同，而氯原子的 3s 轨道能量却低于 3p 轨道能量？

第10章 分子结构

分子是决定物质性质的基本单位，是保持物质化学性质的最小微粒，是参加化学反应的基本单元。分子的性质取决于组成分子的原子种类、数目、原子间的相互作用力和原子的空间排布方式。化学上把分子或晶体中相邻原子（或离子）之间强烈的相互吸引作用称为化学键。通常根据相邻原子（或离子）之间强烈相互吸引作用的方式不同，将化学键划分成三种类型，即离子键、共价键、金属键。原子在空间的排布方式就是分子形状。为了了解物质的性质及化学反应的规律就必须研究分子结构。本章主要讨论分子的形成、分子的几何构型及分子间的相互作用。

10.1 共价键理论

10.1.1 路易斯（Lewis）理论

在自然界中，除稀有气体是单原子分子稳定存在外，其他元素的原子间都是通过一定的化学键结合形成分子或晶体而存在。1916 年美国化学家路易斯提出了共价键的概念，他认为那些电负性相差较小或相同原子之间是通过共用电子对而联系结合在一起的，如 H_2、O_2、Cl_2、NH_3 等分子，成键原子通过形成共用电子对以后，每一个原子都达到相应稀有气体原子的稳定电子构型，即最外层电子符合 $1s^2$ 或 ns^2np^6 的电子构型。

例如，当两个氯原子结合形成氯分子时，每一个氯原子提供出价电子层中的一个未成对电子来共用，两个氯原子之间形成一个共用电子对。这样，对于每一个氯原子来讲，通过共用电子对都使外层达到 8 个电子的稳定构型。其形成表示如下：

$$:\ddot{\underset{..}{Cl}}\cdot + \cdot\ddot{\underset{..}{Cl}}: \longrightarrow :\ddot{\underset{..}{Cl}}:\ddot{\underset{..}{Cl}}:$$

若以“—”代表共用电子对，氯分子可以表示为：Cl—Cl。同样氧分子的形成，两个氧原子各自拿出外层的两个单电子，形成两个共用电子对，通过两个共用电子对，使得每一个氧原子外层达到稀有气体原子的电子构型。氯化氢分子的形成也如此，氢原子和氯原子各自拿出外层的一个单电子，氢原子和氯原子之间形成一个共用电子对，通过共用电子对使得两个原子的外层都达到稀有气体原子的电子构型。化学上把这种原子间通过共用电子对而形成的化学键称为共价键。

经典的共价键理论能解释许多物质的分子结构，是原子间通过共用电子对使价电子层的电子数目达到稀有气体原子的稳定电子构型。但还是有其局限性。例如，有些共价化合物分子中原子的价层电子数虽然多于 8 个（如 PCl_5）或少于 8 个（BCl_3），分子依然能稳定存在。更重要的是它没有从本质上解释共价键的成因，把电子看成是静止不动的负电荷，不能对两个带负电荷的电子之间不相互排斥反而相互配对进行解释；同样不能解释共价键具有方向性以及分子的某些性质。随着科学的发展，1927 年德国化学家海特勒（W. Heitler）和伦敦（F. London）应用量子力学原理处理氢分子结构，使共价键的本质得到了解释。鲍林（Pauling）等人在此基础上并加以发展，提出现代价键理论（valence bond theory）简称 VB 法。1930 年美国化学家密里肯（R. S. Mulliken）和德国化学家洪德（Hund）又从另一角度提出了分子轨道理论（molecular orbital theory）简称 MO 法。

10.1.2 价键理论

（1）共价键的形成和本质

1927 年海特勒（W. Heitler）和伦敦（F. London）应用量子力学原理处理氢分子的形成过程，得到由 2 个氢原子形成氢分子的能量与两核间距离的变化曲线（如图 10-1 所示）。图 10-1 表明，两个 H 原子形成氢分子过程出现基态（E_B）和排斥态（E_A）两种情况。基态是指当两个 H 原子的成单电子自旋方向相反时，随着两个 H 原子的相互靠近，每个 H 原子核除吸引自身的 1s 电子外，还吸引另一个 H 原子的 1s 电子，使得两个 H 原子的 1s 轨道发生重叠，两个 H 原子核间的电子云概率密度增大，体系能量逐渐降低，实验发现，在核间距达到 R_0（74pm）时，两个 H 原子核间的吸引和排斥作用相等，电子云概率密度最大［如图 10-2(a) 所示］，体系能量最低，对应的能量为 $-436\text{kJ}\cdot\text{mol}^{-1}$。如果核间距继续缩短，随着两个原子核排斥力的增大，体系能量迅速升高。因此，两个 H 原子在核间距达到 R_0 的平衡距离时形成了稳定的 H_2 分子，此状态称为 H_2 分子的基态。如果两个 H 原子的成单电子自旋方向相同，则随着两个 H 原子的逐渐靠近，两个 H 原子的 1s 轨道重叠部分的波函数值相互抵消，两个原子核间排斥力占主导，电子云概率密度几乎为零［如图 10-2(b) 所示］，体系的能量不断升高，并不出现低能量的稳定状态，形成不了化学键，表示两个 H 原子不能结合形成 H_2 分子，而是趋向分离保持为单个 H 原子，这种不稳定状态称为氢分子的排斥态。

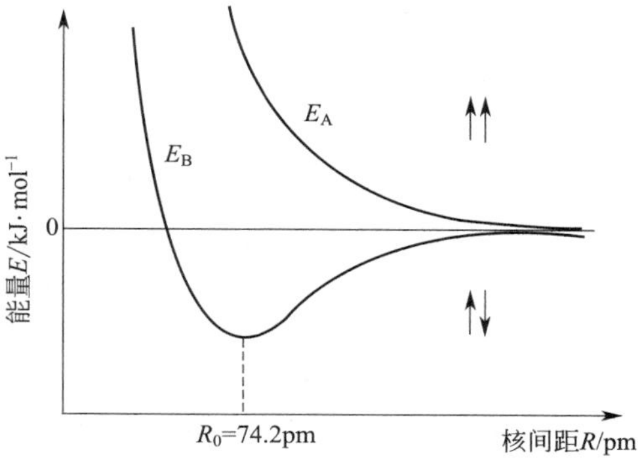

图 10-1 两个 H 原子形成氢分子过程体系能量随核间距的变化

E_A 为排斥态的能量曲线；

E_B 为基态的能量曲线

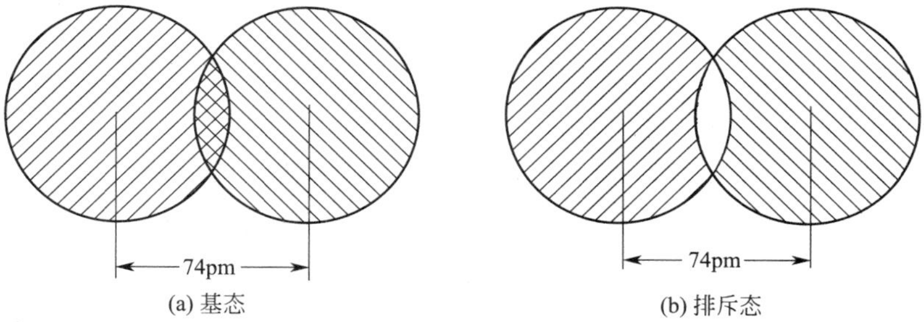

图 10-2 氢分子的基态和排斥态

综上所述，量子力学很好地阐明了氢分子共价键的本质是因为两个 H 原子相互接近时，两个自旋方向相反电子的 1s 轨道发生重叠，使得两个电子在两个原子核间出现的概率密度增大，既增大了电子对两原子核的吸引又屏蔽削减了两原子核间的排斥作用，当两原子核的吸引和排斥作用相平衡时，两原子核之间既不能分开也不能靠近，体系的能量降到最低，形成稳定的共价键。因此，价键理论认为共价键的本质是既继承路易斯成键原子间共享电子对的理论，又阐明了成键的两电子必须是自旋方向相反的单电子，同时电子不是静止的，是不停运动的，并在两核间出现的概率密度最大。

（2）价键理论的基本要点

1930 年美国化学家鲍林等人，把海特勒和伦敦应用量子力学原理处理氢分子形成的成果推广应用到其他分子的形成，并加以发展提出现代价键理论。现代价键理论的基本要点如下。

① 两原子接近时，自旋相反的未成对价电子可以配对形成稳定的共价键。一般说，若原子的价层电子没有未成对电子，不能形成共价键。例如稀有元素的原子通常不形成双原子分子。

② 两原子成键电子的原子轨道重叠越多，成键两原子核间的电子出现的概率密度越大，所形成的共价键越牢固。这就是最大重叠原理。

（3）共价键的特征

根据价键理论的基本要点，可以推知共价键具有两种特性，即饱和性和方向性。

① 饱和性　当两原子接近时，只有自旋方向相反的未成对价电子才能配对形成稳定的共价键。一个成键原子的价层电子中含有几个未成对电子，这个原子最多只能和相同数目自旋方向相反的未成对电子配对形成共价键，即原子所能形成共价键数目的多少，是由其未成对电子数目多少决定的，共价键的这种特性叫做共价键的饱和性。例如，H 原子只有 1 个未成对电子，因此，它只能和其他原子的一个自旋方向相反的未成对电子形成一个共价键。如 H—H、H—Cl；N 原子的 2p 轨道上有 3 个未成对电子，它只能和其他原子自旋方向相反的 3 个未成对电子形成三个共价键 N≡N 。

② 方向性　由于原子轨道中，除 s 轨道是球形对称在空间没有方向性外，而其他的 p，d，f 轨道在空间都有确定的伸展方向。成键原子靠近形成共价键时，在可能的空间范围内，一定选择沿着原子轨道最大重叠方向重叠成键。才能使得成键两原子核间电子云的概率密度最大，体系处于最低的能量状态。所以，当一个 A 原子与其他一个或几个 B 原子形成共价分子时，B 原子在 A 原子周围的成键方位是一定的，这就是共价键的方向性。共价键的方向性决定了共价分子具有一定的空间构型。例如，氯原子和氢原子结合形成氯化氢分子时，氢原子的 1s 单电子与氯原子的 $3p_x$ 一个自旋方向相反的单电子形成共价键，氢原子的 1s 电子只有沿着氯原子的 $3p_x$ 轨道对称轴方向进入，才能使氢原子的 1s 轨道与氯原子的 $3p_x$ 轨道发生最大程度重叠，如图 10-3(a) 所示，两原子核间电子云密度最大，形成稳定的共价键，而图 10-3(b) 和 (c) 则说明两原子轨道重叠程度很小或没有发生重叠，两原子的单电子没有配对形成共价键。

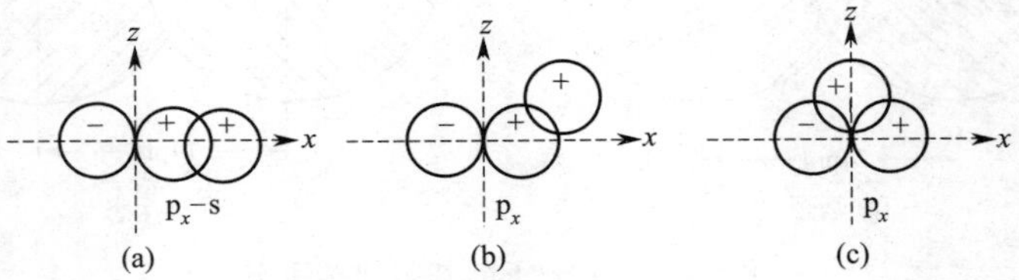

图 10-3　HCl 分子共价键方向示意图

（4）共价键的类型

共价键的类型可以从共价键形成的不同角度进行分类。

① 根据两原子形成共价键时，原子轨道重叠方式不同，共价键可以分为 σ 键和 π 键等。

根据成键时要满足原子轨道最大程度重叠，两原子相互靠近，原子轨道沿着两原子核的连线方向，以“头顶头”方式进行重叠，轨道重叠部分沿键轴为圆柱形对称，并集中于两原子核之间，原子以这种轨道重叠形式结合而成的共价键叫 σ 键。如图 10-4 所示的氢分子中的（s-s）、氯化氢分子中的（s-p_x）和氯分子中的（p_x-p_x）键均为 σ 键。

两原子相互靠近，原子轨道以“头顶头”方式进行重叠形成 σ 键时，当成键两原子中仍有成单电子，其原子轨道垂直于两原子核的连线，即两个相互平行的 p 轨道又可以以“肩并肩”方式进行重叠，轨道重叠部分在键轴的两侧并垂直于键轴的平面。原子轨道以这种重叠方式形成的共价键叫做 π 键（如图 10-5 所示）。

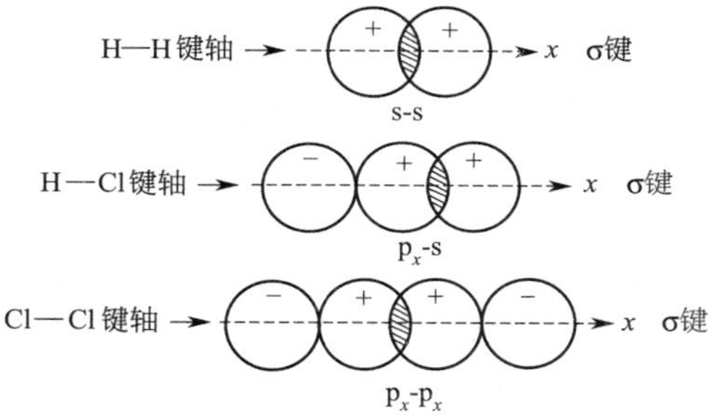

图 10-4　σ 键示意图

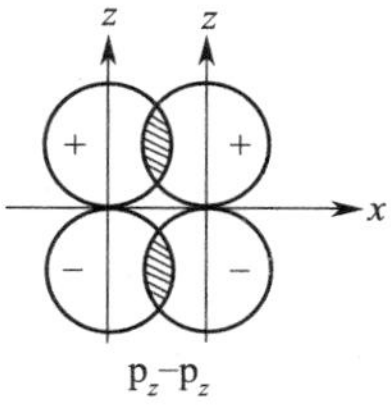

图 10-5　π 键示意图

当两原子之间形成双键或三键时，常常是既有 σ 键又有 π 键。例如，在 N_2 分子的成键过程中，两个 N 原子之间就形成了一个 σ 键和两个 π 键。N 原子的价层电子构型是 $2s^2 2p^3$，每个 N 原子有 3 个未成对的 2p 电子，分别分布在三个相互垂直的 $2p_x$、$2p_y$、$2p_z$ 原子轨道上。当两个 N 原子沿着 x 轴相互靠近，则 2 个 N 原子的 $2p_x$ 轨道以“头碰头”的方式重叠形成 1 个 σ 键；同时 2 个 N 原子垂直于 σ 键键轴的 $2p_y$ 和 $2p_z$ 轨道则只能以“肩并肩”的方式分别重叠成键，形成2 个 π 键。N_2 分子的成键如图 10-6 所示。

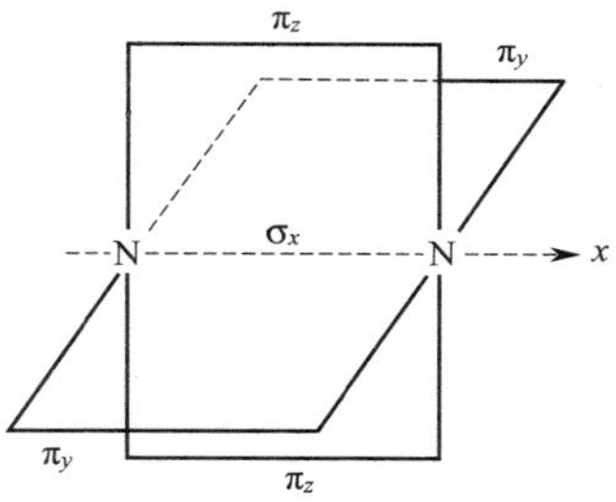

图 10-6　N_2 分子中 σ 键和 π 键示意图

σ 键和 π 键的区别见表 10-1。

表 10-1　σ 键和 π 键的区别

键型 比较	σ　键	π　键
成键轨道	由 s-s、s-p、p-p 等原子轨道组成	由 p-p、p-d 等原子轨道组成
重叠方式	原子轨道以“头碰头”方式重叠	原子轨道以“肩并肩”方式重叠
重叠程度	沿键轴呈圆柱形对称重叠程度较大	垂直于键轴呈镜面对称，重叠程度较小
电子云密度分布	集中于两核之间	分散在节面的上、下
存在形式	两原子间形成的单键	两原子间形成双键或三键时存在
键的性质	键能较大，稳定性较高	键能较小，稳定性较差

② 根据两原子形成共价键时，提供共用电子方式不同，共价键又可分为一般共价键和特殊共价键——配位键。如果共用电子对是由成键两原子各自提供自旋方向相反的单电子形成的共价键称为一般共价键，如 H_2、N_2、HF、NH_3 等分子中的共价键。但也存在特殊情况，当两原子间共价键中的共用电子对是由成键原子中一方单独提供，进入另一方原子的空轨道双方共享所形成的共价键，称为配位键。通常为表示配位键的特殊性，用“→”来区别

于一般共价键，箭头指向电子对接受体，箭尾指向电子对给予体。例如，在CO分子中，O原子的价层电子构型是$2s^22p^4$，C原子的价层电子构型是$2s^22p^2$，两原子的2p轨道上各有2个未成对电子，两原子相互靠近以“头碰头”形成一个σ键，同时还“肩并肩”形成一个π键，此外，O原子还单独提供一个2p电子对（也称孤对电子）进入C原子的一个2p空轨道，两原子共用这对电子形成共价键即配位键。其形成可表示为：

$$:\ddot{\underset{..}{O}}\cdot + \cdot\ddot{C}: \Longrightarrow :O \overset{\rightarrow}{=} C:$$

由上例说明，要形成配位键必须满足两个条件：

① 提供共用电子对的原子在价电子层上应有孤对电子；

② 接受电子对的原子在价电子层上应有空轨道。有很多无机化合物的分子或离子具有配位键。

10.1.3 杂化轨道理论

现代价键理论对许多共价分子中共价键的形成进行了合理地解释，但仍然存在有不足之处，无法对部分多原子分子的成键及空间构型进行阐明。例如，CH_4分子中的C原子，其价层电子构型是$2s^22p^2$，p轨道上只有两个未成对电子，按照价键理论最多只能和2个H原子形成2个C—Hσ键，但实验测定它是和4个H原子形成4个相同的C—Hσ键而形成CH_4分子。H_2O分子中的O原子，其价层电子构型是$2s^22p^4$，两个未成对电子分布在两个不同的p轨道上，当和两个H原子形成2个O—Hσ键时，两个O—Hσ键之间的夹角应是90°，但实验测定其夹角却是104°45′。为了解决现代价键理论无法解决的实际问题，1931年，鲍林等人在价键理论的基础上提出了杂化轨道理论，进一步丰富和发展了现代价键理论，成功的阐明了现代价键理论无法解释的部分——多原子分子的成键性质及分子空间构型。

（1）杂化和杂化轨道

多原子在形成分子时，同一原子中几个能量相近的不同类型的原子轨道重新组合成数目相同，具有确定形状和空间伸展方向新轨道的过程称之为杂化。杂化后所形成新的原子轨道叫做杂化轨道。

（2）杂化轨道理论基本要点

① 孤立的原子，其轨道不发生杂化，只有在形成分子的过程中轨道的杂化才有可能发生。

② 原子形成共价键时，可以运用杂化轨道成键。不同的杂化方式导致杂化轨道的空间分布不同，由此决定了分子的空间几何构型不同。例如，在CH_4分子中，C原子是以4个sp^3杂化轨道与4个H原子形成4个C—Hσ键。其过程是，C原子价层电子构型是$2s^22p^2$，当它与H原子靠近成键时，2s轨道上的一个电子激发到2p的空轨道上去，然后4个轨道进行新的组合，形成4个新的杂化轨道与4个H原子的s轨道“头碰头”重叠成键，形成空间构型为正四面体的CH_4分子。其过程示意图如下：

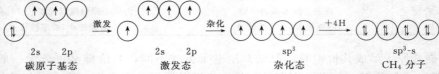

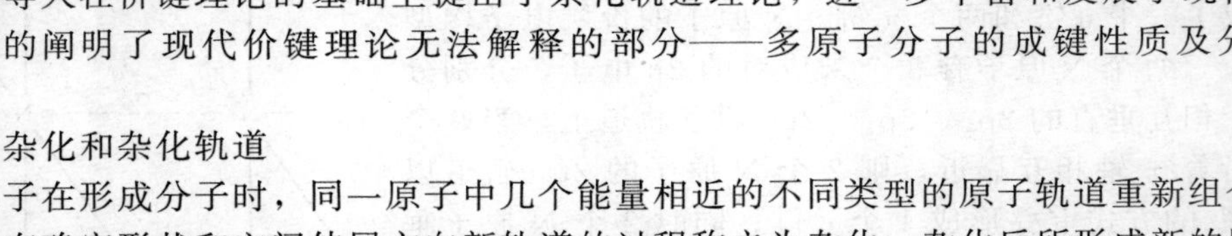

③ 原子中不同类型的原子轨道只有能量相近的才能杂化。例如，根据原子轨道能量的高低，主族元素原子最外电子层的ns，np轨道之间或ns，np和nd轨道之间可以杂化；副族元素原子最外电子层的ns，np和nd轨道或ns，np轨道和次外电子层的$(n-1)d$轨道之间可以杂化。

④ 形成的杂化轨道的数目等于参加杂化的原子轨道数目。例如，上述 CH_4 分子中，C 原子是用 2s，$2p_x$，$2p_y$，$2p_z$ 四个原子轨道进行杂化，其杂化的结果是组合成四个新的 sp^3 杂化轨道

⑤ 杂化轨道的形状和空间伸展方向与杂化前轨道相比都发生了改变，使电子云更加集中，成键时重叠程度更大，成键能力更强，形成的分子更加稳定。例如，1 个 s 轨道和 1 个 p 轨道进行杂化，杂化后形成 2 个 sp 杂化轨道，2 个轨道的形状是一头较大，一头较小，较大的一头有利于轨道重叠成键。其杂化如图 10-7 所示。

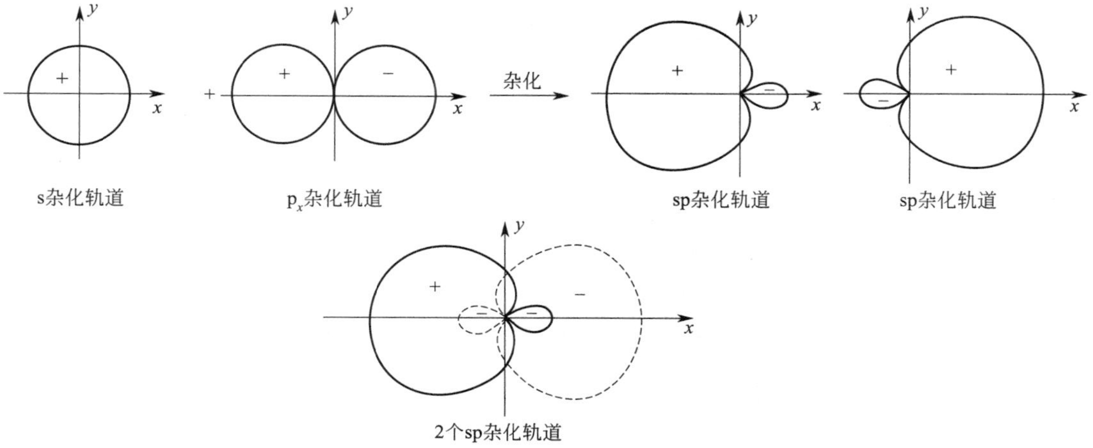

图 10-7　s 轨道和 p 杂化轨道杂化形成的 sp 杂化轨道示意图

(3) 杂化轨道类型与分子空间构型的关系

根据参加杂化的原子轨道种类不同，可分为 sp 杂化和 spd 杂化两种类型。下边分别介绍由 s 轨道和 p 轨道参与杂化的 sp 杂化类型的三种方式，即 sp 杂化，sp^2 杂化，sp^3 杂化和由 s 轨道、p 轨道和 d 轨道共同参与杂化的 spd 杂化类型的两种方式，即 sp^3d 杂化，sp^3d^2 杂化类型。

① sp 杂化　原子在形成分子时，中心原子的 1 个 ns 轨道和 1 个 np 轨道杂化组合成 2 个 sp 杂化轨道的过程叫做 sp 杂化，所形成的两个能量相等的轨道叫做 sp 杂化轨道。每个 sp 杂化轨道的特点是均含有 $\frac{1}{2}$s 轨道成分和 $\frac{1}{2}$p 轨道成分，为使相互之间排斥作用最小，其间的夹角为 180°。当中心原子以 sp 杂化轨道与其他原子进行轨道重叠成键，所形成分子的空间构型为直线形。例如，图 10-8 绘出了 $BeCl_2$ 分子形成时中心 Be 原子的轨道杂化情况和分子的空间构型。

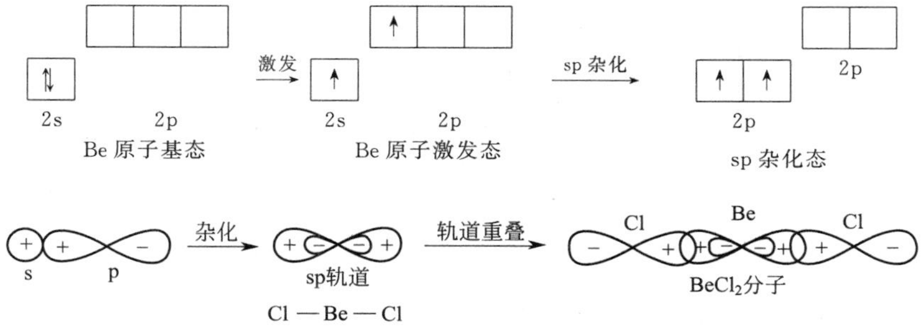

图 10-8　sp 杂化轨道的空间构型和 $BeCl_2$ 分子的形成

② sp^2 杂化　原子在形成分子时，中心原子的 1 个 ns 轨道和 2 个 np 轨道杂化组合成 3 个 sp^2 杂化轨道的过程叫做 sp^2 杂化，所形成的三个能量相等的轨道叫做 sp^2 杂化轨道。每个 sp^2 杂化轨道的特点是均含有 $\frac{1}{3}$s 轨道成分和 $\frac{2}{3}$p 轨道成分，为使相互之间排斥作用最小，其间的夹角为 120°。当中心原子以 sp^2 杂化轨道与其他 3 个相同的原子进行轨道重叠成键，所形成分子的空间构型为平面三角形。例如，图 10-9 表示 BF_3 分子形成时中心 B 原子的轨道杂化情况和分子的空间构型。

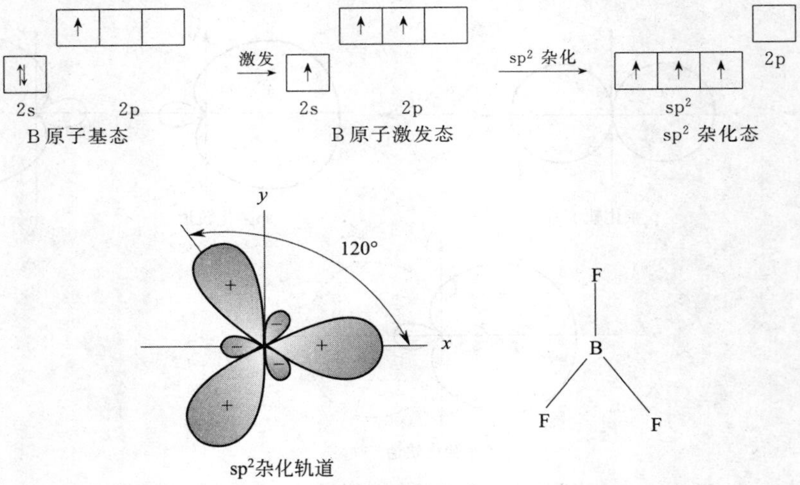

图 10-9　sp^2 杂化轨道的空间构型和 BF_3 分子的形成

③ sp^3 杂化　原子在形成分子时，中心原子的 1 个 ns 轨道和 3 个 np 轨道杂化组合成 4 个 sp^3 杂化轨道的过程叫做 sp^3 杂化，所形成的四个能量相等的轨道叫做 sp^3 杂化轨道。每个 sp^3 杂化轨道的特点是均含有 $\frac{1}{4}$s 轨道成分和 $\frac{3}{4}$p 轨道成分，为使相互之间排斥作用最小，其间的夹角为 109°28′。当中心原子以 sp^3 杂化轨道与其他 4 个相同的原子进行轨道重叠成键，所形成分子的空间构型为正四面体形。例如，图 10-10 表示 CH_4 分子形成时中心 C 原子的轨道杂化情况和分子的空间构型。

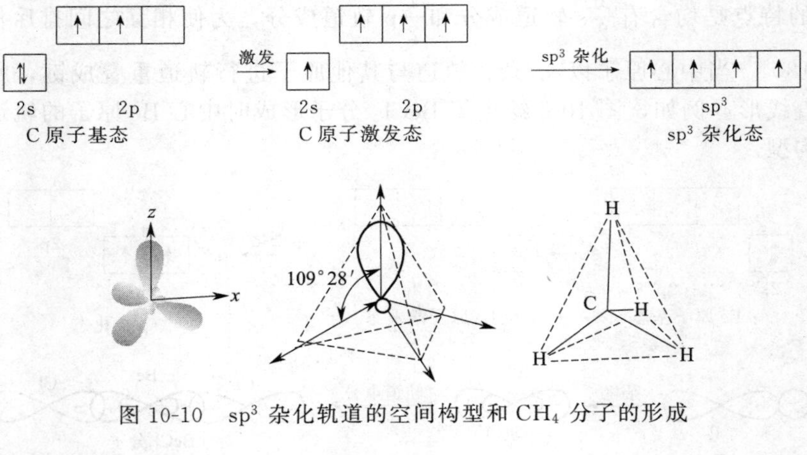

图 10-10　sp^3 杂化轨道的空间构型和 CH_4 分子的形成

例 10-1　试解释 CCl_4 分子的空间构型。

解：实验结果表明，CCl_4 分子的空间构型为正四面体形，其键的夹角均为 109°28′。其形成过程可表示为 C 原子的 1 个 2s 轨道和 3 个 2p 轨道杂化形成 4 个等价的 sp^3 杂化轨道，分别与 4 个含有单电子的 Cl 原子 3p 轨道重叠形成 4 个 sp^3-p 的 σ 键，所以 CCl_4 分子的空间构型为正四面体形。

④ sp^3d 杂化　1 个 s 轨道、3 个 p 轨道和 1 个 d 轨道组合成 5 个 sp^3d 杂化轨道，在空间排列成三角双锥构型，杂化轨道间夹角分别为 90°和 120°。PCl_5 分子的几何构型为三角双锥，P 原子的外层电子构型为 $3s^23p^3$，P 原子与 Cl 原子成键时，3s 轨道上的 1 个电子激发到空的 3d 轨道上，同时，1 个 3s 轨道、3 个 3p 轨道和 1 个 3d 轨道杂化，形成 5 个 sp^3d 杂化轨道，与 5 个 Cl 原子的 P 轨道形成 5 个 σ 键，平面的 3 个 P—Cl 键键角为 120°，垂直于平面的两个 P—Cl 键与平面的夹角为 90°（图 10-11）。

⑤ sp^3d^2 杂化　1 个 s 轨道、3 个 p 轨道和 2 个 d 轨道组合成 6 个杂化轨道，在空间排列成正八面体构型，杂化轨道间夹角为 90°和 180°。SF_6 分子的几何构型为八面体（图 10-12）。中心原子 S 的外层电子构型为 $3s^23p^4$，成键时 s 原子将 1 个 3s 电子和 1 个已成对的 3p 电子激发到空的 3d 轨道上，同时将 1 个 3s 轨道，3 个 3p 轨道和 2 个 3d 轨道杂化，形成 6 个 sp^3d^2 杂化轨道，与 6 个 F 原子的 2p 轨道重叠形成个 σ 键。含 d 轨道参与的杂化类型还有 dsp^2，dsp^3 和 d^2sp^3 杂化，这些杂化轨道是由 $(n-1)d$，ns 和 np 轨道组成，即采用 $(n-1)d$ 轨道参与杂化，此类杂化方式将在配合物结构中介绍。

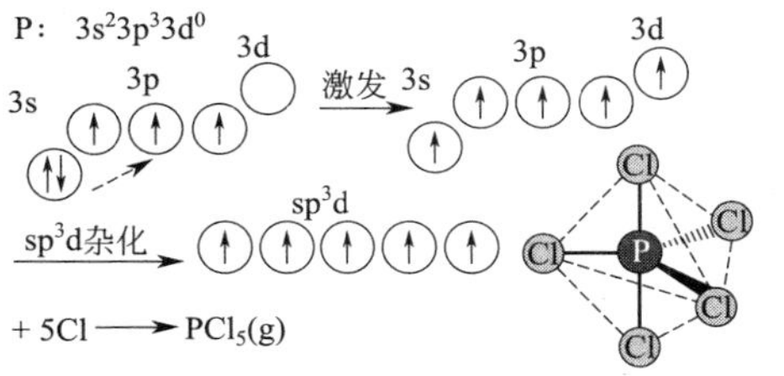

图 10-11　sp^3d 杂化与 PCl_5 分子的空间构型

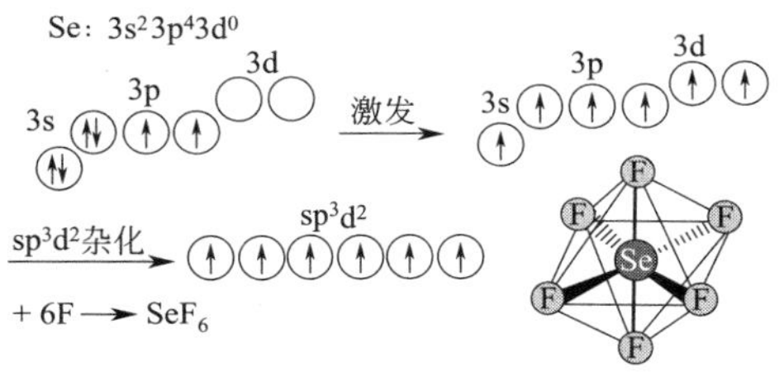

图 10-12　sp^3d^2 杂化和 SF_6 的空间构型

表 10-2 归纳了上述的杂化轨道类型及性质。

表 10-2　杂化轨道与分子空间构型

杂化轨道	杂化轨道数目	键 角	分子几何构型	实 例
sp	2	180°	直线形	$BeCl_2$，CO_2
sp^2	3	120°	平面三角形	BF_3，$AlCl_3$
sp^3	4	109.5°	四面体	CH_4，CCl_4
sp^3d	5	90、120°	三角双锥	PCl_5，AsF_6
sp^3d^2	6	90°	八面体	SF_6，SiF_6^{2-}

⑥ 不等性杂化　前面介绍的几种杂化轨道都是中心原子进行轨道杂化后所形成的几个杂化轨道在成分和能量上完全相同的等价轨道，这样的杂化称为等性杂化。等性杂化过程中形成的是一组能量简并的轨道，参与杂化的各原子轨道如 s、p、d 等成分相等。上面涉及的 CH_4、BF_3、$BeCl_2$、PCl_5 和 SF_6 分子均属此类。有些分子的杂化情况不同，参与杂化的原子轨道不仅含有未成对电子的原子轨道，也包含电子已耦合成对的原子轨道或者没有电子的空原子轨道。也就是说，杂化过程中参与杂化的各原子轨道 s、p、d 等成分并不相等，所形成的杂化轨道是一组能量彼此不相等的轨道，这种杂化称为不等性杂化。

例如，在 H_2O 分子中，虽然中心 O 原子也采取 sp^3 杂化，形成 4 个 sp^3 杂化轨道，但有 2 个杂化轨道各含有 1 个成单电子，另外 2 个杂化轨道则各含有 1 对电子。因此，它们在能量和空间分布上有所不同，O 原子的 2 个含成单电子的杂化轨道分别与 2 个 H 原子的 1s

轨道重叠形成 2 个 σ 键。成键电子对受到 O、H 两原子核的共同吸引，而 2 对孤对电子则只受到 O 原子核的吸引，因此，相对于成键电子对来讲，孤对电子更靠近 O 原子核，相互间的排斥力更大，从而使得 2 对孤对电子对 2 对成键电子产生了额外的“积压”作用，2 个 O—H 键之间的夹角从正四面体中的 109°28′减小到 104°45′。H_2O 的空间构型为“V”形，其形成过程见图 10-13。

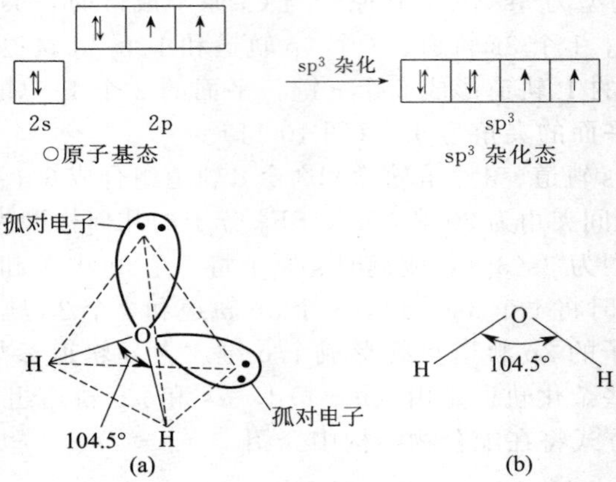

图 10-13　sp^3 不等性杂化和 H_2O 的空间构型

例 10-2　试解释 NH_3 分子的空间构型。

解： 实验结果表明，NH_3 分子的空间构型为三角锥形，NH_3 分子中 3 个 N—H 键相互间的夹角为 107°18′。其形成过程可表示为中心 N 原子采取 sp^3 不等性杂化，其中 3 个杂化轨道各含有 1 个成单电子，1 个杂化轨道含有 1 对电子，含成单电子的杂化轨道分别与 3 个 H 原子的 1s 轨道重叠形成 3 个 sp^3-s 的 σ 键，所以 NH_3 分子的空间构型为三角锥形（见图 10-14）。

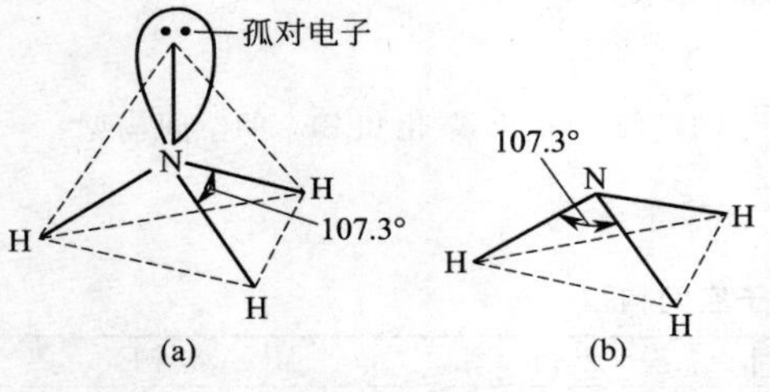

图 10-14　NH_3 分子的空间构型

10.1.4　价层电子对互斥理论

杂化轨道理论虽然成功地解释了一些共价分子的形成和空间构型，但其不足之处是使用起来比较烦琐，如果直接应用杂化轨道理论预测一个未知分子的空间构型，不一定能够得到理想的结果。杂化轨道理论的建立是以事实（已知分子的实际构型）为基础的，是先有事实后有理论。一个分子的中心原子具体采用何种类型的轨道杂化，往往进行直接的预测。为了能够直接准确地预测出分子的空间构型，1940 年西奇威克（Sidgwick）在总结了大量已知共价分子构型的基础上，提出了价层电子对互斥理论（简称 VSEPR 法）。20 世纪 50 年代末，价层电子对互斥理论经吉莱斯（Gillespie）和尼霍姆（Nyholm）的发展，成为较简单的又能比较准确地判断分子几何构型的近代学说。

（1）价层电子对互斥理论的基本要点

① 对于只含有一个中心原子的分子或离子（AB_n），分子的空间几何构型取决于中心原子价电子层中的电子对数。分子中中心原子的价电子对包括 σ 键和孤对电子对数。

② 价电子对之间存在斥力，为减小价电子对间的排斥力，电子对间应尽量相互远离（见表 10-3），彼此趋向于均匀地分布在中心原子周围，使排斥力最小，体系趋于最稳定。

表 10-3 价层电子对数及价层电子对构型和分子构型

分子类型	价层电子对总数	成键电子对数	孤对电子数	价层电子对空间构型	分子空间构型	实例
AB_2	2	2	0	直线		CO_2、$BeCl_2$ 直线
AB_3	3	3	0	正三角形	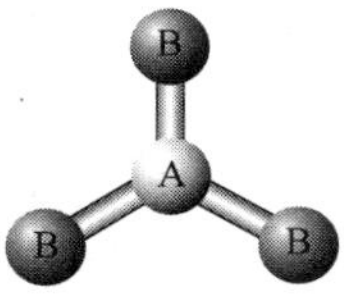	NO_3^-、BF_3 正三角形
AB_2	3	2	1	三角形	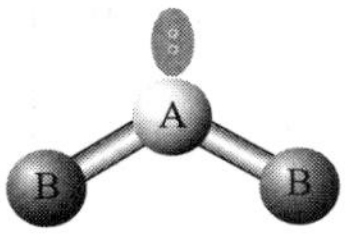	SO_2、$SnCl_2$ V 形
AB_4	4	4	0	正四面体	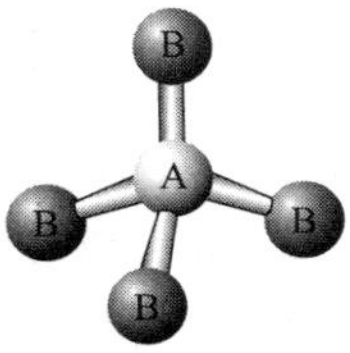	CH_4、SiF_4 正四面体
AB_3	4	3	1	四面体	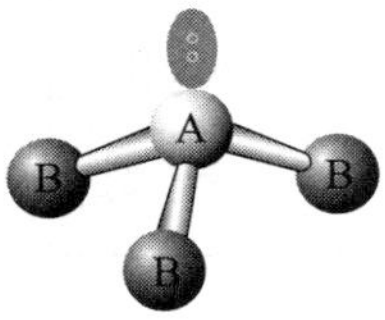	NH_3、H_3O^+ 三角锥体
AB_2	4	2	2	四面体	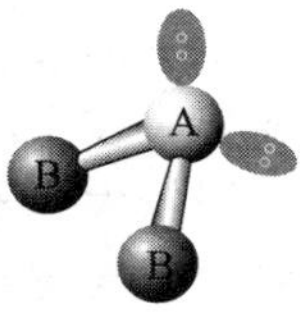	H_2O、H_2S V 形
AB_5	5	5	0	三角双锥	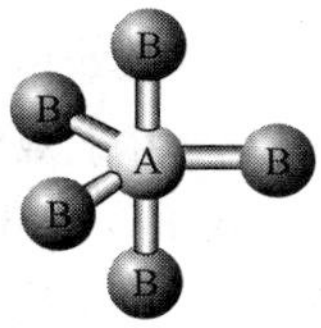	PCl_5 三角双锥体
AB_4	5	4	1	三角双锥	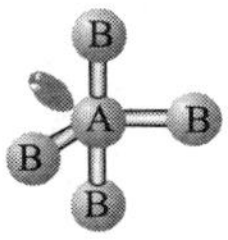	SF_4 变形四面体
AB_3	5	3	2	三角双锥	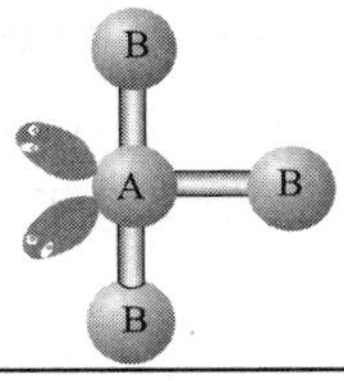	ClF_3 T 形

续表

分子类型	价层电子对总数	成键电子对数	孤对电子数	价层电子对空间构型	分子空间构型	实例
AB_2	5	2	3	三角双锥	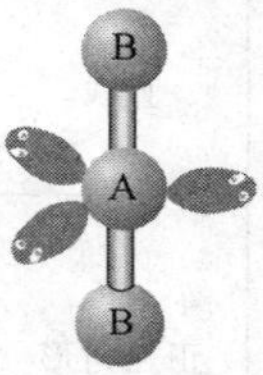	XeF_2 直线
AB_6	6	6	0	正八面体	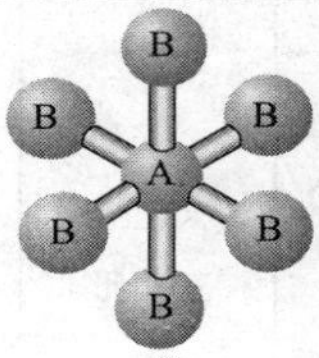	SF_6 正八面体
AB_5	6	5	1	八面体	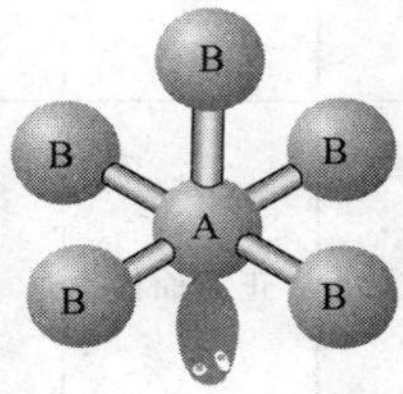	IF_5 四方锥体
AB_4	6	4	2	八面体	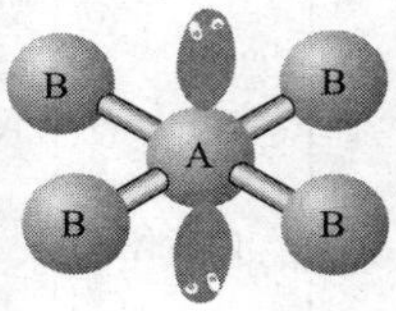	XeF_4 平面正方形

③ A 的价电子层中电子对相互排斥作用的大小取决于电子对间的夹角和电子对的成键情况。成键电子对由于受两个原子核的吸引，电子云比较集中在键轴的位置，而孤对电子仅受中心原子的原子核吸引，主要集中在中心原子的原子核边上，显得比较肥大。由于孤对电子肥大，对相邻电子对的排斥作用较大。不同价电子对间的排斥作用顺序为：

孤对电子与孤对电子＞孤对电子与键对电子＞键对电子与键对电子。

决定电子对间的夹角大小顺序为：

孤对电子与孤对电子＞孤对电子与键对电子＞键对电子与键对电子

④ 若分子中存在双键或三键，由于双键或三键比单键包含的电子数目多，占据的空间大，排斥作用的顺序为：三键＞双键＞单键。

（2）VSEPR 法判断共价分子或离子空间构型的步骤

① 确定中心原子的价层电子数与价层电子对数

a. 中心原子提供所有的价电子，中心原子（A）的价电子数等于主族序数，例如 H_2O 分子中 O 原子提供 6 个价电子。

b. 配位原子（B）提供成单电子数，但氧族元素例外，根据经验人为规定氧族元素不提供共用电子。例如，SF_6 中 6 个配位原子 F 各提供 1 个成单电子，中心 S 原子提供 6 个价电子，因而中心原子的价层电子数为 12。CO_2 中心原子 C 的价层电子数为 4，配位原子 O 不提供价电子，所以中心原子 C 的价层电子数为 4；SO_2 与 SO_3 中心原子 S 的价层电子数均为 6。

c. 对于多原子组成的离子，还要考虑其所带电荷数，阴离子在算价层电子数时要加上所带电荷数，阳离子减去所带电荷数。价层电子对数计算方法表示如下：

$$价层电子对数=\frac{A的价电子数+B的成键电子数}{2}$$

当用上式计算价层电子对数出现小数时，看成是1。如 NO_2 分子中N有5个价层电子，价层电子对数 $=\frac{5}{2}=2.5$，当作3对处理。

② 根据中心原子的价层电子对数找出其相应的空间排布方式。具体分两种情况，当中心原子的价层电子对全是成键电子对没用孤对电子时，分子的空间构型与价层电子对的空间构型相同；当中心原子的价层电子对中含有孤对电子时，分子的空间构型与价层电子对的空间构型不同，根据价层电子对互斥理论要点即斥力大小的规律，找出排斥力最小的分子空间构型（见表10-2）。

例 10-3 根据价层电子对互斥理论，试判断 PO_4^{3-} 的空间构型。

解： PO_4^{3-} 的电荷数为−3，中心原子P的价层电子数是5，O原子不提供电子，所以P原子的价层电子对数为 $\frac{3+5}{2}=4$，而价层电子对中又没有孤对电子，所以 PO_4^{3-} 的空间构型为正四面体。

例 10-4 根据价层电子对互斥理论，试判断 NH_4^+ 的空间构型。

解： NH_4^+ 的电荷数为1，中心原子N的价层电子数是5，一个H原子提供1个电子，所以N原子的价层电子对数为 $\frac{5+1\times4-1}{2}=4$，而价层电子对中又没有孤对电子，所以 NH_4^+ 的空间构型为正四面体。

10.1.5 分子轨道理论

现代价键理论强调电子对和成键电子的定域，价键的概念十分明确。该理论的优点是具体直观，易于理解，解释了共价键的本质，特别是杂化轨道理论解释了共价分子的空间构型和成键特征，价层电子对互斥理论在判断共价分子的空间构型方面具有简单方便的特点，也得到了广泛的应用。该理论的不足之处是把成键的共用电子对局限于成键的两原子间运动。因而该理论对某些分子的性质难以阐释（O_2 分子是顺磁性的），不能对分子中存在的单电子键和多电子键（氢分子离子即 $[H\cdot H]^+$）等无法进行说明。1932年，美国化学家密立根（R. S. Mulliken）和德国化学家洪特（F. Hund）提出了分子轨道理论（简称MO法），用它来解释一些其化学键理论难以解释的事实。

（1）分子轨道理论的基本要点

① 当原子形成分子后，分子中电子不再从属于某一个原子，而是在整个分子范围内运动，每个电子的运动状态用分子轨道（molecular orbital 简称MO）波函数 ψ 来描述，同样用 $|\psi|^2$ 表示某个电子在分子空间某处出现的概率密度。分子轨道常用σ、π等符号来表示。

② 分子轨道是由原子轨道线性组合而成，原子轨道组合成分子轨道时，遵循对称性匹配、能量相近和轨道最大重叠原则，组合后的分子轨道数等于组合前的原子轨道数。

a. 对称性匹配原则　只有对称性匹配的两原子轨道才有可能组合成分子轨道。所谓对称性是指两原子轨道通过绕键轴旋转或对包含键轴的某一平面进行反映等操作，若操作后原子轨道的空间位置、形状和符号不变，则叫做对称；若原子轨道的空间位置、形状不变，而符号相反，则叫做反对称。例如，A、B两原子的 p_z 轨道以包含 x 轴和 y 轴的 xy 平面为反映面或以 x 轴为对称轴，通过反映或旋转后，有如图10-15(a)和(b)所示的两种情况，它们都属于对称性匹配。图(a)表示两原子轨道可以组合成“成键分子轨道”，图(b)表示两原子轨道可以组合成“反键分子轨道”。图（c）表示 A 原子的 p_x 轨道与 B 原子的 p_z 轨道，两者以 xy 平面为反映面进行反映操作，A 原子的 p_x 轨道是对称，B 原子的 p_z 轨道是反对称，这两原子轨道为对称性不匹配，不能组合成分子轨道，称之为非键轨道。

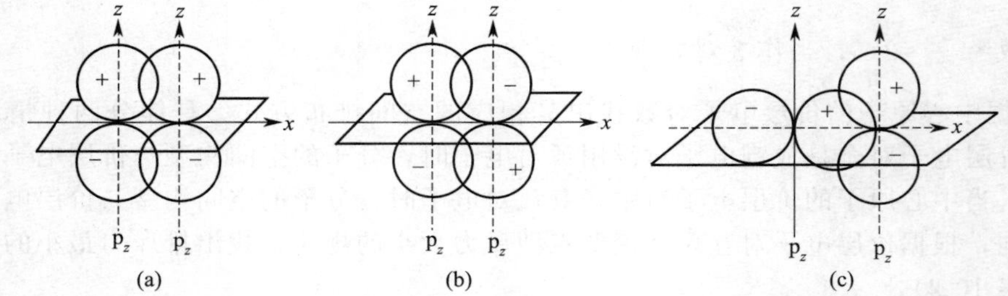

图 10-15 原子轨道对称性匹配和对称性不匹配示意图

实验研究表明，符合对称性匹配原则的几种原子轨道主要有 s-s，s-p_x，p_x- p_x，p_y- p_y，p_z- p_z 等；对称性不匹配的有 s-p_y，s-p_z，p_x- p_y，p_x- p_z，p_y- p_z 等原子轨道。

b. 能量近似原则　在对称性匹配的基础之上，参与组合分子轨道的原子轨道之间能量相差较大时，不能有效组合成分子轨道，只有能量相近的原子轨道，才能组成有效的分子轨道，而且原子轨道的能量越相近越好。E_{1s}(H)＝－1318kJ · mol^{-1}，E_{3P}(Cl)＝－1259kJ · mol^{-1}，E_{2P}(O)＝－1322kJ · mol^{-1}，上述数据可以看出，H 原子的 1s 轨道与 O 原子的 2p 轨道、Cl 原子的 3p 轨道能量相接近，对称性匹配可以有效组合成分子轨道。轨道能量实验数据表明，同核双原子中 1s-1s，2s-2s，2p_x- 2p_x，2p_y- 2p_y，2p_z- 2p_z 等均可以有效组成分子轨道。

c. 最大重叠原则　在对称性匹配的条件下，原子轨道在可能范围内重叠程度越大，则组合成分子轨道的能量降低越多，成键效应越强，形成的化学键越牢固。

由此可见，在上述三条原则中，对称性匹配原则是主要的，它决定原子轨道能否组合成分子轨道，能量近似原则和最大重叠原则是原子轨道在符合对称性匹配原则的基础上，决定分子轨道的组合效率。

③ 每一个分子轨道都有一定相应的能量。原子轨道线性组合成的分子轨道，其中一半分子轨道能量（E）低于原来原子轨道的能量（E），称为成键轨道；另一半分子轨道能量（E）高于原来原子轨道的能量（E），称为反键轨道，通常加“＊”表示区别。

④ 分子轨道中电子的排布遵从原子轨道电子排布的三原则，即能量最低原理、泡利不相容原理和洪特规则。

⑤ 在分子轨道理论中，用键级（bond order）来衡量键的牢固程度。通常键级表示为：

$$键级=\frac{成键轨道上的电子数-反键轨道上的电子数}{2}$$

键级可以等于分数，也可以等于零。一般说，键级越大，键能越大，键越牢固，分子越稳定；键级为零，表示不能形成稳定分子。

（2）分子轨道类型和能量

① 分子轨道类型　根据原子轨道线性组合成分子轨道时，原子轨道的重叠情况不同，分子轨道可分为 σ-分子轨道和 π-分子轨道等类型。

σ 型分子轨道和 π 型分子轨道与价键理论中的 σ 键和 π 键相类似，原子轨道遵循三原则线性组合成分子轨道。当原子轨道以“头碰头”组合成对键轴成圆柱形对称的分子轨道称为 σ 型分子轨道，两原子轨道同号叠加相加，形成 σ 成键轨道，两原子轨道异号叠加相减，形成 σ 反键轨道，如图 10-16(a_1)、(a_2) 所示；当原子轨道以“肩并肩”组合成另一种形式的

分子轨道称为 π 型分子轨道，同样存在两原子轨道同号叠加相加，形成 π 成键轨道，异号叠加相减，形成 π 反键轨道，如图 10-16(b) 所示。

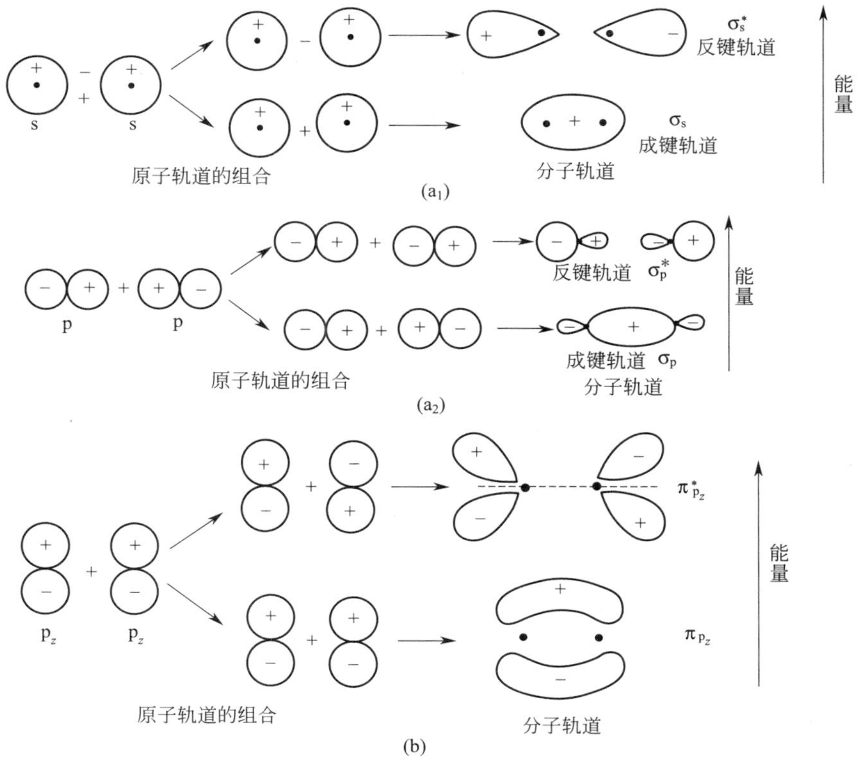

图 10-16 对称性匹配的原子轨道组成 σ 型分子轨道和 π 型分子轨道示意图

② 分子轨道的能级　分子轨道是由原子轨道线性组合成的，原子轨道存在能量从低到高的能级顺序，因而分子轨道也同样存在能量从低到高的能级顺序。根据光谱实验数据得出，第二周期同核双原子分子的分子轨道能级高低顺序图的（图 10-17）两种情况。

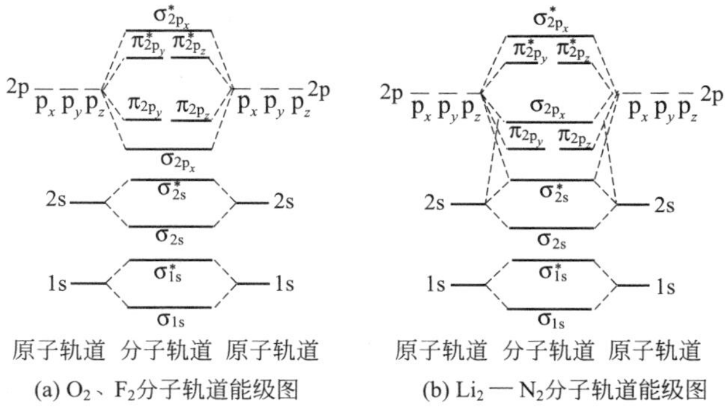

图 10-17 分子轨道能级图

在原子结构一章中，学习了多电子原子中由于电子的屏蔽作用和电子的钻穿作用，导致原子轨道产生能级交错现象，能级交错现象在分子轨道能级顺序中同样存在。图 10-17(a) O_2、F_2 分子轨道能级图中，$\sigma_{2p_x} < \pi_{2p_y} = \pi_{2p_z}$，而图 10-17(b) N_2 及其左侧到 Li_2 分子轨道

能级图中是 $\pi_{2p_y}=\pi_{2p_z}<\sigma_{2p_x}$，产生这种能级交错的原因是由于 O 原子和 F 原子的 2s 和 2p 轨道的能量相差较大（大于 $1500kJ \cdot mol^{-1}$），在组合成分子轨道时，相互之间不产生作用，而 N 原子及其左侧的原子中的 2s 和 2p 轨道的能量相差较小（小于 $1500kJ \cdot mol^{-1}$）。

（3）分子轨道理论的应用

① 推测分子的存在和阐明分子的结构稳定性　用分子轨道理论（MO 法）处理第一、第二周期元素同核双原子分子的结构，按照分子轨道能级顺序，遵从能量最低原理、泡利不相容原理和洪特规则将分子内的所有电子依次填入到分子轨道中，就可得到该分子的分子轨道表示式，计算出分子的键级，推测分子的存在和分子的结构稳定性大小。下面以事例进行说明。

a. H_2 分子和 H_2^+ 分子离子　两个 H 原子共有 2 个电子，根据分子轨道理论，H_2 分子

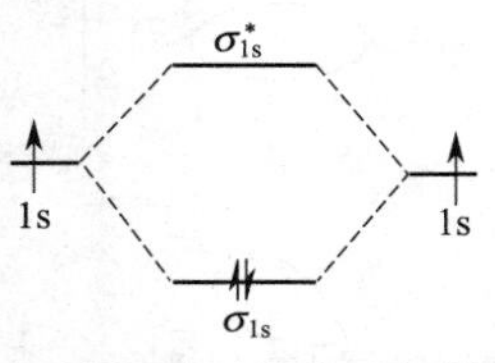

(a) H_2分子轨道能级图

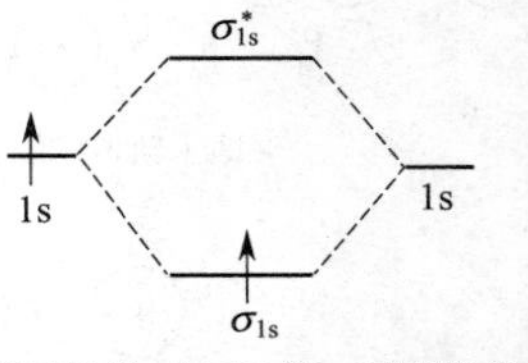

(b) H_2^+分子离子轨道能级图

图 10-18　H_2 分子和 H_2^+ 分子离子轨道能级图

轨道能级图见图 10-18(a)，H_2^+ 分子离子轨道能级图见图 10-18(b)，H_2 分子轨道表示式为 $[(\sigma_{1s})^2]$，H_2^+ 分子离子轨道表示式为 $[(\sigma_{1s})^1]$，H_2 分子的键级 $=\frac{2-0}{2}=1$，H_2^+ 分子离子的键级 $=\frac{1-0}{2}=0.5$。说明在 H_2 中有 1 个双电子 σ 键，H_2^+ 中有 1 个单电子 σ 键，两者的键级都大于零，氢分子和氢分子离子都可以稳定存在。

b. He_2 分子和 He_2^+ 分子离子　两个 He 原子共有 4 个电子，假如 He_2 分子能存在，根据分子轨道理论，其分子轨道表示式为 $[(\sigma_{1s})^2(\sigma_{1s}^*)^2]$，成键轨道和反键轨道的电子数相等，成键效应和反键效应相互抵消，所以两个 He 原子不能有效地组合成键，从其键级来看，键级 $=\frac{2-2}{2}=0$，即 He_2 分子不存在。但对于 He_2^+ 分子离子根据分子轨道理论，其分子轨道表示式为 $[(\sigma_{1s})^2(\sigma_{1s}^*)^1]$，成键轨道上有 2 个电子，而反键轨道上只有 1 个电子，成键效应占优势，形成一个三电子 σ 键即 $[He \vdots He]^+$，He_2^+ 分子离子键级 $=\frac{2-1}{2}=0.5$，尽管 He_2 分子不存在，但 $He_2{}^+$ 分子离子在一定条件下存在已被光谱实验所证实。

② 预测分子的顺磁性或抗磁性　根据物质的磁性实验可以得出，如果分子内有成单电子，分子会在外加磁场的作用下顺着磁场的方向有序的排列，分子的这种性质称之为顺磁性，具有这种特性的物质称之为顺磁性物质。相反，如果分子内所有电子完全配对，则不具有上述性质而具有抗磁性。例如，O_2 分子的顺磁性。根据分子轨道理论，O_2 分子轨道能级图示于图 10-19。

O_2 的分子轨道表达式为：

$[(\sigma_{1s})^2(\sigma_{1s}^*)^2(\sigma_{2s})^2(\sigma_{2s}^*)^2(\sigma_{2p_x})^2(\pi_{2p_y})^2(\pi_{2p_z})^2(\pi_{2p_y}^*)^1(\pi_{2p_z}^*)^1]$ 或 $[KK(\sigma_{2s})^2(\sigma_{2s}^*)^2(\sigma_{2p_x})^2(\pi_{2p_y})^2(\pi_{2p_z})^2(\pi_{2p_y}^*)^1(\pi_{2p_z}^*)^1]$（KK 表示 K 层全充满，$\sigma_{1s}$ 与 σ_{1s}^* 的能量相互抵消，

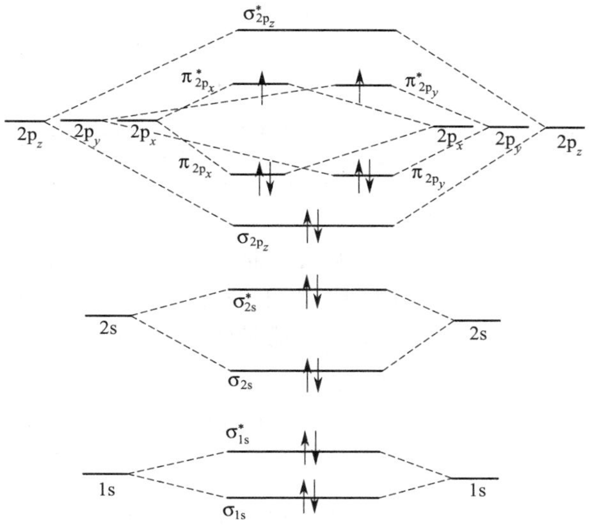

图 10-19　O_2 分子轨道能级图

相当于这 4 个电子未参与成键。）σ_{2s} 与 σ^*_{2s} 的能量相互抵消，对成键没有贡献；σ_{2p_x} 形成了 O_2 中的 1 个 σ 键；π_{2p_y} 与 $\pi^*_{2p_y}$、π_{2p_z} 与 $\pi^*_{2p_z}$ 形成了 2 个 3 电子 π 键，由于 $(\pi_{2p_y})^2$ 和 $(\pi_{2p_z})^2$ 的一部分能量被 $(\pi^*_{2p_y})^1$ 和 $(\pi^*_{2p_z})^1$ 抵消，因此，2 个 3 电子 π 键只相当于 1 个正常 2 电子 π 键，故 O_2 分子具有双键的键能。同时因 2 个 3 电子 π 键中各有 1 个单电子，所以 O_2 分子具有顺磁性，是顺磁性物质，而按价键理论，O_2 分子中没有未成对电子，应是抗磁性物质，这也是价键理论的不足之处。

$$O_2 \text{ 的键级} = \frac{8-4}{2} = 2$$

按照 MO 法，O_2 分子的结构可以表示为：

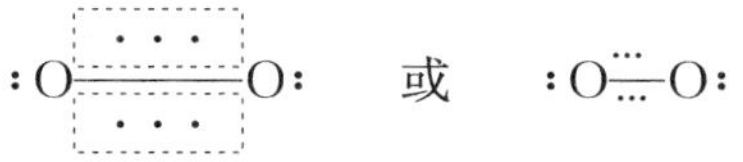

综上所述，分子轨道理论（MO 法）突出了分子的整体性，克服了价键理论成键电子的定域性，成功的解释了价键理论所不能说明的分子内键的强弱和分子的磁性等。但其不足之处是没有价键理论简便、直观。两者相辅相成，取长补短，在解释共价分子的结构方面各自发挥其优点。

10.2　键参数

描述共价键基本性质的物理量称为共价键参数。共价键的键参数主要由键级、键能、键长和键角等。

10.2.1　键级

分子轨道理论提出了键级的概念：电子只填充在成键轨道中，能量比在原子轨道中低。这个能量差，就是分子轨道理论中化学键的本质，可用键级表示分子中键的个数。

键级 B. O＝(成键电子数－反键电子数)/2

H_2、O_2、N_2 为键级分别为 1，2，3。键级越大，分子越稳定。

$H_2[(\sigma_{1s})^2]$，键级 B. O $=1/2(2-0)=1$。

$O_2[(\sigma_{1s})^2(\sigma_{1s}^*)^2(\sigma_{2s})^2(\sigma_{2s}^*)^2(\sigma_{2p_x})^2(\pi_{2p_y})^2(\pi_{2p_z})^2(\pi_{2p_y}^*)^1(\pi_{2p_z}^*)^1]$，键级 B. O $=1/2(8-4)=2$。

$N_2[(\sigma_{1s})^2(\sigma_{1s}^*)^2(\sigma_{2s})^2(\sigma_{2s}^*)^2(\pi_{2p_y})^2(\pi_{2p_z})^2(\sigma_{2p_x})^2]$，键级 B. O $=1/2(10-4)=3$。

10.2.2 键能

（1）键解离能 D

键解离能是在双原子分子中，于 100kPa 下将气态分子断裂成气态原子所需要的能量。$D(H-Cl)=432kJ\cdot mol^{-1}$，$D(Cl-Cl)=243kJ\cdot mol^{-1}$。在多原子分子中，断裂气态分子中的某一个键，形成两个"碎片"时所需要的能量叫做此键的解离能。

$$H_2O(g) \Longrightarrow H(g)+OH(g) \qquad D(H-OH)=499kJ\cdot mol^{-1}$$
$$HO(g) \Longrightarrow H(g)+O(g) \qquad D(O-H)=429kJ\cdot mol^{-1}$$

（2）原子化能

气态的多原子分子的键全部断裂形成各组成元素的气态原子时所需要的能量。例如：

$$H_2O(g) \Longrightarrow 2H(g)+O(g)$$
$$E_{atm}(H_2O)=D(H-OH)+D(O-H)=928kJ\cdot mol^{-1}$$

（3）键能 E

标准状态下气体分子拆开成气态原子时，每种键所需能量的平均值。例如：

$$E(H-H)=436kJ\cdot mol^{-1}$$
$$E(H-Cl)=432kJ\cdot mol^{-1}$$

表 10-4 列出了一些化学键的平均键能。通常讲，键能的数值越大小，表明化学键的牢固程度，键能越大，化学键越牢固，形成的分子越稳定。

（4）键能、键解离能与原子化能的关系

双原子分子：键能＝键解离能

$$E(H-H)=D(H-H)$$

多原子分子：原子化能＝全部键能之和

$$E_{atm}(H_2O)=2E(O-H)$$

（5）键焓与键能

键焓与键能近似相等，实验测定中，常常得到的是键焓数据。键能是指断键时的热力学能变化。

$$\Delta_r H_m^{\ominus}=\Delta_r U_m^{\ominus}+\Delta nRT$$

ΔnRT 很小，故 $\Delta_r H_m^{\ominus}\approx\Delta_r U_m^{\ominus}+\Delta nRT$

键能与标准摩尔反应焓变：

$$2H_2(g) \quad + \quad O_2(g) \xrightarrow{\Delta_r H_m^{\ominus}} 2H_2O(g)$$
$$\downarrow 2E(H-H) \quad \downarrow E(O\dddot{=}O) \quad \uparrow 4E(O-H)$$
$$4H(g) \quad + \quad 2O(g) \leftarrow$$

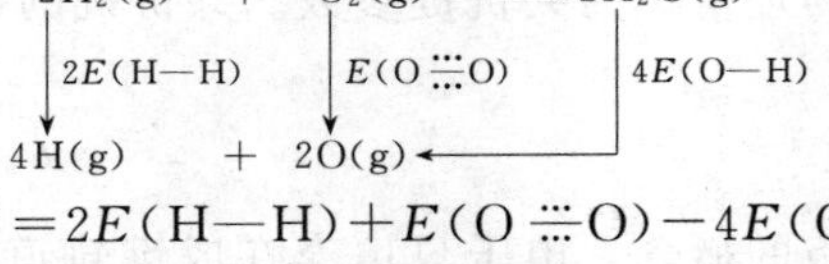

$$\Delta_r H_m^{\ominus}=2E(H-H)+E(O\dddot{=}O)-4E(O-H)$$
$$\Delta_r H_m^{\ominus}=\sum E(\text{反应物})-\sum E(\text{生成物})$$

10.2.3 键长

分子中两成键原子核间的平均距离称为键长或键距，通常用符号 L 表示，其常用单位为 pm（皮米）。键长通常是采用电子衍射、X 射线衍射、光谱等实验方法精确地测定。表 10-4 列出了一些共价键的键长。

表 10-4　常见共价键的键长和键能

共价键	键长 L/pm	键能 E/kJ·mol^{-1}	共价键	键长 L/pm	键能 E/kJ·mol^{-1}
H—H	74	436	C═O	121	736
C—C	154	345	F—F	141	159
C═C	134	611	I—I	267	151
C≡C	120	835	F—F	141	159
N—N	145	167	H—F	92	570
N═N	125	418	H—Cl	127	432
N≡N	110	942	H—Br	141	366
O—O	148	142	H—I	161	298
Cl—Cl	199	243	C—H	109	414
Br—Br	228	193	O—H	96	464
C—O	143	360	N—H	109	391

由表数据可见，H—F、H—Cl、H—Br、H—I 键长依次递增，而键能依次递减。单键、双键及三键的键长依次缩短，键能依次增大，但与单键并非两倍、三倍的关系。可以得出，同一族元素的单质或同一类型的化合物的双原子分子，键长随原子序数的增加而增大。两个相同原子之间形成的不同化学键，其键数越多，则键长越短，键能就越大，键就越牢固。

10.2.4　键角

分子中同一原子形成的两个化学键之间的夹角称为键角，用符号 θ 表示。键角是反映分子空间构型的主要参数。对于双原子分子，两原子排成直线型。但对于多原子分子，如果知道了某分子内全部化学键的键长和键角，那么这个分子的空间几何构型也就确定了。如 CO_2 分子中的键角是 180°，表明在 CO_2 分子中三原子在一条直线上，决定了 CO_2 分子为直线型结构。在 H_2O 分子中，O—H 键之间的夹角是 104.5°，决定了 H_2O 分子的空间构型是 V 形结构。

习　题

一、填空题

10-1　已知 C_d^{2+} 半径为 97pm，S^{2-} 半径为 184pm，按正负离子半径比，CdS 应具有____型晶格，正、负离子的配位数之比应是____；但 CdS 具有立方 ZnS 型晶格，正负离子的配位数之比是____，这主要是由__________造成的。

10-2　给出各分子或离子的几何构型和中心原子的杂化类型。

ICl_2^- ______，______；BrF_3 ______，______；

ICl_4^- ______，______；NO_2^+ ________，______。

10-3　下列分子或离子中，能形成分子内氢键的有__________；不能形成分子间氢键的有__________。

①NH_3，②H_2O，③HNO_3，④HF_2^-，⑤NH_4^+，⑥ 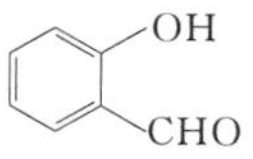

10-4　将 Na_2CO_3、$MgCO_3$、K_2CO_3、$MnCO_3$、$PbCO_3$ 按热稳定性由高到低排列，顺序为______________________________。

10-5　将 KCl、$CaCl_2$、$MnCl_2$、$ZnCl_2$ 按离子极化能力由强至弱排列，顺序为______________________________。

10-6　在金属晶体中最常见的三种堆积方式有：(1) 配位数为 8 的______堆积，(2) 配位数为______的立方面心堆积，(3) 配位数为______的________堆积。其中______和______空间利用率相等，______以 *ABAB* 方式堆积，______以 *ABCABC* 方式堆积，就金属原子的堆积层来看，两者的区别是在第______层。

二、选择题

10-7　下列化合物中含有极性共价键的是（　　）。

A. $KClO_3$　　B. Na_2O_2　　C. Na_2O　　D. KI

10-8　下列分子或离子中，不含有孤对电子的是（　　）。

A. H_2O　　B. H_3O^+　　C. NH_3　　D. NH_4^+

10-9　下列离子中，中心原子采取不等性杂化的是（　　）。

A. H_3O^+　　B. NH_4^+　　C. PCl_3　　D. BI^-

10-10　下列分子或离子中，构型不为直线形的是（　　）。

A. I_3^+　　B. I_3^-　　C. CS_2　　D. $BeCl_2$

10-11　下列分子中含有不同长度共价键的是（　　）。

A. NH_3　　B. SO_3　　C. KI_3　　D. SF_4

三、判断题

10-12　硫和碳的电负性都是 2.5，因此 CS_2 中 C-S 共价键为非极性键。（　　）

10-13　由同种元素组成的分子必定是非极性分子。（　　）

10-14　杂化轨道数目等于参与杂化的原子轨道数目。（　　）

10-15　空间构型为变形四面体与四面体的分子，其中心原子的轨道杂化方式是相同的。（　　）

10-16　凡是中心原子采用 sp^2 杂化轨道成键的分子，其空间构型必定是平面三角形。（　　）

10-17　由于主族元素原子的内层 d 轨道均被电子占满，所以不可能用内层 d 轨道来形成杂化轨道。（　　）

10-18　杂化轨道理论不仅可解释一些化合物的空间构型，而且可预测一些化合物的空间构型。（　　）

10-19　氧分子的键级为 2，所以在两个氧原子之间形成两个共价键。（　　）

10-20　顺磁性分子是电子自旋量子数之和不等于零的分子。（　　）

10-21　对气相反应来说，如果反应物的键能总和小于生成物的键能总和，则反应焓变为负值。（　　）

四、综合题

10-22　为何氮气是反磁性物质而氧气却是顺磁性物质？

10-23　什么叫杂化？原子轨道为什么要杂化？

10-24　试用价层电子对互斥理论讨论下列分子的几何构型，要求写出价层电子对数、电子对空间构型和分子的几何构型。

(1) NCl_3　　(2) XeF_4　　(3) BrF_3

10-25　解释下列现象：沸点 HF＞HI＞HCl。

10-26　用杂化轨道理论判断下列分子的空间构型，并按键角从大到小顺序排列。

CH_4　　NH_3　　CO_2　　NO_2　　H_2O

10-27　根据分子轨道理论，写出 He_2^+、O_2、F_2 的分子轨道式，计算它们的键级，并判断它们是顺磁性的还是反磁性的。

10-28　试用价层电子对互斥理论讨论下列分子的几何构型，要求写出价层电子对数、电子对空间构型和分子的几何构型。

(1) PCl_5　　(2) BrF_5　　(3) SF_2

10-29　试比较 O_2 和 N_2 的磁性和稳定性。

10-30　为什么 NH_3 易液化，易溶于水。

10-31　写出 O_2^+ 和 O_2^- 的分子轨道排布式，计算其键级，比较其稳定性大小，并说明其磁性。

10-32　按要求填表

物质	O_3	PH_3
中心原子杂化类型		
分子几何构型		

10-33　判断下列各组分子之间存在什么形式的分子间作用力。

(1) He 和 H_2O　　(2) CH_3OH 和 H_2O　　(3) CO_2 气体

10-34　按要求填表

分子或离子	价层电子对构型	杂化形式	分子构型
PF_3			
ClF_3			
I_3^-			
XeF_4			

10-35　判断下列各组分子之间存在什么形式的分子间作用力

(1) 苯和 CCl_4；

(2) NH_3 和 H_2O。

10-36　用价层电子对互斥理论推测下列分子或离子的空间构型

(1) $BeCl_2$；

(2) ICl_2^+。

10-37　按要求填表

物质	$BeCl_2$	NH_4^+	PH_3
中心原子杂化类型			
分子(离子)的空间构型			

第11章 固体结构

90%的元素单质和大部分无机化合物在常温下均为固体，它们在人类生活中起着重要作用。能源、信息和材料是现代社会发展的三大支柱，而材料又是能源和信息的物质基础。为了便于对材料进行研究，常常将材料进行分类。如果按材料的状态进行分类，可以将材料分成晶体、非晶体、准晶体，本章以晶体结构为重点，着重研究晶体中微粒之间的作用力和这些微粒在空间的排布情况。

11.1 晶体结构和类型

11.1.1 晶体结构的特征与晶格理论

(1) 晶体结构的特征

晶体都具有固定的熔点，若加热晶体，达到一定温度时，可观察到晶体开始熔融。它不像非晶态物质熔点很不明确，如玻璃，它的熔点是一个范围，而不是某一个固定的温度。另外晶体的某些物理性质有方向性，例如石墨晶体的电导率，在与石墨层平行方向上的电导率值比垂直方向的数值大 10^4 倍。晶体的这种性质，称为晶体的各向异性。晶体物质一般都有整齐和规则的外形，这是因为晶体是由原子、离子或分子在空间按一定规律周期性地重复排列构成的固体。晶体的这种基本结构特征使它具有以下的性质：

① 晶体具有规则的多面体几何外形。

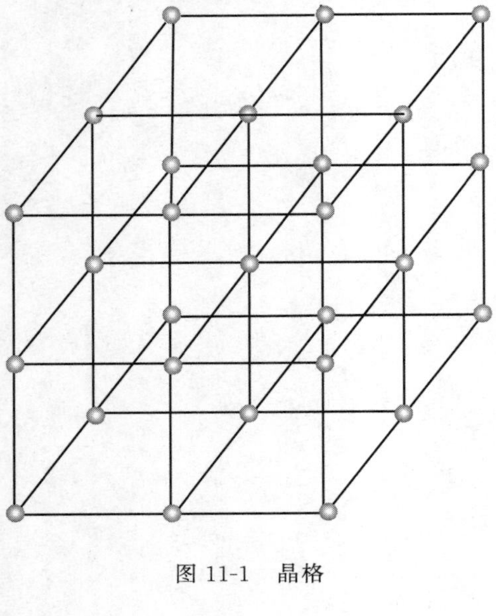

图 11-1 晶格

② 晶体呈现各向异性，许多物理性质，如光学性质、导电性、热膨胀系数和机械强度等在晶体的不同方向上测定时，是各不相同的。

③ 晶体具有固定的熔点。

(2) 晶格理论的基本概念

在 18 世纪中叶法国地质学家 R. J. Haüy 发现方解石可以不断地解离成越来越小的菱面体，提出了构造理论：晶体是由一个个小的几何体在空间平行地无间隙堆砌而成，它为现代晶体理论奠定了基础。

晶格（点阵）是晶体的数学抽象（图 11-1）。

实际晶体的微粒（原子、离子和分子）就位于晶格的结点上。它们在晶格上可以划分为一个个平行六面体基本单元。而晶胞则是包括晶格点上的微粒在内的平行六面体。它是晶体的最小重复单元，通过晶体在空间平移并无限地堆砌而成晶体。

晶胞包括两个要素。一是晶胞的大小和型式，晶胞的大小和型式由 a、b、c 三个晶轴及它们间的夹角 α、β、γ 所确定（见图 11-2）。二是晶胞的内容，是由组成晶胞的原子或分子及它们在晶胞中的位置来决定的，其中包括粒子的种类、数目及它在晶胞中的相对位置。

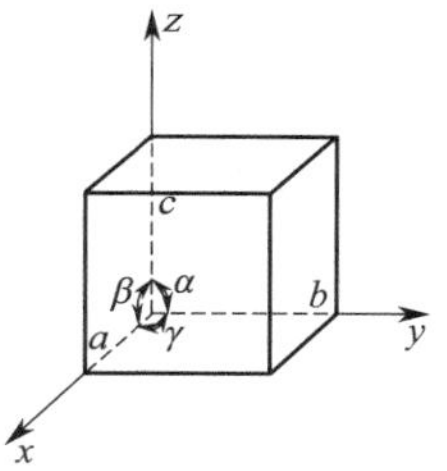

图 11-2　晶胞

按照晶体参数的差异将晶体分为七大晶系，如表 11-1 所示，如果考虑在六面体的面上和体中有无面心或体心，即所谓按带心型式进行分类，可将七大晶系分为 14 种空间点阵式，如图 11-3 所示。

表 11-1　七大晶系

晶系	边长	夹角	晶体实例
立方晶系	$a=b=c$	$\alpha=\beta=\gamma=90°$	NaCl、ZnS
四方晶系	$a=b\neq c$	$\alpha=\beta=\gamma=90°$	SnO_2、Sn
正交晶系	$a\neq b\neq c$	$\alpha=\beta=\gamma=90°$	$HgCl_2$、$BaCO_3$
单斜晶系	$a=b\neq c$	$\alpha=\gamma=90°,\beta\neq 90°$	$KClO_3$、$Na_2B_4O_7$
三斜晶系	$a=b\neq c$	$\alpha\neq\beta\neq\gamma\neq 90°$	$CuSO_4\cdot 5H_2O$
三方晶系	$a=b=c$	$\alpha=\beta=\gamma\neq 90°$	Al_2O_3、Bi
六方晶系	$a=b\neq c$	$\alpha=\beta=90°,\gamma\neq 90°$	AgI、SiO_2

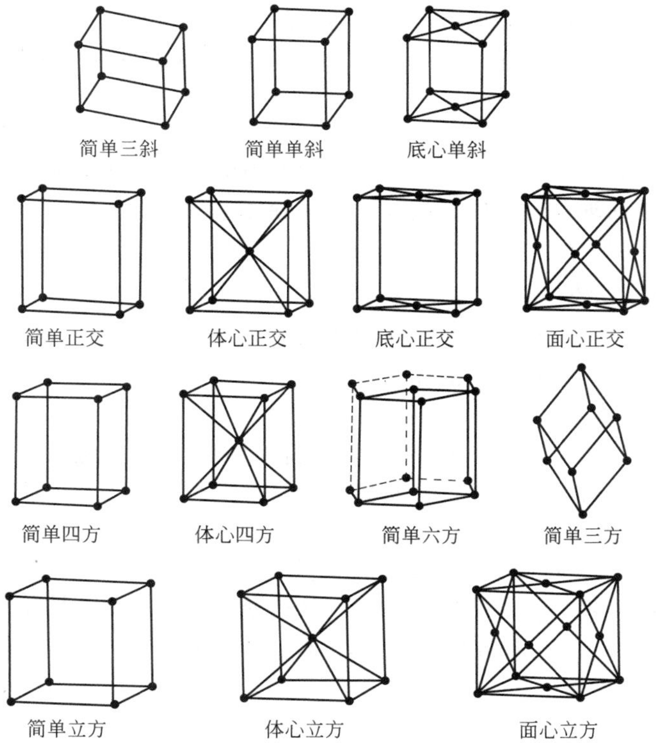

图 11-3　14 种空间点阵排列型式

11.1.2　晶体缺陷

晶体以其组成粒子排列规则有序为主要特征，但实际晶体并非完美无缺，而常有缺陷。晶体中一切偏离理想的晶格结构都称为晶体的缺陷。少量缺陷对晶体性质会有较大影响，如机械强度、导电性、耐腐蚀性和化学反应性能等。

晶体结构缺陷有多种类型。根据其几何形状来划分，可以分为点缺陷、线缺陷、面缺陷和体缺陷四大类。

点缺陷：指缺陷的尺寸处在一两个原子大小的量级。

线缺陷：指晶体结构中生成一维的缺陷，通常是指位错。

面缺陷：通常是指晶界和表面的缺陷。

体缺陷：指在三维方向上尺寸都比较大的缺陷。

在这四种缺陷中，点缺陷是最基本也是最重要的。

根据缺陷产生的原因分述如下。

(1) 本征缺陷（热缺陷）

本征缺陷是由于晶体中晶格结点上的微粒热涨落所致。所有固体都有产生本征缺陷的热力学倾向，因为缺陷使固体由有序结构变为无序结构，从而使熵值增加，实际固体的熵值都高于完整晶体，但是产生缺陷过程的 Gibbs 函数变化值取决于熵变也取决于焓变（$\Delta_r G_m = \Delta_r H_m - T\Delta_r S_m$）。缺陷的形成通常是吸热过程，因为当温度高于 0K 时，晶格中的粒子在其平衡位置上的振动加剧，温度越高振幅也越大，如果有些粒子的动能大到足以克服粒子间的引力而脱离平衡位置，就可进入错位或晶格间隙中。因此，温度升高有利于缺陷形成。存在本征缺陷的典型化合物是卤化物。

(2) 杂质缺陷

杂质缺陷是由于杂质进入晶体后所形成的缺陷。如果杂质的含量在固熔体的溶解度极限内，杂质缺陷的浓度与温度无关。当杂质含量一定时，温度变化、缺陷的浓度并不发生变化，这是与热缺陷不同之处。

(3) 非化学计量化合物

有一些化合物，它们的化学组成会明显地随着周围气氛的性质和压力的大小的变化而发生偏离化学计量组成的现象，生成 n 型或 p 型半导体。例如，TiO_2 可以写成 TiO_{2-x}（$x=0\sim1$），是一种 n 型半导体。非化学计量缺陷也是一种重要的缺陷类型。

11.1.3 晶体类型

根据组成晶体的粒子的种类及粒子之间作用力的不同，将晶体分成四种基本类型：金属晶体、离子晶体、分子晶体和原子晶体。

(1) 金属晶体

金属晶体是金属原子或离子彼此靠金属键结合而成的。金属键没有方向性，因此在每个金属原子周围总是有尽可能多的邻近金属离子紧密地堆积在一起，以使系统能量最低。金属晶体内原子都以具有较高的配位数为特征。元素周期表中约 2/3 的金属原子是配位数为 12 的紧密堆积结构，少数金属晶体配位数是 8，只有极少数为 6。金属具有许多共同的性质，有金属光泽、能导电、传热、富有延展性等。这些通性与金属键的性质和强度有关。金属键的强度可用金属的原子化焓来衡量。一般来说，原子化焓越大，金属的硬度越大，熔点越高。

(2) 离子晶体

离子晶体中离子之间的相互作用是离子键。例如，在 $CaCO_3$ 晶体中微粒之间的结合力就是 Ca^{2+} 和 CO_3^{2-} 之间的静电引力，即离子键的作用。离子键的作用是很强的，因此离子晶体的熔点通常要高出室温很多。在晶体中，离子不能自由移动，所以这些离子晶体导电性差，然而当晶体熔化时，它们能成为很好的导体。

(3) 分子晶体

分子晶体中分子之间的相互作用是分子间力。例如，在干冰中微粒之间的结合力属于

CO_2 分子间的作用力，这种作用力远小于离子键和共价键的结合作用。所以分子晶体一般来说熔点低，较低的温度下才形成分子晶体，而在室温下多以气体形式存在。这种晶体导电性能较差，因为电子从一个分子传递到另一个分子很不容易。

(4) 原子晶体

原子晶体中原子之间的相互作用是共价键。例如，在金刚石中微粒之间的结合力就是碳原子与碳原子之间的共价键。每个碳原子通过共享电子对与相邻的四个碳原子联结，许许多多的碳原子相互联结得到一个巨大的连锁结构。在任何一种原子晶体中，原子间都是以共价键相互联结的。由于共价键键能较大，所以这类物质熔点高，硬度大，通常导电性差。

上述四类晶体中原子晶体靠共价键结合，前面已经详细讨论过共价键。本章将在后面分别讨论金属晶体、离子晶体和分子晶体。需要指出的是上述对晶体种类的划分仅仅是对晶体简单的分类，通过 X 射线单晶衍射测定得到的越来越多的晶体结构数据表明，绝大多数晶体都不是纯的离子晶体、金属晶体或原子晶体，尤其是在一些复杂的包括有机、无机配体和生物大分子的晶体结构中，原子或分子间存在着多种多样的作用形式，其中以共价键、氢键和分子间力作用为主。因此，要明确指出一个晶体究竟属于上述分类中的哪一种晶体类型是比较困难的，有时也是没有必要的。

11.2 金属晶体

非金属元素的原子都有足够多的价电子，彼此互相结合时可以共用电子。例如两个 Cl 原子共用 1 对电子形成 Cl_2 分子；两个 N 原子共用 3 对电子形成 N_2 分子等等。大多数金属元素的价电子都少于 4 个，而在金属晶格中每个原子要被 8 或 12 个相邻原子包围。以钠为例，它在晶格中的配位数是 8（体心立方），它只有 1 个价电子，很难想象它怎样同相邻 8 个原子结合起来，为了说明金属键的本质，目前已发展起来两种主要的理论。

11.2.1 金属键的改性共价键理论

金属键的形象说法："失去电子的金属离子浸在自由电子的海洋中"。金属离子通过吸引自由电子联系在一起，形成金属晶体，这就是金属键。

与非金属原子相比，金属原子的半径比较大，核对价电子的吸引力比较弱。这些价电子很容易从金属原子上脱离，脱离下来的电子能在整个金属晶体中自由流动，被称为自由电子或离域电子。在金属晶体中，自由电子汇集形成"电子的海洋"，失去电子的金属离子浸在自由电子的海洋中。金属中的自由电子吸引金属正离子并将其约束在一起，这就是金属键的实质。金属键无方向性，无固定的键能。金属键的强弱和自由电子的多少有关，也和离子半径、电子层结构等复杂因素有关。

金属离子通过吸引自由电子联系在一起，形成金属晶体。在金属晶体中，由于自由电子的存在和金属的紧密堆积结构，使金属具有共同的性质，如具有金属光泽、较大的密度、导电性和导热性等。

金属键的改性共价键理论对金属的许多重要性质都给予了一定的解释。但是，由于金属的自由电子模型过于简单化，不能解释金属晶体为什么有结合力，也不能解释金属晶体为什么有导体、绝缘体和半导体之分。随着科学和生产的发展，主要是量子理论的发展，建立了能带理论。

11.2.2 金属键的能带理论

能带理论是 20 世纪 30 年代形成的晶体量子理论，它是在分子轨道理论的基础上发展起来的。根据分子轨道理论，两个原子轨道可以线性组合成两个分子轨道，一个成键轨道和一个反键轨道。例如锂原子的电子结构为 $1s^2 2s^1$，高温时形成气态双原子分子 Li_2，其分子轨道式为 $(\sigma_{1s})^2(\sigma_{1s}^*)^2(\sigma_{2s})^2$。分子轨道如图 11-4 所示，$Li_2$ 的 2 个价电子填入成键轨道 σ_{2s}，能量较高的反键轨道 σ_{2s}^* 上没有电子。

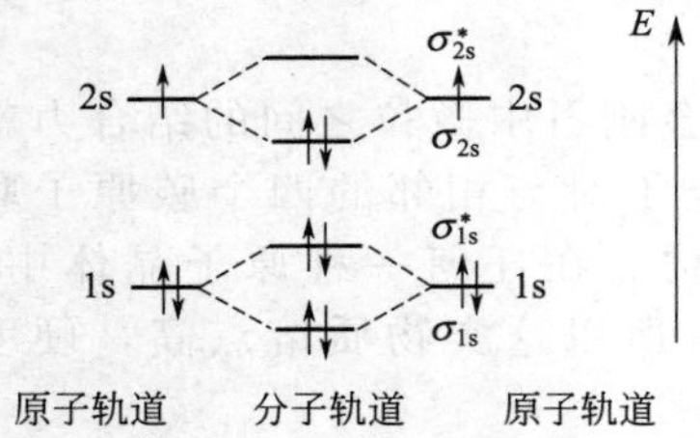

图 11-4 Li_2 分子的分子轨道能级图

在金属锂中如果有 n 个 Li 原子，它们各自的 1s 原子轨道将组成 n 个 σ_{1s} 分子轨道，由于这些分子轨道之间的能量差别很小，实际上，它们的能级连成一片，而成为一个能带（energy band）。由于每一能级上已有 2 个电子，全部能级都被电子占满，因此，所形成的能带叫满带。

Li 原子中 n 个 2s 分子轨道也组成能带，这个能带中一半是 σ_{2s} 轨道，已被电子充满，另一半是 σ_{2s}^* 轨道，没有电子，是空的。由 2s 电子组成的这种半充满的能带称为导带。在外电场的作用下，导带中的电子受激发后可以从低能级跃迁到高能级，从而产生电流，这是金属具有导电性的原因。

从满带顶到导带低的能量间隔，称为禁带。Li 原子轨道组成的金属能带如图 11-5 所示。

金属镁的价电子层结构为 $3s^2$，它的 3s 能带应是满带，似乎镁应是一个非导体，其实不是这样，镁的 3s 能带和空的 3p 能带能量接近，由于原子间的相互作用，能带部分重叠而没有禁带。同时，由于 3p 能带是空的，所以 3s 能带的电子很容易跃迁到空的 3p 能带上，相当于一个导带，如图 11-6 所示。同样，铍的电子结构是 $1s^2 2s^2$，与 Mg 相似，它的 2s 和 2p 能带发生重叠，故而铍也是良好的导体。

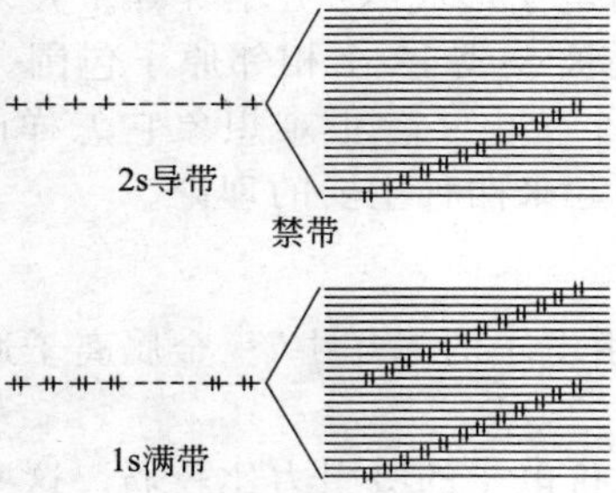

图 11-5 金属 Li 的能带模型

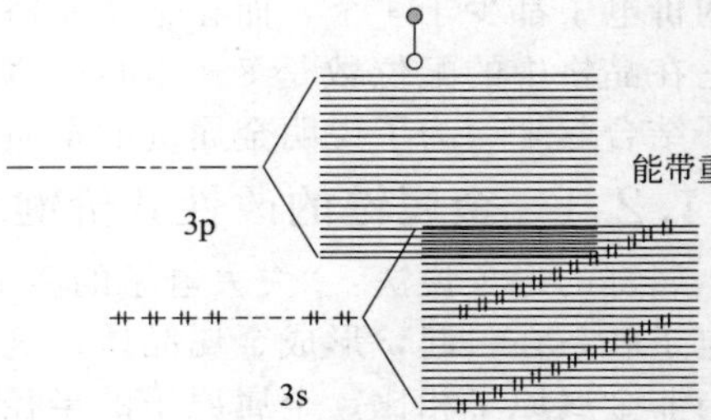

图 11-6 金属镁的能带重叠

根据能带结构中禁带宽度和能带中电子填充状况，可把物质分为导体、绝缘体和半导体，一般金属导体的导带是未充满的，或价电子能带既有满带，又有空带，而且满带和空带部分重叠，在外加电场的作用下，价电子可以跃迁到邻近的空轨道上，因此能导电。绝缘体的结构特征是只有满带和空带，禁带宽度较大（>5eV），一般电场条件下，难以将满带电子激发进入空带，即不能形成导带而导电。如金刚石等。半导体的能带特征也是只有满带和空带，但禁带宽度较窄（<3eV），在外电场作用下，部分电子跃迁到空带，空带有了电子变成了导带，原来的满带缺少了电子，或者说产生了空穴，也形成导带能导电。如 Si、Ge 等。

11.2.3 金属晶体的密堆积结构

通过金属键形成的晶体叫做金属晶体。由于金属键没有方向性和饱和性，因此金属晶格的结构要求金属原子或金属正离子的紧密堆积，最紧密的堆积是最稳定的结构。所谓的金属密堆积是球状的刚性金属原子一个挨一个堆积在一起而组成的。金属晶体中粒子的排列方式有以下三种：六方密堆积（*hcp*），面心立方密堆积（*ccp*）和体心立方密堆积（*bcc*）。

(1) 六方密堆积结构

在同一层中，最紧密的堆积方式是每个球与周围 6 个球相切，形成 6 个空隙，将其算为第一层，即 *A* 层，如图 11-7(a) 所示。

如图 11-7(b) 所示，第二层最紧密的堆积方式是将球放入第一层 3 个球所形成的孔隙上（1，3，5 或 2，4，6)，即 *B* 层。图 11-7(c) 为其俯视图。

第三层有两种最紧密的堆积方式，第一种是将球对准第一层，产生 *ABAB*…方式的排列，呈现六方密堆积。如图 11-7(d) 所示。

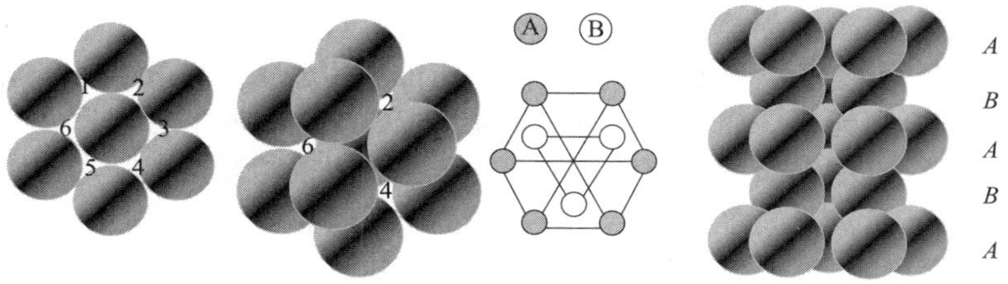

(a) (b) (c) (d)

图 11-7 六方密堆积结构示意图

对于 *A* 层中心的球，同层有 6 个球与其相切，上下层各有 3 个球与其相切，故六方紧密堆积中配位数为 12，空间利用率为 74.05%，其余为晶体空缺。属于这种堆积的金属有 Be、Mg、Ti、Co、Zn、Cd 等。

(2) 面心立方密堆积结构

上述第三层的另一种排列方式，是将球对准第一层的空隙，与第二层有一定的错位，称为 *C* 层，第四层再按 *A* 层排列，形成 *ABCABC*…三层一个周期的堆积，堆积出面心立方结构单元，如图 11-8(a) 所示。这种堆积方式称为面心立方密堆积，图 11-8(b) 为其主视图。

对于 *A* 层的中心球，配位数与六方紧密堆积结构是一样的，也是 12，虽然堆积方式与六方紧密堆积晶格不同，但是空间利用率也为 74.05%。属于这种堆积的金属有 Al、Pb、Cu、Ag、Ni、Pd 等。

(3) 体心立方密堆积结构

密堆积中还有一种体心立方密堆积，立方体的 8 个顶点上的球互不相切，但都与体心位置的球相切，见图 11-9。体心立方密堆积的配位数为 8，这种堆积方式空间利用率稍低，为 68.02%，因此它不是最紧密堆积方式，而是密堆积方式。如金属 Li、Na、K、Rb、Cs、V、Nb 等。

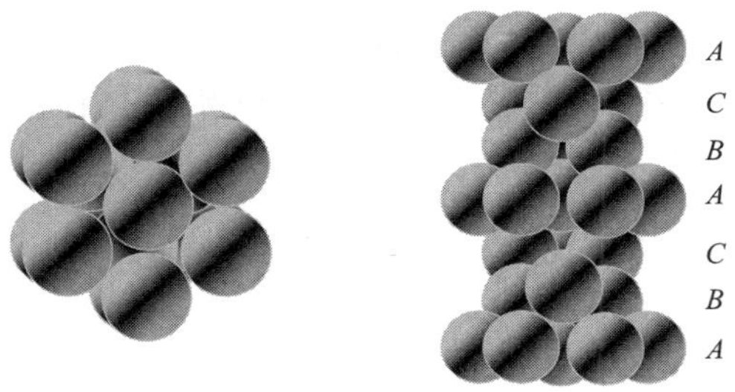

(a) (b)

图 11-8 面心立方密堆积结构示意图

图 11-9 体心立方密堆积示意图

11.3 离子晶体

活泼金属原子与活泼的非金属原子所形成的化合物如 NaCl、KCl、CsCl、MgO、CaO 等，通常都是离子型化合物。它们的特点是：在一般情况下，主要以晶体的形式存在，具有较高的熔点和沸点，在熔融状态或溶于水后其水溶液均能导电。为了说明这类化合物的键合情况，1916 年，德国人科塞尔（W. Kossel）提出了离子键理论。

11.3.1 离子键的形成

根据近代观点，离子型化合物之所以在熔融或溶解状态下能导电，是因为这类化合物中存在电荷相反的正、负离子。科塞尔认为当电离能很小的金属（如碱金属和碱土金属）和电子亲和能很大的非金属元素（如卤素）原子相互接近时，金属原子可能失去价电子而形成正离子，非金属原子则可能得到电子而成负离子。当正负离子相互接近时，它们之间主要是静电吸引作用，但当正负离子充分接近时，离子的电子云又将相互排斥，这种排斥作用当 r 较大时可以忽略，但当正负离子充分接近时，这种排斥作用的势能迅速增加，当吸引和排斥作用相同时，正负离子之间就结合在一起，形成稳定的离子键。由于正负离子的电子云是球形对称的，所以离子键没有饱和性和方向性。

正、负离子之间的总势能与距离 r 的关系为：

$$V=V_{\text{吸引}}+V_{\text{排斥}}=-\frac{q^{+}q^{-}}{4\pi\varepsilon_0 r}+A\mathrm{e}^{-\frac{r}{\rho}} \tag{11-1}$$

式中，q^{+}、q^{-}分别是正负离子带的电荷量；ε_0 是相对介电常数；A 和 ρ 为常数。根据公式(11-1) 可以得到正负离子之间的势能曲线图，如图 11-10 所示的是 NaCl 的势能曲线。

由图 11-10 可知，当钠离子和氯离子相互接近时，在 r 较大时，由于电子云之间的排斥作用可忽略，这时主要表现为吸引作用，所以体系的能量随着 r 的减小而降低。当正负离子接近到小于平衡距离 r_0，即 $r<r_0$ 时，此时以排斥作用为主，导致势能骤然上升。只有当 $r=r_0$ 时，吸引力和排斥力达到动态平衡，体系的能量降到最低，形成稳定的离子键。

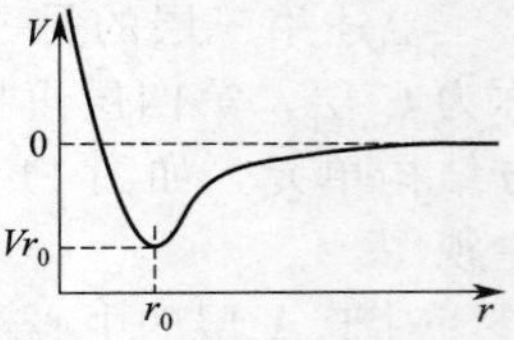

图 11-10 NaCl 的势能曲线

11.3.2 离子键的特征

离子型化合物的性质与离子键的强度有关，而离子键的强度又与正负离子的性质有关，因此离子的性质在很大程度上决定着离子型化合物的性质。一般离子具有三个重要的特征：离子的电荷、离子的电子构型和离子半径。

（1）离子的电荷

从离子键的形成过程可知，正离子的电荷数就是相应原子失去的电子数，负离子的电荷数就是相应原子获得的电子数。在 NaCl 中，Na 原子和 Cl 原子分别失去和得到 1 个电子，形成具有稳定的稀有气体电子结构的 Na^+ 和 Cl^-。

（2）离子的电子构型

所有简单负离子的电子构型都是 8 电子型，并与其相邻稀有气体的电子构型相同，如 F^-、Cl^-、O^{2-} 等。

正离子的外层电子组态较复杂，有以下几种电子构型。

① 2 电子构型（$n\mathrm{s}^2$） 最外层只有 2 个电子，如 Li^+、Be^{2+} 等。

② 8 电子构型（$n\mathrm{s}^2 n\mathrm{p}^6$） 最外层有 8 个电子，如 Na^+、Ca^{2+} 等。

③ 18 电子构型（$n\mathrm{s}^2 n\mathrm{p}^6 n\mathrm{d}^{10}$） 最外层有 18 个电子，如 Ag^+、Zn^{2+} 等。

④ 18+2 电子构型$[(n-1)s^2(n-1)p^6(n-1)d^{10}ns^2]$ 次外层有 18 个电子，最外层有 2 个电子，如 Sn^{2+}、Pb^{2+}、Bi^{3+} 等。

⑤ 9～17 电子构型（$ns^2np^6nd^{1-9}$） 最外层有 9～17 个电子，如 Cu^{2+}、Fe^{3+}、Cr^{3+}、Co^{3+} 等。

(3) 离子半径

将离子晶体中的离子看成是相切的球体，正负离子的核间距 d 是 r_+ 和 r_- 之和，即 $d=r_++r_-$，如图 11-11 所示。

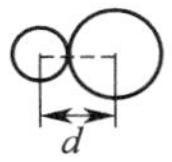

图 11-11 离子半径与核间距离的关系

1926 年，哥德希密特（Goldschmidt）用光学方法测定，得到了 F^- 和 O^{2-} 的半径，分别为 133pm 和 132pm，结合 X 射线衍射数据，得到一系列离子半径。

$$r(Mg^{2+})=d(MgO)-r(O^{2-})=320-132=78pm$$

这种半径为哥德希密特半径。

1927 年，Pauling 用最外层电子到核的距离，定义为离子半径，并利用有效核电荷等关系，求出一套离子半径数据，称为 Pauling 半径。目前化学界公认的离子半径数值列于表 11-2 中，下面根据表中的数值来讨论其大小变化规律。

① 同主族，从上到下，电子层增加，具有相同电荷数的离子半径增加。

$$Li^+<Na^+<K^+<Rb^+<Cs^+ \qquad F^-<Cl^-<Br^-<I^-$$

② 同周期，主族元素，从左至右，离子电荷数升高，最高价离子，半径最小，如：$Na^+<Mg^{2+}<Al^{3+}$，$K^+<Ca^{2+}$。过渡元素，离子半径变化规律不明显。

③ 同一元素的阴离子半径大于原子半径；阳离子半径小于原子半径，且阳离子的电荷数越多，半径越小。如：$F^->F$，$Fe^{3+}<Fe^{2+}<Fe$。

④ 周期表对角线上，左上元素和右下元素的离子半径相似。如 Li^+ 和 Mg^{2+}，Sc^{3+} 和 Zr^{4+} 的半径相似。

表 11-2 离子半径

离子	半径/pm	离子	半径/pm	离子	半径/pm	离子	半径/pm
Li^+	60	Ti^{4+}	68	Zn^{2+}	74	Pb^{2+}	120
Na^+	95	Cr^{3+}	64	Cd^{2+}	97	O^{2-}	140
K^+	133	Mn^{2+}	80	Hg^{2+}	11	S^{2-}	184
Rb^+	148	Fe^{2+}	76	B^{3+}	20	Se^{2-}	198
Cs^+	169	Fe^{3+}	64	Al^{3+}	50	Te^{2-}	221
Be^{2+}	31	Co^{2+}	74	Ga^{3+}	62	F^-	136
Mg^{2+}	65	Ni^{2+}	72	In^{3+}	79	Cl^-	181
Ca^{2+}	99	Cu^+	96	Tl^{3+}	88	Br^-	196
Sr^{2+}	113	Cu^{2+}	72	Sn^{2+}	102	I^-	216
Ba^{2+}	135	Ag^+	126	Sn^{4+}	71		

11.3.3 离子键的强度

离子键的强度有两种直观的表示方法：

① 用离子键的键能（bond energy）E_i 来表示。下面以 NaCl 为例说明离子键键能的概念。1mol 气态 NaCl 分子，解离成气态原子时，所吸收的能量称为离子键的键能。

$$NaCl(g) \xlongequal{\quad} Na(g)+Cl(g) \qquad \Delta H_m^\ominus=E_i=398kJ \cdot mol^{-1}$$

即键能 $E_i=398kJ \cdot mol^{-1}$。离子键的键能越大，键的稳定性越高。

② 用晶格能（lattice energy）U 来表示。在标准状态下将 1mol 离子型晶体（如 NaCl）拆散为 1mol 气态阳离子（Na^+）和 1mol 气态阴离子（Cl^-）所需要的能量，称为晶格能，

符号为 U，单位为 kJ·mol^{-1}。

对任一离子型化合物有：

$$m\,M^{n+}(g) + n\,X^{m-}(g) \Longrightarrow M_mX_n(s) \qquad U = -\Delta H_m^{\ominus}$$

晶格能是表达离子晶体内部结构稳定程度的重要指标，是影响离子化合物一系列性质如熔点、硬度和溶解度等的主要因素。晶格能 U 本身的数值是难以用实验直接测量的，一般都是用热力学的方法通过盖斯定律来求算。其中最为著名的就是玻恩-哈伯（Born-Haber）循环。

现以 NaCl 为例说明玻恩-哈伯循环的应用：

$$
\begin{array}{ccc}
Na_{(s)} + \dfrac{1}{2}Cl_{2(g)} & \xrightarrow{\Delta_f H_m^{\ominus}} & NaCl_{(s)} \\
\downarrow S & \downarrow \frac{1}{2}D & \\
Na_{(g)} & Cl_{(g)} & \Big\uparrow -U \\
\downarrow I & \downarrow -E_A & \\
Na^+_{(g)} + & Cl^-_{(g)} &
\end{array}
$$

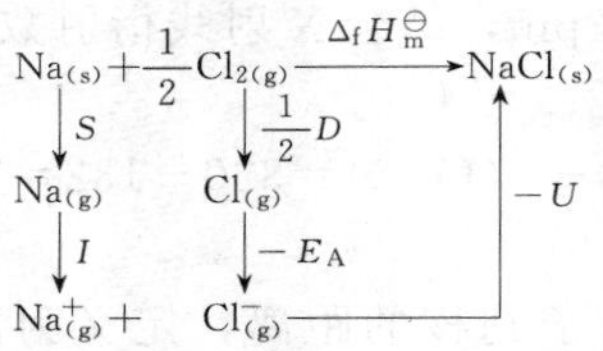

图中 D 代表 Cl_2 的离解能（239.6kJ·mol^{-1}）；S 代表金属 Na 的升华热（108.4kJ·mol^{-1}）；I 代表 Na 的电离能（495.8kJ·mol^{-1}）；E_A 代表 Cl 的电子亲和能（348.7kJ·mol^{-1}）；$\Delta_f H_m^{\ominus}$ 代表 NaCl 的标准生成焓（−411.2kJ·mol^{-1}）；U 代表 NaCl 的晶格能。

根据盖斯定律

$$\Delta_f H_m^{\ominus} = \frac{1}{2}D + S + I + (-E_A) + (-U)$$

得到

$$\begin{aligned}
U &= \frac{1}{2}D + S + I - E_A - \Delta_f H_m^{\ominus} \\
&= 239.6/2 + 108.4 + 495.8 - 348.7 + 411.2 \\
&= 786.5(\text{kJ·mol}^{-1})
\end{aligned}$$

通过玻恩-哈伯循环也可以计算其他离子型晶体的晶格能。

另外，玻恩（Born）和兰德（Lande）从静电理论推导出计算晶格能的玻恩-兰德方程：

$$U = \frac{138490Z^+Z^-A}{r}\left(1 - \frac{1}{n}\right)$$

式中，Z^+、Z^- 分别为正、负离子的电荷数；r 为正、负离子半径之和，pm；A 为马德隆（Madelung）常数，它与晶格类型有关，对于 CsCl、NaCl、ZnS（立方）晶格，A 依次为 1.763，1.748 及 1.638；n 是与离子的电子构型有关的常数，称为玻恩指数，n 与电子构型的关系如下。

电子构型	He	Ne	Ar、Cu$^+$	Kr、Ag$^+$	Xe、Au$^+$
n	5	7	9	10	12

表 11-3　离子电荷、半径对晶格能与晶体熔点、硬度的影响

NaCl 型离子晶体	Z^+	Z^-	r_+/pm	r_-/pm	U/kJ·mol^{-1}	熔点/℃	硬度（Mohs）
NaF	1	1	95	136	930	992	3.2
NaCl	1	1	95	181	770	301	2.5
NaBr	1	1	95	195	733	747	<2.5
NaI	1	1	95	216	683	662	<2.5
MgO	2	2	65	140	4147	2300	5.5
CaO	2	2	99	140	3557	2576	4.5
SrO	2	2	113	140	3360	2430	3.5
BaO	2	2	135	140	3091	1923	3.3

根据玻恩-兰德方程可知，在晶体类型相同时，晶体晶格能与正、负离子电荷数成正比，而与它们的核间距成反比。因此，离子电荷数大，离子半径小的离子晶体晶格能大，相应表现为熔点高、硬度大等性能（表 11-3），晶格能也影响着离子化合物的溶解度。

11.3.4 离子晶体的特点

离子化合物主要以晶体状态出现，如氯化钠、氟化钙、氧化镁晶体等。这些由正离子和负离子通过离子键结合而成的晶体，都称为离子晶体。在离子晶体中，不存在单个分子，整个晶体可以看成是一个巨型分子，没有确定的分子量。例如氯化钠晶体，无单独的 NaCl 分子存在，NaCl 是化学式，表示晶体中 Na^+ 离子和 Cl^- 离子的个数比例为 1∶1，根据平均原子质量算出的 58.5 是 NaCl 的式量，不是分子量。

离子晶体中晶格结点上微粒间的作用力为阴、阳离子间的库仑力（即离子键），这种引力较强，故离子晶体的熔、沸较高，常温下均为固体，且硬度较大。如 NaCl 的熔点和沸点分别是 1074K 和 1738K，MgO 的熔点和沸点分别是 3073K 和 3873K。同种类型的晶体，晶格能越大，则熔点越高，硬度越大。离子晶体因其强极性，多数易溶于极性较强的溶剂，如 H_2O。离子晶体中，阴、阳离子被束缚在相对固定的位置上，不能自由移动，不导电。但熔融状态或水溶液中，离子能自由移动，在外电场作用下可导电。

11.3.5 离子晶体的空间结构

因阳、阴离子在空间的排列方式不同，空间结构也不同。下面以最简单的立方晶系 AB 型离子晶体为代表，讨论常见的三种典型的结构类型 CsCl 型、NaCl 型、ZnS 型。

（1）CsCl 型晶体

如图 11-12(a) 所示，CsCl 型晶体的晶胞是正立方体，属于简单立方晶格，1 个 Cs^+ 处于立方体的中心，8 个 Cl^- 位于立方体的顶点。每个 Cl^- 同时属于相邻的 8 个相同的晶胞，属于此晶胞的 Cl^- 数目为 1，所以每个晶胞中只含 1 个 Cs^+ 和 1 个 Cl^-。CsCl 晶体是由 CsCl 晶胞沿着立方体的面心依次堆积而成。在 CsCl 晶体中，每个 Cs^+ 被 8 个 Cl^- 包围，每个 Cl^- 被 8 个 Cs^+ 包围，Cs^+ 和 Cl^- 的配位数均为 8。此外，CsBr 和 CsI 等晶体都属于 CsCl 型晶体。

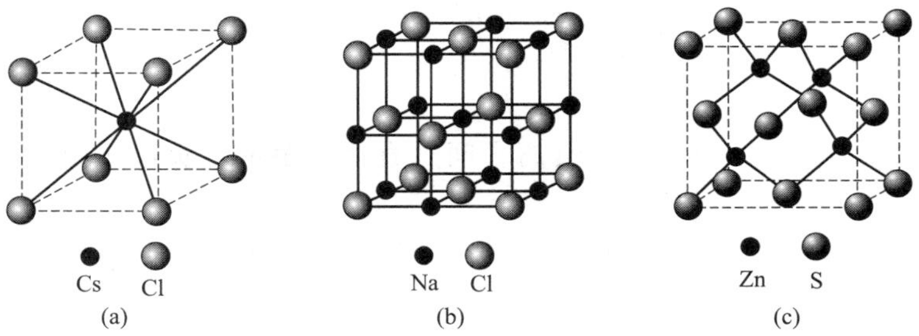

图 11-12　立方晶系 AB 型离子晶体的结构

（2）NaCl 型晶体

NaCl 晶体为 AB 型晶体中最常见的晶体构型。晶胞也是正立方体，但质点分布与 CsCl 型不同，属于面心立方晶格，如图 11-12(b) 所示。在晶胞中 1 个 Na^+ 位于体心，在 12 条棱的中央各有 1 个同时属于相邻的四个相同晶胞的 Na^+；8 个顶点上各有 1 个同时属于相邻的 8 个相同晶胞的 Cl^-，6 个面的中心上各有 1 个同时属于相邻的 2 个相同晶胞的 Cl^-。按此计算每个 NaCl 晶胞中含 4 个 Na^+ 和 4 个 Cl^-。在 NaCl 晶体中，每个 Na^+ 被 6 个 Cl^- 包围，同时每个 Cl^- 被 6 个 Na^+ 包围，配位比为 6。此外，LiF 和 AgF 等晶体都属于 NaCl 型晶体。

(3) 立方 ZnS（闪锌矿型）晶体

如图 11-12(c) 所示，ZnS 晶体的晶胞也是正立方体，属于面心立方晶格，但质点的分布更为复杂，在 1 个晶胞中含有 4 个 Zn^{2+}，8 个顶点上各有 1 个同时属于相邻的 8 个相同晶胞的 S^{2-}，6 个面的中心上各有 1 个同时属于相邻的 2 个相同晶胞的 S^{2-}，所以属于每个晶胞的 S^{2-} 数目为 4。每个 Zn^{2+} 被 4 个 S^{2-} 包围，同时每个 S^{2-} 也被 4 个 Zn^{2+} 包围。Zn^{2+} 和 S^{2-} 的配位数为 4。ZnO 和 HgS 等晶体都属于 ZnS 型晶体。

(4) 离子半径与配位数的关系

对于 AB 型的离子晶体 CsCl、NaCl 和 ZnS 来说，正、负离子的比例都是 1∶1，但形成了三种不同的晶体构型，配位数依次为 8，6 和 4。当正、负离子结合成离子晶体时，为什么会形成配位数不同的空间构型呢？这是因为在某种结构下该离子晶体最稳定，体系的能量最低。决定晶体构型的主要因素是离子本身的性质，即离子的半径、电荷和电子构型。

在离子晶体中，当正、负离子处于最密堆积时，体系的能量最低。所谓密堆积，即离子间采取空隙最小的排列方式。因此在可能条件下，为了充分利用空间，较小的正离子总是尽可能地填在较大的负离子的空隙中，形成稳定的晶体。下面以配位数为 6 的晶体构型的某一层为例，为例说明正、负离子半径比与配位数和晶体构型的关系。

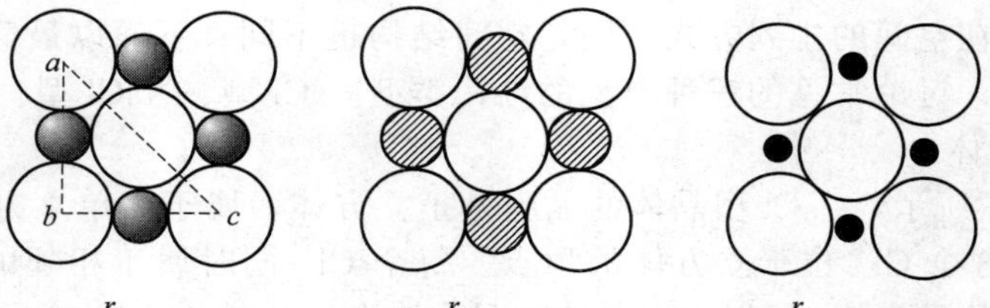

(a) $\frac{r_+}{r_-}=0.414$　　(b) $\frac{r_+}{r_-}>0.414$　　(c) $\frac{r_+}{r_-}<0.414$

图 11-13　八面体 6 配位中正、负离子的接触情况

由图 11-13(a) 可知，$ab=bc=2(r_+ + r_-)$，$ac=4r_-$，abc 为直角三角形

$$ac^2=ab^2+bc^2$$

$$[2(r_+ + r_-)]^2+[2(r_+ + r_-)]^2=(4r_-)^2 \qquad r_+=0.414r_-$$

可以解出当 $\frac{r_+}{r_-}=0.414$ 时，正、负离子间是直接接触的，负离子也是直接接触的。当 $\frac{r_+}{r_-}>0.414$ 时，正、负离子间是直接接触的，而同号离子间不直接接触，静电引力大，排斥力小，晶体较稳定，见图 11-13(b)。当 $\frac{r_+}{r_-}>0.732$ 时，正离子相对较大，有可能接触更多的负离子，可能使配位数提高到 8。当 $\frac{r_+}{r_-}<0.414$ 时，负离子之间互相接触，而正、负离子间接触不良，这种结构较不稳定，见图 11-13(c)。若晶体转入较少的配位数，如转入 4∶4 配位，这样正、负离子才能接触的比较好。由此可见，AB 型离子晶体 CsCl、NaCl 和 ZnS 虽然同属立方晶系，但由于 $\frac{r_+}{r_-}$ 比值不同，而导致它们的配位数不同，晶格类型也不一样。该类型化合物的离子半径比和晶体类型的关系如表 11-4 所示。

表 11-4　AB 型化合物的离子半径比和配位数及晶体类型的关系

半径比 r_+/r_-	配位数	晶体构型	实　例
0.225～0.414	4	ZnS 型	ZnS、ZnO、BeS、CuCl、CuBr 等
0.414～0.732	6	NaCl 型	NaCl、KCl、NaBr、LiF、CaO、MgO、CaS 等
0.732～1	8	CsCl 型	CsCl、CsBr、CsI、TlCl、NH_4Cl、TlCN 等

11.3.6　离子极化

在离子晶体中，晶格结点上排列的是离子，正、负离子间强烈的静电作用会相互作为电场使彼此的原子核和电子云发生相对位移，从而影响离子化合物的性质。

（1）离子在电场中的极化

离子并非刚性球体，在外电场作用下，正极吸引核外电子云，排斥原子核，负极吸引原子核，排斥核外电子，使原子核和电子发生相对位移，导致离子变形，这种现象叫离子极化。显然，外电场越强，离子受到的极化作用越强，离子的变形程度就越大。在外电场相同的情况下，离子半径越大，外层电子离核就越远，离子也就越容易变形。关于离子变形性的大小，可以用离子极化率来量度。一些离子的极化率见表 11-5。

表 11-5　一些离子的极化率

离子	$\alpha/10^{-40}C\cdot m^2\cdot V^{-1}$	离子	$\alpha/10^{-40}C\cdot m^2\cdot V^{-1}$	离子	$\alpha/10^{-40}C\cdot m^2\cdot V^{-1}$
Li^+	0.034	B^{3+}	0.0033	F^-	1.16
Na^+	0.199	Al^{3+}	0.058	Cl^-	4.07
K^+	0.923	Si^{4+}	0.0184	Br^-	5.31
Rb^+	1.56	Ti^{4+}	0.206	I^-	7.90
Cs^+	2.69	Ag^+	1.91	O^{2-}	4.32
Be^{2+}	0.009	Zn^{2+}	0.32	S^{2-}	11.3
Mg^{2+}	0.105	Cd^{2+}	1.21	Se^{2-}	11.7
Ca^{2+}	0.52	Hg^{2+}	1.39	OH^-	1.95
Sr^{2+}	0.96	Ce^{4+}	0.81	NO_3^-	4.47

（2）离子间的相互极化

离子都带电荷，所以每个离子都可以看作是一个微小的电场。在离子晶体中，正、负离子靠得很近，就有可能相互极化，使离子具有以下双重性质。

离子作为电场，可使周围的异电荷离子受到极化而变形，这种作用称为极化作用。离子使异电荷离子极化的能力，称为极化力。离子极化力的大小，主要取决于离子半径、电荷和电子构型。

① 电荷高的阳离子有强的极化能力，例如，$Si^{4+}>Al^{3+}>Mg^{2+}>Na^+$。

② 对于不同电子层结构的阳离子，它们极化作用大小的顺序为 18 或（18+2）电子构型的离子>9～17 电子构型的离子>8 电子构型的离子。

③ 电荷相等、电子层结构相同的离子，半径小的具有较强的极化能力，例如，$Mg^{2+}>Ca^{2+}>Sr^{2+}>Ba^{2+}$。

离子作为被极化对象，其外层电子与核会发生相对位移而变形。离子变形性的大小，也取决于离子半径、电荷和电子构型。

① 电子层结构相同的离子，随着负电荷的减少和正电荷的增加而变形性减小，如下列离子的变形性顺序为：

$$O^{2-}>F^->Ne>Na^+>Mg^{2+}>Al^{3+}>Si^{4+}$$

② 电子层结构相同的离子，电子层越多，离子半径越大，变形性越大。如：

$$I^->Br^->Cl^->F^-$$

③ 18 电子构型和 9～17 电子构型的离子，其变形性比半径相近电荷相同的 8 电子构型离子大得多。如：

$$Ag^{+}>K^{+}；Hg^{2+}>Ca^{2+}$$

④ 复杂阴离子的变形性不大，而且复杂阴离子中心离子氧化数越高，变形性越小。

综上所述，下列离子的变形性大小顺序为：

$$I^{-}>Br^{-}>Cl^{-}>CN^{-}>OH^{-}>NO_3{}^{-}>F^{-}>ClO_4^{-}$$

最容易变形的离子是体积大的阴离子。18 或（18＋2）电子构型以及不规则电子层的少电荷阳离子的变形性也是相当大的。最不容易变形的离子是半径小、电荷高、外层电子少的阳离子。

（3）离子极化对物质的结构和性质的影响

① 离子极化对化学键类型的影响　在离子晶体中，如离子间相互极化作用很弱，对化学键影响不大，化学键仍为离子键。如离子间相互极化作用强，引起离子变形后，正、负离子的电子云会发生重叠，致使正、负离子的核间距离缩短，键的离子性降低而共价性增加。离子间相互极化作用越强，电子云重叠程度就越大，键的共价性就越强，就越有可能由离子键过渡为共价键（见图 11-14）。

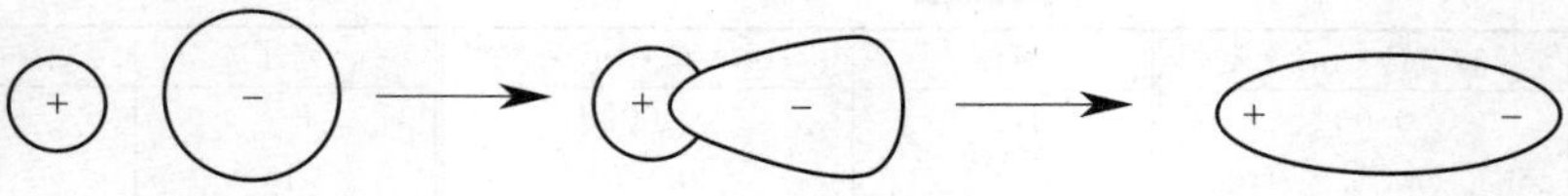

图 11-14　离子间的极化

下面从 AgF、AgCl、AgBr、AgI 的键型过渡加以说明。在卤化银系列化合物中，Ag^{+}为 18 电子构型，它的极化力和变形性都很大。对卤素离子来说，从 F^{-} 到 I^{-}，离子半径依次增大，离子的变形性依次增加。因此，除 F^{-} 半径小，相互极化作用弱外，从 Cl^{-} 到 I^{-}，离子间在相互极化的同时，附加极化作用也依次增强，离子间电子云的相互重叠依次增加，所以核间距明显小于正、负离子半径之和。并且差值依次增大，化学键也就从 AgF 的离子键逐渐过渡为 AgI 的共价键。

② 溶解度的减小　离子化合物大都易溶于水，离子相互极化引起键型过渡后，往往导致化合物溶解度减小。例如卤化银，其中 AgF 为离子化合物，易溶于水，其他卤化物都从离子键依次向共价键过渡，故溶解度自 AgCl、AgBr、AgI 依次明显减小。

③ 化合物的颜色　离子极化作用是影响化合物颜色的重要因素之一。一般情况下，如果组成化合物的两种离子都是无色的，化合物也无色，如 NaCl、KNO_3 等。如果其中一个离子是无色的，另一个离子有颜色，则这个离子的颜色就是该化合物的颜色，如 K_2CrO_4 呈黄色。但比较 Ag_2CrO_4 和 K_2CrO_4 时发现，Ag_2CrO_4 呈红色而不是黄色。再比较一下 AgI 和 KI，AgI 是黄色而不是无色。这与 Ag^{+} 具有较强的极化作用有关。因为极化作用导致电子从阴离子向阳离子迁移变得容易了，只要吸收可见光部分的能量就可以完成，从而呈现颜色。

④ 晶体的熔点降低　离子极化作用的结果，使离子键向共价键过渡，引起晶格能降低，导致化合物的熔点和沸点降低。如 AgCl 和 NaCl，两者晶型相同，但 Ag^{+} 的极化能力大于 Na^{+}，导致键型不同，所以 AgCl 的熔点是 728K，而 NaCl 的熔点是 1074K。又如 $HgCl_2$，Hg^{2+} 是 18 电子构型，极化能力强，又有较大的变形性，Cl^{-} 也具有一定的变形性，相互极化作用使 $HgCl_2$ 的化学键有显著的共价性，因此 $HgCl_2$ 的熔点更低，为 550K。

离子极化理论在无机化学的许多方面都有应用，它是离子键理论的重要补充。但它也存在很大的局限性，如离子的极化能力和变形性没有明确的标度，没有考虑 d，f 电子数和介质的影响等，因此在应用时会遇到许多例外甚至矛盾的现象。离子极化概念一般只适用于对同系列化合物定性的比较。

11.4 分子晶体

分子晶体是由极性分子或非极性分子通过分子间作用力或氢键聚集在一起的。

分子从总体上看是不显电性的，然而在温度足够低时许多气体可凝聚为液体，甚至凝固为固体，这是怎样的吸引力使这些分子凝聚在一起的呢？

这里有一个局部与整体的关系问题。虽然分子从总体上看不显电性，但是在分子中有带正电荷的原子核和带负电荷的电子，它们一直在运动着，只是保持着大致不变的相对位置。有了这样的认识，才能理解分子之间吸引力的来源。这种吸引力比化学键弱得多，即使在晶体中分子靠得很近时，也不过是后者的1/10～1/100，但是在很多实际问题中却起着重要的作用。

11.4.1 分子间的偶极矩

由两个相同原子形成的单质分子，如 H_2、Cl_2 等，两个原子的电负性相同，对共用电子对的吸引力相同，分子中电子云分布均匀，整个分子的正电荷重心与负电荷重心重合，分子中只有非极性共价键，这种分子称为非极性分子。由两个不同原子形成的分子，如 HCl，由于氯原子对电子的吸引力大于氢原子，使共用电子对偏向氯原子一边，使氯原子一端显负电，氢原子一端显正电，在分子中形成正负两极，这种分子称为极性分子。

对于多原子分子来说，分子有无极性，由分子的组成和结构而定。如在 CO_2 分子中，氧的电负性大于碳，在 C—O 键中，共用电子对偏向氧，C—O 是极性键，但由于 CO_2 分子的空间结构是直线型对称的（O ═C ═O），两个 C—O 键的极性相互抵消，其正负电荷中心重合，因此 CO_2 是非极性分子。同样，在 CCl_4 中虽然 C—Cl 键有极性，但分子为对称的四面体空间构型，分子没有极性。

偶极矩是衡量分子极性大小的物理量，显然，偶极矩的大小与正电荷重心与负电荷重心之间的距离——偶极长 d，以及正负电荷重心的电量 q 有关。分子的偶极矩定义为分子的偶极长与偶极一端的电量的乘积，即

$$\mu=qd$$

偶极矩 μ 的单位称为 C·m，其方向是从正电重心指向负电重心。分子的偶极矩可通过实验测定，表 11-6 列出部分分子的偶极矩实验数据。

表 11-6 一些物质分子的偶极矩

分子式	$\mu/10^{-30}$ C·m	分子式	$\mu/10^{-30}$ C·m
H_2	0.00	SO_2	5.33
N_2	0.00	H_2O	6.17
CO_2	0.00	NH_3	4.90
CS_2	0.00	HCN	9.85
CH_4	0.00	HF	6.37
CO	0.40	HCl	3.57
$CHCl_3$	3.50	HBr	2.67
H_2S	3.67	HI	1.40

表中 $\mu=0$ 的分子为非极性分子，$\mu\neq0$ 的分子为极性分子。μ 值越大，分子的极性越强。分子的极性既与化学键的极性有关，又与分子的几何构型有关，所以测定分子的偶极

矩，有助于比较物质极性的强弱和推断分子的几何构型。

由于极性分子的正、负电荷重心不重合，因此分子中始终存在一个正极和一个负极，这种极性分子本身固有的偶极矩称为固有偶极或永久偶极。但是分子的极性并不是固定不变的，在外电场作用下非极性分子和极性分子的正、负电荷中心会发生变化，如图 11-15 所示。

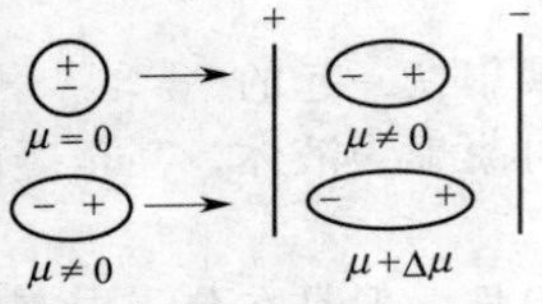

图 11-15　外电场对分子极性的影响

在电场中，非极性分子的正、负电荷重心发生分离，变成具有一定偶极的极性分子；这种在外电场诱导下产生的偶极矩称为诱导偶极。诱导偶极用 $\Delta\mu$ 表示，其强度大小和电场强度成正比，也和分子的变形性成正比。所谓分子的变形性，即为分子的正、负电荷重心的可分程度，分子体积越大，电子越多，变形性越大。任何一个分子，由于原子核和电子都在不停运动，不断改变它们的相对位置，从而使分子的正、负电荷重心在瞬间不重合，这时产生的偶极矩称为瞬间偶极。瞬间偶极的大小和分子的变形性有关，分子越大，越容易变形，瞬间偶极也越大。

11.4.2　分子间的作用力

分子间存在的一种较弱的相互作用。其结合力大约只有几个到几十个千焦每摩尔。比化学键的键能小 1～2 个数量级。气体分子能凝聚成液体或固体，主要就是靠这种分子间作用力，这种力称为分子间的范德华力。根据不同的来源分为三个部分：取向力、诱导力和色散力。

（1）色散力

任何一个分子，由于电子的运动和原子核的振动而产生瞬间偶极，这种瞬间偶极也会诱导邻近分子产生瞬间偶极，于是两个分子可以靠瞬间偶极相互吸引在一起。这种瞬间偶极产生的作用力称为色散力（dispersion force）。由于各种分子均有瞬间偶极，故色散力存在于极性分子与极性分子、极性分子与非极性分子及非极性分子与非极性分子之间。色散力不仅存在广泛，而且在分子间力中，色散力是最主要的。色散力与分子的变形性有关，变形性越大，色散力越强。

（2）诱导力

在极性分子和非极性分子之间以及极性分子之间都存在诱导力。极性分子作为电场，使非极性分子产生诱导偶极，诱导偶极与极性分子的固有偶极之间的作用力称为诱导力。同时，当极性分子与极性分子相互接近时，在彼此偶极的相互作用下，每个分子也会发生变形而产生诱导偶极，因此极性分子相互之间也存在诱导力。诱导力与分子的极性和变形性有关，分子的极性和变形性越大，其产生的诱导力越大。

（3）取向力

当两个极性分子充分靠近时，由于极性分子存在固有偶极，同极相斥，异极相吸，使分子发生相对的转动，极性分子按一定方向排列，如图 11-16(a) 所示，取向后，固有偶极之间产生的作用力，称为取向力。取向力的大小决定于极性分子的极性，极性越大，取向力越大。

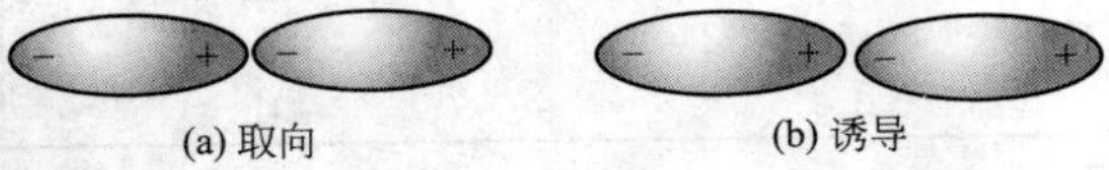

图 11-16　极性分子间的相互作用

表 11-7 分子间的吸引作用（两分子间的距离=500pm，T=298K）

分子	取向能/10^{-22}J	诱导能/10^{-22}J	色散能/10^{-22}J	总和/10^{-22}J
He	0	0	0.05	0.05
Ar	0	0	2.9	2.9
Xe	0	0	18	18
CO	0.00021	0.0037	4.6	4.6
CCl	0	0	116	116
HCl	1.2	0.36	7.8	9.4
HBr	0.39	0.28	15	16
HI	0.021	0.10	33	33
H_2O	11.9	0.65	2.6	15
NH_3	5.2	0.63	5.6	11

取向作用使两个分子更加接近，两个分子相互诱导，使每个分子的正、负电荷中心分得更开，[图 11-16(b)]，所以它们之间还有诱导作用。

综上所述，在非极性分子之间只有色散力，在极性分子和非极性分子之间有诱导力和色散力，在极性分子和极性分子之间有取向力、诱导力和色散力。这些力本质上都是静电引力。

在三种作用力中，色散力存在于一切分子之间，一般也是分子间的主要作用力（极性很大的分子除外)，取向力次之，诱导力最小。从表 11-7 的数据可以看出某些物质分子间作用能的三个组成部分的相对大小。

11.4.3 氢键

先看实验事实卤素氢化物的沸点：

	HF	HCl	HBr	HI
沸点/℃	19.9	−85.0	−66.7	−35.4

气体能够凝聚为液体，是由于分子间的吸引作用。分子间吸引作用越强，则液体越不易气化，所以沸点越高。从表 11-7 可以看出，HCl、HBr 和 HI 三种氢化物分子间的吸引作用中色散作用是主要的。

	HCl　HBr　HI
极化率	小 ——→ 大
色散作用	弱 ——→ 强
沸点	低 ——→ 高

按此规律，HF 分子的变形性不及 HCl 分子的大（HF 的极化率为 0.89×10^{-40} C·m^2·V^{-1}），HF 的沸点应该低于−85.0℃，而事实上却高达 19.91℃，这是什么原因呢？这是因为在 HF 分子之间除了前面所说的分子间的三种吸引作用外，还有一种叫做氢键的作用。

由于 F 的电负性（3.98）比 H 的电负性（2.18）大得多，共用电子对强烈地偏向 F 的一边，使 H 原子的核几乎裸露出来。F 原子上还有三对孤对电子，在几乎裸露的 H 原子核与另一个 HF 分子中 F 原子的某一孤对电子之间产生一种吸引作用，这种吸引作用叫做氢键。由于氢键的形成，使简单 HF 分子缔合。如图 11-17 所示（其中虚线表示氢键）。

氢键的组成可用 X—H---Y 来表示，其中 X、Y 可以是同种原子，也可以是不同原子。经典氢键中的 X、Y 一般是电负性大、半径小且有孤对电子的原子，一般为 F、N、O 等原子。氢键既可在同种分子或不同分子之间形成，又可在分子内形成。图 11-18 给出邻硝基苯酚分子中的分子内氢键示意图。

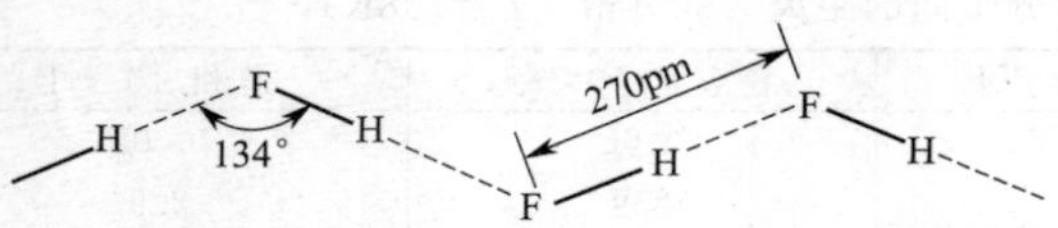

图 11-17 HF 分子间氢键

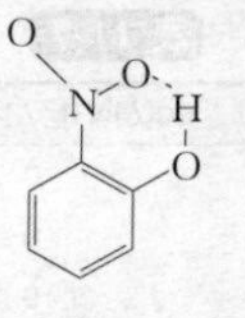

图 11-18 邻硝基苯酚分子中的分子内氢键示意图

与共价键相似，氢键也有饱和性和方向性：每个 X—H 只能与一个 Y 原子相互吸引形成氢键；Y 与 H 形成氢键时，尽可能采取 X—H 键键轴的方向，使 X—H---Y 在一直线上。

氢键的强弱与 X 和 Y 的电负性大小有关。X、Y 的电负性越大，则形成的氢键越强。此外，氢键的强弱也与 X 和 Y 的半径大小有关，较小的原子半径有利于形成较强的氢键。表 11-8 定量给出一些常见氢键的键长、键能数据。

表 11-8　一些常见氢键的键长、键能

项目	键长/pm	键能/kJ·mol⁻¹	项目	键长/pm	键能/kJ·mol⁻¹
F—H···F	255	28.0	N—H···F	266	20.9
O—H···O	276	18.8	N—H···O	266	—
N—H···N	358	5.4			

氢键的形成会对某些物质的物理性质产生一定的影响。分子间存在氢键时，化合物的熔点、沸点将升高，如 HF、H_2O 和 NH_3 等第二周期元素的氢化物，由于分子间氢键的存在，要使其固体熔化或液体汽化，必须给予额外的能量破坏分子间的氢键，所以它们的熔点、沸点均高于各自同族的氢化物。对于可以形成分子内氢键的物质，在形成分子内氢键时，势必削弱分子间氢键的形成。故有分子内氢键的化合物的沸点、熔点不是很高，典型的例子是对硝基苯酚和邻硝基苯酚，邻硝基苯酚可以生成分子内氢键，其熔点远低于它的同分异构体对硝基苯酚。

11.5 层状晶体

前面已介绍了三种典型的化学键及由这些化学键和分子间作用力所构成的四种典型晶体。实际上在这些键型和晶体类型之间没有绝对界限。三种键型之间存在交融，各自存在对方的成分，形成一系列过渡性键型，从而产生一系列过渡性晶体结构。

在元素周期表中绝大多数元素单质是金属晶体，分布在左侧，从左向右，化学键型由金属键向共价键转变，晶型由金属晶体向分子晶体转变。周期表右侧的非金属单质是分子晶体，如 F_2、Cl_2、I_2、O_2、N_2 及稀有气体单质。在典型的分子晶体与金属晶体之间的过渡区域内存在着混合型晶体。石墨就是典型的混合型晶体。

石墨具有层状结构（见图 11-19），又称层状晶体。同一层的 C—C 键长为 142pm，层与层之间的距离是 340pm。在这样的晶体中，C 原子采用 sp^2 杂化，彼此之间以 σ 键连接在一起。每个 C 原子周围形成 3 个 σ 键，键角 120°，每个 C 原子还有 1 个 2p 轨道，其中有 1 个 2p 电子。这些 2p 轨道都垂直于 sp^2 杂化轨道的平面，且互相平行。互相平行的 p 轨道满足形成键的条件。同一层中有很多 C 原子，所有 C 原子的垂直于 sp^2 杂化轨道平面的 2p 轨道中的电子，都参与形成了 π 键，这种包含着很多个原子的 π 键叫做大 π 键。因此石墨中 C—C键长比通常的 C—C 单键（154pm）略短，比 C═C 双键（134pm）略长。

大 π 键中的电子并不定域于两个原子之间，而是非定域的，可以在同一层中运动。正如金属键一样，大 π 键中的电子使石墨具有金属光泽，并具有良好的导电性和导热性。层与层之间的距离较远，它们是靠分子间力结合起来的。这种引力较弱，所以层与层之间可以滑移。石墨在工业上用作润滑剂就是利用这一特性。

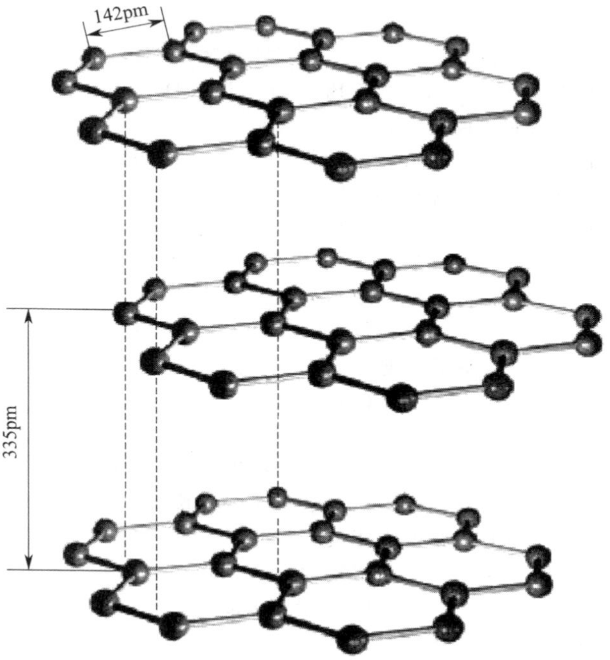

图 11-19　石墨的层状结构

总之，石墨晶体中既有共价键，又有类似于金属键那样的非定域大 π 键和分子间力在起作用，它实际上是一种混合键型的晶体。还有许多化合物也是层状结构的晶体。如六方氮化硼 BN 等。

习　　题

一、填空题

11-1　CO_2、SiO_2、MgO、Ca 的晶体类型分别为______、______、______、______。

11-2　NaCl 的熔点______于 RbCl，CuCl 的熔点______于 NaCl，MgO 的熔点______于 BaO，$MgCl_2$ 的熔点______于 NaCl。

11-3　NaCl、MgO、CaO、KCl 熔点高低的顺序为________________；$MgCl_2$、$CaCl_2$、$SrCl_2$、$BaCl_2$ 熔点高低的次序为__________________。

11-4　在金属晶体中，金属原子配位数为 12 的密堆积中，以 *ABCABC* 方式堆积的是__________密堆积，以 *ABAB* 方式堆积的是__________密堆积。

11-5　石墨为层状晶体，每一层中每个碳原子采用______杂化方式以共价键相连，未杂化的________轨道之间形成________键，层与层之间靠__________而相互连接在一起。

11-6　MgO、CaO、SrO、BaO 均为 NaCl 型晶体，它们的正离子半径大小顺序为__________，由此可推测出它们的晶格能大小顺序为__________。

11-7　CsCl 和 ZnS 晶体中，正负离子的配位比分别为________和________。每个 NaCl 晶胞中有____个 Na^+ 和____个 Cl^-。

11-8　PH_3、AsH_3、SbH_3 的沸点高低顺序为______________；NH_3 分子间除了存在分子间力外，还有__________。

二、选择题

11-9　下列物质的晶体中，属于原子晶体的是（　　）。

A. S_8　　B. Ga　　C. Si　　D. GaO

11-10　在金属晶体面心立方密堆积结构中，金属原子的配位数为（　　）。

A. 4　　B. 6　　C. 8　　D. 12

11-11　下列离子中，极化率最大的是（　　）。

A. K^+　　B. Rb^+　　C. Br^-　　D. I^-

11-12　下列离子中，极化力最大的是（　　）。

A. Cu^+　　B. Rb^+　　C. Ba^+　　D. Sr^{2+}

11-13　下列离子中，属于（9-17）电子构型的是（　　）。

A. Li^+　　B. F^-　　C. Fe^{3+}　　D. Pb^{2+}

11-14　下列离子半径大小顺序中错误的是（　　）。

A. $Mg^{2+}>Ca^{2+}$　　B. $Fe^{2+}>Fe^{3+}$

C. $Cs^+>Ba^{2+}$　　D. $F^->O^{2-}$

11-15　下列晶体熔化时，需要破坏共价键的是（　　）。

A. SiO_2　　B. HF　　C. KF　　D. Pb

11-16　下列晶格能大小顺序中正确的是（　　）。

A. CaO>KCl>MgO>NaCl　　B. NaCl>KCl>RbCl>SrO

C. MgO>RbCl>SrO>BaO　　D. MgO>NaCl>KCl>RbCl

11-17　下列氯化物熔点高低次序中错误的是（　　）。

A. LiCl<NaCl　　B. $BeCl_2>MgCl_2$

C. KCl>RbCl　　D. $ZnCl_2<BaCl_2$

11-18　下列各物质沸点高低次序中正确的是（　　）。

A. HI>HBr>HCl>HF　　B. $H_2Te>H_2Se>H_2S>H_2O$

C. $NH_3>AsH_3>PH_3$　　D. $CH_4>GeH_4>SiH_4$

11-19　下列物质中，分子间不能形成氢键的是（　　）。

A. NH_3　　B. N_2H_4　　C. C_2H_5OH　　D. CH_3OCH_3

11-20　下列各组化合物溶解度大小顺序中，正确的是（　　）。

A. AgF>AgBr　　B. $CaF_2>CaCl_2$

C. $HgCl_2>HgI_2$　　D. LiF>NaCl

11-21　下列离子中，偶极距等于零的是（　　）。

A. CS_2　　B. NH_3　　C. H_2S　　D. SO_2

11-22　下列离子中，未成对电子数为零的是（　　）。

A. Mn^{3+}　　B. Pb^{2+}　　C. Cu^{2+}　　D. Fe^{2+}

11-23　下列物质晶格能大小顺序中正确的是（　　）。

A. MgO>CaO>NaF　　B. CaO>MgO>NaF

C. NaF>MgO>CaO　　D. NaF>CaO>MgO

11-24　下列离子晶体中，晶格能最大的是（　　）。

A. NaF　　B. NaCl　　C. NaBr　　D. NaI

11-25　在水分子之间存在的主要作用力是（　　）。

A. 色散力　　B. 诱导力　　C. 取向力　　D. 氢键

三、判断题

11-26　所有原子晶体的熔点均比离子晶体的熔点高。（　　）

11-27　金属晶体中体心立方密堆积方式属于最密堆积，其配位数最大。（　　）

11-28　六方最密堆积与面心立方密堆积中都存在着四面体空隙与八面体空隙。（　　）

11-29　NaCl 晶体的结构可看作是分别由 Na^+ 和 Cl^- 组成的简单立方晶格交错排列而成。（　　）

11-30　在氯化钠晶体中，配位比是 6∶6，因此，每个晶胞中含有 6 个钠离子和 6 个氯离子。（　　）

11-31　离子半径是离子型化合物中离子核间距的一半。（　　）

11-32　对于同一元素，其正离子的电荷越多，则离子半径越小，负离子的电荷越多，则离子半径

越大。 ( )

11-33 电子层结构相同的离子，阳离子的半径总是大于阴离子的半径。 ( )

11-34 晶格能是由单质生成 1mol 离子晶体所放出的能量，即离子键的键能。 ( )

11-35 离子的电荷越多，半径越小，则晶格能越大，离子键越强。 ( )

四、综合题

11-36 已知 NaF 中键的离子性比 CsF 小，但 NaF 的晶格能却比 CsF 的大。请解释原因。

11-37 用价层电子对互斥理论推测下列分子或离子的空间构型。

$BeCl_2$，$SnCl_3^-$，ICl_2^+，XeO_4，BrF_3，$SnCl_2$，SF_4，ICl_2^-，SF_6。

11-38 解释下列现象：熔点 NaCl>CuCl。

11-39 解释说明下列高低关系

(1) 溶解度 AgCl>AgBr>AgI。

(2) 键的极性 NaF>HF>HCl>HI>I_2。

11-40 说明导致下列各组化合物熔点差别的原因。

(1) $FeCl_2$ (672℃)　　$FeCl_3$ (282℃)；

(2) MgO (2800℃)　　BaO (1923℃)。

11-41 解释下列现象：溶解度 $CaCl_2$>$BeCl_2$>$HgCl_2$。

11-42 C 和 Si 在同一族，为什么常温下 CO_2 是气体，而 SiO_2 是固体。

11-43 试解释：大多过渡金属水合离子有色，但 Zn^{2+}、Sc^{3+} 水合离子无色。

11-44 用离子极化的观点解释，AgF 溶于水，而 AgCl、AgBr、AgI 均不溶于水，而且在水中的溶解度依次减小。

11-45 对下列各对物质的沸点的差异给出合理的解释。

(1) HF (20℃) 与 HCl (−85℃)；

(2) NaCl (1465℃) 与 CsCl (1290℃)；

(3) $TiCl_4$ (136℃) 与 LiCl (1360℃)。

11-46 判断下列各组化合物的熔点高低关系，并说明理由。

(1) NaCl 和 NaBr　　(2) CO_2 和 SiO_2　　(3) MgO 和 Al_2O_3

11-47 比较下列性质，并说明原因。

① 分子极性：NCl_3 和 BCl_3；

② 变形性：OH^-、I^- 和 NO_3^-；

③ 极化能力：Fe^{3+} 和 Cu^+。

11-48 按要求填表

物质	晶体类型	晶格结点上粒子	粒子间作用力
SiC			
冰			

11-49 C 和 Si 同为ⅣA 族元素，为什么 SiO_2 在常温下是固体且熔点很高，而 CO_2 在常温下却是气体？

第12章 配位结构

配合物是一类由中心金属离子（原子）和配位体组成的化合物，随着配合物的发现与合成，人们对化学键的实质有了更深的理解，从而建立了配合物的化学键理论，配合物的化学键理论包括价键理论、晶体场理论、配位理论和分子轨道理论。本章只对配合物的价键理论和晶体场理论做一个初步的介绍，在此之前，先介绍配合物的空间构型和异构现象。

12.1 配合物的空间构型和异构现象

12.1.1 配合物的空间构型

配合物的空间构型是指配体围绕着中心离子或原子排布的几何构型。为了减少配体（尤其是阴离子配体）之间的静电排斥作用（或成键电子对之间的斥力），以达到能量上的稳定状态，配体要互相尽量远离，因而在中心原子周围采取对称分布的状态。例如，配位数为 2 时，采用直线型；配位数为 3 时，采用平面三角形；配位数为 4 时，采用四面体或平面正方形；配位数为 6 时，采取八面体等空间结构。表 12-1 列出不同配位数的配合物的空间构型。

表 12-1　配合物的空间构型

配位数	杂化类型	几何构型	实例
2	sp	直线形	$[Hg(NH_3)_2]^{2+}$
3	sp^2	等边三角形	$[CuCl_3]^{2-}$
4	sp^3	正四面体形	$[Ni(NH_3)_4]^{2+}$
	dsp^2	正方形	$[Ni(CN)_4]^{2-}$
5	dsp^3	三角双锥形	$[Fe(CO)_5]$
6	sp^3d^2	正八面体形	$[CoF_6]^{3-}$
	d^2sp^3		$[Co(CN)_6]^{3-}$

可见，配合物空间构型不仅仅取决于配位数，当配位数相同时，还常与中心离子和配体的种类有关，如 $[NiCl_4]^{2-}$ 是四面体构型，而 $[Ni(CN)_4]^{2-}$ 则为平面正方形。五配位配合物具有两种基本结构形式，即三角双锥和四方锥，两者中以前者为主，人们在研究配合物的反应动力学时发现，无论四配位还是六配位配合物的取代反应历程中，都可以形成不稳定的五配位中间产物。六配位配合物是最常见、最重要的一类配合物，经典配位化学就是从这里生产和发展起来的，一般为八面体构型。

12.1.2 配合物的异构现象

如前所述，配合物具有不同配位数和复杂多变的几何构型，因而造成了各种异构现象。

异构现象不仅影响着配合物的物理和化学性质，而且与配合物的稳定性和键型也有密切关系。本节主要讨论几何异构和旋光异构现象。

12.1.2.1 几何异构

几何异构现象主要发生在配位数为 4 的平面正方形和配位数为 6 的八面体构型的配合物中。在这类配合物中，按照配体对于中心离子的不同位置，通常分为顺式（cis）和反式（trans）两种异构体。例如配位数为 4 的平面正方形配合物，两个相同的配体处于正方形相邻两顶角的叫顺式异构体，处于对角的则叫反式异构体。显然，配位数 2 和 3 的配合物以及配位数为 4 的四面体配合物都不存在几何异构，因为在这些配合物中所有的配位位置都彼此相邻或者相反（配位数为 2）。

（1）平面正方形配合物

Ma_4 和 Mb_3b 型没有几何异构体；Ma_2b_2 和 $Mabc_2$ 各有 2 个几何异构体；$Mabc$ 有 3 个异构体。

例如，$[PtCl_2(NH_3)_2]$ 为平面正方形结构，具有顺式和反式两种异构体，其中顺式的呈棕黄色，为极性分子（在水中溶解度为 0.25g），有抗癌作用。而反式呈淡黄色，为非极性分子（在水中难溶，溶解度仅为 0.037g），无抗癌活性。

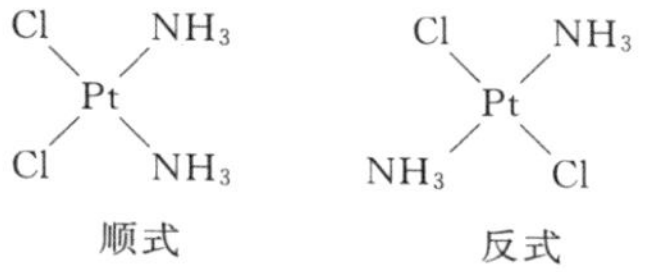

（2）八面体配合物

Mb_6 和 Ma_5b 型八面体不存在几何异构体。Ma_2b_4 型配合物具有顺式和反式两种异构体：

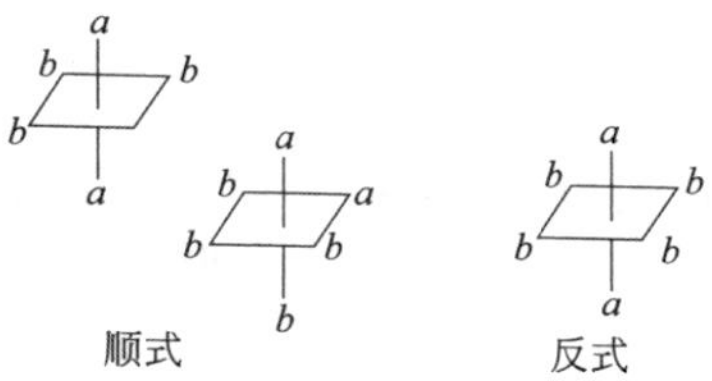

如 $[CoCl_2(NH_3)_4]^+$ 的顺式异构体中两个 Cl 共占八面体的一个边；其反式异构体的两个 Cl 处于八面体对角位置。由于结构上的差异，使得异构体的性质有所不同，如顺式的呈现紫色，反式的则为绿色。

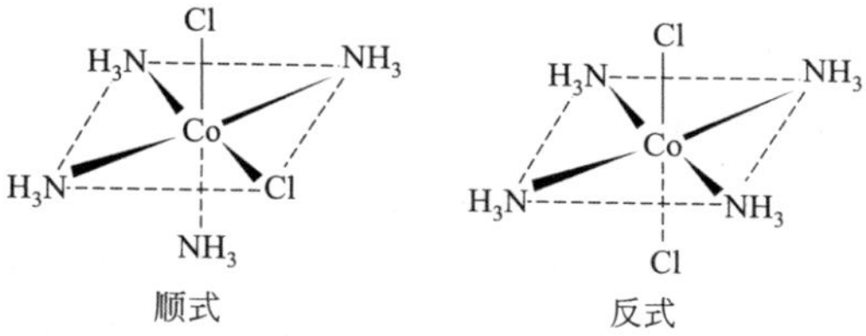

$[Ma_3b_3]$ 型配合物也有两种几何异构体，一种是三个 a 占据八面体的一个三角面的三个顶点，称为面式（fac-）；另一种是三个 a 位于半剖开八面体的正方平面（子午面）的三个顶点上，称为经式或子午式（mer-）。

一般来说，配体数目越多，配体种类越多，其几何异构现象越复杂。

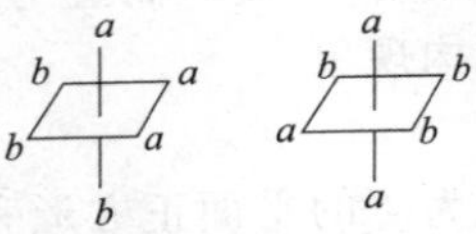

面式　　经式

12.1.2.2 旋光异构现象

旋光异构又称光学异构。旋光异构现象是由于分子中没有对称面和对称中心而引起的旋光性相反的两种不同的空间排布。旋光异构能使偏振光左旋或右旋，而它们的空间结构是实物和镜像不能重合，犹如左手和右手的关系，所以彼此互为对映体（图 12-1）。具有旋光性的分子称为手性分子。

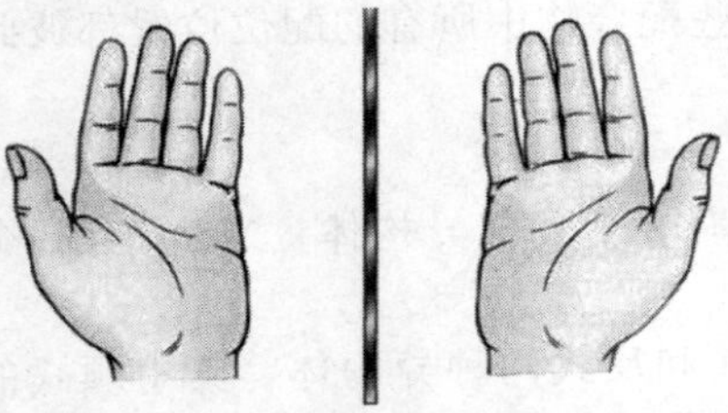

图 12-1　人手与其镜像不能重叠

旋光异构现象通常与几何异构现象密切相关。如顺式 $[CoCl_2(en)_2]^+$ 异构体可形成一对旋光活性异构体，而反式异构体则往往没有旋光活性，其分子不是手性分子，如图 12-2 所示。

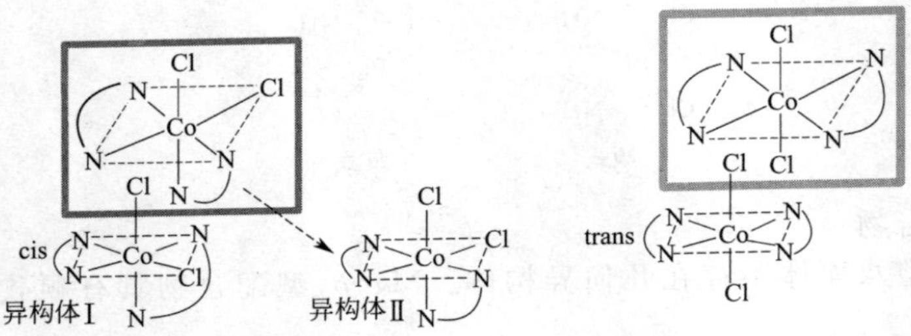

(a) *cis*-$[CoCl_2(en)_2]^+$旋光异构体　　(b) *trans*-$[CoCl_2(en)_2]^+$旋光异构体

图 12-2　$[CoCl_2(en)_2]^+$ 的旋光异构体

在配合物中，最重要的旋光性配合物是含双齿配体的六配位螯合物。例如，$[Co(en)_3]^{3+}$ 和 $[Co(en)_2(NO_2)_2]^{4+}$ 等。平面正方形的四配位化合物通常没有旋光性，而四面体构型的配合物则常有旋光活性。

12.2 配合物的价键理论

中心离子与配体是怎么结合，又是靠什么力结合起来的？为什么中心离子只能同一定数目的配位体结合，并具有一定的空间构型？为什么有的配离子稳定，有的不稳定？它们的磁性如何等等，都是本节要说明的问题。

12.2.1 价键理论的要点

① 配合物的中心体与配体之间以配位键相键合；

② 配位键是由配体单方面提供的孤对电子进入中心离子或原子的空轨道而形成；

③ 为了形成结构匀称的配合物，中心体首先要进行杂化形成一组具有一定方向性和对称性的等价杂化轨道，再与配体成键；

④ 配合物的配位数就是中心体在成键时所提供的空轨道数；

⑤ 杂化轨道的类型决定了配合物的空间构型。

常见的杂化轨道及其对应的空间构型如表 12-2 所示。

表 12-2 杂化轨道的类型与配合物的几何构型

配位数	杂化轨道	参与杂化的原子轨道	空间构型
2	sp	s, p_z	直线形
3	sp^2	s, p_x, p_y	三角形
4	sp^3	s, p_x, p_y, p_z	正四面体
4	dsp^2	$d_{x^2-y^2}$, s, p_x, p_y	平面正方形
5	dsp^3	d_{z^2}, s, p_x, p_y, p_z	角双锥
5	d^2sp^2	d_{z^2}, $d_{x^2-y^2}$, s, p_x, p_y	四方锥
6	d^2sp^3 sp^3d^2	d_{z^2}, $d_{x^2-y^2}$, s, p_x, p_y, p_z	八面体

表中可见，同是八面体构型却有两种杂化方式：d^2sp^3 和 sp^3d^2。同是四配位的配合物不仅有两种杂化方式，对应的空间构型也不同。对此，价键理论都给予了简单明了的解释。

12.2.2 中心价层轨道的杂化

若中心体参与杂化的价层轨道属同一主层，即中心采取 $ns\ np\ nd$ 杂化，d 轨道在 s 轨道和 p 轨道的外侧，形成的配位化合物称为外轨型配位化合物；若中心体参与杂化的价层轨道不属同一主层，即中心采取 $(n-1)d\ ns\ np$ 杂化，d 轨道在 s 轨道和 p 轨道的内侧，形成的配位化合物称为内轨型配位化合物。

(1) $ns\ np\ nd$ 杂化

配位数为 6 的配合物绝大多数是八面体构型。这种构型的配合物可能采取 d^2sp^3 或 sp^3d^2 杂化轨道成键。例如，已知 $[FeF_6]^{3-}$ 的空间构型为八面体，根据价键理论讨论它的成键情况。Fe^{3+} 的电子构型为 $3d^5$：

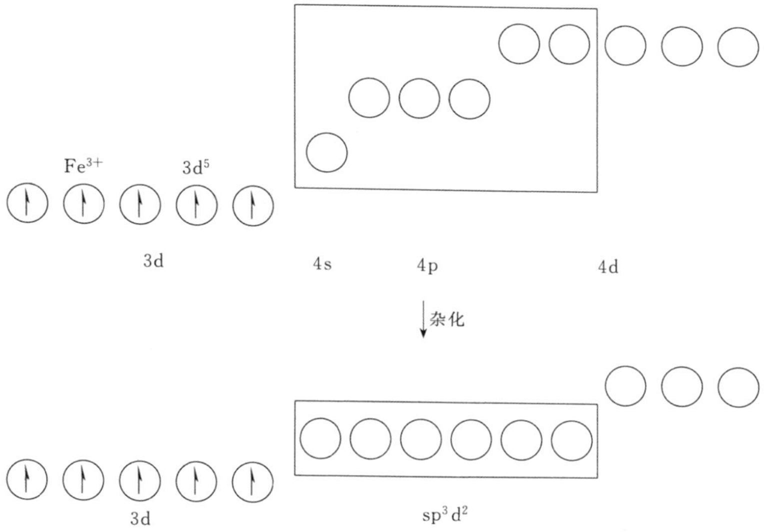

由于中心体 sp^3d^2 杂化轨道在空间呈八面体分布，故 $[FeF_6]^{2-}$ 形成正八面构型的配位单元，配体的孤对电子进入中心体的外层轨道，即 $ns\ np\ nd$ 杂化轨道，形成外轨型配合物。

已知配位数为 4 的配合物有两种构型：一种是四面体构型，另一种是平面正方形构型。由表 12-2 得知，以 sp^3 杂化轨道成键的配合物，几何构型为四面体，以 dsp^2 杂化轨道成键的配合物几何构型为平面正方形。至于什么情况下以 sp^3 杂化轨道成键，什么情况下以 dsp^2 杂化轨道成键，则主要由中心体的价层电子结构和配体的性质所决定。以 $[Ni(CO)_4]$ 为例说明。Ni 的电子构型为 $3d^84s^2$：

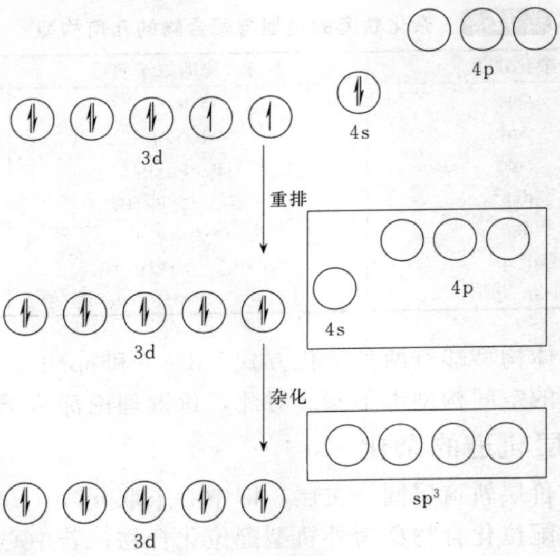

在配体 CO 的作用下，Ni 的价层电子重排形成 $3d^{10}4s^0$，4s 和 4p 进行 sp^3 杂化，杂化轨道在空间呈四面体分布，因而 $[Ni(CO)_4]$ 为正四面体结构，配体中的孤对电子进入中心体的外层杂化轨道，即 $ns\,np$ 杂化轨道，形成外轨型配合物。

CO 配体能使中心体的价层电子发生重排，称为强配体。常见的强配体有 CO、CN^-、NO_2^- 等。

F^- 等配体不能使中心体的价层电子发生重排，称为弱配体。大多数的配体都为弱配体，例如 F^-、Cl^-、H_2O、$C_2O_4^{2-}$ 等。

NH_3、en 等为中强配体。配体的强度是相对的，对于不同的中心，相同的配体其强度也是不同的。

(2) $(n-1)d\,ns\,np$ 杂化

以 $[Co(CN)_6]^{3-}$ 为例讨论中心离子的杂化方式和成键情况。

Co^{3+} 的电子构型为 $3d^6$，CN^- 为强配体，使 Co^{3+} 的 6 个 d 电子重排，空出 2 个 3d 轨道参与杂化，中心体采取 d^2sp^3 杂化，杂化轨道在空间呈八面体分布，所以配位体为正八面体构型。

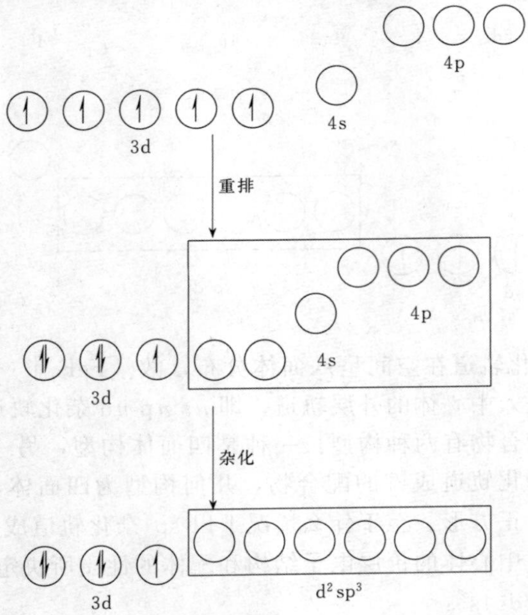

从以上的例子可知，杂化轨道用到了$(n-1)$d 内层轨道，配体的孤对电子配入中心体的内层，能量低，形成内轨型配合物，它较外轨型配合物稳定。

12.2.3 配合物的磁性

配合物的磁性是配合物的重要性质之一，它对配合物结构的研究提供了重要的实验依据。物质的磁性是指它在磁场中表现出来的性质。若把所有的物质分别放在磁场中，按照它们受磁场的影响可分为两大类：一类是反磁性物质，另一类是顺磁性物质，不同的表现主要与物质内部的电子自旋有关。若这些电子都是偶合的，由电子自旋产生的磁效应彼此抵消，这种物质在磁场中表现出反磁性，反之，有未成对电子存在时，由电子自旋产生的磁效应不能抵消，这种物质就表现出顺磁性。

顺磁性物质的分子中含有不同数目的未成对电子，则它们在磁场中产生的效应也不同，这种效应可以由实验测出。通常把顺磁性物质在磁场中产生的磁效应，用物质的磁矩（μ）来表示，物质的磁矩与分子中的未成对电子数（n）有如下的近似关系：

$$\mu=\sqrt{(n+2)}$$

测出磁矩 μ，可推算出单电子数 n，对于分析和解释配合物的成键情况具有重要意义。

中强配体 NH_3，在 $[Co(NH_3)_6]^{3+}$ 中是否使 d 电子发生重排，可以从磁矩实验的结果进行分析，以判断 NH_3 对于 Co^{3+} 是强配体还是弱配体。实验测得 $\mu=0$，推出 $n=0$，无单电子，说明 Co^{3+} 的 $3d^6$ 电子发生重排，若不重排，Co^{3+} 将有 4 个单电子，只有发生重排，才有 $n=0$，故 NH_3 对 Co^{3+} 是强配体，形成内轨型配合物。

综上所述，不难看出价键理论简单明了、使用方便，能说明配合物的配位数、空间构型、磁性和稳定性。它曾是 20 世纪 30 年代化学家用以说明配合物结构的唯一方法，但目前很少有人用单一的价键理论来说明配合物结构。因为价键理论尚不能定量地说明配合物的性质（如颜色等），不能解释配合物的吸收光谱对于过渡金属离子的配合物的稳定性随中心离子的 d 电子数的变化而变化的现象，另外，目前许多电子光谱的实验数据也说明了中心离子为 Fe^{3+} 等的配合物使用高能量的 4d 轨道似乎不大可能。

12.3 晶体场理论

1929 年 H. Bethe 首先提出了晶体场理论（crystal field theory，CFT），这一理论将金属离子和配位体之间的相互作用完全看作静电的吸引和排斥，同时考虑到配体对中心体 d 轨道的影响，它在解释配离子的光学、磁学等性质方面很成功。

晶体场理论的主要要点如下。

① 在配合物中，中心离子处于带负电荷的配体（负离子或极性分子）形成的静电场中，中心离子与配体之间完全靠静电作用结合在一起，这是配合物稳定的主要原因。

② 配体形成的晶体场对中心离子的电子，特别是价电子层中的 d 电子，产生排斥作用，使中心离子的外层 d 轨道能级分裂，有些 d 轨道能量升高，有些则降低。

③ 在空间构型不同的配合物中，配体形成不同的晶体场，对中心离子 d 轨道的影响也不相同。

例如，在自由原子或离子中，5 种 d 轨道的能量简并，其原子轨道的角度分布如图 12-3 所示。

配体用电子对向中心体配位，可以看成在中心体周围形成负电场。而 d 轨道往往有电子，则 d 轨道与配体的负电场有排斥作用。5 种 d 轨道处于电场中，受电场的作用，轨道的能量升高。若电场是球形对称的，各轨道能量升高的幅度一致，即 5 种 d 轨道的能量仍然简并。若 5 种 d 轨道处于非球形电场时，则根据电场的对称性不同，各轨道能量升高的幅度不相同，即原来的简并轨道将发生能级分裂。

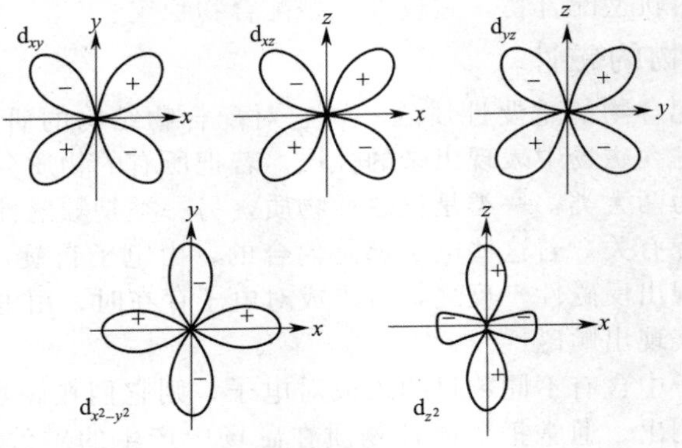

图 12-3　5 种简并的 d 轨道

12.3.1　中心离子 d 轨道的能级分裂

(1) 八面体场

在配合物中，6 个配体形成正八面体对称性电场，尽管正八面体电场对称性很高，但不如球形的对称性高。中心 d 轨道的能量在正八面体电场中将不再简并，发生了能级分裂。

6 个配体沿 x，y，z 三个坐标轴的正负 6 个方向分布，以形成八面体场。五个简并的 d 轨道在八面体场中的能量均有升高，但各 d 轨道受电场作用不同，能量升高幅度不同。由于 5 个 d 轨道升高的能量之和与在球形场中升高之和相同，所以有的轨道能量比球形场中高，有的比球形场中低。如图 12-4 所示。

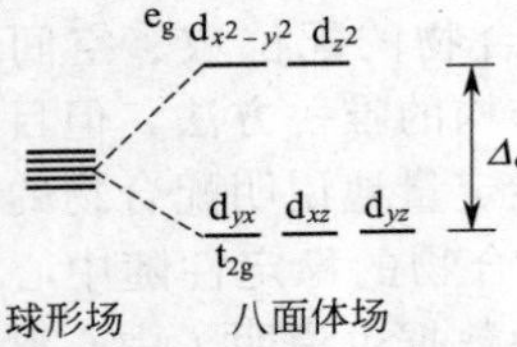

图 12-4　八面体场中 d 轨道的分裂

如图 12-5 所示，从 d 轨道的示意图和 d 轨道在八面体场中的指向可以发现，其中 d_{z^2} 和 $d_{x^2-y^2}$ 轨道的极大值正好指向八面体的顶点处于迎头相撞的状态，受电场作用大，能量升高得多，高于球场，分裂后这两个轨道的能量简并，称为 e_g 轨道。d_{xy}，d_{yz}，d_{xz} 轨道的极大值指向八面体顶点的间隙，能量升高的少，低于球形场，分裂后这三个轨道的能量简并，称为 t_{2g} 轨道。

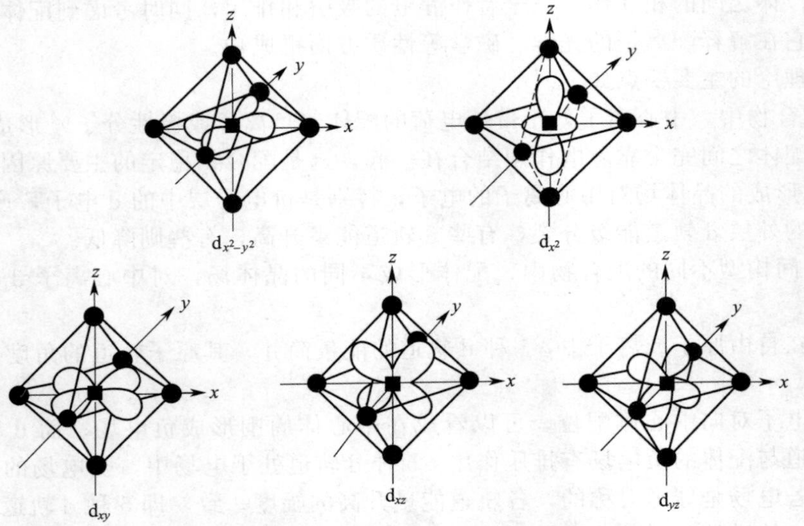

图 12-5　八面体场对 5 个 d 轨道的作用

由于电子的总能量，即各轨道总能量保持不变，e_g能量的升高总值必然等于 t_{2g}轨道能量下降的总值，这就是重心守恒原理（分裂后所有轨道的能量改变值的代数和为零）。

将 e_g和 t_{2g}这两组轨道间的能量差用 Δ_o或 $10D_q$（称为分裂能）来表示，则根据重心守恒原理：

$$2E(e_g)+3E(t_{2g})=0 \qquad 解得\ E(e_g)=0.6\Delta_o=6D_q$$

$$E(e_g)-E(t_{2g})=\Delta_o \qquad E(t_{2g})=-0.4\Delta_o=-4D_q$$

（2）四面体场

在具有四面体构型的配合物中，中心体位于四面体中心，4 个配体分布在 1 个立方体的 4 个相互错开的顶点上，如图 12-6(a) 所示，中心体的五条 d 轨道在四面体场中同样分裂为两组。一组包括 d_{xy}，d_{yz}，d_{xz} 三条轨道，用 t_2表示，这三条轨道指向正六面体各棱的中心，距配体较近，受到的排斥作用较强，能量高于球形场。另一组包括 d_{z^2} 和 $d_{x^2-y^2}$，以 e 表示，这两条轨道的极大值分别指向正六面体的面心，距离配体较远，其能量低于球形场，如图 12-6(b) 所示。

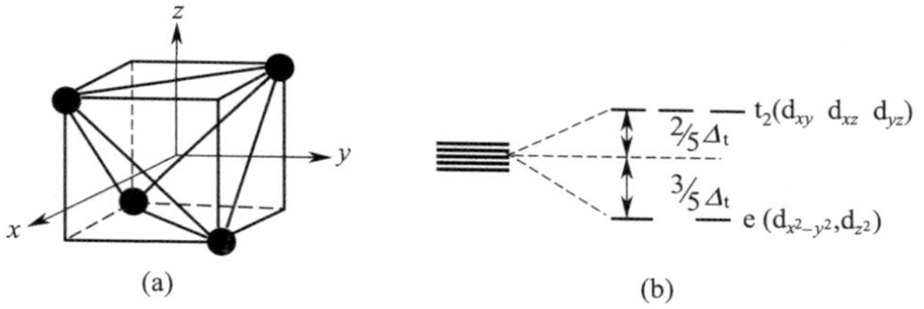

图 12-6　四面体场中的坐标和 d 轨道的分裂

由于在四面体场中，这两组轨道在一定程度下避开了配体，没有像八面体中 d 轨道与配体迎头相撞的情况，所以四面体的分裂能 Δ_t将小于 Δ_o。

（3）正方形场

将八面体场 z 轴上的 2 个配体去掉，即为正方形场，如图 12-7(a) 所示。在正方形场中，因 $d_{x^2-y^2}$ 轨道的极大值正好处于与配体迎头相撞的位置，受排斥作用最强，能量升高最多。其次是在 xy 平面上的 d_{xy} 轨道。而 d_{z^2} 仅轨道的环形部分在 xy 平面上，受配体排斥作用稍小，能量稍低，简并的 d_{yz} 和 d_{xz} 的波瓣与 xy 平面成 45°角，受配体排斥作用最弱，能量最低。总之，各轨道的能量相对 $d_{x^2-y^2}>d_{xy}>d_{z^2}>d_{yz}=d_{xz}$。从 d_{yz}、d_{xz} 到 $d_{x^2-y^2}$，正方形场的分裂能 Δ_p很大，$\Delta_p>\Delta_o$，如图 12-7(b) 所示。

（4）影响分离能的因素

① 中心离子的电荷　同种配体与不同的中心离子形成的配合物其分裂能大小不等。中心离子的电荷高，中心体与配体的引力大，距离小，则中心的 d 轨道与配体的斥力大，分裂能大。例如 Δ_o［$Fe(CN)_6$］$^{3-}$>Δ_o［$Fe(CN)_6$］$^{4-}$

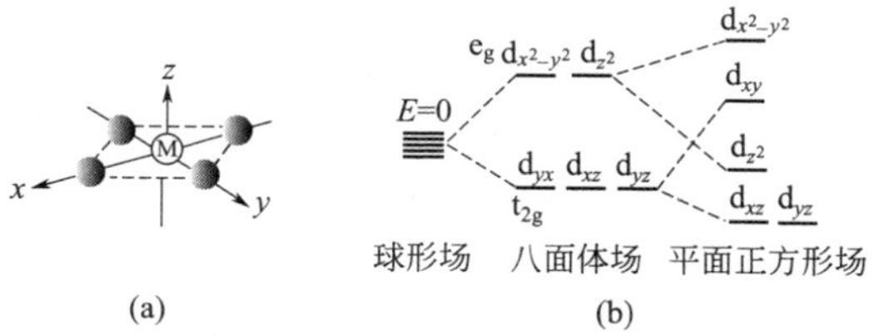

图 12-7　平面正方形场中的坐标和 d 轨道的分裂

② 中心原子所在的周期数　对于相同的配体，作为中心的过渡元素随周期数的增加，Δ_o增大。从表 12-3 中可查得配合物的 Δ_o值。

表 12-3 配合物的 Δ_o

金属元素的周期	金属元素的族及 Δ_o/cm^{-1}			
	ⅥB	Δ_o	Ⅷ	Δ_o
四	$[CrCl_6]^{3-}$	13600	$[Co(en)_3]^{3+}$	23300
五	$[MoCl_6]^{3-}$	19200	$[Rh(en)_3]^{3+}$	34400
六			$[Ir(en)_3]^{3+}$	41200

与3d轨道相比，第五、六周期元素的4d和5d轨道伸展的较远，与配体更为接近，使中心离子与配体间斥力较大。

③ 配体的影响　当同一中心离子与不同配体形成配合物时，因配体的性质不同而有不同的 Δ_o 值，配体中配位原子的电负性越小，给电子能力越强，配体的配位能力强，分裂能大。常见配体分裂能由小到大的顺序如下：

$$I^- < Br^- < Cl^- < S^{2-} < SCN^- < NO_3^- < F^- < OH^- \sim ONO^- < C_2O_4^{2-}$$

$$< H_2O < NCS^- < EDTA < NH_3 < en < SO_3^{2-} < NO_2^- < CN^-, CO$$

这一顺序叫做光谱化学序列，即配体产生的晶体场从弱到强的顺序。因为是由光谱数据统计得到的，所以冠以光谱序列名称。

上述光谱化学序列存在这样的规律：配位原子相同的列在一起，如 OH^-、$C_2O_4^{2-}$、H_2O 均为O作配位原子，又如 NCS^-、EDTA、NH_3、en均为N作配位原子，从光谱序列还可以粗略看出，按配位原子来说，Δ_o 的大小顺序为 $I<Br<Cl<F<O<N<C$。

④ 配合物的几何构型　中心离子和配体均相同时，分裂能与配合物的几何构型有关。分裂能大小的顺序是平面正方形>八面体>四面体。

(5) 分裂后的d轨道中电子的排布

当轨道已被一个电子占据后，若要再填入电子，势必要克服与原有电子之间的排斥作用。电子成对能就是两个电子在占有同一轨道自旋成对时所需要的能量，以符号 P 表示。

在八面体场中，中心离子的d电子在 e_g 和 t_{2g} 轨道中的分布需同时考虑分裂能和电子成对能的影响。分裂能要求电子尽可能先填入能量最低轨道，采用低自旋排布；而成对能则要求电子尽可能占不同的d轨道并保持自旋平行，采用高自旋排布。

对于一个处于八面体场中的金属离子，其电子排布究竟采用高自旋，还是低自旋的排布，可以根据成对能和分离能的相对大小来判断。

① 配体为弱场时，Δ_o 值较小，则 $P>\Delta_o$，电子成对需要能量较大，电子将先尽可能自旋平行的分占各轨道，然后再成对，采用高自旋分布，形成高自旋配合物。

② 配体为强场时，Δ_o 值较大，则 $P<\Delta_o$，电子成对需要能量较小，电子将先成对充满 t_{2g} 轨道，然后再占据 e_g 轨道，采用低自旋分布，形成低自旋配合物。

例如 $[Fe(H_2O)_6]^{3+}$ 和 $[Fe(CN)_6]^{3-}$ 配离子，中心离子 Fe^{3+} 都是处于八面体场中，但 H_2O 属于弱场，CN^- 属于强场，d电子在分裂后的d轨道中的填充方式分别是，$t_{2g^3}e_{g^2}$ 高自旋态和 $t_{2g^5}e_{g^0}$ 的低自旋态。$[Fe(CN)_6]^{3-}$ 是低自旋配合物，$[Fe(H_2O)_6]^{3+}$ 是高自旋配合物。

在八面体的强场和弱场中，$d^1 \sim d^{10}$ 构型的中心离子的电子在 t_{2g} 和 e_g 轨道中的分布情况列在表12-4中。

表 12-4 八面体场中电子在 t_{2g} 和 e_g 轨道中的分布

d 电子数	弱场排布		强场排布		
	t_{2g}	e_g	t_{2g}	e_g	
1	↑ ○ ○	○ ○	↑ ○ ○	○ ○	同弱场
2	↑ ↑ ○	○ ○	↑ ↑ ○	○ ○	
3	↑ ↑ ↑	○ ○	↑ ↑ ↑	○ ○	
4	↑ ↑ ↑	↑ ○	↑↓ ↑ ↑	○ ○	强弱场不同
5	↑ ↑ ↑	↑ ↑	↑↓ ↑↓ ↑	○ ○	
6	↑↓ ↑ ↑	↑ ↑	↑↓ ↑↓ ↑↓	○ ○	
7	↑↓ ↑↓ ↑	↑ ↑	↑↓ ↑↓ ↑↓	↑ ○	
8	↑↓ ↑↓ ↑↓	↑ ↑	↑↓ ↑↓ ↑↓	↑ ↑	同弱场
9	↑↓ ↑↓ ↑↓	↑↓ ↑	↑↓ ↑↓ ↑↓	↑↓ ↑	
10	↑↓ ↑↓ ↑↓	↑↓ ↑↓	↑↓ ↑↓ ↑↓	↑↓ ↑↓	

由表 12-4 看出，构型为 d^1，d^2，d^3，d^8，d^9，d^{10} 的中心离子，在八面体中无论处于强场还是弱场，d 电子都只能有一种分布方式；对于构型为 d^4，d^5，d^6，d^7 的中心离子，在强场和弱场中的电子分布不相同。

12.3.2 过渡金属化合物的颜色

晶体场理论可以解释 $d^1 \sim d^{10}$ 构型的过渡金属离子形成的配合物所呈现的颜色以及配合物吸收光谱产生的原因。

含 $d^1 \sim d^9$ 的过渡金属配离子，由于 d 轨道没有充满，d 电子在光照下吸收了相当于分裂能的光能后从低能级的 d 轨道跃迁到高能级的 d 轨道，称之为 d-d 跃迁。若 d-d 跃迁所需能量恰好在可见光能量范围内，则化合物显示颜色，若 d-d 跃迁吸收的是紫外光或红外光，则化合物为无色或白色。

由图 12-8 可见，$[Ti(H_2O)_6]^{3+}$ 在可见光区 $20300cm^{-1}$（波长 490nm）处有一最大吸收峰。该峰值对应于 $[Ti(H_2O)_6]^{3+}$ 的 d 电子从 t_{2g} 轨道跃迁到 e_g 轨道所吸收的能量，也就是分裂能。于是，一个原处于低能量的 t_{2g} 轨道的电子，进入高能量的 e_g 轨道，这种跃迁（d-d 跃迁）必须吸收相当于分裂能的光能，轨道间的能量差与光的频率（或波数）的关系是：

$$E(e_g)-E(t_{2g})=\Delta_o=h\nu=hc/\lambda$$

式中，h 是 Planck 常数；c 为光速；ν 为频率；λ 为波长。显然，光能与波数（$1/\lambda$）成正比。

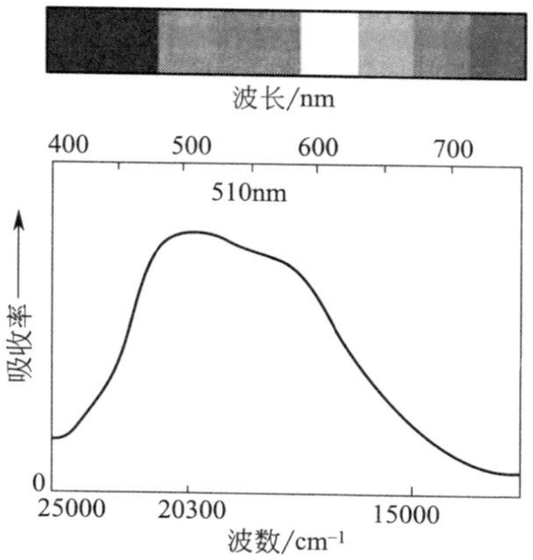

图 12-8 $[Ti(H_2O)_6]^{3+}$ 的吸收光谱

由于 d-d 跃迁吸收的是蓝绿色光，而紫色光和红色光吸收最少而被透过，所以 $[Ti(H_2O)_6]^{3+}$ 呈现紫红色。总之，配合物吸收可见光的一部分，让未吸收的部分透过，呈现透过光的颜色。

构型为 d^0 和 d^{10} 的化合物，不能发生 d-d 跃迁，如 Cu^+、Cd^{2+}、La^{3+}。无 d-d 跃迁的

化合物一般无色，但是也有一些构型为 d^0 和 d^{10} 的化合物有颜色，如 CdI_2 和 HgI_2，这是由于电荷的迁移所引起的，对于 CdI_2，正负离子间相互极化作用较强，吸收紫色可见光即可实现电子从负离子向正离子迁移，因而化合物显黄绿色；HgI_2 既有较强的极化作用，又有较大的变形性，与半径大的 I^- 之间有较强的相互极化作用，电子从 I^- 向 Hg^{2+} 迁移更容易，HgI_2 吸收蓝绿色即可，因而化合物显红色。

12.3.3 晶体场稳定化能

在晶体场影响下，中心离子的 d 轨道能级分裂，电子优先占据能量较低的轨道。d 电子进入分裂的轨道后，与占据未分裂轨道（在球形场中）时相比，系统的总能量有所下降，这份下降的能量叫做晶体场稳定化能，用 CFSE 表示。由于 $E_{球}=0$，则

$$\text{CFSE}=E_{球}-E_{晶}=0-E_{晶}$$

晶体场稳定化能与中心离子的电子数目有关，也与晶体场的强弱有关，此外还与配合物的空间构型有关。例在八面体强场中 d^5 构型的 CFSE：

$$E_{晶}=(-4D_q)\times5+2P=-20D_q+2P$$

$$\text{CFSE}=E_{球}-E_{晶}=0-(-20D_q+2P)=20D_q-2P=2\Delta_o-2P$$

$d^1\sim d^{10}$ 构型的中心离子在八面体场中的 CFSE 见表 12-5。

表 12-5　八面体场的 CFSE

d^n	弱场				强场			
	构型	电子对数		CFSE	构型	电子对数		CFSE
		m_1	m_2			m_1	m_2	
d^1	t_{2g}^1	0	0	$-4D_q$	t_{2g}^1	0	0	$-4D_q$
d^2	t_{2g}^2	0	0	$-8D_q$	t_{2g}^2	0	0	$-8D_q$
d^3	t_{2g}^3	0	0	$-12D_q$	t_{2g}^3	0	0	$-12D_q$
d^4	$t_{2g}^3e_g^1$	0	0	$-6D_q$	t_{2g}^4	1	0	$-16D_q+P$
d^5	$t_{2g}^3e_g^2$	0	0	$-0D_q$	t_{2g}^5	2	0	$-20D_q+2P$
d^6	$t_{2g}^4e_g^2$	1	1	$-4D_q$	t_{2g}^6	3	1	$-24D_q+2P$
d^7	$t_{2g}^5e_g^2$	2	2	$-8D_q$	$t_{2g}^6e_g^1$	3	2	$-18D_q+P$
d^8	$t_{2g}^6e_g^2$	3	3	$-12D_q$	$t_{2g}^6e_g^2$	3	3	$-12D_q$
d^9	$t_{2g}^6e_g^3$	4	4	$-6D_q$	$t_{2g}^6e_g^3$	4	4	$-6D_q$
d^{10}	$t_{2g}^6e_g^4$	5	5	$0D_q$	$t_{2g}^6e_g^4$	S	S	$0D_q$

晶体场理论比较满意地解释了配合物的吸收光谱、磁性离子的水合热等实验事实。晶体场理论着眼于中心离子与配体之间的静电作用，着重考虑了配体对中心离子的 d 轨道的影响。但是当中心离子与配体之间形成化学键的共价成分不能忽视时，或者一些形成体是中性原子时，晶体场理论就不太适用了。

习　题

一、填空题

12-1　已知 $[Ni(NH_3)_4]^{2+}$ 的磁矩大于零，则其空间构型为______，中心离子轨道杂化方式为______；$[Ni(CN)_4]^{2-}$ 的磁矩等于零，则其空间构型为______，中心离子轨道杂化方式为______。

12-2　已知配合物 $[Fe(CO)_5]$ 的磁矩 $u=0$，可以推知形成体的轨道杂化方式为__________，配合物的空间构型为__________。

12-3　根据价键理论，可以推断下列配合物中心离子的杂化轨道类型。

$[Zn(NH_3)_4]^{2+}$ $(\mu=0)$ ____________；$[Fe(H_2O)_6]^{3+}$ $(\mu=5.9\text{B. M})$ ____________；

$[Ag(CN)_2]^-$ $(\mu=0)$ ____________；$[AlF_6]^{3-}$ $(\mu=0)$ ____________。

12-4　已知 $[Co(CN)_6]^{3-}$ 的 $\mu=0$，则其中心离子的轨道杂化方式为________，配离子的空间构型为

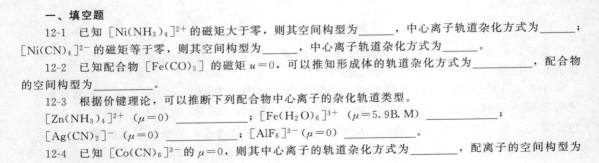

__________；按晶体场理论，其中心离子 d 电子的排布式为________，该配合物属于________自旋配合物。

12-5 在电子构型为 $d^1 \sim d^{10}$ 的过渡金属离子中，既能形成高自旋配合物，又能形成低自旋化合物的是电子构型为________的离子，由于能产生________，所以它们形成的配离子是有颜色的。

12-6 若 $\Delta_0 > P$，过渡金属离子能形成______自旋八面体配合物；当 $\Delta_0 < P$ 时，则形成________自旋八面体配合物。

12-7 已知 Co^{3+} 的电子成对能 $P = 21000cm^{-1}$，$[Co(H_2O)_6]^{3+}$ 的 $\Delta_0 = 18600cm^{-1}$，$[Co(NH_3)_6]^{3+}$ 的 $\Delta_0 = 22900cm^{-1}$。由晶体场理论可知，$[Co(H_2O)_6]^{3+}$ 中 d 电子的排布方式为______，磁矩等于__________；$[Co(NH_3)_3]^{3+}$ 中 d 电子的排布方式为__________，磁矩等于__________。

12-8 根据晶体场理论，过渡金属八面体配合物的稳定性由形成体与配位体之间的静电吸引作用和晶体场稳定化能共同决定，两者中起主要作用的是____________。

12-9 按照晶体场理论，$[Fe(CN)_6]^{4-}$ 和 $[Fe(CN)_6]^{3-}$ 均为低自旋配合物，则它们中心离子 d 电子的排布方式分别为________和________。按照价键理论，它们的中心离子的轨道杂化方式分别为________和________。

12-10 已知 $[Co(NO_2)_6]^{3-}$ 的磁矩为零，按价键理论，此配合物为____________轨型配合物，中心离子的轨道杂化方式为____________；按晶体场理论，此配合物为____________自旋配合物，中心离子 d 电子的排布方式为____________。

二、选择题

12-11 下列配合物中，空间构型为直线形的是（　　）。

A. $[Cu(en)_2]^{2+}$　　B. $[Cu(P_2O_7)_2]^{6-}$

C. $[Ag(S_2O_3)_2]^{3-}$　　D. $[AuCl_4]^-$

12-12 下列配合物，空间构型不为四面体的是（　　）。

A. $[Be(OH)_4]^{2-}$　　B. $[Zn(NH_3)_4]^{2+}$

C. $[Hg(NH_3)_4]^{2+}$　　D. $[Ni(CN)_4]^{2-}$

12-13 下列配离子中，未成对电子数最多的是（　　）。

A. $[Cr(NH_3)_6]^{3+}$　　B. $[Mn(H_2O)_6]^{3+}$

C. $[Fe(CN)_6]^{3+}$　　D. $[Ni(NH_3)_6]^{2+}$

12-14 下列配合物中，其自旋状态表述错误的是（　　）。

A. $[Fe(H_2O)_6]^{3+}$，高自旋　　B. $[Ni(CN)_4]^{2-}$，低自旋

C. $[Ni(CO)_4]$，高自旋　　D. $[Fe(CN)_6]^{4-}$，低自旋

12-15 关于配合物的下列叙述中错误的是（　　）。

A. 高自旋配合物的晶体场分裂能小于电子成对能

B. 内轨型配合物比外轨配合物稳定

C. 中心离子的未成对电子数愈多，配合物的磁矩愈大

D. 凡是配位数为 4 的配合物，中心离子的轨道杂化方式都是 sp^3

12-16 某金属离子与弱场配体形成的八面体配合物磁矩为 4.98B. M，而与强场配位则形成反磁性八面体配合物，则该金属离子为（　　）。

A. Cr^{3+}　　B. Mn^{2+}　　C. Mn^{3+}　　D. Fe^{2+}

12-17 已知 $[Co(NH_3)_6]^{3+}$ 的 $\mu = 0$，则下列关于轨道杂化方式和空间结构的表述正确的是（　　）。

A. sp^3d^2 杂化，正八面体　　B. d^2sp^3 杂化，正八面体

C. sp^3d^2 杂化，三方棱柱　　D. d^2sp^3 杂化，四方锥

12-18 下列关于 $[Cu(CN)_4]^{3-}$ 的空间结构和中心离子杂化方式的表述中正确的是（　　）。

A. 平面正方形，d^2sp^3 杂化　　B. 变形四面体，sp^3d 杂化

C. 正四面体，sp^3 杂化　　D. 平面正方形，sp^3d^2 杂化

12-19 下列配合物中，属于外轨型配合物的是（　　）。

A. $[Fe(CN)_6]^{4-}$ ($\mu = 0$)　　B. $NH_4[Fe(EDTA)]$ ($\mu = 5.91$B. M)

C. $K_3[Mn(CN)_6]$ ($\mu = 3.18$B. M)　　D. $[Cr(NH_3)_6]Cl_3$ ($\mu =$ B. M)

三、判断题

12-20 所有的内轨型配合物都是逆磁性物质；所有的外轨型配合物都是顺磁性物质。 (　　)

12-21 内轨型配合物的稳定常数一定大于外轨型配合物的稳定常数。 (　　)

12-22 内轨型配合物往往比外轨型配合物稳定，螯合物比简单配合物稳定，所以螯合物必定是内轨型配合物。 (　　)

12-23 强场配体造成的分裂能比电子成对能大。 (　　)

12-24 中心离子与强场配体能形成高自旋配合物。 (　　)

12-25 若配离子可以产生 d-d 跃迁，其相应能量在可见光区，则配离子能呈现一定的颜色。 (　　)

12-26 高自旋配合物的稳定常数一定小于低自旋配合物的稳定常数。 (　　)

12-27 弱场配体造成的分裂能小于电子成对能，这样的配合物稳定化能等于零。 (　　)

四、综合题

12-28 根据下列配离子的空间构型，画出它们形成时中心离子的价层电子分布，并指出它们以何种杂化轨道成键，估计其磁矩各为多少（B. M)。

[1] $[CuCl_2]^-$（直线形）；[2] $[Zn(NH_3)_4]^{2+}$（四面体）；[3] $[Co(NCS)_4]^{2-}$（四面体）

12-29 根据下列配离子的磁矩画出它们中心离子的价层电子分布，指出杂化轨道和配离子的空间构型？

	$[Co(H_2O)_6]^{2+}$	$[Mn(CN)_6]^{4-}$	$[Ni(NH_3)_6]^{2+}$
μ/B. M	4.3	1.8	3.11

12-30 已知下列螯合物的磁矩，画出它们中心离子的价层电子分布，并指出其空间构型。这些螯合物中哪种是内轨型？哪种是外轨型？

	$[Co(en)_3]^{2+}$	$[Fe(C_2O_4)_3]^{3-}$	$[Co(EDTA)]^-$
μ/B. M	3.82	5.75	0

12-31 画出下列离子在八面体场中 d 轨道能级分裂图，写出 d 电子排布式。

(1) Fe^{2+}（高自旋和低自旋）；　(2) Fe^{3+}（高自旋）；

(3) Ni^{2+}；　(4) Zn^{2+}；

(5) Co^{2+}（高自旋和低自旋）。

12-32 试用价键理论说明 Ni^{2+} 的八面体构型配合物都属于外轨型配合物。

12-33 内轨型八面体配合物中中心离子采取何种杂化轨道成键？为什么同一中心离子形成的内轨型八面体配合物的磁矩比外轨型八面体配合物的磁矩小？

12-34 已知下列配合物的分裂能（Δ_o）和中心离子的电子成对能（P），表示出各中心离子的 d 电子在 e_g 轨道和 t_{2g} 轨道中的分布，并估计它们的磁矩（B. M）各约为多少。指出这些配合物中何者为高自旋型，何者为低自旋型。

	$[Co(NH_3)_6]^{2+}$	$[Fe(H_2O)_6]^{2+}$	$[Co(NH_3)_6]^{3+}$
M^{n+} 的 P/cm^{-1}	22500	17600	21000
Δ_o/cm^{-1}	11000	10400	22900

12-35 经测定，$[Ni(CN)_4]^{2-}$ 为逆磁性物质，$[Ni(Cl)_4]^{2-}$ 为顺磁性物质。用价键理论说明其空间构型，并指出是内轨型还是外轨型。用晶体场理论说明两种配合物哪一种属于高自旋，哪一种属于低自旋？

12-36 已知 $[Fe(CN)_6]^{4-}$ 和 $[Fe(NH_3)_6]^{2+}$ 的磁矩分别为 0 和 5.2B. M。用价键理论和晶体场理论，分别画出它们形成时中心离子的价层电子分布。这两种配合物各属哪种类型（指内轨型和外轨型，低自旋和高自旋）。

12-37 根据晶体场理论说明 d^4、d^5、d^6、d^7 构型的过渡金属离子分别在强、弱八面体场中 d 电子的分布方式及自旋状态。

第4篇

元素

本篇包括四章教学内容。

第 13 章　s 区元素

重点：掌握 s 区元素的特点，掌握 s 区元素氧化物的性质；掌握 s 区元素氢氧化物的溶解度、碱性和盐类溶解度、热稳定性的变化规律；掌握 s 区元素盐类的一些重要性质。了解对角线规则。

难点：了解对角线规则。

第 14 章　p 区元素

重点：掌握 p 区元素单质的特点；掌握 p 区元素典型氧化物成键特点及化学性质；掌握 p 区元素典型氢化物成键特点及化学性质；掌握重要的含氧酸的特点。

难点：重要的含氧酸的特点

第 15 章　d 区元素

重点：掌握 d 区元素价电子构型的特点及其与元素通性的关系；掌握 d 区元素单质及化合物的性质和用途；掌握 d 区金属元素最高氧化态氧化物及其水合物的酸碱性、氧化还原稳定性等变化规律。

难点：掌握 d 区金属元素最高氧化态氧化物及其水合物的酸碱性、氧化还原稳定性等变化规律。

第 16 章　ds 区元素

重点：掌握 ds 区元素单质的性质和用途；掌握 ds 区元素的氧化物、氢氧化物、重要盐类以及配合物的生成与性质。

难点：掌握 d 区金属元素最高氧化态氧化物及其水合物的酸碱性、氧化还原稳定性等变化规律。

第13章 s区元素

碱金属和碱土金属是周期表ⅠA族和ⅡA族元素。ⅠA族包括锂、钠、钾、铷、铯、钫六种金属元素。ⅡA族包括铍、镁、钙、锶、钡、镭六种金属元素。其中锂、铷、铯、铍是稀有金属，钫和镭是放射性元素。

13.1 s区元素的通性

(1) 结构　ns^{1-2}

碱金属和碱土金属原子的最外层电子排布分别为ns^1和ns^2，这两族元素构成了周期系的s区元素。碱金属原子最外层只有1个电子，次外层为8电子（Li为2电子），对核电荷的屏蔽效应较强，所以这1个价电子离核较远，特别容易失去，因此，各周期元素的第一电离能以碱金属为最低。s区元素中，同一族元素自上而下性质的变化都是有规律的。例如，随着核电核数的增加，同族元素的原子半径、离子半径逐渐增大，电离能逐渐减小，电负性逐渐减小，金属性、还原性逐渐增强，均为活泼金属（H除外）。碱金属和碱土金属原子的标准电极电势都很小，从钠到铯逐渐减小，但锂比铯还小，表现出反常性。Li与Be的性质与同族元素相比具有特殊性。

(2) 成键特征　＋1、＋2离子型

碱金属元素的原子很容易失去一个电子而呈＋1氧化态，因此碱金属是活泼性很强的金属元素。它们不会具有其他氧化态。

碱土金属原子比相邻的碱金属多一个核电荷，因而原子核对最外层的两个s电子的作用增强了，所以碱土金属原子要失去一个电子比相应碱金属难。碱土金属主要呈＋2氧化态。

碱金属和碱土金属元素在化合时，多以离子键结合，但在某些情况下仍显一定程度的共价性。气态双原子分子Na_2、Cs_2等就是以共价键结合的。常温下在s区元素的盐类水溶液中，金属离子大多数不发生水解反应。除铍以外，s区元素的单质都能溶于液氨生成蓝色的还原性溶液。

(3) 物理性质

导电性ⅠA＞ⅡA。碱金属和碱土金属团体均为金属晶格。碱金属原子体积最大，只有一个成键电子，在固体中原子间的引力较小，所以它们的熔点、沸点、硬度、升华热都很低，并按照Li—Na—K—Rb—Cs的顺序下降。碱土金属由于核外有2个有效成键电子，原子间距离较小，金属键强度较大，因此，它们的熔点、沸点和硬度均比碱金属高，导电性却低于碱金属。

(4) 化学性质

s区元素的单质是最活泼的金属，它们都能与大多数非金属反应，如与氢反应、与氧气反应。除了镁和铍外，它们都易与水反应，形成稳定的氢氧化物，这些氢氧化物大多是强碱，能与非金属反应。

13.2 s区元素的单质

13.2.1 单质的物理性质和化学性质

（1）物理性质

碱金属和碱土金属都是具有金属光泽的银白色（铍为灰色）金属。它们物理性质的主要特点是轻、软、熔点低。碱金属的密度都小于 $2g \cdot cm^{-3}$，其锂、钠、钾的密度均小于 $1g \cdot cm^{-3}$，能浮在水面上。碱土金属的密度小于 $5g \cdot cm^{-3}$，它们都是轻金属。碱金属的密度小与它们的原子半径比较大、晶体结构为堆积密度比较小的体心立方以及摩尔质量比较小等因素有关。所以可以从原子半径、晶体结构和摩尔质量的变化来得知碱土金属的密度比同周期碱金属的密度大。

碱金属、碱土金属的硬度很小，除铍、镁外，它们的硬度都小于 2，碱金属和碱土金属钙、锶、钡可以用刀子切割。碱金属原子半径较大，只有 1 个价电子，所形成的金属键很弱，它们的熔点、沸点都较低。铯的熔点比人的体温还低。碱土金属原子半径比相应的碱金属小，具有 2 个价电子，所形成的金属键比碱金属的强，故它们的熔点、沸点比碱金属高。在碱金属、碱土金属的晶体中有活动性较强的自由电子，因而它们具有良好的导电性、导热性。钠的导电性比铜、铝还好。

s 区元素的物理性质与它们在实际中的应用密切相关，如镁铝合金是大家熟悉的轻质合金。镁合金具有很好的机械强度和质轻的特点，是很重要的结构材料。航空工业应用了大量的镁合金，直升飞机需要极轻的材料，镁合金广泛地应用于直升飞机的制造。镁合金也成为各种运输工具、军事器材（枪炮零件）、通信器材等的重要结构材料。目前在空间轨道飞行器上所用的镁比任何其他金属都多。随着火箭、导弹、人造地球卫星和各种空间运载工具的发展，镁合金的用量将越来越多。

除镁之外，锂、铍的合金也有较多的应用。例如，锂铅合金（0.4%Li，0.70%Cu，0.6%Na，其余为铅）使铅的硬度增大，可用来制造火车的机车轴承。锂铝合金也具有高强度和低密度的性能，锂合金也是制造航空、航天产品所需要的材料。含 2.6%Be 的铍镍合金的强度与不锈钢相似。62%Be 和 38%Al 的合金被称为“锁合金”，其弹性模数高，密度低，并容易成型。铍青铜是铍与铜的合金，少量的铍可以大大增加铜的硬度和导电性。铍作为最有效的中子减速剂和反射剂之一用于核反应堆。铍还可以用于 X 射线管的窗口材料。

由于钠的低熔点、低黏度及低的中子吸收截面，且有异常高的热容量和热导率，在快增殖核反应堆中钠被用作热交换液体。钾钠合金和锂都可作为核反应堆中的热交换介质。在一定波长光的作用下，碱金属的电子可获得能量从金属表面逸出而产生光电效应。将碱金属的真空光电管安装在宾馆或会堂的自动开关的门上，当光照射时，由光电效应产生电流，通过一定装置形成电流，使门关上。当人走在自动门附近时，遮住了光，光电效应消失，电路断开，门就会自动推开。铷、铯主要用于制造光电管。

（2）化学性质

碱金属和碱土金属是化学活泼性很强或较强的金属元素。它们能直接或间接地与电负性较大的非金属元素形成相应的化合物。

碱金属有很高的反应活性，在空气中极易形成 M_2CO_3 的覆盖层，因此要将它们保存在无水的煤油中。锂的密度很小，能浮在煤油上，所以将其保存在液体石蜡中。碱土金属的活泼性不如碱金属，铍和镁表面形成致密的氧化物保护膜。碱金属中的锂和碱土金属在空气中燃烧时，生成正常氧化物 Li_2O 和 MO。Li 在生成氧化物的同时，还会生成氮化物，碱土金属在空气中燃烧生成氧化物的同时，也会生成氮化物。

碱金属的 $E^{\ominus}(M^{+}/M)$ 和碱土金属的 $E^{\ominus}(M^{2+}/M)$ 都很小，相应金属的还原性强，都能与水反应，并生成氢气。例如，钠、钾与水反应很激烈，并能放出大量的热，使钠、钾熔化，同时使 H_2 燃烧。虽然锂的标准电极电势比铯的还小，但它与水反应时还不如钠激烈。这是因为锂的升华焓很大，不易活化，因而反应速率较小。另外，反应生成的氢氧化锂的溶解度较小，覆盖在金属表面上，从而也降低了反应速率。同周期的碱土金属与水反应不如碱金属激烈。铍、镁与冷水作用很慢，因为金属表面形成一层难溶的氢氧化物，阻止了金属与水的进一步作用。利用这些金属与水反应的性质，常将钠与钙作为某些有机溶剂的脱水剂，除去其中含有的极少量水。不能用钠脱除醇中的水，因为钠与醇反应能生成醇钠和氢气。

钡、钙可以用作真空管中的脱气剂，除去其中少量的氮、氧等气体。镁在炼钢中作为除氧剂和脱硫剂。

钠、锂、镁、钙等常用作冶金、无机合成和有机合成中的还原剂。

13.2.2 s 区元素单质的存在与单质的制备

碱金属和碱土金属是活泼的金属元素，因此在自然界中不存在碱金属和碱土金属的单质，这些元素多以离子型化合物的形式存在。碱金属中的钠、钾和碱土金属（除镭外）在自然界中的分布均很广，Na、K、Mg、Ca 和 Ba 的丰度比较大。

由于钠和镁等 s 区主要金属有很强的还原性，它们的制备一般都采用电解熔融盐的方法。钠和镁主要用电解熔融的氯化物（NaCl、$BeCl_2$、$MgCl_2$）等制取。在金属钾的实际生产中，并不采用电解 KCl 熔盐的方法。这是因为钾太容易溶解在熔化的 KCl 中，以致不能浮在电解槽的上部加以分离收集。同时，还因为钾在操作温度下迅速气化，增加了不安全因素。工业上采用热还原法，在 850℃以上用金属钠还原氯化钾得到金属钾：

$$Na(g)+KCl(l) \xlongequal{} NaCl(l)+K(s)$$

由于钾的沸点比钠的沸点低，钾比钠更容易气化。随着钾蒸气的不断逸出，平衡不断向右移动，可以得到含少量钠的金属钾，再经过蒸馏可得到纯度为 99%～99.99%的钾。用类似的方法，在减压的情况下，于 750℃时用金属钙还原，可以生产金属铷和铯。由于锶、钡在电解质中有较大的溶解度，不能用电解法生产，一般用铝热法生产锶和钡（也可用硅还原法）。

13.3 s 区元素的化合物

13.3.1 氢化物

碱金属和碱土金属中的镁、钙、锶、钡可以形成离子型氢化物（铍除外）。离子型氢化物具有强还原性，与水反应生成相应的氢氧化物和氢气，例如：

$$2Li+H_2 \xlongequal{\triangle} 2LiH$$

$$2Na+H_2 \xlongequal{653K} 2NaH$$

$$Ca+H_2 \xlongequal{423\sim573K} CaH_2$$

常温下离子型氢化物都是白色晶体，它们的熔点、沸点较高，熔融时能够导电。碱金属氢化物具有 NaCl 型晶体结构。

s 区元素的离子型氢化物热稳定性差异较大，碱土金属的离子型氢化物比碱金属的氢化物热稳定性高一些，BaH_2 具有较高的熔点（1200℃）。

离子型氢化物与水都发生剧烈的水解反应而放出氢气：

$$MH + H_2O = MOH + H_2$$

$$MH_2 + 2H_2O = M(OH)_2 + 2H_2$$

CaH_2常用作军事和气象野外作业的生氢剂。

离子型氢化物都具有强还原性($E^{\ominus}(H_2/H^-) = -2.23V$)。例如，NaH 在 400℃时能将$TiCl_4$还原为金属钛：

$$TiCl_4 + 4NaH = Ti + 4NaCl + 2H_2$$

在有机合成中，LiH 常用来还原某些有机化合物，CaH_2也是重要的还原剂。

13.3.2 氧化物

碱金属在过量的空气中燃烧时，生成不同类型的氧化物，如锂生成氧化锂（Li_2O），钠生成过氧化钠（Na_2O_2），而钾、铷、铯则生成超氧化物 KO_2、RbO_2、CsO_2。碱土金属一般生成普通氧化物 MO，钡可以形成过氧化物 BaO_2。

（1）正常氧化物

碱金属中的锂和所有碱土金属在空气中燃烧时，生成正常氧化物 Li_2O 和 MO。其他碱金属的正常氧化物是用金属与它们的过氧化物或硝酸盐作用得到的。例如：

$$Na_2O_2 + 2Na = 2Na_2O$$

$$2KNO_3 + 10K = 6K_2O + N_2$$

碱土金属的碳酸盐、硝酸盐等热分解也能得到氧化物 MO。

碱金属氧化物与水化合生成碱性氢氧化物 MOH。Li_2O 与水反应很慢，Rb_2O 和 Cs_2O 与水发生剧烈反应，甚至爆炸。

碱土金属的氧化物都是难溶于水的白色粉末。BeO 几乎不与水反应，MgO 与水缓慢反应生成相应的碱。CaO、SrO、BaO 遇水都能发生剧烈反应生成相应的碱，并放出大量的热。

BeO 和 MgO 可作耐高温材料和高温陶瓷，生石灰（CaO）是重要的建筑材料。

（2）过氧化物

除铍和镁外，所有碱金属和碱土金属都能分别形成相应的过氧化物 M_2O_2和 MO_2，其中只有钠和钡的过氧化物可由金属在空气中燃烧直接得到。

过氧化钠 Na_2O_2是最常见的碱金属过氧化物。将金属钠在铝制容器加热到 300℃，并通入不含二氧化碳的干空气，得到淡黄色的颗粒状的 Na_2O_2粉末。

过氧化钠与水或稀硫酸在室温下反应生成过氧化氢：

① 水解：$Na_2O_2 + 2H_2O = H_2O_2 + 2NaOH$

② 酸解：$Na_2O_2 + H_2SO_4(稀) = H_2O_2 + Na_2SO_4$

过氧化钠与二氧化碳反应，放出氧气：

③ $2Na_2O_2 + 2CO_2 = 2Na_2CO_3 + O_2$(供氧剂和 CO_2吸收剂)。

$4MO_2 + 2CO_2 = 2M_2CO_3 + 3O_2$

因此，Na_2O_2可以用来作为氧气发生剂，用于高空飞行和水下工作时的供氧剂和二氧化碳吸收剂。Na_2O_2是一种强氧化剂，工业上用作漂白剂。Na_2O_2在熔融时几乎不分解，但遇到棉花、木炭或铝粉等还原性物质时，就会发生爆炸，使用 Na_2O_2 时应当注意安全。Na_2O_2在遇到像 $KMnO_4$这样的强氧化剂时也表现出还原性，即 Na_2O_2被氧化放出氧气。

（3）超氧化物

除了锂、铍、镁外，碱金属和碱土金属都能分别形成超氧化物 MO_2和 $M(O_2)_2$。其中，钾、铷、铯在空气中燃烧能直接生成超氧化物 MO_2。一般说来，金属性很强的元素容易形成含氧较多的超氧化物，因此钾、铷、铯易生成超氧化物。

超氧化物与水反应立即产生氧气和过氧化氢。例如：

$$2KO_2+2H_2O \xlongequal{} 2KOH+H_2O_2+O_2$$

因此，超氧化物也是强氧化剂。超氧化钾与二氧化碳作用放出氧气：

$$4KO_2+2CO_2 \xlongequal{} 2K_2CO_3+3O_2$$

KO_2较易制备，常用于急救器和消防队员的空气背包中，利用上述反应除去呼出的CO_2和湿气并提供氧气。

13.3.3 氢氧化物

除 $Be(OH)_2$ 外均可由相应的氧化物与水反应而得，NaOH 亦可在溶液中由下法制取：

$$Na_2CO_3+Ca(OH)_2 \xlongequal{} 2NaOH+CaCO_3\downarrow$$

碱金属和碱土金属的氢氧化物都是白色固体，它们在空气中易吸水而潮解，故固体 NaOH、$Ca(OH)_2$常用作干燥剂。强碱 NaOH 对纤维和皮肤有强烈的腐蚀作用，所以称它为苛性碱。

(1) 溶解度 (S)

ⅠA 的 S 大，ⅡA 的 S 小。同一族元素从上至下，S 增大，因为 U 减小，易拆开。

碱金属的氢氧化物在水中都是易溶的（其中 LiOH 的溶解度稍小些），溶解时还放出大量的热。碱土金属的氢氧化物的溶解度则较小，其中 $Be(OH)_2$和 $Mg(OH)_2$是难溶的氢氧化物。碱土金属的氢氧化物的溶解度列入表 13-1 中。由表中数据可见，对碱土金属来说，由 $Be(OH)_2$到 $Ba(OH)_2$溶解度依次增大。这是由于随着金属离子半径的增大，阳、阴离子之间的作用力逐渐减小，容易被水分子所解离的缘故。

表 13-1 碱土金属的氢氧化物的溶解度（20℃）

氢氧化物	$Be(OH)_2$	$Mg(OH)_2$	$Ca(OH)_2$	$Sr(OH)_2$	$Ba(OH)_2$
溶解度/$mol\cdot L^{-1}$	8×10^{-6}	2.1×10^{-4}	2.3×10^{-2}	6.6×10^{-2}	1.2×10^{-1}

(2) 碱性

同一族元素从上至下，碱性增加，ⅠA>ⅡA。

碱金属和碱土金属的氢氧化物中，除 $Be(OH)_2$为两性氢氧化物外，其他氢氧化物都是强碱或中强碱。这两族元素氢氧化物碱性的递变次序如下：

LiOH<NaOH<KOH<RbOH<CsOH

中强碱　强碱　强碱　强碱　强碱

$Be(OH)_2<Mg(OH)_2<Ca(OH)_2<Sr(OH)_2<Ba(OH)_2$

两性　中强碱　强碱　强碱　强碱

同一主族的金属氢氧化物，从上到下碱性增强；同一周期的金属氢氧化物，从右到左碱性增强。

氢氧化钠能腐蚀玻璃，实验室盛氢氧化钠溶液的试剂瓶，应用橡皮塞，而不能用玻璃塞，否则存放时间较长，NaOH 就和瓶口玻璃中的主要成分 SiO_2 反应而生成黏性的 Na_2SiO_3而把玻璃塞和瓶口黏结在一起。

$$SiO_2+2NaOH \xlongequal{} Na_2SiO_3+H_2O$$

在化学分析工作中需要不含 Na_2CO_3 的 NaOH 溶液，可先配制 NaOH 的饱和溶液，Na_2CO_3因不溶于饱和的 NaOH 溶液而沉淀析出，静置取上层清液，用煮沸后冷却的新鲜水稀释到所需的浓度即可。

因碱金属和碱土金属的氢氧化物能溶解某些金属氧化物、非金属氧化物，在工业生产和分析工作中常用于分解矿石。熔融的氢氧化钠腐蚀性很强，工业上熔化氢氧化钠一般用铸铁容器，在实验室可用银或镍的器皿。

13.3.4 盐类

① 晶体类型 碱金属盐大多数是离子晶体，它们的熔点、沸点较高。由于 Li^+ 半径很小，极化力较强，它的某些盐（如卤化物）表现出不同程度的共价性。

碱土金属带两个正电荷，其离子半径比相应碱金属离子小，故它们的极化力增强，因此碱土金属盐的离子键特征比碱金属差。但同族元素随着金属离子半径的增大，键的离子性也增强。

② 溶解性 碱金属的盐类大多数都易溶于水，少数碱金属的盐难溶于水，如氟化锂 LiF、碳酸锂 Li_2CO_3、磷酸锂 $Li_3PO_4 \cdot 5H_2O$ 等。Li^+ 的半径小，所以许多锂盐难溶（极化作用大）；少数大阴离子的碱金属盐是难溶的。例如，六亚硝酸合钴（Ⅲ）酸钠 $Na_2[Co(NO_2)_6]$ 与钾盐作用，生成亮黄色的六亚硝酸合钴（Ⅲ）酸钠钾 $K_2Na[Co(NO_2)_6]$ 沉淀，利用这一反应可以鉴定 K^+。四苯基硼酸钠与 K^+ 反应生成 $K[B(C_6H_5)_4]$ 白色沉淀，也可用于鉴定 K^+。醋酸铀酰锌 $ZnAc_2 \cdot 3UO_2Ac_2$ 与钠盐作用，生成淡黄色多面体形晶体 $NaAc \cdot ZnAc_2 \cdot 3UO_2Ac_2 \cdot 9H_2O$，这一反应可以用来鉴定 Na^+。此外，$Na[Sb(OH)_6]$ 也是难溶的钠盐，也可以利用其生成反应鉴定 Na^+。

在钾、钠的可溶性盐中，钠盐的溶解性较好，但 $NaHCO_3$ 的溶解度不大，钾盐溶解度随温度升高而升高，NaCl 的溶解度随温度变化不大，这是常见的钠、钾盐中两个溶解性较特殊的盐。钠盐的吸湿性强，很大的一个因素是它容易形成结晶水合物，如 $Na_2SO_4 \cdot 10H_2O$、$Na_2HPO_4 \cdot 12H_2O$、$Na_2S_2O_3 \cdot 5H_2O$ 等。

标准试剂多为钾盐，做炸药用钾盐。

碱土金属的盐比相应的碱金属盐溶解度小，而且不少是难溶的，通常碱土金属与半径小、电荷高的阴离子形成的盐较难溶。例如，碱土金属的氟化物、碳酸盐、磷酸盐以及草酸盐等都是难溶盐。钙盐中 CaC_2O_2 的溶解度最小，因此常用生成白色 CaC_2O_2 的沉淀反应来鉴定 Ca^{2+}。碱土金属与一价大阴离子形成的盐是易溶的。例如，碱土金属的硝酸盐、氯酸盐、高氯酸盐、酸式碳酸盐、磷酸二氢盐等均易溶，卤化物除氟化物外也是易溶的。碱土金属的硫酸盐、铬酸盐的溶解度差别较大。一般阳离子半径小的盐易溶，例如，$BeSO_4$ 和 $MgCrO_4$ 是易溶的，而 $BaSO_4$ 和 $BaCrO_4$ 则是难溶的。$BaSO_4$ 甚至不溶于酸。

③ 热稳定性高，但 NO_3^-、CO_3^{2-} 易分解。热稳定性是指化合物受热时不易分解的性质，如果分解温度很高，则认为热稳定性高，否则热稳定性低。

由于碱金属的原子半径在同周期元素中最大，离子的极化能力最弱，因此碱金属盐是最稳定的盐，只有锂的盐稳定性较差。碱金属的硝酸盐热稳定性差，加热时易分解，例如：

$$4LiNO_3 \xlongequal{700℃} 2Li_2O + 4NO_2 + O_2$$

$$2NaNO_3 \xlongequal{730℃} 2NaNO_2 + O_2$$

$$2KNO_3 \xlongequal{670℃} 2KNO_2 + O_2$$

碱土金属盐的热稳定性比碱金属差，但常温下也都是稳定的。碱土金属的碳酸盐、硫酸盐等的稳定性都是随着金属离子半径的增大而增强，表现为它们的分解温度依次升高。铍盐的稳定性特别差。例如，$BeCO_3$ 加热不到 100℃ 就分解，而 $BaCO_3$ 需在 1360℃ 时才分解。铍的这一性质再次说明了第二周期元素的特殊性。

碱土金属碳酸盐的热稳定性规律可以用离子极化来说明。在碳酸盐中，阳离子半径越小，即 z/r 值越大，极化力越强，愈容易从 CO_3^{2-} 中夺取 O_2^{2-} 成为氧化物，同时放出 CO_2，表现为碳酸盐的热稳定性愈差，受热愈容易分解。碱土金属离子的极化力比相应的碱金属强，因而碱土金属的碳酸盐稳定性比相应的碱金属差。Li^{+}、Be^{2+} 的极化力在碱金属和碱土金属中是最强的，因此 Li_2CO_3 和 $BeCO_3$ 在其各自同族元素的碳酸盐中都是最不稳定的。

13.4 锂的特殊性及对角线规则

锂与同族的元素不类似，而和镁类似。

13.4.1 锂的特殊性

（1）化合物的溶解性

锂和镁的氢氧化物 LiOH 和 $Mg(OH)_2$ 的溶解度都很小，而其他碱金属氢氧化物都易溶于水。

锂与镁的氟化物、碳酸盐、磷酸盐都是难溶盐，而碱金属的氟化物、碳酸盐、磷酸盐都易溶于水。例如，氟化钠的溶解度约是氟化锂的 10 倍，磷酸钠的溶解度约是磷酸锂的 200 倍。

（2）Li、Mg 的相似性的一些反应

$4Li + O_2 = 2Li_2O$

$2Mg + O_2 = 2MgO$

$6Li + N_2 = 2Li_3N$

$3Mg + N_2 = Mg_3N_2$

$2Mg(NO_3)_2 = 2MgO + 4NO_2 + O_2$

$4LiNO_3 = 2Li_2O + 4NO_2 + O_2$

$2NaNO_3 = 2NaNO_2 + O_2$

$LiCl \cdot H_2O = LiOH + HCl$

$MgCl_2 \cdot 6H_2O = Mg(OH)Cl + HCl + 5H_2O$

$Mg(OH)Cl = MgO + HCl$

13.4.2 对角线规则

在 s 区和 p 区元素中，除了同族元素的性质相似外，还有一些元素及其化合物的性质呈现出“对角线”相似性。在周期表中某一元素的性质与其右下方的元素的性质相似的现象，称为对角线规则。这种现象在ⅠA 族的 Li 与ⅡA 族的 Mg，ⅡA 族的 Be 与ⅢA 族的 Al，ⅢA 族的 B 与ⅣA 族的 Si 之间表现明显，如下所示：

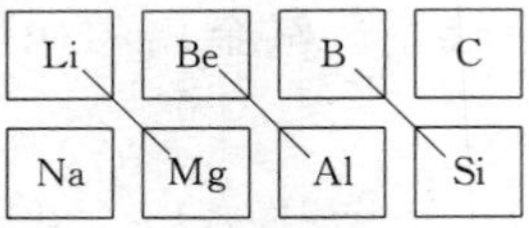

处于周期表中左上右下对角线位置上的邻近两个元素，由于电荷数和半径对极化作用的影响恰好相反，它们的离子极化作用比较相近，从而使它们的化学性质有许多相似之处。由此反映出物质的性质与结构的内在联系。

习 题

一、填空题

13-1 金属锂应保存在______中，金属钠和钾应保存在______中。

13-2 周期表中，处于斜线位置的 B 与 Si、______、______性质十分相似，人们习惯上把这种现象称为“斜线规则”或“对角线规则”。

13-3 给出下列物质的化学式：

(1) 萤石________；　　(2) 生石膏________；
(3) 重晶石________；　　(4) 天青石________；
(5) 方解石________；　　(6) 光卤石________；
(7) 智利硝石______；　　(8) 芒硝________；
(9) 纯碱________；　　(10) 烧碱________。

13-4　$Be(OH)_2$与$Mg(OH)_2$性质的最大差异是________________________________。

13-5　盛$Ba(OH)_2$的试剂瓶在空气中放置一段时间后，瓶内壁出现一层白膜是__________。

二、选择题

13-6　下列各对元素中，化学性质最相似的是（　　）。

A. Be 和 Mg　　B. Mg 和 Al　　C. Li 和 Be　　D. Be 和 Al

13-7　下列氮化物中，最稳定的是（　　）。

A. Li_3N　　B. Na_3N　　C. K_3N　　D. Ba_3N_2

13-8　下列碳酸盐中，热稳定性最差的是（　　）。

A. $BaCO_3$　　B. $CaCO_3$　　C. K_2CO_3　　D. Na_2CO_3

13-9　下列化合物中，溶解度最大的是（　　）。

A. LiF　　B. $NaClO_4$　　C. $KClO_4$ D. K_2PtCl_6

13-10　下列化合物中，最稳定的是（　　）。

A. LiH　　B. NaH　　C. KH　　D. RbH

三、判断题

13-11　由于 s 区元素单质的密度很小，它们都可以浸在煤油中保存。（　　）

13-12　通常 s 区元素只有一种稳定的氧化态。（　　）

13-13　s 区元素所形成的化合物大多是离子型化合物。（　　）

13-14　碱金属氢化物都具有 NaCl 型晶体结构。（　　）

13-15　离子型氢化物还原性强；H^-在水溶液中不能稳定存在。（　　）

13-16　碱金属的盐类都是无色的，可溶于水。（　　）

四、综合题

13-17　有一固体混合物 A，加入水以后部分溶解，得溶液 B 和不溶物 C。往 B 溶液中加入澄清的石灰水出现白色沉淀 D，D 可溶于稀 HCl 或 HAc，放出可使石灰水变浑浊的气体 E。溶液 B 的焰色反应为黄色。不溶物 C 可溶于稀盐酸得溶液 F，F 可以使酸化的$KMnO_4$溶液褪色，F 可使淀粉-KI 溶液变蓝。在盛有 F 的试管中加入少量MnO_2可产生气体 G，G 使带有余烬的火柴复燃。在 F 中加入Na_2SO_4溶液，可产生不溶于硝酸的沉淀 H，F 的焰色反应为黄绿色。问 A、B、C、D、E、F、G、H 各是什么？写出有关的离子反应式。

13-18　某化合物 A 能溶于水，在溶液中加入K_2SO_4时有不溶于酸的白色沉淀 B 产生并得到溶液 C，在溶液 C 中加入$AgNO_3$不发生反应，但它能和I_2反应，产生有刺激性气味的黄绿色气体 D 和溶液 E。将气体 D 通入 KI 溶液中，有棕色溶液 F 生成。当加CCl_4于溶液 F 中，在CCl_4层中显紫红色，而水溶液的颜色变浅。若在这水溶液中加入$AgNO_3$，则有黄色沉淀 G 生成。写出各步的反应式，确定 A、B、C、D、E、F、G 各为何物。

13-19　A、B、C、D、E 五种元素，A 是ⅠA 族第五周期元素，B 是第三周期元素，E 是第一周期元素，B、C、D、E 的价电子分别为 2、2、7 和 1 个，五个元素的原子序数从小到大的顺序依次是 E、B、C、D、A，C 和 D 的次外层电子均为 18，问 A、B、C、D、E 各是什么元素？

13-20　今有一瓶白色固体，它可能含有下列化合物：NaCl、$BaCl_2$、KI、CaI_2、KIO_3中的两种。试根据下述实验现象加以判断，白色固体包含哪两种化合物？写出有关的反应方程式。

实验现象：(1) 溶于水，得无色溶液；(2) 溶液中加入稀硫酸后，显棕色，并有少量白色沉淀生成；(3) 加适量 NaOH 溶液，溶液成无色，而白色沉淀未消失。

13-21　第ⅠA 族金属 A 溶于稀硝酸中，生成的溶液可产生红色焰色反应，蒸干溶液并在 600℃燃烧得到金属氧化物 B。A 同氮气反应生成化合物 C，同氢气反应生成化合物 D。D 同水反应放出气体 E 和形成可溶的化合物 F，F 为强碱性。写出物质 A 到 F 的化学式，并写出所涉及的反应的化学方程式。

第14章 p 区元素

14.1 硼族元素

14.1.1 硼族元素概述

硼族元素包括硼（B）、铝（Al）、镓（Ga）、铟（In）和铊（Tl）五种元素。B 为非金属元素，其余为金属元素。本族元素均能导电，硼的导电性最差。铝在地壳中的含量仅次于氧和硅，其丰度（以质量计）居第三位，而在金属元素中铝的丰度居于首位。硼族元素的性质列于表 14-1 中。

表 14-1　硼族元素的一些性质

性质	硼(B)	铝(Al)	镓(Ga)	铟(In)	铊(Tl)
原子序数	5	13	31	49	81
价电子构型	$2s^2 2p^1$	$3s^2 3p^1$	$4s^2 4p^1$	$5s^2 5p^1$	$6s^2 6p^1$
主要氧化态	+3	+3	+1,+3	+1,+3	+1,+3
共价半径/pm	88	143	122	163	170
配位数	3,4	3,4,6	3,6	3,6	3,6
电离能/$kJ \cdot mol^{-1}$	807	583	585	541	596
电负性	2.04	1.61	1.81	1.78	2.04

从表 14-1 中可以看出硼和铝在原子半径、电负性等性质上有较大差异，从硼到铝性质上的变化反映了 p 区第二周期元素的反常性。

硼族元素的价电子构型为 ns^2np^1。与同周期的卤素、氧族元素、氮族元素、碳族元素相比，有较大的给电子趋势，它们的化合物以正氧化数为主要特征，前四种元素的氧化数都是+3，Tl 的氧化数主要为+1。硼的原子半径较小，电负性较大，所以硼的化合物都是共价型的，在水溶液中也不存在 B^{3+}，而其他元素均可形成 M^{3+} 和相应的化合物。但由于 M^{3+} 具有较强的极化作用，这些化合物中的化学键也容易表现出共价性。在硼族元素化合物中形成共价键的趋势自上而下依次减弱。由于惰性电子对效应的影响，低氧化值的 Tl（Ⅰ）的化合物较稳定，所形成的键具有较强的离子键特征。和电负性较大的 O 有较大的亲和力，B 和 Al 尤为突出。

硼族元素原子的价电子轨道（ns 和 np）数为 4，而其价电子仅有 3 个，这种价电子数小于价键轨道数的原子称为缺电子原子。它们所形成的化合物有些为缺电子化合物。在缺电子化合物中，成键电子对数小于中心原子的价键轨道数，由于有空的价键轨道的存在，所以它们有很强的接受电子对的能力，容易形成聚合型分子（如 Al_2Cl_6）和配位化合物（如 HBF_4）。在此过程中，中心原子的价键轨道的杂化方式由 sp^2 杂化过渡到 sp^3 杂化。相应分子的空间构型由平面结构过渡到立体结构。

在硼的化合物中，硼原子的最高配位数为 4，而在硼族其他元素 W 的化合物中，由于外层 d 轨道参与成键，所以中心原子的最高配位数可以是 6。硼和铝在原子半径、电离能、电负性、熔点等性质上有较大的差异。

14.1.2 硼及其化合物

（1）硼

硼为亲氧元素，在自然界没有游离态，主要以含氧化合物的形式存在，如硼镁矿 $Mg_2B_2O_5 \cdot H_2O$ 和硼砂矿 $Na_2B_4O_7 \cdot 10H_2O$ 等。我国西部地区有丰富的硼砂矿。

非金属单质中硼具有最复杂的结构。单质硼有晶体和无定形体两种。晶体硼有多种同素异形体，颜色有黑色、黄色、红色等，随结构及所含杂质的不同而异。晶体硼单质的基本结构单元为正十二面体，12 个硼原子占据着面体的顶点，如图 14-1 所示。无定形体硼为棕色粉末。硼的熔点、沸点很高。晶体硼很硬，莫氏硬度为 9.5，其硬度仅次于金刚石。

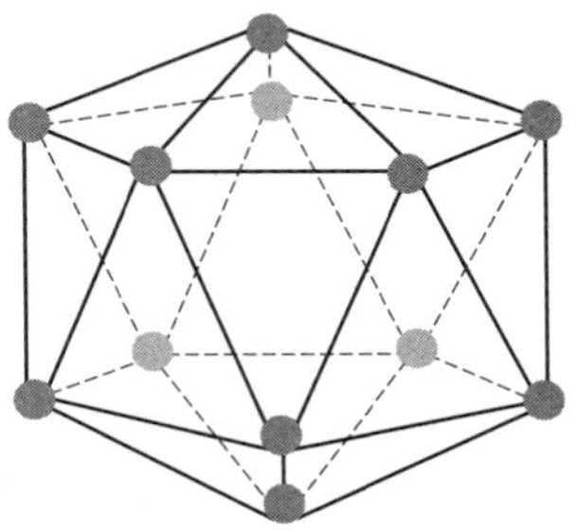
图 14-1　α-菱形硼（B_{12}）结构

硼主要形成共价化合物，如硼烷、卤化物和氧化物等。

硼和铝一样，价电子数少于价轨道数，硼原于是一个缺电子原子，所形成的 BF_3 和 BCl_3 等化合物为缺电子化合物。B 原子的空轨道容易与其他分子或离子的孤对电子形成配位键。例如：

$$BF_3 + :NH_3 = [H_3N:BF_3]$$

$$BF_3 + F^- = [BF_4]^-$$

硼族元素中，硼具有一般常见的非金属元素的反应性能。晶体硼的化学性质不活泼，不与氧、硝酸、热浓硫酸、烧碱等作用。无定形体硼比较活泼，能与熔融的 NaOH 反应。金属铝的化学性质比较活泼，但由于其表面有一层致密的钝态氧化膜，而使铝的反应活性大为降低，不能与空气和水进一步作用。由于硼有较大的电负性，它能与金属形成硼化物，其中硼的氧化值一般认为是+3。硼和铝都是亲氧元素，它们与氧的结合力极强。硼能把铜、锡、铅、锑、铁和钴的氧化物还原为金属单质。

B 能被浓 HNO_3 或浓 H_2SO_4 氧化成硼酸，易与强碱反应放出 H_2。

$$2B + 2NaOH + 2H_2O = 2NaBO_2 + 3H_2\uparrow$$

硼有较高的吸收中子的能力，在核反应堆中，可作为良好的中子吸收剂。硼常作为原料来制备一些特殊的硼化合物，如金属硼化物和碳化硼 B_4C 等。

（2）硼的氢化物

硼与氢可以形成一系列共价氢化物，其性质与烷烃相似，故又成为硼烷。根据硼烷的组成将其分为多氢硼烷和少氢硼烷，通式分别为 B_nH_{n+6} 和 B_nH_{n+4}，其中后者较稳定。在常温下 B_2H_6 及 B_4H_{10} 为气体，B_5～B_8 的硼烷为液体，$B_{10}H_{14}$ 及其他高硼烷都是固体。

硼烷多数有毒、有气味、不稳定，有些硼烷加热即分解。硼烷水解即放出 H_2，它们还是强还原剂，如与卤素反应生成卤化硼。在空气中激烈地燃烧且放出大量的热。因此，硼烷曾被考虑用作高能火箭燃料。如：

$$B_2H_6 + 3O_2 = B_2O_3 + 3H_2O \qquad \Delta_r H_m^\ominus = -2033\text{kJ} \cdot \text{mol}^{-1}$$

$$B_2H_6 + 6X_2 = 2BX_3 + 6HX$$

组成相当于 CH_4 和 SiH_4 的 BH_3 是否能瞬时存在，至今还是个疑问，制备反应中得到的是 BH_3 的二聚体 B_2H_6。

在 B_2H_6 分子中，每个 B 原子都采用 sp^3 杂化，4 个杂化轨道中 2 个与 2 个 H 原子形成 σ

键，这 4 个 σ 键在同一平面。另外 2 个杂化轨道和另外 1 个硼原子的 2 个杂化轨道以及另外 2 个氢的 1s 轨道重叠并分别共用 2 个电子，形成了垂直于上述平面的 2 个三中心二电子键，1 个在平面之上，另外 1 个在平面之下（见图 14-2）。每个三中心二电子键是由 1 个氢原子和 2 个硼原子共用 2 个电子构成的，又称“硼氢桥键”。

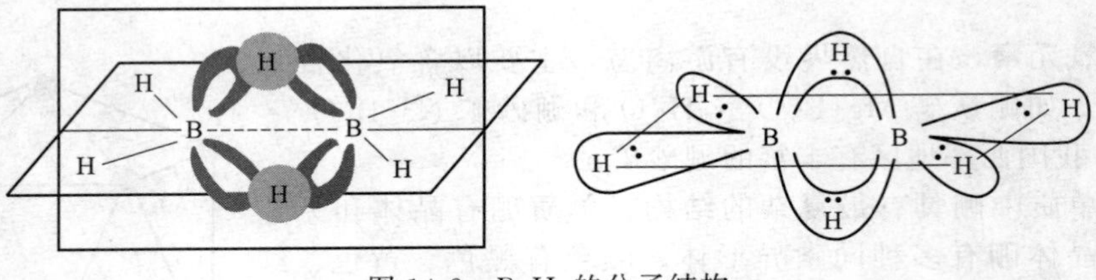

图 14-2 B_2H_6的分子结构

这种三中心二电子键是由 3 个原子（2 个 B，1 个 H）轨道组成 3 个分子轨道——成键、反键、非键轨道（其能级与原来的硼原子的一样），而让 2 个电子填充在成键轨道上形成的（见图 14-2）。在 B_2H_6分子中共有两种键：B—H(2c-2e) 硼氢键和$\mathrm{B}\overset{\mathrm{H}}{\frown}\mathrm{B}$ (3c-2e) 氢桥键。

乙硼烷受热容易分解，它的热分解产物很复杂，有 B_4H_{10}、B_5H_9、B_5H_{11}和 $B_{10}H_{14}$ 等，控制不同条件，可得到不同的主产物。如：

$$2B_2H_6 = B_4H_{10} + H_2$$

乙硼烷遇水立即发生水解：

$$B_2H_6 + 6H_2O = 2H_3BO_3\downarrow + 6H_2\uparrow \qquad \Delta_r H_m^{\ominus} = -509.3\mathrm{kJ \cdot mol^{-1}}$$

乙硼烷是缺电子化合物，属路易斯酸，它可以与路易斯碱化合，如：

$$B_2H_6 + 2LiH = 2Li[BH_4]$$

$$B_2H_6 + 2CO = 2[H_3B \leftarrow CO]$$

与 NH_3 反应产物复杂，由反应条件决定。

(3) 氧化硼

三氧化二硼是白色固体，由硼酸脱水而得。

$$2H_3BO_3 = B_2O_3 + 3H_2O$$

高温下脱水得到玻璃状 B_2O_3，低温减压条件下得结晶氧化硼，可作干燥剂。

B_2O_3是白色固体。晶态 B_2O_3 比较稳定，其密度为 2.55g·cm^{-3}，熔点为 450℃。玻璃状 B_2O_3的密度为 1.83g·cm^{-3}，温度升高时逐渐软化，当达到赤热高温时即成为液态。

与碳、氮不同，硼与氧之间只能形成稳定的 B—O 单键，不能形成 B═O 双键。在 B_2O_3晶体中，不存在单个的 B_2O_3分子，而是含有—B—O—B—O—链的大分子。

B_2O_3能被碱金属以及镁和铝还原为单质硼。例如：

$$B_2O_3 + 3Mg = 2B + 3MgO$$

用盐酸处理反应混合物时，MgO 与盐酸作用生成溶于水的 $MgCl_2$，过滤后得到粗硼。B_2O_3在高温时不被碳还原。

B_2O_3与水反应可生成偏硼酸 HBO_2和硼酸：

$$B_2O_3 + H_2O = 2HBO_2$$

$$B_2O_3 + 3H_2O = 2H_3BO_3$$

熔融的 B_2O_3可溶解许多金属氧化物，形成具有特征颜色的玻璃状偏硼酸盐。用于制造耐高温、抗化学腐蚀的化学实验仪器和光学玻璃，还用于搪瓷和珐琅工业的彩绘装饰中。由锂、铍和硼的氧化物制成的玻璃可以用作 X 射线管的窗口。硼纤维是一种具有多种优良性能的新型无机材料。

（4）硼酸

硼的含氧酸包括偏硼酸（HBO_2）、原硼酸（H_3BO_3）、和多硼酸 $xB_2O_3 \cdot yH_2O$。原硼酸通常又简称为硼酸。将硼酸加热脱水可逐渐得到偏硼酸、硼酐。反之，将硼酐溶于水可逐渐得到偏硼酸、硼酸。

如果说构成二氧化硅、硅酸和硅酸盐的基本结构单元是 SiO_4 四面体，那么，构成三氧化二硼、硼酸和多硼酸的基本结构单元是平面三角形的 BO_3［见图 14-3（a）］和四面体的 BO_4。在 H_3BO_3 的晶体中，每个硼原子用 3 个 sp^2 杂化轨道与 3 个氢氧根中的氧原子以共价键相结合［见图 14-3（b）］。每个氧原子除了以共价键与一个硼原子和一个氢原子相结合外，还通过氢键同另一 H_3PO_3 单元中的氢原子结合而连成片层结构［见图 14-3（c）］，层与层之间则以范德华力相吸引。硼酸晶体是片状的，有滑腻感，可作润滑剂。硼酸的这种缔合结构使它在冷水中的溶解度很小（273K 时为 6.359g）；加热时，由于晶体中的部分氢键被破坏，其溶解度增大（373K 时为 27.6g）。

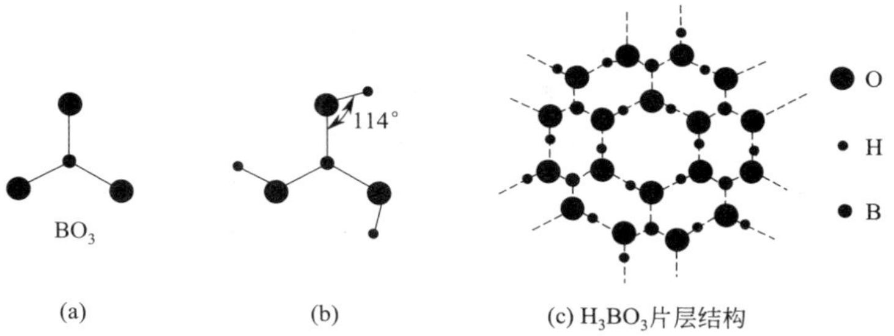

图 14-3 BO_3 及 H_3BO_3 结构示意图

硼酸 H_3BO_3 为白色片状晶体，微溶于水，在热水中溶解度明显增大，这是由于受热时，晶体中的氢键部分断裂所致。

H_3BO_3 是一元弱酸，$K_a = 6 \times 10^{-10}$。它之所以有酸性并不是因为它本身给出质子，而是由于硼是缺电子原子，它加合了来自 H_2O 分子的 OH^-（其中氧原子有孤对电子）而释出 H^+。H_3BO_3 与水的反应如下：

$$B(OH)_3 + H_2O \Longrightarrow [HO\!-\!\overset{\overset{\displaystyle H}{\overset{\displaystyle O}{|}}}{\underset{\underset{\displaystyle H}{\underset{\displaystyle O}{|}}}{B}}\!\!\leftarrow\!\!OH]^- + H^+$$

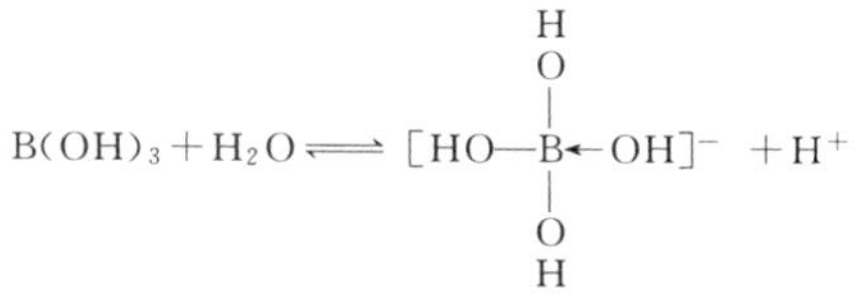

$B(OH)_4^-$ 的构型为四面体，其中硼原子采用 sp^3 杂化轨道成键。

H_3BO_3 是典型的 Lewis 酸，在 H_3BO_3 溶液中中加入多羟基化合物，如甘油（丙三醇）、甘露醇，由于形成配合物和 H^+ 而使溶液酸性增强。

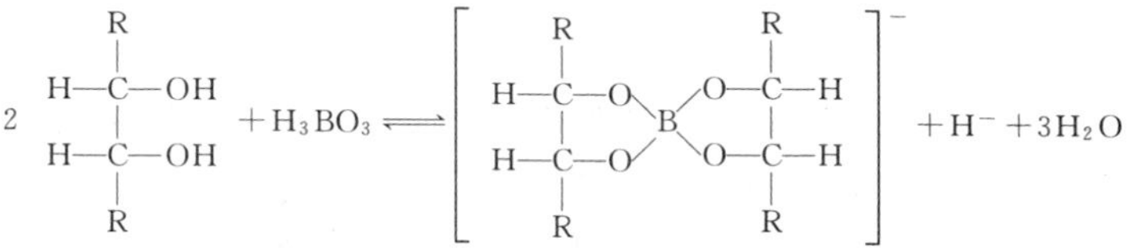

所生成的配合物的 $K_a = 7.08 \times 10^{-6}$，此时溶液可用强碱以酚酞为指示剂进行滴定。常利用硼酸和甲醇或乙醇在浓 H_2SO_4 存在的条件下，生成挥发性硼酸酯燃烧所特有的绿色火焰来鉴别硼酸根。

$$H_3BO_3 + 3CH_3OH \xrightarrow{H_2SO_4} B(OCH_3)_3 + 3H_2O$$

H_3BO_3与强碱 NaOH 中和，得到偏硼酸钠 $NaBO_2$，在碱性较弱的条件下则得到四硼酸盐，如硼砂 $Na_2B_4O_7 \cdot 10H_2O$，而得不到单个 BO_3^{3-} 的盐。但反过来，在任何一种硼酸盐的溶液中加酸时，总是得到硼酸，因为硼酸的溶解度较小，它容易从溶液中析出。

加热灼烧 H_3BO_3时起下列变化：

$$H_3BO_3 \longrightarrow HBO_2 \longrightarrow B_2O_3$$

H_3BO_3遇到某种比它强的酸时，有显碱性的可能：

$$B(OH)_3 + H_3PO_4 = BPO_4 + 3H_2O$$

大量的硼酸用于搪瓷工业。H_3BO_3有缓和的防腐消毒作用，是医药上常用的消毒剂。有时也用作食物的防腐剂。

工业硼酸由盐酸或硫酸分解硼砂矿而制得。

$$Na_2B_4O_7 \cdot 10H_2O + 2HCl = 4H_3BO_3 + 2NaCl + 5H_2O$$

(5) 硼酸盐

硼酸盐有偏硼酸盐、原硼酸盐和多硼酸盐等多种。最重要的硼酸盐是四硼酸钠，俗称硼砂。硼砂的分子式是 $Na_2B_4O_5(OH)_4 \cdot 8H_2O$，习惯上也常写作 $Na_2B_4O_7 \cdot 10H_2O$。硼砂晶体中，$[B_4O_5(OH)_4]^{2-}$通过氢键互相连接成链，链与链之间借钠离子联系在一起，其中还含有水分子。$[B_4O_5(OH)_4]^{2-}$的结构如图 14-4 所示。

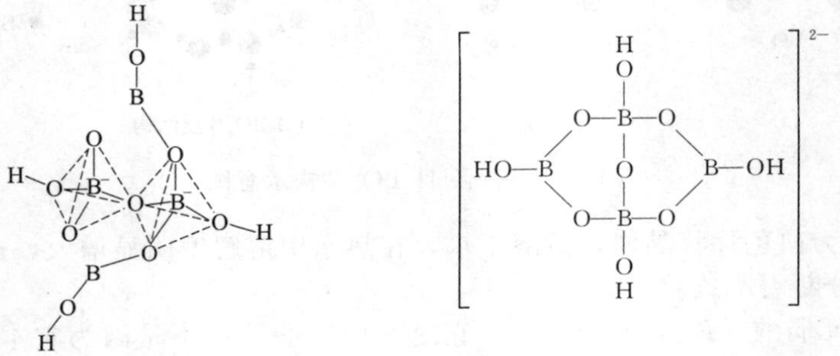

图 14-4　$[B_4O_5(OH)_4]^{2-}$的立体结构

最常用的硼酸盐即硼砂。在它的晶体中，$[B_4O_5(OH)_4]^{2-}$通过氢键连接成链状结构，链与链之间通过 Na^+ 离子键结合，水分子存在于链之间，所以硼砂的分子式按结构应写 $Na_2B_4O_5(OH)_4 \cdot 8H_2O$。

硼砂是无色透明晶体，硼砂在干燥空气中容易风化失水。硼砂加热到 350～400℃时进一步脱水成为无水 $Na_2B_4O_7$；加热至878℃时熔化为玻璃状态，冷却后成为透明的玻璃状物质，称为硼砂玻璃。它风化时首先失去链之间的结晶水，温度升高，则链与键之间的氢键因失水而被破坏，形成牢固的偏硼酸骨架。熔融状态的硼砂同 B_2O_3一样，能溶解一些金属氧化物（如 Fe、Co、Ni、Mn 等的氧化物）并因金属的不同而显出特征的颜色（硼酸也有此性质），形成具有特征颜色的偏硼酸的复盐，如 $Co(BO_2)_2 \cdot 2NaBO_2$、$Mn(BO_2)_2 \cdot 2NaBO_2$。这一性质在分析化学中被用来鉴别某些金属离子，称为硼砂珠试验。例如：

$$Na_2B_4O_7 + CoO = 2NaBO_2 \cdot Co(BO_2)_2 \qquad \text{(蓝色)}$$

因此，在分析化学中可以用硼砂来做“硼砂珠试验”，鉴定金属离子。此性质也被应用于搪瓷和玻璃工业（上釉、着色）和焊接金属（去金属表面的氧化物）。硼砂还可以代替 B_2O_3用于制特种光学玻璃和人造宝石。

硼酸盐中的 B—O—B 键不及硅酸盐中的 Si—O—Si 键牢，所以硼砂较易水解。它水解时，得到等物质的量的 H_3BO_3和 $B(OH)_4^-$：

$[B_4O_5(OH)_4]^{2-}+5H_2O \rightleftharpoons 4H_3BO_3+2OH^- \rightleftharpoons 2H_3BO_3+2B(OH)_4^-$

20℃时，硼砂溶液的 pH=9.24。硼砂溶液中含有的 H_3BO_3 和 $B(OH)_4^-$ 物质的量相等，故具有缓冲作用。在实验室中可用它来配制缓冲溶液。硼砂易于提纯，水溶液又显碱性，所以分析化学上常用作基准物标定酸溶液的浓度。

硼砂被应用于制造耐温度骤变的特种玻璃和光学玻璃。陶瓷工业上用硼砂来制备低熔点釉。由于硼砂能溶解金属氧化物，焊接金属时可以作助溶剂，可去除金属表面的氧化物。它还是医药上的消毒剂和防腐剂。硼砂也常用作肥皂和洗衣粉的填料。

(6) 硼的卤化物

硼的四种卤化物 BX_3 均已制得，它们的一些物理性质列于表 14-2 中。

表 14-2　卤化硼的一些物理性质

名称	BF_3	BCl_3	BBr_3	BI_3
状态(室温)	气体	液(略加压)	液体	固体
熔点/K	146	166	227	316
沸点/K	172	285	364	483

它们都是共价化合物，易溶于非极性溶剂，都易于水解。这些化合物都是缺电子化合物，是很强的路易斯酸，因此，都易于和具有孤对电子的物质如 HF、NH_3、醚、醇以及胺类等反应，有的形成加合物。

BX_3 是典型的强的路易斯酸，如：

$$BF_3(g)+NH_3 = H_3N\rightarrow BF_3$$

BX_3 水中发生强烈水解：

$$BCl_3+3H_2O = B(OH)_3+3HCl$$

将 BF_3 通入水中：

$$BF_3+3H_2O = B(OH)_3+3HF$$

进一步反应：

$$BF_3+HF = H^++BF_4^-$$

14.1.3 铝及其化合物

(1) 铝

铝是银白色金属，熔点 930K，沸点 2700K。具有良好的导电性和延展性，也是光和热的良好反射体。

铝最突出的化学性质是亲氧性，同时它又是典型的两性元素。铝一接触空气或氧气，其表面就立即被一层致密的氧化膜所覆盖，这层膜可阻止内层的铝被氧化，它也不溶于水，所以铝在空气和水中都很稳定。

铝的亲氧性还可以从氧化铝非常高的生成焓看出来。

$$4Al+3O_2 = 2Al_2O_3 \quad \Delta_f H_m^{\ominus}=-3351.4J\cdot mol^{-1}$$

由于铝的亲氧性，它能从许多氧化物中夺取氧，故它是冶金上常用的还原剂。且常被用于冶炼铁、镍、铬、锰、钒等难熔金属，用铝作还原剂的方法称为铝还原法。

$$Fe_2O_3+2Al = Al_2O_3+2Fe$$

高纯度的铝（99.950%）不与一般酸作用，只溶于王水。普通的铝能溶于稀盐酸或稀硫酸，被冷的浓 H_2SO_4 或浓、稀 HNO_3 所钝化。所以常用铝桶装运浓 H_2SO_4、浓 HNO_3 或某些化学试剂。

但是铝能同热的浓 H_2SO_4 反应。

$$2Al+6H_2SO_4(浓) \xlongequal{\triangle} Al_2(SO_4)_3+3SO_2\uparrow+6H_2O$$

铝比较易溶于强碱中。

$$2Al+2NaOH+6H_2O \xlongequal{} 2Na[Al(OH)_4]+3H_2\uparrow$$

(2) 铝的化合物

① 氧化铝　自然界存在的刚玉为 α-Al_2O_3，它的晶体属于六方紧密堆积构型，6 个氧原子围成一个八面体，在整个晶体中有 2/3 的八面体孔穴被 Al 原子占据。由于这种紧密堆积结构，加上晶体中 Al^{3+} 与 O^{2-} 之间的吸引力强，晶格能大，所以 α-Al_2O_3 的熔点（2288K ±15K）和硬度（8.8）都很高。它不溶于水，也不溶于酸或碱，耐腐蚀且电绝缘性好，用作高硬度材料、研磨材料和耐火材料。天然的或人造刚玉由于含有不同杂质而有多种颜色。例如，合微量 Cr（Ⅲ）的呈红色，称为红宝石；含有 Fe（Ⅱ）、Fe（Ⅲ）或 Ti（Ⅳ）的称为蓝宝石；含少量 Fe_3O_4 的称为刚玉粉。将任何一种水合氧化铝加热至 1273K 以上，都可以得到 α-Al_2O_3。工业上用高温电炉或氢氧焰熔化氢氧化铝以制得人造刚玉。

在温度为 723K 左右时，将 $Al(OH)_3$、偏氢氧化铝 AlO(OH) 或铝铵矾 $(NH_4)_2SO_4 \cdot Al_2(SO_4)_3 \cdot 24H_2O$ 加热，使其分解，则得到 γ-Al_2O_3。这种 Al_2O_3 不溶于水，但很易吸收水分，易溶于酸。把它强热至 1273K，即可转变 α-Al_2O_3。γ-Al_2O_3 的粒子小，具有强的吸附能力和催化活性，所以又名活性氧化铝，可用作吸附剂和催化剂。

还有一种 β-Al_2O_3，它有离子传导能力（允许 Na^+ 通过），以 β-铝矾土为电解质制成钠-硫蓄电池。由于这种蓄电池单位重量的蓄电量大，能进行大电流放电，因而具有广阔的应用前景。这种电池负极为熔融钠，正极为多硫化钠 Na_2S_x，电解质为 β-铝矾土（钠离子导体）其电池反应为：

$$\text{正极}\quad 2Na^+ + xS + 2e^- \underset{\text{充电}}{\overset{\text{放电}}{\rightleftharpoons}} Na_2S_x$$

$$\text{负极}\quad 2Na \underset{\text{充电}}{\overset{\text{放电}}{\rightleftharpoons}} 2Na^+ + 2e^-$$

$$\text{总反应：}2Na + xS \underset{\text{充电}}{\overset{\text{放电}}{\rightleftharpoons}} Na_2S_x$$

这种蓄电池使用温度范围可达 620～680K，其蓄电量为铅蓄电池蓄电量的 3～5 倍。用 β-Al_2O_3 陶瓷做电解食盐水的隔膜生产烧碱，有产品纯度高，公害小的特点。

② 氢氧化铝　Al_2O_3 的水合物一般都称为氢氧化铝。它可以由多种方法得到。加氨水或碱于铝盐溶液中，得到一种白色无定形凝胶沉淀。它的含水量不定，组成也不均匀，统称为水合氧化铝。无定形水合氧化铝在溶液内静置即逐渐转变为结晶的偏氢氧化铝 AlO(OH)，温度越高，这种转变越快。若在铝盐中加弱酸盐碳酸钠或醋酸钠，加热则有偏氢氧化铝与无定形水合氧化铝同时生成。只有在铝酸盐溶液中通入 CO_2，才能得到真正的氢氧化铝白色沉淀，称为正氢氧化铝。结晶的正氢氧化铝与无定形水合氧化铝不同，它难溶于酸，而且加热到 373K 也不脱水；在 573K 下，加热两小时，才能变为 AlO(OH)。氢氧化铝是典型的两性化合物。新鲜制备的氢氧化铝易溶于酸也易溶于碱：

$$3H_2O+Al^{3+} \underset{H^+}{\overset{OH^-}{\longrightarrow}} Al(OH)_3 \underset{H^+}{\overset{OH^-}{\longrightarrow}} Al(OH)_4$$

例如：

$$Al(OH)_3+3HCl \xlongequal{} AlCl_3+3H_2O$$
$$Al(OH)_3+KOH \xlongequal{} K[Al(OH)_4]$$

③ 铝盐和铝酸盐

a. 铝盐　用金属铝或氧化铝或氢氧化铝与酸反应即可得到铝盐。铝盐都含有 Al^{3+}，在水溶液中 Al^{3+} 实际上以八面体的水合配离子 $[Al(H_2O)_6]^{3+}$ 而存在。它在水中水解，而使溶液显酸性。如：

$$[Al(H_2O)_6]^{3+} + H_2O \rightleftharpoons [Al(H_2O)_5OH]^{2+} + H_3O^+$$

$[Al(H_2O)_5OH]^{2+}$还将逐级水解。因为 $Al(OH)_3$是难溶的弱碱，一些弱酸（如 H_2CO_3、H_2S、HCN 等）的铝盐在水中几乎完全或大部分水解，所以弱酸的铝盐如 Al_2S_3及 $Al_2(CO_3)_2$等不能用湿法制得。

b. 铝酸盐　用金属铝或氧化铝或氢氧化铝与碱反应即生成铝酸盐。铝酸盐中含$Al(OH)_4^-$或$[Al(OH)_4(H_2O)_2]^-$及 $Al(OH)_6^{3-}$等配离子，拉曼光谱已证实有 $Al(OH)_4^-$存在。

铝酸盐水解使溶液显碱性，水解反应式如下：

$$Al(OH)_4^- \rightleftharpoons Al(OH)_3 + OH^-$$

在这溶液中通入 CO_2，将促进水解的进行而得到真正的氢氧化铝沉淀。工业上利用此反应从铝土矿制取纯 $Al(OH)_3$和 Al_2O_3，方法是先将铝土矿与烧碱共热，使矿石中的 Al_2O_3转变为可溶性的偏铝酸钠而溶于水，然后通入 CO_2，即得到 $Al(OH)_3$沉淀，滤出沉淀，经过煅烧即成 Al_2O_3。

$$Al_2O_3 + 2NaOH + 3H_2O = 2NaAl(OH)_4$$

$$2NaAl(OH)_4 + CO_2 = H_2O + 2Al(OH)_3\downarrow + Na_2CO_3$$

$$2Al(OH)_3 \xlongequal{煅烧} Al_2O_3 + 3H_2O$$

这样制得的 Al_2O_3，可用于冶炼金属铝。

将上法得到的 $Al(OH)_3$和 Na_2CO_3一同溶于氢氟酸，则得到电解法制铝所需要的助熔剂冰晶石 Na_3AlF_6。

$$2Al(OH)_3 + 12HF + 3Na_2CO_3 = 2Na_3AlF_6 + 3CO_2\uparrow + 9H_2O$$

14.2 碳族元素

14.2.1 碳族元素概述

碳族元素包括碳（C）、硅（Si）、锗（Ge）、锡（Sn）和铅（Pb）五种元素。C 和 Si 是非金属元素，Ce 是准金属元素，性质与硅相似，都是半导体材料，Sn 和 pb 是金属元素，但都有两性。

碳族元素的价电子构型为 ns^2np^2，不易形成离子，以形成共价化合物为特征。在化合物中，C 的主要氧化数有+4 和+2，Si 的氧化数都是+4，而 Ge、Sn、Pb 的氧化数有+2 和+4。C 和 Si 能与氢形成稳定的氢化物。

氧化值为+4 的化合物主要是共价型的。

碳在同族元素中，由于它的原子半径最小，电负性最大，电离能也高，又没有 d 轨道，所以它与本族其他元素之间的差异较大。这差异主要表现在：

① 它的最高配位数为 4；

② 碳的成链能力最强；

③ 不仅碳原子间易形成多重键，而且能与其他元素如氮、氧、硫和磷形成多重键。

硅与第三族的硼在周期表中处于对角线位置，它们的单质极其化合物的性质有相似之处。

14.2.2 碳族元素的单质及其化合物

（1）碳

碳有^{12}C、^{13}C、^{14}C三种主要的同位素。在自然界以单质状态存在的碳是金刚石和石墨，以化合物形式存在的碳有煤、石油、天然气、碳酸盐、二氧化碳等，动植物体内也含有碳。

碳有金刚石和石墨两种同素异形体（具体结构见固体结构）。现已确定无定形碳是微晶型石墨。大量的工业石墨是人工制造的。

金刚石是原子晶体。金刚石不与一般酸碱和化学物质作用。石墨是层状晶体（见固体结构部分），质软，有金属光泽，可以导电。石墨较活泼，能被强氧化剂如浓硫酸、浓硝酸和高锰酸钾等氧化，石墨能与许多金属生成碳化物。

通常所谓无定形碳，如焦炭、炭黑等都具有石墨结构。活性炭是经过加工处理所得的无定形碳，具有很大的比表面积，有良好的吸附性能。广泛用于气体干燥和提纯，水的净化及食品工业中。碳纤维是一种新型的结构材料，具有质轻、耐高温、抗腐蚀、导电等性能，机械强度很高，广泛用于航空、机械、化工和电子工业上，也可以用于外科医疗上。碳纤维也是一种无定形碳。

工业上石墨被大量用于制造电极、坩埚、高温热电偶、润滑剂、铅笔芯和染料，还可用作原子反应堆的中子减速剂。金刚石除可作钻石装饰外，还可制钻头、刀具以及精密轴承等。金刚石薄膜既是一种新颖的结构材料，又是一种重要的功能材料。

低温下白锡转变为粉末状的灰锡的速率加快，所以，锡制品因长期处于低温而自行毁坏。这种从一点变灰开始，蔓延开来的现象称为锡疫。所以冬季，锡制品不宜放在寒冷的室外。

（2）碳的化合物

① 一氧化碳 CO　一氧化碳 CO 是无色、无臭、有毒的气体，微溶于水。CO 可以看作是甲酸 HCOOH 的酸酐，但实际上它并不能和水反应生成甲酸。实验室可以用浓硫酸从 HCOOH 中脱水制备少量的 CO。碳在氧气不充分的条件下燃烧生成 CO。工业上 CO 的主要来源是水煤气。CO 分子中碳原子与氧原子间形成三重键，即 1 个 σ 键和 2 个 π 键。与 N_3 分子所不同的是其中 1 个 π 键是配键，这对电子是由氧原子提供的。CO 分子的结构式为：

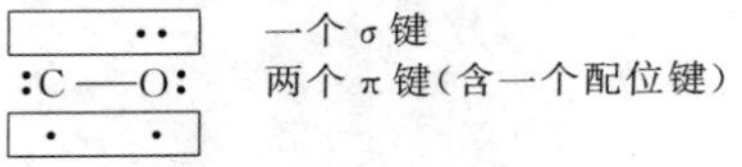

分子轨道电子式为：

$$KK(\sigma_{2s})^2\ (\sigma_{2s}^*)^2\ (\pi_{2p_y})^2\ (\pi_{2p_z})^2\ (\sigma_{2p_x})^2$$

CO 的偶极矩几乎为零。因为从原子的电负性看，电子云偏向氧原子，可是形成配键的电子对是碳原子提供的，碳原子略带负电荷，而氧原子略带正电荷，这与电负性的效果正好相反，相互抵消，所以 CO 的偶极矩近于零。这样 CO 分子碳原子上的孤对电子易进入其他有空轨道的原子而形成配键。

CO 是重要的化工原料和燃料。CO 是无色有毒气体，能在空气或氧气中燃烧。CO 之所以对人体有毒是因为它能与血液中携带 O_2 的血红蛋白（Hb）形成稳定的配合物 COHb。CO 与 Hb 的亲和力约为 O_2 与 Hb 的 230～270 倍。COHb 配合物一旦形成后，就使血红蛋白丧失了输送氧气的能力。当空气中 CO 含量为 0.1%（体积分数）时，就会引起个体中毒，导致组织低氧症，甚至引起心肌坏死。为减轻 CO 对大气的污染，含 CO 的废气排放前常用 O_2 进行催化氧化，将其转化为无毒的 CO_2，所用的催化剂有 Pt、Pd 或 Mn、Cu 的氧化物或稀土氧化物等。

在高温下 CO 是很好的还原剂。在冶金工业中，它可从许多金属氧化物如 Fe_2O_3、CuO 或 MnO_2 中把金属还原出来。

CO 的还原性被用于测定微量 CO，$PdCl_2$ 在常温下可被 CO 还原为 Pd。

$$CO + PdCl_2 + H_2O \longrightarrow CO_2 + Pd\downarrow + 2HCl$$

灰色沉淀 Pd 的出现证明 CO 存在。

CO 能与过渡金属的原子或离子生成配合物。例如，在一定条件下，它与 Fe、Ni、Cr 的金属原子作用生成 $Fe(CO)_5$、$Ni(CO)_4$、$Co_2(CO)_8$，其中 C 是配位原子。

CO 与氢、卤素等非金属反应，应用于有机合成。

$$CO+2H_2 \xlongequal{} CH_3OH$$

$$CO+Cl_2 \xlongequal{} COCl_2 \text{（碳酰氯）}$$

碳酰氯又名“光气”，极毒，它是有机合成中的重要中间体。

$$CO+NaOH \xlongequal[\text{高压}]{} HCOONa$$

② 二氧化碳 CO_2 和碳酸　碳或含碳化合物在充足的空气或氧气中完全燃烧以及生物体内许多有机物的氧化都产生二氧化碳。CO_2 在大气中的含量约为 0.03%（体积分数）。近年来，随着世界上各国工业生产的发展，大气中 CO_2 的含量逐渐增加。这被认为是引起世界性气温普遍升高，造成地球温室效应的主要原因之一，受到科学界的高度重视。1997 年 12 月 1 日，联合国气候变化框架公约的 150 多个签订国的领导人签订的《京都议定书》已于 2005 年 2 月 16 日正式生效。

CO_2 是无色、无味的气体。CO_2 能溶于水，20℃时 1L 水能溶解 0.9LCO_2。溶解的 CO_2 部分（约 1%）生成碳酸，常温时饱和 CO_2 溶液 pH 值约为 4。因此习惯上将 CO_2 的水溶液称为碳酸。碳酸仅存在于水溶液中，而且浓度很小，浓度增大时即分解出 CO_2。纯的碳酸至今尚未制得。

CO_2 容易液化，常温下加压到 7.6MPa 即为无色液体，储存在钢瓶中。当部分 CO_2 气化的同时，余下部分 CO_2 被冷却而凝固为雪花状的固体，称为“干冰”。干冰是分子晶体，在 −78.5℃时升华，所以干冰常作制冷剂。

工业上大量的 CO_2 用于生产 Na_2CO_3、$NaHCO_3$、NH_4HCO_3 和尿素等化工产品。

$$CO_2+2NH_3 \xlongequal{} CO(NH_2)_2+H_2O$$

CO_2 也用作低温冷冻剂，还广泛用于啤酒、饮料等生产中。CO_2 不助燃，又比空气重，可用来灭火。泡沫灭火器就是利用 $NaHCO_3$ 的饱和溶液与 $Al_2(SO_4)_3$ 溶液反应产生 CO_2 气体来灭火的装置。但活泼金属 Mg、Na、K 等金属着火时不能用 CO_2 灭火，因为它们能从 CO_2 中夺取氧，加剧燃烧。

$$CO_2(g)+2Mg(s) \xlongequal{} 2MgO(s)+C(s)$$

工业用 CO_2 大多是石灰生产和酿酒过程的副产品。

CO_2 溶于水生成碳酸。H_2CO_3 极不稳定，只能存在于溶液中，是一种二元弱酸，通常将水溶液中 H_2CO_3 的解离平衡写为：

$$H_2CO_3 \rightleftharpoons H^+ + HCO_3^- \quad K_{a_1}^{\ominus}=4.2\times10^{-7}$$

$$HCO_3^- \rightleftharpoons H^+ + CO_3^{2-} \quad K_{a_2}^{\ominus}=4.7\times10^{-11}$$

CO_2 分子是直线形的，其结构式可以写作 O═C═O 。CO_2 分子中碳氧键键长为 116pm，介于 C═O 键长（乙醛中为 124pm）和 C≡O 键长（CO 中为 112.8pm）之间，说明它已具有一定程度的三键特征。因此，有人认为在 CO_2 分子中可能存在着离域的大 π 键，即碳原子除了与氧原子形成 2 个键 σ 外；还形成 2 个三中心四电子的大 π 键。因此 CO_2 的热稳定性很高，在 2000℃时仅有 1.8% 的 CO_2 分解成 CO 和 O_2。

（3）碳酸盐

向碳酸溶液中加碱，首先生成酸式盐，继续加碱则得到正盐。

① 溶解性　碳酸正盐中只有碱金属（锂除外）和铵的碳酸盐溶于水，其他金属的碳酸盐难溶于水。对于难溶的碳酸盐来说，通常其相应的酸式盐溶解度较大。例如，$Ca(HCO_3)_2$ 的溶解度比 $CaCO_3$ 大。因此，地表层中的碳酸盐矿石在 CO_2 和水的长期侵蚀下能部分地转变为 $Ca(HCO_3)_2$ 而溶解。但对易溶的碳酸盐来说却恰好相反，其相应的酸式盐的溶解度则较小。例如，$NaHCO_3$ 和 $KHCO_3$ 的溶解度分别小于 Na_2CO_3 和 K_2CO_3 的溶解度。这是由于在酸式盐中 HCO_3^- 之间以氢键相连形成二聚离子或多聚链状离子的结果。

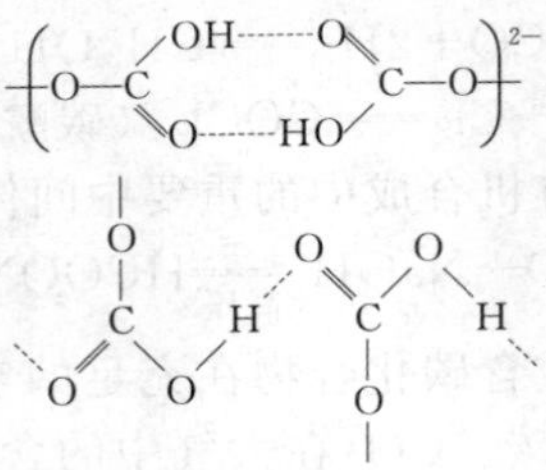

② 热稳定性　多数碳酸盐对热不稳定，受热分解。一般说来，碳酸的热稳定性低于酸式碳酸盐，酸式碳酸盐又低于相应的正盐。例如，碳酸受热甚至常温就会分解，$NaHCO_3$在270℃时分解，而碳酸钠在高于1800℃时才分解。

$$H_2CO_3 = H_2O + CO_2\uparrow$$

$$2NaHCO_3 \xlongequal{270℃} Na_2CO_3 + H_2O + CO_2$$

$$Na_2CO_3 \xlongequal[1800℃]{} Na_2O + CO_2$$

这些事实可根据极化理论得到解释。在H_2CO_3和HCO_3^-中，H与O以共价键结合，但极化理论把这种结合看作是H^+和O_2^-的作用。在HCO_3^-中，H^+容易把CO_3^{2-}中的O_2^-吸引过来形成OH^-。OH^-与另一个HCO_3^-中的H^+结合为H_2O，同时放出CO_2，这一过程促使HCO_3^-不稳定。在H_2CO_3中有2个H^+，更容易夺取CO_3^{2-}中的O_2^-成为H_2O，并放出CO_2，所以H_2CO_3比HCO_3^-更不稳定。

不同金属碳酸盐的分解温度相差很大，这与金属离子的极化作用有关。金属离子的极化作用愈强，其碳酸盐的分解温度就愈低，即碳酸盐愈不稳定。不同金属离子碳酸盐的热稳定性强弱顺序为：

碱金属碳酸盐＞碱土金属碳酸盐＞过渡金属碳酸盐＞铵碳酸盐

③ 水解性　可溶性碳酸盐在水溶液中都水解。Na_2CO_3和$NaHCO_3$溶液均因水解而显碱性。

$$CO_3^{2-} + H_2O = HCO_3^- + OH^- \quad (强碱性)$$

$$HCO_3^- + H_2O = H_2CO_3 + OH^- \quad (弱碱性)$$

当可溶性碳酸盐作为沉淀剂与溶液中的金属离子作用时，产物可能是相应的正盐、碳酸羟盐（碱式碳酸盐）或氢氧化物。对于一个具体的反应来说，其产物类型可根据金属碳酸盐和氢氧化物的溶解度来判断。

a. 碳酸盐的溶解度小于相应氢氧化物的溶解度，反应生成碳酸盐沉淀。例如，Ba^{2+}、Sr^{2+}、Ca^{2+}和Ag^+等。

$$CO_3^{2-} + Ba^{2+} = BaCO_3\downarrow$$

b. 碳酸盐和相应氢氧化物溶解度相近，反应生成碳酸羟盐（碱式碳酸盐）沉淀。例如，Pb^{2+}、Bi^{3+}、Cu^{2+}、Cd^{2+}、Zn^{2+}、Hg^{2+}、Co^{2+}、Ni^{2+}和Mg^{2+}等。

$$2Mg^{2+} + 2CO_3^{2-} + H_2O = Mg(OH)_2CO_3\downarrow + CO_2\uparrow$$

$$2Cu^{2+} + 2CO_3^{2-} + H_2O = Cu_2(OH)_2CO_3\downarrow + CO_2\uparrow$$

c. 金属离子的水解性强、特别是两性的，氢氧化物的溶解度小，生成氢氧化物沉淀。例如，Al^{3+}、Fe^{3+}、Cr^{3+}、Sn^{2+}、Sn^{4+}和Sb^{3+}等。

$$3CO_3^{2-} + 2Al^{3+} + 3H_2O = 2Al(OH)_3\downarrow + 3CO_2\uparrow$$

14.2.3 硅及其化合物

(1) 硅

硅易与氧结合，自然界中无单质硅存在。岩石、黏土、沙子、石棉中都有硅的化合物。

硅多以 SiO_2 和各种硅酸盐形式存在于地壳中。硅是构成各种矿物的重要元素。

所谓单晶硅是由石英砂和焦炭在电弧炉中高温制得粗硅，再经精制而得的。

$$SiO_2 + 2C \xlongequal{3000℃} Si + 2CO\uparrow$$

硅有无定形体和晶体两种同素异形体。无定形体硅为灰黑色粉末，晶体硅为银灰色有金属光泽的晶体。晶体硅的结构与金刚石类似，熔点、沸点较高，性质脆硬。单晶硅在常温下化学性质不活泼，导电性介于金属与非金属之间，是重要的半导体材料，硅经过区域熔炼等物理方法提纯，纯度可达 9 个 9（99.9999999%）以上，在电子计算机及其他电子工业中有广泛应用。

硅与碳性质相似，化学性质表现为非金属性。在所有硅的化合物中，硅的氧化数都是+4。

在高温下硅能与所有卤素反应，生成四卤化硅 SiX_4。硅与氢能形成一系列氢化物，称为硅烷，如甲硅烷 SiH_4 和乙硅烷 Si_6H_6，硅烷结构与烷烃相似。无定形体硅比晶体硅活泼，能与强碱溶液作用生成硅酸盐并放出氢气。

$$Si + 2NaOH + H_2O \xlongequal{} Na_2SiO_3 + 2H_2\uparrow$$

（2）二氧化硅

二氧化硅（SiO_2）又称硅石，是由 Si 和 O 组成的巨型分子，有晶体和无定形体两种。石英是天然的二氧化硅晶体。纯净的石英又叫水晶，它是一种坚硬、脆性、难熔的无色透明的固体，常用于制作光学仪器等。沙子是混有杂质的石英细粒。硅藻土是天然无定形体二氧化硅，为多孔性物质，常用作吸附剂、催化剂载体及隔音材料。

SiO_2 晶体结构与 CO_2 不同，SiO_2 为原子晶体。所以 SiO_2 硬度大、熔点高。

将石英在 1600℃熔融为黏稠液体，然后急剧冷却，因其黏度大不易结晶而缓慢硬化成为石英玻璃。石英玻璃的热膨胀系数小，耐受温度的剧变，故用于制造耐高温的高级玻璃仪器。

SiO_2 的化学性质不活泼，高温下只能被镁或铝还原。

$$SiO_2 + 2Mg \xlongequal{} 2MgO + Si$$

SiO_2 是不溶于水的酸性氧化物，能与热的浓碱液作用得到硅酸盐。

$$SiO_2 + 2NaOH \xlongequal{} Na_2SiO_3 + H_2O$$

$$SiO_2 + Na_2CO_3 \xlongequal{} Na_2SiO_3 + CO_2\uparrow$$

所以不能用玻璃瓶盛浓碱液。

SiO_2 能与氢氟酸作用，生成无色气体 SiF_4。

$$SiO_2 + 4HF \xlongequal{} SiF_4 + 2H_2O$$

（3）硅酸与硅胶

与 SiO_2 相应的硅酸有多种组成，如偏硅酸（H_2SiO_3）、正硅酸（H_4SiO_4）、焦硅酸（$H_6Si_2O_7$）等，常以通式 $xSiO_2 \cdot yH_2O$ 表示，习惯用 H_2SiO_3 表示。

硅酸是比碳酸还弱的二元弱酸，在水中的溶解度较小，溶液呈微弱的酸性。其电离常数为：$K^{\ominus}_{a_1} = 1.7 \times 10^{-10}$，$K^{\ominus}_{a_2} = 1.6 \times 10^{-12}$ 在水中溶解度不大，很容易被其他的酸（甚至醋酸、碳酸）从硅酸盐中析出。

$$SiO_3^{2-} + CO_2 + H_2O \xlongequal{} H_2SiO_3 + CO_3^{2-}$$

开始生成的单分子硅酸能溶于水，而后逐渐聚合成多硅酸而成为硅酸溶胶。在此溶胶中加入电解质或在适当浓度硅酸钠溶液中加入强酸，则得到半凝固状态、软而透明的硅酸凝胶，经洗涤、干燥即成为多孔性固体硅胶。

硅胶是一种白色稍透明的固体，吸附能力强，耐强酸。它是一种很好的干燥剂、吸附剂及催化剂载体。市售品有球形和不规则形两种。

变色硅胶是将硅酸凝胶用 $CoCl_2$ 溶液浸泡，烘干后得到的。这种硅胶由颜色变化指示其吸湿程度。因 $CoCl_2$ 无水时呈蓝色，水合的 $CoCl_2 \cdot 6H_2O$ 显红色，当干燥剂吸水后，随吸水量不同，呈现蓝紫→紫→紫粉→粉红。最后呈粉红色，说明硅胶已经吸水饱和，再使用时要烘干，恢复吸湿能力。

(4) 硅酸盐

地壳的 95% 为天然硅酸盐矿，其种类多，结构复杂，最重要的天然硅酸盐是铝硅酸盐。自然界含量较多的几种硅酸盐包括：

正长石　$K_2O \cdot Al_2O_3 \cdot 6SiO_2$

高岭土　$Al_2O_3 \cdot 2SiO_2 \cdot 2H_2O$

白云母　$K_2O \cdot 3Al_2O_3 \cdot 6SiO_2 \cdot 2H_2O$

泡沸石　$Na_2O \cdot Al_2O_3 \cdot 2SiO_2 \cdot nNa_2O$

石　棉　$CaO \cdot 3MgO \cdot 4SiO_2$

滑　石　$3MgO \cdot 4SiO_2 \cdot H_2O$

其中，正长石和白云母是构成花岗岩的主要成分。高岭土是黏土的基本成分。

人工制造的硅酸盐有水泥、玻璃、砖瓦和一种高效吸附剂——分子筛等。

除碱金属外，其他金属的硅酸盐都不溶于水。硅酸钠（Na_2SiO_3）是最常见的可溶性硅酸盐，为无色晶体。工业上制得的 Na_2SiO_3 常因含有铁盐等杂质而显灰绿色，用水蒸气溶解为黏稠液体，呈玻璃状态，故称其为水玻璃，又名泡花碱。可用作黏合剂、木材或织物的防腐阻燃剂、洗涤剂和肥皂的发泡剂。

14.2.4 锡、铅的化合物

锡、铅都可以形成氧化值为 +4 和 +2 的化合物，对于第ⅣA 族元素从碳到锗，前者四价化合物比后者二价化合物稳定。锡保留着碳元素的这一规律，故 Sn（Ⅳ）比 Sn（Ⅱ）的化合物稳定。而对铅来说，Pb（Ⅱ）比 Pb（Ⅳ）的化合物稳定。Pb（Ⅳ）容易获得 2 个电子形成 $6s^2$ 构型的相对稳定的 Pb（Ⅱ）的化合物。

锡可以在高温下用碳还原制得，工业上常用锡做原料制备其他锡的化合物。例如，Sn 与 HCl 作用可得到 $SnCl_2 \cdot 2H_2O$，Sn 与 Cl_2 作用可制得 $ZnCl_4$。

铅的化合物大都以铅单质为原料制备。第一步制出可溶性的硝酸铅或醋酸铅，再通过它们制备其他铅的化合物。

Sn 和 Pb 不仅具有 +2 价还有 +4 价。浓 HNO_3 与 Sn、Pb 反应生成相应盐如：

$$Pb + 4HNO_3 \xlongequal{\quad} Pb(NO_3)_2 + 2NO_2 + 2H_2O$$

ⅣA 族元素与过量的氧发生反应均生成氧化物，只有铅生成低价氧化物，这正是铅金属性更强的体现。ⅣA 族元素与卤素直接化合生成高价卤化物，但 C 只与 F、Cl 形成 CF_4 和 CCl_4，不与其他卤素化合；Pb 只与 F 形成 PbF_4，而与其他卤素则形成二卤化铅。

(1) 锡的化合物

锡是具有白色光泽的金属，柔软，有延展性。加热时 Sn 可与 O_2 生成 SnO_2，Sn 可与卤素或硫直接化合。Sn 的化合物有 +2 和 +4 两种氧化态。前者不太稳定，常见的化合物有 SnO 和 $SnCl_2$。SnO 在空气中易被氧化成 SnO_2，SnO 也可与酸发生反应生成亚锡盐，与碱反应生成亚锡酸盐。如：

$$SnO + 2HCl \xlongequal{\quad} SnCl_2 + H_2O$$

$$SnO + 2NaOH \xlongequal{\quad} Na_2SnO_2 + H_2O$$

$$Sn^{4+} + 2e^- \longrightarrow Sn^{2+} \quad E^{\ominus} = 0.15V$$

$$Sn^{2+} + 2e^- \longrightarrow Sn \quad E^{\ominus} = -0.1375V$$

从以上氧化还原电位可知，锡氧化能力较弱，还原能力较强。因此，$SnCl_2$ 是最常用的还原剂之一。如：

$$SnCl_2+2HgCl_2 \xlongequal{} Hg_2Cl_2\downarrow(白)+SnCl_4$$

$$Hg_2Cl_2+SnCl_2 \xlongequal{} 2Hg\downarrow(黑)+SnCl_4$$

据此，可用$SnCl_2$来鉴定Hg^{2+}或Hg^{+}的存在，也可用$HgCl_2$来鉴定Sn^{2+}的存在，将氯化亚锡溶液加热或冲稀，都会发生水解。

$$SnCl_2+H_2O \xlongequal{} Sn(OH)Cl\downarrow+HCl$$

因此，在配制$SnCl_2$溶液时，应先加适量的盐酸。

(2) 铅的化合物

铅是浅灰色金属，有延展性，质软，密度较大。在空气中可迅速被氧化，使表面生成一层氧化膜。铅可与卤素或硫直接化合，但反应速率不够迅速，有时需加热才可进行。铅与H_2O一般不发生反应，但有空气存在时可与水反应。

$$2Pb+O_2+2H_2O \xlongequal{} 2Pb(OH)_2\downarrow$$

Pb化合物有+2和+4两种氧化态，其中+2氧化态的化合物较为稳定。Pb的氧化物主要有PbO（橘黄色）、PbO_2（暗褐色）和Pb_3O_4（俗称铅丹，鲜红色）三种，其中，PbO_2在酸性溶液中是强氧化剂，可将Mn^{2+}、Cl^-氧化。

$$5PbO_2+2Mn^{2+}+4H^+ \xlongequal{} 5Pb^{2+}+2MnO_4^-+2H_2O$$

$$PbO_2+4HCl \xlongequal{} PbCl_2+Cl_2+2H_2O$$

铅蓄电池的正极为PbO_2，负极为Pb，它们的电极反应与电池反应为：

正极　$PbO_2+SO_4^{2-}+4H^++2e^- \longrightarrow PbSO_4\downarrow+2H_2O\quad E^\ominus=0.69V$

负极　$Pb+SO_4^{2-}-2e^- \longrightarrow PbSO_4\quad E^\ominus=-0.36V$

电池反应　$PbO_2+Pb+2SO_4^{2-}+4H^+ \xlongequal{} 2PbSO_4\downarrow+2H_2O\quad E=2.05V$

Pb^{2+}盐除$Pb(NO_3)_2$和$Pb(Ac)_2\cdot 3H_2O$易溶解外，其余大部分为弱电解质，难溶于水。Pb^{2+}与K_2CrO_4在弱酸性或中性溶液中生成黄色沉淀，这是鉴定Pb^{2+}的反应。

14.3 氮族元素

14.3.1 氮族元素概述

氮族元素包括氮（N）、磷（P）、砷（As）、锑（Sb）和铋（Bi）五种元素。随着原子半径的递增，电负性递减，氮族元素包括非金属元素N和P，半金属元素As，金属元素Sb和Bi。氮族元素的一般性质列于表14-3中。

表14-3 氮族元素的一般性质

性质	氮	磷	砷	锑	铋
原子序数	7	15	33	51	83
配位数	3,4	3,4,5,6	3,4,5,6	3,4,5,6	3,6
价电子构型	$2s^22p^3$	$3s^23p^3$	$4s^24p^3$	$5s^24p^3$	$6s^26p^3$
常见氧化态	−3,−2,−1,+1→+5	−3,0,+1,+3,+5	−2,0,+2,+4,+6	−3,+3,+5	+3,+5
共价半径/pm	70	110	121	141	155
电离能/$kJ\cdot mol^{-1}$	1409	1020	953	840	710
第一电子亲和能/$kJ\cdot mol^{-1}$	7	−72	−78	−103	−110
电负性(Pauling 标度)	3.04	2.19	2.18	2.05	2.02
单键键能/$kJ\cdot mol^{-1}$	−167	201	146		
三键键能/$kJ\cdot mol^{-1}$	942	481	380		

氮族元素的价电子构型为ns^2np^3，与氧族、卤素比较，它们若要获得三个电子而形成−3价的离子是较困难的。只有电负性较大的N和P可与碱金属或碱土金属形成极少数离

子型固态化合物，如 Li_3N、Mg_3N_2、Na_3P、Ca_3P_2 等。由于 N^{3-}、P^{3-} 半径大容易变型，N^{3-} 和 P^{3-} 只能存在于干态，遇水强烈水解生成 NH_3 和 PH_3 如：

$$Mg_3N_2+6H_2O = 3Mg(OH)_2+2NH_3$$

$$Na_3P+3H_2O = 3NaOH+3PH_3$$

氮族元素形成的化合物大多数是共价化合物。

① 形成三个共价单键，如 NH_3，N 为 sp^3 杂化。

② 形成一个共价双键和一个共价单键，如 —N=O，N 为 sp^2 杂化。

③ 形成一个共价三键，如 N_2、CN^-，N 为 sp 杂化。

N 原子还可以有氧化数为+5 的氧化态，如 NO_3^-。形成−3 氧化数的趋势从 N 到 Sb 降低，Bi 不形成−3 氧化数的稳定化合物。在氢化物中除 NH_3 外，其余元素氢化物都不稳定。N、P 氧化数为+5 的化合物比+3 的化合物稳定。As 和 Sb 常见氧化数为+3 和+5，Bi 氧化数主要是+3。

N 与同族其他元素性质的差异如下。

① N—N 单键键能反常地比 P—P 单键小。

② N=N 和 N≡N 的键能又比其他元素的大。

③ N 的最大配位数为 4，而 P、As 可达到 5 或 6。

④ N 有形成氢键的倾向，但氢键强度要比 O 和 F 的弱。

14.3.2 氮及其化合物

(1) 氮气

氮气是无色、无味的气体。单质氮在标准情况下的气体密度是 $1.25g \cdot dm^{-3}$，熔点 63K，沸点 75K，临界温度为 126K，它是个难溶于水，难于液化的气体。在水中的溶解度很小，在 283K 时，1 体积水约可溶解 0.02 体积的 N_2。工业上大量的氮由分馏液态空气制得，通常以约 150MPa 装入钢瓶中备用。

氮气分子的分子轨道式为

$$[KK(\sigma_{2s})^2(\sigma_{2s}^*)^2(\pi_{2p_y})^2(\pi_{2p_z})^2(\sigma_{2p_x})^2]$$

对成键有贡献的是 $(\pi_{2p_y})^2$ $(\pi_{2p_z})^2$ $(\sigma_{2p_x})^2$ 三对电子，即形成两个 π 键和一个 σ 键。$(\sigma_{2s})^2$ $(\sigma_{2s}^*)^2$ 对成键没有贡献，成键与反键能量近似抵消，它们相当于孤对电子。由于 N_2 分子中存在三键 N≡N，所以 N_2 分子具有很大的稳定性，将它分解为原子需要吸收 $941.69kJ \cdot mol^{-1}$ 的能量。N_2 分子是已知的双原子分子中最稳定的。故氮气在常温下化学性质极不活泼，常用作保护气体。

单质 N_2 不活泼，只有在高温高压并有催化剂存在的条件下，氮气和氢气反应生成氨。

在放电条件下，氮气可以和氧气化合生成一氧化氮。

N_2 与电离势小，而且其氮化物具有高晶格能的金属能生成离子型的氮化物。

N_2 与金属锂在常温下就可直接反应：

$$6Li+N_2 = 2Li_3N$$

N_2 与碱土金属 Mg、Ca、Sr、Ba 在炽热的温度下作用：

$$3Ca+N_2 = Ca_3N_2$$

N_2 与硼和铝要在白热的温度才能反应：

$$2B+N_2 = 2BN \text{（大分子化合物）}$$

N_2 与硅和其他族元素的单质一般要在高于 1473K 的温度下才能反应。

实验室常用加热饱和氯化铵溶液和固体亚硝酸钠的混合物来制取氮。

$$NH_4Cl+NaNO_2 = NaCl+2H_2O+N_2\uparrow$$

$$NH_4NO_2(aq) = N_2\uparrow + 2H_2O$$

工业上的氮主要用于合成氨，制取硝酸，作为保护气体及深度冷冻剂。

CO、CN^- 和 NO^+ 等 N_2 的等电子体中，由于电子云分布的对称性与键的极性改变，使反应活性显著增强。

氮原子间能形成多重键，因而能生成本族其他元素所没有的化合物如叠氮化物（N_3^-），偶氮化合物（—N═N—）等。

（2）氮的化合物

① 氨　氨分子构型如图 14-5 所示，为三角锥形，N 原子除以 sp^3 不等性杂化轨道与氢原子成共价单键外，还有一对孤对电子。由于孤对电子对成键电子对的排斥作用，使 N—H 键之间的键角∠HNH 不是正四面体的 109°28′，而是分子形状是三角锥状的 107°。这种结构使得 NH_3 分子有相当大的极性（偶极距为 5.5×10^{-30} C·m），易形成氢键。

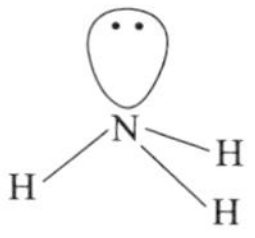

图 14-5　氨分子构型

氨是一种有刺激臭味的无色气体，NH_3 极易溶于水，常温时 1 体积水能溶解 400 体积的 NH_3。通常把溶有氨的水溶液叫做氨水。NH_3 溶于水后体积显著增大，故氨水越浓，溶液密度反而越小。市售氨水浓度为 25%～28%，密度约为 0.9g/mL。

NH_3 容易被液化。液态氨的汽化焓较大，故液态氨可用作制冷剂。氨是氮的最重要化合物之一，是最重要的氮肥，是产量最大的化工产品之一。

工业上制备氨是用氮气和氢气在高温高压和催化剂存在下直接反应合成的。

实验室一般用铵盐与强碱共热来制取氨。

$$(NH_4)_2SO_4(s) + CaO(s) = CaSO_4(s) + 2NH_3\uparrow + H_2O$$

实验室中另一种制备氨的方法是用氮化物同水作用。

$$Mg_3N_2 + 6H_2O = 3Mg(OH)_2 + 2NH_3\uparrow$$

氨的化学性质较活泼，能和许多物质发生反应。NH_3 的化学性质主要有以下三方面。

a. 加合反应　NH_3 作为配体提供孤对电子，与金属离子 Ag^+、Cu^{2+} 或缺电子分子形成配合物，如 $[Ag(NH_3)_2]^+$、$[Cu(NH_4)_4]^{2+}$ 等。NH_3 与某些盐的晶体也有类似的反应。NH_3 与 H^+ 通过配位键结合成 NH_4^+。

NH_3 与水通过氢键加合生成氨的水合物，已确定的氨的水合物有 $NH_3\cdot H_2O$ 和 $2NH_3\cdot H_2O$ 两种，通常表示为 $nNH_3\cdot H_2O$。NH_3 溶于水后生成水合物的同时，发生少部分解离而显弱碱性。

$$NH_3 + H_2O \rightleftharpoons NH_3\cdot H_2O \rightleftharpoons NH_4^+ + OH^- \quad K_b^{\ominus} = 1.76\times10^{-5}$$

b. 还原性　氨分子中 N 的氧化值为 −3，是 N 的最低氧化值，所以氨具有还原性。

氨在空气中不能燃烧，却能在纯氧中燃烧，在氧气中可以燃烧生成水和氮气。

$$4NH_3 + 3O_2 = 2N_2 + 6H_2O$$

在催化剂（铂网）的作用下，NH_3 可被氧化成 NO，这个反应是工业合成硝酸的基础。

$$4NH_3 + 5O_2 = 4NO + 6H_2O$$

NH_3 在空气中的爆炸极限浓度为 16%～27%。

在常温下，氨在水溶液中能被 Cl_2、H_2O_2、$KMnO_4$ 等氧化成单质。

$$2NH_3 + 3Cl_2 = 6HCl + N_2\uparrow$$

若 Cl_2 过量则得到 NCl_3。

$$3Cl_2 + NH_3 = NCl_3 + 3HCl$$

c. 取代反应　NH_3 遇活泼金属，其中的 H 可被取代，生成氨基（$-NH_2$）化合物、亚氨基（═NH）化合物和氮（≡N）的化合物。例如：

$$2NH_3 + 2Na \xlongequal{350℃} 2NaNH_2 + H_2$$

$NaNH_2$是有机合成中的重要缩合剂。此外，金属氮化物（如氮化镁 Mg_3N_2）可以看成是氨分子中的3个氢原子全部被金属原子取代而形成的化合物。

取代反应的另一种情况是以氨基—NH_2或亚氨基═NH取代其他化合物中的原子或基团。例如：

$$HgCl_2 + 2NH_3 \xlongequal{} Hg(NH_2)Cl\downarrow(\text{氨基氯化汞}) + NH_4Cl$$

$$COCl_2(\text{光气}) + 4NH_3 \xlongequal{} CO(NH_2)_2(\text{尿素}) + 2NH_4Cl$$

$$SOCl_2 + 4NH_3 \xlongequal{} SO(NH_2)_2 + 2NH_4Cl$$

这些取代反应实际上是 NH_3参与的复分解反应，类似于水解反应，所以这种反应也常称为氨解反应。

氨是一种重要的化工原料，主要用于制造氮肥，还用来制造硝酸、铵盐、纯碱等。氨也是尿素、纤维、塑料等有机合成工业的原料。

② 铵盐　氨与酸作用可以得到各种相应的铵盐。铵盐与碱金属的盐非常相似，特别是与钾盐相似，这是由于 NH_4^+ 半径为143pm接近于钾的半径（133pm），因此铵盐的性质类似于碱金属盐类，而且往往与钾盐、铷盐同晶，并有相似的溶解度。

铵盐多为无色晶体，皆溶于水。但酒石酸氢铵与高氯酸铵等少数铵盐的溶解度较小（相应的钾盐和铷盐溶解度也很小）。硝酸铵的溶解度为192g（20℃），高氯酸铵的溶解度为20g（20℃），高氯酸钾的溶解度为1.80g（20℃）。铵盐都是重要的化学肥料。铵盐有以下通性：

a. 水解性　由于氨水具有弱碱性，所以铵盐都有一定程度的水解。

$$NH_4^+ + H_2O \xlongequal{} NH_3\cdot H_2O + H^+$$

因此在任何铵盐溶液中加入碱并稍加热，就会有氨气放出。例如：

$$2NH_4Cl + Ca(OH)_2 \xlongequal{} 2NH_3\uparrow + 2H_2O + CaCl_2$$

实验室利用此反应或用 Nessler（$K_2[HgI_4]$ 的 KOH 溶液）制取氨气，并常用来鉴定 NH_4^+ 的存在。因 NH_4^+ 的含量和 Nessler 试剂的量不同，生成沉淀的颜色从红棕到深褐色有所不同。

b. 热稳定性差　固体铵盐加热极易分解，其分解产物因酸根性质不同而异。

稳定性规律：与 NH_4^+ 结合的阴离子碱性越强，铵盐越不稳定。如卤化铵 NH_4X 的热稳定性按 NH_4F—NH_4I 的顺序递增。

• 非氧化性酸形成的铵盐一般分解为氨和相应的酸或酸式盐。

$$NH_4HCO_3 \xlongequal{\triangle} NH_3 + CO_2 + H_2O$$

$$NH_4Cl \xlongequal{\triangle} NH_3 + HCl$$

$$(NH_4)_2SO_4 \xlongequal{\triangle} NH_3 + NH_4HSO_4$$

$$(NH_4)_3PO_4 \xlongequal{\triangle} 3NH_3 + H_3PO_4$$

• 易挥发氧化性酸形成的铵盐分解出的 NH_3会立即被氧化，并随温度升高而生成物不同。

$$NH_4NO_3 \xlongequal{\triangle} N_2O + 2H_2O$$

或　$$5NH_4NO_3 \xlongequal{240℃以上} 4N_2 + 9H_2O + 2HNO_3$$

有人认为后一反应中生成的 HNO_3对 NH_4NO_3的分解有催化作用，因此加热大量无水 NH_3NO_3会引起爆炸。在制备、储存、运输、使用 NH_4NO_3、NH_4NO_2、NH_4ClO_3、NH_4ClO_4、NH_4MnO_4等时，应格外小心，防止受热或撞击，以避免发生安全事故。

铵盐中最重要的是硝酸铵 NH_4NO_3 和硫酸铵 $(NH_4)_2SO_4$。这两种铵盐大量地用作肥料。硝酸铵还用来制造炸药（反应放出大量气体和热量）。在焊接金属时，常用氯化铵来除去待焊金属物件表面的氧化物，使焊料更好地与焊件结合。当氯化铵接触到红热的金属表面时，就分解成为氨和氯化氢，氯化氢立即与金属氧化物起反应生成易溶的或挥发性的氯化物，这样金属表面就被清洗干净。

（3）硝酸和硝酸盐

① 硝酸　HNO_3 分子的构型如图 14-6 所示，在 HNO_3 分子中，N 原子采取 sp^2 杂化，形成三个 σ 键，三个 O 原子围绕 N 原子在同一平面上成三角形状。N 原子 π 轨道上的一对电子和两个 O 原子的成单 π 电子形成一个垂直于 sp^2 平面的三中心四电子的不定域 π 键 $\boldsymbol{\pi}_3^4$，N 原子的表观氧化数为 +5。HNO_3 分子内还可以形成氢键。

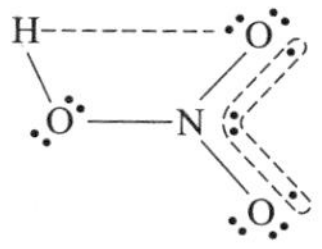

图 14-6　HNO_3 分子的构型

硝酸（HNO_3）属于挥发性酸，与水可以任意比溶解。市售硝酸有两种规格。一种是普通硝酸，浓度为 65%～68%，密度为 1.391～1.420$g\cdot mL^{-1}$，无色透明或略带浅黄色。另一种是发烟硝酸，浓度约为 98%，密度约为 1.5$g\cdot mL^{-1}$，呈浅黄色。此外还有一种红色发烟硝酸，即 NO_2 溶于 100% 的纯硝酸中制得。实验室一般使用 65% 左右的硝酸。

由于发烟硝酸氧化能力强，所含 NO_2 对硝酸与金属的反应有催化作用，同时有机合成更需要发烟硝酸，且发烟硝酸对金属铁和铝有钝化作用，可用铁或铝罐装运，所以工业生产多用发烟硝酸。

a. 硝酸的化学性质

● 不稳定性　HNO_3 受热或见光会逐渐分解。

$$4HNO_3 = NO_2\uparrow + O_2\uparrow + 2H_2O$$

因此实验室将硝酸盛于棕色瓶中，置于低温暗处保存。

● 氧化性　在常见无机酸中，HNO_3 的氧化性最为突出。它能氧化许多非金属和几乎所有金属（Pt 和 Au 等少数金属除外）。

浓硝酸能氧化 C、S、P、I_2 等非金属，一般把非金属氧化成相应的酸，浓硝酸的还原产物多为 NO。稀硝酸与非金属一般不反应。例如：

$$3C + 4HNO_3(\text{浓}) = 3CO_2\uparrow + 4NO\uparrow + 2H_2O$$

$$3I_2 + 10HNO_3(\text{浓}) = 6HIO_3 + 10NO\uparrow + 2H_2O$$

后一反应用于制备碘酸。

HNO_3 与金属的反应比较复杂。金属的氧化产物多数为硝酸盐，有些是氧化物，如 SnO_2、WO_3、Sb_2O_5。硝酸的还原产物可以有多种，主要取决于硝酸的浓度和金属的活泼性，硝酸的氧化性随浓度降低而减弱。一般浓硝酸的主要还原产物是 NO_2，稀硝酸的主要还原产物为 NO。稀硝酸与活泼金属如 Fe、Mg、Zn 等反应时，有可能被还原成 N_2O、N_2、甚至 NH_4^+，对同一种金属来说，酸越稀则被还原的程度越大。极稀 HNO_3（1%～2%）与极活泼金属放出 H_2。

$$Cu + 4HNO_3(\text{浓}) = Cu(NO_3)_2 + 2NO_2\uparrow + 2H_2O$$

$$3Cu + 8HNO_3(\text{稀}) = 3Cu(NO_3)_2 + 2NO\uparrow + 4H_2O$$

$$Zn + 4HNO_3(\text{浓}) = Zn(NO_3)_2 + 2NO_2\uparrow + 2H_2O$$

$$4Zn + 10HNO_3(\text{稀}) = 4Zn(NO_3)_2 + N_2O\uparrow + 5H_2O$$

$$4Zn + 10HNO_3(\text{很稀}) = 4Zn(NO_3)_2 + NH_4NO_3 + 3H_2O$$

浓硝酸与浓盐酸的混合液（体积比为 1∶3）称为王水，能溶解不与硝酸作用的金属，如：

$$Au + HNO_3 + 4HCl \longrightarrow HAuCl_4 + NO\uparrow + 2H_2O$$

$$3Pt + 4HNO_3 + 18HCl \longrightarrow 3H_2[PtCl_6] + 4NO\uparrow + 8H_2O$$

原因是浓硝酸的氧化作用与盐酸的配位作用使得金属的还原能力增强。

$$Au^{3+} + 3e^- \longrightarrow Au \quad E^{\ominus} = 1.42V$$

$$[AuCl_4]^- + 3e^- \longrightarrow Au + 4Cl^- \quad E^{\ominus} = 0.994V$$

冷的浓硝酸遇 Fe、Al、Cr 等金属表现为“钝态”，钝化了的金属很难溶于稀硝酸。

● 硝化作用　硝酸以硝基（$-NO_2$）取代有机化合物中的一个或几个氢原子的作用。

$$C_6H_6 + 3HNO_3 \xrightarrow{H_2SO_4} C_6H_5NO_2 + H_2O$$

硝基化合物大多数为黄色。皮肤与浓硝酸接触后变黄色，也是硝化作用的结果。

b. 硝酸的制法　工业上制备硝酸的主要方法是氨的催化氧化法。将氨气和过量空气的混合气体通过灼热的铂铑合金网，NH_3 被氧化成 NO，然后进一步被氧化成 NO_2，NO_2 与水反应生成硝酸。即

$$4NH_3 + 5O_2 \longrightarrow 4NO + 6H_2O$$

$$2NO + O_2 \longrightarrow 2NO_2$$

$$3NO_2 + H_2O \longrightarrow 2HNO_3 + NO\uparrow$$

最后生成的 NO 可回到上一步循环使用。此法所得硝酸浓度为 50%～55%。可在稀硝酸中加入浓硫酸作吸水剂，然后蒸馏得到浓硝酸。

未处理的尾气中含有少量的 NO 和 NO_2，用 NaOH 溶液或 Na_2CO_3 溶液吸收。

$$2NO_2 + 2NaOH \longrightarrow NaNO_3 + NaNO_2 + H_2O$$

$$NO + NO_2 + 2NaOH \longrightarrow 2NaNO_2 + H_2O$$

实验室制法：用硝酸盐与浓硫酸反应来制备少量硝酸。

$$NaNO_3 + H_2SO_4(浓) \longrightarrow NaHSO_4 + HNO_3$$

硝酸是重要的化工原料，是重要的“三酸”之一。它主要用于生产各种硝酸盐、化肥和炸药等，还用于合成燃料、药物、塑料等。硝酸也是常用的化学试剂。

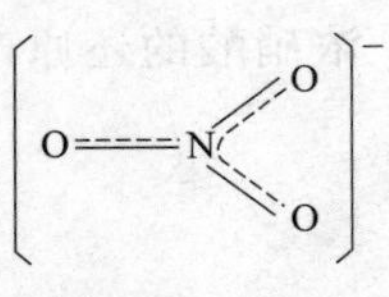

图 14-7　NO_3^- 的构型

② 硝酸盐　NO_3^- 的构型如图 14-7 所示，为平面三角形。NO_3^- 与 CO_3^{2-} 互为等电子体，它们的结构相似。NO_3^- 中 N 原子以 sp^2 杂化轨道与三个氧原子形成 σ 键，还与这些氧原子形成一个四中心六电子大 π_4^6 键。

大多数硝酸盐为无色易溶于水的晶体。固体硝酸盐常温下比较稳定，但受热分解放出氧气。因此固体硝酸盐在高温时是强氧化剂。

硝酸盐受热分解有三种类型。活泼金属（比镁活泼的碱金属和碱土金属）硝酸盐受热分解为亚硝酸盐和放出 O_2 气；活泼性较小（在金属活动顺序表中位于镁和铜之间）的金属硝酸盐分解为相应的氧化物；活泼性更小（在金属活动顺序表中位于铜以后）的金属硝酸盐分解生成金属单质。

$$2NaNO_3 \xrightarrow{\triangle} 2NaNO_2 + O_2\uparrow$$

$$2Pb(NO_3)_2 \longrightarrow 2PbO + 4NO_2 + O_2\uparrow$$

$$2AgNO_3 \longrightarrow 2Ag + 2NO_2 + 2O_2\uparrow$$

可见，硝酸盐受热分解都有氧气放出。通常，硝酸盐的热分解反应的产物与相应的亚硝酸盐和氧化物的稳定性有关。活泼金属的亚硝酸盐较稳定；活泼性较差金属的亚硝酸盐不稳定，而其氧化物则较稳定；不活泼金属的亚硝酸盐和氧化物都不稳定。所以活泼性不同的金属的硝酸盐受热分解的最后产物是不同的。

硝酸盐的水溶液几乎没有氧化性，只有在酸性介质中才有氧化性。固体硝酸盐在高温时是强氧化剂。

硝酸盐中最重要的是硝酸钾、硝酸钠、硝酸铵和硝酸钙等。硝酸铵大量用作肥料。由于固体硝酸盐高温时分解放出 O_2，具有氧化性，故硝酸铵与可燃物混合在一起可作炸药，硝酸钾可用来制造黑色火药。各种硝酸盐广泛用于生产化肥和炸药，也用于电镀、玻璃、染料、选矿和制药等工业。

（4）亚硝酸及其盐

① 亚硝酸　将等物质的量的 NO 和 NO_2 混合物溶解在冰水中或向亚硝酸盐的冷溶液中加酸时，生成亚硝酸。

$$NO + NO_2 + H_2O(\text{冷冻}) \xlongequal{} 2HNO_2$$

或者向亚硝酸盐的冷溶液中加入强酸时，也可以在溶液中生成亚硝酸。

$$NaNO_2 + H_2SO_4 \xlongequal{} HNO_2 + NaHSO_4$$

HNO_2 很不稳定，仅存在于冷的稀溶液中，浓度稍大或微热即分解成 NO、NO_2 和 H_2O。

$$2HNO_2 \xlongequal{} NO\uparrow + NO_2\uparrow + H_2O$$

亚硝酸 HNO_2 是一种弱酸，比醋酸略强。

$$HNO_2 \rightleftharpoons H^+ + NO_2^- \quad K_a^\ominus = 6.0\times10^{-4}$$

HNO_2 有两种结构（见图 14-8），顺式和反式，一般来讲，反式结构比顺式稳定。

② 亚硝酸盐　NO_2^- 的结构如图 14-9 所示，在 NO_2^- 中，N 原子采取 sp^2 杂化，生成两个 σ 键，一个离域的 π_3^4 键，还有一个孤对电子，NO_2^- 为角形结构，N 的氧化数为＋3。

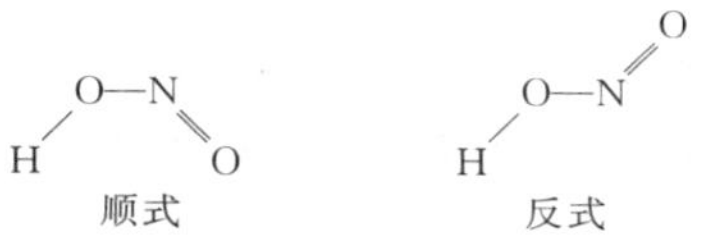

图 14-8　HNO_2 两种结构

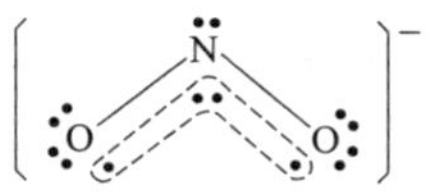

图 14-9　NO_2^- 的结构

亚硝酸盐具有很高的热稳定性，可用金属在高温下还原硝酸盐的方法来制备亚硝酸盐。

$$Pb + KNO_3 \xlongequal{} KNO_2 + PbO$$

亚硝酸盐比较稳定，特别是碱金属和碱土金属的亚硝酸盐。

$$2NaNO_3 \xlongequal{} 2NaNO_2 + O_2$$

亚硝酸盐多为无色易溶于水（除浅黄色的 $AgNO_2$ 外）的固体。亚硝酸盐都有毒，有致癌作用。皮肤接触浓度大于 1.5％的 $NaNO_2$ 溶液会发炎。固体亚硝酸盐与有机物接触会引起燃烧或爆炸。

亚硝酸和亚硝酸盐既有氧化性又有还原性。在酸性溶液中以氧化性为主，其还原产物一般为 NO。例如：

$$Fe^{2+} + HNO_2 + H^+ \xlongequal{} Fe^{3+} + NO\uparrow + H_2O$$

$$2I^- + 2HNO_2 + 2H^+ \xlongequal{} I_2 + 2NO\uparrow + 2H_2O$$

后一反应可用于测定亚硝酸盐的含量。

亚硝酸盐在遇到更强的氧化剂时才表现出还原性，被氧化成硝酸盐。

$$5KNO_2 + 2KMnO_4 + 3H_2SO_4 \xlongequal{} 2MnSO_2 + 5KNO_3 + K_2SO_4 + 3H_2O$$

$$KNO_2 + Cl_2 + H_2O \xlongequal{} KNO_3 + 2HCl$$

而在碱性溶液中，O_2 就可将亚硝酸盐氧化为硝酸盐。

在实际应用中，亚硝酸盐多在酸性介质中作氧化剂。

NO_2^- 是很好的配体，与许多金属离子形成配合物：

$$Co^{3+} + 6NO_2^- \longrightarrow [Co(NO_2)_6]^{3-} \longrightarrow K_3[Co(NO_2)_6]\downarrow(\text{黄色})$$

此方法可用于检出 K^+。

$NaNO_2$ 和 KNO_2 是两种常用盐，广泛用于偶氮染料、硝基化合物的制备，还用作漂白剂、媒染剂、金属热处理剂、电镀缓蚀剂等。此外也是食品工业如肉、鱼加工的发色剂。

14.3.3 磷及其化合物

(1) 单质磷

磷很容易被氧化，因此自然界不存在单质磷。磷主要以磷酸盐的形式分布在地壳中，如 $Ca_3(PO_4)_2$、氧磷灰石 $3Ca_3(PO_4)_2 \cdot CaF_2$。

磷的主要同素异形体：白磷、红磷和黑磷三种如图 14-10 所示。

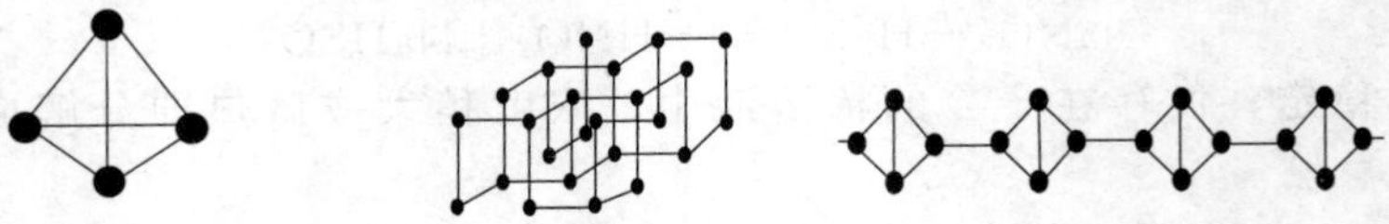

(a) 白磷　(b) 红磷　(c) 黑磷

图 14-10　磷的同素异形体

白磷是透明的、软的蜡状固体，由 P_4 分子通过分子间力堆积起来。P_4 分子呈四面体构型，键有张力，不稳定，P—P 键易断裂，使白磷有很高的化学活性，容易被氧化，在空气中能自燃，因此必须保存在水中。P_4 分子是非极性分子，所以白磷能溶于非极性溶剂，如 CS_2，但不溶于水。白磷是剧毒物质，约 0.15g 的剂量可使人致死。白磷见光逐渐变为黄色。红磷和白磷性质有很大差异。红磷为链状结构。黑磷为层状结构（磷的最稳定的一种变体），能导电，有“金属磷”之称。在三种同素异形体中，黑磷密度最大。黑磷也不溶于有机溶剂。一般不易发生化学反应。

白磷和红磷能相互转变。把白磷隔绝空气加热到 400℃就转变成红磷。红磷隔绝空气加热到 416℃就会升华变成蒸气，迅速冷却就得到白磷。

磷的化学活泼性远高于氮。磷易与卤素剧烈反应生成相应的卤化物。磷与适量的卤素单质作用生成 PX_3（X＝Cl、Br、I），与过量的卤素单质作用生成 PX_5。磷也能与一些金属反应。强氧化剂如浓硝酸能将磷氧化成磷酸。白磷溶解在浓碱溶液中生成次磷酸盐和膦（PH_3，大蒜味，剧毒）。

$$4P+3NaOH+3H_2O \xlongequal{} 3NaH_2PO_2+PH_3\uparrow \text{(碱性)}$$

工业上制备单质磷是将磷酸钙矿石、石英砂（SiO_2）和碳粉混合后在电炉中焙烧，然后将生成的磷蒸气和 CO 通入冷水，磷便凝结成白色固体。

$$Ca_3(PO_4)_2+3SiO_2+5C \xlongequal{>1300℃} 3CaSiO_3+5CO+2P$$

白磷主要用于制备高纯度磷酸及磷的化合物，红磷用于生产安全火柴和农药。

(2) 磷的氧化物

常见磷的氧化物有三氧化二磷和五氧化二磷。经蒸气密度测定，它们的分子式应该是 P_4O_{10} 和 P_4O_6，其结构都与 P_4 的四面体结构有关（见图 14-11、图 14-12）。

磷在空气中或氧中的燃烧时，氧气充足产物是 P_4O_{10}，氧气不足生成 P_4O_6。

① 三氧化二磷　P_2O_3 为有滑腻感的白色固体，气味类似大蒜，熔点为 24℃，沸点为 173℃，易溶于有机溶剂。与冷水反应缓慢，生成亚磷酸。P_4O_6 是亚磷酸的酸酐。

$$P_4O_6+6H_2O(\text{冷}) \xlongequal{} 4H_3PO_3$$

在热水中它发生强烈的歧化反应：

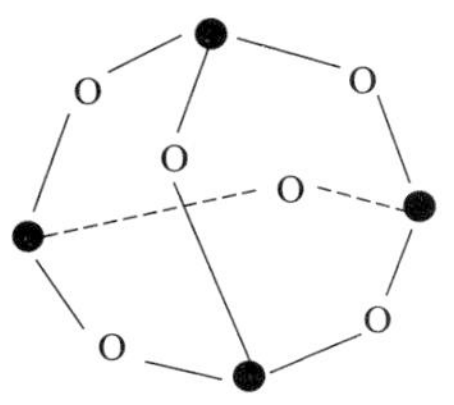

图 14-11　P_4O_{10} 的结构

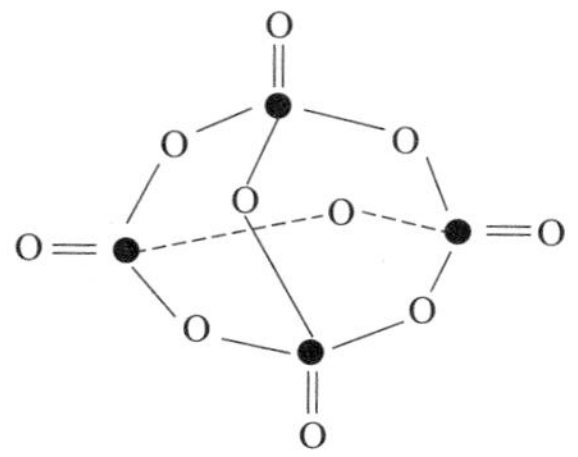

图 14-12　P_4O_6 的结构

$$P_4O_6 + 6H_2O(热) = 3H_3PO_4 + PH_3$$

或

$$5P_4O_6 + 18H_2O(热) = 12H_3PO_4 + 8P$$

P_4O_6 不稳定，在空气中加热 P_4O_6 得到 P_4O_{10}。常温下 P_4O_6 也会缓慢地被氧化。

② 五氧化二磷　P_2O_5 为白色雪花状的固体，工业上俗称无水磷酸，于 360℃ 升华，极易吸潮，对水有很强的亲和力，是一种重要的干燥剂。在常用干燥剂中 P_2O_5 的干燥效率最好，因此常用作气体和液体的干燥剂。它甚至能从许多化合物中夺取化合态的水，如使硫酸、硝酸脱水，变成相应的酸酐和磷酸。P_4O_{10} 是磷酸的酸酐。

$$6H_2SO_4 + P_4O_{10} = 6SO_3 + 4H_3PO_4$$

$$12HNO_3 + P_4O_{10} = 6N_2O_5 + 4H_3PO_4$$

（3）磷的含氧酸及其盐

磷有多种含氧酸，较重要的有焦磷酸（$H_4P_2O_7$）、偏磷酸（HPO_3）、亚磷酸（H_3PO_3）、次磷酸（H_3PO_2）。P_2O_5 与不等量的水反应分别可得偏磷酸、焦磷酸、正磷酸。

① 次磷酸　次磷酸是一种无色晶状固体，熔点为 26.5℃，易潮解，极易溶于水。H_2PO_3 的结构如图 14-13 所示，有两个氢原子直接与磷原子相连，含有一个 OH 基，是一元中强酸酸（$K_a^{\ominus} = 1.0 \times 10^{-2}$）。

H_2PO_3 具有还原性，还原性比亚磷酸更强，尤其在碱性溶液中 $H_2PO_2^-$ 是极强的还原剂。能在溶液中将 $AgNO_3$、$HgCl_2$、$CuCl_2$、$NiCl_2$ 等重金属盐还原为金属单质。

$$H_2PO_2^- + 2Ni^{2+} + 6OH^- = PO_4^{3-} + 2Ni + 4H_2O$$

次磷酸盐多易溶于水。次磷酸盐也是强还原剂，例如，化学镀镍就是用 NaH_2PO_2 将镍盐还原为金属镍，沉积在钢或其他金属镀件的表面。

② 亚磷酸　纯的亚磷酸（H_3PO_3）为无色晶体，熔点为 73℃，有大蒜味，极易溶于水，20℃ 时其溶解度为 82g。市售亚磷酸浓度为 20%。

如图 14-14 所示，H_3PO_3 分子中直接与 P 原子相连的 H 原子不能解离，所以 H_3PO_3 是二元中强酸。$K_{a_1}^{\ominus} = 6.3 \times 10^{-2}$，$K_{a_2}^{\ominus} = 2.0 \times 10^{-7}$，酸性比 HNO_2 强。

在 H_3PO_3 中，有 1 个氢原子与磷原子直接相连接。

亚磷酸分子中有 1 个 P—H 容易被氧原子进攻，故具有还原性。H_3PO_3 是强的还原剂，在碱性溶液中还原性更强。它能将不活泼的金属离子还原成单质，能被空气中的 O_2 氧化成 H_3PO_4。

$$H_3PO_3 + Cu^{2+} + H_2O = Cu + H_3PO_4 + 2H^+$$

H_3PO_3 受热发生歧化反应。

$$4H_3PO_3 \xrightarrow{\triangle} 3H_3PO_4 + PH_3 \uparrow$$

三氧化二磷与冷水反应，或由三氯化磷（PCl_3）水解，或磷与溴水共煮都能生成亚磷酸溶液。

$$PCl_3 + 3H_2O \longequal H_3PO_3 + 3HCl$$

③ 正磷酸　磷的含氧酸中以正磷酸为最稳定。P_4O_{10}与水作用时，由于加合水分子数目不同，可以生成几种主要的 P（Ⅴ）的含氧酸。正磷酸常简称磷酸，是磷酸中最重要的一种。纯净的 H_3PO_4为无色晶体，熔点为 42.3℃，是一种高沸点酸。能以任意比与水混溶，但不形成水合物，不挥发。市售磷酸是一种黏稠的浓度为 83%～98%的浓溶液。含有 88%的磷酸溶液，在常温下即凝结为固体。H_3PO_4为三元中强酸。

H_3PO_4：$K_{a_1}^{\ominus}=6.7\times10^{-3}$、$K_{a_2}^{\ominus}=6.2\times10^{-8}$、$K_{a_3}^{\ominus}=4.5\times10^{-13}$。

磷酸的分子构型如图 14-15 所示。其中 PO_4原子团呈四面体构型，磷原子以 sp^3 杂化轨道与 4 个氧原子形成 4 个 σ 键。

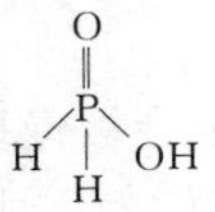

图 14-13　次磷酸结构

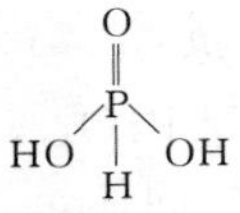

图 14-14　亚磷酸结构

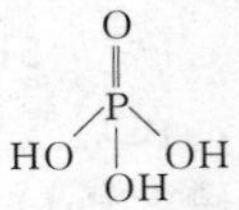

图 14-15　磷酸结构

磷酸是磷的最高氧化值化合物，但却没有氧化性。

磷酸根有较强的配位能力，能与许多金属离子形成可溶性的配合物。如与黄色 Fe^{3+} 生成 $[Fe(PO_4)_2]^{3-}$、$[Fe(HPO_4)_2]^{-}$ 等无色配离子。在分析化学上常用 PO_4^{3-} 作为 Fe^{3+} 掩蔽剂。

磷酸脱水缩合后形成焦磷酸、聚磷酸、（聚）偏磷酸。

工业上用 76%左右的 H_2SO_4与磷灰石反应生产 H_3PO_4。

$$Ca_3(PO_4)_2 + 3H_2SO_4 \longequal 2H_3PO_4 + 3CaSO_4$$

试剂级磷酸多用白磷燃烧生成 P_2O_5，用水吸收，再经除杂质等工序而制得。

磷酸大量用于生产磷肥，在有机合成、塑料、医药及电镀工业也有应用。

④ 焦磷酸　焦磷酸（$H_4P_2O_7$）是无色玻璃状物质，易溶于水。在冷水中，焦磷酸很缓慢地转变为磷酸；在热水中，特别是有硝酸存在时，这种转变发生得很快。

焦磷酸是四元酸，水溶液的酸性强于正磷酸，一般来说，酸的缩合程度越大，其酸性越强。

$P_2O_7^{4-}$ 具有配位能力。适量的 $Na_4P_2O_7$溶液与 Cu^{2+} 等离子作用生成相应的焦磷酸盐沉淀；当 $Na_4P_2O_7$过量时，则由于生成配合物使沉淀溶解。

⑤ 磷酸盐　正磷酸可以形成三种类型的盐，即磷酸二氢盐、磷酸一氢盐和正盐。例如，酸式盐 NaH_2PO_4和 Na_2HPO_4，正盐 Na_3PO_4。

所有的磷酸二氢盐都易溶于水，而磷酸一氢盐和正盐除碱金属（锂除外），NH_4^+ 盐外均不溶于水。磷酸的钙盐在水中的溶解度按 CaH_2PO_4、$Ca_2(HPO_4)_2$和 $Ca_3(PO_4)_2$的次序减小。

可溶性磷酸盐在溶液中都有不同程度的水解。Na_3PO_4的水溶液显较强碱性，pH>12，可作洗涤剂；Na_2HPO_4水溶液显弱碱性，pH＝9～10；NaH_2PO_4水溶液显弱酸性，pH＝4～5。

磷酸二氢钙是重要的磷肥。磷酸钙与硫酸作用的混合物称为过磷酸钙。

$$Ca_3(PO_4)_2 + 2H_2SO_4(\text{适量}) \longequal CaSO_4 + Ca(H_2PO_4)_2$$

鉴定 PO_4^{3-} 的特征反应：

磷酸盐与过量钼酸铵在浓硝酸溶液中反应有淡黄色磷钼酸铵晶体析出。

$$PO_4^{3-} + 12MoO_4^{2-} + 3NH_4^+ + 24H^+ \longequal (NH_4)_3[P(Mo_{12}O_{40})]\cdot 6H_2O\downarrow + 6H_2O$$

磷酸盐如 KH_2PO_4、$(NH_4)_3PO_4$ 等在农业上可用作肥料，工业上 $Ca_3(PO_4)_2$ 用于陶瓷、玻璃和制药等。Na_3PO_4 常被用作锅炉除垢剂、金属防护剂、织物丝光增强剂、橡胶乳汁凝固剂和洗衣粉的添加剂。当前，造成河、湖水质富营养化的磷污染主要来源于流失的磷肥和生活污水中的含磷洗涤剂。工业上大量使用磷酸的盐类处理钢材构件，使其表面生成难溶磷酸盐保护膜的过程称为磷化。

⑥ 磷的卤化物　磷的卤化物中重要的有 PCl_3 和 PCl_5。

磷在干燥氯气中燃烧可以生成 PCl_3 或 PCl_5。磷过量时得 PCl_3，氯过量时得 PCl_5。

$$3PCl_5 + 2P = 5PCl_3$$

$$PCl_3 + Cl_2 = PCl_5$$

PCl_3 在室温下是无色透明液体，易挥发，能刺激眼结膜、气管黏膜使其疼痛发炎。在潮湿空气中强烈地发烟，在水中强烈地水解，生成亚磷酸和氯化氢。

$$PCl_3 + 3H_2O = H_3PO_3 + 3HCl$$

PCl_5 是白色固体，易潮解，加热易升华并分解为 PCl_3 和 Cl_2。PCl_5 与 PCl_3 相同，易水解，水量不同，PCl_5 的水解产物不同。

$$PCl_5 + H_2O = POCl_3 + 2HCl$$

$$POCl_3 + 3H_2O = H_3PO_4 + 3HCl$$

PCl_3、PCl_5 和 $POCl_3$ 的蒸气均有辛辣的刺激性气味，有毒，有腐蚀性。它们在制造有机磷农药、医药、光导纤维等方面都有应用。

14.4 氧族元素

14.4.1 氧族元素概述

氧族元素包括氧（O）、硫（S）、硒（Se）、碲（Te）和钋（Po）五种元素，除 O 外其余称为硫族元素。随着原子序数的增加，原子半径增大，电负性减小，氧族元素包括典型的非金属元素 O 和 S，准金属元素 Se 和 Te，金属元素 Po。氧族元素的一些性质列在表 14-4中。

表 14-4　氧族元素的一些基本性质

性质	氧	硫	硒	碲
原子序数	8	16	34	52
原子量	15.99	32.06	78.96	127.60
价电子构型	$2s^22p^4$	$3s^23p^4$	$4s^24p^4$	$5s^25p^4$
常见氧化态	−2,−1,0	−2,0,+2,+4,+6	+2,+4,+6	+2,+6
共价半径/pm	60	104	117	137
M^{2-} 离子半径/pm	140	184	198	221
第一电离能/$kJ\cdot mol^{-1}$	1320	1005	947	875
第一电子亲和能/$kJ\cdot mol^{-1}$	−141	−200	−195	−190
第二电子亲和能/$kJ\cdot mol^{-1}$	−780	−590	−420	−295
单键解离能/$kJ\cdot mol^{-1}$	142	226	172	126
电负性(Pauling 标度)	3.44	2.58	2.55	2.10

氧族元素价电子构型为 ns^2np^4。氧族元素与其他元素原子化合时有共用或夺取 2 个电子以达到 8 电子型稳定结构的倾向。O 与大多数金属元素形成离子型化合物（如 Li_2O、MgO、Na_2O、Al_2O_3 等）；而 S、Se、Te 只与电负性较小的金属元素形成离子型化合物（如 Na_2S、BaS、K_2Se 等），Po 与大多数金属元素形成共价化合物（如 CuS、HgS 等）。O 常见的氧化数是−2（除过化物和氟氧化物 OF_2 外），S 的氧化数有−2，+4，+6。其他元

素常以正氧化态出现，氧化数有+2，+4，+6。从 S 到 Te 正氧化态的化合物的稳定性逐渐增强。

14.4.2 氧及其化合物

(1) 氧的单质

① 物理性质　氧是地壳中分布最广的元素，其丰度居各种元素之首，其质量约占地壳的一半。氧广泛分布在大气和海洋中，在海洋中主要以水的形式存在。大气层中，氧以单质状态存在，空气中氧的体积分数约为 21%，质量分数约为 23%。海洋中氧的质量分数约为 89%。此外，氧还以硅酸盐、氧化物及其他含氧阴离子的形式存在于岩石和土壤中，其质量分数约为岩石层的 47%。

自然界的氧有三种同位素，即 ^{16}O、^{17}O、^{18}O，其中 ^{16}O 的含量最高，占氧原子数的 99.76%。^{18}O 是一种稳定的同位素，可以通过水的分馏以重氧水的形式富集。^{18}O 常作为示踪原子用于化学反应机理的研究。

氧有 O_2 和 O_3 两种单质。氧气分子（O_2）的结构式为 ，具有顺磁性。在液态氧中有缔合分子 O_4 存在，在室温和加压下，分子光谱实验证明它具有反磁性。

氧气是无色、无臭的气体，在−183℃时凝聚为淡蓝色液体，冷却到−218℃时，凝结为蓝色的固体。氧气常以 15MPa 压入钢瓶内储存。氧气分子是非极分子，在水中的溶解度很小，标准状况下，1L 水中含溶解氧 49.1mL。尽管如此，这却是各种水生动物、植物赖以生存的重要条件。通常氧气由分馏液态空气或电解水制得。实验室利用氯酸钾的热分解制备氧气。

臭氧（O_3）是浅蓝色气体，有鱼腥臭味。雷击、闪电及电焊时，部分氧气转变成臭氧。O_3 吸收波长稍长的紫外线，又能重新分解，从而完成 O_3 的循环。

在离地面 20～40km 的高空有臭氧层，能吸收太阳光对地球 99%的紫外线辐射，有保护地球生物的作用。臭氧分子为极性分子，臭氧比氧气易溶于水（0℃时 1L 水中可溶解 0.49L O_3）。液态臭氧与液态氧气不能互溶。臭氧可以通过分级液化的方法提纯。

与氧气相反，臭氧是非常不稳定的，在常温下缓慢分解，在 200℃以上分解较快。

$$3O_2(g) \xlongequal{} 3O_2(g) \quad \Delta_r H_m^{\ominus} = -285.4\text{kJ} \cdot \text{mol}^{-1}$$

二氧化锰的存在可加速臭氧的分解，而水蒸气则可减缓臭氧的分解。纯的臭氧容易爆炸。

② 结构

a. 氧分子的结构　基态 O 原子的价电子层结构为 $2s^2 2p^4$，据 O_2 分子的分子轨道能级图，它的分子轨道表示式为：

$$[KK(\sigma_{2s})^2(\sigma_{2s}^*)^2(\sigma_{2p_x})^2(\pi_{2p_y})^2(\pi_{2p_z})^2(\pi_{2p_y}^*)^1(\pi_{2p_z}^*)^1]$$

在 O_2 分子中有一个 σ 键和两个三电子 π 键，每个三电子键中有两个电子在成键轨道，一个电子在反键轨道，从键能看相当于半个正常的键。两个三电子键合在一起，键能相当于一个正常的键，因此 O_2 分子总键能相当于 O═O 双键的键能 494kJ · mol^{-1}。从 O_2 分子的结构（如图 14-16 所示）可知，在 O_2 分子的反键轨道上有两个成单电子，所以 O_2 分子是顺磁性的。

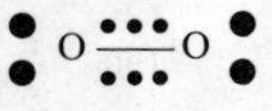

图 14-16　氧气分子的结构

b. 臭氧分子的结构　在 O_3 分子中，O 原子采取 sp^2 杂化，角顶 O 原子除与另外两个 O 原子生成两个 σ 键外，还有一对孤对电子。另外两个 O 原子分别各有两对孤对电子。在三个 O 原子之间还存在着一个垂直于分子平面的三中心四电子的离域的 π 键（π_3^4），这个离域的 π 键是由角顶 O 原子提供 2 个 π 电子，另外两个 O 原子各提供 1 个 π 电子形成的。由于三个 O 原子上孤对电子相互排斥，使 O_3 分子呈等腰三角形状，键角为 116.8，键长为 127.8pm，如图 14-17 所示。

根据分子轨道法处理 O_3 分子中 π_3^4 键的结果，三个 O 原子的这组平行的 p 轨道进行线性组合成三个分子轨道，一个是成键轨道（ϕ_1），另一个是非键轨道（ϕ_2），第三个是反键轨道（ϕ_3），轨道的能量依次升高，如图 14-18 所示。

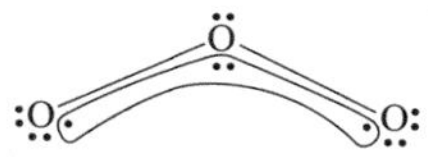

图 14-17 臭氧分子的结构

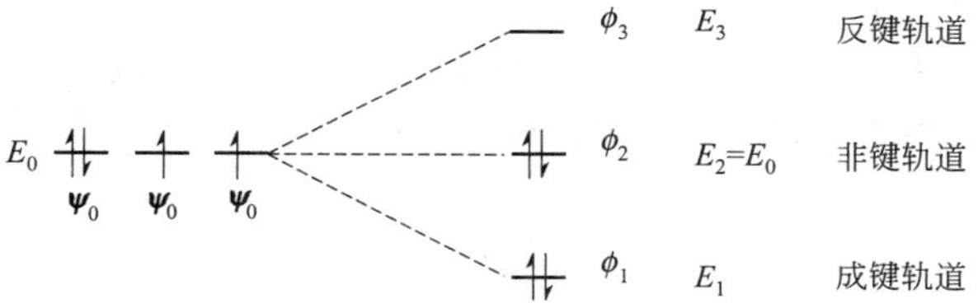

图 14-18 O_3 分子的 π_3^4 分子轨道示意图

四个 π 电子依次填入成键轨道和非键轨道，分子轨道中不存在成单电子，所以 O_3 分子是抗磁性的。而且每两个 O 原子之间的键级为 1.5，不足一个双键，所以 O_3 分子的键长（127.89pm）比 O_2 分子的键长（120.8pm）长一些，O_3 分子的键能也低于 O_2 分子键能而不够稳定。

③ 化学性质 氧单质的化学性质主要表现为氧化性。比较氧单质的电极电势可看出，O_3 是比 O_2 更强的氧化剂，它在酸性或碱性条件下都比氧气具有更强的氧化性。臭氧是最强氧化剂之一，除金和铂族金属外，它能氧化所有的金属和大多数非金属。

酸性溶液：

$$O_2 + 4H^+ + 4e^- \rightleftharpoons 2H_2O \quad E_A^\ominus(O_2/H_2O) = 1.229V$$

$$O_3 + 2H^+ + 2e^- \rightleftharpoons O_2 + H_2O \quad E_A^\ominus(O_3/H_2O) = 2.076V$$

碱性溶液：

$$O_2 + 2H_2O + 4e^- \rightleftharpoons 4OH^- \quad E_B^\ominus(O_2/OH^-) = 0.401V$$

$$O_3 + H_2O + 2e^- \rightleftharpoons O_2 + 2OH^- \quad E_B^\ominus(O_3/OH^-) = 1.24V$$

a. 与单质直接化合 在常温下，氧气的化学性质不活泼，仅能使一些还原性强的物质如 NO、$SnCl_2$、KI、H_2SO_3 等氧化。

在高温下，除卤素、少数贵金属如 Au、Pt 等以及稀有气体外，氧气几乎能与所有的元素直接化合生成相应的氧化物。氧气还可氧化一些具有还原性的化合物，如 H_2S、CH_4、CO、NH_3 等能在氧中燃烧。

$$2Mg + O_2 = 2MgO$$

$$2H_2S + 3O_2 = 2SO_2 + 2H_2O$$

$$4NH_3 + 3O_2 = 2N_2 + 6H_2O$$

在平常条件下，臭氧能氧化许多不活泼的单质如 Hg、Ag、S、I_2 等，而氧气不能。例如，湿润的硫黄能被臭氧氧化。

$$S + 3O_3 + H_2O = H_2SO_4 + 3O_2$$

b. 与化合物反应 氧气能与多数氢化物如 H_2S、NH_3、CH_4 等反应。如：

$$2H_2S + 3O_2 \longrightarrow 2S(\text{或 } SO_2) + 2H_2O$$

$$4NH_3 + 3O_2 = 6H_2O + 2N_2$$

臭氧能迅速且定量地将 I^- 氧化成 I_2。如：

$$O_3 + 2I^- + H_2O = I_2 + O_2 + 2OH^-$$

此反应被用来鉴定 O_3 和测定 O_3 的含量。

臭氧还能将 CN^- 氧化成 CO_2 和 N_2，因此常被用来治理电镀工业中的含氰废水。

氧气的用途很广泛。富氧空气或纯氧用于医疗和高空飞行。大量的纯氧用于炼钢。氢氧焰和氧炔焰用于切割和焊接金属。液氧常用作火箭发动机的助燃剂。

O_3的强氧化性可应用于面粉、纸浆、棉麻的漂白和水的净化、脱色，具有不产生异味，没有二次污染的特点。臭氧与活性炭相结合的工艺路线，已成为饮用水和污水深度处理的主要手段之一。

尽管空气中含微量的臭氧有益于人体的健康，但当臭氧含量高于 $1mL \cdot m^{-3}$时，会引起头疼等症状，对人体是有害的。由于臭氧的强氧化性，它对橡胶和某些塑料有特殊的破坏作用。

(2) 过氧化氢（H_2O_2）

H_2O_2的 O 原子也是采取不等性的 sp^3杂化，两个杂化轨道一个同 H 原子形成 H—O σ 键，另一个则同第二个 O 原子的杂化轨道形成 O—O σ 键，其他两个杂化轨道则被两对孤对电子占据，每个 O 原子上的两对孤对电子间的排斥作用，使得两个 H—O 键向 O—O 键靠拢，所以键角∠HOO 为 96°52′，小于四面体的 109°。同时也使得 O—O 键键长为 149pm，比计算的单键值大。H—O 键键长为 97pm。整个分子不是直线形的，在分子中有一个过氧链—O—O—，O 的氧化数为−1，每个 O 原子上各连着一个 H 原子，两个 H 原子位于像半展开的书的两页纸面上，两页纸面的夹角为 93°51′，两个 O 原子则处在书的夹缝位置上，如图 14-19 所示。

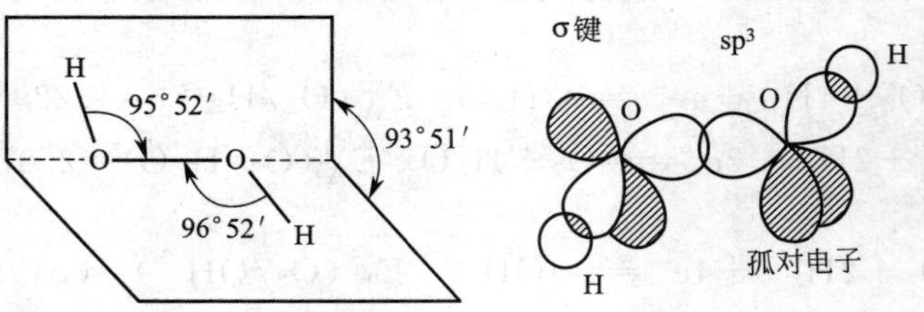

图 14-19　H_2O_2的结构

纯 H_2O_2是一种淡蓝色的黏稠液体，它的极性比 H_2O 强，由于 H_2O_2分子间有较强的氢键，所以比 H_2O 的缔合程度还大，沸点也远比水高，但其熔点与水接近，密度随温度升高而减小，可以与水以任意比例互溶，3%的 H_2O_2水溶液在医药上称为双氧水，有消毒杀菌的作用。

在 H_2O_2中 O 的氧化数为−1，H_2O_2的特征化学性质如下。

① 过氧化氢的氧化性　从标准电极电势数值看，H_2O_2在酸性溶液中是一种强氧化剂。例如 H_2O_2能将碘化物氧化成单质碘，这个反应可用来定量测定 H_2O_2过氧化物的含量。

$$H_2O_2 + 2I^- + 2H^+ = I_2 + 2H_2O$$

另外，H_2O_2还能将黑色的 PbS 氧化成白色的 $PbSO_4$。

$$4H_2O_2 + PbS = PbSO_4 + 4H_2O$$

表现 H_2O_2氧化性的反应还有：

$$H_2O_2 + H_2SO_3 = H_2SO_4 + H_2O$$

在碱性介质中 H_2O_2的氧化性虽不如在酸性溶液中强，但与还原性较强的亚铬酸钠 $NaCrO_2$等反应时，仍表现出一定的氧化性。

$$3H_2O_2 + \underset{\text{深绿色}}{2NaCrO_2} + 2NaOH = \underset{\text{黄色}}{2Na_2CrO_4} + 4H_2O$$

$$H_2O_2 + \underset{\text{白色}}{Mn(OH)_2} = \underset{\text{棕黑色}}{MnO_2 \downarrow} + 2H_2O$$

H_2O_2最常用作氧化剂，用于漂白毛、丝织物和油画，也可用于消毒杀菌。纯的 H_2O_2 还可用作火箭燃料的氧化剂，作为氧化剂的最大优点是不会给反应体系带来杂质，其还原产物是 H_2O。

要注意质量分数大于 30%以上的 H_2O_2 水溶液会灼伤皮肤。

② 过氧化氢的还原性　在碱性溶液中，H_2O_2 是一种中等强度的还原剂，工业上常用 H_2O_2 的还原性除氯，因为它不会给反应体系带来杂质。

$$H_2O_2 + Cl_2 \longrightarrow 2Cl^- + O_2\uparrow + 2H^+$$

在酸性溶液中 H_2O_2 虽然是一种强氧化剂，但若遇到比它更强的氧化剂（如 $KMnO_4$）时，H_2O_2 也会表现出还原性。

$$5H_2O_2 + 2MnO_4^- + 6H^+ \longrightarrow 2Mn^{2+} + 8H_2O + 5O_2\uparrow$$

③ 过氧化氢的不稳定性　H_2O_2 在低温和高纯度时还比较稳定，但若受热到 426K（153℃以上）时便会猛烈分解，它的分解反应就是它的歧化反应。

$$2H_2O_2 \longrightarrow 2H_2O + O_2\uparrow$$

能加速 H_2O_2 分解速率的其他因素有：

a. H_2O_2 在碱性介质中的分解速率比在酸性介质中快；

b. 杂质的存在，如重金属离子等都能大大加速 H_2O_2 的分解；

c. 波长为 320～380nm 的紫外光也能促进 H_2O_2 的分解。

考虑会加速 H_2O_2 分解的热、介质、重金属离子和光四大因素，为了阻止 H_2O_2 的分解，一般常把 H_2O_2 装在棕色瓶中放在阴凉处保存，有时还加入一些稳定剂，如微量的锡酸钠 Na_2SnO_3、焦磷酸钠 $Na_4P_2O_7$ 或 8-羟基喹啉等来抑制所含杂质的催化分解作用。

14.4.3　硫及其化合物

硫在自然界以单质和化合态存在，单质硫主要分布在火山附近（H_2S 与 SO_2 作用生成）。以化合物形式存在的硫分布较广，主要有硫化物和硫酸盐。其中 FeS_2 是最重要的硫化物矿，它大量用于制造硫酸，是一种基本的化工原料。煤和石油中也含有硫。此外，硫是细胞的组成元素之一，它以化合物形式存在于动物、植物有机体内。

(1) 单质硫（俗称硫黄）

硫有许多同素异形体，最常见的是晶状的斜方硫和单斜硫。常见的天然硫即斜方硫，是柠檬黄色固体。单斜硫是暗黄色针状固体。这两种同素异形体的转变温度为 95.5℃。

斜方硫和单斜硫都是分子晶体，每个分子由 8 个 S 原子组成环状结构。它们都不溶于水，易溶于二硫化碳、四氯化碳等溶剂。

硫的化学性质比较活泼，能与许多金属发生反应，室温时汞也能与硫化合。硫与卤素（碘除外）、氢、氧、碳、磷等直接作用生成相应的共价化合物。只有稀有气体以及单质碘、氮、碲、金、铂和钯不能直接同硫化合。

硫能与具有氧化性的酸（如硝酸、亚硝酸、浓硫酸）作用：

$$S + 2HNO_3 \longrightarrow H_2SO_4 + 2NO_2(g)$$

$$S + 2H_2SO_4(浓) \longrightarrow 3SO_2 + 2H_2O$$

也能溶于热的碱液生成硫化物和亚硫酸盐：

$$3S + 6NaOH \xlongequal{\triangle} 2Na_2S + Na_2SO_3 + 3H_2O$$

当硫过量时则可生成硫代硫酸盐：

$$4S(过量) + 6NaOH \xlongequal{\triangle} 2Na_2S + Na_2S_2O_3 + 3H_2O$$

硫的用途很广，化工生产中主要用来制造硫酸。在橡胶工业中，大量的硫用于橡胶硫化，以增强橡胶的弹性和韧性。农业上用作杀虫剂，如石灰硫黄合剂。另外，硫还可以用来制作黑色火药、火柴等。在医药上，硫主要用来制硫黄软膏，治疗某些皮肤病。

(2) 硫化氢和硫化物

① 硫化氢　硫化氢分子的构型与水分子相似，如图 14-20 所示，也呈 V 形，但 H—S 键（136pm）比 H—O 键略长，而键角∠HSH（92°）比∠HOH 小。H_2S 分子的极性比 H_2O弱，无氢键。

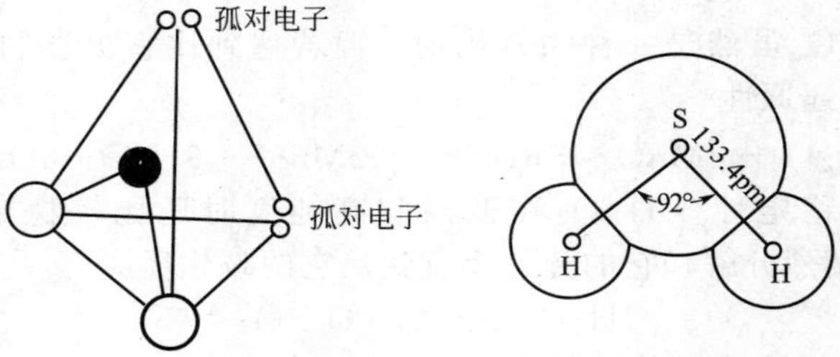

图 14-20　硫化氢分子的构型

H_2S 中毒是它能与血红素中的 Fe^{2+} 作用生成 FeS 沉淀，因而使 Fe^{2+} 失去正常的生理作用。

H_2S 影响人的中枢神经及呼吸系统，吸入少量便感到头昏和恶心，长时间吸入后就不再感到它的臭味了，持续吸入就会中毒而致死亡。所以制取和使用 H_2S 时必须通风。

硫化氢的沸点为−60℃，熔点为−86℃，比同族的 H_2O、H_2Se、H_2Te 都低。硫化氢微溶于水，在 20℃时 1 体积的水能溶解 2.5 体积的硫化氢。

硫化氢的水溶液称为氢硫酸溶液，是很弱的二元酸。

$$H_2S \rightleftharpoons H^+ + HS^- \qquad K_{a_1}^{\ominus}=8.9\times10^{-8}$$

$$HS^- \rightleftharpoons H^+ + S^{2-} \qquad K_{a_2}^{\ominus}=7.1\times10^{-19}$$

氢硫酸能与金属离子形成正盐，即硫化物，也能形成酸式盐即硫氢化物（如 NaHS)。

H_2S 中 S 的氧化数为−2，是 S 的最低氧化态，无论在酸性或碱性溶液中，H_2S 都具有较强的还原性。

$$S+2H^+ +2e^- \rightleftharpoons H_2S \qquad E^{\ominus}=0.142V$$

$$S+2e^- \rightleftharpoons S^{2-} \qquad E^{\ominus}=-0.476V$$

a. 与 O_2 反应：

$$2H_2S+3O_2 \xlongequal{\text{完全燃烧}} 2H_2O+2SO_2$$

$$2H_2S+O_2 \xlongequal{\text{不全燃烧}} 2H_2O+2S$$

b. 与中等强度氧化剂作用：

$$H_2S+2Fe^{3+} = S+2Fe^{2+} +2H^+$$

$$H_2S + H_2SO_4(\text{浓}) = SO_2 +2H_2O +S$$

c. 与强氧化剂反应（产物为 S 或 SO_4^{2-}）：

$$H_2S+4Cl_2 +4H_2O = H_2SO_4 +8HCl$$

$$H_2S+4Br_2 +4H_2O = H_2SO_4 +8HBr$$

② 金属硫化物　金属硫化物大多数是有颜色的，如 Na_2S、ZnS 为白色，FeS、PbS、HgS、CuS、Ag_2S 为黑色，CdS 为黄色，MnS 为肉色等。碱金属硫化物和 BaS 易溶于水，其他碱土金属硫化物微溶于水（BeS 难溶）。除此以外，大多数金属硫化物难溶于水，有些还难溶于酸。酸式金属硫化物皆溶于水。个别硫化物由于完全水解，在水溶

液中不能生成，如 Al_2S_3 和 Cr_2S_3 必须采用干法制备。可以利用硫化物的上述性质来分离和鉴别各种金属离子。根据金属硫化物在水和稀酸中的溶解性差别可将其分为四类列于表 14-5 中。

表 14-5　硫化物颜色及在不同酸中的溶解性

易溶于水	难溶于水			
	溶于 $0.3mol \cdot L^{-1}$ 盐酸	难溶于稀盐酸		
		溶于浓盐酸	难溶于浓盐酸	
			溶于浓 HNO_3	溶于王水
$(NH_4)_2S$(白色)	$Al_2S_3^*$(白色)	SnS(灰褐色)	CuS(黑色)	HgS(黑色)
Na_2S(白色)	$Cr_2S_3^*$(黑色)	SnS_2(黄色)	Cu_2S(黑色)	Hg_2S(黑色)
K_2S(白色)	MnS(浅粉)	PbS(黑色)	Ag_2S(黑色)	
MgS(白色)	ZnS(白色)	Sb_2S_3(橙色)	As_2S_3(浅黄)	
CaS(白色)	Fe_2S_3(黑色)	Sb_2S_5(橙色)	As_2S_5(浅黄)	
SrS(白色)	FeS(黑色)			
BaS(白色)	CoS(黑色)			
	NiS(黑色)			

各种难溶金属硫化物在酸中的溶解情况：$K_{sp} > 10^{-24}$ 的硫化物可溶于稀酸，如 NiS、CoS 等；$K_{sp} = 10^{-25} \sim 10^{-30}$ 的硫化物不溶于稀 HCl 可溶于浓 HCl，如 CdS、PbS 等。

$$CdS + 4HCl \longrightarrow H_2[CdCl_4] + H_2S$$

$K_{sp} < 10^{-30}$ 的硫化物如 CuS 等，在浓 HCl 中也不溶解但可溶于硝酸。对于硝酸中也不溶解的 HgS 需要王水溶解。

$$3HgS + 12HCl + 2HNO_3 \longrightarrow 3H_2HgCl_4 + 3S + 2NO\uparrow + 4H_2O$$

以上的 K_{sp} 以二价金属为标准。

所有金属硫化物无论易溶或微溶都有一定程度的水解性。Na_2S 溶于水几乎全部水解。

$$Na_2S + H_2O \longrightarrow NaHS + NaOH$$

其溶液作为强碱使用，工业上称 Na_2S 为硫化碱。Cr_2S_3、Al_2S_3 遇水完全水解。所以这类化合物只能用“干法”合成。

$$Al_2S_3 + 6H_2O \longrightarrow 2Al(OH)_3\downarrow + 3H_2S\uparrow$$

CuS、PbS 微弱水解。

硫化物的颜色、溶解性及在酸中的溶解情况在分析化学中用来鉴别和分离金属离子的混合物。

将可溶性硫化物如 Na_2S、$(NH_4)_2S$ 的溶液与硫共热可得多硫化物。例如：

$$(NH_4)_2S + (x-1)S \longrightarrow (NH_4)_2S_x$$

$$Na_2S + (x-1)S \longrightarrow Na_2S_x \quad (x=2 \sim 6, \text{个别可达 } 9)$$

通常生成的产物是含有不同数目硫原子的各种多硫化物的混合物。随着硫原子数目的增加，多硫化物的颜色从黄色经过橙黄色而变为红色，$x=2$ 的多硫化物也称为过硫化物。

过硫化氢 H_2S_2 与过氧化氢的结构相似。

多硫化物具有氧化性，这一点与过氧化物相似，但多硫化物的氧化性不及过氧化物强。

多硫化物与酸反应生成多硫化氢 H_2S_x。H_2S 不稳定，能分解成为硫化氢和单质硫。

$$S_x^{2-} + 2H^+ \longrightarrow H_2S\uparrow + (x-1)S\downarrow$$

分解后使溶液变浑浊。随 x 的增大，多硫化氢的稳定性逐渐减弱。黄铁矿 FeS_2 是铁的多硫化物。

多硫化物在皮革工业中用作原皮的除毛剂。在农业上用多硫化物作为杀虫剂来防治棉花红蜘蛛及果木的病虫害。

(3) 硫的氧化物和含氧酸

① 二氧化硫和亚硫酸及其盐　SO_2的结构中S是不等性sp^2杂化，$\angle OSO = 119.5°$，S—O键键长为143pm。SO_2是极性分子，一个p轨道与两个O原子相互平行的p轨道形成一个π_3^4的离域π键如图14-21所示。

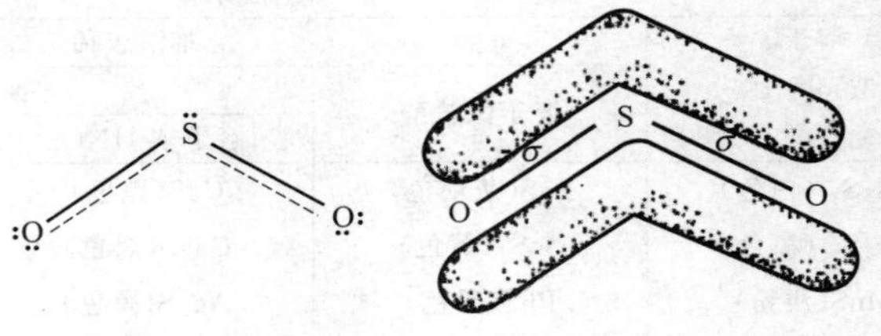

图14-21　SO_2的结构

二氧化硫（SO_2）是无色有刺激性气味的气体。其沸点为－10℃，熔点为－75.5℃。液态SO_2能够解离，是一种良好的非水溶剂。SO_2分子的极性较强，易溶于水，1体积水能溶解40体积的SO_2。光谱实验证明，SO_2在水中主要是物理溶解，SO_2分子与H_2O分子之间存在着较弱的作用。因此有人认为SO_2在水溶液中的状态基本上是$SO_2 \cdot H_2O$。SO_2容易液化，0℃时的液化压力仅为193kPa。液态二氧化硫用作制冷剂，储存在钢瓶中备用。SO_2是大气中一种主要的气态污染物。含有SO_2的空气不仅对人类及动植物有毒害，还会腐蚀金属制品，损坏油漆颜料、织物和皮革，形成酸雨等。国家规定企业排放废气中SO_2含量不能超过$20mg/m^3$。

SO_2分子中S的氧化数是＋4，处于中间氧化值，因此它既有氧化性，又有还原性。例如用接触法制硫酸时，SO_2可被空气氧化表现为还原性。SO_2只有遇到强还原剂才表现出氧化性。

工业上，二氧化硫常用硫铁矿在空气中燃烧制取。

$$4FeS_2 + 11O_2 = 2Fe_2O_3 + 8SO_2$$

SO_2溶于水生成亚硫酸（H_2SO_3）。其主要化学性质如下。

a. 不稳定性　亚硫酸只能在水溶液中存在，受热则分解加快，放出二氧化硫。

b. 酸性　亚硫酸酸性比碳酸强，是一种二元中强酸。

$$H_2SO_3 \rightleftharpoons H^+ + HSO_3^-$$

$$HSO_3^- \rightleftharpoons H^+ + SO_3^{2-}$$

c. 氧化还原性　SO_2和H_2SO_3既有氧化性又有还原性，但以还原性为主，且在碱性溶液中还原性更强。氧化产物一般都是SO_4^{2-}。例如：

$$2MnO_4^- + 5SO_3^{2-} + 6H^+ = 2Mn^{2+} + 5SO_4^{2-} + 3H_2O$$

$$H_2SO_3 + I_2 + H_2O = H_2SO_4 + 2HI$$

SO_2或H_2SO_3只有在与强还原剂相遇时才表现出氧化性。例如：

$$H_2SO_3 + 2H_2S = 3S + 3H_2O$$

SO_2和H_2SO_3作为还原剂主要用于化工生产上。SO_2主要用于生产硫酸和亚硫酸盐，还大量用于生产合成洗涤剂、食品防腐剂、住所和用具消毒剂。某些有机物质可以与SO_2或H_2SO_3发生加成反应，生成无色的加成物而使有机物褪色，所以SO_2可用作漂白剂，用于漂白纸张、草帽等。

亚硫酸可形成正盐（如Na_2SO_3）和酸式盐（如$NaHSO_3$）。碱金属和铵的亚硫酸盐易溶于水，并发生水解。亚硫酸氢盐的溶解度大于相应的正盐，也易溶于水。在含有不溶性亚硫酸钙的溶液中通入SO_2，可使其转化为可溶性的亚硫酸氢盐。

$$CaSO_3 + SO_2 + H_2O = Ca(HSO_3)_2$$

通常在金属氢氧化物的水溶液中通入 SO_2 得到相应的亚硫酸盐。

亚硫酸盐的还原性比亚硫酸还要强，在空气中易被氧化成硫酸盐而失去还原性。如：

$$2Na_2SO_3 + O_2 = 2Na_2SO_4$$

亚硫酸钠和亚硫酸氢钠大量用于染料工业中作为还原剂。在纺织、印染工业上，亚硫酸盐用作织物的除氯剂，如：

$$SO_3^{2-} + Cl_2 + H_2O = SO_4^{2-} + 2Cl^- + 2H^+$$

亚硫酸盐受热时，容易歧化分解：

$$4Na_2SO_3 = 3Na_2SO_4 + Na_2S$$

亚硫酸的正盐及酸式盐遇强酸即分解：

$$SO_3^{2-} + 2H^+ = H_2O + SO_2\uparrow$$

亚硫酸氢钙能溶解木质素制造纸浆，大量用于造纸工业。Na_2SO_3 在西药工业中用作药物有效成分的抗氧剂，还可用作照相显影液和定影液的保护剂等。亚硫酸盐也是常用的还原剂。

② 三氧化硫、硫酸及其盐

a. 三氧化硫　气态 SO_3 为单分子，其分子构型为平面三角形（图 14-22）。中心 S 采取 sp^2 等性杂化与三个氧原子形成三个 σ 键，还有一个垂直于分子平面的 4 中心 6 电子 π_4^6 键。

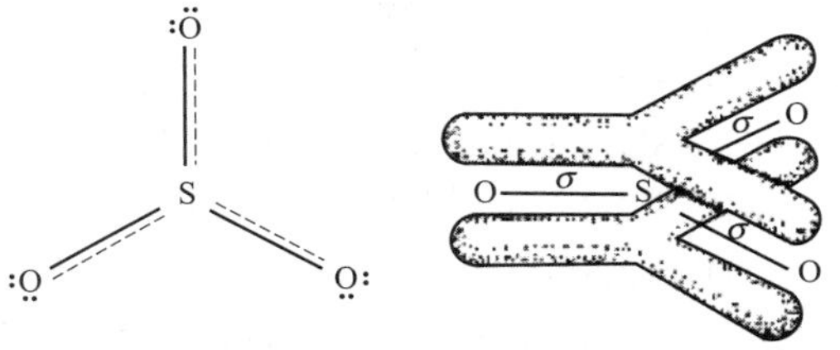

图 14-22　气态 SO_3 的结构

常温下三氧化硫（SO_3）是无色液体，沸点为 44.8℃，在 16.8℃时凝固成无色易挥发的固体。SO_3 是一个强氧化剂，特别在高温时它能将 P 氧化为 P_4O_{10}，将 HBr 氧化为 Br_2，能氧化 KI、Fe、Zn 等金属。如：

$$2P + 5SO_3 = P_2O_5 + 5SO_2$$

$$2KI + SO_3 = K_2SO_3 + I_2$$

三氧化硫极易吸水，在空气中强烈冒烟。三氧化硫溶于水中即生成硫酸并放出大量热，放出的热使水产生的蒸汽与 SO_3 形成酸雾，酸雾难以再被水吸收，它会随尾气排放，造成环境污染。所以工业上生产硫酸是用浓硫酸吸收 SO_3 成为含 20% SO_3 的发烟硫酸，再用水稀释。

b. 硫酸　硫酸分子中 S 原子采取 sp^3 杂化轨道与 4 个氧原子中的 2 个氧原子形成 2 个 σ 键；另外 2 个氧原子则接受硫的电子对分别形成 σ 配键；与此同时，硫原子的空 3d 轨道与 2 个不在 OH 中氧原子的 2p 轨道则对称性匹配，相互重叠，反过来接受来自 2 个氧原子的孤对电子，从而形成了附加的（p—d）π 反馈配键。H_2SO_4 分子间通过氢键相连，使其晶体呈现波纹形层状结构。

纯 H_2SO_4 是无色油状液体，凝固点为 283.36K，沸点为 611K（质量分数为 98.3%），密度为 $1.854g \cdot cm^{-3}$，浓度为 $18mol \cdot L^{-1}$。98%的硫酸沸点为 330℃，是常用的高沸点酸，这是硫酸分子间形成氢键的缘故。将 SO_3 通入浓硫酸中得到发烟硫酸，其中最简单的是焦硫酸 $H_2S_2O_7$（H_2SO_4 与 SO_3 的物质的量之比为 1∶1）。

ⅰ. 硫酸的性质

• 酸性　H_2SO_4是二元强酸，在稀溶液中，它的第一步电离是完全的，第二步电离程度则较低，$K^{\ominus}_{a_2}=1.0\times10^{-2}$。

$$H_2SO_4 = H^+ + HSO_4^-$$
$$HSO_4^- = H^+ + SO_4^{2-}$$

• 吸水性和脱水性　浓硫酸能以任意比与水混合，同时放出大量的热。硫酸能与水形成一系列的稳定水合物，故浓硫酸有强烈的吸水性，可作干燥剂，用来干燥不与硫酸起反应的各种气体，如氯气、氢气和二氧化碳等。浓硫酸也是实验室常用的干燥剂之一。

硫酸与水混合时放出大量的热，在稀释硫酸时必须非常小心。应将浓硫酸在搅拌下慢慢倒入水中，不可将水倒入浓硫酸中。

浓硫酸还具有脱水性，能从有机物中按水的组成比把 H 和 O 夺取出来。如：

$$C_{12}H_{22}O_{11} \xlongequal{\text{浓硫酸}} 12C + 11H_2O$$

• 氧化性　浓硫酸是中等强度的氧化剂，但在加热的条件下显强氧化性，几乎能氧化所有的金属（不能氧化 Pt 和 Au）和一些非金属。还原产物一般是 SO_2，若遇活泼金属会被还原为 S 或 H_2S。

$$Cu + 2H_2SO_4(\text{浓}) \xlongequal{\triangle} CuSO_4 + SO_2 + 2H_2O$$
$$Zn + 2H_2SO_4(\text{浓}) \xlongequal{\triangle} ZnSO_4 + SO_2 + 2H_2O$$

或

$$3Zn + 4H_2SO_4(\text{浓}) = 3ZnSO_4 + S + 4H_2O$$

或

$$4Zn + 5H_2SO_4(\text{浓}) = 4ZnSO_4 + H_2S\uparrow + 4H_2O$$
$$2P + 5H_2SO_4(\text{浓}) = P_2O_5 + 5SO_2 + 5H_2O$$
$$C + 2H_2SO_4(\text{浓}) = CO_2 + 2SO_2 + 2H_2O$$

浓硫酸氧化金属并不放出氢气。稀硫酸与比氢活泼的金属（如 Mg、Zn、Fe 等）作用时，能放出氢气。

此外，冷的浓硫酸（70%以上）遇 Fe、Al 表现为“钝态”，生成一层致密的氧化膜，阻止硫酸与铁表面继续作用。故可将浓硫酸（80%～90%）装在钢罐中储运。据研究，当硫酸浓度为 50%～60%时，铁的溶解速率最大。

鉴于浓硫酸的强腐蚀作用，在使用时必须注意安全!

浓硫酸能严重灼伤皮肤，万一误溅，先用纸沾去，再用大量水冲洗，最后用 5% $NaHCO_3$溶液或稀氨水浸泡片刻。

在一般情况下，硫酸并不分解，是比较稳定的酸。

ⅱ. 硫酸的制备　世界各国普遍采用接触法生产硫酸，原料主要是硫黄、硫铁矿或冶炼厂烟道气。

• 焙烧硫铁矿或硫黄制 SO_2：

$$4FeS_2 + 11O_2 = 2Fe_2O_3 + 8SO_2\uparrow$$
$$S + O_2 = SO_2\uparrow$$

• 在催化剂作用下，将 SO_2氧化为 SO_3：

$$2SO_2 + O_2 = 2SO_3$$

• SO_3的吸收　用 98.3%的浓硫酸吸收 SO_3，再加入适量 92.5%的稀硫酸将浓度调到 98%（约为 $18mol\cdot L^{-1}$），即为市售品。

硫酸是重要的化工原料，可用来制取盐酸、硝酸以及各种硫酸盐和农用肥料（如磷肥和氮肥）。硫酸还用于生产农药、炸药、燃料以及石油和植物油的精炼等。在金属、搪瓷工业中，利用硫酸作为酸洗剂，除去金属表面的氧化剂。

③ 硫的其他含氧酸　硫能形成种类繁多的含氧酸，如连二亚硫酸（$H_2S_2O_4$）、焦亚硫酸（$H_2S_2O_5$）、硫代硫酸（$H_2S_2O_3$）、焦硫酸（$H_2S_2O_7$）、过硫酸（$H_2S_2O_8$），除 H_2SO_4 和 $H_2S_2O_7$外，其他酸只能存在于溶液中，但其盐却比较稳定。

（4）硫的含氧酸盐　硫酸能形成两种类型的盐，即正盐和酸式盐（硫酸氢盐）。

① 硫酸盐　常见金属元素几乎都能形成硫酸盐。硫酸盐均属于离子晶体，其性质如下。

a. 溶解性　酸式硫酸盐均易溶于水，正硫酸盐中只有 $CaSO_4$、$BaSO_4^{2-}$、$SrSO_4$、$PbSO_4$、Ag_2SO_4不溶或微溶，其余均易溶。$BaSO_4$不溶于酸和水，据此来鉴定和分离 Ba^{2+} 或 SO_4^{2-}。虽然 Ba^{2+} 和 SO_3^{2-} 也生成白色 $BaSO_3$沉淀，但它能溶于盐酸而生成 SO_2。

b. 热稳定性　ⅠA 族和ⅡA 族元素的硫酸盐对热很稳定，过渡元素的硫酸盐则较差，受热分解成金属氧化物和 SO_3，或进一步分解成金属单质。

$$CuSO_4 = CuO + SO_3\uparrow$$
$$As_2SO_4 = Ag_2O + SO_3\uparrow$$
$$2Ag_2O = 4Ag + O_2\uparrow$$

同一金属的酸式硫酸盐不如正盐稳定。钾、钠的固态酸式硫酸盐是稳定的。酸式硫酸盐加热到熔点以上转变为焦硫酸盐，再加强热，进一步分解为正盐和三氧化硫。

c. 水合作用　可溶性硫酸盐从溶液中析出后常带有结晶水，结晶水以氢键与 SO_4^{2-} 结合。如：

胆矾　$CuSO_4 \cdot 5H_2O$　石膏　$CaSO_4 \cdot 2H_2O$

皓矾　$ZnSO_4 \cdot 7H_2O$　芒硝　$Na_2SO_4 \cdot 10H_2O$

绿矾　$FeSO_4 \cdot 7H_2O$　泻盐　$MgSO_4 \cdot 7H_2O$

这些盐受热易失去部分或全部结晶水，故在制备过程中只能自然晾干。

d. 易形成复盐　硫酸盐的另一特性是容易形成复盐。例如：

钾明矾　$K_2SO_4 \cdot Al_2(SO_4)_3 \cdot 24H_2O$

莫尔盐　$(NH_4)_2SO_4 \cdot FeSO_4 \cdot 6H_2O$

铬钾矾　$K_2SO_4 \cdot Cr_2(SO_4)_3 \cdot 24H_2O$

酸式硫酸盐中，只有最活泼的碱金属元素能形成稳定的固态酸式硫酸盐。如 $NaHSO_4$、$KHSO_4$等。它们能溶于水，并呈酸性。市售“洁厕剂”的主要成分是 $NaH\ SO_4$。

许多硫酸盐在净化水、造纸、印染、颜料、医药和化工等方面有着重要的用途。

② 硫代硫酸盐　硫代硫酸钠（$Na_2S_2O_3$，又名大苏打、海波）是无色透明的结晶，易溶于水，其水溶液显弱碱性。将硫粉溶于沸腾的亚硫酸钠碱性溶液中便可制得 $Na_2S_2O_3$。

$$Na_2SO_3 + S \overset{\triangle}{=} Na_2S_2O_3$$

硫代硫酸钠在中性和碱性溶液中很稳定，在酸性溶液中由于生成不稳定的硫代硫酸而分解。

$$Na_2S_2O_3 + 2HCl = S + SO_2\uparrow + 2NaCl + H_2O$$

硫代硫酸钠有显著的还原性，其还原碘的反应用于化学分析的碘量法中。

$$2Na_2S_2O_3 + I_2 = Na_2S_4O_6 + 2NaI$$

$Na_2S_2O_3$与 I_2的反应是定量的，生成物连四硫酸盐中 S 的氧化数为 2.5。

$S_2O_3^{2-}$ 与 Cl_2、Br_2等较强氧化剂反应，被氧化为 SO_4^{2-}。

$$S_2O_3^{2-} + 4Br_2 + 5H_2O = 2SO_4^{2-} + 10H^+ + 8Br^-$$
$$S_2O_3^{2-} + 4Cl_2 + 5H_2O = 2SO_4^{2-} + 10H^+ + 8Cl^-$$

在纺织工业上用 $Na_2S_2O_3$做脱氯剂。

$S_2O_3^{2-}$有很强的配合作用，可与Ag^+、Cd^{2+}等形成稳定的配离子。$Na_2S_2O_3$大量用作照相的定影剂。照相底片上未感光的溴化银在定影液中形成$[Ag(S_3O_3)_2]^{3-}$而溶解。

$$2S_2O_3^{2-}+AgBr \xlongequal{} [Ag(S_2O_3)_2]^{3-}+Br^-$$

$Na_2S_2O_3$与过量的Ag^+反应生成$Ag_2S_2O_3$白色沉淀，$Ag_2S_2O_3$水解最后生成黑色Ag_2S沉淀，颜色逐渐由白经黄、棕，最后变为黑，此现象用于$S_2O_3^{2-}$的鉴定。

$$S_2O_3^{2-}+2Ag^+ \xlongequal{} Ag_2S_2O_3\downarrow$$

$$Ag_2S_2O_3+H_2O \xlongequal{} Ag_2S\downarrow+SO_4^{2-}+2H^+$$

不溶于水的卤化银 AgX（X=Cl、Br、I）能溶解在$Na_2S_2O_3$溶液中生成稳定的硫代硫酸银配离子。

$$AgX+2S_2O_3^{2-} \xlongequal{} [Ag(S_2O_3)_2]^{3-}+X^-$$

$Na_2S_2O_3$用作定影液，就是利用这个反应溶去胶片上未感光的AgBr。

③ 过硫酸盐　过硫酸可以看作是过氧化氢的衍生物。若H_2O_2分子中的一个氢原子被一SO_3H基团取代，形成过一硫酸H_2SO_5，若两个氢原子都被一SO_3H基团取代则形成过二硫酸$H_2S_2O_8$。

过硫酸盐与有机物混合，易引起燃烧或爆炸，必须密闭储存于阴凉处。常用过硫酸盐有$K_2S_2O_8$和$(NH_4)_4S_2O_8$。

过硫酸盐易水解，生成H_2O_2，用于工业上制备H_2O_2。

$$(NH_4)_2S_2O_8+2H_2O \xlongequal{} 2NH_4HSO_4+H_2O_2$$

过硫酸盐不稳定，受热容易分解。

$$2K_2S_2O_8 \xlongequal{\triangle} 2K_2SO_4+2SO_3\uparrow+O_2\uparrow$$

过硫酸盐是极强的氧化剂，还原产物是SO_4^{2-}。过二硫酸盐能将I^-和Fe^{2+}氧化成I_2和Fe^{3+}，甚至能将Cr^{3+}和Mn^{2+}等氧化成相应的高氧化值的$Cr_2O_7^{2-}$和MnO_4^-。但其中有些反应的速率较小，在催化剂作用下，反应进行得较快。例如：

$$Cu+K_2S_2O_8 \xlongequal{Ag^+催化} CuSO_4+K_2SO_4$$

$$2Mn^{2+}+5S_2O_8^{2-}+8H_2O \xlongequal{Ag^+催化} 2MnO_4^-+10SO_4^{2-}+16H^+$$

上述反应用于鉴定Mn^{2+}。在钢铁分析中常用过硫酸铵（或过硫酸钾）氧化法测定钢中锰的含量。

14.5 卤素

14.5.1 卤族概述

卤族元素包括氟（F）、氯（Cl）、溴（Br）、碘（I）和砹（At）五种元素，其中At是放射性元素。卤素的一般性质列于表14-6中。卤素是典型的非金属元素，价电子构型为ns^2np^5。该族元素的核电荷是同周期元素中最多的，原子半径则最小，故有得到一个电子形成阴离子（X^-）的强烈倾向。因此卤素单质具有最强的非金属性，表现出强的氧化性，是强氧化剂。从卤素的标准电极电势$E^\ominus$（X_2/X^-）看，单质的氧化性按F_2、Cl_2、Br_2、I_2的次序减弱。F_2在水溶液中是最强的氧化剂，但在卤素中，电子亲和能最小的元素是氯而不是氟（F的电子亲和能不是最大，因为F原子半径过小，电子云密度过高，以致结合一个电子形成负离子时，由于电子间的排斥较大而放出的能量减少）。卤族最常见的氧化数是-1，在含氧酸及其盐中表现出正氧化数$+1$，$+3$，$+5$，$+7$。氟的氧化值只有-1。

表 14-6　卤素的性质

性质	氟	氯	溴	碘
原子序数	9	17	35	53
价电子构型	$2s^2 2p^5$	$3s^2 3p^5$	$4s^2 4p^5$	$5s^2 5p^5$
常见氧化态	−1	−1,1,3,5,7	−1,1,3,5,7	−1,1,3,5,7
共价半径/pm	64	99	114	133
X^-离子半径/pm	133	181	196	220
第一电离能/kJ·mol^{-1}	1687	1257	1146	1015
电子亲和能/kJ·mol^{-1}	−328	−349	−325	−295
X^-水合能/kJ·mol^{-1}	−507	−368	−335	−293
X_2的解离能/kJ·mol^{-1}	156.9	242.6	193.8	152.6
电负性(Pauling 标度)	3.98	3.16	2.96	2.66

卤离子 X^- 作为配体能与许多金属离子形成稳定的配合物。

卤素在化合时，价电子层中有一个成单的 p 电子，可形成一个非极性共价键，如 F_2、Cl_2、Br_2、I_2；也可形成极性共价键，如 CH_3Cl、$KClO_3$；也可形成离子键，如 NaCl、KCl；还可形成配位键，如 $[AgCl_2]^-$、$[AlCl_4]^-$。

14.5.2　卤素单质

（1）卤素单质的物理性质

卤素的单质均为双原子的非极性分子。从 F_2 到 I_2，随着分子量的增大，分子间的色散力增强，熔点、沸点依次升高，密度增大，颜色加深。所有卤素单质均有毒，具有刺激性气味，强烈刺激眼、鼻、气管等，吸入较多的蒸气会严重中毒，甚至死亡。它们的毒性从 F_2 到 I_2 逐渐减轻。吸入氯气，会发生窒息，须立即到新鲜空气处，可吸入适量酒精和乙醚混合蒸气或氨气解毒。Br_2 蒸气有催泪作用，液溴会深度灼伤皮肤，造成难以治愈的创伤，不慎溅到皮肤上，应立即用大量水冲洗，再用 5% Na_2CO_3 溶液淋洗，最后敷上药膏。我国规定企业排放的废气中氯含量不得超过 1mg·m^{-3}。

Cl_2 极易液化，常温时液化压力约为 600kPa，市售品均以液氯储存在钢瓶中。

I_2 加热时易升华，利用这一性质可进行粗碘精制。

卤素单质在水中的溶解度不大。Cl_2 微溶于水，氯水呈黄绿色。Br_2 溶解度稍大于 Cl_2，溴水呈黄色。I_2 难溶于水，加入 KI 则溶解度增大，$I_2 + I^- \rightleftharpoons I_3^-$。$F_2$ 不溶于水，可使水剧烈分解，$2F_2 + 2H_2O = 4HF + O_2$。氯、溴和碘的水溶液分别称为氯水、溴水和碘水。卤素单质在有机溶剂中的溶解度比在水中大得多，如可溶于乙醇、乙醚、氯仿、四氯化碳、二硫化碳等有机溶剂，医用碘酒是含 I_2 5%的酒精溶液。I_2 在不同的溶剂中的颜色不同，这和 I_2 与溶剂是否生成加合物以及加合物键的强度有关。

（2）卤素单质的化学性质

① 卤素单质的氧化性　卤素是很活泼的非金属元素。卤素单质的氧化性是它们最典型的化学性质，随着原子半径的增大，卤素单质的氧化性依次减弱，卤素阴离子的还原能力依次增强。F_2 反应活性最大。除 O_2、N_2、He、Ne、Ar 几种气体外，F_2 能与所有的金属和非金属直接化合，且反应剧烈，常伴有燃烧和爆炸。常温下，F_2 与 Fe、Cu、Mg、Pb、Ni 等金属反应，在金属表面形成一层保护性的金属氟化物薄膜。加热时，F_2 与 Au、Pt 生成氟化物。

Cl_2 也能与各种金属和非金属（除 O_2、N_2、稀有气体外）直接化合，反应比较剧烈，但有些反应需加热，如 Na、Fe、Cu 都能在氯气中燃烧。潮湿的 Cl_2 在加热条件下能与 Au、Pt 反应。干燥的 Cl_2 不与 Fe 反应，因此可用钢瓶盛装液氯。

一般能与 Cl_2 反应的金属（除贵金属）和非金属同样也能与 Br_2、I_2 反应，只是反应活性降低，特别是 I_2，需较高温下才能进行。

卤素单质化学活泼性的变化在卤素与氢的化合反应中表现得十分明显。氟与氢化合即使在低温、暗处也会发生爆炸。氯与氢在暗处反应极为缓慢，但在光照射下可瞬间完成。溴与氢的反应需要加热才能进行。碘与氢只有在加热或有催化剂存在的条件下才能反应，且反应是可逆的。

卤素也能氧化许多低价化合物。例如：

$$Cl_2+2Fe^{2+} = 2Fe^{3+}+2Cl^-$$

$$Br_2+2Fe^{2+} = 2Fe^{3+}+2Br^-$$

I_2 不能氧化 Fe^{2+}，相反 I^- 却能还原 Fe^{3+} 为 Fe^{2+}。

$$2I^-+2Fe^{3+} = 2Fe^{2+}+I_2$$

卤素能氧化某些硫化物，生成单质硫。例如：

$$CS_2+2Cl_2 = CCl_4+2S$$

② 卤素互换反应　从卤素的标准电极电势 $E^{\ominus}(X_2/X^-)$ 看，卤素单质在水溶液中的氧化性也同样按 $F_2>Cl_2>Br_2>I_2$ 的次序递变。因此，位于前面的卤素单质可以氧化后面卤素的阴离子。例如，Cl_2 能氧化 Br^- 和 I^-，分别生成相应的单质 Br_2 和 I_2。Br_2 则能氧化 I^-，生成 I_2。

③ 与 H_2O 反应　卤素与水发生两类重要的化学反应。第一类反应是卤素置换水中氧的反应：

$$2X_2+2H_2O = 4H^++4X^-+O_2$$

第二类反应是卤素的歧化反应：

$$X_2+H_2O = H^++X^-+HXO$$

卤素单质与水发生第一类反应的激烈程度同样按 $F_2>Cl_2>Br_2>I_2$ 的次序递变。氟的氧化性最强，只能与水发生第一类反应，反应是自发的、激烈的放热反应。

$$2F_2+2H_2O = 4HF+O_2$$

氯只有在光照下缓慢地与水反应放出 O_2。溴与水作用放出 O_2 的反应极其缓慢。碘与水不发生第一类反应，能与溶液中的 I^- 结合，生成可溶性的 I_3^-。

$$I_2+I^- = I_3^-$$

相反，氧却可以作用于碘化氢溶液，析出单质碘。Cl_2、Br_2、I_2 与水主要发生第二类反应，反应是可逆的。在 25℃ 时，Cl_2、Br_2、I_2 歧化反应的标准平衡常数分别为 $K^{\ominus}(Cl_2)=4.2\times10^{-4}$，$K^{\ominus}(Br_2)=7.2\times10^{-9}$，$K^{\ominus}(I_2)=2.0\times10^{-13}$。由此可见，氯水、溴水、碘水的主要成分是单质。

$$Cl_2+H_2O = HCl+HClO$$

次氯酸见光分解而放出氧气：

$$2HClO = 2HCl+O_2$$

所以氯水有很强的漂白、杀菌作用。

当溶液的 pH 值增大时，卤素的歧化反应平衡向右移动。

④ 歧化反应　卤素的歧化反应与溶液的 pH 值和温度有关。碱性介质有利于氯、溴和碘的歧化反应。Cl_2、Br_2、I_2 与冷的碱溶液发生歧化反应。

$$X_2+2OH^- = X^-+XO^-+H_2O \qquad (X: Cl_2、Br_2)$$

$$3I_2+6OH^- = 5I^-+IO_3^-+3H_2O$$

Cl_2、Br_2 与热的碱溶液发生另一种反应。

$$3X_2+6OH^- = 5X^-+XO_3^-+3H_2O \qquad (X: Cl_2、Br_2)$$

(3) 卤素的存在及其单质的制备和用途

由于卤素是具有强化学活泼性的非金属元素，所以它们在自然界以化合状态存在，而不可能以单质形式存在。大多数卤素以卤化物的形式存在，所以，由卤化物制备卤素单质的方法，可以归结为卤素负离子氧化手段的选择。根据不同卤素的氧化还原性的差别，可以利用电解的方法氧化或用氧化剂来氧化。

① 氟　氟主要以萤石 CaF_2、冰晶石 Na_3AlF_6、氟磷酸钙 $3Ca_3(PO_4)\cdot CaF_2$ 等矿物存在。制取氟通常采用电解氧化法，这是由于氟是很强的氧化剂，很少有比氟更强的氧化剂能夺取 F^- 中的电子而将其氧化为 F_2。通常，电解所用的电解质是三份氟化氢钾（KHF_2）和两份无水氟化氢的熔融混合物（熔点 72℃），目的是为了减轻 HF 的挥发，并且可降低电解质的熔点。电解槽材料用抗氟腐蚀的 Monel 合金（含 Cu 30%，Ni 60%～65%的合金），电解反应的方程式为：

$$2HF \xlongequal{373K} H_2 + F_2$$

由上述反应可以看出，电解不断消耗的是 HF，而不是 KF，所以要不断加入无水 HF，以降低电解质的熔点，保证电解反应继续进行。为了防止产物 F_2 和 H_2 相互混合而引起爆炸，电解槽中有一特制的合金隔膜将两者严格分开。储存氟的容器是用含镍合金制成的钢瓶。

氟主要用来制造有机氟化物，如塑料单体四氟乙烯 $CF_2=CF_2$，杀虫剂 CCl_3F，制冷剂 CCl_2F_2（氟里昂-12），高效灭火剂 CBr_2F_2 等。氟的另一重要用途是在原子能工业上制造六氟化铀 UF_6，液态氟也是航天工业中所用的高能燃料的氧化剂。SF_6 的热稳定性好，可作为理想的气体绝缘材料。含 ZrF_4、BaF_2、NaF 的氟化物玻璃可用作光导纤维材料。

氟的有机产品也进入了大众的生活领域，如烹饪用具表面上的防黏涂层为特氟隆。氟化烃已用作血液的临时代用品用于临床，以挽救病人生命。

元素氟是生命必需的微量元素，是体内骨骼正常发育、增加骨骼和牙齿强度不可缺少的成分。氟与钙、磷有强的亲和力，与形成骨骼的羟基磷灰石作用形成氟磷灰石的混合体，使骨骼矿化。牙膏中的活性成分，氟化钠的防龋齿作用就在于此。但当大量氟化物（饮水中含氟量大于 $1mg\cdot L^{-1}$）进入人体时，会对人体组织产生危害。

② 氯　氯主要以钠、钾、钙、镁的无机盐形式存在于海水中，其中以氯化钠的含量最高。氯的氧化性也很强，只能用电解氧化法或与强氧化剂作用将 Cl^- 氧化为 Cl_2。工业上用电解氯化钠水溶液的方法来制取氯气。目前主要采用隔膜法和离子交换膜法。隔膜电解槽以石墨作阳极，铁网作阴极，而以石棉为隔膜材料。电解过程中，阳极产生氯气，阴极产生氢气和氢氧化钠。

阳极反应：$2Cl^- \longrightarrow Cl_2 + 2e^-$

阴极反应：$2H_2O + 2e^- \longrightarrow H_2 + 2OH^-$

总反应：$2NaCl + 2H_2O \xlongequal{电解} 2NaOH + H_2 + Cl_2$

石墨电极在电解过程中不断受到腐蚀，需要定期更换。20 世纪 70 年代以来，石墨电极已逐渐被金属阳极（如钌钛阳极）所替代。离子交换膜法是 80 年代起采用的新工艺，以高分子离子交换膜代替石棉隔膜，这种离子交换膜对 Na^+ 渗透性高，对 Cl^- 和 OH^- 渗透性低，即只允许 Na^+ 由阳极室迁移至阴极室，不允许 Cl^- 和 OH^- 发生迁移，这种工艺制得的氢氧化钠浓度大、纯度高，并能节约能量。

实验室常用强氧化剂如 MnO_2、$KMnO_4$、$K_2Cr_2O_7$ 与浓盐酸反应制取氯气。

$$MnO_2 + 4HCl(浓) \xlongequal{} MnCl_2 + 2H_2O + Cl_2$$

$$2KMnO_4+16HCl = 2KCl+2MnCl_2+8H_2O+5Cl_2$$

$$K_2Cr_2O_7+14HCl = 2KCl+2CrCl_3+3Cl_2+7H_2O$$

将 Cl_2通过水、硫酸、氯化钙和五氧化二磷纯化。

用重铬酸钾或二氧化锰作氧化剂制取氯气时必须用较浓的盐酸。用重铬酸钾作氧化剂，当加热时产生氯气，不加热时则反应停止发生。此外，也可用氯化物和浓硫酸的混合物与 MnO_2反应制取氯气。

$$2NaCl+3H_2SO_4+MnO_2 = 2NaHSO_4+MnSO_4+Cl_2+2H_2O$$

氯是重要的化工产品和原料，除用于合成盐酸外，还广泛用于染料、炸药、塑料生产和有机合成。用氯制造漂白剂可用于纸张和布匹的漂白。另外，氯还用于药剂合成。氯气用于饮水消毒已经多年，但近年来发现它与水中含有的有机烃会形成有致癌毒性的卤代烃，因此改用臭氧或二氧化氯作消毒剂。

③ 溴　与氯类似，溴也主要以钠、钾、钙、镁的无机盐形式存在于海水中。工业上从海水或卤水中制溴时，首先是通入氯气将 Br^- 氧化：

$$Cl_2+2Br^- = 2Cl^-+Br_2$$

然后用空气在 pH 值为 3.5 左右时将生成的 Br_2从溶液中吹出，并用碳酸钠溶液吸收。Br_2与 Na_2CO_3发生反应，生成溴化钠和溴酸钠而与空气分离。

$$3Na_2CO_3+3Br_2 = 5NaBr+NaBrO_3+3CO_2$$

最后用硫酸酸化，单质溴又从溶液中析出。用此方法，从 1t 海水中可制得约 0.14kg 的溴。

在实验室中还可用制备氯的方法来制备溴和碘，不过分别以溴化物和碘化物与浓 H_2SO_4的混合物来代替 HBr 和 HI。

$$2NaBr+3H_2SO_4+MnO_2 = 2NaHSO_4+MnSO_4+2H_2O+Br_2$$

$$2NaI+3H_2SO_4+MnO_2 = 2NaHSO_4+MnSO_4+2H_2O+I_2$$

后一反应式是自海藻灰中提取碘的主要反应。

溴广泛应用于医药、农药、感光材料以及各种试剂的合成上。例如，溴化钠和溴化钾在医疗上作镇静剂；溴化银用于照相行业；磷酸二溴代丙三酯 $(Br_2C_3H_5O)_3PO$ 被广泛用作纤维、地毯、塑料的阻燃剂。

④ 碘　碘主要存在于海水中，某些海藻体内含有碘元素。此外，碘还可以碘酸盐的形式存在于自然界，例如，智利硝石（$NaNO_3$）中含有少量碘酸钠 $NaIO_3$。

从天然盐卤水中提取碘是工业生产碘的主要途径，其原理与制溴相似。

应该注意，若选氯气作氧化剂，氯气不能过量，否则会把 I_2氧化成为 IO_3^-。

$$I_2+5Cl_2+6H_2O = 2IO_3^-+10Cl^-+12H^+$$

通常用 $NaNO_2$氧化含 I^-的溶液，并用活性炭吸附 I_2。

$$2NO_2^-+2I^-+4H^+ = I_2+2NO+2H_2O$$

再用 NaOH 溶液处理吸附了 I_2的活性炭，使 I_2歧化为 NaI 和 $NaIO_3$与活性炭分离。

也可以用 MnO_2作氧化剂在酸性溶液中制取 I_2。通过加热可使碘升华，以达到分离和提纯的目的。

$$2NaI+3H_2SO_4+MnO_2 = 2NaHSO_4+MnSO_4+I_2+2H_2O$$

从智利硝石所含的碘酸钠制取碘时，采用的是亚硫酸氢钠还原法。

在酸性溶液中 IO_3^-可将 I^- 氧化成 I_2，而且纯的碘酸钠可作基准物质，在分析化学中利用此反应来制备碘的标准溶液。

碘主要用来制备药物、人工降雨的冷云催化剂、食用盐和饲料添加剂、感光剂等。如碘仿 CH_3I 和碘酒在医药上用作消毒剂。碘化银可用作人工降雨的“晶种”。碘酸钾添加到食盐中形成碘盐，对甲状腺肥大有预防和治疗的功能。碘是人体必需的微量元素之一，人体中缺乏碘，可能导致甲状腺肿大，还可能引起发育迟缓、生殖系统异常等现象。

14.5.3 卤化氢和氢卤酸

(1) 卤化氢

卤化氢均为无色，有刺激性气味。卤化氢与空气中的水蒸气结合形成酸雾，在空气中会"冒烟"。卤化氢都是极性共价型分子，分子中键的极性按 HF、HCl、HBr、HI 的顺序减弱。卤化氢呈液态，不导电，不显酸性，熔点、沸点很低，但随分子量的增加，范德华力依次增大，熔点、沸点按 HCl、HBr、HI 顺序递增。氟化氢熔点、沸点异常高是由于氢键的存在使 HF 分子发生了缔合作用。

卤化氢分子中 H—X 键的键能和生成热的负值从 HF 到 HI 依次递减，故它们的热稳定性急剧下降，即稳定性 HF＞HCl＞HBr＞HI。实际上 HI 在常温时就有明显的分解现象。

(2) 氢卤酸 (HX)

卤化氢溶于水即得氢卤酸。纯的氢卤酸都是无色液体，具有挥发性，它们的沸点随浓度不同而异。

① 氢卤酸的化学性质

a. 酸性　氢卤酸的酸性按 HF＜HCl＜HBr＜HI 的顺序依次增强。其中，除氢氟酸为弱酸（$K_a^{\ominus}=6.9\times10^{-4}$）外，其他的氢卤酸都是强酸。氢溴酸、氢碘酸的酸性甚至强于高氯酸。

在氢氟酸中，HF 分子间以氢键缔合成 $(HF)_x$，这就影响了氢氟酸的解离，如 $0.1mol\cdot L^{-1}$ 的氢氟酸的解离度约为 8%。氢氟酸与一般的酸不同，其解离度随着溶液浓度的增大而增大。

b. 还原性　除氢氟酸没有还原性外，其他氢卤酸都具有还原性，卤化氢或氢卤酸还原性强弱的次序是 HF＜HCl＜HBr＜HI。事实上，HF 不能被任何氧化剂所氧化，HCl 只能被一些强氧化剂如 $KMnO_4$、MnO_2、PbO_2、$K_2Cr_2O_7$ 等所氧化。

$$2KMnO_4+16HCl \xlongequal{} 2KCl+2MnCl_2+5Cl_2+8H_2O$$

$$PbO_2+4HCl \xlongequal{} PbCl_2+Cl_2+2H_2O$$

$$K_2Cr_2O_7+14HCl \xlongequal{} 2CrCl_3+2KCl+3Cl_2+7H_2O$$

HBr 较易被氧化。HI 更易被氧化，空气中的氧就能把 I^- 氧化成单质，所以，氢碘酸和碘化物溶液易变成黄色。

$$4I^-+O_2+4H^+ \xlongequal{} 2I_2+2H_2O$$

c. 氢氟酸的特性　氢氟酸能与 SiO_2 和硅酸盐反应，生成气态的 SiF_4。

$$SiO_2+4HF \xlongequal{} SiF_4\uparrow+2H_2O$$

$$CaSiO_3+6HF \xlongequal{} CaF_2+SiF_4\uparrow+3H_2O$$

利用这一特性，氢氟酸被广泛用于分析化学上来测定矿物或钢板中 SiO_2 的含量。氢氟酸还用于玻璃器皿上刻蚀标记和花纹及制造毛玻璃，所以，通常用塑料容器来储存氢氟酸，而不能用玻璃瓶储存。氢氟酸是制备单质氟和氟化物的基本原料，如制备塑料之王——聚四氟乙烯。

卤化氢及氢卤酸都有腐蚀性，尤其是氢氟酸有毒且对皮肤有严重的烧蚀性，浓的氢氟酸会灼伤皮肤，难以痊愈。万一把氢氟酸弄到皮肤上，应立即用大量水冲洗，再用 5% $NaHCO_3$ 溶液或 1% NH_3 溶液淋洗，一般能缓解。

② 卤化氢或氢卤酸的制备　制备卤化氢可以采用氢和卤素直接合成法、金属卤化物与酸发生复分解反应法或非金属卤化物水解法。在实际应用中，根据卤离子 X^- 的还原性和卤

素单质 X_2 的氧化性不同而具体选择。

a. 直接合成法　卤素与氢直接化合后用水吸收，适用于制盐酸。制 HF 反应过于剧烈，且成本高。制 HBr 和 HI 反应慢、产率低，均不适用。

b. 复分解法　HF 可由浓硫酸与萤石矿（CaF_2）反应制得，氟化氢用水吸收就成为氢氟酸。

$$CaF_2 + H_2SO_4(浓) \xlongequal{\triangle} CaSO_4 + 2HF\uparrow$$

实验室中小量的氯化氢可用食盐和浓硫酸反应制得。氯化氢用水吸收就成为氢氯酸即盐酸。

$$2NaCl + H_2SO_4(浓) \xlongequal{\triangle} Na_2SO_4 + 2HCl$$

上面的方法不能制备出纯的溴化氢和碘化氢。因为生成的 HBr 和 HI 会被浓硫酸进一步氧化。HBr 和 HI 由浓磷酸与卤化物共热制得。

$$NaBr + H_3PO_4 \xlongequal{\triangle} NaH_2PO_4 + HBr$$

$$NaI + H_3PO_4 \xlongequal{\triangle} NaH_2PO_4 + HI$$

c. 非金属卤化物与水反应　此法可用于制备 HBr 和 HI，由单质溴或碘与红磷在水中作用，生成 PBr_3 或 PI_3，但立即水解生成 HBr 或 HI。

$$2P + 3Br_2 + 6H_2O = 2H_3PO_3 + 6HBr$$

$$2P + 3I_2 + 6H_2O = 2H_3PO_3 + 6HI$$

除了氟的含氧酸仅限于次氟酸 HOF 外，氯、溴、碘可以形成四种类型的含氧酸。见表 14-7。

表 14-7　卤素的含氧酸

名称	氟	氯	溴	碘
次卤酸	HOF	HClO	HBrO	HIO
亚卤酸		$HClO_2$		
卤酸		$HClO_3$	$HBrO_3$	HIO_3
高卤酸		$HClO_4$	$HBrO_4$	HIO_4、H_5IO_6

这些酸中，除碘酸和高碘酸能得到比较稳定的固体结晶外，其他都不稳定，多数只能存在于溶液中，但相应的盐很稳定。

在卤素的含氧酸根离子中，卤素原子作为中心原子，采用 sp^3 杂化轨道与氧原子成键，形成不同构型的卤素含氧酸根，如图 14-23 所示。而在 H_5IO_6 中，碘原子采用 sp^3d^2 杂化轨道与氧原子成键，如图 14-24 所示。

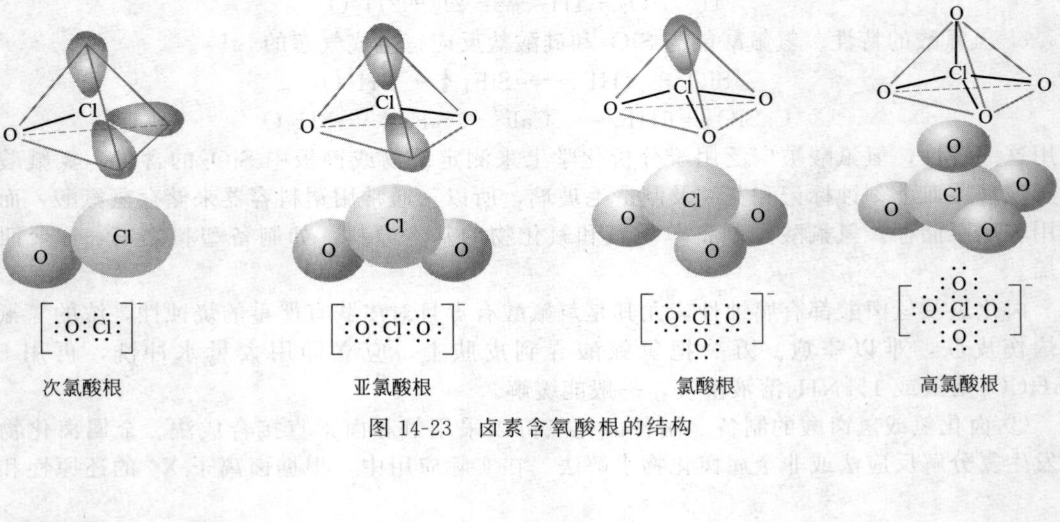

次氯酸根　　亚氯酸根　　氯酸根　　高氯酸根

图 14-23　卤素含氧酸根的结构

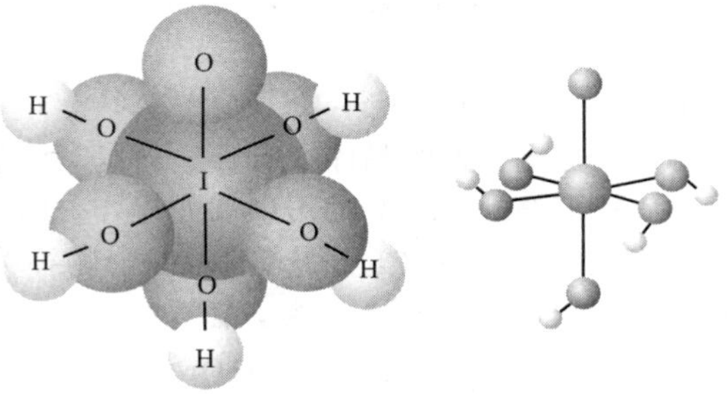

图 14-24　H_5IO_6分子的八面体形结构

卤素含氧酸及其盐突出的性质是氧化性。下面重点介绍氯的含氧酸及其盐。

ⅰ. 次氯酸及其盐　将氯气通入水中即有次氯酸（HClO）生成。次氯酸为弱酸，比碳酸还弱，次卤酸均为弱酸，酸性按 HClO、HBrO、HIO 顺序而减弱。次氯酸很不稳定，仅以稀溶液存在，且不能制得浓酸。即使在稀溶液中也很容易分解，在光的作用下分解更快。

$$2HClO \xlongequal{光} 2HCl + O_2$$

因此氯水适宜现用现配，受热时次氯酸分解成盐酸和氯酸。

$$3HClO \xlongequal{\triangle} HClO_3 + 2HCl$$

因此只有通氯气于冷水才能获得次氯酸。

次卤酸都具有强氧化性，其氧化性按 Cl、Br、I 顺序降低。次氯酸作氧化剂时，本身被还原为 Cl^-。氯气具有漂白性就是由于它与水作而生成次氯酸的缘故，所以完全干燥的氯气没有漂白能力。

将氯气通入 NaOH 溶液中，可得高浓度的次氯酸钠（NaClO），且次氯酸钠稳定性大于次氯酸，所以工业上不直接用氯水而用次氯酸钠溶液。次氯酸盐的溶液有氧化性和漂白作用。次氯酸盐的漂白作用主要是基于次氯酸的氧化性。

工业上，在价廉的消石灰中通入氯气制漂白粉，其反应为：

$$2Cl_2 + 3Ca(OH)_2 \xlongequal{} Ca(ClO)_2 + CaCl_2 \cdot Ca(OH)_2 \cdot H_2O + H_2O$$

此反应放热，生成的有效成分（次氯酸钙）会发生歧化反应，生成碳酸钙而失效，因此制备时需控制温度在 40℃以下。

$$Ca(ClO)_2 + H_2O + CO_2 \xlongequal{} CaCO_3 + 2HClO$$

从上述反应可见，保存漂白粉时应密封防潮，否则它将在空气中吸收水蒸气和二氧化碳而失效。漂白粉常用于漂白棉、麻、丝、纸等。漂白粉也能消毒杀菌，例如用于污水坑和厕所的消毒。

漂白粉与易燃物混合易引起燃烧甚至爆炸。漂白粉有毒，吸入体内会引起咽喉疼痛甚至全身中毒。

NaBrO 在分析化学上常用作氧化剂。

ⅱ. 亚氯酸及其盐　亚氯酸（$HClO_2$）酸性比次氯酸稍强，属于中强酸。亚氯酸只能在溶液中存在。在氯的含氧酸中，亚氯酸最不稳定。亚氯酸盐比亚氯酸稳定，但加热或敲击固体亚氯酸盐时，立即发生爆炸、分解。与有机物混合易发生爆炸，须密闭储存在阴暗处。亚氯酸盐的水溶液较稳定，具有强氧化性，可作漂白剂。

ⅲ. 氯酸及其盐　氯酸（$HClO_3$）是强酸，酸性与盐酸和硝酸接近。卤酸的酸性按 Cl、Br、I 顺序依次减弱。氯酸的稳定性比次氯酸和亚氯酸高，但也只能存在于溶液中。卤酸的稳定性按 Cl、Br、I 顺序依次增强。氯酸也是一种强氧化剂，但氧化能力不如次氯酸和亚氯酸。卤酸的氧化性按 Br、Cl、I 顺序依次降低。氯酸蒸发浓缩时浓度不要超过 40%，否则会有爆炸危险。

$$8HClO_3 = 4HClO_4 + 2H_2O + 2Cl_2 + 3O_2$$

氯酸盐比氯酸稳定。$KClO_3$是无色透明晶体，有毒，内服 2～3g 就会致命。$KClO_3$与易燃物如碳、硫、磷及有机物质相混合时，一受撞击即猛烈爆炸。因此，氯酸钾大量用于制造火柴、焰火、炸药。$KClO_3$与浓 HCl 生成 ClO_2与 Cl_2的混合物称为优氯。$KClO_3$在碱性溶液中无氧化作用，在酸性溶液中是强氧化剂。碘能从氯酸盐的酸性溶液中置换出 Cl_2。

$$2ClO_3^- + I_2 + 2H^+ = 2HIO_3 + Cl_2$$

固体 $KClO_3$是强氧化剂，在有催化剂存在时，受热（300℃左右）分解。

$$2KClO_3 \xlongequal{MnO_2} KCl + 3O_2$$

若无催化剂，则高温分解。

$$4KClO_3 \xlongequal{\triangle} KCl + 3KClO_4$$

$NaClO_3$在农业、林业上用作除草剂。

ⅳ. 高氯酸及其盐　$HClO_4$是已知酸中最强的无机含氧酸，也是氯的含氧酸中最稳定的。高溴酸也是强酸，而高碘酸是一种弱酸。高卤酸的酸性按 Cl、Br、I 顺序依次减弱。无水的高氯酸是无色透明的发烟液体，常用试剂为 60% 的水溶液。浓热的 $HClO_4$是强的氧化剂，遇到有机物质会发生爆炸性反应，所以储存时必须远离有机物，使用时也务必注意安全。

$HClO_4$溶液的氧化性是氯的含氧酸中最弱的。高卤酸的氧化性按 Br、I、Cl 顺序降低。浓的 $HClO_4$不稳定，受热分解为氯、氧和水。

$$4HClO_4 = 2Cl_2 + 7O_2 + 2H_2O$$

$HClO_4$是常用的分析试剂，如在钢铁分析中常用来分析矿样。$HClO_4$可用做制备醋酸纤维的催化剂，常用作高能燃料的氧化剂。

高氯酸盐的稳定性比高氯酸强，固态高氯酸盐在高温下是强氧化剂，用于制造威力较大的炸药。

高氯酸盐多易溶于水，但 K^+、NH_4^+、Cs^+、Rb^+ 的高氯酸盐的溶解度都很小，在分析化学中可利用 $KClO_4$的难溶性来鉴定 K^+。$Mg(ClO_4)_2$、$Ca(ClO_4)_2$可用作干燥剂。NH_4ClO_4是现代火箭推进剂的主要成分。

氯的各种含氧酸及其盐的性质的一般规律见表 14-8。

表 14-8　氯的含氧酸及其钠盐的性质变化规律

氧化态	酸	热稳定性和酸强度	氧化性	盐	热稳定性	氧化性和阴离子碱强度
+1	HClO	增	减	NaClO	增	减
+3	$HClO_2$			$NaClO_2$		
+5	$HClO_3$			$NaClO_3$		
+7	$HClO_4$	大	弱	$NaClO_4$	大	弱

卤素的含氧酸和含氧酸盐的许多重要性质，如酸性、氧化性、热稳定性、阴离子的强度等，都随着分子中氧原子数的改变而呈现规律性的变化。以氯的含氧酸和含氧酸盐为代表，其规律按 HClO、$HClO_2$、$HClO_3$、$HClO_4$的顺序，随着分子中氧原子数的增多，酸和盐的热稳定性及酸强度在增大，而氧化性和阴离子碱强度却在减弱。盐的热稳定性比相应的酸的热稳定性高，但其氧化性比酸弱。

14.6 稀有气体

周期表中零族元素有氦、氖、氩、氪、氙和氡一共六种，它们都是气体，价层电子构型为 ns^2np^6。

14.6.1 稀有气体的性质

稀有气体的化学性质是由它的原子结构所决定的。

除氦以外，稀有气体原子的最外电子层都是由充满的 ns 和 np 轨道组成的，它们都具有稳定的 8 电子构型。稀有气体的电子亲和势都接近于零，与其他元素相比较，它们都有很高的电离势。因此，稀有气体原子在一般条件下不容易得到或失去电子而形成化学键，化学性质很不活泼，不仅很难与其他元素化合，而且自身也是以单原子分子的形式存在，原子之间仅存在着微弱的范德华力（主要是色散力）。

稀有气体的基本性质如表 14-9 所示，它们的熔、沸点都很低，氦的沸点是所有单质中最低的。它们的蒸发热和在水中的溶解度都很小，这些性质随着原子序数的增加而逐渐升高。

稀有气体的原子半径都很大，在族中自上而下递增。应该注意的是，这些半径都是未成键的半径，应与其他元素的范德华半径进行对比，不能与共价或成键半径进行对比。

表 14-9 稀有气体的基本性质

项目	氦	氖	氩	氪	氙	氡
元素符号	He	Ne	Ar	Kr	Xe	Rn
原子序数	2	10	18	36	54	86
原子量	4.003	20.18	39.95	83.80	131.3	222.0
价电子层结构	$1s^2$	$2s^2p^6$	$3s^2p^6$	$4s^2p^6$	$5s^2p^6$	$6s^2p^6$
原子半径/pm	93	112	154	169	160	220
第一电离势/$kJ \cdot mol^{-1}$	2372	2081	1521	1351	1170	1037
蒸发热/$kJ \cdot mol^{-1}$	0.09	1.8	6.3	9.7	13.7	18.0
熔点/K	0.95	24.48	83.95	116.55	161.15	202.15
沸点/K	4.25	27.25	87.45	120.25	166.05	208.15
临界温度/K	5.25	44.45	153.15	2010.65	289.75	377.65
临界压强/Pa	2.29×10^5	27.25×10^5	48.94×10^5	55.01×10^5	58.36×10^5	63.23×10^5
在水中的溶解度/$cm^3 \cdot dm^{-3}$	8.8	10.4	33.6	62.6	123	222
在大气中的丰度	5.2×10^{-6}	1.8×10^{-5}	9×10^{-3}	1.1×10^{-5}	8.7×10^{-8}	—

氦是所有气体中最难液化的，温度在 2.2K 以上的液氦是一种正常液态，具有一般液体的通性。温度在 2.2K 以下的液氦则是一种超流体，具有许多反常的性质，例如具有超导性、低黏滞性等。它的黏度变为氢气黏度的百分之一，并且这种液氦能沿着容器的内壁向上流动，再沿着容器的外壁往下慢慢流下来。这种现象对于研究和验证量子理论很有意义。

14.6.2 稀有气体的用途

稀有气体广泛应用到光学、冶金和医学等领域中。例如，氦氖激光器、氩离子激光器等在国防和科研上有着广泛的用途。氖在放电管内放射出美丽的红光，加入一些汞蒸气后又发射出蓝光，所以，氖被广泛用来制造霓虹灯。氙在电场的激发下能放出强烈的白光，高压长弧氙灯俗有“人造小太阳”之称，用于电影摄影、舞台照明等。在冶金工业中，氩和氦的最大用途是为熔焊不锈钢等提供惰性气体。氪、氙和氡还能用于医疗上，氙灯能放出紫外线，氪、氙的同位素还被用来测量脑血流量等。氦还被用来代替氢填充气象气球和飞船，是由于它不燃烧，比氢安全得多。由于氦的沸点低，还被用于超低温技术。

14.7 p区元素化合物性质递变规律

14.7.1 p区元素单质

p区元素单质的晶体结构较为复杂，周期系右上方的非金属为分子晶体，周期系右下方的金属为金属晶体，处于周期系右上方、左下方之间的单质，有的为原子晶体，有的为过渡型（链状或层状）晶体。非金属元素按其单质的结构和性质大致可分为三类。第一类是小分子组成的单质，如单原子分子的稀有气体和双原子分子的 X_2（卤素）、O_2 及 H_2 等，在通常情况下，它们是气体，其固体为分子晶体，熔点、沸点都很低。第二类是多原子分子组成的单质，如 S_8、P_4、As_4 等，通常情况下它们是固体，为分子晶体，熔点、沸点较低，易挥发。第三类是大分子单质，如金刚石、晶态硅和单质硼等，它们都是原子晶体，熔点、沸点极高，难挥发。这一类单质中也包括过渡型晶体，如石墨、黑鳞等。总之，绝大多数非金属单质是分子晶体，少数形成原子晶体，所以它们的熔点、沸点差别较大。

除卤素可以与水作用外，大部分非金属单质在常温下不与水作用，也不与非氧化性稀酸反应；除碳、氮、氧外，许多非金属单质可在碱溶液中发生歧化反应。

$$Cl_2 + 2OH^- \xlongequal{\text{室温}} Cl^- + ClO^- + H_2O$$

$$2Cl_2 + 6OH^- \xlongequal{\triangle} 5Cl^- + ClO_3^- + 3H_2O$$

Si 和 B 则从碱溶液中置换出 H_2：

$$Si + 2OH^- + H_2O \xlongequal{\quad} SiO_3^{2-} + 2H_2$$

$$2B + 2OH^- + 2H_2O \xlongequal{\triangle} 2BO_2^- + 3H_2$$

14.7.2 p区元素氢化物

氢是重要的非金属元素之一。氢与p区元素（除铟、铊外）以共价键结合，形成共价型氢化物，又称为分子型氢化物。它们的晶体属于分子晶体。共价型氢化物的熔点、沸点较低，通常条件下多为气体。

p区元素氢化物的热稳定性差别很大。同一周期元素氢化物的热稳定性从左到右逐渐增强；同一族元素氢化物的热稳定性自上而下逐渐减弱。这种递变规律与p区元素电负性的递变规律是一致的。与氢相结合的元素（E）的电负性愈大，它与氢形成的E—H键能愈大，氢化物的热稳定性愈高。

p区元素氢化物与水作用的情况各不相同。在氢的氧化值为−1的氢化物中，有些与水反应能生成氢气，如 B_2H_6 和 SiH_4。而锗、磷、砷、锑的氢化物则与水不发生反应。在氢的氧化值为+1的氢化物中，一类是不与水反应的，如 CH_4；另一类是能与水中的氢离子发生加合反应的，如 NH_3。其他的氢化物则溶于水且发生解离，如 HX、H_2S。

现将第ⅣA～ⅦA族元素氢化物的稳定性、还原性、水溶液酸性递变的规律归纳如下。

稳定性增强
还原性减弱
水溶液酸性增强
→

CH_4	NH_3	H_2O	HF	↓ 稳定性减弱 还原性增强 水溶液酸性增强
SiH_4	PH_3	H_2S	HCl	
GeH_4	AsH_3	H_2Se	HBr	
SnH_4	SbH_3	H_2Te	HI	

14.7.3 p区元素氧化物及其水合物

(1) 氧化物

p区元素的单质大多数能与氧直接或间接地形成氧化物，稀有气体中只有氙能与氧间接地形成氧化物。氧化物可按组成分为金属氧化物和非金属氧化物，也可按键型分为离子型氧化物和共价型氧化物。活泼金属的氧化物属于离子型氧化物，非金属的氧化物都属于共价型氧化物。有些金属的氧化物也表现出共价性，如 Sb_2O_3 等。还可以根据氧化物的化学性质分为酸性氧化物、碱性氧化物、两性氧化物和惰性氧化物（不成盐氧化物）。多数非金属的高氧化值氧化物属于酸性氧化物，它们与水作用生成含氧酸。某些中等电负性的元素（如铝、锡、砷、锑等）的氧化物呈两性，大多数活泼金属的氧化物呈碱性。CO、NO、N_2O 等与酸、碱都不反应。同族元素同一氧化值的氧化物的酸碱性变化规律是自上而下酸性逐渐减弱，碱性逐渐增强。例如，ⅤA族元素氧化值为+3的氧化物的酸碱性就是如此。

同族元素同类型氧化物的标准摩尔生成焓、熔点、沸点等有时表现出不规则的变化。

(2) 氧化物水合物的酸碱性

同一周期p区元素最高氧化值氧化物的水合物从左到右碱性减弱，酸性增强。例如：

$Ge(OH)_3$	$Ge(OH)_4$	H_3AsO_4	H_2SeO_4	$HBrO_4$
两性	两性	中强酸	强酸	强酸

$$\xrightarrow{\hspace{12em}}$$

碱性减弱，酸性增强

同族元素相同氧化物的水合物的酸碱性自上而下酸性减弱，碱性增强。例如，在卤素的含氧酸中，卤素的氧化值都为正值，其原子有增强O—H键极性的作用，这种作用有利于的O—H键酸式解离。从氯到碘，随着卤素原子半径的增大，其电负性依次减小，中心卤素原子对O—H键的作用也依次减小，因此，酸式解离的程度也越来越小。例如，HClO、HBrO和HIO的酸性依次减弱。

同一元素不同氧化值氧化物的水合物的酸碱性也表现出一定的规律性。在同一元素的不同氧化值氧化物的水合物中，一般都是高氧化值的酸性较强，低氧化值的酸性较弱；而碱性而与之相反。中心原子氧化值愈高，该原子对于增强O—H键极性的影响越显著，对于O—H键的酸式解离越有利。例如氯的含氧酸的有关数据如下：

	HClO	$HClO_2$	$HClO_3$	$HClO_4$
氧的氧化值	+1	+3	+5	+7
$K_a^\ominus$	2.8×10^{-8}	1.1×10^{-2}	10^3	10^7

$$\xrightarrow{\hspace{16em}}$$

酸性增强

高氯酸是氯的含氧酸中最强的酸。

L. Pauling在研究含氧酸强度与结构之间的关系时，总结出两条经验规则，称为Pauling规则。

① 多元含氧酸的逐级解离常数之间存在如下关系：

$$K_{a_1}^\ominus:K_{a_2}^\ominus:K_{a_3}^\ominus\approx1:10^{-5}:10^{-10}$$

② 若将含氧酸的通式写成 $(HO)_mEO_n$，则含氧酸的酸性与非羟基氧原子数 n 有关。n 值愈大，含氧酸的酸性愈强。

14.7.4 p区元素化合物的氧化还原性

第三周期p区元素从其最高氧化值还原到单质的 $E_A^\ominus$ 值如下：

电对	Al^{3+}/Al	SiO_2/Si	H_3PO_4/P	SO_4^{2-}/S	ClO_4^-/Cl_2
$E_A^{\ominus}/V$	−1.68	−0.9754	−0.412	0.384	1.390

由此可以看出，上述电对氧化型物质的氧化性从左到右依次增强。其他周期主族元素也有类似的情况。

对于氯、溴、氮等非金属性较强元素的不同氧化值的含氧酸来说，通常不稳定的酸氧化性较强，而稳定的酸氧化性较弱。

14.7.5 p区元素含氧酸盐的溶解性和热稳定性

含氧酸盐属于离子化合物，它们的绝大部分钠盐、钾盐、铵盐以及酸式盐都易溶于水，硝酸盐、氯酸盐也易溶于水，且溶解度随温度的升高迅速增大；大部分硫酸盐能溶于水，但$SrSO_4$、$BaSO_4$和$PbSO_4$难溶于水，$CaSO_4$、Ag_2SO_4和Hg_2SO_4微溶于水；大多数碳酸盐、磷酸盐都不溶于水。

含氧酸盐的热稳定性既与含氧酸的稳定性有关，也与金属元素的活泼性有关。一般来说，如含氧酸的热稳定性差，则它相应的盐的热稳定性也较差。有些含氧酸如碳酸、硝酸、亚硫酸以及氯的各种含氧酸受热容易分解，它们的盐受热也会分解。但是，含氧酸盐比相应的含氧酸要稳定些。比较稳定的含氧酸如硫酸、磷酸的盐受热时不易分解，如磷酸钙、硫酸钙都是极稳定的盐类。在900～1200℃的高温下煅烧$CaSO_4$，仅有部分$CaSO_4$分解成碱式盐$x CaSO_4 \cdot y CaO$。

同一种金属，正盐比酸式盐稳定。

同一种含氧酸形成的盐的热稳定性与其阳离子的金属活泼性有关。一般说来，金属愈活泼，相应的含氧酸盐也愈稳定；反之，含氧酸盐则愈不稳定。例如一些金属的碳酸盐分解后产生的CO_2分压达到100kPa时的温度如下：

	Na_2CO_3	$BaCO_3$	$MgCO_3$	$FeCO_3$	$CdCO_3$	Ag_2CO_3
约	1800℃	1360℃	540℃	280℃	345℃	275℃

含氧酸盐受热分解的产物大都是非金属氧化物和金属氧化物。但有些分解产物也因酸根不同及金属的活泼性不同而异。例如，碳酸盐分解出CO_2，而硝酸盐受热分解的产物则比较复杂。

习 题

一、填空题

14-1 比较下列各对物质的热稳定性

（1）ClO_2____I_2O_5　　（2）$HClO_2$______$HClO_4$

（3）IF_7____ BrF_7　　（4）$NaICl_4$______$CsICl_4$

（5）IBr_2^-______I_2Br^-

14-2 HOX的酸性按卤素原子的半径增大而________。

14-3 含氧酸的酸性常随非羟基氧（或酰氧）原子数的增多而________。

14-4 $HClO_4$的酸酐是______，它具有强______性，受热容易发生________。

14-5 向各离子浓度均为$0.1mol \cdot dm^{-3}$的Mn^{2+}、Zn^{2+}、Cu^{2+}、Ag^+、Hg^{2+}、Pb^{2+}混合溶液中通入H_2S，可被沉淀的离子有________。

14-6 硫化物ZnS、CuS、MnS、SnS、HgS中，易溶于稀盐酸的是________；不溶于稀盐酸，但溶于浓盐酸的是________；不溶于浓盐酸，但可溶于硝酸的是______；只溶于王水的是________。

14-7 $AgNO_3$溶液与过量的$Na_2S_2O_3$溶液反应生成__色的________。过量的$AgNO_3$溶液与$Na_2S_2O_3$溶液反应生成___色的________，后变为________色的________。

14-8 写出下列物质的化学式：

胆矾______________；　　石膏______________；

绿矾____________；　　　　芒硝____________；

皓矾____________；　　　　泻盐____________；

摩尔盐____________；　　　　明矾____________。

14-9　H_3PO_3为____元酸，H_3PO_4为____元酸，而$H_4P_2O_7$为____元酸。其酸性由强到弱依次为____。

14-10　化合物的熔点PCl_3____PCl_5，主要原因是____。

14-11　NaH_2PO_4显____性，Na_2HPO_4显____性，NH_3显____性，HN_3显____性。

14-12　马氏试砷法中，把砷的化合物与锌和盐酸作用，产生分子式为______的气体，气体受热，在玻璃管中出现________。

14-13　硼酸为________状晶体，H_3BO_3分子间以________结合，层与层之间以______结合，故硼酸晶体具有________性，可作为________剂。

14-14　$AlCl_3$在气态或CCl_4溶液中是________体，其中有________桥键。

14-15　溶解度：$Na_2CO_3>NaHCO_3$，其原因是________。

14-16　$Pb(OH)_2$是________性氢氧化物，在过量的NaOH溶液中Pb（Ⅱ）以________形式存在，$Pb(OH)_2$溶于________酸或________酸得到无色清液。

14-17　硼砂的化学式为________，其为______元碱。

14-18　水玻璃的化学式为________；硅酸盐水泥的主要成分______________________。

二、选择题

14-19　下列化合物属于缺电子化合物的是（　　）。

A. BCl_3　　B. $H[BF_4]$　　C. B_2O_3　　D. $Na[Al(OH)_4]$

14-20　在硼的化合物中，硼原子的最高配位数不超过4，这是因为（　　）。

A. 硼原子半径小　　B. 配位原子半径大

C. 硼与配位原子电负性差小　　D. 硼原子无价层d轨道

14-21　下列关于BF_3的叙述中，正确的是（　　）。

A. BF_3易形成二聚体　　B. BF_3为离子化合物

C. BF_3为路易斯酸　　D. BF_3常温下为液体

14-22　下列物质中水解并能放出氢气的是（　　）。

A. B_2H_6　　B. N_2H_4　　C. NH_3　　D. PH_3

14-23　下列含氧酸中属于一元酸的是（　　）。

A. H_3AsO_3　　B. H_3BO_3

C. H_3PO_3　　D. H_2CO_3

14-24　下列化合物中，中心原子的轨道杂化类型不同的是（　　）。

A. CH_4和SiH_4　　B. H_3O^+和NH_3

C. CH_4和NH_4^+　　D. CF_4和SF_4

14-25　下列化合物中，不水解的是（　　）。

A. $SiCl_4$　　B. CCl_4　　C. BCl_3　　D. PCl_5

14-26　下列化学式中代表金刚砂的是（　　）。

A. Al_2O_3　　B. CaC_2　　C. SiO_2　　D. SiC

14-27　下列单质中，酸性最弱的是（　　）。

A. H_2CO_3　　B. H_4SiO_4　　C. H_2SiF_6　　D. HBF_4

14-28　下列单质中，与硝酸不反应的是（　　）。

A. Pb　　B. Sn　　C. Si　　D. C

14-29　下列金属中，与硝酸反应氧化数最低的是（　　）。

A. Pb　　B. Sn　　C. Ge　　D. In

14-30　分子中含d-p反馈π键的是（　　）。

A. HNO_3　　B. HNO_2　　C. H_3PO_2　　D. NH_3

14-31　下列分子中，不存在π_3^4离域键的是（　　）。

A. HNO_3　　B. HNO_2　　C. N_2O　　D. N_3^-

14-32　下列酸中为一元酸的是（　　）。

A. $H_4P_2O_7$　　B. H_3PO_2　　C. H_3PO_3　　D. H_3PO_4

14-33　下列硫化物中，既能溶于 Na_2S 溶液又能溶于 Na_2S_2 溶液的是（　　）。

A. ZnS　　B. CuS　　C. Sb_2S_3　　D. HgS

14-34　下列化合物中，颜色最浅的是（　　）。

A. Sb_2O_3　　B. SbI_3　　C. Bi_2O_3　　D. BiI_3

14-35　下列分子中，S 采取 sp^2 杂化的是（　　）。

A. $SOCl_2$　　B. H_2S　　C. SO_2　　D. SO_2Cl_2

14-36　为使已变暗的古油画恢复原来的白色，使用方法是（　　）。

A. 用 SO_2 气体漂白　　B. 用稀 H_2O_2 溶液擦洗

C. 用氯水擦洗　　D. 用 O_3 漂白

14-37　下列分子或离子中，属于平面三角形构型的是（　　）。

A. SO_3　　B. O_3　　C. ICl_3　　D. H_3O^+

14-38　下列化合物中，在酸性条件下还原能力最强的是（　　）。

A. Na_2SO_4　　B. $Na_2S_4O_6$　　C. $Na_2S_2O_3$　　D. $Na_2S_4O_8$

14-39　下列说法中错误的是（　　）。

A. SO_2 分子为极性分子　　B. SO_2 溶于水可制取纯 H_2SO_3

C. H_2SO_3 可使品红褪色　　D. H_2SO_3 既有氧化性又有还原性

14-40　制备 F_2 实际采取的方法是（　　）。

A. 电解 HF　　B. 电解 CaF_2　　C. 电解 KHF_2　　D. 电解 NH_4F

14-41　在热碱溶液中，Cl_2 的歧化产物是（　　）。

A. Cl^- 和 ClO^-　　B. Cl^- 和 ClO_2^-　　C. Cl^- 和 ClO_3^-　　D. Cl^- 和 ClO_4^-

14-42　下列含氧酸中，酸性最强的是（　　）。

A. $HClO_3$　　B. HClO　　C. HIO_3　　D. HIO

14-43　卤素的氧化物中，热稳定性最高的是（　　）。

A. ClO_2　　B. OF_2　　C. I_2O_5　　D. I_2O_7

14-44　下列物质在酸性溶液中，能将 Mn^{2+} 氧化为 MnO_4^- 的是（　　）。

A. Cl_2　　B. $HClO_3$　　C. H_5IO_6　　D. H_2O_2

14-45　下列金属中，最不活泼的是（　　）。

A. Cu　　B. Ag　　C. Zn　　D. Hg

14-46　与银反应能置换出氢气的稀酸是（　　）。

A. 硫酸　　B. 盐酸　　C. 硝酸　　D. 氢碘酸

三、判断题

14-47　硼是非金属元素，但它的电负性却比氢的电负性小。（　　）

14-48　由于 B-O 键能大，所以硼的含氧化合物很稳定。（　　）

14-49　在氯化氢气流中加热金属铝可制得无水 $AlCl_3$。（　　）

14-50　加热 NH_4Cl 和 $NaNO_2$ 的浓的混合溶液可以制得氮气。（　　）

14-51　固体硝酸盐具有氧化性，受热时易分解。（　　）

14-52　在所有含氧的化合物中，氧的氧化值都是负的。（　　）

14-53　O_3 是逆磁性的极性分子。（　　）

14-54　卤素单质在水中都可以发生歧化反应。（　　）

14-55　卤素单质与水反应的激烈程度由 F_2 到 I_2 依次减弱。（　　）

14-56　卤化氢还原性强弱的次序为 HF＜HCl＜HBr＜HI。（　　）

四、综合题

14-57　提纯下列物质：

(1) 除去 N_2 气体中的少量 O_2 和 H_2O；

(2) 除去 NO 气体中的少量 NO_2；

(3) 除去 $NaNO_3$ 溶液中的少量 $NaNO_2$。

14-58 用水处理黄色化合物 A 得到白色沉淀 B 和无色气体 C。B 溶于硝酸后经浓缩析出 D 的水合晶体。D 受热分解得到白色固体 E 和棕色气体 F，将 F 通过 NaOH 溶液后得到气体 G，并且体积变为原来的 20%。组成气体 G 的元素占 E 的质量组成的 40%。将 C 通入 $CuSO_4$ 溶液先有浅蓝色沉淀生成，C 过量后沉淀溶解得到深蓝色溶液 H。

试写出 A～H 以及涉及的化学反应方程式。

第15章 d 区元素

15.1 d 区元素概述

在已知的元素中，金属占 80%以上。通常可将金属分为黑色金属与有色金属两大类。黑色金属包括铁、锰和铬及其合金（主要是铁碳合金）。有色金属是指铁、锰、铬之外的所有金属。

d 区元素包括周期系第ⅢB～ⅦB、Ⅷ、ⅠB～ⅡB 族元素（不包括镧系元素和锕系元素）。d 区元素都是金属元素。这些元素位于长式元素周期表的中部，即典型金属元素和典型非金属元素之间。d 区元素的原子结构特点是它们的原子最外层大多有 2 个 s 电子（少数只有 1 个 s 电子，Pd 无 s 电子），次外层分别有 1～10 个 d 电子。d 区元素的价层电子构型为 $(n-1)\ d^{1-10}ns^{1-2}$，其中ⅠB 和ⅡB 族为 $(n-1)\ d^{10}ns^{1-2}$。

d 区元素通常称为过渡元素或过渡金属。关于过渡元素的范围也有其他不同的划分方法。有人认为第ⅠB、ⅡB 族元素的原子次外层 d 亚层内有 10 个 d 电子，即全满状态，所以过渡元素不应包括这两族元素。

同周期 d 区元素金属性递变不明显，通常人们按不同周期将过渡元素分为下列三个过渡系。

第一过渡系——第四周期元素，从钪（Sc）到锌（Zn）。

第二过渡系——第五周期元素，从钇（Y）到镉（Cd）；

第三过渡系——第六周期元素，从镥（Lu）到汞（Hg）。

15.1.1 d 区元素的原子半径和电离能

过渡元素的原子半径一般比主族元素小。同一周期元素的原子半径从左到右只略有减小，不如主族元素变化得那样明显。到ⅠB 和ⅡB 族，因次外层 d 亚层填满而使原子半径略有增大。同一族的过渡元素的原子半径自上而下也增加不大，这主要是由于镧系收缩所导致的结果。同一周期元素的第一电离能随原子序数的增大，总的变化趋势是逐渐增大的，但这种递增的幅度并不是很大。而第二、第三电离能的这种递增的幅度依次变大，与形成 d 轨道全满或半满状态离子相对应的电离能数值相比略低一些。例如，Fe 的第三电离能相对低一些，这是由于 Fe^{3+} 为 d^5 构型。Zn、Cd、Hg 的第二电离能也相对低一些，这有利于形成 M^{2+}。

同族过渡元素的电离能的递变不规则。正常的变化倾向是前几族元素电离能自上而下依次增大，后几族则出现交错现象。

15.1.2 d 区元素的物理性质

除ⅡB 族外，过渡元素的单质都是高熔点、高沸点、密度大、导电性和导热性良好的金属。金属中熔点最高的是 W（3683K±20K），硬度最大的是铬，密度最大的是Ⅷ族的锇（Os）。

造成这种特性的原因可能是过渡元素的单质的原子半径小，采取紧密堆积时除有 s 电子外，还有部分 d 电子参与成键，在金属键之外还有部分共价键，因此结合更牢固。

15.1.3　d 区元素的化学性质

第一过渡系元素的电离能和电负性都比较小，具有较强的还原性，电极电势均为负值。ⅢB 族是其中最活泼的金属，性质与碱土金属接近。在同一过渡系中，元素从左到右电离能增加的幅度远不如主族元素那样显著，表现出的金属性很接近。同族元素的活泼性从上到下依次减弱。第一过渡系元素的单质比第二、三过渡系元素的单质活泼。例如，在第一过渡系中除铜外，其他金属都能与稀酸（盐酸或硫酸）作用，而第二、三过渡系的单质大多较难发生类似反应。在第二、三过渡系中有些元素的单质仅能溶于王水和氢氟酸中，如锆（Zr）、铪（Hf）等，有些甚至不溶于王水，如钌（Ru）、铑（Rh）、锇（Os）、铱（Ir）等。化学性质的这些差别，与第二、三过渡系的原子具有较大的电离能（I_1 和 I_2）和升华焓（原子化焓）有关。有时这些金属在表面上易形成致密的氧化膜，也影响了它们的活泼性。

过渡元素的单质能与活泼的非金属（如卤素和氧等）直接形成化合物。过渡元素与氢形成金属型氢化物，又称为过渡型氢化物。这类氢化物的特点是组成大多不固定，通常是非化学计量的，如 $VH_{1.8}$、$TaH_{0.76}$、$LaNiH_{5.7}$ 等。金属型氢化物基本上保留着金属的一些物理性质，如金属光泽、导电性等，其密度小于相应的金属。

有些元素的单质如ⅣB～ⅦB 族的元素，还能与原子半径较小的非金属，如 B、C、N 形成间充（或间隙）式化合物。间充式化合物比相应的纯金属的熔点高（如 TiC、W_2C、TiN、TiB 的熔点都在 3000℃左右）、硬度大（大都接近于金刚石的硬度），化学性质不活泼。工业上 W_2C 常被用作硬质合金，可用其制造某些特殊设备。

过渡元素的单质由于具有多种优良的物理性质和化学性能，在冶金工业上用来制造各种合金钢，例如，不锈钢（含铬、镍等）、弹簧钢（含钒等）、建筑钢（含锰等）。另外，它们的一些单质或化合物在化学工业上常用作催化剂。例如，在硝酸制造过程中，氨的氧化用铂作催化剂；不饱和有机化合物的加氢常用镍作催化剂；接触法制造硫酸，用五氧化二钒（V_2O_5）作催化剂等。总之，在化学工业所用的催化剂中，过渡元素的单质及其化合物占有相当重要的地位。

15.1.4　d 区元素的氧化态

过渡元素原子的共同特点是具有未充满的 d 轨道（Pd 例外），最外层只有 1～2 个 s 电子。随着核电荷数的增加，电子依次填充在次外层的 d 轨道上。由于过渡元素次外层 d 轨道和最外层 s 轨道的能级相近，且 d 轨道尚未达到稳定的电子层结构。所以，除 s 电子外，d 电子可以部分或全部参加成键，使过渡元素表现出多种氧化态。例如 Mn 有＋2，＋3，＋4，＋6，＋7 等多种氧化数。同一元素氧化态的变化是连续的，一般从＋2 价到与族数相同的氧化态（Ⅷ例外），在羰基配合物中以氧化数为 0 或－1 出现。这种连续变化的氧化态与主族元素不同。

第一过渡系元素的低氧化值一般比较稳定，第二、第三过渡系元素的高氧化值比较稳定。一般说来，过渡元素的高氧化值化合物比其低氧化值化合物的氧化性强。过渡元素与非金属形成二元化合物时，往往只有电负性较大、阴离子难被氧化的非金属元素（氧或氟）才能与它们形成高氧化值的二元化合物，如 Mn_2O_7 和 CrF_6 等。而电负性较小、阴离子易被氧化的非金属（如碘、溴、硫等），则难与过渡元素形成高氧化值的二元化合物。在过渡元素的高氧化值化合物中，以其含氧酸盐较稳定。这些元素在含氧酸盐中，以含氧酸根离子形式存在，如 MnO_4^-、CrO_4^{2-}、VO_4^{3-} 等。

过渡元素的较低氧化值（+2 和+3）大都有简单的 M^{2+} 和 M^{3+}。这些离子的氧化性一般都不强（CO^{3+}、Ni^{3+} 和 Mn^{3+} 除外），因此都能与多种酸根离子形成盐类。

15.1.5 d 区元素离子的颜色

过渡元素的离子在水溶液中以水合离子的形式存在，常显示出一定的颜色。过渡元素与其他配体形成的配离子也常具有颜色。这些配离子吸收了可见光（波长在 730～400nm）的一部分，发生了 d-d 跃迁，而把其余部分的光透过或散射出来。人们肉眼看到的就是这部分透过或散射出来的光，也就是该物质呈现的颜色。没有未成对 d 电子的过渡金属离子都是无色的。

对于某些具有颜色的含氧酸根离子，如 VO_4^{3-}（淡黄色）、CrO_4^{2-}（黄色）、MnO_4^-（紫色）等，它们的颜色被认为是由电荷迁移引起的。在上述离子中的金属元素都处于最高氧化态，钒、铬和锰的形式电荷分别为 5、6 和 7，它们都具有 d^0 电子构型，均有较强的夺取电子的能力。这些酸根离子吸收了一部分可见光的能量后，氧阴离子的电荷会向金属离子迁移。伴随电荷迁移，这些离子呈现出各种不同的颜色。

过渡金属的离子或原子具有能量相近的原子轨道，其中 ns 和 np 轨道是空的，$(n-1)$d 轨道也是部分空或全空，具有很强的配位能力。如铁原子和镍原子可与羰基形成羰基配合物 $[Fe(CO)_5]$ 和 $[Ni(CO)_5]$，Fe^{3+}、Ni^{2+} 与 CN^- 形成配合物 $[Fe(CN)_6]^{3-}$、$[Ni(CN)_4]^{2-}$，配合物的配位数较高。从静电理论的角度来看，过渡元素的离子半径小、电荷较多、极化力较大，有利于与配体成键。

由于 d 电子不满，过渡元素的化合物通常是顺磁性化合物。

15.2 铬

15.2.1 铬的单质

铬是周期表中ⅥB 族的第一种元素，其主要矿物是铬铁矿 $FeCr_2O_4$（$FeO \cdot Cr_2O_3$），其次是铬铅矿 $PbCrO_4$，丰度为 0.0083%。

铬是灰白色、略带光泽的金属，它的熔点和沸点都很高，硬度、密度大，机械性能强。纯铬有延展性，含有杂质的铬硬而脆。

由于铬的表面容易生成一层氧化膜而呈钝态，所以金属活泼性较差，在通常条件下，铬在空气、水中相当稳定。在机械工业上，为了保护金属不生锈，常在铁制品的表面镀一层铬，这一镀层能长期保持光亮。铬能缓慢地溶解于稀盐酸、稀硫酸，放出氢气，但不溶于稀硝酸和磷酸。铬在热盐酸中很快溶解并放出氢气，溶液呈蓝色（Cr^{2+}），随即又被空气氧化成绿色（Cr^{3+}）。

$$Cr + 2HCl(稀) = CrCl_2(蓝色) + H_2\uparrow$$

$$4CrCl_2(蓝色) + 4HCl + O_2(空气) = 4CrCl_3(绿色) + 2H_2O$$

Cr 与热的浓硫酸生成二氧化硫和硫酸铬（Ⅲ），但在冷的浓硝酸中呈钝态而不溶。

$$2Cr + 6H_2SO_4(热,浓) = Cr_2(SO_4)_3 + 3SO_2\uparrow + 6H_2O$$

铬溶于王水或氢氟酸和硝酸的混合酸中。

铬一般与碱溶液不反应，与熔融的碱性氧化剂反应。

在高温下，铬与活泼的非金属反应，与碳、氮、硼也能形成化合物。

Cr、Mo、W 的性质变化：Cr 到 W，金属活泼性逐渐降低，最高氧化态化合物趋于稳定。

金属中以铬的硬度最大，能刻划玻璃。Cr 以优良的银白色金属光泽应用于电镀，如自行车、汽车、精密仪器中的镀铬部件。含铬12%以上的钢称为不锈钢，有很好的耐热性、耐磨性和耐腐蚀性。铬和镍的合金用来制造电热设备。

15.2.2 铬的重要化合物

铬的 $3d^64s^1$ 六个电子都能参加成键，所以铬能形成+1，+2，+3，+4，+5，+6 多种氧化数的化合物。其中以+3 和+6 两种氧化数的化合物最重要。

(1) 铬的氧化物和氢氧化物

铬的氧化物有 CrO、Cr_2O_3 和 CrO_3，对应的水化物分别为 $Cr(OH)_2$、$Cr(OH)_3$ 和含氧酸 H_2CrO_4、$H_2Cr_2O_7$ 等。其酸碱性规律为：

CrO	Cr_2O_3	CrO_3
碱性	两性	酸性
$Cr(OH)_2$	$Cr(OH)_3$	H_2CrO_4，$H_2Cr_2O_7$
碱性	两性	酸性

① Cr_2O_3（铬绿） Cr_2O_3 为绿色晶体，微溶于水，与 Al_2O_3 相似，具有两性，溶于酸形成 Cr（Ⅲ）盐，溶于强碱形成亚铬酸盐（CrO_2^-）：

$$Cr_2O_3+3H_2SO_4 = Cr_2(SO_4)_3+3H_2O$$

$$Cr_2O_3+2NaOH+3H_2O = 2Na[Cr(OH)_4]$$

经过高温灼烧的 Cr_2O_3 不溶于酸碱，但可用熔融法与 $K_2S_2O_7$ 共熔后使它转化为可溶性盐。

$$Cr_2O_3+3K_2S_2O_7 \longrightarrow Cr_2(SO_4)_3+3K_2SO_4$$

Cr_2O_3 常作为绿色颜料而广泛用于油漆、陶瓷及玻璃工业，还可用作有机合成的催化剂，也是制取铬盐和冶炼金属 Cr 的原料。

高温下金属铬与氧化合生成 Cr_2O_3，或 $(NH_4)_2Cr_2O_7$ 晶体受热分解生成 Cr_2O_3。

$$4Cr+3O_2 \xlongequal{\text{燃烧}} 2Cr_2O_3$$

$$(NH_4)_2Cr_2O_7 \xlongequal{170^\circ C} Cr_2O_3+N_2+4H_2O$$

② 氢氧化铬 在紫色的 Cr（Ⅲ）盐溶液中加入适量的 $NH_3 \cdot H_2O$ 或 NaOH 溶液，即有灰蓝色的 $Cr(OH)_3$ 胶状沉淀析出。

$$Cr^{3+}+3OH^- = Cr(OH)_3\downarrow$$

$Cr(OH)_3$ 为两性物质，溶于酸形成 Cr^{3+}，溶于碱形成羟基配离子 $[Cr(OH)_4]^-$。可见 $Cr(OH)_3$ 沉淀的溶解与溶液的酸度有密切的关系。

氢氧化铬与氢氧化铝相似，有明显的两性。

$$Cr(OH)_3+3HCl = CrCl_3+3H_2O$$

$$Cr(OH)_3+3NaOH \longrightarrow 2H_2O+NaCrO_2 \text{或} Na[Cr(OH)_4]$$

$Na[Cr(OH)_4]$ 为绿色，氢氧化铬还能溶于液氨中形成相应的配离子。

③ 三氧化铬 CrO_3 为暗红色晶体，易潮解，有毒。CrO_3 遇热不稳定，超过熔点即分解放出 O_2。

$$4CrO_3 \xlongequal{196^\circ C} 2Cr_2O_3+3O_2$$

因此，CrO_3 是一种强氧化剂，一些有机物如乙醇等与 CrO_3 接触时，即着火或爆炸，本身被还原为 Cr_2O_3。CrO_3 还可用于钝化金属。

CrO_3 溶于水，生成铬酸 H_2CrO_4，溶于碱得到铬酸盐。

$$CrO_3+H_2O = H_2CrO_4$$

$$CrO_3+2NaOH = Na_2CrO_4+H_2O$$

因此，CrO_3是铬酸的酸酐。CrO_3也可与水反应生成重铬酸。

向固体重铬酸钾中加入过量的浓硫酸，即有 CrO_3红色针状晶体析出。

$$K_2Cr_2O_7 + 2H_2SO_4(浓) = 2KHSO_4 + 2CrO_3\downarrow + H_2O$$

CrO_3与冷的氨水反应生成重铬酸铵 $(NH_4)_2Cr_2O_7$。

$$2CrO_3 + 2NH_3 + H_2O \xlongequal{冷} (NH_4)_2Cr_2O_7$$

生成的$(NH_4)_2Cr_2O_7$受热即可完全分解。

$$(NH_4)_2Cr_2O_7 \xlongequal{170℃} Cr_2O_3 + N_2 + 4H_2O$$

H_2CrO_4为二元强酸，与硫酸的酸性强度接近，但它不稳定，只能存在于溶液中。重铬酸是缩合酸，酸性比 H_2CrO_4强。

(2) Cr(Ⅲ)的化合物

常见的 Cr(Ⅲ)盐有暗绿色 $CrCl_3\cdot 6H_2O$、紫色 $Cr_2(SO_4)_3\cdot 18H_2O$、桃红色 $Cr_2(SO_4)_3$，紫色铬钾钒 $KCr(SO_4)_2\cdot 12H_2O$，它们都易溶于水，形成水合离子 $[Cr(H_2O)_6]^{3+}$(紫色)，所以 Cr^{3+} 实际上并不存在于水溶液中。铬(Ⅲ)盐有毒。

铬(Ⅲ)盐还能与 Cl^-、NH_3、CN^- 等形成配合物，如$[CrCl_6]^{3-}$、$[Cr(NH_3)_6]^{3+}$、$[Cr(CN)_6]^{3-}$等。当溶液中存在两个配位体时，由于浓度和条件的不同，两个配位体分布在配离子内界和外界的数目不同，得到颜色不同的多种配离子，结晶得到不同颜色的变体。例如三氯化铬晶体 ($CrCl_3\cdot 6H_2O$) 可有以下不同颜色的变体。即

$[Cr(H_2O)_6]Cl_3$	$[Cr(H_2O)_5Cl]Cl_2\cdot H_2O$	$[Cr(H_2O)_4Cl_2]Cl\cdot 2H_2O$
紫色	蓝绿色	暗绿色

在碱性溶液中，Cr(Ⅲ)有较强的还原性，铬(Ⅲ)盐、亚铬酸盐 (CrO_2^-) 或 $[Cr(OH)_4]^-$在碱性溶液中易被 H_2O_2、Cl_2、Br_2、NaClO、过氧化钠氧化为铬酸盐。

$$2[Cr(OH)_4]^- + 3Cl_2 + 8OH^- = 2CrO_4^{2-} + 6Cl^- + 8H_2O$$

利用此反应来初步鉴定 Cr^{3+} 的存在，进一步确定时需在此溶液中再加入 Pb^{2+}或 Ba^{2+}，生成黄色的 $BaCrO_4$或 $PbCrO_4$沉淀，证明溶液中确实有 Cr (Ⅲ)。

在酸性条件下，Cr (Ⅲ) 盐的还原性很弱，三价铬以 Cr^{3+}形式存在，要使其氧化为六价铬则需强氧化剂，如 $KMnO_4$、HIO_4、$(NH_4)_2S_2O_8$等。

$$2Cr^{3+} + 3S_2O_8^{2-} + 7H_2O = Cr_2O_7^{2-} + 6SO_4^{2-} + 14H^+$$

$CrCl_3\cdot 6H_2O$是常见的Cr(Ⅲ)盐，易潮解，在工业上用作催化剂、媒染剂和防腐剂。铬钾矾用于鞣革工业和纺织工业。

(3) 铬(Ⅵ)的化合物

铬(Ⅵ)盐有铬酸盐和重铬酸盐两类化合物，它们都有毒。重铬酸盐大都易溶于水，而铬酸盐中除钾、钠和铵盐外都不溶于水。

铬酸 (H_2CrO_4) 是一种二元强酸，强度接近硫酸，只存在于水溶液中。第二步解离较弱。

$$H_2CrO_4 \rightleftharpoons HCrO_4^- + H^+ \qquad K_{a_1}^{\ominus} = 0.18$$

$$HCrO_4^- \rightleftharpoons CrO_4^{2-} + H^+ \qquad K_{a_2}^{\ominus} = 3.2\times 10^{-7}$$

重铬酸 ($H_2Cr_2O_7$) 的酸性比 H_2CrO_4更强，仅存在于稀溶液中，能氧化浓盐酸，放出氯气。

$$H_2Cr_2O_7 + 12HCl(浓) = 2CrCl_3 + 3Cl_2\uparrow + 7H_2O$$

铬酸根 CrO_4^{2-} 呈黄色，重铬酸根 $Cr_2O_7^{2-}$ 呈橙红色。它们在溶液中存在平衡：

$$2CrO_4^{2-} + 2H^+ \rightleftharpoons 2HCrO_4^- \rightleftharpoons Cr_2O_7^{2-} + H_2O$$

可见，铬（Ⅵ）盐溶液中同时存在 CrO_4^{2-}、$HCrO_4^-$、$Cr_2O_7^{2-}$ 三种离子，其相对含量的高低由溶液的酸度而定。酸性溶液（pH<2）中主要以 $Cr_2O_7^{2-}$ 为主，溶液呈橙红色，碱性溶液（pH>6）溶液中以 CrO_4^{2-} 为主，溶液呈黄色。

由电极电势可知，铬（Ⅵ）盐只有在酸性溶液中，即以 $Cr_2O_7^{2-}$ 的形式存在时，才表现出强氧化性。

① 铬酸盐　常见的铬酸盐有铬酸钠、铬酸钾，它们都是黄色晶体。前者和许多钠盐相似，易潮解。铬酸钠、铬酸钾的水溶液都显碱性。碱金属和铵的铬酸盐易溶于水，$MgCrO_4$ 可溶，$CaCrO_4$ 微溶，$BaCrO_4$ 难溶。大多数金属的铬酸盐都难溶，主要以 Ag^+、Pb^{2+}、Ba^{2+} 的铬酸盐为代表。

$$2Ag^+ + CrO_4^{2-} = Ag_2CrO_4\downarrow(\text{砖红色}) \qquad K_{sp}^{\ominus}=1.1\times10^{-12}$$

$$Ba^{2+} + CrO_4^{2-} = BaCrO_4\downarrow(\text{黄色}) \qquad K_{sp}^{\ominus}=1.2\times10^{-10}$$

$$Pb^{2+} + CrO_4^{2-} = PbCrO_4\downarrow(\text{黄色}) \qquad K_{sp}^{\ominus}=2.8\times10^{-13}$$

实验室常用上述反应鉴定 Ag^+、Ba^{2+}、Pb^{2+} 及 CrO_4^{2-} 的存在。不同颜色的铬酸盐常用作颜料。

② 重铬酸盐　重铬酸钠（俗称红矾钠）和重铬酸钾（俗称红矾钾）是重铬酸盐中最重要的两种，都是橙红色的晶体。

重铬酸钾无吸潮性，易用重结晶法提纯，是分析化学中常用的基准试剂。重铬酸钠便宜，溶解度较大，如要求纯度不高，宜选用重铬酸钠做基准试剂。

在重铬酸盐溶液中除加碱可转化为铬酸盐外，加 Ag^+、Pb^{2+} 和 Ba^{2+} 也可转化为相应的铬酸盐。

$$H_2O+4Ag^+ +Cr_2O_7^{2-} = 2Ag_2CrO_4\downarrow(\text{砖红色})+2H^+$$

$$H_2O+2Ba^{2+} + Cr_2O_7^{2-} = 2BaCrO_4\downarrow(\text{黄色})+2H^+$$

$$H_2O+2Pb^{2+} + Cr_2O_7^{2-} = 2PbCrO_4\downarrow(\text{黄色})+2H^+$$

因为这些铬酸盐的溶解度比相应的重铬酸盐小，从而使平衡向着生成铬酸盐的方向移动。

重铬酸盐是实验室中常用的氧化剂，可氧化 Fe^{2+}、H_2S、HI、H_2SO_3、$NaNO_2$、乙醇和浓HCl，本身被还原为 Cr^{3+}。

$$Cr_2O_7^{2-} +6Fe^{2+} +14H^+ = 2Cr^{3+} +6Fe^{3+} +7H_2O$$

这一反应在分析化学上用于 Fe^{2+} 含量的测定。

$$2Cr_2O_7^{2-} +3CH_3CH_2OH +16H^+ \longrightarrow 3CH_3COOH+4Cr^{3+} +11H_2O$$

此反应用于检验司机是否酒后开车。

$$Cr_2O_7^{2-} +3NO_2^- +8H^+ = 2Cr^{3+} +3NO_3^- +4H_2O$$

实验室中常用的铬酸洗液是用等体积热的饱和重铬酸钾溶液与浓硫酸配制的。

$$K_2Cr_2O_7+2H_2SO_4(\text{浓}) = 2CrO_3+2KHSO_4+H_2O$$

此反应用来洗涤玻璃器皿的油污，当溶液由棕红色转变为暗绿色时，Cr(Ⅵ)盐已被还原成Cr(Ⅲ)盐，洗液失效。由于Cr(Ⅵ)洗液污染环境，而且是致癌物质，已逐渐停止使用。在工业上 $K_2Cr_2O_7$ 大量用于鞣革、印染、电镀和医药等方面。

在 $Cr_2O_7^{2-}$ 的溶液中，加入 H_2O_2 和乙醚时，有蓝色过氧化物 $CrO(O_2)_2$ 和 CrO_5 生成，这一反应用来鉴定溶液中是否含有铬（Ⅵ）存在。

$$Cr_2O_7^{2-} +4H_2O_2+2H^+ = 2CrO(O_2)_2+5H_2O$$

生成的 CrO_5 不稳定，在酸性溶液中很快分解：

$$4CrO_5+12H^+ = 4Cr^{3+} +7O_2+6H_2O$$

在反应中再加入乙醚，目的是使 $CrO(O_2)_2$ 与 $(C_2H_5)_2O$ 生成溶剂配合物，如

$[CrO(O_2)_2 \cdot (C_2H_5)_2O]$能够较稳定地存在。

$$(C_2H_5)_2O + CrO(O_2)_2 = [CrO(O_2)_2 \cdot (C_2H_5)_2O]$$

（4）含铬废水

铬的化合物中，以铬（Ⅵ）的毒性最大，比 Cr^{3+} 大 100 倍。Cr^{2+} 及金属铬毒性较小。饮用含铬水对胃、肠等有刺激作用，吸入含铬气体会引起鼻黏膜发炎甚至穿孔。铬会引起贫血、肾炎、神经炎，并有致癌作用。电镀、制革、化工、冶金工业排放的废水中常含有铬。国家排放标准规定废水中 Cr^{6+} 的含量不超过 0.5mg · L^{-1}。

含铬废水的处理方法有多种，化学方法有还原法和离子交换法。

① 还原法　还原法包括还原剂还原法和电解还原法。

常用的还原剂有 $FeSO_4$、$NaHSO_3$、Na_2SO_3 等。先将 Cr^{6+} 还原为 Cr^{3+}，再加石灰乳生成 Cr（$OH)_3$沉淀而除去。

$$Cr_2O_7^{2-} + 3HSO_3^- + 5H^+ = 2Cr^{3+} + 3SO_4^{2-} + 4H_2O$$

$$Cr^{3+} + 3OH^- = Cr(OH)_3 \downarrow$$

电解还原法是用铁作电极，在阴极 Cr^{6+} 被还原成 Cr^{3+}，阳极铁失去电子溶解生成 Fe^{2+}，Fe^{2+} 将 Cr^{6+} 还原为 Cr^{3+}。

阳极：　$$Cr_2O_7^{2-} + 6Fe^{2+} + 14H^+ \longrightarrow 2Cr^{3+} + 6Fe^{3+} + 7H_2O$$

随着电解反应的进行，H^+ 大量消耗，OH^- 逐渐增多，pH 值上升，Cr^{3+}、Fe^{3+} 便生成氢氧化物沉淀。

$$Cr^{3+} + 3OH^- = Cr(OH)_3 \downarrow$$

$$Fe^{3+} + 3OH^- = Fe(OH)_3 \downarrow$$

$Cr(OH)_3$和 $Fe(OH)_3$是优良的絮凝剂，对其他有害离子有吸附、共沉淀作用，可达到同时去除的目的。

② 离子交换法　处理含 Cr^{6+} 污水的方法中，离子交换法效果好。废水流经阴离子交换树脂，交换后的树脂用 NaOH 溶液处理，使 Cr^{6+} 重新进入溶液进行回收，同时树脂也得到再生，以恢复交换能力。其过程为：

$$2R{-}OH + Cr_2O_7^{2-} \xrightarrow{\text{交换}} R_2{-}Cr_2O_7 + 2OH^-$$

$$R_2{-}Cr_2O_7 + 2OH^- \xrightarrow{\text{再生}} 2R{-}OH + Cr_2O_7^{2-}$$

此外，还可用活性污泥法进行生化处理。

15.3 锰

锰在地壳层的丰度是 0.1%，在过渡元素中排第三位，仅次于 Fe 和 Ti。锰在自然界主要以软锰矿 $MnO_2 \cdot xH_2O$ 形式存在。

锰的价电子结构为 $3d^5 4s^2$，7 个价电子都能参加成键。锰的氧化态有+2，+3，+4，+5，+6 和+7 等。

15.3.1 锰的单质

锰是银白色似铁的金属，质硬而脆，是制造特种合金钢的重要材料。含锰量超过 1%的钢叫做锰钢，锰钢具有硬度高、强度大和耐磨、耐大气腐蚀的特性，是轧制铁轨、架设桥梁的优质材料。锰在钢铁工业中有着重要地位。

锰属于活泼金属，在空气中其表面生成一层致密的氧化物保护膜而变暗，粉末状的锰很容易被氧化。在加热时能与许多非金属反应，如在空气中氧化或燃烧均生成 Mn_3O_4，与氟反应能生成 MnF_2和 MnF_4，与其他卤素反应则生成 MnX_2型的卤化物。锰和热水反应生成

$Mn(OH)_2$和 H_2。

$$Mn + 2H_2O = Mn(OH)_2\downarrow + H_2$$

在有氧化剂存在下，锰还能与熔融碱作用生成锰酸盐。

$$2Mn + 4KOH + 3O_2 = 2K_2MnO_4 + 2H_2O$$

锰能溶于一般的无机酸中，生成 Mn（Ⅱ）盐，与冷的浓硫酸作用缓慢。

$$Mn + 2H^+ = Mn^{2+} + H_2$$

15.3.2 锰的化合物

锰的 $3d^5 4s^2$ 七个电子都能参加成键，锰能形成多种氧化态，其中氧化数为+2，+4，+7 的化合物最重要。氧化还原性是锰的化合物的特征性质。

（1）锰的氧化物和氢氧化物

锰有多种氧化物。锰的氧化物及其对应的氢氧化物或含氧酸，随氧化数的升高和离子半径的减小，碱性逐渐减弱，酸性逐渐增强。即

MnO	Mn_2O_3	MnO_2	MnO_3	Mn_2O_7
绿色	黑色	棕黑色	绿色	暗紫红色
$Mn(OH)_2$	$Mn(OH)_3$	$Mn(OH)_4$	H_3MnO_4	$HMnO_4$
白色	棕色	棕黑色	绿色	紫色
碱性	碱性	两性	酸性	酸性

① 二氧化锰　二氧化锰是锰最稳定的氧化物，是一种黑色粉末状物质，难溶于水。MnO_2是两性氧化物。

在酸性介质中 MnO_2是强氧化剂，与浓盐酸共热产生氯气，还能氧化 H_2O_2和 Fe^{2+}。

$$MnO_2 + 4HCl（浓）\xlongequal{\triangle} MnCl_2 + Cl_2\uparrow + 2H_2O$$

$$MnO_2 + H_2O_2 + H_2SO_4 = MnSO_4 + O_2\uparrow + 2H_2O$$

$$MnO_2 + 2FeSO_4 + 2H_2SO_4 = MnSO_4 + Fe_2(SO_4)_3 + 2H_2O$$

MnO_2与浓 H_2SO_4反应生成硫酸锰并放出氧气。

$$4MnO_2 + 6H_2SO_4(浓) = 2Mn_2(SO_4)_3 + O_2\uparrow + 6H_2O$$

在碱性介质中，有氧化剂存在时，MnO_2 还能被氧化成锰（Ⅵ）的化合物。例如，MnO_2和 KOH 在空气中反应或者与 $KClO_3$、KNO_3等氧化剂一起加热熔融，可以得到绿色的锰酸钾 K_2MnO_4。

$$2MnO_2 + 4KOH + O_2 = 2K_2MnO_4 + 2H_2O$$

$$3MnO_2 + 6KOH + KClO_3 = 3K_2MnO_4 + KCl + 3H_2O$$

可知，MnO_4^- 与 Mn^{2+} 会发生逆歧化反应，生成 MnO_2。

MnO_2的氧化还原性，特别是氧化性，使它在工业上有很重要的用途，在玻璃工业中，将它加入熔融态玻璃中以除去带色杂质（硫化物和亚铁盐）。在涂料工业中，将它加入熬制的半干性油中，可以促使这些油在空气中发生氧化作用。MnO_2在干电池中作去极化剂，它也是一种催化剂和制造锰盐的原料。

② 氢氧化锰　在 Mn(Ⅱ)盐溶液中加入强碱，即生成白色 $Mn(OH)_2$沉淀。

在碱性介质中，$Mn(OH)_2$很不稳定，极易被氧化，甚至溶解在水中的氧也能使它氧化 [$E(O_2/H_2O)=1.229V$]，生成棕黑色的水合二氧化锰。

$$2Mn(OH)_2 + O_2 = 2MnO(OH)_2(或 2MnO_2\cdot H_2O)$$

此反应在水质分析中用于测定水中的溶解氧。

$MnO(OH)_2$脱水生成 MnO_2。

$$2MnO(OH)_2 = 2MnO_2 + 2H_2O$$

(2) 锰盐

① 锰（Ⅱ）盐　由于Mn^{2+}价电子构型为$3d^5$，是半充满的稳定状态，故锰(Ⅱ)盐最稳定。Mn(Ⅱ)的强酸盐都易溶于水，少数弱酸盐不溶于水，如$MnCO_3$、MnC_2O_4、$Mn_3(PO_4)_2$、MnS不溶于水。在水溶液中，Mn^{2+}常以浅粉红色的$[Mn(H_2O)_6]^{2+}$水合离子形式存在。

Mn^{2+}在酸性溶液中很稳定，既不易被氧化，也不易被还原。只有与强氧化剂如$K_2S_2O_8$、$NaBiO_3$、PbO_2反应，才能使Mn^{2+}氧化为MnO_4^-。

$$2Mn^{2+}+5S_2O_8^{2-}+8H_2O \longrightarrow 2MnO_4^-+10SO_4^{2-}+16H^+$$

$$2Mn^{2+}+5BiO_3^-+14H^+ \longrightarrow 2MnO_4^-+5Bi^{3+}+7H_2O$$

$$2Mn^{2+}+5PbO_2+4H^+ \longrightarrow 2MnO_4^-+5Pb^{2+}+2H_2O$$

反应产物MnO_4^-即使在很稀的溶液中，也能显示出它特征的紫红色。因此上述反应常用来检验溶液中Mn^{2+}的存在。

在碱性介质中Mn^{2+}易被氧化：

$$Mn^{2+}+2OH^- \longrightarrow Mn(OH)_2\downarrow\text{（白色）}$$

$$2Mn(OH)_2+O_2 \longrightarrow 2MnO(OH)_2(MnO_2\cdot H_2O,\text{棕黑色})$$

锰盐属弱碱盐，在水溶液中有水解性。所以锰盐溶液在蒸发、浓缩时，必须保证溶液有足够的酸度，抑制Mn^{2+}水解成不稳定的$Mn(OH)_2$，而$Mn(OH)_2$经氧化、脱水可产生MnO_2。

$$Mn^{2+}+2H_2O \rightleftharpoons Mn(OH)_2+2H^+$$

锰(Ⅱ)盐具有一定的毒性，吸入含锰的粉尘会引起神经系统中毒。

② 锰(Ⅵ)盐　Mn(Ⅵ)最重要的化合物是墨绿色的K_2MnO_4，在水溶液中易歧化。

$$3MnO_4^{2-}+2H_2O \longrightarrow 2MnO_4^-+MnO_2+4OH^-$$

碱性增强（pH＞13.5）则MnO_4^{2-}稳定性增高。碱性降低则有利于其歧化，如通入CO_2或加乙酸就可使它歧化。

$$3MnO_4^{2-}+2CO_2 \longrightarrow 2MnO_4^-+MnO_2+2CO_3^{2-}$$

在碱性条件下K_2MnO_4不是强氧化剂，如加氧化剂或电解也可氧化锰酸钾。

$$2MnO_4^{2-}+Cl_2 \longrightarrow 2MnO_4^-+2Cl^-$$

在酸性条件下K_2MnO_4虽然有强氧化性，但由于它的不稳定性，故不用作氧化剂。

③ 锰（Ⅶ）盐　锰（Ⅶ）盐中最重要的是高锰酸钾，俗称灰锰氧。高锰酸钾是暗紫色晶体，有光泽，易溶于水，其水溶液呈紫红色，对热不稳定，加热到200℃就能分解放出氧气，故与有机物混合会发生燃烧或爆炸。

$$2KMnO_4 \longrightarrow K_2MnO_4+MnO_2+O_2$$

在溶液中，$KMnO_4$也不十分稳定，在酸性溶液中缓慢地分解，析出MnO_2。

$$4MnO_4^-+4H^+ \longrightarrow 4MnO_2+2H_2O+3O_2$$

在中性或微碱性溶液中分解更慢。

$$4MnO_4^-+4OH^- \longrightarrow 4MnO_4^{2-}+O_2+2H_2O$$

光对$KMnO_4$的分解有催化作用，所以固体$KMnO_4$及其溶液都需保存在棕色瓶中。

$$2KMnO_4(s)+H_2SO_4(\text{浓}) \longrightarrow Mn_2O_7(\text{绿褐色油状液体})+K_2SO_4+H_2O$$

Mn_2O_7易分解放出O_2和O_3，遇有机物起火。因此保存高锰酸钾固体时应避免与浓硫酸及有机物接触。

高锰酸钾无论在酸性、中性或碱性介质中，都有很强的氧化性，稀溶液也有强氧化性。

a. 在酸性介质中，其还原产物是Mn^{2+}，可氧化Fe^{2+}、I^-，Cl^-，SO_3^{2-}。

$$2MnO_4^- + 5SO_3^{2-} + 6H^+ = 2Mn^{2+} + 5SO_4^{2-} + 3H_2O$$

$$MnO_4^- + 5Fe^{2+} + 8H^+ = Mn^{2+} + 5Fe^{3+} + 4H_2O$$

在分析化学中利用后一反应测定铁的含量。

b. 在中性、微碱性溶液中，其还原产物是 MnO_2。

$$2MnO_4^- + 3SO_3^{2-} + H_2O = 2MnO_2 + 3SO_4^{2-} + 2OH^-$$

c. 在强碱性溶液中，其还原产物是 MnO_4^{2-}。

$$2MnO_4^- + SO_3^{2-} + 2OH^- = 2MnO_4^{2-} + SO_4^{2-} + H_2O$$

如还原剂 SO_3^{2-} 过量，会进一步还原 MnO_4^{2-}，最后产物是 MnO_2。

$$MnO_4^{2-} + SO_3^{2-} + H_2O = MnO_2\downarrow + SO_4^{2-} + 2OH^-$$

高锰酸钾广泛用于定量分析中，测定一些过渡金属离子（如 VO_2^+、Fe^{2+} 等）以及 H_2O_2、草酸盐、甲酸盐和硝酸盐等的含量。0.1% 的 $KMnO_4$ 稀溶液常用来消毒水果和茶具，5% 的 $KMnO_4$ 溶液可治疗烫伤。在工业上还用来做油脂和蜡的漂白剂，是常用的化学试剂。

15.4　铁

铁位于周期表中ⅧB族，与钴和镍性质相似，这三种元素合称为铁系元素。铁的主要矿物有磁铁矿 Fe_3O_4、赤铁矿 Fe_2O_3、褐铁矿 FeO 等。

铁的价层电子构型为 $3d^6 4s^2$，氧化态有 +2、+3、+6 三种。

铁有生铁和熟铁之分，生铁含碳量为 1.7%～4.5%，熟铁含碳量在 0.1% 以下。而钢含碳量为 0.1%～1.7%。

15.4.1　铁的单质

铁是白色而有光泽的金属，略带灰色，有很好的延展性和和铁磁性。

纯金属铁块在空气中较稳定。但含有杂质的铁在潮湿空气中容易生锈，锈层疏松多孔，不能起保护作用。

铁属于中等活泼金属，高温时能与 O_2、S、Cl_2、Br_2 等非金属单质化合。赤热的铁能与水蒸气反应生成 Fe_3O_4，并放出 H_2。铁能溶于盐酸、稀硫酸和稀硝酸，但冷的浓硫酸、浓硝酸会使其钝化。铁能被浓碱溶液缓慢腐蚀，而钴、镍在碱性溶液中的稳定性比铁高，故熔碱时最好使用镍制坩埚。

铁能与一氧化碳形成羰基化合物。这些羰基化合物稳定性差，利用它们的热分解反应可以制得高纯度金属。

15.4.2　铁的化合物

（1）铁的氧化物和氢氧化物

① 氧化物　铁有三种氧化物：FeO（黑色）、Fe_3O_4（黑色）、Fe_2O_3（红棕色）。

a. FeO 是碱性氧化物，不溶于水，能溶于强酸而不溶于碱。

b. Fe_2O_3 俗称铁红，可做红色颜料、磨光粉、催化剂等，不溶于水。它是两性氧化物，但碱性强于酸性。Fe_2O_3 与酸作用生成 Fe(Ⅲ)盐，与 NaOH、Na_2CO_3、Na_2O 等碱性物质共熔生成铁酸盐。

$$Fe_2O_3 + 6HCl = 2FeCl_3 + 3H_2O$$

$$Fe_2O_3 + 2NaOH \xrightarrow{熔融} 2NaFeO_2 + H_2O$$

灼烧后的 Fe_2O_3 不溶于酸。

c. Fe_3O_4 又称磁性氧化铁，黑色晶体，可做黑色颜料，不溶于水和酸，有良好的导电性，可能是电子在 Fe(Ⅲ)和 Fe(Ⅱ)之间传递的结果。经证明，Fe_3O_4 是一种铁酸盐 $Fe(FeO_2)_2$。

从溶液中析出的 Fe(Ⅲ)或 Fe(Ⅱ)的含氧酸盐都带有结晶水。它们受强热时分解为 Fe(Ⅲ)或 Fe(Ⅱ)的氧化物。

$$4Fe(NO_3)_2 \xlongequal{600\sim700℃} 2Fe_2O_3 + 8NO_2 + O_2$$

$$FeC_2O_4 \xlongequal{隔绝空气加热} FeO + CO + CO_2$$

实验室常用上述反应制取 Fe_2O_3 和 FeO。

② 氢氧化物　铁有两种氢氧化物：$Fe(OH)_2$（白色）和 $Fe(OH)_3$（棕红色）。它们都是难溶于水的弱碱。在亚铁盐（除尽空气）、铁盐溶液中加碱，即有氢氧化物沉淀生成。

$$Fe^{3+} + 3OH^- \xlongequal{} Fe(OH)_3(s)$$

$$Fe^{2+} + 2OH^- \xlongequal{} Fe(OH)_2(s)$$

a. $Fe(OH)_2$ 极不稳定，在空气中易被氧化，白色的 $Fe(OH)_2$ 先变成灰绿色，最后成为棕红色的 $Fe(OH)_3$。

$$4Fe(OH)_2 + O_2 + 2H_2O \xlongequal{} 4Fe(OH)_3$$

只有在完全清除掉溶液中的氧时，才有可能得到白色的 $Fe(OH)_2$。$Fe(OH)_2$ 不仅能溶于酸，也微溶于浓氢氧化钠溶液。但并不以此称 $Fe(OH)_2$ 具有两性。

b. 新沉淀的 $Fe(OH)_3$ 具有微弱的两性，但碱性强于酸性，溶于酸生成 Fe(Ⅲ)盐，溶于浓的强碱溶液，生成铁酸盐。例如能溶于热的浓 KOH 溶液，生成 $KFeO_2$ 或 $K_3[Fe(OH)_6]$。

$$Fe(OH)_3 + 3H^+ \xlongequal{} Fe^{3+} + 3H_2O$$

$$Fe(OH)_3 + OH^- \xlongequal{} FeO_2^- + 2H_2O$$

经放置的 $Fe(OH)_3$ 沉淀则难以显示酸性，只能与酸反应。

(2) 铁盐

① 铁（Ⅱ）盐　铁（Ⅱ）盐有强的还原性，在空气中不稳定，易被氧化成铁（Ⅲ）盐。

在溶液中，铁（Ⅱ）盐的氧化还原稳定性随介质不同而不同。在酸性介质中，Fe^{2+} 比较稳定，有显著的还原性，能被强氧化剂如 $KMnO_4$、$K_2Cr_2O_7$、Cl_2、H_2O、HNO_3 氧化成 Fe^{3+}。

$$2Fe^{2+} + Cl_2 \xlongequal{} 2Fe^{3+} + 2Cl^-$$

$$2Fe^{2+} + H_2O_2 + 2H^+ \xlongequal{} 2Fe^{3+} + 2H_2O$$

$$Fe^{2+} + HNO_3 + H^+ \xlongequal{} Fe^{3+} + NO_2\uparrow + H_2O$$

在酸性溶液中，空气中的氧也能把 Fe^{2+} 氧化为 Fe^{3+}。

在碱性介质中，Fe^{2+} 还原性更强，极易被氧化。因此，制备和保存铁（Ⅱ）盐溶液时，必须加入足够浓度的酸，始终保持溶液的酸性，并加几颗铁钉防止氧化。

$$2Fe^{3+} + Fe \xlongequal{} 3Fe^{2+}$$

铁(Ⅱ)盐溶液显浅绿色，稀溶液几乎无色。

Fe^{2+} 的强酸盐几乎都溶于水，如硫酸盐、硝酸盐、卤化物等。由于水解呈酸性，所以 Fe^{2+} 的弱酸盐大都难溶于水而溶于酸，如碳酸盐、磷酸盐、硫化物等。

常见的铁(Ⅱ)盐是 $FeSO_4 \cdot 7H_2O$，俗称绿矾，为蓝绿色晶体，易风化。其无水盐是白色粉末，不稳定，特别是溶液，易被氧化为 Fe(Ⅲ)盐。

$$4FeSO_4 + O_2 + 2H_2O \xlongequal{} 4Fe(OH)SO_4$$

棕色 $FeSO_4$ 可以用作媒染剂、鞣革剂、木材防腐剂、种子杀虫剂及制蓝黑墨水。

亚铁盐在分析化学中是常用的还原剂，通常使用比绿矾稳定的摩尔盐即：硫酸亚铁铵

$(NH_4)_2SO_4 \cdot FeSO_4 \cdot 6H_2O$，在分析化学中用于标定 $KMnO_4$、$K_2Cr_2O_7$ 等溶液的浓度。例如

$$2KMnO_4+10FeSO_4+8H_2SO_4 = K_2SO_4+2MnSO_4+5Fe_2(SO_4)_3+8H_2O$$

② 铁（Ⅲ）盐　由于 $Fe(OH)_3$ 的碱性比 $Fe(OH)_2$ 更弱，所以 Fe(Ⅲ)盐较铁（Ⅱ）盐易水解，这是 Fe(Ⅲ)盐的重要性质，其水解产物近似地认为是 $Fe(OH)_3$。

$$Fe^{3+}+3H_2O = Fe(OH)_3\downarrow+3H^+$$

在强酸性（pH≈0）溶液中，Fe^{3+} 以水合离子 $[Fe(H_2O)_6]^{3+}$ 的形式存在，显黄色。随着酸性减弱，水解、缩合逐级进行，很快就形成胶体溶液，最后形成 $Fe(OH)_3$ 沉淀，溶液颜色由黄色加深至棕色。加酸能抑制 $[Fe(H_2O)_6]^{3+}$ 水解，故配制 Fe(Ⅲ)盐溶液时，需加入一定的酸。

$FeCl_3$ 或 $Fe_2(SO_4)_3$ 常用作净水剂，是因为其胶状水解产物能凝聚水中的悬浮物，并一起沉降。

+3 价铁的硝酸盐、硫酸盐、氯化物和高氯酸盐等都易溶于水，并且在水中容易水解使溶液显酸性。

Fe(Ⅲ)盐的另一重要性质是氧化性。Fe^{3+} 的氧化能力相对较弱，但在酸性溶液中属于中强氧化剂，能氧化 $SnCl_2$、Cu、KI 和 H_2S 等，还原产物是 Fe^{2+}。例如

$$2Fe^{3+}+2I^- = 2Fe^{2+}+I_2$$

$$2Fe^{3+}+H_2S = 2Fe^{2+}+S+2H^+$$

$$2Fe^{3+}+Fe = 3Fe^{2+}$$

$$2Fe^{3+}+Cu = 2Fe^{2+}+Cu^{2+}$$

氯化铁是重要的 Fe(Ⅲ)盐。无水氯化铁是用氯气和铁粉在高温下直接合成的。将铁屑溶于盐酸所得的氯化亚铁溶液通入氯气，再经浓缩、冷却、结晶得到棕黄色的六水氯化铁晶体。

氯化铁主要用于有机染料的生产上。在印刷制版中，它可用作铜版的腐蚀剂，即把铜版上需要去掉的部分和氯化铁作用，使 Cu 变成 $CuCl_2$ 而溶解。

$$Cu+2FeCl_3 = CuCl_2+2FeCl_2$$

此外，氯化铁能引起蛋白质的迅速凝聚，所以在医疗上用作伤口的止血剂。

硫酸铁也是重要的 Fe(Ⅲ)盐，易形成矾，如蓝紫色硫酸铁铵晶体 $NH_4Fe(SO_4)_2 \cdot 12H_2O$，俗称铁铵矾。

③ 铁的配合物

a. 亚铁氰化钾　Fe^{2+} 与 KCN 溶液作用，首先生成白色氰化亚铁沉淀 $Fe(CN)_2$，KCN 过量，$Fe(CN)_2$ 沉淀溶解而形成六氰合铁(Ⅱ)酸钾 $K_4[Fe(CN)_6]$，简称亚铁氰化钾，俗名黄血盐，为柠檬黄色晶体。

$$Fe^{2+}+2CN^- = Fe(CN)_2$$

$$Fe(CN)_2+4CN^- = [Fe(CN)_6]^{4-}$$

在黄血盐溶液中通入氯气或加入高锰酸钾溶液，可把 $[Fe(CN)_6]^{4-}$ 氧化为 $K_3[Fe(CN)_6]$。

$$2K_4[Fe(CN)_6]+Cl_2 = 2K_3[Fe(CN)_6]+2KCl$$

$$3K_4[Fe(CN)_6]+KMnO_4+2H_2O = 3K_3[Fe(CN)_6]+MnO_2\downarrow+4KOH$$

b. 铁氰化钾　六氰合铁（Ⅲ）酸钾 $K_3[Fe(CN)_6]$，简称铁氰化钾，俗名赤血盐，为深红色晶体。

在 Fe^{2+} 溶液中加入赤血盐，或在 Fe^{3+} 溶液中加入黄血盐，都有蓝色沉淀生成。

$$Fe^{2+}+[Fe(CN)_6]^{3-}+K^+ = KFe[Fe(CN)_6]\downarrow \text{（滕氏蓝）}$$

$$Fe^{3+}+[Fe(CN)_6]^{4-}+K^+ = KFe[Fe(CN)_6]\downarrow \text{（普鲁士蓝）}$$

以上两反应用来鉴定 Fe^{2+} 和 Fe^{3+} 的存在。经研究表明，两种蓝色物质具有相同的晶体结构，实际是同一种物质，其化学式是 $KFe^{Ⅲ}[Fe^{Ⅱ}(CN)_6]$。

在放有 Fe^{2+}（$FeSO_4$）和硝酸盐的混合溶液的试管中，小心地加入浓硫酸，在浓硫酸与溶液的界面处出现“棕色环”。这是由于生成了配合物 $[Fe(NO)(H_2O)_5]^{2+}$ 而呈现的颜色。

$$3Fe^{2+} + NO_3^- + 4H^+ = 3Fe^{3+} + NO + 2H_2O$$

$$[Fe(H_2O)_6]^{2+} + NO \longrightarrow [Fe(NO)(H_2O)_5]^{2+}(\text{棕色}) + H_2O$$

这一反应用来鉴定 NO_3^- 的存在。

c. 硫氰化铁　在 Fe(Ⅲ)盐溶液中加入 KSCN 时，能形成血红色的异硫氰酸根合铁(Ⅱ)离子，即 $[Fe(SCN)_n]^{3-n}$。

$$Fe^{3+} + nSCN^- \longrightarrow [Fe(SCN)_n]^{3-n} \quad (n=1\sim6)$$

这一反应非常灵敏，常用以检测 Fe^{3+} 和比色测定 Fe^{3+}。反应须在酸性环境中进行，因为溶液酸度小时，Fe^{3+} 发生水解生成氢氧化铁，破坏了硫氰配合物而得不到血红色溶液，加入 NaF，血红色消失。

$$[Fe(SCN)_n]^{3-n} + 6F^- \longrightarrow [FeF_6]^{3-} + nSCN^-$$

d. 五羰基铁　铁粉与羰基在 150～200℃ 和 101.3kPa 下反应，生成黄色液体五羰基铁 $Fe(CO)_5$。五羰基铁不溶于水而溶于苯和乙醚中，易挥发，热稳定性差，加热至 140℃ 时分解，析出单质铁。利用此性质可以提纯铁。

$$Fe + 5CO \xrightarrow{\text{温度、压力}} Fe(CO)_5$$

制备时，必须在与外界隔绝的容器中进行。

Fe(Ⅲ)的配合物比 Fe(Ⅱ)的配合物稳定。

习　题

一、填空题

15-1　五价钒的缩合与溶液的______有关，同时与______也有关。

15-2　给出下列含钒物质的颜色。

V^{2+}______，V^{3+}______，VO^{2+}______，VO_2^+______，V_2O_5______，VO_4^{3-}______，$V_5O_{14}^{3-}$______，$V_{10}O_{28}^{6-}$______。

15-3　向 $CrCl_3$ 溶液中滴加 Na_2CO_3 溶液，产生的沉淀组成为______，沉淀的颜色为______。

15-4　给出下列矿物的主要成分。

(1) 钛铁矿______；　(2) 铬铁矿______；

(3) 辉钼矿______；(4) 黑钨矿______；

(5) 白钨矿______。

15-5　向 $FeCl_3$ 溶液中加入 KSCN 溶液后，溶液变为______色，再加入过量 NH_4F 溶液后，溶液又变为__色。滴加 NaOH 溶液时，又有______生成。

15-6　向热的氢氧化铁浓碱性悬浮液中通入氯气，溶液变为______色；加入 $BaCl_2$ 的溶液，则有______色的______生成。

15-7　给出下列物质的化学式。

绿矾______，铁红______，摩尔盐______，

赤血盐______，黄血盐______，二茂铁______，

普鲁士蓝______。

15-8　在配制 $FeSO_4$ 溶液时，常向溶液中加入一些______和______，其目的是______。

二、选择题

15-9　下列化合物中，还原性最强的是（　）。

A. $Mg(OH)_2$　　B. $Al(NO_3)_3$　　C. $Cu(NO_3)_2$　　D. $Mn(OH)_2$

15-10　某金属离子在八面体强场中的磁矩与在八面体弱场中的磁矩几乎相等，则该离子可能是（　　）。

A. Mn^{2+}　　B. Cr^{3+}　　C. Mn^{3+}　　D. Fe^{3+}

15-11　碱性介质中氧化能力最强的是（　　）。

A. K_2CrO_4　　B. K_2MnO_4　　C. $KMnO_4$　　D. I_2

15-12　在酸性介质中可使 Cr^{3+} 转化为 $Cr_2O_7^{2-}$ 的试剂是（　　）。

A. H_2O_2　　B. MnO_2　　C. $KMnO_4$　　D. HNO_3

15-13　酸性介质中发生歧化反应的离子是（　　）。

A. Mn^{2+}　　B. Mn^{3+}　　C. Cr^{3+}　　D. Ti^{3+}

15-14　$FeCl_3$ 溶液遇 KSCN 溶液变红，欲使红色褪去，可加入试剂（　　）。

①Fe 粉　②$SnCl_2$　③$CoCl_2$　④NH_4F

A. ①②③　　B. ①②④　　C. ②③④　　D. ①③④

15-15　下列物质不能在溶液中大量共存的是（　　）。

A. $Fe(CN)_6^{3-}$ 和 OH^+　　B. $Fe(CN)_6^{3-}$ 和 I^-

C. $Fe(CN)_6^{4-}$ 和 I_2　　D. Fe^{3+} 和 Br^-

15-16　能用 NaOH 溶液分离的离子对是（　　）。

A. Cr^{3+} 和 Al^{3+}　　B. Cu^{2+} 和 Zn^{2+}　　C. Cr^{3+} 和 Fe^{3+}　　D. Cu^{2+} 和 Fe^{3+}

15-17　下列化合物中，颜色不为黄色的是（　　）。

A. PbI_2　　B. $BaCrO_4$

C. $K_3[Co(NO_2)_6]$　　D. $K_3[Fe(CN)_6]$

15-18　下列配合物中，还原能力最强的是（　　）。

A. $Fe(H_2O)_6^{2+}$　　B. $Fe(CN)_6^{4-}$

C. $Co(NH_3)_6^{2+}$　　D. $Co(H_2O)_6^{2+}$

15-19　下列金属中，在地壳中丰度最高的是（　　）。

A. Cu　　B. Zn　　C. Ti　　D. V

15-20　下列各对元素的性质最相似的是（　　）。

A. Cr 和 Mo　　B. Mg 和 Zn　　C. Ti 和 V　　D. Nb 和 Ta

15-21　下列金属中，易溶于 HF 溶液的是（　　）。

A. Ti　　B. Cu　　C. Ni　　D. Si

15-22　金属钛和热盐酸反应后生成紫色溶液并放出氢气，则产物中钛的价态是（　　）。

A. +1　　B. +2　　C. +3　　D. +4

15-23　在强酸介质中，五价钒的主要存在形式为（　　）。

A. V^{5+}　　B. VO^{3+}　　C. VO_2^+　　D. V_2O_5

三、判断题

15-24　第一过渡系是指第四周期过渡元素。（　　）

15-25　同周期过渡元素的原子半径随原子序数的增加而缓慢地依次减小，所以铜的原子半径大于锌的原子半径。（　　）

15-26　第一过渡系元素比第二、三过渡系元素活泼。（　　）

15-27　在羰合物中，金属的氧化值都是零。（　　）

15-28　由于发生电子转移，所以 $Cr_2O_7^{2-}$ 呈橙色。（　　）

15-29　在羰合物中，直接与金属原子相连的原子是氧原子。（　　）

四、综合题

15-30　SnS 能溶于 $(NH_4)_2S$ 水溶液里，你认为可能的原因是什么？如何证明你的判断是正确的？

15-31　将无水钠盐固体 A 溶于水，滴加稀硫酸有无色气体 B 生产，B 通入碘水溶液，则碘水褪色，说明 B 转化为 C，晶体 A 在 600℃以上加热至恒重后生成混合物 D。用 pH 试纸检验发现，D 的水溶液中加 $CuCl_2$ 溶液有不溶于盐酸的黑色沉淀 E 生成，若用 $BaCl_2$ 溶液代替 $CuCl_2$ 进行实验，则有白色沉淀 F 生产，F 不溶于硝酸、氢氧化钠溶液及氨水。

试写出字母 A～F 所代表的物质的化学式，并用化学反应方程式表示各过程。

15-32　白色固体 A 与油状无色液体 B 反应生成 C。纯净的 C 为紫黑色固体，微溶于水，易溶于 A 的溶液中，得到红棕色溶液 D。将 D 分成两份，一份中加入无色溶液 E，另一份中通入黄绿色气体单质 F，两份均褪色成无色透明溶液，无色溶液 E 遇酸生成淡黄色沉淀 G，同时放出无色气体 H。将气体 F 通入培液 E，将气体在所得溶液中加入 $BaCl_2$，有白色沉淀 I 生成，I 不溶于 HNO_3。

试写出字母 A、B、C、D、E、F、G、H 和 I 所代表的物质的化学式，并用化学反应方程式表示各过程。

15-33　打开盛装 $TiCl_4$ 试剂的玻璃瓶时会冒白烟，试写出相关的方程式。如果水量充分，反应物将会有什么不同?

15-34　试写出钛白、锌白、铅白的化学组成，并指出钛白作为燃料的优点。

第16章 ds区元素

16.1 铜族元素

16.1.1 铜族元素概述

ⅠB族包括铜、银、金三种元素，又称铜副族。原子次外层有18个电子，其原子半径比同周期的碱金属小，电离能大。因此铜族元素活泼性远不如碱金属，是不活泼金属，并按Cu、Ag、Au的顺序递减，原因是从Cu到Au，原于半径增加不大，而核电荷却明显增加，次外层18电子的屏蔽效应又较小，即有效核电荷对价电子的吸引力增大，因而金属活泼性依次减弱。铜副族元素有+1，+2，+3三种氧化数。铜副族元素化合物多为共价型，原因是18电子层结构的离子具有很强的极化力和明显的变形性，所以本族元素容易形成共价性化合物，易形成配合物。

氢氧化物碱性较弱，易脱水形成氧化物，铜族元素从上到下，氢氧化物的碱性增强。碱金属氢氧化物是强碱，对热非常稳定，碱金属的氢氧化物的碱性从上到下是增强的。

铜、银和金因其化学性质不活泼，所以它们在自然界中有游离的单质存在。铜、银主要以矿物的形式存在。金主要以游离态存在。铜、银能溶于硝酸中，也能溶于热的浓硫酸中，金只能溶于王水中。

$$Au + HNO_3 + 4HCl = H[AuCl_4^-] + NO + 2H_2O$$

铜族金属密度大，熔点高，是优良导体，延展性很好，特别是金，1克金能抽成长达3公里金丝，或压成厚约0.0001mm的金箔。银导电性第一，铜的导电性能仅次银居第二位。铜在电气工业中有着广泛的应用。银主要用来制造器皿、饰物、货币等。金是贵金属，常用于电镀、镶牙和饰物。金还是国际通用货币，一个国家的黄金储量可在一定程度上衡量一个国家的经济力量。有时把铜、银和金称为“货币金属”，这是因为古今中外都用它们作为金属货币的主要成分。

铜族金属之间以及和其他金属之间，都很容易形成合金，其中铜合金种类很多，如青铜（80%Cu，15%Sn，5%Zn）质地坚韧、易铸，黄铜（60%Cu、40%Zn）广泛作仪器零件，白铜（87%～85%Cu，13%～15%Ni）主要用作刀具等。Cu和Fe、Mn、Mo、B、Zn、Co等元素都可用作微量元素肥料。

16.1.2 铜及其化合物

（1）铜

铜在自然界有游离的单质存在，但游离铜的矿很少，主要以硫化物矿的形式存在。

在常温下，铜在干燥的空气中稳定，只有在加热的条件下才与氧反应生成黑色的氧化铜。在潮湿的空气中铜表面易生成一层铜绿（碱式碳酸铜）。

$$2Cu+O_2+H_2O+CO_2 \longrightarrow Cu(OH)_2 \cdot CuCO_3$$

铜绿可防止金属进一步腐蚀，其组成是可变的。

铜在常温下能和卤素发生反应，在高温下也不与氢、氮、碳反应，不溶于稀盐酸，但可溶于硝酸和热的浓硫酸。

$$Cu+4HNO_3(浓) \longrightarrow Cu(NO_3)_2+2NO_2\uparrow++2H_2O$$

$$3Cu+8HNO_3(稀) \longrightarrow 3Cu(NO_3)_2+2NO\uparrow+4H_2O$$

$$Cu+2H_2SO_4(浓) \longrightarrow CuSO_4+SO_2\uparrow++2H_2O$$

浓盐酸在加热时也能与铜反应，这是因为 Cl^- 和 Cu^{2+} 形成配离子 $[CuCl_4]^{2-}$。

$$2Cu+8HCl(浓) \xrightarrow{\triangle} 2H_2[CuCl_4]+2H_2$$

铜能溶于浓的氰化钠溶液，放出氢气。

$$2Cu+2H_2O+8CN^- \longrightarrow 2[Cu(CN)_4]^{3-}+2OH^-+H_2\uparrow$$

而 Cu 与配位能力较弱的配体作用时，要在氧气存在下方能进行。

$$2Cu+8NH_3+O_2+2H_2O \longrightarrow 2[Cu(NH_3)_4]^{2+}+4OH^-$$

铜在生命系统中起着重要作用，人体有 30 多种含有铜的蛋白质和酶，现已知血浆中的铜几乎全部结合在铜蓝蛋白中。铜蓝蛋白具有亚铁氧化酶的功能，在铁的代谢中起着重要的作用。人体内缺铜时，易患白癜风、关节炎等病；人体内铜过多时，易患肌梗塞、肝硬化、低蛋白症、骨癌等，据研究发现，癌症患者血清中 Zn、Cu 比值明显低于正常人。

(2) 铜的化合物

铜通常有+1，+2 两种氧化数的化合物，以 Cu(Ⅱ)常见。

从价电子构型看，Cu^+ 比 Cu^{2+} 稳定，所以在固态时，Cu(Ⅰ)的化合物稳定。自然界存在的辉铜矿（Cu_2S）、赤铜矿（Cu_2O）都是 Cu(Ⅰ)化合物。Cu^{2+} 能形成稳定的 $[Cu(H_2O)_4]^{2+}$ 配离子，所以在水溶液中，Cu^{2+} 反而比 Cu^+ 稳定，这一点也可用元素电势图来说明。

在溶液中，Cu^+ 易发生歧化反应，所以溶液中 Cu^{2+} 最稳定。因此，制得的亚铜化合物必须迅速从溶液中滤出并立即干燥，密闭包装。

① 铜的氧化物

a. 氧化亚铜　氧化亚铜（Cu_2O）为暗红色不溶于水的固体，是制造玻璃和搪瓷的红色颜料，有毒，不溶于水，对热稳定，但在潮湿空气中缓慢被氧化成 CuO。氧化亚铜具有半导体性质，可作整流器材料，此外，在农业上可做杀菌剂。

氧化亚铜 Cu_2O 可以通过在碱性介质中还原 Cu(Ⅱ)化合物得到。用葡萄糖作还原剂时，反应如下：

$$2[Cu(OH)_4]^{2-}+CH_2OH(CHOH)_4CHO \longrightarrow$$

$$4OH^-+CH_2OH(CHOH)_4COOH+2H_2O+Cu_2O\downarrow$$

橘黄色、鲜红色或深棕色

医学上用这个反应来检测尿样中的糖分，以帮助诊断糖尿病。Cu^{2+} 和酒石酸根（$C_4H_4O_6^{2-}$）的配位化合物，其溶液呈深蓝色，有机化学中称为 Fehling（斐林）溶液，用来鉴定醛基，其现象是生成红色的 Cu_2O 沉淀。

氧化亚铜能溶于氨水和氢卤酸，分别形成稳定的无色配合物 $[Cu(NH_3)_2]^+$、$[CuX_2]^-$。

$$Cu_2O+4NH_3+H_2O \longrightarrow 2[Cu(NH_3)_2]^++2OH^-$$

$[Cu(NH_3)_2]^+$ 易被空气中的氧氧化成深蓝色的 $[Cu(NH_3)_4]^{2+}$，利用此反应可除去气体中的氧。

$$4[Cu(NH_3)_2]^++2H_2O+8NH_3+O_2 \longrightarrow 4[Cu(NH_3)_4]^{2+}+4OH^-$$

氧化亚铜能溶于稀酸，但立即歧化分解。

$$Cu_2O+2HCl \xlongequal{} CuCl_2+Cu+H_2O$$

$$Cu_2O+H_2SO_4 \xlongequal{} CuSO_4+Cu+H_2O$$

b. 氧化铜　氧化铜（CuO）为黑色不溶于水的粉末。氧化铜对热稳定，加热到 1000℃时开始分解生成氧化亚铜，放出氧气。

$$4CuO(黑) \xlongequal{1000℃} 2Cu_2O(红)+O_2$$

将铜粉和氧化铜的混合物在密闭容器内煅烧即得氧化亚铜。

$$Cu+CuO \xlongequal{} Cu_2O$$

CuO 和 Cu_2O 都是碱性氧化物，溶于稀酸。

$$CuO+2H^+ \xlongequal{} Cu^{2+}+H_2O$$

加热分解硝酸铜或碱式碳酸铜都能制得黑色的氧化铜。

$$2Cu(NO_3)_2 \xlongequal{\triangle} 2CuO+4NO_2\uparrow+O_2\uparrow$$

$$Cu_2(OH)_2CO_3 \xlongequal{\triangle} 2CuO+CO_2\uparrow+H_2O\uparrow$$

后一反应可以避免 NO_2对大气的污染，更适合于工业生产。

目前，工业上生产 CuO 常利用废铜料，先制成 $CuSO_4$，再由金属铁还原得到比较纯净的铜粉。铜粉再经过焙烧得 CuO。有关反应如下：

$$Cu+2H_2SO_4(浓) \xlongequal{\triangle} CuSO_4+SO_2\uparrow+2H_2O$$

$$CuSO_4+Fe \xlongequal{} FeSO_4+Cu$$

$$2Cu+O_2 \xlongequal{450℃} 2CuO$$

② 氢氧化铜　氢氧化铜为浅蓝色不溶于水的粉末，对热不稳定。$Cu(OH)_2$微显两性，碱性强于酸性，易溶于酸。

$$Cu(OH)_2+H_2SO_4 \xlongequal{} CuSO_4+2H_2O$$

$Cu(OH)_2$ 只能溶于浓的强碱，生成蓝色四羟基合铜（Ⅱ）离子。

$$Cu(OH)_2+2OH^- \xlongequal{} [Cu(OH)_4]^{2-}$$

$Cu(OH)_2$溶于氨水生成碱性的铜氨溶液，显深蓝色。它是纤维素的很好溶剂，可用于人造丝的生产。

$$Cu(OH)_2+4NH_3 \xlongequal{} [Cu(NH_3)_4]^{2+}+2OH^-$$

向可溶性铜盐溶液中加入适量的强碱，有浅蓝色的 Cu $(OH)_2$沉淀生成。

$$CuCl_2+2NaOH \xlongequal{} Cu(OH)_2\downarrow+2NaCl$$

但新生成的氢氧化铜极不稳定，稍受热（60～80℃）就会分解生成氧化铜。

$$Cu(OH)_2 \xlongequal{\triangle} CuO+H_2O$$

③ 铜（Ⅱ）盐

a. 氯化铜　除碘化铜不存在外，其他卤化铜都可以利用氧化铜与氢卤酸反应制得。在卤化铜中 $CuCl_2$较为重要。由氧化铜或硫酸铜与盐酸反应可以得到氯化铜，也可由单质直接合成。

$CuCl_2 \cdot 2H_2O$ 为绿色结晶，在潮湿空气中容易潮解，在干燥空气中容易风化。无水 $CuCl_2$为棕黄色固体，X 射线研究证明，它是共价化合物，具有链状的分子结构（如图 16-1 所示，与 Cu 原子相连的 4 个 Cl 原子只有对角的 2 个 Cl 原子与 Cu 原子在一个平面）。

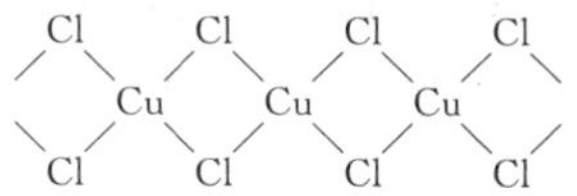

图 16-1　$CuCl_2$链状的分子结构

$CuCl_2$可溶于水，在其溶液中，$CuCl_2$可形成 $[CuCl_4]^{2-}$ 和$[Cu(H_2O)_4]^{2+}$两种配离子。$[CuCl_4]^{2-}$ 显黄色，$[Cu(H_2O)_4]^{2+}$ 显蓝色。$CuCl_2$溶液的颜色取决于其浓度，浓度由大到小依次显黄绿色、绿色到蓝色。

$$[CuCl_4]^{2-}+4H_2O \rightleftharpoons [Cu(H_2O)_4]^{2+}+4Cl^-$$

$CuCl_2 \cdot 2H_2O$ 受热，按下式分解：

$$2CuCl_2 \cdot 2H_2O \xlongequal{\triangle} Cu(OH)_2 \cdot CuCl_2+2HCl+2H_2O$$

无水氯化铜进一步受热则按下式分解：

$$2CuCl_2 \xlongequal{>500℃} 2CuCl+Cl_2$$

b. 硫酸铜　$CuSO_4 \cdot 5H_2O$ 为蓝色结晶，俗称胆矾或蓝矾，在空气中易风化。加热胆矾，随温度升高逐步脱水，最后生成白色粉末状无水硫酸铜。无水硫酸铜不溶于乙醇和乙醚，其吸水性很强，吸水后显出特征的蓝色。可利用这一性质来检验乙醇、乙醚等有机溶剂中的微量水分。也可以用无水硫酸铜从这些有机物中除去少量水分（作干燥剂）。

硫酸铜溶液有较强的杀菌能力，能抑制藻类生长，控制水体富营养化。在农业上同石灰乳混合配成“波尔多”液作杀虫剂。

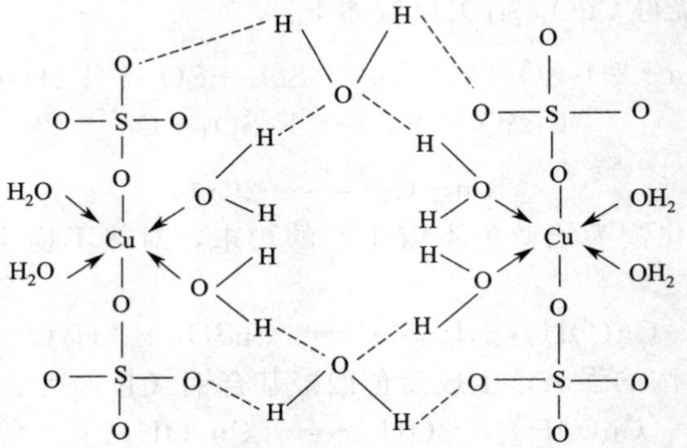

图 16-2　$CuSO_4 \cdot 5H_2O$ 中原子间的连接关系

结构研究表明：4 个 H_2O 与 Cu^{2+}形成平面正方形结构的配离子 $Cu(H_2O)_4^{2+}$，第 5 个 H_2O 分子以氢键与配位的 H_2O 分子和 SO_4^{2-} 结合，2 个 SO_4^{2-} 在平面四边形的上下形成不规则的畸变的八面体，因此晶体中与 Cu^{2+}配位的是 4 个 H_2O，Cu^{2+} 的配位数为 6（并非 4），如图 16-2 所示。

用热的浓硫酸溶解 Cu 屑，在 O_2 存在时用稀热硫酸与 Cu 屑反应可制得 $CuSO_4 \cdot 5H_2O$。

$$Cu+2H_2SO_4(浓) \xlongequal{} CuSO_4+SO_2+2H_2O$$

$$2Cu+2H_2SO_4(稀)+O_2 \xlongequal{} 2CuSO_4+2H_2O$$

CuO 与 H_2SO_4（稀）反应，也可制得 $CuSO_4 \cdot 5H_2O$。

工业用的 $CuSO_4$ 常由废铜在 600～700℃进行焙烧，使其生成 CuO，再在加热下溶于硫酸，即可得到硫酸铜。

$$2Cu+O_2 \xlongequal{} 2CuO$$

$$CuO+H_2SO_4 \xlongequal{} CuSO_4+H_2O$$

将所得的粗品用重结晶法提纯。

硫酸铜是制备其他含铜化合物的重要原料，在工业上用于镀铜和制颜料。在农业上同石灰乳混合得到波尔多液，用于杀灭树木上，尤其在果园中是最常用的杀菌剂。在医药上可用于治疗沙眼、磷中毒，还可用作催吐剂等。

16.1.3 银及其化合物

(1) 银

银在自然界主要以硫化物形式存在。常温下，银在空气中是稳定的，加热也不与空气中的氧化合。

Ag 与 S 的亲和作用较强，空气中如含有 H_2S 气体与银接触后，银的表面上很快生成一层 Ag_2S 的黑色薄膜而使银失去银白色光泽。这是由于 Ag^+ 是软酸，它与软碱结合特别稳定，所以银对 S 和 H_2S 很敏感。

$$4Ag+2H_2S+O_2 = 2Ag_2S+2H_2O$$

银在常温下能与卤素缓慢反应，能溶于硝酸或热的浓硫酸。

$$2Ag+2H_2SO_4(浓) = Ag_2SO_4+SO_2\uparrow+2H_2O$$

银能溶于含有氧的氰化钠溶液中。

$$4Ag+8NaCN+2H_2O+O_2 = 4Na[Ag(CN)_2]+4NaOH$$

银与铜、金一样都易形成配合物，利用这一性质可用氰化物从 Ag、Au 的硫化物矿中提取银和金。

$$Ag_2S+4NaCN = 2Na[Ag(CN)_2]+Na_2S$$

然后用锌置换出银。

$$2Na[Ag(CN)_2]+Zn = Na_2[Zn(CN)_4]+2Ag$$

银的单质及其可溶性化合物都有杀菌能力。

(2) 银的化合物

银通常形成氧化数为+1 的化合物。常见银的化合物只有 $AgNO_3$、AgF 均易溶于水，其他如 Ag_2SO_4、Ag_2CO_3 均难溶。AgCl、AgBr、AgI 在水中的溶解度因离子极化而依次减小。

Ag^+ 易形成配合物，常见配位体有 NH_3、Cl^-、Br^-、I^-、CN^-、$S_2O_3^{2-}$ 等，把难溶银盐转化成配合物是溶解难溶银盐的重要方法。例如：

$$AgCl(s)+Cl^- = [AgCl_2]^-$$

$$AgCl(s)+2NH_3(aq) = [Ag(NH_3)_2]^++Cl^-$$

$$AgBr+2S_2O_3^{2-} = [Ag(S_2O_3)_2]^-+Br^-$$

$$AgI(s)+2CN^- = [Ag(CN)_2]^-+I^-$$

Ag(Ⅰ)化合物热稳定性差，受热、见光易分解。例如 AgCl 和 Ag_2SO_4 都是白色固体，AgBr、AgI 和 Ag_2CO_3 均为黄色固体，这些盐见光都分解变成黑色。所以银盐都用棕色瓶包装，有的瓶外还包上黑纸。

① 硝酸银　硝酸银是一种重要试剂，可用银和硝酸反应制得。在光照或加热到 440℃ 时，硝酸银分解析出单质银。

$$2AgNO_3 \xlongequal{光} 2Ag+2NO_2+O_2\uparrow$$

因此 $AgNO_3$ 要保存在棕色瓶中。

硝酸银有一定的氧化能力 $[E(Ag^+/Ag)=0.7996V]$，可被微量有机物和铜、锌等金属还原成单质。皮肤或工作服沾上硝酸银后逐渐变成黑色。

在医药上 $AgNO_3$ 常用作消毒剂和防腐剂。

与 $AgNO_3$ 相比，$Cu(NO_3)_2$ 的热稳定性更差些，因为 Cu(Ⅱ)的电荷比 Ag(Ⅰ)高，反极化作用更强。

② 氧化银　在硝酸银溶液中加入 NaOH，首先析出白色 AgOH。在−45℃以下 AgOH 白色物质稳定存在。常温下 AgOH 极不稳定，立即脱水生成棕黑色 Ag_2O。

$$AgNO_3 + NaOH \xlongequal{} AgOH + NaNO_3$$

$$2AgOH \xlongequal{} Ag_2O + H_2O$$

氧化银微溶于水，溶液呈微碱性。

Ag_2O 受热至 300℃时分解为 Ag 和 O_2。氧化银有较强的氧化性，能氧化 CO 和 H_2O_2。

$$Ag_2O + CO \xlongequal{} 2Ag + CO_2$$

$$Ag_2O + H_2O_2 \xlongequal{} 2Ag + O_2 + H_2O$$

Ag_2O 与 CuO、MnO_2、Co_2O_3 和混合物在室温下，将 CO 迅速氧化成 CO_2，可用在防毒面具中。

Ag_2O 可溶于 $NH_3 \cdot H_2O$ 中，生成无色溶液。

$$Ag_2O + 4NH_3 + H_2O \xlongequal{} 2[Ag(NH_3)_2]^+ + 2OH^-$$

氧化银与易燃物接触能引起燃烧。尤其是氧化银的氨水溶液$[Ag(NH_3)_2]OH$，在放置过程中会分解生成爆炸性很强的黑色物质 Ag_3N，因此，此溶液不宜久置，且盛溶液的器皿使用后应立即清洗干净。若要破坏银氨配离子，可加入盐酸。

③ 卤化银　卤化银中只有 AgF 是离子型化合物，易溶于水，其他的卤化银均难溶于水，且溶解度按 AgCl、AgBr、AgI 次序降低，颜色也依次加深。银离子具有 18 电子构型，极化率和极化力都较大。氯、溴、碘离子的半径和极化率依次增大，所以 Ag^+ 与 Cl^-、Br^-、I^- 间的相互极化作用依次增强，键的共价性逐渐增大，由此导致 AgCl、AgBr、AgI 均难溶于水，并且溶解度依次降低。而 F^- 难变形，Ag^+ 与 F^- 之间极化作用不显著，所以 AgF 易溶于水。由于 Ag^+ 的价电子构型为 d^{10}，d 轨道全充满，不存在 d-d 跃迁，它的化合物一般呈白色或无色。但 AgBr 呈淡黄色，AgI 呈黄色，这与卤素离子与 Ag^+ 之间发生的电荷跃迁有关。

将 Ag_2O 溶于氢氟酸，然后蒸发至黄色晶体析出而得到氟化银。而将硝酸银与可溶性氯、溴、碘化物反应即生成不同颜色的卤化银沉淀。

卤化银有感光性，是指其在光的作用下分解。摄影过程中的感光就是这一反应，底片上的 AgBr 光分解生成 Ag 。

$$2AgX \xlongequal{光} 2Ag + X_2\ (X = Cl、Br、I)$$

然后用氢醌等显影剂处理，将含有银核的 AgBr 还原为金属银而显黑色，这就是显影。最后，用 NaS_2O_3 等定影液溶解掉未感光的 AgBr，这就是定影。

$$AgBr + 2S_2O_3^{2-} \xlongequal{} [Ag(S_2O_3)_2]^{3-} + Br^-$$

难溶卤化银 AgX 能和相应的卤离子 X^- 形成溶解度较大的配离子。

$$AgX + (n-1)X^- \xlongequal{} AgXn(n-1)^-$$

$$(X = Cl、Br、I; n = 2、3、4)$$

④ 配位化合物　Ag^+ 与单齿配体形成的配位单元中，以配位数为 2 的直线形最为常见，如$[Ag(CN)_2]^-$、$[Ag(NH_3)_2]^+$、$[Ag(S_2O_3)_2]^{3-}$等。这些配离子常常是无色的，主要是由于 Ag^+ 的价电子构型为 d^{10}，d 轨道全充满，不存在 d-d 跃迁。

银氨溶液能把醛和含有醛基的糖类氧化，本身被还原为单质银。工业上利用这类反应来制镜或在暖水瓶的夹层中镀银。

$$2[Ag(NH_3)_2]^+ + HCHO + 3OH^- \longrightarrow HCOO^- + 4NH_3 + 2Ag\downarrow + 2H_2O$$

该反应称为银镜反应。

硝酸银对人体有烧蚀作用。10%的 $AgNO_3$ 溶液在医药上作消毒剂或腐蚀剂。大量硝酸银用于制造卤化银、制镜、电镀及电子工业。以 $AgNO_3$ 为原料，可制得多种其他银的化合物，它也是一种重要的化学试剂。

(3) 含银废水、废渣的处理

银是贵重金属，且对人体有害，所以对含银废水、废渣要处理回收后再排放。

① 含银废水的处理　首先向废水中加入盐酸，生成 AgCl 沉淀。过滤后加入氨水，将 AgCl 沉淀转化为银氨溶液，最后加入硝酸，把比较纯净的氯化银过滤出去即可。

$$AgCl + 2NH_3 = [Ag(NH_3)_2]Cl$$

$$[Ag(NH_3)_2]Cl + 2HNO_3 = AgCl\downarrow + 2NH_4NO_3$$

② 含银废渣的处理　以 Ag_2O 为例，首先向废渣中加入硝酸，把 Ag_2O 转化为 $AgNO_3$ 溶液，过滤后向溶液中加盐酸，得到 AgCl 沉淀，再加氨水，把 AgCl 转化为银氨溶液，最后加入硝酸，经过滤即可。

含银废水、废渣处理后得到比较纯净的氯化银，用锌粉还原即可得到单质银。

16.2 锌族元素

16.2.1 锌族元素概述

ⅡB 族包括锌、镉、汞三种元素，又称锌副族。与ⅠB 族元素相似，由于原子的次外层有 18 个电子，核对外层电子引力较大，故金属活泼性较小。锌副族元素比铜副族元素活泼。锌副族元素的化学活泼性依 Zn、Cd、Hg 顺序递减。锌副族有 +1，+2 两种氧化数。

锌族元素在某些性质上又与第四、五、六周期的 p 区金属元素有些相似，如熔点都较低、水合离子都无色等。

锌族元素的氢氧化物是弱碱性，易脱水分解，氢氧化锌和氢氧化镉都是两性氢氧化物。锌族元素从上到下，氢氧化物的碱性增强，而金属活泼性却是减弱的。碱土金属的活泼性以及它们氢氧化物的碱性从上到下都是增强的。

ⅡA 和ⅡB 两族元素的硝酸盐都易溶于水，它们的碳酸盐难溶于水。锌族元素的硫酸盐易溶于水，而钙、锶、钡的硫酸盐则微溶于水。锌族元素的盐在水溶液中都有一定程度的水解。

ⅡB 族的离子都是无色的，所以它们的化合物一般是无色的。但因它们的极化作用及变形性较大，当与易变形的阴离子结合时往往有较深的颜色。二元化合物有相当程度的共价性。

16.2.2 锌及其化合物

(1) 锌

锌是银白色金属，略带蓝色。在自然界主要以硫化物形式存在，如闪锌矿 (ZnS)。

锌在干燥的空气中稳定。在潮湿空气中，其表面形成一层致密的碱式碳酸锌薄膜对内层金属有保护作用。

$$4Zn + 2O_2 + 3H_2O + CO_2 = ZnCO_3 \cdot 3Zn(OH)_2$$

基于这一性质，常把锌镀在铁皮上，称为白铁皮或镀锌铁。

锌是活泼金属，与水蒸气作用放热，甚至自燃，能被 CO_2 氧化。

$$Zn + H_2O = ZnO + H_2$$

$$Zn + CO_2 = ZnO + CO$$

在常温下，锌与卤素作用缓慢，锌粉和硫黄粉共热可生成硫化锌。锌在加热时与 O_2 反应得到氧化锌。

锌是一种典型的两性金属。锌不仅溶于盐酸、硫酸，也溶于乙酸，不仅能溶于强碱，还能溶于氨水。

$$Zn+2HAc \xlongequal{} ZnAc_2+H_2\uparrow$$

$$Zn+2NaOH+2H_2O \xlongequal{} Na_2[Zn(OH)_4]+H_2\uparrow$$

$$Zn+2H_2O+4NH_3 \xlongequal{} [Zn(NH_3)_4](OH)_2+H_2\uparrow$$

同样是两性金属的铝与锌不同，不会发生氨溶反应。

锌是重要的生命必需的痕量金属元素之一。锌在人体内的含量为1.5～2.5g，它参与人体的免疫、认知，调节人体生命活动，参与遗传，影响生长发育。缺锌会患心肌梗死、原发性高血压、贫血等疾病。锌是无毒的，但当吸食的锌过多时，亦会产生锌中毒，可引起动脉硬化和骨癌，所以补锌应遵医嘱。锌的配合物在医药上也有应用，如治疗糖尿病的胰岛素就是锌的配合物。锌还是植物生长必不可少的元素，$ZnSO_4$是一种微量元素肥料，芹菜内含Zn较多。锌主要用于防腐镀层，如电镀、喷镀、各种合金以及干电池等。

（2）锌的化合物

锌通常形成氧化数为+2的化合物。

① 氧化锌和氢氧化锌

a. 氧化锌　ZnO俗名锌白，用作白色颜料，是橡胶制品的增强剂，在有机合成工业中作催化剂，也是制备各种锌化合物的基本原料。ZnO无毒，具有收敛性和一定的杀菌能力，在医药上制造橡皮膏。

ZnO为共价两性化合物，溶于酸形成锌（Ⅱ）盐，溶于碱形成锌酸盐如$Zn(OH)_4^{2-}$

$$ZnO+2HCl \xlongequal{} ZnCl_2+H_2O$$

$$ZnO+2NaOH+H_2O \xlongequal{} Na_2[Zn(OH)_4]$$

$$ZnO+2NaOH \xlongequal{} Na_2ZnO_2+H_2O$$

$Zn(OH)_2$加热脱水得ZnO。

b. 氢氧化锌　$Zn(OH)_2$为白色粉末，不溶于水，是两性氢氧化物，在溶液中有两种解离方式。

$$Zn^{2+}+2OH^- \rightleftharpoons Zn(OH)_2 \rightleftharpoons 2H^+ + ZnO_2^{2-}$$

碱式解离　　　　酸式解离

在酸性溶液中，平衡向左移动，酸度足够大可得到Zn^{2+}盐。在碱性溶液中，平衡向右移动，碱度足够大可得到锌酸盐。

$Zn(OH)_2$可溶于氨水，这与氢氧化铝不同。故可利用氨水分离溶液中的Al^{3+}和Zn^{2+}。

$$Zn(OH)_2+4NH_3 \xlongequal{} [Zn(NH_3)_4]^{2+}+2OH^-$$

$Zn(OH)_2$受热至1050K时分解成ZnO，它们是共价型两性化合物。

$$Zn(OH)_2 \xlongequal{\triangle} ZnO+H_2O$$

② 锌盐

a. 硫化锌　在锌盐溶液中加入$(NH_4)_2S$，可析出白色ZnS沉淀。由于ZnS溶于酸，所以在锌盐的酸性或中性溶液中通入H_2S，ZnS沉淀不完全。因在沉淀过程中，H^+浓度的增加，阻碍了ZnS的进一步沉淀，故只有在碱溶液中通入H_2S才能沉淀出ZnS。

$$Zn^{2+}+H_2S \xlongequal{} ZnS\downarrow+2H^+$$

ZnS本身可作白色颜料，它与$BaSO_4$共沉淀所形成等物质的量的混合物$ZnS \cdot BaSO_4$，叫做锌钡白，俗称立德粉。其遮盖能力比锌白强，没有毒性，大量用作白色油漆颜料。

$$ZnSO_4+BaS \xlongequal{} ZnS \cdot BaSO_4\downarrow$$

b. 氯化锌　无水$ZnCl_2$为白色极易潮解的固体，吸水性很强，可用作干燥剂。在酒精和其他有机溶剂中也能溶解，熔点为365℃。可由金属锌和氯气直接合成。

氯化锌的浓溶液中，因形成配位酸，二氯·羟合锌（Ⅱ）酸而有显著的酸性。

$$ZnCl_2 + H_2O \xlongequal{} H[ZnCl_2OH]$$

它能将氧化物如 FeO 溶解。

$$2H[ZnCl_2(OH)] + FeO \xlongequal{} Fe[ZnCl_2(OH)]_2 + H_2O$$

所以 $ZnCl_2$可用作焊药，以消除金属表面上的氧化物，便于焊接。焊接金属的“熟镪水”就是氯化锌的浓溶液。焊接时它不损害金属表面，而且水分蒸发后，熔化的盐覆盖在金属表面，使之不再氧化、能保证焊接金属直接接触。大量的 $ZnCl_2$还用于印染和染料的制备中。

$ZnCl_2$溶于水，由于 Zn^{2+}水解而呈酸性。

$$Zn^{2+} + 2H_2O \xlongequal{} Zn(OH)_2 + 2H^+$$

将氯化锌溶液蒸干，只能得到碱式氯化锌而得不到无水氯化锌，这是氯化锌水解的结果。

$$ZnCl_2 \cdot H_2O \xlongequal{\triangle} Zn(OH)Cl + HCl\uparrow$$

16.2.3 汞及其化合物

（1）汞

汞是银白色的液态金属。汞在自然界主要是以化合物的形式存在，如辰砂（HgS）。

汞受热均匀膨胀且不湿润玻璃，可用于制温度计。汞和汞的化合物都有毒，会引起头痛、震颤、语言失控、四肢麻木甚至变形。

汞有挥发性，汞蒸气被人体吸收会发生慢性中毒。使用时如溅落，汞无孔不入，必须把溅落的汞尽可能收集起来。用锡箔把微小的汞滴沾起，对遗留在缝隙处的汞要覆盖上硫黄粉使其生成难溶的 HgS。储汞时必须密封，临时存放在广口瓶中的少量汞应覆盖一层水或 10% NaCl 溶液。

汞能溶解许多金属，如 Na、K、Ag、Au、Zn、Cd、Sn、Pb 等，形成汞齐。利用此性质，冶金中用汞来提炼金和银。汞齐有许多重要用途，钠汞齐与水反应缓慢放出氢气，在有机合成中常用作还原剂。

汞只能溶于硝酸和热的浓硫酸。

（2）汞的化合物

汞有氧化数为+1 和+2 的两类化合物。

Hg^+有强烈形成二聚体的倾向，亚汞离子不是 Hg^+而是 Hg_2^{2+}。

在溶液中，Hg^{2+}与 Hg 逆歧化生成 Hg_2^{2+}的倾向较大，只要有金属汞存在，就会将 Hg^{2+}还原成 Hg_2^{2+}。

① 氧化汞　氧化汞有两种不同颜色的变体。其中一种是黄色氧化汞，密度为 11.038g·cm^{-3}；另一种是红色氧化汞，密度为 11.00～11.29g·cm^{-3}。前者受热即变成后者，冷却后又复原。它们都不溶于水，都有毒，500℃分解为汞和氧气。

汞盐溶液与碱反应，析出的不是汞的氢氧化物，而是黄色的 HgO，因 $Hg(OH)_2$不稳定，立即分解。

$$HgCl_2 + 2NaOH \xlongequal{} 2NaCl + HgO\downarrow + H_2O$$

将硝酸汞加热分解，即得红色氧化汞。

$$2Hg(NO_3)_2 \xlongequal{} 2HgO + 4NO_2\uparrow + O_2\uparrow$$

亚汞盐溶液与碱反应，得到的黑褐色沉淀是 HgO 和 Hg 的混合物。

$$Hg_2Cl_2 + 2NaOH \xlongequal{} 2NaCl + HgO\downarrow + Hg\downarrow + H_2O$$

② 汞的氯化物　汞的氯化物有升汞（$HgCl_2$）和甘汞（Hg_2Cl_2）两种。

a. 氯化汞　氯化汞为白色针状晶体或颗粒粉末，熔点低，易升华，故俗名升汞，有剧毒，内服 0.2～0.4g 就能致命，但少量使用有消毒作用，医院用 1∶1000 的稀溶液作手术刀剪的消毒剂。

氯化汞熔融时不导电，是共价型分子，微溶于水，但在溶液中很少解离，大量以 $HgCl_2$ 分子存在，故有假盐之称。

$$HgCl_2 \rightleftharpoons HgCl^+ + Cl^- \qquad K_{a_1}^{\ominus} = 3.2\times10^{-6}$$

$$HgCl^+ \rightleftharpoons Hg^{2+} + Cl^- \qquad K_{a_2}^{\ominus} = 1.8\times10^{-7}$$

$HgCl_2$ 在溶液中略有水解，生成碱式盐。

$$HgCl_2 + H_2O = Hg(OH)Cl + Cl^- + H^+$$

$HgCl_2$ 能与氨水作用生成氨基氯化汞白色沉淀。

$$HgCl_2 + 2NH_3 = NH_2HgCl\downarrow + Cl^- + NH_4^+$$

在酸性溶液中 $HgCl_2$ 是一个较强的氧化剂。与适量 $SnCl_2$ 作用时，生成白色的 Hg_2Cl_2，$SnCl_2$ 过量时，Hg_2Cl_2 进一步被还原为单质汞，沉淀变黑。

$$2HgCl_2 + SnCl_2 + 2HCl = Hg_2Cl_2\downarrow + H_2SnCl_6$$

$$Hg_2Cl_2 + SnCl_2 + 2HCl = 2Hg\downarrow + H_2SnCl_6$$

在分析化学上利用以上反应检验 Hg^{2+} 或 Sn^{2+}。

b. 氯化亚汞　氯化亚汞为白色粉末，不溶于水。少量的 Hg_2Cl_2 无毒，味甘，故有甘汞之称。氯化亚汞可用作轻泻药，化学上用于制甘汞电极。

将 Hg 和 $HgCl_2$ 固体一起研磨，可得白色 Hg_2Cl_2。

$$HgCl_2 + Hg = Hg_2Cl_2$$

Hg_2Cl_2 不如 $HgCl_2$ 稳定。在光的照射下，Hg_2Cl_2 易分解成 $HgCl_2$ 和 Hg。所以应将 Hg_2Cl_2 储存于棕色瓶中。

$$Hg_2Cl_2 = HgCl_2 + Hg$$

Hg_2Cl_2 与氨水反应生成氨基氯化汞和汞。

$$Hg_2Cl_2 + 2NH_3 = Hg(NH_2)Cl\downarrow + Hg\downarrow + NH_4Cl$$

该反应被应用到离子分离中。Hg_2Cl_2 和 AgCl 均属于氯化物沉淀，加入氨水即可将两种沉淀进一步分开。从而实现 Hg_2^{2+} 和 Ag^+ 的分离。

白色的 $Hg(NH_2)Cl$ 和黑色的金属汞微粒混合在一起，使沉淀变成黑色。此反应可用来检验 $Hg_2{}^{2+}$。

(3) 含汞废水的处理

汞进入人体，累积在中枢神经、肝和肾内，严重危害人体健康。催化合成工业、各种汞化合物的制备及含汞农药都是含汞废水的来源。国家排放标准规定废水中的汞含量不超过 0.05mg/L。

含汞废水的处理方法有多种，化学方法有沉淀法、还原法、离子交换法等。

① 沉淀法　传统方法用 Na_2S 或 H_2S 为沉淀剂，使水体中的汞生成难溶的硫化汞而除去。由于 HgS 的溶解度极小，所以效果很好。但沉淀剂硫化物会造成二次污染。

另有一种方法是利用胶体的凝聚作用，将废水中的汞吸附到一起形成沉淀而除去。此法在废水中常加入明矾 $K_2SO_4\cdot Al_2(SO_4)_3\cdot 24H_2O$、$FeCl_3$ 和 $Fe_2(SO_4)_3$ 等铁盐。

② 还原法　利用不会造成二次污染的较活泼金属如铁屑、锌将水中的 Hg^{2+} 还原成 Hg 后再回收。也可用有机化合物如醛类作还原剂。

③ 离子交换法　让废水流经离子交换树脂，汞被交换下来。此法操作简单，效果好，得到普遍应用。

在实际应用中，应根据具体情况选用，有时可几种方法一起使用。

习　题

一、填空题

16-1　向 $CuSO_4$ 溶液中加入适量氨水，生成的沉淀组成为________，沉淀的颜色是________。

16-2　与铜组成黄铜合金的金属是________；组成青铜合金的金属是______。

16-3　Hg_2Cl_2 分子构型为________，中心原子采取的杂化类型为________。用氨水处理 Hg_2Cl_2 得到的沉淀是________。

16-4　若 Hg^{2+}、Cd^{2+}、Mn^{2+}、Cu^{2+}、Zn^{2+} 的浓度均为 0.1 $mol \cdot dm^{-3}$，盐酸的浓度均为 0.3 $mol \cdot dm^{-3}$。通入 H_2S 时不生成沉淀的离子是________。

16-5　Hg_2Cl_2 是利尿剂。有时服用含有 Hg_2Cl_2 的药剂会引起中毒，其原因是________。

二、选择题

16-6　欲除去 $Cu(NO_3)_2$ 溶液中的少量 $AgNO_3$，最好加入（　　）。

A. 铜粉　　B. NaOH　　C. Na_2S　　D. $NaHCO_3$

16-7　下列分子中，具有顺磁性的是（　　）。

A. CuCl　　B. $CuCl_2$　　C. Hg_2Cl_2　　D. $HgCl_2$

16-8　下列化合物中，颜色最浅的是（　　）。

A. Ag_3PO_4　　B. CuI　　C. AuCl　　D. HgO

三、判断题

16-9　除王水外，金不能溶于其他任何试剂。（　　）

16-10　在硫脲存在时，金属铜可以从盐酸中置换出 H_2。（　　）

16-11　水溶液中 Cu^+ 的稳定性比 Cu^{2+} 高。（　　）

16-12　铜的化合物中，$Cu(OH)_2$、CuO、Cu_2O 的热稳定性依次降低。（　　）

16-13　汞只能与钠形成汞齐。（　　）

16-14　金属镉不能从稀 H_2SO_4 中置换出 H_2。（　　）

16-15　锌是两性金属，但常温下却不能从水中置换出 H_2。（　　）

16-16　锌族元素的氧化物从上到下稳定性增强。（　　）

16-17　$ZnSO_4$ 与 BaS 溶液反应可制得锌钡白颜料。（　　）

16-18　$HgCl_2$ 是弱电解质，其溶解度比 Hg_2Cl_2 小。（　　）

四、综合题

16-19　CuCl、AgCl、Hg_2Cl_2 都是难溶于水的白色粉末，试区别这三种物质。

16-20　Hg^{2+}、I^-、Cd^{2+}、S^{2-} 均无色，而 HgI_2 为红色，CdS 为黄色，试分析其生色的机理。

附录

附录Ⅰ 单位

附录Ⅰ-1 SI单位制的词头

表示的因数	词头名称	词头符号	表示的因数	词头名称	词头符号
10^{18}	艾[可萨]	E(exa)	10^{-1}	分	d(deci)
10^{15}	拍[它]	P(peta)	10^{-2}	厘	c(centi)
10^{12}	太[拉]	T(tera)	10^{-3}	毫	m(milli)
10^{9}	吉[咖]	G(giga)	10^{-6}	微	μ(micro)
10^{6}	兆	M(mega)	10^{-9}	纳[诺]	n(nano)
10^{3}	千	k(kilo)	10^{-12}	皮[柯]	p(pico)
10^{2}	百	h(hecto)	10^{-15}	飞[母托]	f(femto)
10^{1}	十	da(deca)	10^{-18}	阿[托]	a(atto)

附录Ⅰ-2 曾用单位、导出单位与SI单位的换算

物理量	换算单位
长度	$1\text{Å}=10^{-10}$m，1 in=2.54×10^{-2} m
质量	1(市)斤=0.5kg，1(市)两=50g，1lb(磅)=0.454kg，1oz(盎司)=28.3×10^{-3}kg
压力	1atm=760mmHg=1.013×10^{5}Pa，1mmHg=1Torr=133.3Pa
	1bar=10^{5}Pa，1Pa=$1\text{N}\cdot\text{m}^{-2}$
温度	
能量	1cal=4.184J，1eV=1.602×10^{-19}J，1erg=10^{-7}J
电量	1esu(静电单位库仑)=3.335×10^{-10}C
	R(气体常数)=$1.986\text{cal}\cdot\text{K}^{-1}\cdot\text{mol}^{-1}=0.08206\text{dm}^{-3}\cdot\text{atm}\cdot\text{K}^{-1}\cdot\text{mol}^{-1}$
	$=8.314\text{J}\cdot\text{K}^{-1}\cdot\text{mol}^{-1}=8.314\text{kPa}\cdot\text{dm}^{-3}\cdot\text{K}^{-1}\cdot\text{mol}^{-1}$
其他	1eV/粒子相当于$96.5\cdot\text{K}^{-1}\cdot\text{mol}^{-1}$，$1\text{C}\cdot\text{m}^{-1}=12.0\text{J}\cdot\text{mol}^{-1}$
	1D(Debye)=$3.336\times10^{-30}\text{C}\cdot\text{m}$

附录Ⅱ 一些常用的物理化学常数

(IUPAC 1988推荐值)

名　称	符　号	数值和单位
理想气体摩尔体积	V_m	$22.41410\pm0.00019\text{dm}^3\cdot\text{mol}^{-1}$(273.15K，101.3kPa)
		$22.71108\pm0.00019\text{dm}^3\cdot\text{mol}^{-1}$(273.15K，100kPa)
标准压力	$p^{\ominus}$	1bar=10^{5}Pa
摩尔气体常数	R	$8.314510(70)\text{J}\cdot\text{mol}^{-1}\cdot\text{K}^{-1}$
Boltzman常数	k	$1.380658(12)\times10^{-23}\text{J}\cdot\text{K}^{-1}$
Avogadro常数	N_A	$6.0221367(36)\times10^{23}\text{mol}^{-1}$
水的三相点	$T_{tp}(H_2O)$	273.16K

名　称	符　号	数值和单位
水的沸点	$t_b(H_2O)$	99.975℃(1990.1.1)
Faraday 常数	F	9.6485309(29)×10^4C·mol^{-1}
Planck 常数	h	6.6260755(40)×10^{-34}J·s
真空光速	c_0	299792458m·s^{-1}
电子电荷	e	1.60217733(49)×10^{-19}C
电子质量	m_e	9.1093897(54)×10^{-31}kg
Rydberg 常数	R_∞	10973731.534(13)m^{-1}
Bohr 半径	a_0	5.29177249(24)×10^{-11}m
Bohr 磁子	μ_B	9.2740154(31)×10^{-24}J·T^{-1}
真空电容率	ε_0	8.854187816×10^{-12}F·m^{-1}
原子质量常量	m_u	1.6605402(10)×10^{-27}kg=1u

附录Ⅲ　不同摄氏温度 t 下水的蒸气压 p

t/℃	p/Pa	t/℃	p/Pa	t/℃	p/Pa
−14.0	208.0	36.0	5941.2	86.0	6.011×10^4
−12.0	244.4	38.0	6625.0	88.0	6.494×10^4
−10.0	286.5	40.0	7375.9	90.0	7.010×10^4
−8.0	335.2	42.0	8199	92.0	7.559×10^4
−6.0	390.8	44.0	9103	94.0	8.145×10^4
−4.0	454.6	46.0	1.0086×10^4	96.0	8.767×10^4
−2.0	527.4	48.0	1.1168×10^4	98.0	9.430×10^4
0.0	610.5	50.0	1.2334×10^4	100.0	1.0132×10^5
2.0	705.8	52.0	1.3611×10^4	102	1.0878×10^5
4.0	813.4	54.0	1.5000×10^4	104	1.1667×10^5
6.0	935.0	56.0	1.6505×10^4	106	1.2504×10^5
8.0	1072.6	58.0	1.8142×10^4	108	1.3391×10^5
10.0	1227.8	60.0	1.9916×10^4	110	1.4327×10^5
12.0	1402.3	62.0	2.1834×10^4	112	1.5315×10^5
14.0	1598.1	64.0	2.3906×10^4	114	1.6363×10^5
16.0	1817.7	66.0	2.6143×10^4	116	1.7464×10^5
18.0	2063.4	68.0	2.8554×10^4	120	1.9853×10^5
20.0	2337.8	70.0	3.116×10^4	150	4.7602×10^5
22.0	2643.4	72.0	3.394×10^4	200	15.544×10^5
24.0	2983.3	74.0	3.696×10^4	250	39.754×10^5
26.0	3360.9	76.0	4.018×10^4	300	85.903×10^5
28.0	3779.5	78.0	4.364×10^4	350	165.321×10^5
30.0	4242.8	80.0	4.734×10^4	370	210.238×10^5
32.0	4754.7	82.0	5.132×10^4	374	220.604×10^5
34.0	5319.3	84.0	5.557×10^4		

注：摘自 Robert C. West，CRC Handbook of Chemistry and Physics，69 ed.，1988—1989，D 189—191. 已换算成 SI 单位.

附录Ⅳ　常见物质的 $\Delta_f H_m^\ominus$、$\Delta_f G_m^\ominus$ 和 $S_m^\ominus$

(298.15K，101.3kPa；水溶液中溶质的标准态为 1mol·kg^{-1})

物　质	$\Delta_f H_m^\ominus$/kJ·mol^{-1}	$\Delta_f G_m^\ominus$/kJ·mol^{-1}	$S_m^\ominus$/J·K^{-1}·mol^{-1}
Ag(s)	0.0	0.0	42.55
Ag^+(aq)	105.58	77.21	72.68
$Ag(NH_3)_2^+$(aq)	−111.3	−17.2	245
AgCl(s)	−127.07	−109.80	96.2
AgBr(s)	−100.4	−96.9	107.1

续表

物　质	$\Delta_f H_m^\ominus$/kJ·mol^{-1}	$\Delta_f G_m^\ominus$/kJ·mol^{-1}	$S_m^\ominus$/J·K^{-1}·mol^{-1}
Ag_2CrO_4(s)	−731.74	−641.83	218
AgI(s)	−61.84	−66.19	115
Ag_2O(s)	−31.1	−11.2	121
Ag_2S(s,α)	−32.59	−40.67	144.0
$AgNO_3$(s)	−124.4	−33.47	140.9
Al(s)	0.0	0.0	28.33
Al^{3+}(aq)	−531	−485	−322
$AlCl_3$(s)	−704.2	−628.9	110.7
α-Al_2O_3(s)	−1676	−1582	50.92
B(s,β)	0.0	0.0	5.86
B_2O_3(s)	−1272.8	−1193.7	53.97
BCl_3(g)	−404	−388.7	290.0
BCl_3(l)	−427.2	−387.4	206
B_2H_6(g)	35.6	86.6	232.0
Ba(s)	0.0	0.0	62.8
Ba^{2+}(aq)	−537.64	−560.4	9.6
$BaCl_2$(s)	−858.6	−810.4	123.7
BaO(s)	−548.10	−520.41	72.09
$Ba(OH)_2$(s)	−944.7	—	—
$BaCO_3$(s)	−1216	−1138	112
$BaSO_4$(s)	−1473	−1362	132
Br_2(l)	0.0	0.0	152.23
Br^-(aq)	−121.5	−104.0	82.4
Br_2(g)	30.91	3.14	245.35
HBr(g)	−36.40	−53.43	198.59
HBr(aq)	−121.5	−104.0	82.4
Ca(s)	0.0	0.0	41.2
Ca^{2+}(aq)	−542.83	−553.54	−53.1
CaF_2(s)	−1220	−1167	68.87
$CaCl_2$(s)	−795.8	−748.1	105
CaO(s)	−635.09	−604.04	39.75
$Ca(OH)_2$(s)	−986.09	−898.56	83.39
$CaCO_3$(s,方解石)	−1206.9	−1128.8	92.9
$CaSO_4$(s,无水石膏)	−1434.1	−1321.9	107
C(石墨)	0.0	0.0	5.74
C(金刚石)	1.0987	2.900	2.38
C(g)	716.68	671.21	157.99
CO(g)	−110.52	−137.15	197.56
CO_2(g)	−393.51	−394.36	213.6
CO_3^{2-}(aq)	−667.14	−527.90	−56.9
HCO_3^-(aq)	−691.99	−586.85	91.2
CO_2(aq)	−413.8	−386.0	118
H_2CO_3(aq,非电离)	−699.65	−623.16	187
CCl_4(l)	−135.4	−65.2	216.4
CH_3OH(l)	−238.7	−166.4	127
C_2H_5OH(l)	−277.7	−174.9	161
HCOOH(l)	−424.7	−361.4	129.0
CH_3COOH(l)	−484.5	−390	160
CH_3COOH(aq,非电离)	−485.76	−396.6	179
CH_3COO^-(aq)	−486.01	−369.4	86.6

物　质	$\Delta_f H_m^\ominus$/kJ·mol^{-1}	$\Delta_f G_m^\ominus$/kJ·mol^{-1}	$S_m^\ominus$/J·K^{-1}·mol^{-1}
$CH_3CHO(l)$	−192.3	−128.2	160
$CH_4(g)$	−74.81	−50.75	186.15
$C_2H_2(g)$	226.75	209.20	200.82
$C_2H_4(g)$	52.26	68.12	219.5
$C_2H_6(g)$	−84.68	−32.89	229.5
$C_3H_8(g)$	−103.85	−23.49	269.9
C_4H_6(g,1,2-丁二烯)	165.5	201.7	293.0
C_4H_8(g,1-丁烯)	1.17	72.04	307.4
n-$C_4H_{10}(g)$	−124.73	−15.71	310.0
$C_6H_6(g)$	82.93	129.66	269.2
$C_6H_6(l)$	49.03	−124.50	172.8
$Cl_2(g)$	0.0	0.0	222.96
$Cl^-(aq)$	−167.16	−131.26	56.5
$HCl(g)$	−92.31	−95.30	186.80
$ClO_3^-(aq)$	−99.2	−3.3	162
Co(s)(α,六方)	0.0	0.0	30.4
$Co(OH)_2$(s,桃红)	−539.7	−454.4	79
Cr(s)	0.0	0.0	23.8
$Cr_2O_3(s)$	−1140	−1058	81.2
$Cr_2O_7^{2-}(aq)$	−1490	−1301	262
$CrO_4^{2-}(aq)$	−881.2	−727.9	50.2
Cu(s)	0.0	0.0	33.15
$Cu^+(aq)$	71.67	50.00	41
$Cu^{2+}(aq)$	64.77	65.52	−99.6
$Cu(NH_3)_4^{2+}(aq)$	−348.5	−111.3	274
$Cu_2O(s)$	−169	−146	93.14
CuO(s)	−157	−130	42.63
$Cu_2S(s,\alpha)$	−79.5	−86.2	121
CuS(s)	−53.1	−53.6	66.5
$CuSO_4(s)$	−771.36	−661.9	109
$CuSO_4 \cdot 5H_2O(s)$	−2279.7	−1880.06	300
$F_2(g)$	0.0	0.0	202.7
$F^-(aq)$	−332.6	−278.8	−14
F(g)	78.99	61.92	158.64
Fe(s)	0.0	0.0	27.3
$Fe^{2+}(aq)$	−89.1	−78.87	−138
$Fe^{3+}(aq)$	−48.5	−4.6	−316
Fe_2O_3(s,赤铁矿)	−824.2	−742.2	87.40
Fe_3O_4(s,磁铁矿)	−1120.9	−1015.46	146.44
$H_2(g)$	0.0	0.0	130.57
$H^+(aq)$	0.0	0.0	0.0
$H_3O^+(aq)$	−285.85	−237.19	69.96
Hg(g)	61.32	31.85	174.8
HgO(s,红)	−90.83	−58.66	70.29
HgS(s,红)	−58.2	−50.6	82.4
$HgCl_2(s)$	−224	−179	146
$Hg_2Cl_2(s)$	−265.2	−210.78	192
$I_2(s)$	0.0	0.0	116.14
$I_2(g)$	62.438	19.36	260.6
$I^-(aq)$	−55.19	−51.59	111

续表

物　质	$\Delta_f H_m^\ominus$/kJ·mol^{-1}	$\Delta_f G_m^\ominus$/kJ·mol^{-1}	$S_m^\ominus$/J·K^{-1}·mol^{-1}
HI(g)	25.9	1.30	206.48
K(s)	0.0	0.0	64.18
K^+(aq)	−252.4	−283.3	103
KCl(s)	−436.75	−409.2	82.59
KI(s)	−327.90	−324.89	106.32
KOH(s)	−424.76	−379.1	78.87
$KClO_3$(s)	−397.7	−296.3	143
$KMnO_4$(s)	−837.2	−737.6	171.7
Mg(s)	0.0	0.0	32.68
Mg^{2+}(aq)	−466.85	−454.8	−138
$MgCl_2$(s)	−641.32	−591.83	89.62
$MgCl_2\cdot 6H_2O$(s)	−2499.0	−2215.0	366
MgO(s,方镁石)	601.70	−569.44	26.9
$Mg(OH)_2$(s)	−924.54	−833.58	63.18
$MgCO_3$(s,菱镁石)	−1096	−1012	65.7
$MgSO_3$(s)	−1285	−1171	91.6
Mn(s,α)	0.0	0.0	32.0
Mn^{2+}(aq)	−220.7	−228.0	−73.6
MnO_2(s)	−520.03	−465.18	53.05
MnO_4^-(aq)	−518.4	−425.1	189.9
$MnCl_2$(s)	−481.29	−440.53	118.2
Na(s)	0.0	0.0	51.21
Na^+(aq)	−240.2	−261.89	59.0
NaCl(s)	−411.15	−384.15	72.13
Na_2O(s)	−414.2	−375.5	75.06
NaOH(s)	−425.61	−379.53	64.45
Na_2CO_3(s)	−1130.7	−1044.5	135.0
NaI(s)	−287.8	−286.1	98.53
Na_2O_2(s)	−510.87	−447.69	94.98
HNO_3(l)	−174.1	−80.79	155.6
NO_3^-(aq)	−207.4	−111.3	146
NH_3(g)	−46.11	−16.5	192.3
$NH_3\cdot H_2O$(aq,非电离)	−366.12	−263.8	181
NH_4^+(aq)	−132.5	−79.37	113
NH_4Cl(s)	−314.4	−203.0	94.56
NH_4NO_3(s)	−365.6	−184.0	151.1
$(NH_4)_2SO_4$(s)	−901.90	—	187.5
N_2(g)	0.0	0.0	191.5
NO(g)	90.25	86.57	210.65
NOBr(g)	82.17	82.42	273.5
NO_2(g)	33.2	51.30	240.0
N_2O(g)	82.05	104.2	219.7
N_2O_4(g)	9.16	97.85	304.2
N_2H_4(g)	95.40	159.3	238.4
N_2H_4(l)	50.63	149.2	121.2

续表

物　质	$\Delta_f H_m^\ominus$/kJ·mol^{-1}	$\Delta_f G_m^\ominus$/kJ·mol^{-1}	$S_m^\ominus$/J·K^{-1}·mol^{-1}
NiO(s)	−240	−212	38.0
O_3(g)	143	163	238.8
O_2(g)	0.0	0.0	205.03
OH^-(aq)	−229.99	−157.29	−10.8
H_2O(l)	−285.84	−237.19	69.94
H_2O(g)	−241.82	−228.59	188.72
H_2O_2(l)	−187.8	−120.4	—
H_2O_2(aq)	−191.2	−134.1	144
P(s,白)	0.0	0.0	41.09
P(红)(s,三斜)	−17.6	−12.1	22.8
PCl_3(g)	−287	−268.0	311.7
PCl_5(s)	−443.5	—	—
Pb(s)	0.0	0.0	64.81
Pb^{2+}(aq)	−1.7	−24.4	10
PbO(s,黄)	−215.33	−187.90	68.70
PbO_2(s)	−277.40	−217.36	68.62
Pb_3O_4(s)	−718.39	−601.24	211.29
H_2S(g)	−20.6	−33.6	205.7
H_2S(aq)	−40	−27.9	121
HS^-(aq)	−17.7	12.0	63
S^{2-}(aq)	33.2	85.9	−14.6
H_2SO_4(l)	−813.99	−690.10	156.90
HSO_4^-(aq)	−887.34	−756.00	132
SO_4^{2-}(aq)	−909.27	−744.63	20
SO_2(g)	−296.83	−300.19	248.1
SO_3(g)	−395.7	−371.1	256.6
Si(s)	0.0	0.0	18.8
SiO_2(s,石英)	−910.94	−856.67	41.84
SiF_4(g)	−1614.9	−1572.7	282.4
$SiCl_4$(l)	−687.0	−619.90	240
$SiCl_4$(g)	−657.01	−617.01	330.6
Sn(s,白)	0.0	0.0	51.55
Sn(s,灰)	−2.1	0.13	44.14
SnO(s)	−286	−257	56.5
SnO_2(s)	−580.7	−519.7	52.3
$SnCl_2$(s)	−325	—	—
$SnCl_4$(s)	−511.3	−440.2	259
Zn(s)	0.0	0.0	41.6
Zn^{2+}(aq)	−153.9	−147.0	−112
ZnO(s)	−348.3	−318.3	43.64
$ZnCl_2$(aq)	−488.19	−409.5	0.8
ZnS(S,闪锌矿)	−206.0	−201.3	57.7

注：摘自 Robert C. West，CRC Handbook of Chemistry and Physics，69 ed. 1988-1989，D 50-93，D 96-97，已换算成 SI 单位．

附录V　弱酸、弱碱的电离平衡常数 K

弱电解质	t/℃	电离常数	弱电解质	t/℃	电离常数
H_3AsO_4	18	$K_1=5.62\times10^{-3}$	H_2S	18	$K_1=9.1\times10^{-8}$
	18	$K_2=1.70\times10^{-7}$		18	$K_2=1.1\times10^{-12}$
	18	$K_3=3.95\times10^{-12}$	HSO_4^-	25	1.2×10^{-2}
H_3BO_3	20	7.3×10^{-10}	H_2SO_3	18	$K_1=1.54\times10^{-2}$
HBrO	25	2.06×10^{-9}		18	$K_2=1.02\times10^{-7}$
H_2CO_3	25	$K_1=4.30\times10^{-7}$	H_2SiO_3	30	$K_1=2.2\times10^{-10}$
	25	$K_2=5.61\times10^{-11}$		30	$K_2=2\times10^{-12}$
$H_2C_2O_4$	25	$K_1=5.90\times10^{-2}$	HCOOH	25	1.77×10^{-4}
	25	$K_2=6.40\times10^{-5}$	CH_3COOH	25	1.76×10^{-5}
HCN	25	4.93×10^{-10}	$CH_2ClCOOH$	25	1.4×10^{-3}
HClO	18	2.95×10^{-5}	$CHCl_2COOH$	25	3.32×10^{-2}
H_2CrO_4	25	$K_1=1.8\times10^{-1}$	$H_3C_6H_5O_7$	20	$K_1=7.1\times10^{-4}$
	25	$K_2=3.20\times10^{-7}$	(柠檬酸)	20	$K_2=1.68\times10^{-5}$
HF	25	3.53×10^{-4}		20	$K_3=4.1\times10^{-7}$
HIO_3	25	1.69×10^{-1}	$NH_3\cdot H_2O$	25	1.77×10^{-5}
HIO	25	2.3×10^{-11}	AgOH	25	1×10^{-2}
HNO_2	12.5	4.6×10^{-4}	$Al(OH)_3$	25	$K_1=5\times10^{-9}$
NH_4^+	25	5.64×10^{-10}		25	$K_2=2\times10^{-10}$
H_2O_2	25	2.4×10^{-12}	$Be(OH)_2$	25	$K_1=1.78\times10^{-6}$
H_3PO_4	25	$K_1=7.52\times10^{-3}$		25	$K_2=2.5\times10^{-9}$
	25	$K_2=6.23\times10^{-8}$	$Ca(OH)_2$	25	$K_2=6\times10^{-2}$
	25	$K_3=2.2\times10^{-13}$	$Zn(OH)_2$	25	$K_1=8\times10^{-7}$
C_6H_5COOH	25	6.3×10^{-5}	$H_2NCH_2CH_2NH$	25	$K_1=8.5\times10^{-5}$
HOCN	25	3.3×10^{-4}		25	$K_2=7.1\times10^{-8}$
$C_6H_4(COOH)_2$	25	$K_1=1.1\times10^{-3}$	C_5H_5N	25	1.52×10^{-9}
(邻苯二甲酸)	25	$K_2=3.9\times10^{-6}$			
C_6H_5OH	25	1.05×10^{-10}			

注：摘自 Robert C. West，CRC Handbook of Chemistry and Physics，69 ed.，1988-1989，D159-164（～0.1-0.01N）.

附录VI　常见难溶电解质的溶度积 K_{sp}(298K)

难溶电解质	K_{sp}	难溶电解质	K_{sp}
AgCl	1.77×10^{-10}	$CaSO_4$	7.10×10^{-5}
AgBr	5.35×10^{-13}	$Cd(OH)_2$	5.27×10^{-15}
AgI	8.51×10^{-17}	CdS	1.40×10^{-29}
Ag_2CO_3	8.45×10^{-12}	$Co(OH)_2$(桃红)	1.09×10^{-15}
Ag_2CrO_4	1.12×10^{-12}	$Co(OH)_2$(蓝)	5.92×10^{-15}
Ag_2SO_4	1.20×10^{-5}	CoS(α)	4.0×10^{-21}
Ag_2S(α)	6.69×10^{-50}	CoS(β)	2.0×10^{-25}
Ag_2S(β)	1.09×10^{-49}	$Cr(OH)_3$	7.0×10^{-31}
$Al(OH)_3$	2×10^{-33}	CuI	1.27×10^{-12}
$BaCO_3$	2.58×10^{-9}	CuS	1.27×10^{-36}
$BaSO_4$	1.07×10^{-10}	$Fe(OH)_2$	4.87×10^{-17}
$BaCrO_4$	1.17×10^{-10}	$Fe(OH)_3$	2.64×10^{-39}
$CaCO_3$	4.96×10^{-9}	FeS	1.59×10^{-19}
$CaC_2O_4\cdot H_2O$	2.34×10^{-9}	Hg_2Cl_2	1.45×10^{-18}
CaF_2	1.46×10^{-10}	HgS(黑)	6.44×10^{-53}
$Ca_3(PO_4)_2$	2.07×10^{-33}	$MgCO_3$	6.82×10^{-6}

难溶电解质	K_{sp}	难溶电解质	K_{sp}
$Mg(OH)_2$	5.61×10^{-12}	PbS	9.04×10^{-29}
$Mn(OH)_2$	2.06×10^{-13}	PbI_2	8.49×10^{-9}
MnS	4.65×10^{-14}	$Pb(OH)_2$	1.42×10^{-20}
$Ni(OH)_2$	5.47×10^{-16}	$SrCO_3$	5.60×10^{-10}
NiS	1.07×10^{-21}	$SrSO_4$	3.44×10^{-7}
$PbCl_2$	1.17×10^{-5}	$ZnCO_3$	1.19×10^{-10}
$PbCO_3$	1.46×10^{-13}	$Zn(OH)_2(\gamma)$	6.68×10^{-17}
$PbCrO_4$	1.77×10^{-14}	$Zn(OH)_2(\beta)$	7.71×10^{-17}
PbF_2	7.12×10^{-7}	$Zn(OH)_2(\varepsilon)$	4.12×10^{-17}
$PbSO_4$	1.82×10^{-8}	ZnS	2.93×10^{-25}

注：摘自 Robert C. West，CRC Handbook of Chemistry and Physics，69 ed.，1988-1989，B 207-208.

附录Ⅵ-1 酸性溶液中的标准电极电势 $\varphi^{\ominus}_{m}$（298K）

元素	电极反应	$\varphi^{\ominus}$/V	元素	电极反应	$\varphi^{\ominus}$/V
Ag	$AgBr+e^-\longrightarrow Ag+Br^-$	+0.07133		$HIO+H^++e^-\longrightarrow \frac{1}{2}I_2+H_2O$	+1.439
	$AgCl+e^-\longrightarrow Ag+Cl^-$	+0.2223	K	$K^++e^-\longrightarrow K$	+2.931
	$Ag_2CrO_4+2e^-\longrightarrow 2Ag+CrO_4^{2-}$	+0.4470	Mg	$Mg^{2+}+2e^-\longrightarrow Mg$	−2.372
	$Ag^++e^-\longrightarrow Ag$	+0.7996	Mn	$Mn^{2+}+2e^-\longrightarrow Mn$	−1.185
Al	$Al^{3+}+3e^-\longrightarrow Al$	−1.662		$MnO_4^-+e^-\longrightarrow MnO_4^{2-}$	+0.558
As	$HAsO_2+3H^++3e^-\longrightarrow As+2H_2O$	+0.248		$MnO_2+4H^++2e^-\longrightarrow Mn^{2+}+2H_2O$	+1.224
	$H_3AsO_4+2H^++2e^-\longrightarrow HAsO_2+2H_2O$	+0.560		$MnO_4^-+8H^++5e^-\longrightarrow Mn^{2+}+4H_2O$	+1.507
Bi	$BiOCl+2H^++3e^-\longrightarrow Bi+2H_2O+Cl^-$	+0.1583		$MnO_4^-+4H^++3e^-\longrightarrow MnO_2+2H_2O$	+1.679
	$BiO^++2H^++3e^-\longrightarrow Bi+H_2O$	+0.320	Na	$Na^++e^-\longrightarrow Na$	−2.71
Br	$Br_2+2e^-\longrightarrow 2Br^-$	+1.066	N	$NO_3^-+4H^++3e^-\longrightarrow NO+2H_2O$	+0.957
	$BrO_3^-+6H^++5e^-\longrightarrow \frac{1}{2}Br_2+3H_2O$	+1.482		$2NO_3^-+4H^++2e^-\longrightarrow N_2O_4+2H_2O$	+0.803
Ca	$Ca^{2+}+2e^-\longrightarrow Ca$	−2.868		$HNO_2+H^++e^-\longrightarrow NO+H_2O$	+0.983
Cl	$ClO_4^-+2H^++2e^-\longrightarrow ClO_3^-+H_2O$	+1.189		$N_2O_4+4H^++4e^-\longrightarrow 2NO+2H_2O$	+1.035
	$Cl_2+2e^-\longrightarrow 2Cl^-$	+1.358		$NO_3^-+3H^++2e^-\longrightarrow HNO_2+H_2O$	+0.934
	$ClO_3^-+6H^++6e^-\longrightarrow Cl^-+3H_2O$	+1.451		$N_2O_4+2H^++2e^-\longrightarrow 2HNO_2$	+1.065
	$ClO_3^-+6H^++5e^-\longrightarrow \frac{1}{2}Cl_2+3H_2O$	+1.47	O	$O_2+2H^++2e^-\longrightarrow H_2O_2$	+0.695
	$HClO+H^++e^-\longrightarrow \frac{1}{2}Cl_2+H_2O$	+1.611		$H_2O_2+2H^++2e^-\longrightarrow 2H_2O$	+1.776
	$ClO_3^-+3H^++2e^-\longrightarrow HClO_2+H_2O$	+1.214	P	$O_2+4H^++4e^-\longrightarrow 2H_2O$	+1.229
	$ClO_2+H^++e^-\longrightarrow HClO_2$	+1.277	Pb	$H_3PO_4+2H^++2e^-\longrightarrow H_3PO_3+H_2O$	−0.276
Co	$HClO_2+2H^++2e^-\longrightarrow HClO+H_2O$	+1.645		$PbI_2+2e^-\longrightarrow Pb+2I^-$	−0.365
Cr	$Co^{3+}+e^-\longrightarrow Co^{2+}$	+1.83		$PbSO_4+2e^-\longrightarrow Pb+SO_4^{2-}$	−0.3588
Cu	$Cr_2O_7^{2-}+14H^++6e^-\longrightarrow 2Cr^{3+}+7H_2O$	+1.232		$PbCl_2+2e^-\longrightarrow Pb+2Cl^-$	−0.2675
	$Cu^{2+}+e^-\longrightarrow Cu^+$	+0.153		$Pb^{2+}+2e^-\longrightarrow Pb$	−0.1262
	$Cu^{2+}+2e^-\longrightarrow Cu$	+0.3419		$PbO_2+4H^++2e^-\longrightarrow Pb^{2+}+2H_2O$	+1.455
Fe	$Cu^++e^-\longrightarrow Cu$	+0.522		$PbO_2+SO_4^{2-}+4H^++2e^-\longrightarrow PbSO_4+2H_2O$	+1.6913
	$Fe^{2+}+2e^-\longrightarrow Fe$	−0.447	S	$H_2SO_3+4H^++4e^-\longrightarrow S+3H_2O$	+0.449
	$Fe(CN)_6^{3-}+e^-\longrightarrow Fe(CN)_6^{4-}$	+0.358		$S+2H^++2e^-\longrightarrow H_2S$	+0.142
	$Fe^{3+}+e^-\longrightarrow Fe^{2+}$	+0.771		$SO_4^{2-}+4H^++2e^-\longrightarrow H_2SO_3+2H_2O$	+0.172
H	$2H^++e^-\longrightarrow H_2$	0.0000		$S_4O_6^{2-}+2e^-\longrightarrow 2S_2O_3^{2-}$	+0.08
Hg	$Hg_2Cl_2+2e^-\longrightarrow 2Hg+2Cl^-$	+0.281		$S_2O_8^{2-}+2e^-\longrightarrow 2SO_4^{2-}$	+2.010
	$Hg_2^{2+}+2e^-\longrightarrow 2Hg$	+0.7973	Sb	$Sb_2O_3+6H^++6e^-\longrightarrow 2Sb+3H_2O$	+0.152
	$Hg^{2+}+2e^-\longrightarrow 2Hg$	+0.851		$Sb_2O_5+6H^++4e^-\longrightarrow 2SbO^++3H_2O$	+0.581
	$2Hg^{2+}+2e^-\longrightarrow Hg_2{}^{2+}$	+0.920	Sn	$Sn^{4+}+2e^-\longrightarrow Sn^{2+}$	+0.151
I	$I_2+2e^-\longrightarrow 2I^-$	+0.5355	V	$V(OH)_4^++4H^++5e^-\longrightarrow V+4H_2O$	−0.254
	$I_3^-+2e^-\longrightarrow 3I^-$	+0.536		$VO^{2+}+2H^++e^-\longrightarrow V^{3+}+H_2O$	+0.337
	$IO_3^-+6H^++5e^-\longrightarrow \frac{1}{2}I_2+3H_2O$	+1.195		$V(OH)_4^++2H^++e^-\longrightarrow VO^{2+}+3H_2O$	+1.00
			Zn	$Zn^{2+}+2e^-\longrightarrow Zn$	−0.7618

附录Ⅵ-2 碱性溶液中的标准电极电势 $\varphi^{\ominus}$ (298K)

元素	电极反应	$\varphi^{\ominus}$/V	元素	电极反应	$\varphi^{\ominus}$/V
Ag	$Ag_2S+2e^- \longrightarrow 2Ag+S^{2-}$	−0.691	Fe	$Fe(OH)_3+e^- \longrightarrow Fe^-(OH)_2+OH^-$	−0.56
	$Ag_2O+H_2O+2e^- \longrightarrow 2Ag+2OH^-$	+0.342	H	$2H_2O+2e^- \longrightarrow H_2+2OH^-$	−0.8277
Al	$H_2AlO_3^-+H_2O+3e^- \longrightarrow Al+4OH^-$	−2.33	Hg	$HgO+H_2O+2e^- \longrightarrow Hg+2OH^-$	+0.0977
As	$AsO_2^-+2H_2O+3e^- \longrightarrow As+4OH^-$	−0.68	I	$IO_3^-+3H_2O+6e^- \longrightarrow I^-+6OH^-$	+0.26
	$AsO_4^{3-}+2H_2O+2e^- \longrightarrow AsO_2^-+4OH^-$	−0.71		$IO^-+H_2O+2e^- \longrightarrow I^-+2OH^-$	+0.485
Br	$BrO_3^-+3H_2O+6e^- \longrightarrow Br^-+6OH^-$	+0.61	Mg	$Mg(OH)_2+2e^- \longrightarrow Mg+2OH^-$	−2.690
	$BrO^-+H_2O+2e^- \longrightarrow Br^-+2OH^-$	+0.761	Mn	$Mn(OH)_2+2e^- \longrightarrow Mn+2OH^-$	−1.56
Cl	$ClO_3^-+H_2O+2e^- \longrightarrow ClO_2^-+2OH^-$	+0.33		$MnO_4^-+2H_2O+3e^- \longrightarrow MnO_2+4OH^-$	+0.595
	$ClO_4^-+H_2O+2e^- \longrightarrow ClO_3^-+2OH^-$	+0.36		$MnO_4^-+2H_2O+2e^- \longrightarrow MnO_2+4OH^-$	+0.60
	$ClO_2^-+H_2O+2e^- \longrightarrow ClO^-+2OH^-$	+0.66	N	$NO_3^-+H_2O+2e^- \longrightarrow NO_2^-+2OH^-$	+0.01
	$ClO^-+H_2O+2e^- \longrightarrow Cl^-+2OH^-$	+0.81	O	$O_2+2H_2O+4e^- \longrightarrow 4OH^-$	+0.401
Co	$Co(OH)_2+2e^- \longrightarrow Co+2OH^-$	−0.73	S	$S+2e^- \longrightarrow S^{2-}$	−0.47627
	$Co(NH_3)_6^{3+}+e^- \longrightarrow Co(NH_3)_6^{2+}$	+0.108		$SO_4^{2-}+H_2O+2e^- \longrightarrow SO_3^{2-}+2OH^-$	−0.93
	$Co(OH)_3+e^- \longrightarrow Co(OH)_2+OH^-$	+0.17		$2SO_3^{2-}+3H_2O+4e^- \longrightarrow S_2O_3^{2-}+6OH^-$	−0.571
Cr	$Cr(OH)_3+3e^- \longrightarrow Cr+3OH^-$	−1.48		$S_4O_6^{2-}+2e^- \longrightarrow 2S_2O_3^{2-}$	+0.08
	$CrO_2^-+2H_2O+3e^- \longrightarrow Cr+4OH^-$	−1.2	Sb	$SbO_2^-+2H_2O+3e^- \longrightarrow Sb+4OH^-$	−0.66
	$CrO_4^{2-}+4H_2O+3e^- \longrightarrow Cr(OH)_3+5OH^-$	−0.13	Sn	$Sn(OH)_6^{2-}+2e^- \longrightarrow HSnO_2^-+H_2O+3OH^-$	−0.93
Cu	$Cu_2O+H_2O+2e^- \longrightarrow 2Cu+2OH^-$	−0.360		$HSnO_2^-+H_2O+2e^- \longrightarrow Sn+3OH^-$	−0.909

注：摘自 Robert C. West，CRC Handbook of Chemistry and Physics，69 ed.，1988-1989，D 151-158.

附录Ⅶ 常见配（络）离子的稳定常数 $K_{稳}$

配离子	$K_{稳}$	配离子	$K_{稳}$
$Ag(CN)_2^-$	1.3×10^{21}	$Fe(CN)_6{}^{4-}$	1.0×10^{35}
$Ag(NH_3)_2^+$	1.1×10^{7}	$Fe(CN)_6{}^{3-}$	1.0×10^{42}
$Ag(SCN)_2^-$	3.7×10^{7}	$Fe(C_2O_4)_3{}^{3-}$	2×10^{20}
$Ag(S_2O_3)_2^{3-}$	2.9×10^{13}	$Fe(NCS)^{2+}$	2.2×10^{3}
$Al(C_2O_4)_3^{3-}$	2.0×10^{16}	FeF_3	1.13×10^{12}
AlF_6^{3-}	6.9×10^{19}	$HgCl_4{}^{2-}$	1.2×10^{15}
$Cd(CN)_4^{2-}$	6.0×10^{18}	$Hg(CN)_4{}^{2-}$	2.5×10^{41}
$CdCl_4^{2-}$	6.3×10^{2}	$HgI_4{}^{2-}$	6.8×10^{29}
$Cd(NH_3)_4^{2+}$	1.3×10^{7}	$Hg(NH_3)_4{}^{2+}$	1.9×10^{19}
$Cd(SCN)_4^{2-}$	4.0×10^{3}	$Ni(CN)_4{}^{2-}$	2.0×10^{31}
$Co(NH_3)_4^{2+}$	1.3×10^{5}	$Ni(NH_3)_4{}^{2+}$	9.1×10^{7}
$Co(NH_3)_6^{3+}$	2×10^{35}	$Pb(CH_3COO)_4{}^{2-}$	3×10^{8}
$Co(NCS)_4^{2-}$	1.0×10^{3}	$Pb(CN)_4{}^{2-}$	1.0×10^{11}
$Cu(CN)_2^-$	1.0×10^{24}	$Zn(CN)_4{}^{2-}$	5×10^{16}
$Cu(CN)_4^{3-}$	2.0×10^{30}	$Zn(C_2O_4)_2{}^{2-}$	4.0×10^{7}
$Cu(NH_3)_2^+$	7.2×10^{10}	$Zn(OH)_4{}^{2-}$	4.6×10^{17}
$Cu(NH_3)_4^{2+}$	2.1×10^{13}	$Zn(NH_3)_4{}^{2+}$	2.9×10^{9}
$FeCl_3$	98		

注：摘自 Lange' s Handbook of Chemistry，13 ed.，1985 (5) 71-91.

附录Ⅷ　常见溶剂的 K_b 和 K_f

溶剂	t_b/℃	K_b/K·kg·mol^{-1}	t_b/℃	K_f/K·kg·mol^{-1}
水	100	0.512	0.0	1.855
乙醇	78.5	1.22	−117.3	—
丙酮	56.2	1.71	−95.35	—
苯	80.1	2.53	5.5	4.9
乙酸	117.9	3.07	16.6	3.9
氯仿	61.7	3.63	−63.5	—
萘	218.9	5.80	80.5	6.87
硝基苯	210.8	5.24	5.7	7.00
苯酚	181.7	3.56	43	7.40

注：摘自 R. C. West，CRC Handbook of Chemistry and Physics，69 ed.，(1989)，D p. 186.

附录Ⅸ　常见化学键的键焓（298K，$p^{\ominus}$）

项目		H	F	Cl	Br	I	O	S	N	P	C	Si
单键	H	436										
	F	565	155									
	Cl	431	252	243								
	Br	368	239	218	193							
	I	297	—	209	180	151						
	O	465	184	205	—2	201						
	S	364	340	272	214	—	—	264				
	N	389	272	201	243	201	201	247	159			
	P	318	490	318	272	214	352	230	300	214		
	C	415	486	327	276	239	343	289	293	264	331	
	Si	320	540	360	289	214	368	226	—2	214	281	197
双键	C═C	620	C═N	615	C═O	708	C═S	578				
	O═O	498	N═N	419	S═O	420	S═S	423				
三键	C≡C	812	N≡N	945	C≡N	879	C≡O	1072				

附录Ⅹ　在标准状况下一些有机物的燃烧热

化合物	$\Delta H^{\ominus}_{298}$/kJ·mol^{-1}	化合物	$\Delta H^{\ominus}_{298}$/kJ·mol^{-1}
CH_4(g)	−886.95	HCHO(g)	−563.05
C_2H_2(g)	−1298.39	CH_3COOH(l)	−870.69
C_2H_4(g)	−1409.62	$(COOH)_2$(s)	−245.78
C_2H_6(g)	−1558.39	C_6H_5COOH(s)	−3224.45
C_3H_6(g)	−2056.56	$C_{17}H_{35}COOH$(晶体)硬脂酸	−11263.85
C_3H_8(g)	−2217.91	CCl_4(l)	−155.91
n-C_4H_{10}(g)	−2875.76	$CHCl_3$(l)	−372.86
i-C_4H_{10}(g)	−2868.90	CH_3Cl(g)	−688.47
C_4H_8(l)丁烯	−2715.98	C_6H_5Cl(l)	−3137.93
C_5H_{12}(l)戊烷	−3532.77	COS(g)硫化羰	−552.60
C_6H_6(l)	−3264.58	CS_2(l)	−1074.26

续表

化合物	$\Delta H^{\ominus}_{298}$/kJ·mol^{-1}	化合物	$\Delta H^{\ominus}_{298}$/kJ·mol^{-1}
C_6H_{12}(l)环己烷	−3916.16	C_2N_2	−1086.8
C_7H_8(l)甲苯	−3906.21	$CO(NH_2)_2$	−631.39
C_8H_{10}(l)对二甲苯	−4548.51	$C_6H_5NO_2$(l)	−3094.87
$C_{10}H_8$(s)萘	−5148.92	$C_6H_5NH_2$(l)	−3393.74
CH_3OH(l)	−725.94	$C_6H_{12}O_6$(晶体)葡萄糖	−2813.14
C_2H_5OH(l)	−1365.44	$C_{12}H_{22}O_{11}$(晶体)蔗糖	−564.3
CH_3CHO(g)	−1191.3	$C_{10}H_{16}O$(晶体)樟脑	−5897.98
CH_3COCH_3(l)	−1801.16	$(CH_2OH)_2$(l)	−1191.72
$CH_3COOC_2H_5$(l)		$C_3H_8O_3$(l)甘油	−1662.80
$(C_2H_5O)_2$(l)	−2728.29	C_6H_5OH(s)	−3059.76
HCOOH(l)	−269.61		

参 考 文 献

[1] 张丽荣，于杰辉，宋天佑编．无机化学习题解答．第2版．北京：高等教育出版社，2010.
[2] 徐家宁，史苏华，宋天佑编．无机化学例题与习题．第2版．北京：高等教育出版社，2007.
[3] 宋天佑编．简明无机化学．北京：高等教育出版社，2007.
[4] 宋天佑，徐家宁，史苏华编．无机化学习题解答．北京：高等教育出版社，2006.
[5] 宋天佑，程鹏，王杏乔编．无机化学（上、下册）．第4版．北京：高等教育出版社，2004.
[6] 刘新锦，朱亚先，高飞编．无机元素化学．北京：科学出版社，2005.
[7] 黄孟健，黄炜编．无机化学考研攻略．北京：科学出版社，2004.
[8] 王志林，黄孟健编．无机化学学习指导．北京：科学出版社，2002.
[9] 大连理工大学无机教研室编．无机化学．第5版．北京：高等教育出版社，2006.
[10] 吉林大学，武汉大学，南开大学编．无机化学（上、下册）．第2版．北京：高等教育出版社，2009.
[11] 大连理工大学无机教研室编．无机化学学习指导．第5版．大连：大连理工大学出版社，2010.

参考答案

第 1 章

一、填空题

1-1　68.0　202　270

1-2　$a-b$　$\frac{b}{a}V$　$\frac{a-b}{a}V$　$\frac{b}{RT}V$　$\frac{a-b}{RT}V$

1-3　38.0　114　76.0　267

1-4　$\frac{11m_1}{11m_1+7m_2}p$　$\frac{(11m_1+7m_2)RT}{308p}$

1-5　54.2

二、选择题

1-6　B　1-7　A　1-8　D　1-9　C　1-10　C　1-11　A

三、判断题

1-12　×　1-13　√　1-14　√　1-15　√

四、综合题

1-16　解：本题可理解为 T 温度时体积为 298K 时体积的 2 倍，根据 $pV=nRT$ 得

$$T\propto V$$

此时温度即 $T=298\times2=596(\mathrm{K})$。

1-17　答：纯水杯的水全部转移入蔗糖溶液杯中。

1-18　答：冬天天气干燥，空气中水蒸气含量低于相应温度下水蒸气的饱和蒸气压，故可采用加湿器调节室内湿度；而在夏天，空气中水蒸气含量与相应温度下水蒸气的饱和蒸气压相差不多，采用加湿器会使得空气中水汽过饱和，从而凝结成水，起不到加湿效果。

1-19　解：先求出组分气体 He 的摩尔分数

$$n=\sum_i n_i=0.30\mathrm{mol}+0.10\mathrm{mol}+0.10\mathrm{mol}=0.50\mathrm{mol}$$

$$x_{\mathrm{He}}=\frac{n_{\mathrm{He}}}{n}=\frac{0.10\mathrm{mol}}{0.50\mathrm{mol}}=\frac{1}{5}$$

$$p_i=p_{总}\ x_i=100\mathrm{kPa}\times\frac{1}{5}=20\mathrm{kPa}$$

即 He 的分压 $p_{\mathrm{He}}=20\mathrm{kPa}$。

由公式 $p_{总}\ V_i=n_iRT$ 得

$$V_i=\frac{n_i pT}{p_{总}}$$

将题设条件 $n_{\mathrm{N_2}}=0.30\mathrm{mol}$，$T=410\mathrm{K}$ 和 $p_{总}=100\mathrm{kPa}$ 代入公式即可求出

$$V_{\mathrm{N_2}}=\frac{0.30\mathrm{mol}\times8.314\mathrm{J}\cdot\mathrm{mol}^{-1}\cdot\mathrm{K}^{-1}\times410\mathrm{K}}{100000\mathrm{Pa}}=10\mathrm{dm}^3$$

即 N_2 的分体积为 $10\mathrm{dm}^3$。

1-20　解：先求出混合气体中氮气组分的分压。

依题意，某温度下 $p_1=0.66\text{kPa}$，$V_1=3.0\text{dm}^3$ 可以求出在该温度下氮气占混合气体总体积 $V_2=2.0\text{dm}^3$ 时所具有的强压 p_2。

根据 Boyle 定律，n、T 一定时

$$V \propto \frac{1}{p}$$

即

$$p_1V_1=p_2V_2$$

故

$$p_2=\frac{p_1V_1}{V_2}=\frac{0.66\text{kPa}\times 3.0\text{dm}^3}{2.0\text{dm}^3}=0.99\text{kPa}$$

按分压的定义，这就是混合气体中氮气的分压 p_{N_2}，同理可求出混合气体中氢气的分压，$p_{H_2}=0.50\text{kPa}$。由分压定律公式 $p_{总}=\sum p_i$，故

$$p_{总}=p_{N_2}+p_{H_2}=0.99\text{kPa}+0.50\text{kPa}=1.49\text{kPa}$$

1-21　答：

(1) 甘油的凝固点，沸点，渗透压高。

(2) 由凝固点，沸点，渗透压的公式可知：分子量与凝固点、沸点、渗透压呈反比。

1-22　答：这个与细胞和细胞周围溶液的渗透压有关，一般植物如果施肥过多，土壤的渗透压大于植物细胞的渗透压，导致植物细胞失水，即烧死。

第 2 章

一、填空题

2-1　-285.83　142.92　1.1×10^{-2}　8.79×10^{-2}

2-2　$HCN(aq)=H^+(aq)+CN^-(aq)$　43.5

2-3　-110.525　-393.509

2-4　$S(正交)+\frac{3}{2}O_2(g)\longrightarrow SO_3(g)$　-72.74

二、选择题

2-5　A　2-6　B　2-7　B　2-8　D　2-9　D　2-10　D　2-11　C　2-12　C　2-13　D　2-14　B　2-15　C

三、判断题

2-16　×　2-17　√　2-18　×　2-19　×　2-20　×　2-21　×　2-22　√

四、综合题

2-23　解：当反应物中气体的物质的量比生成物中气体的量小时，$Q_p<Q_V$；反之则 $Q_p>Q_V$；当反应物与生成物气体的物质的量相等时，或反应物与生成物全是固体或液体时，$Q_p=Q_V$。

2-24　答：不相等。$\Delta_r H_m^\ominus$ 是进行 1mol 反应的反应热，它与反应式的书写有关；而 $\Delta_f H_m^\ominus$ 是指某温度下，由处于标准态的各种元素最稳定的单质生成标准状态下 1mol 该纯物质的反应热，它与反应式的书写无关。对本题 $\Delta_r H_m^\ominus=2\Delta_f H_m^\ominus$。

2-25　答：不相等。C 的同素异形体中，石墨最为稳定，即 $\Delta_f H_m^\ominus=0$；金刚石 $\Delta_f H_m^\ominus>0$；而石墨与金刚石燃烧的产物完全相同，因此可得两者的燃烧热不同。

2-26　解：根据题设，可得

$$2C(石墨)+O_2(g)=\!=\!=2CO(g) \qquad \times\left(-\frac{1}{2}\right)$$

$$2H_2O(g)=O_2(g)+2H_2(g) \qquad \times\left(+\frac{1}{2}\right)$$

$$+)\ CO(g)+H_2O(g)=\!=\!=CO_2(g)+H_2(g) \times(-1)$$

$$\overline{\qquad CO_2(g)=\!=\!=C(石墨)+O_2(g) \qquad}$$

所以根据 Hess 定律，所得的化学反应的摩尔反应热为

$$\Delta_r H_m^\ominus=\Delta_r H_m^\ominus(1)\times\left(-\frac{1}{2}\right)+\Delta_r H_m^\ominus(2)\times\left(+\frac{1}{2}\right)+\Delta_r H_m^\ominus(3)\times(-1)$$

$$=\left[(-222)\times\left(-\frac{1}{2}\right)+484\times\left(+\frac{1}{2}\right)+(-41)\times(-1)\right]\text{kJ}\cdot\text{mol}^{-1}$$
$$=394\text{kJ}\cdot\text{mol}^{-1}$$

2-27　解：反应的 $\Delta_r H_m^{\ominus}$ 和 $\Delta_r S_m^{\ominus}$ 可以由已知数据求出

$$\Delta_r H_m^{\ominus}=\Delta_f H_m^{\ominus}(H_2S,g)-\Delta_f H_m^{\ominus}(CuS,g)$$
$$=[-20.6-(-53.1)]\text{kJ}\cdot\text{mol}^{-1}$$
$$=32.5\ \text{kJ}\cdot\text{mol}^{-1}$$
$$\Delta_r S_m^{\ominus}=S_m^{\ominus}(H_2S,g)+S_m^{\ominus}(Cu,s)-S_m^{\ominus}(CuS,g)-S_m^{\ominus}(H_2,g)$$
$$=(205.8+33.2-66.5-130.7)\text{kJ}\cdot\text{mol}^{-1}\cdot\text{K}^{-1}$$
$$=41.8\text{kJ}\cdot\text{mol}^{-1}\cdot\text{K}^{-1}$$
$$\Delta_r G_m^{\ominus}=\Delta_r H_m^{\ominus}-T\Delta_r S_m^{\ominus}$$

当反应可以可逆进行时，$\Delta_r G_m^{\ominus}=0$，即

$$\Delta_r H_m^{\ominus}=T\Delta_r S_m^{\ominus}$$
$$T=\frac{\Delta_r H_m^{\ominus}}{\Delta_r S_m^{\ominus}}$$
$$=\frac{32.5\times1000\text{J}\cdot\text{mol}^{-1}}{41.8\text{J}\cdot\text{mol}^{-1}\cdot\text{K}}$$
$$=778\text{K}$$

当 $T>778\text{K}$ 时，反应即可发生。

2-28　解：

$$W(s)+I_2(g)=\!=\!=WI_2(g)$$
$$\Delta_r H_m^{\ominus}=-8.37-0-62.24=-70.61(\text{kJ}\cdot\text{mol}^{-1})$$
$$\Delta_r S_m^{\ominus}=0.2504-0.0335-0.2600=-0.0431(\text{kJ}\cdot\text{mol}^{-1}\cdot\text{K}^{-1})$$

623K 时：$\Delta_r G_m^{\ominus}=\Delta_r H_m^{\ominus}-T\Delta_r S_m^{\ominus}=-70.61-623(-0.0431)=-43.76(\text{kJ}\cdot\text{mol}^{-1})$

2-29　答：

$$Fe+2H^+=\!=\!=Fe^{2+}+H_2$$
$$Q_p=Q_V+\Delta nRT$$

第（1）情况放热量为 Q_p，第（2）情况放热量为 Q_V，因为变化过程有气体产生，Δn 为正值。所以情况（2）放热多于（1）。

第 3 章

一、填空题

3-1　基元　之和　反应级数　3

3-2　不一定　3　9　1/27

3-3　降低　分数　增大

3-4　增大　增大

3-5　3　$r=k\cdot c^2(A)\cdot c(B)$

二、选择题

3-6　C　3-7　B　3-8　C　3-9　D

三、判断题

3-10　×　3-11　√　3-12　×　3-13　×　3-14　√　3-15　×　3-16　√

四、综合题

3-17　解：

① $\bar{r}=k_1c(I_2)$，一级反应，单分子反应，k_1 的单位为 s^{-1}。

② $\bar{r}=k_2c(I)^2$，二级反应，双分子放应，k_2 的单位为$dm^3\cdot mol^{-1}\cdot s^{-1}$。

③ $\bar{r}=k_3c(H_2)\cdot c(I)^2$，三级反应，三分子反应，$k_3$ 的单位为$dm^3\cdot mol^{-2}\cdot s^{-1}$。

3-18　答：起始速率不同；速率常数不同；反应级数相同；活化能相同（严格来说活化能与温度有关）。

3-19　答：起始速率不同；速率常数相同；反应级数相同；活化能相同。

3-20　答：0 级反应的速率与浓度无关。

3-21　解：总的速率由慢反应决定，故 $r=k_2[N_2O_2][H_2]$

由于（2）为慢反应，故（1）可视为平衡反应 $[N_2O_2]=K[NO]^2$

因此总反应的速率方程为：$r=k_2K[NO]^2[H_2]=k[NO]^2[H_2]$

3-22　解：

（1）$[H_2PO_2^-]$ 恒定为 $0.50mol\cdot dm^{-3}$，$[OH^-]$ 由 $1.0mol\cdot dm^{-3}$ 增为 $4.0mol\cdot dm^{-3}$，反应速率增加 16 倍，故反应对 OH^- 为 2 级反应；同理可知反应对 $H_2PO_2^-$ 为 1 级反应。总反应为三级反应。反应速率方程为 $v=k[H_2PO_2^-]\cdot[OH^-]^2$

（2）$k=\dfrac{v}{[H_2PO_2^-][OH^-]^2}=\dfrac{3.2\times10^{-5}}{0.10\times1.0^2}=3.2\times10^{-4}mol^{-2}\cdot dm^6\cdot min^{-1}$

3-23

解：
$$\ln\frac{k_2}{k_2}=\frac{E_a}{R}\left(\frac{1}{T_1}-\frac{1}{T_2}\right)$$

$$E_a=8.31\times10^{-3}\times\left(\ln\frac{5.48\times10^{-2}}{1.08\times10^{-4}}\right)\times\frac{283\times333}{333-283}=97.6kJ\cdot mol^{-1}$$

设有 303K 时的分解反应速率常数为 K_3，则

$$\ln k_3-\ln(1.08\times10^{-4})=\frac{97.6}{8.31\times10^{-3}}\left(\frac{1}{283}-\frac{1}{303}\right)$$

$$\ln k_3=2.74+(-9.13)=-6.39$$

$$k_3=1.68\times10^{-3}mol\cdot dm^{-3}\cdot s^{-1}$$

第 4 章

一、填空题

4-1　增大　减小　减小

4-2　增大　增大　向左　不

4-3　增　向右　增加　增大　增大

4-4　$K_1^{\ominus}=(K_2^{\ominus})^{1/2}$　无法确定

4-5　$K_1^{\ominus}=(K_2^{\ominus})^2=(K_3^{\ominus})^{-4}$　相同　不变

4-6　1.1　小于

4-7　19.33　3.2

4-8　$\dfrac{(K_1^{\ominus})^2\ (K_3^{\ominus})^3}{(K_2^{\ominus})^2}$　$2\Delta_rS_{m1}^{\ominus}-2\Delta_rS_{m2}^{\ominus}+3\Delta_rS_{m3}^{\ominus}$

二、选择题

4-9　B　4-10　C　4-11　A　4-12　C

三、判断题

4-13　×　4-14　√　4-15　√　4-16　√　4-17　×　4-18　×　4-19　×

四、综合题

4-20　解：
$$2NaHCO_3(s)\longrightarrow Na_2CO_3(s)+CO_2(g)+H_2O(g)$$

$$\lg K_1^{\ominus}=-\frac{\Delta_rH_m^{\ominus}}{2.303RT_1}+\frac{\Delta_rS_m^{\ominus}}{2.303R}\qquad(1)$$

$$\lg K_2^{\ominus}=-\frac{\Delta_rH_m^{\ominus}}{2.303RT_2}+\frac{\Delta_rS_m^{\ominus}}{2.303R}\qquad(2)$$

式(1)－式(2)得

$$\lg\frac{K_2^\ominus}{K_1^\ominus}=\frac{\Delta_r H_m^\ominus}{2.303R}\left(\frac{1}{T_1}-\frac{1}{T_2}\right)$$

$$=\frac{129000\text{J}\cdot\text{mol}^{-1}}{2.303\times 8.314\text{J}\cdot\text{mol}^{-1}\cdot\text{K}^{-1}}\left(\frac{1}{303\text{K}}-\frac{1}{393\text{K}}\right)$$

$$=5.092$$

$$\frac{K_2^\ominus}{K_1^\ominus}=1.236\times 10^5$$

故

$$K_2^\ominus=K_1^\ominus\times 1.236\times 10^5$$

$$=1.66\times 10^{-5}\times 1.236\times 10^5=2.05$$

所以 393K 时，反应的平衡常数 $K^\ominus=2.05$

4-21 解：用夏洛特原理进行判断是正确的。化学平衡问题要用平衡常数 K 进行讨论。由 $\Delta_r G_m^\ominus=-RT\ln K^\ominus$，结合题给出的公式

$$\Delta_r G_m^\ominus=\Delta_r H_m^\ominus-T\Delta_r S_m^\ominus$$

得

$$\ln K^\ominus=\left(\frac{\Delta_r S_m^\ominus}{R}-\frac{\Delta_r H_m^\ominus}{RT}\right)$$

由该式得出，当 $\Delta_r H_m^\ominus>0$ 时，T 增大会使平衡常数 K 增大，所以有利于平衡右移。

4-22 解：

(1) $\frac{18.4}{4.6}=0.40(\text{mol})\ NO_2$

$$n=\frac{pV}{RT}=\frac{1.0\times 6.0}{0.083\times 300}=0.24(\text{mol})$$

$$2NO_2(g)\rightleftharpoons N_2O_4(g)$$

平衡时物质的量/mol　　$0.40-2x$　　x

$$0.40-2x+x=0.24$$

$$x=0.16\text{mol}(N_2O_4)$$

$$0.40-2x=0.40-2\times 0.16=0.08(\text{mol})$$

$$K_p^\ominus=\frac{(0.16/0.24)\times 1.0}{[(0.08/0.24)\times 1.0]^2}=6$$

(2) 温度升高到 111℃，平衡常数变小，所以此反应为放热反应。

4-23 解：

① 设平衡时 PCl_5 为 x mol，

$$PCl_5(g)\longleftrightarrow PCl_3(g)+Cl_2(g)$$

平衡时 n/mol　　$0.026-x$　　x　　x

平衡时总物质的量 $n=\frac{100\text{kPa}\times 2.0\text{L}}{8.314\text{Pa}\cdot\text{L}\cdot\text{mol}^{-1}\cdot\text{K}^{-1}\times 523\text{K}}=0.046\text{mol}$

$$(0.026-x)+x+x=0.046$$

$$x=0.020\text{mol}$$

$$PCl_5\quad\text{分解率}=\frac{0.020}{0.026}\times 100\%=77\%$$

②

$$K^\ominus=\frac{p(PCl_3)p(Cl_2)}{p(PCl_5)}\cdot\frac{1}{p^\ominus}=\frac{\left(100\times\frac{0.020}{0.046}\right)^2}{100\times\frac{0.026-0.020}{0.046}}=1.45$$

③ 设起始时 PCl_5 为 1.0mol，平衡时 PCl_3 为 y mol

$$PCl_5(g) \rightleftharpoons PCl_3(g) + Cl_2(g)$$

平衡时 n/mol　　　　$1.0-y$　　　y　　　y

平衡时总物质的量　　　$n=1.0-y+y+y=1.0+y$

$$1.45=\frac{\left(1000\times\frac{y}{1.0+y}\right)^2}{1000\times\frac{1.0-y}{1.0+y}}\times\frac{1}{100}=\frac{10y^2}{1.0-y}$$

$$y=0.36\text{mol}$$

$$PCl_5\text{ 分解率}=\frac{0.036}{1.0}\times100\%=36\%$$

4-24 解：

$$pM=dRT$$

$$M=0.925\times8.314\times900/101.3=68.3(\text{g}\cdot\text{mol}^{-1})$$

$$M(SO_3)=80\quad M(SO_2)=64\quad M(O_2)=32$$

设 SO_3 的离解度为 α，当

$n(SO_3)=1-\alpha$　$n(SO_2)=\alpha$　$n(O_2)=0.5\alpha$ 时，混合物的总物质的量为：

$$1-\alpha+\alpha+0.5\alpha=1+0.5\alpha$$

$$[80\times(1-\alpha)+64\alpha+32\times0.5\alpha]/(1+0.5\alpha)=68.3$$

$$\alpha=34.3\%$$

4-25 解：

(1) $K_c=[H_2][I_2]/[HI]^2=[H_2]/0.0100^2=1.82\times10^{-2}$

　$[I_2]=[H_2]=1.35\times10^{-3}\text{mol}\cdot\text{dm}^{-3}$

(2) $C_{HI}=[HI]+2[H_2]=0.0100+0.00135\times2=0.0127\text{mol}\cdot\text{dm}^{-3}$

(3) 转化率$=(2\times0.00135/0.0127)\times100\%=21.3\%$

第 5 章

一、填空题

5-1 增大　变小　变小　不变

5-2 4.74

5-3 减小

5-4 CO_3^-　H_2S

5-5 基本不变　Ac^-　HAc

5-6 两性物质　OH^-　H_3O^+

5-7 8.85

5-8 1×10^{-14}　1×10^{-20}

5-9 (6)　(4)　(1)　(2)　(3)　(5)

5-10 减小　增大

5-11 HAc-NaAc 2∶1　HCl-NaAc 2∶3　HAc- NaOH 3∶1

5-12 浅红　变深　温度升高水解加剧

5-13 5∶1　基本保持不变　增强

二、选择题

5-14 C　5-15 B　5-16 C　5-17 B　5-18 C　5-19 B　5-20 C　5-21 A　5-22 B　5-23 C

5-24 D

三、判断题

5-25 √　5-26 ×　5-27 ×　5-28 ×　5-29 √　5-30 ×

四、综合题

5-31 解：共轭酸：HSO_4^-，　H_3PO_4，　NH_4^+

5-32 答：

(1) $K_b^\ominus$ 不变，α 减小，pH 值减小；

(2) $K_b^\ominus$ 不变，α 增大，pH 值增大；

(3) $K_b^\ominus$ 不变，α 减小，pH 值增大。

5-33 解：在 pH=4.50 的缓冲溶液中：

$$4.50=4.76+\lg\frac{0.200\text{mol}\cdot\text{L}^{-1}-c(\text{NaAc})}{c(\text{HAc})}$$

解得
$$c(\text{HAc})=0.130\text{mol}\cdot\text{dm}^{-3}$$
$$c(\text{NaAc})=0.200\text{mol}\cdot\text{dm}^{-3}-0.130\text{mol}\cdot\text{dm}^{-3}=0.070\text{mol}\cdot\text{dm}^{-3}$$

加入固体 NaOH mg：

$$4.90=4.76+\lg\frac{0.070\text{mol}\cdot\text{dm}^{-3}\times0.50\text{dm}^3+\dfrac{m\text{g}}{40\text{g}\cdot\text{mol}^{-1}}}{0.130\text{mol}\cdot\text{dm}^{-3}\times0.50\text{dm}^3-\dfrac{m\text{g}}{40\text{g}\cdot\text{mol}^{-1}}}$$

解得：
$$m=0.92$$

5-34 解：
$$\text{HB}+\text{KOH}\text{=\!=\!=}\text{KB}+\text{H}_2\text{O}$$
$$\frac{0.1\times50}{100}\quad\frac{0.1\times50}{100}\quad0$$
$$0.05-0.02\quad 0\quad 0.02$$

$[\text{HB}]=0.03\text{mol}\cdot\text{dm}^{-3}$　　$[\text{B}^-]=0.02\text{mol}\cdot\text{dm}^{-3}$

$[\text{H}^+]=K_a^\ominus c_a/c_s$　　$[\text{H}^+]=10^{-5.25}=5.62\times10^{-6}\text{mol}\cdot\text{dm}^{-3}$

$5.62\times10^{-6}=K_a^\ominus\times0.03/0.02$　　$K_a^\ominus=3.75\times10^{-5}\text{mol}\cdot\text{dm}^{-3}$

5-35 解：

(1) $[\text{H}^+]=\sqrt{cK_a^\ominus}=\sqrt{0.1\times1.85\times10^{-5}}=1.36\times10^{-3}$　　pH=2.87

(2) $[\text{OH}^-]=\sqrt{c\dfrac{K_w^\ominus}{K_a^\ominus}}=\sqrt{0.1\times\dfrac{10^{-14}}{1.85\times10^{-5}}}=7.3\times10^{-5}$　　pH=14−pOH=9.86

(3) $[\text{OH}^-]=\sqrt{cK_b^\ominus}=1.36\times10^{-3}$　　pH=14−pOH=11.13

(4) $NaHCO_3$ 和 Na_2CO_3 构成缓冲溶液

$$\text{pH}=pK_a^\ominus-\lg\frac{c(\text{NaHCO}_3)}{c(\text{Na}_2\text{CO}_3)}=-\lg(4.7\times10^{-11})-0=10.33$$
$$(1)<(2)<(4)<(3)$$

5-36 解：由已知条件：

(1) $c/(K_a^\ominus)^{0.5}\gg500$　　pH=4.00

$$\therefore[\text{H}^+]=(k_a^\ominus c)^{0.5}=10^{-4}\text{mol}\cdot\text{dm}^{-3}$$
$$K_a^\ominus=[\text{H}^+]^2/c=10^{-8}\div0.010=10^{-6}$$

(2)
$$\alpha=([\text{H}^+]/c)\times100\%=10^{-4}\div0.010\times100\%=1.0\%$$

5-37 解：
$$\text{pH}=pK_a^\ominus-\lg(c_{\text{HAc}}/c_{\text{NaAc}})$$
$$4.70=4.75-\lg(c_{\text{HAc}}/c_{\text{NaAc}})$$
$$c_{\text{HAc}}/c_{\text{NaAc}}=n_{\text{HAc}}/n_{\text{NaAc}}=1.12$$
$$\text{HAc}+\text{NaOH}\text{=\!=\!=}\text{NaAc}+\text{H}_2\text{O}$$
$$n_{\text{NaAc}}=n_{\text{NaOH}}=1.0\times0.1=0.1(\text{mol}\cdot\text{dm}^{-3})$$

设需要 HAc 体积为 $V\text{dm}^3$

$$(1.0\times V-0.1)/0.1=1.12$$

$$V=0.212dm^3=212cm^3$$

需加水 $1000-100-212=688(cm^3)$

5-38　答：不能。$K_a^{\ominus}=[H^+]^2/c$ 计算溶液的 $[H^+]$ 适用于：①忽略水的贡献；②电离度不高于 5% 的单一弱酸体系，即 $[H^+]\approx[Ac^-]$ 时。该题非单一弱酸体系，由于其共轭碱的加入，使得其电离度降低，使 $[Ac^-]$ 大于 $[H^+]$，故不能用 $K_a^{\ominus}=[H^+]^2/c$ 计算溶液的 $[H^+]$。

5-39　解：

(1) $K=\dfrac{[H_2CO_3][Lac^-]}{[HLac][HCO_3^-]}\cdot\dfrac{[H^+]}{[H^+]}=\dfrac{K(HLac)}{K_1(H_2CO_3)}=\dfrac{8.4\times10^{-4}}{4.3\times10^{-7}}=2.0\times10^3$

(2) $pH=pK_1-\lg\dfrac{c_a}{c_s}=6.37-\lg\dfrac{1.4\times10^{-3}}{2.7\times10^{-2}}=6.37-(-1.29)=7.66$

(3) $pH=pK_1-\lg\dfrac{c_a}{c_s}=6.37-\lg\dfrac{(1.4+5.0)\times10^{-3}}{(2.7-0.5)\times10^{-2}}=6.37-(-0.54)=6.91$

5-40　解：$PO_4^{3-}+2H^+=H_2PO_4^-$

等体积混合后，生成的 $H_2PO_4^-$ 的浓度为 $0.5mol\cdot dm^{-3}$

溶液的酸度为：$[H^+]=\sqrt{K_1^{\ominus}K_2^{\ominus}}$

据已知求磷酸的 $pK_1^{\ominus}=2.12$　$pK_2^{\ominus}=7.20$

$$pH=\frac{1}{2}\times(2.12+7.20)=4.66$$

5-41　解：由已知 $K_a^{\ominus}(HAc)=1.8\times10^{-5}$ 得 $pK_a^{\ominus}=4.74$

$$HAc+NaOH=\!=\!=NaAc+H_2O$$

$$[HAc]=\frac{0.10\times0.20-0.050\times0.20}{0.10+0.050}=0.067mol\cdot dm^{-3}$$

$$[Ac^-]=\frac{0.050\times0.20}{0.10+0.050}=0.067mol\cdot dm^{-3}$$

$$pH=pK_a^{\ominus}-\lg\frac{[HAc]}{[Ac^-]}=pK_a^{\ominus}=4.74$$

第 6 章

一、填空题

6-1　$K_{sp}^{\ominus}(Ag_2C_2O_4)/[K_{sp}^{\ominus}(AgBr)]^2$

6-2　Cd^{2+}　Zn^{2+}

6-3　9.22×10^{-9}

6-4　6.45

6-5　1.1×10^{-10}

6-6　减小　　增大　　大

6-7　≤1.87

6-8　3.8×10^{-3}　1.9×10^{-3}

6-9　$s_1>s_3>s_2>s_4$

二、选择题

6-10　B　　6-11　D　　6-12　C　　6-13　B　　6-14　B　　6-15　B　　6-16　C　　6-17　B

6-18　B　　6-19　A　　6-20 B

三、判断题

6-21　×　　6-22　×　　6-23　√　　6-24　×　　6-25　×　　6-26　×

四、综合题

6-27　解：　$Ag_2CrO_4 \rightleftharpoons Ag^+ + CrO_4{}^{2-}$

平衡浓度/$mol\cdot dm^{-3}$　　$2x$　　x

饱和溶液中 $[CrO_4^{2-}]$ 可以代表 Ag_2CrO_4 的溶解度，而 $[Ag^+]$ 则是 Ag_2CrO_4 溶解度的 2 倍。

$$K_{sp}^{\ominus}=[Ag^+]^2[CrO_4^{2-}]=(2x)^2x=4x^3$$
$$=4\times(6.5\times10^{-5})^3=1.1\times10^{-12}$$

6-28 解：

(1) 由 $CdS \rightleftharpoons Cd^{2+}+S^{2-}$

得 $K_{sp}^{\ominus}=[Cd^{2+}][S^{2-}]$

故 $[S^{2-}]=\dfrac{K_{sp}^{\ominus}}{[Cd^{2+}]}=\dfrac{8.0\times10^{-27}}{1.0\times10^{-2}}mol\cdot dm^{-3}=8.0\times10^{-25}mol\cdot dm^{-3}$

当$[S^{2-}]=8.0\times10^{-25}mol\cdot dm^{-3}$时，开始有沉淀生成。

(2) 一般情况下，离子与沉淀剂生成沉淀物后在溶液中的残留浓度低于$1.0\times10^{-5}mol\cdot dm^{-3}$时则认为该离子已被沉淀完全。

依题意$[Cd^{2+}]=1.0\times10^{-5}mol\cdot dm^{-3}$时的$[S^{2-}]$为所求

$CdS \rightleftharpoons Cd^{2+}+S^{2-}$

得 $K_{sp}^{\ominus}=[Cd^{2+}][S^{2-}]$

故 $[S^{2-}]=\dfrac{K_{sp}^{\ominus}}{[Cd^{2+}]}=\dfrac{8.0\times10^{-27}}{1.0\times10^{-5}}mol\cdot dm^{-3}=8.0\times10^{-22}mol\cdot dm^{-3}$

即当$[S^{2-}]=8.0\times10^{-22}mol\cdot dm^{-3}$时，$Cd^{2+}$已被沉淀完全。

6-29 解：

(1) HCOOH 和 HCOONa

(2) $pH=pK_a^{\ominus}-\lg(c_{HCOOH}/c_{HCOONa})$

$3=3.74-\lg(c_{HCOOH}/c_{HCOONa})$

$c_{HCOOH}/c_{HCOONa}=5.5$

(3) $[Mn^{2+}]=0.1/2=0.05(mol\cdot dm^{-3})$

$[OH^-]=10^{-14}/10^{-3}\times2=5\times10^{-12}(mol\cdot dm^{-3})$

$[Mn^{2+}][OH^-]^2=0.05\times(5\times10^{-12})^2=1.25\times10^{-24}<K_{sp}^{\ominus}[Mn(OH)_2]$

无$Mn(OH)_2$沉淀生成。

6-30 解：由$K_{sp}^{\ominus}(AgCl)=1.8\times10^{-10}$，$K_{sp}^{\ominus}(AgI)=9.3\times10^{-17}$

可知$K_{sp}^{\ominus}AgCl>K_{sp}^{\ominus}AgI$，且$[I^-]=[Cl^-]$。

则最先形成沉淀的是 AgI。

由$K_{sp}^{\ominus}AgCl=[Ag^+][Cl^-]$，当$Cl^-$开始沉淀时

$$[Ag^+]=K_{sp}^{\ominus}AgCl/[Cl^-]=1.8\times10^{-10}/0.10=1.8\times10^{-9}mol\cdot dm^{-3}$$

根据$K_{sp}^{\ominus}AgI=[Ag^+][I^-]$，此时

$$[I^-]=K_{sp}^{\ominus}AgI/[Ag^+]=9.3\times10^{-17}/1.8\times10^{-9}=5.17\times10^{-8}mol\cdot dm^{-3}$$

所以$5.17\times10^{-8}mol\cdot dm^{-3}<1\times10^{-6}mol\cdot dm^{-3}$

则当Cl^-开始沉淀时I^-已经沉淀完全。

6-31 解：

(1) Pb^{2+}沉淀时需要的$[OH^-]$

$$[OH^-]=\sqrt{\frac{1.4\times10^{-15}}{3.0\times10^{-2}}}=2.16\times10^{-7}(mol\cdot L^{-1})$$

Cr^{3+}沉淀时需要的$[OH^-]$

$$[OH^-]=\sqrt[3]{\frac{6.3\times10^{-31}}{2.0\times10^{-2}}}=3.16\times10^{-10}(mol\cdot L^{-1})$$

故Cr^{3+}先沉淀

(2) Cr^{3+}完全沉淀时，溶液的 pH 值为

$$[OH^-]=\sqrt[3]{\frac{6.3\times10^{-31}}{1.0\times10^{-5}}}=3.97\times10^{-9}(mol\cdot L^{-1})$$

$$pH=pK_w-pOH=5.48$$

Pb^{2+}沉淀时 pH 值：$pH=pK_w-pOH=7.47$

∴ 若分离这两种离子，溶液的 pH 值应控制在 5.48～7.47

6-32　答：若形成 ZnS 沉淀，一定会产生二倍量 ZnS 的氢离子，在酸性介质中 ZnS 有较大的溶解度。ZnS 沉淀不完全。

加入 NaAc 后，NaAc 水解呈碱性，中和掉由于生成 ZnS 而产生的氢离子，使反应向形成 ZnS 沉淀方向进行，致 ZnS 沉淀完全。

6-33　解：

由于 $K_{sp}^{\ominus}(CdS)$ 远远小于 $K_{sp}^{\ominus}(FeS)$，因此，所求溶液 pH 值的控制范围是指 CdS 已经沉淀完全而 FeS 尚未沉淀的 pH 值间隔。

$$H_2S = 2H^+ + S^{2-}$$

$$[H^+] = \sqrt{\frac{K_{a_1}^{\ominus} K_{a_2}^{\ominus} [H_2S]}{[S^{2-}]}} = \sqrt{\frac{1.0 \times 10^{-22}}{[S^{2-}]}}$$

Cd^{2+} 完全沉淀时　　$[S^{2-}] = \dfrac{8.0 \times 10^{-27}}{10^{-5}} = 8.0 \times 10^{-22}(mol \cdot dm^{-3})$

$$[H^+] = \sqrt{\frac{1.0 \times 10^{-22}}{8.0 \times 10^{-22}}} = 0.35(mol \cdot dm^{-3}),\ pH = 0.45$$

FeS 沉淀时　　$[S^{2-}] = \dfrac{4.0 \times 10^{-19}}{0.020} = 2.0 \times 10^{-17}(mol \cdot dm^{-3})$

$$[H^+] = \sqrt{\frac{1.0 \times 10^{-22}}{2 \times 10^{-17}}} = 2.0 \times 10^{-3}(mol \cdot dm^{-3}),\ pH = 2.65$$

故 pH 值的选择范围为：$0.45 < pH < 2.65$。

6-34　解：

(1) Pb^{2+} 沉淀时需要的 $[OH^-]$ 浓度为

$$[OH^-] = \sqrt{\frac{1.4 \times 10^{-15}}{3.0 \times 10^{-2}}} = 2.16 \times 10^{-7}(mol \cdot dm^{-3})$$

Cr^{3+} 沉淀时需要的 $[OH^-]$ 浓度为

$$[OH^-] = \sqrt[3]{\frac{6.3 \times 10^{-31}}{2.0 \times 10^{-2}}} = 3.16 \times 10^{-10}(mol \cdot dm^{-3})$$

故 Cr^{3+} 先沉淀。

(2) Cr^{3+} 完全沉淀时，溶液的 pH 值为

$$[OH^-] = \sqrt[3]{\frac{6.3 \times 10^{-31}}{1.0 \times 10^{-5}}} = 3.97 \times 10^{-9}(mol \cdot dm^{-3})$$

$$pH = pK_w^{\ominus} - pOH = 5.48$$

Pb^{2+} 沉淀时 pH 值为

$$pH = pK_w^{\ominus} - pOH = 7.47$$

故若分离这两种离子，溶液的 pH 值应控制在 5.48～7.47。

6-35　答：

(1) 略

(2) 有沉淀生成，$c_{OH^-} = 9.43 \times 10^{-4} mol \cdot dm^{-3}$，$c_{Mg^{2+}} = 0.25 mol \cdot dm^{-3}$，$Q_i > K_{sp}$。

(3) pH 值减小，由于 $Mg(OH)_2$ 的生成使 OH^- 的浓度减小。

6-36　答：

由于 $Zn^{2+} + H_2S = ZnS + 2H^+$ 溶液酸度增大，使 ZnS 沉淀生成受到抑制，若通 H_2S 之前，先加适量固体 NaAc，则溶液呈碱性，再通入 H_2S 时生成的 H^+ 被 OH^- 中和，溶液的酸度减小，则有利于 ZnS 的生成。

6-37　答：不能。

因为不同类型的难溶电解质的溶解度和溶度积的关系不同，如 AB 型的 $S = \sqrt{K_{sp}^{\ominus}}$，$A_2B$ 型的 $S = \sqrt[3]{\dfrac{k_{sp}^{\ominus}}{4}}$ 等。若 $K_{sp}^{\ominus}(A_2B)$ 小于 $K_{sp}^{\ominus}(AB)$，则往往 $S(A_2B) > S(AB)$。

对同类型的难溶电解质而言，可以用 K_{sp} 的大小判断 S 的大小，因为它们的换算公式相同。

$K_{sp}^{\ominus}$ 和溶解度之间具有明确的换算关系。尽管两者均表示难溶物的溶解性质，但 $K_{sp}^{\ominus}$ 大的其溶解度不一定就大。

6-38　解：

(1) 由
$$Mg(OH)_2 \rightleftharpoons Mg^{2+} + 2OH^-$$
得
$$K_{sp}^{\ominus} = [Mg^{2+}][OH^-]^2$$
故开始沉淀 Mg^{2+} 所需 $[OH^-]$ 可由下式求得
$$[OH^-] = \sqrt{\frac{K_{sp}^{\ominus}}{[Mg^{2+}]}} = \sqrt{\frac{5.6\times10^{-12}}{0.01}} = 2.4\times10^{-5}(mol\cdot dm^{-3})$$
$$pOH = 4.6, \qquad pH = 9.4$$
由
$$Fe(OH)_3 \rightleftharpoons Fe^{3+} + 3OH^-$$
得
$$K_{sp}^{\ominus} = [Fe^{3+}][OH^-]^3$$
故 Fe^{3+} 开始沉淀所需 $[OH^-]$ 可由下式求得
$$[OH^-] = \sqrt[3]{\frac{K_{sp}^{\ominus}}{[Fe^{3+}]}} = \sqrt[3]{\frac{2.8\times10^{-39}}{0.01}}\ mol\cdot dm^{-3} = 6.54\times10^{-13}\ mol\cdot dm^{-3}$$
$$pOH = 12.2 \qquad pH = 1.8$$
比较知 Fe^{3+} 生成沉淀所需的 $[OH^-]$ 更小，所以 Fe^{3+} 先沉淀。

(2) 同理，由
$$Fe(OH)_3 \rightleftharpoons Fe^{3+} + 3OH^-$$
得
$$K_{sp}^{\ominus} = [Fe^{3+}][OH^-]^3$$
Fe^{3+} 沉淀完全，即 Fe^{3+} 浓度应达到 $1.0\times10^{-5}\ mol\cdot dm^{-3}$ 时 $[OH^-]$ 可由下式求得
$$[OH^-] = \sqrt[3]{\frac{K_{sp}^{\ominus}}{[Fe^{3+}]}} = \sqrt[3]{\frac{2.8\times10^{-39}}{1.0\times10^{-5}}}\ mol\cdot dm^{-3} = 6.54\times10^{-12}\ mol\cdot dm^{-3}$$
$$pOH = 11.2, \qquad pH = 2.8$$
故只要将 pH 值控制在 2.8～9.4 之间，即可将 Fe^{3+} 和 Mg^{2+} 分离开来。

6-39　解：PbS 的 $K_{sp}^{\ominus}$ 小，先沉淀，当它沉淀完全时
$$[S^{2-}] = \frac{K_{sp}^{\ominus}}{[Pb^{2+}]} = \frac{3.4\times10^{-28}}{1.0\times10^{-5}} = 3.4\times10^{-23}(mol\cdot dm^{-3})$$
此时 $[H^+]$ 为
$$[H^+] = \sqrt{\frac{K_{a1}^{\ominus}K_{a2}^{\ominus}[H_2S]}{[S^{2-}]}} = \sqrt{\frac{1.1\times10^{-21}\times0.1}{3.4\times10^{-23}}} = 1.8(mol\cdot dm^{-3}), pH = -0.25$$
Mn^{2+} 开始沉淀时溶液中 $[S^{2-}]$ 为
$$[S^{2-}] = \frac{K_{sp}^{\ominus}}{[Mn^{2+}]} = \frac{1.4\times10^{-15}}{0.025} = 5.6\times10^{-14}(mol\cdot dm^{-3})$$
此时 $[H^+]$ 为
$$[H^+] = \sqrt{\frac{1.1\times10^{-21}\times0.1}{5.6\times10^{-14}}} = 4.4\times10^{-5}(mol\cdot dm^{-3}), \quad pH = 4.36$$
所以控制范围为 -0.25～4.36。

6-40　解：

(1) $K_{sp}^{\ominus} = [Ag^+][I^-] = S^2$

AgI 在纯水中的溶解度 $S = 1.2\times10^{-8}$

(2) $K_{sp}^{\ominus} = [Ag^+][I^-] = S(0.01+S) \approx 0.01S$

AgI 在 KI 中的溶解度 $S = 1.5\times10^{-14}$

(3) AgI 的溶解度将增大，发生了盐效应。

6-41　解：Pb^{2+} 开始沉淀时所需的 CrO_4^{2-} 浓度为
$$[CrO_4^{2-}] = \frac{K_{sp}^{\ominus}(PbCrO_4)}{[Pb^{2+}]} = \frac{2.8\times10^{-13}}{0.010} = 2.8\times10^{-11}(mol\cdot dm^{-3})$$

Ba^{2+}开始沉淀时所需的 CrO_4^{2-} 浓度为

$$[CrO_4^{2-}]=\frac{K_{sp}^{\ominus}(BaCrO_4)}{[Ba^{2+}]}=\frac{1.2\times10^{-10}}{0.10}=1.2\times10^{-9}(mol\cdot dm^{-3})$$

可见先生成 $PbCrO_4$ 沉淀，后生成 $BaCrO_4$ 沉淀。

当开始生成 $BaCrO_4$ 沉淀时，溶液中 Pb^{2+} 浓度为

$$[Pb^{2+}]=\frac{K_{sp}^{\ominus}(PbCrO_4)}{[CrO_4^{2-}]}=\frac{2.8\times10^{-13}}{1.2\times10^{-9}}=2.3\times10^{-4}(mol\cdot dm^{-3})$$

$[Pb^{2+}]>1\times10^{-5}\ mol\cdot dm^{-3}$，即 Ba^{2+} 开始沉淀时，Pb^{2+} 尚未沉淀完全，因此不能用 K_2CrO_4 将 Pb^{2+} 和 Ba^{2+} 有效分离。

6-42　答：若形成 ZnS 沉淀，一定会产生二倍量 ZnS 的氢离子，在酸性介质中 ZnS 有较大的溶解度。ZnS 沉淀不完全。

加入 NaAc 后，NaAc 水解呈碱性，中和掉由于生成 ZnS 而产生的氢离子，使反应向形成 ZnS 沉淀方向进行，致 ZnS 沉淀完全。

第 7 章

一、填空题

7-1　+6　+2　+2.5

7-2　负极　正极　还原反应　氧化反应　化学　电能

7-3　正　负　得电子能力　失电子能力

7-4　Fe^{3+}　　Fe

7-5　BrO_3^-/Br^-，O_2/H_2O，$Fe(OH)_3/Fe(OH)_2$

7-6　无　生成了较稳定 $[FeF_6]^{3-}$

7-7　浓差　0.177　$H^+(1\ mol\cdot dm^{-3})\rightarrow H^+(1\times10^{-3}mol\cdot dm^{-3})$

7-8　相同　不同　相同

7-9　减小　增大

7-10　$Fe(SCN)^{2+}$ 中的 Fe^{3+} 被还原为 Fe^{2+}，Fe^{2+} 与 SCN^- 不反应

7-11　小于　大于

二、选择题

7-12　D　　7-13　C　　7-14　B　　7-15　B　　7-16　A　　7-17　C

三、判断题

7-18　×　　7-19　√　　7-20　×

四、解答题

7-21　解：

(1) Pt，$Cl_2(p^{\ominus})\,|\,Cl^-(1.0mol\cdot dm^{-3})\,\|\,MnO_4^-(1.0mol\cdot dm^{-3})$，

$Mn^{2+}(1.0mol\cdot dm^{-3}),H^+(1.0mol\cdot dm^{-3})\,|\,Pt$

(2) (+)极：　$MnO_4^-+8H^++5e^-=Mn^{2+}+4H_2O$

(−)极：　$2Cl^-=Cl_2+2e^-$

电池反应：　$2MnO_4^-+10Cl^-+16H^+=2Mn^{2+}+5Cl_2+8H_2O$

$E^{\ominus}=\varphi^{\ominus}(+)-\varphi^{\ominus}(-)=1.51-1.36=0.15(V)$

(3) $\Delta_rG_m^{\ominus}=-zFE^{\ominus}=-10\times96.5\times0.15=-1.4\times10^2(kJ\cdot mol^{-1})$

$\lg K^{\ominus}=zE^{\ominus}/0.059=(10\times0.15)/0.059=25.42$，$K^{\ominus}=2.6\times10^{25}$

(4) $E=E^{\ominus}-(0.059/10)\lg(1/[H^+]^{16})$

$=0.15+(0.059/10)(-32)\lg10=-0.039(V)$

(5) K 不变。$\Delta_rG_m=-zFE=-10\times96.5(-0.039)=38(kJ\cdot mol^{-1})$

7-22　解法一：根据铜的元素电势图

$E^{\ominus}(Cu^+/Cu)=2E^{\ominus}(Cu^{2+}/Cu)-E^{\ominus}(Cu^{2+}/Cu^+)=2\times0.3394V-0.1607V=0.5181V$

$E_{MF}^{\ominus}=E_{(+)}^{\ominus}-E_{(-)}^{\ominus}=E^{\ominus}(Cu^{2+}/Cu^+)-E^{\ominus}(Cu^+/Cu)=0.1607V-0.5181V$

$=-0.3574V$

$$\lg K^{\ominus}=zE^{\ominus}_{MF}/0.0592V=1\times(-0.3574V)/0.0592V=-6.037$$

$$K^{\ominus}=9.18\times10^{-7}$$

解法二：　$Cu(s)+Cu^{2+}(aq) \quad 2Cu^{+}(aq)$

该反应可由下列两个半反应相减而得到：

$$2Cu^{2+}(aq)+2e^{-}(aq) \quad 2Cu^{+}(aq),\ E^{\ominus}=0.1607V$$

$$Cu^{2+}(aq)+2e^{-}(aq) \quad Cu(s),\quad E^{\ominus}=0.3394V$$

$$E^{\ominus}_{MF}=E^{\ominus}(Cu^{2+}/Cu^{+})-E^{\ominus}(Cu^{2+}/Cu)=0.1607V-0.3394V=-0.1787V$$

$$\lg K^{\ominus}=zE^{\ominus}_{MF}/0.0592V=2\times(-0.1787V)/0.0592V=-6.037$$

$$K^{\ominus}=9.18\times10^{-7}$$

7-23　答：因 $E^{\ominus}(Ag^{+}/Ag)>E^{\ominus}(H^{+}/H_2)$，$H^{+}$不能氧化 Ag。在 HI 溶液中，由于生成 AgI 沉淀，使 $E^{\ominus}(AgI/Ag)<E^{\ominus}(H^{+}/H_2)$，则置换反应可发生。

7-24　答：$E^{\ominus}(Cu^{2+}/Cu)>E^{\ominus}(Fe^{2+}/Fe)$，$Fe+Cu^{2+}=Fe^{2+}+Cu$。

$E^{\ominus}(Fe^{3+}/Fe^{2+})>E^{\ominus}(Cu^{2+}/Cu)$，$2Fe^{3+}+Cu=Cu^{2+}+2Fe^{2+}$。

7-25　答：由于 $E^{\ominus}(H_2O_2/H_2O)>E^{\ominus}(O_2/H_2O_2)$，故 H_2O_2 溶液可发生歧化反应：$H_2O_2=H_2O+O_2$，不稳定易分解。

7-26　答：

(1) $2MnO_4^{-}+5C_2O_4^{2-}+16H^{+}=\!=\!=2Mn^{2+}+10CO_2\uparrow+8H_2O$

(2) $3ClO^{-}+2CrO_2^{-}+2OH^{-}=\!=\!=3Cl^{-}+2CrO_4^{2-}+H_2O$

(3) $2MnO_4^{-}+SO_3^{2-}+2OH^{-}=\!=\!=2MnO_4^{2-}+SO_4{}^{2-}+H_2O$

(4) $ClO_3^{-}+6Fe^{2+}+6H^{+}=\!=\!=6Fe^{3+}+Cl^{-}+3H_2O$

第 8 章

一、填空题

8-1　−3　C　6

8-2　越大　越高

二、选择题

8-3　D　8-4　D　8-5　D　8-6　A　8-7　B

三、判断题

8-8　×　8-9　×　8-10　√　8-11　√　8-12　×　8-13　√

四、综合题

8-14　解：若不考虑配合平衡

(1) AgCl 在纯水中的溶解度 $s(mol\cdot dm^{-3})$

$$s=[Ag^{+}]=(K_{sp})^{1/2}=1.26\times10^{-5}(mol\cdot dm^{-3})$$

(2) 考虑沉淀溶解平衡与配合平衡，在$[Cl^{-}]=1.00mol\cdot dm^{-3}$时

$$s=[Ag^{+}]+[AgCl]+[AgCl_2^{-}]=\frac{K_{sp}}{[Cl^{-}]}+\beta_1[Ag^{+}][Cl^{-}]+\beta_2[Ag^{+}][Cl^{-}]^2$$

$$=1.60\times10^{-10}+3.00\times10^{3}\times1.00\times1.60\times10^{-10}+1.70\times10^{5}\times1.60\times10^{-10}\times1.00^2$$

$$=2.77\times10^{-5}(mol\cdot dm^{-3})$$

8-15　解：　$AgCl+2NH_3=\!=\!=Ag(NH_3)_2^{+}+Cl^{-}$

$$K=\frac{[Ag(NH_3)_2^{+}][Cl^{-}]}{[NH_3]^2}=K_{sp}K_{稳}$$

$$[Cl^{-}][Ag(NH_3)_2^{+}]=K_{sp}K_{稳}[NH_3]^2$$

因为平衡时$[Ag(NH_3)_2^{+}]=[Cl^{-}]$，当$[NH_3]=0.010mol\cdot dm^{-3}$

$$[Cl^{-}]=\sqrt{K_{sp}K_{稳}[NH_3]^2}=\sqrt{1.6\times10^{-10}\times2.0\times10^{7}\times0.010^2}=5.7\times10^{-4}(mol\cdot dm^{-3})$$

当$[NH_3]=1.00mol\cdot dm^{-3}$时

$$[Cl^-]=\sqrt{1.6\times10^{-10}\times2.0\times10^{7}\times1.00^{2}}=5.7\times10^{-2}(mol\cdot dm^{-3})$$

第9章

一、填空题

9-1　$ns^{1\sim2}$　$ns^2np^{1\sim6}$　$(n-1)d^{1\sim9}ns^{1\sim2}$　$(n-1)d^{10}ns^{1\sim2}$　$(n-1)d^{10}ns^0$　$4d^{10}5s^0$　钯　Pd

9-2　As　Cr和Mn　K、Cr、Cu　Ti

9-3　=　<　<　>　<　<

9-4　57　71　15　11　镧系收缩　使第二过渡元素和第三过渡元素原子半径相近，性质相似，难于分离

9-5　Fe　Br　$FeBr_2$　$FeBr_3$

二、选择题

9-6　C　9-7　B　9-8　D　9-9　D　9-10　C

三、判断题

9-11　√　9-12　×　9-13　×　9-14　×　9-15　√　9-16　√　9-17　√　9-18　×
9-19　×　9-20　√

四、综合题

9-21　答：

(1) 原子系数为27，元素符号为Co，第4周期，第Ⅷ族

(2) 价电子结构为：

$3d^74s^2$(3,2,0,+1/2);(3,2,0,−1/2);(3,2,+1,+1/2);(3,2,+1,−1/2)
(3,2,−1,+1/2);(3,2,+2,+1/2);(3,2,−2,+1/2);(4,0,0,+1/2);(4,0,0,−1/2)

(3) $Co(OH)_3$；碱

9-22　答：

(1) 33个　33As：[Ar] $3d^{10}4s^24p^3$ 有3个未成对电子

(2) 4个电子层；8个能级；最高能级有15个电子

(3) 价电子数为5个；属于第4周期；ⅤA；非金属；最高化合价为+5

9-23　答：同周期主族元素第一电离能从左到右逐渐增大。因为半径从左到右减小，有效核电荷增大，核对外层电子吸引力增大，所以第一电离能增大。

因为N($1s^22s^22p^3$) 是半充满稳定结构，所以第一电离能大；而O($1s^22s^22p^4$) 电离失去一个电子变为稳定结构，所以第一电离能小。

9-24　答：

(1) 第一电离能C<N

第一电离能的大小主要取决于原子核电荷、原子半径和原子的外层电子结构。同一周期，从左到右原子半径减小，电荷增大，电离能增大，所以第一电离能C<N。

(2) 第一电子亲和能O<S

一般来说，电子亲和能随原子半径的减小而增大，同一族中从上到下呈减小的趋势。但O的第一电子亲和能却小于S的，是因为O的原子半径过小，电子云密度过高，以致当原子结合一个电子形成负离子时，由于电子间的相互排斥使放出的能量减少。而S原子半径较大，接受电子时，相互间的排斥较小，放出较多的能量，故第一电子亲和能在同族中是最大的。

9-25　答：NF_3的成键电子对偏向电负性大的F，偶极矩方向从N到F，孤对的偶极矩方向从N到孤对，对偶极矩的贡献方向相反，削弱了分子的偶极矩。NH_3的成键电子对偏向电负性大的N，与孤对的偶极矩方向一致，对偶极矩的贡献方向相同，所以NF_3的偶极矩远小于NH_3的偶极矩。

9-26　答：C的价电子构型为$2s^22p^2$，N的价电子构型为$2s^22p^3$。C得到1个电子达到半充满稳定结构，N得到1个电子需要额外消耗电子的成对能，减小了一部分释放的能量，所以电子亲和能C>N。

9-27　答：CO分子中有三重键，两个共价键的电子对偏向O产生的偶极矩方向指向O，另一个由O提供电子对的配键产生的偶极矩方向指向C，相互抵消一大部分，因而CO偶极矩很小。

9-28　答：$1s^2 2s^2 2p^6 3s^2 3p^6 3d^{10} 4s^2 4p^5$

Br，溴，第四周期，ⅦA族

9-29 答：$1s^2 2s^2 2p^6 3s^2 3p^6 3d^{10} 4s^2 4p^2$

Ge，锗，第四周期，ⅣA族

9-30　答：

① 解离能 $N_2 > N_2^+$　　N_2 键级为 3，N_2^+ 键级为 2，分解所需能量前者更大。

② 原子半径 Fe<Zn　　Fe 价电子构型 $3d^6 4s^2$，Zn $3d^{10} 4s^2$ 全充满构型，所以半径较大。

③ 第一电离能 N>O　虽然 O 电负性大于 N，但由于 N 中电子为半充满结构，因而需要较大的能量才能失去。

9-31　答：

① 键角 $OF_2 < H_2O$。杂化形式（sp^3）相同，端原子电负性大的原子键角小。

② 键角 $BF_3 > NH_3 > H_2O$。BF_3 sp^2 杂化，键角 120°；NH_3、H_2O 都是 sp^3 杂化，但 H_2O 中有两对孤对电子，排斥力较大，所以使分子键角比 109°28′更小。

9-32　答：

(1) Fe：[Ar] $3d^6 4s^2$

(2) As：[Ar] $3d^{10} 4s^2 4p^3$

9-33　答：有 4 个能级，4s、4p、4d 和 4f。各能级分别有 1、3、5、7 个轨道。各能级分别最多能容纳 2、6、10、14 共 32 个电子。

9-34　答：氢原子为单电子体系，其能量仅与主量子数有关。因此，它的 3s、3p 轨道能量相同。而氯原子为多电子体系，由于 3s、3p 轨道的角量子数不同，其钻穿效应也有所不同，导致其能量不同。

第 10 章

一、填空题

10-1　NaCl　6∶6　4∶4　正负离子之间的相互极化

10-2　直线形　sp^3d　T 形　sp^3d　正方形　sp^3d^2　直线形 sp

10-3　③④⑥　　④⑤

10-4　K_2CO_3　Na_2CO_3　$MgCO_3$　$MnCO_3$　$PbCO_3$

10-5　$ZnCl_2$　$MnCl_2$　$CaCl_2$　KCl

10-6　体心立方　12　12　六方紧密　(2)　(3)　(3)　(2)　三

二、选择题

10-7　A　　10-8　D　　10-9　A　　10-10　A　　10-11　D

三、判断题

10-12　×　10-13　×　10-14　√　10-15　×　10-16　×　10-17　√　10-18　×

10-19　×　10-20　√　10-21　√

四、综合题

10-22　答：由分子轨道法

N_2　$[KK(\sigma_{2s})^2(\sigma_{2s*})^2(\pi_{2p})^4(\sigma_{2p})^2]$；

O_2　$[KK(\sigma_{2s})^2(\sigma_{2s*})^2(\sigma_{2p})^2(\pi_{2p})^4(\pi_{2p*})^2]$

N_2 分子中无单电子而 O_2 分子中有两个三电子 π 键，其中各有一个单电子，因而 N_2 是逆磁性的，而 O_2 是顺磁性的。

10-23　答：杂化是指形成分子时，由于原子的相互影响，若干不同类型、能量相近的原子轨道混合起来重新组合成一组新轨道的过程。原子轨道之所以杂化，是因为：

(1) 通过价电子激发和原子轨道的杂化有可能形成更多的共价键；

(2) 杂化轨道比未杂化的轨道具有更强的方向性，更利于轨道的重叠；

(3) 杂化轨道的空间布局使得化学键间排斥力更小，从而分子构型更稳定。

10-24　答：

中心原子价层电子对数　电子对的空间结构　分子的结构

NCl_3	(5+3)/2=4	四面体	三角锥
XeF_4	(8+4)/2=6	八面体	平面正方形
BrF_3	(7+3)/=5	三角双锥	T形

10-25 答：沸点 HF＞HI＞HCl。共价型分子间力（即色散力）随着分子量的增大而增大，所以沸点 HI＞HCl，而 HF 形成分子间氢键，使沸点显著升高，所以沸点最高。

10-26

分子	CH_4	NH_3	CO_2	NO_2	H_2O
空间构型	正四面体	三角锥	直线形	V形(角形)	V形(角形)
键角从大到小顺序	$CO_2>NO_2>CH_4>NH_3>H_2O$				

或

CH_4 分子：中心原子 C 采取 sp^3 杂化，分子构型为正四面体，键角为 109°28′；

NH_3 分子：N 为 sp^3 杂化，其中有一对孤对电子，分子构型为三角锥，键角小于 CH_4 的；

CO_2 分子：分子构型为直线形，键角 180°；

NO_2 分子：N 为 sp^2 杂化，其中有一对孤对电子，分子构型为 V 形（角形）。

H_2O 分子：O 为 sp^3 杂化，有两对孤对电子，分子构型为 V 形（角形），键角小于 NH_3；

键角从大到小顺序为：$CO_2>NO_2>CH_4>NH_3>H_2O$。

10-27 答：

分子	分子轨道式	键级	磁性
He_2^+	$(\sigma_{1s})^2(\sigma*_{1s})^1$	0.5	顺
O_2	$(\sigma_{1s})^2(\sigma*_{1s})^2(\sigma_{2s})^2(\sigma*_{2s})^2(\sigma_{2p_x})^2(\pi_{2p_y})^2(\pi_{2p_z})^2(\pi*_{2p_y})^1(\pi*_{2p_z})^1$	2	顺
F_2	$(\sigma_{1s})^2(\sigma*_{1s})^2(\sigma_{2s})^2(\sigma*_{2s})^2(\sigma_{2p_x})^2(\pi_{2p_y})^2(\pi_{2p_z})^2(\pi*_{2p_y})^2(\pi*_{2p_z})^2$	1	逆

10-28 答：

中心原子价层电子对数		电子对的空间结构	分子的结构
PCl_5	(5+5)/2=5	三角双锥	三角双锥
BrF_5	(7+5)/2=6	八面体	四角锥形
SF_2	(6+2)/2=4	四面体	V形

10-29 答：

$O_2\,\sigma_{1s}^2\sigma_{1s}^{*2}\sigma_{2s}^2\sigma_{2s}^{*2}\sigma_{2p_z}^2\pi_{2p_x}^2\pi_{2p_y}^2\pi_{2p_x}^{*1}\pi_{2p_y}^{*1}$

有两个单电子，键级=2

$N_2\,\sigma_{1s}^2\sigma_{1s}^{*2}\sigma_{2s}^2\sigma_{2s}^{*2}\pi_{2p_x}^2\pi_{2p_y}^2\sigma_{2p_z}^2$

没有单电子，键级=3

稳定性：N_2 大于 O_2　　磁性：O_2 大于 N_2

10-30 答：NH_3 能形成分子间氢键，因而 NH_3 易液化。NH_3 是极性分子且与 H_2O 分子能形成分子间氢键因而易溶于水。

10-31 答：

$O_2^+[KK(\sigma_{2s})^2(\sigma_{2s}^*)^2(\sigma_{2p_x})^2(\pi_{2p_y})^2(\pi_{2p_z})^2(\pi_{2p_y}^*)^1]$，

键级$=\frac{1}{2}$（6−1）=2.5，

有单电子，∴ 顺磁性

$O_2^-[KK(\sigma_{2s})^2(\sigma_{2s}^*)^2(\sigma_{2p_x})^2(\pi_{2p_y})^2(\pi_{2p_z})^2(\pi_{2p_y}^*)^2(\pi_{2p_z}^*)^1]$

键级$=\frac{1}{2}$（6−3）=1.5

有单电子，∴ 顺磁性

∵ 键级 2.5>1.5，　　∴ 稳定性 $O_2^+>O_2^-$

10-32 按要求填表

物质	O_3	PH_3
中心原子杂化类型	sp^2	sp^3
分子几何构型	V形	三角锥形

10-33 答：

(1) 色散力，诱导力。

(2) 色散力，诱导力，取向力，氢键。

(3) 色散力。

10-34 答：

分子或离子	价层电子对构型	杂化形式	分子构型
PF_3	正四面体	sp^3	三角锥形
ClF_3	三角双锥	sp^3d	T形
I_3^-	三角双锥	sp^3d	直线形
XeF_4	正八面体	sp^3d^2	正方形

10-35 答：

(1) 色散力；(2) 诱导力，氢键，取向力，色散力。

10-36 答：(1) 属于 AX_2 直线形；(2) 属于 AX_2 直线形。

10-37 答：

物质	$BeCl_2$	NH_4^+	PH_3
中心原子杂化类型	sp	等性 sp^3	不等性 sp^3
分子(离子)的空间构型	直线形	正四面体	三角锥

第 11 章

一、填空题

11-1 分子晶体 原子晶体 离子晶体 金属晶体

11-2 高 低 高 低

11-3 $MgO>CaO>NaCl>KCl$

$BaCl_2>SrCl_2>CaCl_2>MgCl_2$

11-4 面心立方 六方

11-5 sp^2 p 大π 分子间力

11-6 $Ba^{2+}>Sr^{2+}>Ca^{2+}>Mg^{2+}$ $MgO>CaO>SrO>BaO$

11-7 8∶8 4∶4 4 4

11-8 $SbH_3>AsH_3>PH_3$ 氢键

二、选择题

11-9 C 11-10 D 11-11 D 11-12 A 11-13 C 11-14 D

11-15 A 11-16 D 11-17 B 11-18 C 11-19 D 11-20 A

11-21 A 11-22 B 11-23 A 11-24 A 11-25 D

三、判断题

11-26 × 11-27 × 11-28 √ 11-29 × 11-30 × 11-31 ×

11-32 √ 11-33 × 11-34 × 11-35 ×

四、综合题

11-36 答：离子性与电负性有关，但晶格能与离子所带的电荷和半径有关。

11-37 答：$BeCl_2$（直线形），$SnCl_3^-$（平面三角形），ICl_2^+（V 形），XeO_4（正四面体形），BrF_3

（T 形），$SnCl_2$（直线形），SF_4（四面体），ICl_2^-（直线形），SF_6（正八面体形）。

11-38 答：8 电子构型的 Na^+ 极化力较弱，造成 NaCl 晶体以离子键为主，熔点高。Cu^+ 属 18 电子构型，有较强的极化力，又有较大的变形性，而 Cl^- 又有一定的变形性，CuCl 晶体中由于相互极化程度较大，由离子键过渡到共价键，造成以共价键为主，故 CuCl 熔点低。

11-39 答：

（1）Ag^+ 为 18 电子构型，有很强的极化能力，且有变形性。卤素负离子半径依次增大 $Cl^- < Br^- < I^-$，变形性逐渐增大，从 AgCl 到 AgI，正负离子间的相互极化作用增强，共价键成分越来越多，使 AgI 形成共价型化合物，所以溶解度依次减小。

（2）键的极性大小与正负离子的电负性差有关，差值越大，极性越大，故极性大小顺序为：NaF ＞ HF ＞ HCl ＞ HI ＞ I_2。

11-40 答：

（1）因为 Fe^{3+} 比 Fe^{2+} 电场强，极化作用大。所以 $FeCl_3$ 的化学键型由离子键向共价键转化，晶体类型由离子晶体向分子晶体转变，熔点下降。

（2）因为 Mg^{2+} 比 Ba^{2+} 半径小，所以 MgO 晶格能比 BaO 高，MgO 熔点高。

11-41 解释下列现象：溶解度 $CaCl_2 > BeCl_2 > HgCl_2$

答：Hg^{2+} 18 电子构型，半径较大，有强的极化作用和附加极化，Be^{2+} 半径小有较强的极化作用。从 $CaCl_2$、$BeCl_2$ 到 $HgCl_2$，由于极化作用增强，共价成分增多，所以溶解度减小。

11-42 答：CO_2 是分子晶体，SiO_2 是原子晶体。CO_2 分子间的作用力是范德华力，SiO_2 分子间的作用力是共价键。宏观上 C 半径小，与 O 形成双键的键能比单键的键能大得多，以 CO_2 存在更稳定，形成分子晶体。Si 半径大与 O 形成双键的键能比单键小，所以以单键结合形成巨型的原子晶体。

11-43 答：根据晶体场理论，中心离子的构型为 $d^1 \sim d^9$，d 轨道中的电子未充满时，吸收可见光会发生 d-d 跃迁，所以其水合离子有色。Zn^{2+}、Sc^{3+} 的构型为 d^{10} 和 d^0，不发生 d-d 跃迁，所以其水合离子无色。

11-44 答：Ag^+ 为 18 电子构型，有较强的极化作用。F^- 半径小，变形性小，AgF 为离子型化合物，所以 AgF 溶于水。Cl^-、Br^-、I^- 半径依次增大，变形性增强，分子中共价成分增多，极性减小，在水中的溶解度依次减小。

11-45 答：

（1）HF 分子间形成氢键，∴沸点高于 HCl。

（2）NaCl 和 CsCl 均为离子晶体，电荷相同，而离子半径。

$r(Na^+) < r(Cs^+)$ ∴晶格能 $U(NaCl) > U(CsCl)$。

∴ NaCl 的沸点高。

（3）$TiCl_4$ 为共价型氯化物，LiCl 为离子晶体。

∴ $TiCl_4$ 的沸点低于 LiCl。

11-46 答：

（1）NaCl＞NaBr 理由：都是离子晶体，阴离子半径越小，晶格能越大。

（2）$SiO_2 > CO_2$ 理由：原子晶体大于分子晶体。

（3）MgO ＞ Al_2O_3 理由：三价铝的离子极化作用强，共价性强，熔点低。

11-47 答：

① NCl_3 分子三角锥形，偶极矩不为零，所以为极性分子；BCl_3 为平面正三角形，偶极矩为零，是非极性分子。

② 变形性 $I^- > OH^- > NO_3^-$，I^- 体积大易变性，OH^- 复杂负离子变形性不大，NO_3^- 复杂负离子中心原子氧化数高，所以变形性最小。

③ 离子的极化能力 $Fe^{3+} > Cu^+$。前者电荷高，极化能力强。

11-48 答：

物质	晶体类型	晶格结点上粒子	粒子间作用力
SiC	原子晶体	C、Si 原子	共价键
冰	分子晶体	H_2O 分子	分子间力、氢键

11-49 答：∵ SiO_2 是原子晶体，熔化时需克服的质点间作用力是共价键；CO_2 形成的是分子晶体，质点间以微弱的分子间力结合。

第 12 章

一、填空题

12-1　正四面体　sp^3　平面正方形　dsp^2

12-2　dsp^2　三角双锥

12-3　sp^3　sp^3d^2　sp　sp^3d^2

12-4　d^2sp^3　正八面体　$t_{2g}^6e_g^0$　低

12-5　$d^{4\sim7}$　d-d 跃迁

12-6　低　高

12-7　$t_{2g}^4e_g^0$　4.9B. M　$t_{2g}^6e_g^0$　0

12-8　形成体与配位体之间的静电吸引作用

12-9　$t_{2g}^6e_g^0$　$t_{2g}^5e_g^0$　d^2sp^3　d^2sp^3

12-10　内　d^2sp^3　低　$t_{2g}^6e_g^0$

二、选择题

12-11　C　12-12　D　12-13　B　12-14　C　12-15　D　12-16　D

12-17　B　12-18　C　12-19　B

三、判断题

12-20　×　12-21　×　12-22　×　12-23　√　12-24　×　12-25　√　12-26　×

12-27　×

四、综合题

12-28　答：

(1) $[CuCl_2]^-$：Cu^+ 的价层电子分布为 $3d^{10}$

$[CuCl_2]^-$ 价层电子分布为

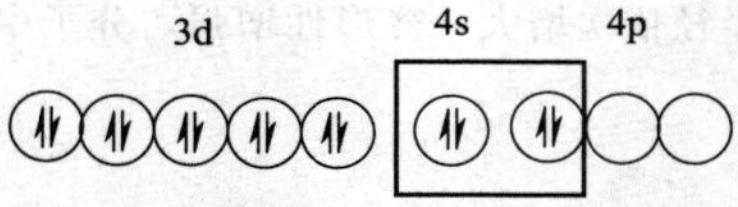

为 sp 杂化（由 Cl^- 提供孤对电子），无未成对电子，所以 $\mu \approx \sqrt{n(n+2)}=0$ B. M

(2) $[Zn(NH_3)_4]^{2+}$：Zn^{2+} 的价层电子分布为 $3d^{10}$

$[Zn(NH_3)_4]^{2+}$ 的价层电子分布为

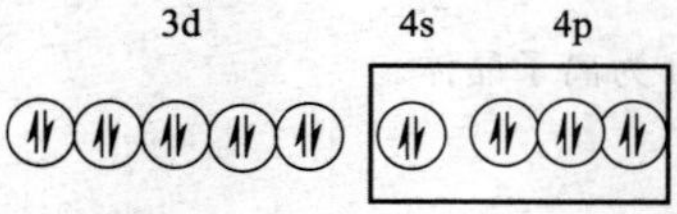

中心离子为 sp^3 杂化，无未成对电子，所以 $\mu \approx \sqrt{n(n+2)}=0$ B. M

(3) $[Co(NCS)_4]^{2-}$：Co^{2+} 的价层电子分布为 $3d^7$

$[Co(NCS)_4]^{2-}$ 的价层电子分布为

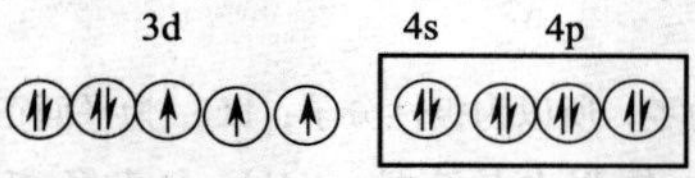

中心离子为 sp^3 杂化，3 个未成对电子，所以 $\mu \approx \sqrt{n(n+2)}=3.87$ B. M

12-29　答：

(1) $[Co(H_2O)_6]^{2+}$　sp^3d^2　八面体

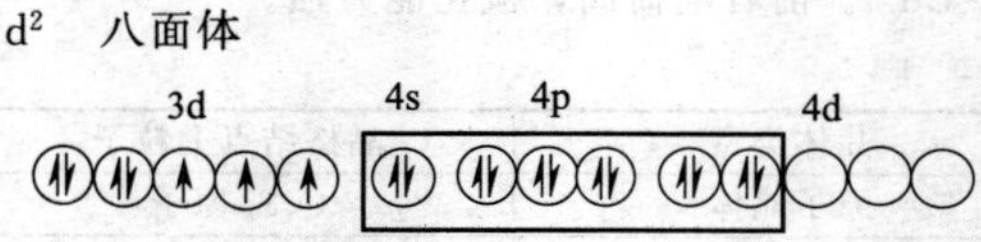

(2) $[Mn(CN)_6]^{4-}$　d^2sp^3　八面体

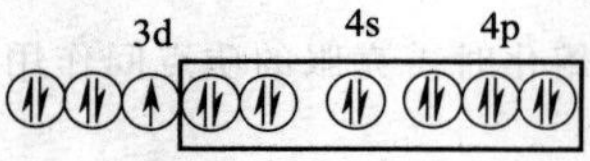

(3) $[Ni(NH_3)_6]^{2+}$　sp^3d^2　八面体

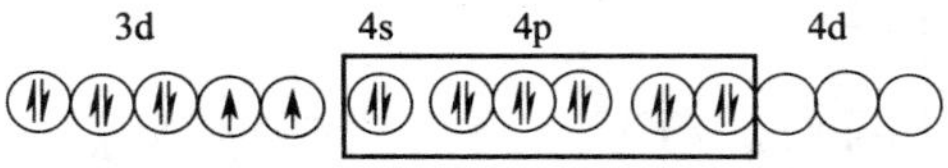

12-30 答：

(1) $[Co(en)_3]^{2+}$ 的 $\mu=3.82$B. M，可估算 Co^{2+} 的未成对电子数 $n=3$，其价层电子分布如下：

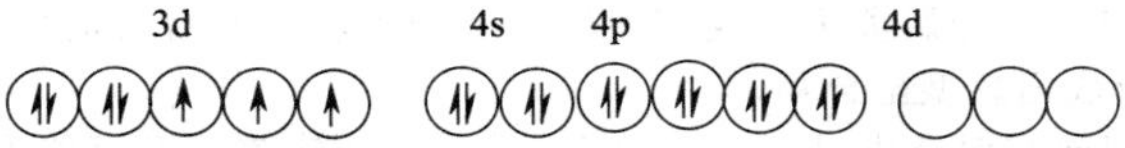

sp^3d^2 杂化，八面体构型，外轨型。

(2) $[Fe(C_2O_4)_3]^{3-}$ 的 $\mu=5.75$B. M，可估算 Fe^{3+} 的未成对电子数 $n=5$，其价层电子分布如下：

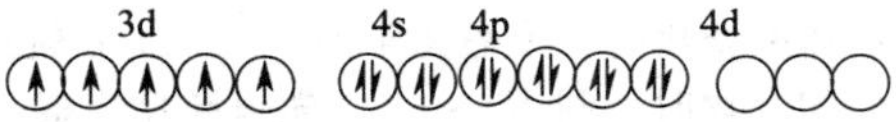

sp^3d^2 杂化，八面体构型，外轨型。

(3) $[Co(EDTA)]^-$ 的 $\mu=0$B. M，可估算 Co^{3+} 的未成对电子数 $n=0$，其价层电子分布如下：

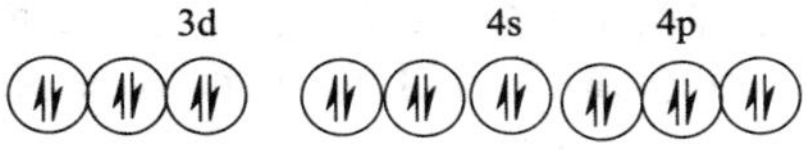

d^2sp^3 杂化，八面体构型，内轨型。

12-31　答：

(1) Fe^{2+} 的价层电子构型为 $3d^6$，在八面体场中 d 轨道能级分裂图如下：

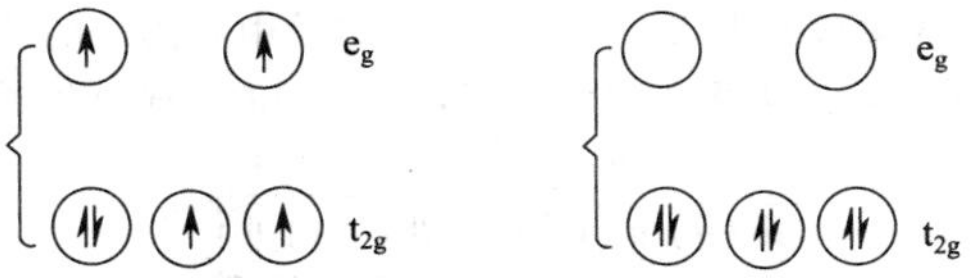

高自旋　$t_{2g}^4e_g^2$　　低自旋　$t_{2g}^6e_g^0$

(2) Fe^{3+} 的价层电子构型为 $3d^5$，在八面体场中 d 轨道能级分裂图如下：

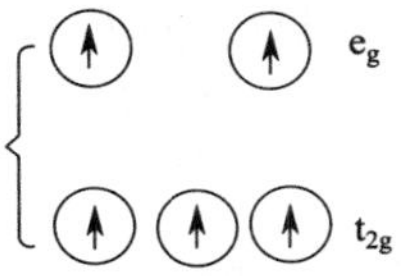

高自旋

$t_{2g}^3e_g^2$

(3) Ni^{2+} 的价层电子构型为 $3d^8$，在八面体场中 d 轨道能级分裂图如下：

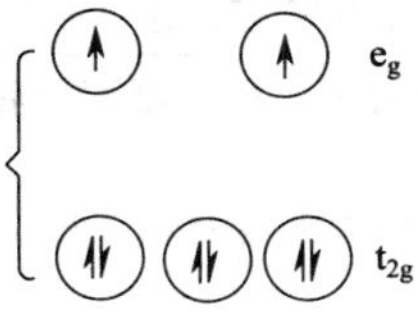

$t_{2g}^6e_g^2$

(4) Zn^{2+} 的价层电子构型为 $3d^{10}$，在八面体场中 d 轨道能级分裂图如下：

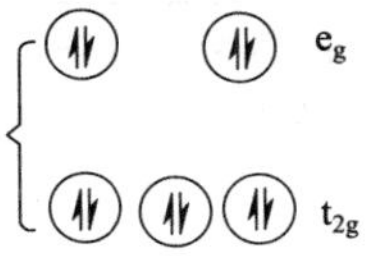

$t_{2g}^6e_g^4$

(5) Co^{2+} 的价层电子构型为 $3d^7$，在八面体场中 d 轨道能级分裂图如下：

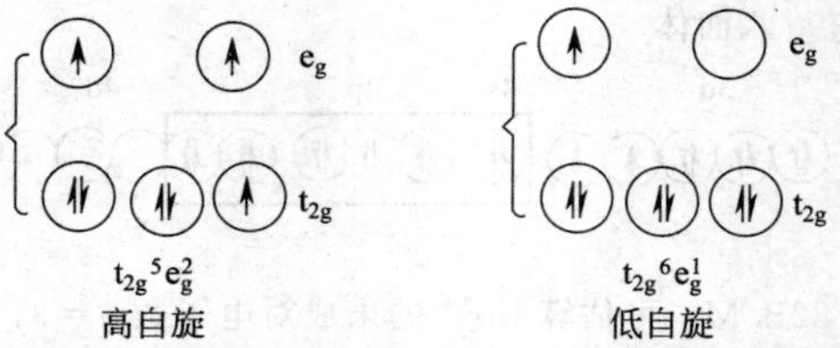

12-32　解：按照价键理论，金属离子形成八面体构型的外轨型配合物时应采取 sp^3d^2 杂化轨道成键，若采取 d^2sp^3 杂化方式则形成内轨型配合物。

Ni^{2+} 具有 $3d^8$ 构型，即使都偶合成对，也只能空出一个 3d 轨道，不可能形成 d^2sp^3 杂化轨道，因此 Ni^{2+} 形成八面体配合物时，只能以 sp^3d^2 杂化方式形成外轨型配合物。

12-33　解：内轨型八面体配合物的中心离子采用 d^2sp^3 杂化轨道成键。

同一中心离子形成内轨型八面体配合物时，中心离子的（$n-1$）d 轨道中的电子会偶合成对，使成单电子数减少；而形成外轨型八面体配合物时，利用 $nsnpnd$ 轨道杂化成键，（$n-1$）d 轨道中成单电子数不减少，所以同一中心离子形成内轨型八面体配合物比形成外轨型八面体配合物的成单电子数常会减少。

12-34　答：

$[Co(NH_3)_6]^{2+}$，$P>\Delta_o$，中心离子的 d 电子排布方式为 $t_{2g}{}^5e_g{}^2$，此配合物为高自旋，$\mu=3.87B.M.$。

$[Fe(H_2O)_6]^{2+}$，$P>\Delta_o$，中心离子的 d 电子排布方式为 $t_{2g}{}^4e_g{}^2$，此配合物为高自旋，$\mu=4.90B.M.$。

$[Co(NH_3)_6]^{3+}$，$P<\Delta_o$，中心离子的 d 电子排布方式为 $t_{2g}{}^6e_g{}^0$，此配合物为低自旋，$\mu=0$。

12-35　答：

已知$[Ni(CN)_4]^{2-}$的配位数为 4，其空间构型可能为 sp^3 杂化的四面体或 dsp^2 杂化的平面正方形。又知$[Ni(CN)_4]^{2-}$为逆磁性，$\mu=0$，无未成对电子，则形成配离子时中心离子的价层电子分布如下图所示。可以确定$[Ni(CN)_4]^{2-}$为 dsp^2 杂化的平面正方形、内轨型配合物。中心离子 d 轨道的能量高低如图所示：

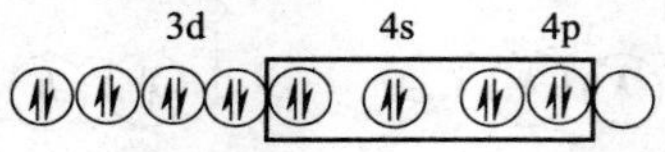

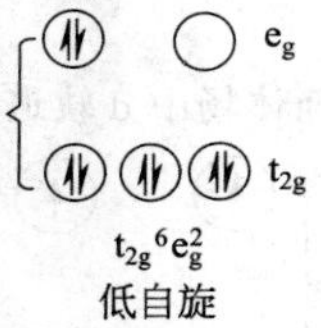

$[Ni(CN)_4]^{2-}$为低自旋配合物。

已知$[Ni(Cl)_4]^{2-}$为顺磁性物质，$\mu\neq0$，有未成对电子，则形成配离子时中心离子的价层电子分布如下图所示。

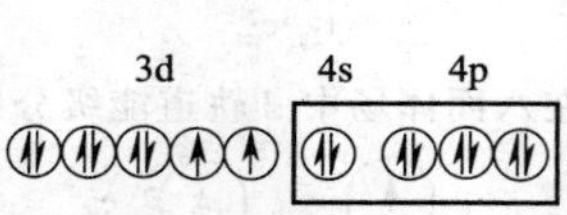

可以确定$[Ni(CN)_4]^{2-}$为 sp^3 杂化的四面体、外轨型配合物，高自旋配合物。

12-36　答：

$[Fe(CN)_6]^{4-}$的磁矩分别为 0，可以推知其未成对电子数为 0，根据价键理论，$[Fe(CN)_6]^{4-}$的中心离子价层电子分布如下：

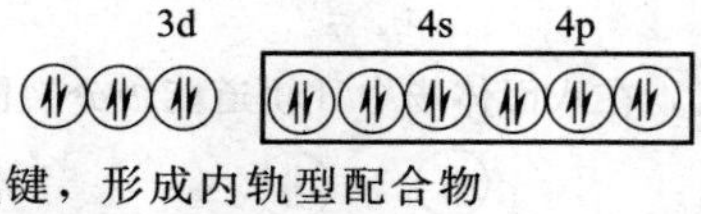

中心离子采用 d^2sp^3 杂化轨道成键，形成内轨型配合物

根据晶体场理论，中心离子的 d 电子排布式为 $t_{2g}{}^6e_g{}^0$，如下图所示：

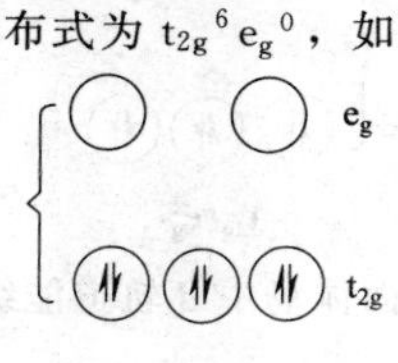

$[Fe(CN)_6]^{4-}$为低自旋配合物

$[Fe(NH_3)_6]^{2+}$的磁矩为5.2B.M，可以推知其未成对电子数为4，根据价键理论，$[Fe(NH_3)_6]^{2+}$的中心离子价层电子分布如下：

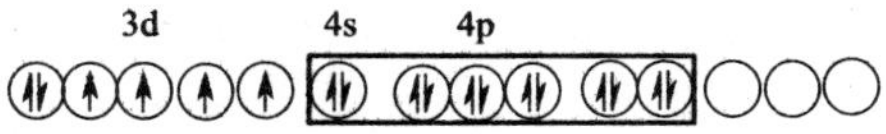

中心离子采用sp^3d^2杂化轨道成键，形成外轨型配合物

根据晶体场理论，中心离子的d电子排布式为$t_{2g}{}^4e_g{}^2$，如下图所示：

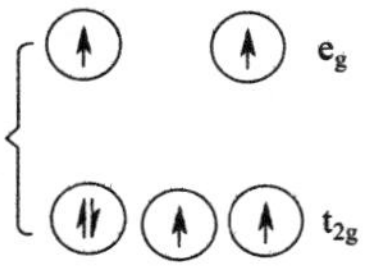

$[Fe(NH_3)_6]^{2+}$为高自旋配合物。

12-37 答：

d^4构型的过渡金属离子在强场中为低自旋，在弱场中为高自旋。

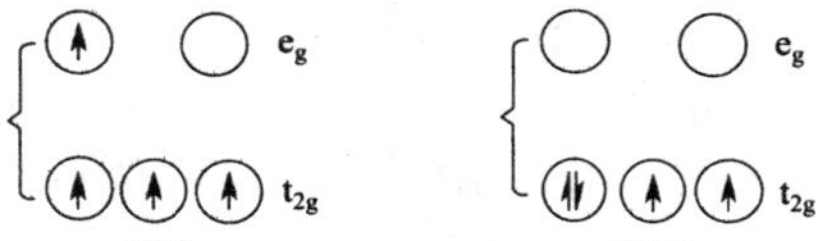

弱场 强场

d^5构型的过渡金属离子在强场中为低自旋，在弱场中为高自旋。

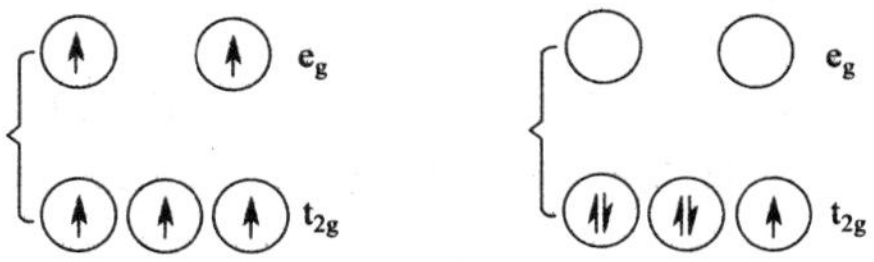

弱场 强场

d^6构型的过渡金属离子在强场中为低自旋，在弱场中为高自旋。

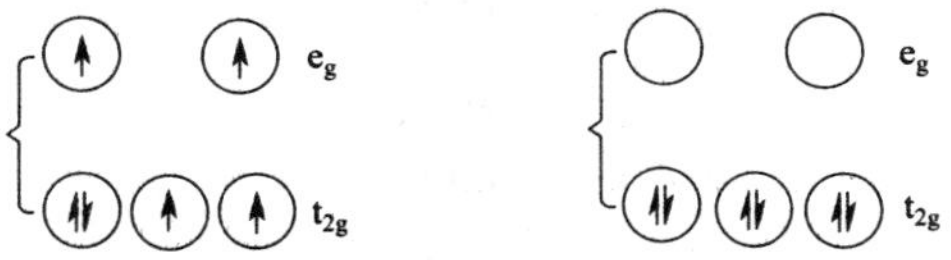

弱场 强场

d^7构型的过渡金属离子在强场中为低自旋，在弱场中为高自旋。

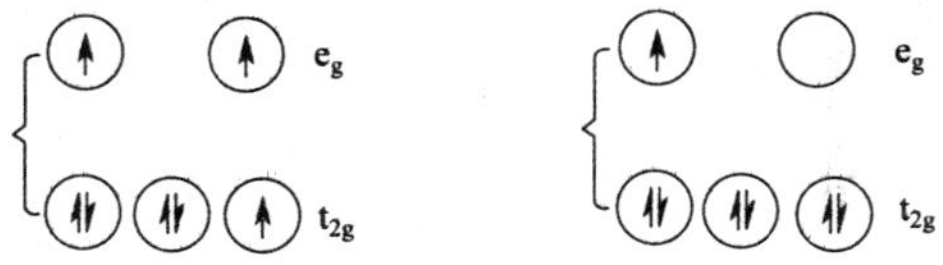

弱场 强场

第13章

一、填空题

13-1 液态石蜡 煤油

13-2 Be与Al Li与Mg

13-3

(1) CaF_2 (2) $CaSO_4 \cdot 2H_2O$ (3) $BaSO_4$ (4) $SrSO_4$

(5) $CaCO_3$ (6) $KCl \cdot MgCl \cdot 6H_2O$ (7) Na_2NO_3 (8) $Na_2SO_4 \cdot 10H_2O$

(9) Na_2CO_3 (10) NaOH

13-4 $Be(OH)_2$具有两性，$Be(OH)_2$既溶于酸又溶于强碱；$Mg(OH)_2$为碱性，只溶于酸

13-5 $BaCO_3$

二、选择题

13-6 D　13-7 A　13-8 B　13-9 B　13-10 A

三、判断题

13-11 ×　13-12 √　13-13 √　13-14 √　13-15 √　13-16 ×

四、综合题

13-17 解：A：Na_2CO_3 + BaO_2 B：Na_2CO_3 溶液 C：BaO_2 D：$CaCO_3$ E：CO_2 F：H_2O_2 + Ba^{2+} G：O_2 H：$BaSO_4$ Na^+：黄色 Ba^{2+}：黄绿色（反应式略）

13-18 答：

(1) $Ba(ClO_3)_2 + K_2SO_4 \longrightarrow BaSO_4\downarrow + 2KClO_3$

(2) $2KClO_3 + I_2 \longrightarrow 2KIO_3 + Cl_2\uparrow$

(3) $2KI + Cl_2 \longrightarrow I_2 + 2KCl$

$KI + I_2 \longrightarrow KI_3$

(4) $AgNO_3 + KI \longrightarrow AgI\downarrow + KNO_3$

A：$Ba(ClO_3)_2$　B：$BaSO_4$　C：$KClO_3$　D：Cl_2　E：KIO_3　F：KI_3　G：AgI

13-19 答：A：Rb　B：Mg　C：Zn　D：B　E：H

13-20 答：这两种化合物是 CaI_2 和 KIO_3。

$$IO_3^- + 5I^- + 6H^+ \longrightarrow 3I_2 + 3H_2O$$

$$Ca^{2+} + SO_4^{2-} \longrightarrow CaSO_4\downarrow$$

$$3I_2 + 6OH^- \longrightarrow IO_3^- + 5I^- + 3H_2O$$

13-21 答：

A：Li　B：Li_2O　C：Li_3N　D：LiH　E：H_2　F：LiOH

$$3Li + 4HNO_3 \longrightarrow 3LiNO_3 + NO + 2H_2O$$

$$2LiNO_3 \longrightarrow Li_2O + 2NO_2 + \frac{1}{2}O_2$$

$$3Li + \frac{1}{2}N_2 \longrightarrow Li_3N$$

$$2Li + H_2 \longrightarrow 2LiH$$

$$LiH + H_2O \longrightarrow LiOH + H_2$$

第 14 章

一、填空题

14-1 比较下列各对物质的热稳定性

(1) <　(2) <　(3) >　(4) <　(5) <

14-2 减小

14-3 增大

14-4 Cl_2O_7　氧化性　爆炸分解

14-5 Cu^{2+}、Ag^+、Hg^{2+}、Pb^{2+}

14-6 ZnS 和 MnS　SnS　CuS　HgS

14-7 无　$Ag(S_2O_3)^{3-}$　白　$Ag_2S_2O_3$　黑　Ag_2S

14-8 写出下列物质的化学式：

$CuSO_4 \cdot 5H_2O$　$CaSO_4 \cdot 2H_2O$

$FeSO_4 \cdot 7H_2O$　$Na_2SO_4 \cdot 10H_2O$

$ZnSO_4 \cdot 7H_2O$　$MgSO_4 \cdot 7H_2O$

$(NH_4)_2SO_4 \cdot FeSO_4 \cdot 6H_2O$　$K_2SO_4 \cdot Al_2(SO_4)_3 \cdot 24H_2O$

14-9 二　三　四　$H_3PO_3 > H_4P_2O_7 > H_3PO_4$

14-10 <　PCl_3 为分子晶体，而 PCl_5 为离子晶体

14-11 酸　碱　碱　酸

14-12 AsH_3 亮黑色的砷镜

14-13 片 氢键 分子间力 解理 润滑

14-14 双聚 氯

14-15 $NaHCO_3$ 在水中生成二聚的

$$\left[\begin{array}{c} O\text{—}H\cdots O \\ O\text{—}C \qquad\qquad C\text{—}O \\ O\cdots H\text{—}O \end{array} \right]^{2-}$$

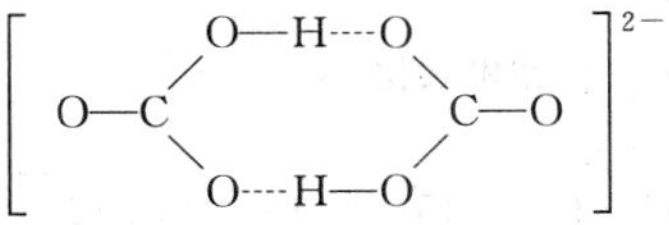

14-16 两 $[Pb(OH)_4]^{2-}$ 乙 硝

14-17 $NaB_4O_7 \cdot 10H_2O$ 二

14-18 Na_2SiO_3 硅酸三钙 $3CaO \cdot SiO_2$、硅酸二钙 $2CaO \cdot SiO_2$、铝酸三钙 $3CaO \cdot Al_2O_3$

二、选择题

14-19 A 14-20 D 14-21 C 14-22 A 14-23 B 14-24 D

14-25 B 14-26 D 14-27 B 14-28 C 14-29 A 14-30 C

14-31 B 14-32 B 14-33 C 14-34 A 14-35 C 14-36 B

14-37 A 14-38 C 14-39 B 14-40 C 14-41 C 14-42 A

14-43 C 14-44 C 14-45 D 14-46 D

三、判断题

14-47 √ 14-48 √ 14-49 √ 14-50 √ 14-51 √ 14-52 ×

14-53 √ 14-54 × 14-55 √ 14-56 √

四、综合题

14-57 解：

(1) 将 N_2 气体通过炽热的铜粉，除去少量的 O_2（$O_2 + 2Cu = 2CuO$），再用 P_2O_5 干燥 N_2，除去少量 H_2O。

(2) 将气体通过水或 NaOH 溶液除去 NO_2，再用 P_2O_5 干燥

$3NO_2 + H_2O = 2HNO_3 + NO$

$2NO_2 + 2NaOH = NaNO_3 + NaNO_2 + H_2O$

(3) 向溶液中加入少量 HNO_3 并加热，可除去溶液中的 NO_2^-：

$2NO_2^- + 2H^+ = NO_2 + NO + H_2O$

或向溶液中加入少量 NH_4NO_3 溶液后加热，可除去溶液中的 NO_2^-：

$NH_4^+ + NO_2^- = N_2 + 2H_2O$

14-58 解：

A—Mg_3N_2，B—$Mg(OH)_2$，C—NH_3，D—$Mg(NO_3)_2$，E—MgO，F—NO_2，G—O_2，H—$(Cu(NH_3)_4)SO_4$

各步反应如下：

$$Mg_3N_2 + 6H_2O = 3Mg(OH)_2(沉淀) + 2NH_3(气体)$$

$$Mg(OH)_2 + 2HNO_3 = Mg(NO_3)_2 + 2H_2O$$

$$2Mg(NO_3)_2 \xrightarrow{\Delta} 2MgO + 4NO_2 + O_2$$

$$2NO_2 + 2Na(OH) = NaNO_2 + NaNO_3 + H_2O$$

$$2CuSO_4 + 2NH_3 + 2H_2O = Cu(OH)_2 \cdot CuSO_4(沉淀) + (NH_4)_2SO_4$$

$$Cu(OH)_2 \cdot CuSO_4 + (NH_4)_2SO_4 + 6NH_3 = 2[Cu(NH_3)_4]SO_4 + 2H_2O$$

第 15 章

一、填空题

15-1 pH 值 矾酸盐浓度

15-2 紫色 绿色 蓝色 黄色 橙黄色 无色 红棕色 橙红色

15-3 $Cr(OH)_3$ 灰蓝色

15-4 $TeTiO_3$ $Fe(CrO_2)_2$ MoS_2 $FeWO_4 + MnWO_4$ $CaWO_4$

15-5　血红色　无色　　棕色 $Fe(OH)_3$

15-6　紫红色　红棕色　$BaFeO_4$

15-7　$FeSO_4 \cdot 7H_2O$　Fe_2O_3　$(NH_4)_2SO_4 \cdot FeSO_4 \cdot 6H_2O$　$K_3[Fe(CN)_6]$　$K_4[Fe(CN)_6] \cdot 3H_2O$　$Fe(C_5H_5)_2$　$KFe[Fe(CN)_6]$

15-8　铁屑　硫酸　　防止 Fe^{2+} 水解和氧化

二、选择题

15-9　D　15-10　B　15-11　B　15-12　C　15-13　B　15-14　B　15-15　C　15-16　C

15-17　D　15-18　C　15-19　C　15-20　D　15-21　A　15-22　C　15-23　C

三、判断题

15-24　√　15-25　×　15-26　√　15-27　×　15-28　×　15-29　×

四、综合题

15-30　解：可能是 $(NH_4)_2S$ 溶液放置时间太长了，发生了如下反应：

$$S^{2-}+\frac{1}{2}O_2+H_2O \longrightarrow S\downarrow+2OH^-$$

$$S^{2-}+S \longrightarrow S_2^{2-}$$

$$SnS+S_2^{2-} \longrightarrow SnS_3^{2-}$$

把溶解了的 SnS 溶液进行酸化，溶液出现浑浊，且放出有刺激性气体的 H_2S 气体：

$$SnS_3^{2-}+2H^+ \longrightarrow SnS_2\downarrow+H_2S$$

可以证明判断是正确的。

15-31　解：　A—Na_2SO_3，B—SO_2，C—SO_4^{2-}，D—$Na_2SO_4+Na_2S$，E—CuS，F—$BaSO_4$。

各步反应方程式如下：

$$Na_2SO_3+2H^+ \longrightarrow 2Na^++SO_2\uparrow+H_2O$$

$$SO_2+I_2+2H_2O \longrightarrow SO_4^{2-}+2I^-+4H^+$$

$$4Na_2SO_3 \xrightarrow{\Delta} 3Na_2SO_4+Na_2S$$

$$Na_2S+Cu^{2+} \longrightarrow 2Na+CuS\downarrow$$

$$SO_4^{2-}+Ba^{2+} \longrightarrow BaSO_4\downarrow$$

15-32　解：A—KI，B—H_2SO_4(浓)，C—I_2，D—$KI+I_2$，E—$Na_2S_2O_3$，F—Cl_2，G—S，H—SO_2，I—$BaSO_4$。

各步反应方程式如下：

$$8KI+9H_2SO_4(浓) \longrightarrow 4I_2+H_2S\uparrow+8KHSO_4+4H_2O$$

$$I_2+KI \longrightarrow KI_3$$

$$2Na_2S_2O_3+I_2 \longrightarrow Na_2S_4O_6+2NaI$$

$$I_2+5Cl_2+6H_2O \longrightarrow 2IO_3{-}+10Cl^-+12H^+$$

$$Na_2S_2O_3+2H^+ \longrightarrow 2Na^++S\downarrow+SO_2\uparrow+H_2O$$

$$Na_2S_2O_3+4Cl_2+5H_2O \longrightarrow Na_2SO_4+H_2SO_4+8HCl$$

$$Ba^++SO_4{}^{2-} \longrightarrow BaSO_4\downarrow$$

由于 A 中和 E 的阳离子未加限定，故 Na^+、K^+ 等均可考虑。

15-33　解：$TiCl_4$ 遇潮湿的空气发生部分水解，生成钛酰氯：

$$TiCl_4+H_2O \longrightarrow TiOCl_2+2HCl$$

生成的 HCl 遇水蒸气凝结成小颗粒，呈雾状，即所谓的白烟。

如果水量充分，$TiCl_4$ 将完全水解生成水合二氧化钛 ($TiO_2 \cdot nH_2O$)

$$TiCl_4+(n+2)H_2O \longrightarrow TiO_2 \cdot nH_2O+4HCl$$

15-34　解：铅白：$Pb(OH)_2 \cdot PbCO_3$

锌白（学名锌氧粉）：ZnO

钛白（惰性颜料）：TiO_2

钛白作为燃料的优点如下：

(1) 覆盖能力强，与铅白相似，比锌白强。

(2) 热稳定性高，属于惰性颜料。纯净的铅白非常稳定，若成分不纯则久后会发黄。同时铅白耐高温能力较差；铅白受热（阳光下直晒）会变成柠檬黄，但冷却时则又会恢复白色。

(3) 不变色，在空气中不与 H_2S 等气体作用，铅白易吸收空气中的 H_2S 气体而变黑。

(4) 无毒，与锌白相似，铅白有很强的毒性。

第 16 章

一、填空题

16-1　$Cu(OH)_2 \cdot CuSO_4$　淡蓝色

16-2　锌　锡

16-3　直线形 sp　$HgNH_2Cl+Hg$

16-4　Zn^{2+} 和 Mn^{2+}

16-5　Hg_2Cl_2 见光分解为有毒的 $HgCl_2$ 和 Hg

二、选择题

16-6　A　　16-7　B　　16-8　B

三、判断题

16-9　×　　16-10　√　　16-11　×　　16-12　√　　16-13　×

16-14　×　　16-15　√　　16-16　×　　16-17　√　　16-18　×

四、综合题

16-19　解：将不溶于水的 CuCl、AgCl 和 Hg_2Cl_2 分别用氨水处理。

有灰黑色沉淀的是 Hg_2Cl_2：

$$Hg_2Cl_2+2NH_3 = Hg(NH_2)Cl\downarrow(\text{白色})+Hg\downarrow(\text{黑色})+NH_4Cl$$

先变成无色溶液，后又变成蓝色的是 CuCl：

$$CuCl+2NH_3 = [Cu(NH_3)_2]^+ + Cl^-$$

无色的 $[Cu(NH_3)_2]^+$ 不稳定，遇到空气则变成深蓝色的 $[Cu(NH_3)_4]^+$：

$$4[Cu(NH_3)_2]^+ + 8NH_3 = 4[Cu(NH_3)_4]^+$$

溶解得到无色溶液的是 AgCl：

$$AgCl+2NH_3 = [Ag(NH_3)_2]^+ + Cl^-$$

16-20　解：HgI_2、CdS 生成的机理为电荷迁移，尽管 Hg^{2+}、Cd^{2+} 为 d^{10} 电子构型，不能发生 d-d 跃迁，但由于 Hg^{2+}、Cd^{2+} 的极化作用使其有获得电子的趋势，同时半径较大的 I^- 和电荷较高的 S^{2-} 变形性强，其电子云易被拉动，有给出电子的趋势，因此电子可以由负离子向正离子跃迁，化合物生色是由于 Hg^{2+} 既有较强的极化作用，又有较大的变形性，与半径较大的 I^- 之间有较强的互相极化作用，电子从 I^- 向 Hg^{2+} 迁移更容易，吸收蓝绿色光即可，因而化合物显红色，CdS 需吸收蓝色光，以完成电荷迁移，因而显黄色。